AF317370

3386

Conserver cette
Couverture

1

MANUEL THÉORIQUE ET PRATIQUE

DE

L'AUTOMOBILE SUR ROUTE

MACON, PROTAT FRÈRES, IMPRIMEURS.

MANUEL

THÉORIQUE ET PRATIQUE

DE

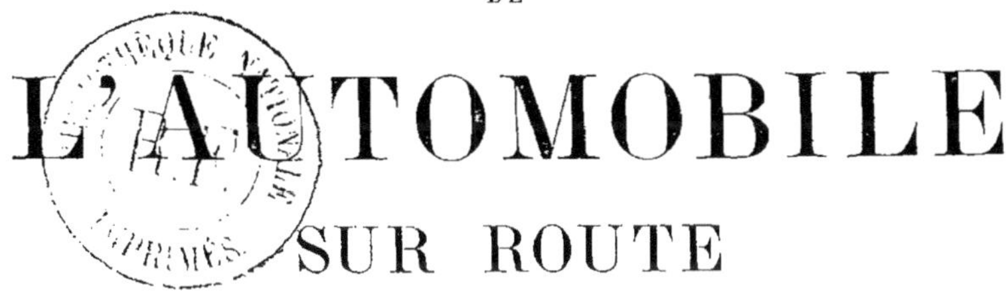

L'AUTOMOBILE

SUR ROUTE

VAPEUR — PÉTROLE — ÉLECTRICITÉ

PAR

Gérard LAVERGNE

ANCIEN ÉLÈVE DE L'ÉCOLE POLYTECHNIQUE
INGÉNIEUR CIVIL DES MINES

PARIS

LIBRAIRIE POLYTECHNIQUE, CH. BÉRANGER, ÉDITEUR

SUCCESSEUR DE BAUDRY & Cie

15, RUE DES SAINTS-PÈRES, 15

MAISON A LIÈGE, 21, RUE DE LA RÉGENCE

—

1900

PRÉFACE

Bien que né d'hier, en tant qu'il emprunte la force motrice au pétrole et à l'électricité, l'automobilisme a pris un essor qui ne peut laisser de doute sur son développement prochain et définitif. C'est assurément une industrie nouvelle qui se lève, dont notre pays, en cette fin de siècle, s'est montré l'initiateur incontesté.

En fixer les premières phases nous a paru chose intéressante, ne serait-ce que pour permettre d'apprécier dans quelques années la rapidité de ses progrès. Sans vouloir méconnaître le mérite des publications antérieures à la nôtre, il nous a paru qu'il y avait place pour une vue d'ensemble de la question. C'est donc un ouvrage synthétique que nous offrons au public qu'intéresse la chose automobile.

Après un court historique, présentation toute naturelle des agents auxquels les voitures mécaniques demandent l'énergie qui leur est nécessaire — vapeur, pétrole, électricité, — et un examen rapide de ceux auxquels elles l'emprunteront peut-être un jour, — gaz comprimés ou liquéfiés, eau chaude, acétylène, alcool — l'ouvrage passe en revue les éléments qui entrent dans la composition d'une automobile[1] : moteur (avec le calcul de la puissance à lui donner pour lui faire actionner telle voiture déterminée et les moyens de mesurer sa force, une fois qu'il a été construit), organes de transmission du mouvement du moteur aux roues du véhicule, essieux, roues, bandages, ressorts, châssis, caisse, freins, organes de graissage.

Cette analyse une fois faite, nous en avons, dans une IIIe partie, groupé les éléments suivant les principaux types des voitures actuellement existantes : comme celles-ci sont déjà légion, nous n'en avons décrit à fond que quelques-unes, nous contentant pour les autres de signaler les points qui les caractérisent.

Dans une IVe et dernière Partie, nous avons mis en relief les résultats si remarquables déjà obtenus, consacrés officiellement par les Courses de Vitesse, les Concours des Poids lourds et des Fiacres, les Concours de moteurs et d'accumulateurs, officieusement par la pratique journalière. Nous avons enfin appelé l'attention sur les progrès à rechercher, en tête desquels nous n'avons pas hésité à placer l'amélioration du rendement, après avoir marqué le taux singulièrement minime de ce dernier.

Pâle reflet, en sa partie descriptive, de leurs œuvres si vivantes et de leurs si ingénieuses combinaisons, ce livre n'a pas la prétention de révéler quoi que ce soit aux constructeurs : tout au plus pourra-t-il appeler leur attention sur quelques points, qu'ils ont sinon méconnus, du moins négligés pour s'attacher à la réalisation d'autres plus importants.

---

1. Nous disons *une* automobile, bien que le Règlement du 10 mars 1899, qui régit la circulation sur la voie publique des voitures à moteur mécanique, assigne à ce mot le genre masculin. Tout en rendant hommage à la sagesse de la plupart des dispositions qu'a édictées sur la matière le Conseil d'Etat, nous ne pouvons reconnaître à ce Corps l'autorité d'une Acadé-

A ceux qui, en si grand nombre, se lancent dans l'industrie nouvelle, il évitera peut-être, par le tableau de ce qui a été fait, un peu de ces tâtonnements et de ces efforts, qui constituent le lourd tribut, prélevé en pure perte sur l'activité humaine, par ce qu'on pourrait appeler les réinventions.

A l'ingénieur il montrera comment sont appliqués à la locomotion nouvelle ces mécanismes, qui lui sont familiers, comment sont résolues les difficultés techniques que cette application même a soulevées, et ce qui reste à faire pour la rendre plus adéquate au but qu'on lui a asssigné.

A tous ceux enfin, qui peu versés dans les choses de la mécanique, s'intéressent pourtant à l'automobilisme, soit pour l'usage personnel qu'ils veulent en faire, soit pour les conséquences économiques et sociales qui peuvent en découler, mais qu'il trouble peut-être par son indéniable complication, heureusement plus apparente que réelle, il s'efforcera d'en donner une description aussi claire que possible, pour l'intelligence de laquelle il a pris soin de définir, dans ses premières pages, les quelques termes techniques qu'il a dû employer.

Tel est du moins le but multiple que l'auteur s'est proposé, et pour lequel il a trouvé des documents précieux dans les écrits antérieurs au sien. Il doit une mention particulière à la *Locomotion automobile* et à la *France automobile*, ces deux organes attitrés de l'industrie naissante ; au *Génie Civil*, pour l'Essai d'une étude didactique des conditions d'établissement d'une voiture à traction mécanique sur route de M. G. Forestier et les rapports rédigés au nom des commissions des concours internationaux, organisés par l'Auto-

---

mie. On dit *une* locomotive, *une* locomobile ; on doit dire *une* automobile : le mot sous-entendu est évidemment celui de voiture.

mobile-Club de France, pour les Poids lourds et les Fiacres, par MM. G. Forestier et de Chasseloup-Laubat; à l'*Industrie Électrique* pour les articles qu'a consacrés aux voitures électriques M. Hospitalier [1].

1. M. Hospitalier a aussi publié dans la *Locomotion Automobile*, sous le nom de *Notes Électromobiles* un lumineux exposé des notions électriques, dont nous ne saurions trop recommander la lecture aux personnes désireuses de se familiariser avec elles. Les *Petites Annales Illustrées du Cycle et de l'Automobile* ont également donné un *Petit Cours de locomotion électrique*, qui sera pour elles un guide précieux.

DÉFINITIONS

Calorie. — Quantité de chaleur nécessaire pour élever de 0° centigrade à 1° la température d'un kilogramme d'eau.

Pouvoir calorifique d'un corps. — Nombre de calories qu'un kilogramme de ce corps dégage en brûlant.

Travail développé par une force. — Produit de l'intensité de cette force par la projection sur sa direction du chemin que parcourt son point d'application.

Kilogrammètre (kgm.). — Travail développé par un poids d'un kilogramme tombant verticalement d'un mètre, ou travail nécessaire pour élever verticalement d'un mètre un poids d'un kilogramme. Le kilogrammètre est pris pour unité de travail.

Puissance d'une force ou d'un moteur. — Travail que cette force ou ce moteur développe par seconde.

Cheval-vapeur. — Unité de puissance usuelle, correspondant à un travail de 75 kilogrammètres par seconde.

Poncelet. — Unité de puissance décimale, correspondant à un travail de 100 kilogrammètres par seconde.

Puissance spécifique d'un moteur. — Puissance que ce moteur développe sous l'unité de poids. Elle a pour expression le quotient du nombre de chevaux-vapeur, qui représentent la puissance du moteur par le nombre de kilogrammes, qui représentent son poids.

Énergie d'un générateur de force (qu'on pourrrait aussi appeler sa *capacité* de travail). Quantité de kilogrammètres que ce générateur de force peut développer. Elle a pour mesure le produit du nombre de kilogrammètres, qu'il fournit en une seconde, par le nombre de secondes pendant lequel il peut les fournir. Si le nombre de kilogrammètres développé à la seconde augmente, le nombre de secondes diminue, ou inversement, de façon que le produit reste constant.

Cheval-heure. — Travail effectué par un moteur qui développe un cheval par seconde. Il est égal à 270.000 kilogrammètres. On le prend comme unité d'énergie.

Énergie spécifique d'un générateur de force. Énergie que ce moteur représente sous l'unité de poids. Elle a pour expression le quotient du nombre de kilogrammètres, qui représentent l'énergie du générateur, par le nombre de kilogrammes, qui représentent son poids.

Équivalent mécanique de la chaleur. — Nombre de kilogrammètres que peut développer une calorie en se transformant en travail. Ce nombre est égal à 425.

Potentiel. — Mesure de l'électrisation d'un corps.

Le potentiel en un point est la différence de potentiel entre ce point et la terre, dont le potentiel est pris comme zéro de l'échelle.

Le potentiel est pour l'électricité ce que le niveau est pour les liquides : quand on met en communication deux vases contenant de l'eau, à des niveaux différents, un courant liquide s'établit du vase ayant le niveau le plus élevé à l'autre, et il dure jusqu'à ce qu'un niveau commun se soit établi dans les deux vases ; de même, quand on fait communiquer par un circuit métallique deux corps électrisés, à des potentiels différents, un courant électrique s'établit du corps ayant le potentiel le plus élevé à l'autre, et il ne cesse que lorsque les deux corps sont arrivés au même potentiel.

Force électromotrice d'un générateur électrique. Cause qui détermine l'écoulement de l'électricité dans un circuit reliant les deux pôles du générateur. Elle se mesure par la différence de potentiel de ces deux pôles.

Volt (v). — Unité pratique de force électro-motrice. Il correspond assez exactement aux 95 centièmes de la force électro-motrice d'un élément Daniell. (Cet élément, à électrodes de cuivre et de zinc, avec sulfate de cuivre et eau accidulée sulfurique, a une force électro-motrice remarquablement constante.)

Ampère (A). — Unité pratique d'intensité du courant électrique (correspondant à l'unité de débit du courant hydraulique, qui se mesure en litres par seconde). C'est l'intensité d'un courant, qui débiterait l'unité pratique de quantité électrique à la seconde : c'est à peu près l'intensité du courant que fournirait une pile Daniell, de résistance intérieure négligeable, et dont les deux pôles seraient reliés par un circuit formé de 100 mètres de fil télégraphique ordinaire.

Ampère-seconde (A.-s) ou *Coulomb.* — Unité pratique de quantité d'électricité (correspondant à l'unité de quantité des liquides, au litre). C'est la quantité d'électricité que débiterait, pendant une seconde, un courant d'intensité égale à un ampère : son passage dans un voltamètre déterminerait la décomposition de 92 microgrammes (92/1.000.000 de gramme d'eau par seconde).

Ampère-heure (A.-h.) — Unité usuelle de quantité. C'est la quantité d'électricité, qui traverserait un circuit pendant une heure, si l'intensité du courant était d'un ampère. Un ampère-heure vaut 3.600 Coulombs.

Watt (w) ou *volt-ampère*. — Puissance correspondant au travail produit pendant une seconde par un courant débitant un ampère sous une différence de potentiel égale à un volt. 736 watts équivalent à un cheval-vapeur. Un kilowatt (k.-w) (1.000 watts) correspond à 1,36 chevaux-vapeur.

Watt-heure (w.-h). — Énergie ou capacité d'un générateur électrique, capable de fournir un watt par seconde pendant une heure.

MANUEL THÉORIQUE ET PRATIQUE

DE

L'AUTOMOBILE SUR ROUTE

PREMIÈRE PARTIE

LES AGENTS

DE LA LOCOMOTION AUTOMOBILE

CHAPITRE PREMIER

LES AGENTS USUELS. — HISTORIQUE

L'automobilisme, qui est, sous nos yeux, l'objet d'un essor si rapide, n'est pas, du moins en tant qu'il utilise la machine à vapeur, chose aussi nouvelle que le croient bien des gens. Il a une histoire déjà longue, qui mérite d'être résumée, parce qu'on y voit successivement apparaître la plupart des organes, dont l'ensemble constitue la voiture à vapeur moderne.

1. — Le fardier de Cugnot. — Bien que, par lettres patentes du 10 octobre 1644, Louis XIV ait accordé « à Jean Théson, escuyer, de mettre en usage un petit carrosse à quatre roues mené sans aucuns chevaux, mais seulement par deux hommes assis », et que l'almanach royal de l'époque relate qu'en l'an 1748 Vaucanson a fait évoluer, devant Louis XV un « carrosse à ressorts d'horlogerie, » sur lequel il ne nous donne d'ailleurs aucun détail, c'est un autre de nos compatriotes, Cugnot, qui doit être regardé comme le véritable instigateur de la locomotion automobile.

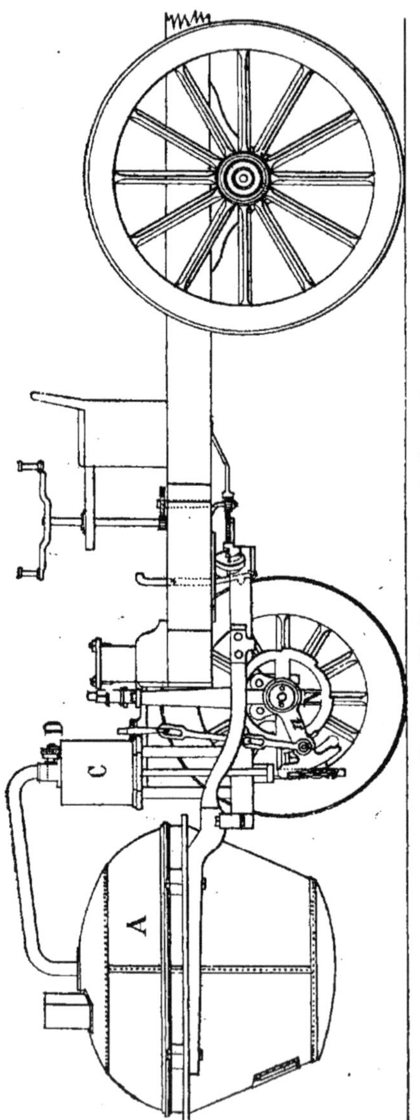

Fig. 1. — Fardier à vapeur de Cugnot.

Dès 1769, il construisit, avec les deniers de l'État mis à sa disposition par Choiseul, un premier fardier à vapeur, qui fut, l'année d'après, suivi d'un autre un peu moins rudimentaire. Ce second fardier, dont une réduction appartenant au Conservatoire des arts et métiers a été exposée aux Tuileries en juin 1899, est représenté par la fig. 1.

Une espèce de marmite A, chauffée par un foyer placé à la partie inférieure, envoie sa vapeur à un robinet à quatre voies D, chargé de faire communiquer alternativement avec la chaudière et avec l'extérieur, les deux cylindres à simple effet C de la machine. Les mouvements de ce tiroir cylindrique sont assurés par un ensemble assez complexe de bielles et de taquets : la possibilité de changer la position de ces derniers aurait pu à la rigueur, mais sans que Cugnot ait, croyons-nous, jamais pensé à le faire, être utilisée pour faire varier la détente de

la vapeur. Le mouvement des pistons est transmis à l'essieu moteur
par l'intermédiaire de deux roues à rochet N, qui reçoivent leur
mouvement des tiges correspondantes des deux pistons par les
bras n munis de cliquets. Ce dispositif se prête facilement à la
marche arrière du véhicule, par le simple changement de la face
de l'encoche attaquée par le cliquet : les rochets tournent en
effet, dans un sens ou dans un autre, suivant que les cliquets
agissent de bas en haut ou de haut en bas.

Nous verrons ce système appliqué, plus ou moins simplifié,
par quelques constructeurs[1], qui y trouvent l'avantage de se
passer du différentiel, cet organe destiné à assurer l'indépendance des roues dans les virages. Cugnot n'avait pas besoin
d'assurer cette indépendance, car sur son essieu moteur n'était
montée qu'une roue servant aussi à assurer la direction. Et du
même coup il éludait cette autre difficulté contre laquelle se
sont butés d'autres inventeurs, avant qu'Akermann eût mis
à leur disposition un essieu à deux pivots, capable de permettre
l'évolution des roues directrices, sans déformer le polygone de
sustentation de la voiture. Mais nous n'avons pas besoin de dire
qu'avec son unique roue motrice et directrice, son fardier était
privé de deux éléments précieux de puissance et de stabilité.

La figure 1 montre comment il était disposé dans son
ensemble : le châssis, destiné à supporter un canon ou toute
charge de semblable importance, est formé par deux puissants
longerons en bois qu'entretoisent des poutres. Il s'appuie à l'arrière sur un essieu porteur, et est relié à l'avant avec un bâti en
fer forgé, qui supporte la machine et la chaudière (celle-ci en
porte-à-faux à la partie antérieure), et repose lui-même sur l'essieu moteur, par l'intermédiaire de deux pièces de bronze, semblables aux pièces de garde de nos wagons. L'ensemble peut
tourner autour d'un pivot vertical, sous l'action d'engrenages
commandés par un guidon placé devant le siège du conducteur.

---

1. Notamment par M. Brouhot, de Vierzon.

Dans les quelques essais auxquels il a donné lieu, le fardier a pu transporter une charge de 2500 kg. à la vitesse de 5 kilom. à l'heure ; mais il a dû s'arrêter tous les quarts d'heure pour renouveler l'eau de sa chaudière et laisser à la pression le temps de se rétablir. Bien qu'en effet les expériences aient été interrompues par une fausse manœuvre, qui amena le fardier contre un mur qu'il démolit, en donnant une preuve aussi malencontreuse que manifeste de sa puissance, c'est principalement par la force de sa chaudière que péchait le véhicule de Cugnot. Il n'en marquait pas moins un pas intéressant dans une voie toute nouvelle, qui ne fut pas sans attirer l'attention du général Bonaparte à son retour d'Italie. Sur son initiative une Commission de l'Institut fut chargée d'examiner l'invention ; mais le départ pour l'Égypte ajourna et finalement empêcha la réalisation de ce projet. La tentative resta sans écho dans notre pays ; c'est en Angleterre que nous devons passer pour suivre le développement de l'idée automobile.

2. — La locomotion à vapeur en Angleterre de 1800 à 1836 [1]. — En 1784, James Watt fait breveter, pour l'application de la vapeur à la propulsion des véhicules, un dispositif, qui n'est point réalisé. L'année suivante, son élève Murdoch construit un tricycle en miniature, dont le cylindre à vapeur n'a pas 20 mm. de diamètre et n'offre qu'un peu plus de 50 mm. à la course du piston. Il faut, pour trouver une voiture de grandeur ordinaire arriver jusqu'à celle de Trevitick, qui, en 1803, parcourt environ 150 kilom., montrant la première transmission de force par engrenages qui ait été appliquée aux automobiles.

3. — Griffiths. — L'année 1821 nous fait arriver aux voitures de Griffiths. La chaudière de cet inventeur, avec ses rangées superposées de tubes horizontaux, dans lesquelles l'eau commence par se vaporiser et finit par se surchauffer, est le plus ancien spécimen des générateurs tubulaires aujourd'hui si répan-

---

1. Voir, pour de plus amples détails, *Journal of the Society of arts*, 27 décembre 1895, 3 et 10 janvier 1896.

dus. La vapeur, après avoir travaillé dans les deux machines qui actionnent l'essieu moteur, se condense dans une série de tubes minces, s'y refroidit au contact de l'air, et retourne à la chaudière. Cet ensemble est fort remarquable pour l'époque, au point de vue de la bonne utilisation théorique du combustible et de l'eau ; mais, en pratique, elle se montre insuffisante. Chaudière et moteur sont placés, avec interposition de ressorts, sur la plateforme d'arrière du véhicule, dont la caisse, analogue à

Fig. 2. — Voiture à vapeur *David Gordon*.

celle d'une diligence, repose, toujours avec l'intermédiaire de ressorts, sur deux brancards, soutenus eux-mêmes par les essieux. De ces derniers, celui d'arrière porte les roues motrices, auxquelles plusieurs harnais d'engrenage, donnant chacun une vitesse, transmettent le mouvement des deux pistons à vapeur. Celui d'avant assure la direction, à la façon, croyons-nous, des avant-trains ordinaires ; il est surmonté par le siège du conducteur.

4. — **David Gordon.** — David Gordon (1822) construit une automobile (fig. 2), visiblement inspirée par la locomotive, qu'avait imaginée, quelques années avant, Brunton : suivant jusqu'au bout l'idée saugrenue de ce dernier, au lieu de transmettre le

mouvement aux roues comme l'avaient fait ses prédécesseurs'
il emploie la force de son moteur à actionner de véritables pieds
articulés, chargés d'entraîner le véhicule en s'arc-boutant sur le
sol, à la façon des sabots du cheval. On les voit au nombre de
six, disposés par paires sous la voiture, des deux côtés de cette
dernière et en son milieu. Nous avons, pour être cléments à de
semblables aberrations, besoin de nous rappeler que Stephenson
n'avait pas démontré l'efficacité de l'adhérence.

5. — **W.-H. James.** — W.-H. James (1824) emploie deux chaudières tubulaires, dont les éléments sont formés par des tubes
concentriques, et quatre cylindres, de 0 m. 087 de diamètre,
dont les pistons sont deux à deux accouplés aux deux
parties d'un arbre manivelle, sur chacune desquelles est calée
une roue d'arrière : les deux roues sont ainsi indépendantes l'une
de l'autre. Un régulateur distribue la vapeur aux deux couples
de cylindres suivant le travail qui incombe à chaque roue. Une
voiture de ce système, ne pesant pas moins de 4 $^1/_2$ tonnes,
effectua le voyage d'Epping Forest à Londres, avec une seule
chaudière en feu.

6. — **Burstall et Hill.** — Burstall et Hill (1824-1826) construisent
une voiture rappelant comme forme générale nos mails à quatre
chevaux : à l'arrière, le générateur chauffé par un foyer muni
d'une assez longue cheminée, alimente plus mal que bien, deux
cylindres verticaux à balanciers, qui impriment au véhicule une
vitesse de 6 à 7 kilom. à l'heure. Dans cette voiture, nous voyons
apparaître le *silencer*, destiné à amortir le bruit de la vapeur
d'échappement.

C'est principalement par l'insuffisance de la chaudière que
pèchent les véhicules, dont nous venons de donner un aperçu.
C'est à une disposition meilleure du générateur qu'est dû le
succès de ceux de Gurney et de Hancock, que nous allons décrire
avec quelques détails.

7. — **Gurney.** — Gurney (1828) construisit quelques tracteurs,
mais surtout des voitures automotrices. La chaudière disposée à

l'arrière (fig. 3) est constituée par une première assise de tubes *ab*, légèrement inclinés sur l'horizontale, et qui forment les barreaux de la grille du foyer (auquel on accède par une porte située à l'arrière et invisible sur la figure). Ces tubes se replient en *bc*, formant ainsi des V, dont les extrémités s'ouvrent dans deux gros bouilleurs horizontaux, reliés par deux tubes verticaux. Du bouilleur supérieur la vapeur se rend dans un collecteur en fer forgé *e*, faisant l'office de séparateur pour l'eau entraînée,

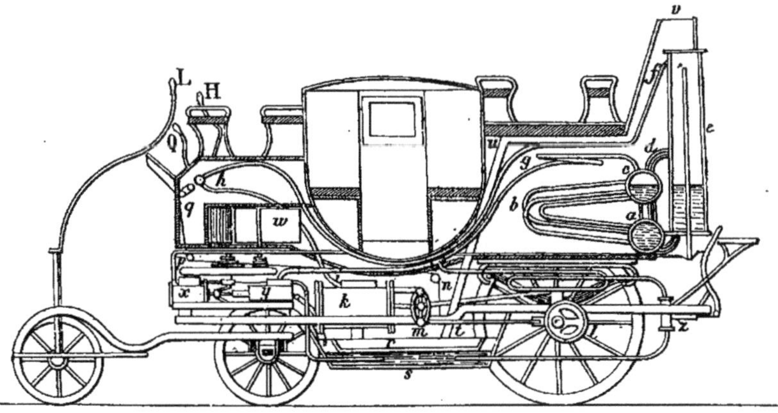

FIG. 3. — Voiture à vapeur de *Gurney*.

qui retourne dans le bouilleur du bas, et pour la vapeur, qui suit le tuyau *fghi*, traverse ainsi la boîte à fumée, où elle se dessèche, passe en *h* dans un robinet que le chauffeur manœuvre à l'aide du levier H, et arrive enfin dans la boîte à tiroir du cylindre k, avec une pression d'environ 5 kg. 300 par centimètre carré. Le piston attaque par bielle et manivelle la roue d'arrière de son côté, qui, à l'aide de l'excentrique *l* manœuvre le tiroir : la pièce *m*, actionnée par la corde *npq* et le levier Q commande l'entrée de la vapeur dans le cylindre, de manière à produire la mise en route, les changements de vitesse, la marche arrière, l'arrêt.

Après avoir agi dans le cylindre, la vapeur se rend dans une espèce de condenseur r, refroidi extérieurement par l'eau du récipient s : la partie non condensée par tu va à la cheminée, et contribue à activer le tirage. Celui-ci est d'ailleurs assuré par le ventilateur w^1, qu'actionne le petit moteur à vapeur x, qui commande aussi la pompe d'alimentation y : cette pompe prend l'eau dans le récipient s, où elle est chauffée par la vapeur d'échappement, et, à travers la boîte à fumée, l'envoie dans le bouilleur du haut. Pour la mise en marche de la chaudière, une petite pompe z est mue à la main. La direction est assurée par une cinquième roue, placée à l'avant, qui, sous l'action du levier L, donne au brancard l'orientation voulue.

Avec des voitures de Gurney, sir Ch. Dance organisa, entre Gloucester et Cheltenham, un service régulier, à quatre départs journaliers : la distance de 14 kilom. et demi était franchie en 45 minutes, une heure au plus. Du 21 février au 22 juin 1831, ces voitures effectuèrent plus de 6400 kilom., transportant ainsi 3000 personnes. Le 23 juin, l'essieu de l'une d'elles se rompit, et cet accident sans gravité fut l'origine d'une campagne fort vive contre les automobiles.

8. — Hancock. — Après avoir construit divers types, le premier représenté par un tricycle à vapeur, dans lequel l'unique roue motrice d'avant était actionnée par deux cylindres oscillants, Hancock (1829-1833) combina le type de la fig. 4.

L'organe le plus caractéristique de l'ensemble est la chaudière, à haute pression et à rendement économique, que l'on voit dans la boîte d'arrière, et dont la fig. 5 donne une coupe. L'eau est contenue dans des chambres verticales A, que séparent des cloisons B, à l'intérieur desquelles sont ménagés des carneaux qui servent à la circulation des gaz chauds. Ces cloisons sont formées par une plaque de fer malléable, ou mieux de cuivre, qui, après avoir été forcée à coups de marteau sur un moule approprié, et avoir ainsi épousé la forme de la fig. 6, est repliée

---

1. Ce ventilateur avait été supprimé dans les dernières voitures de Gurney.

sur elle-même et rivée sur ses bords : de la juxtaposition des

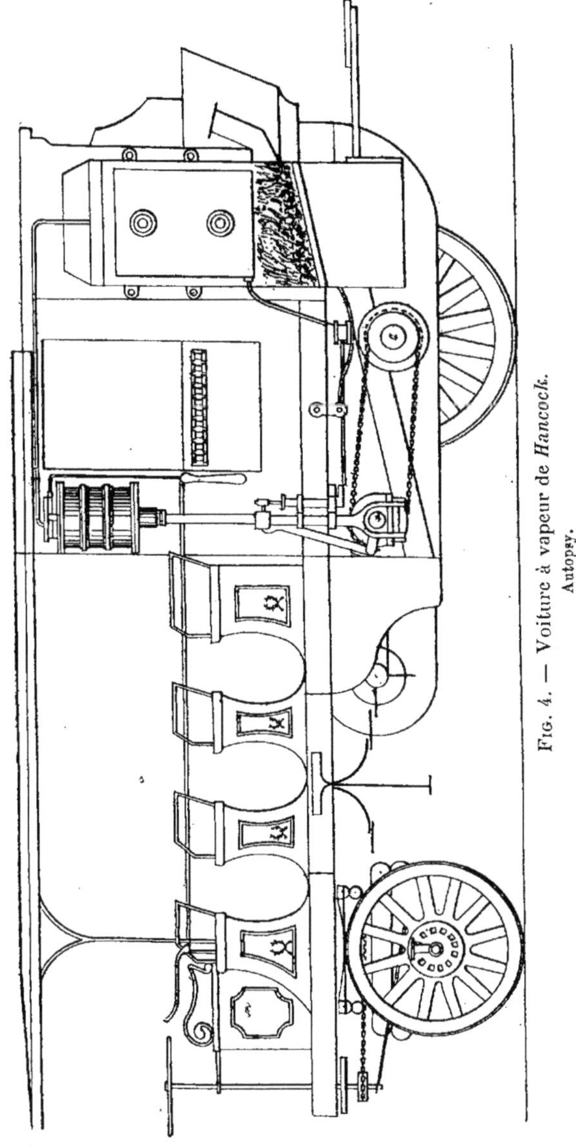

Fig. 4. — Voiture à vapeur de *Hancock.*
Autopsy.

deux parties de la plaque résultent les carneaux. Les gros trous circulaires, qu'on voit au centre de la figure 6, reçoivent des bagues de cuivre ou de bronze, dont l'ensemble forme les gros tubes horizontaux percés de trous de la fig. 5, et qui contiennent

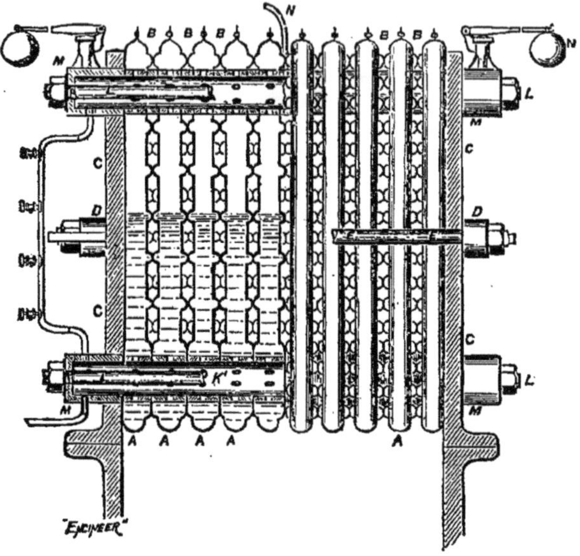

FIG. 5. — Chaudière de *Hancock*.
Coupe verticale.

celui du bas, de l'eau, celui du haut, de la vapeur. Les tiges L, dont les extrémités taraudées reçoivent des écrous, serrent les

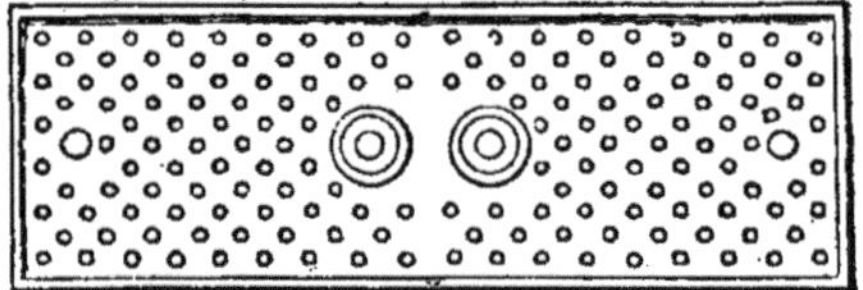

FIG. 6. — Plaque devant former par son repliement une cloison de chaudière *Hancock*.

bagues les unes contre les autres, et coopèrent avec les tiges E au maintien de l'ensemble, à l'intérieur des plateaux C formant boîte étanche

L'eau arrive à la chaudière par le tuyau que l'on voit en bas à gauche ; son niveau s'établit dans le tube vertical, muni de robinets pour permettre de le vérifier ; la vapeur sort par le tuyau N.

Tout cet ensemble est enfermé dans la boîte parallélipipédique (fig. 4), placée elle-même dans l'enveloppe fermée, qui contient la grille, alimentée automatiquement au coke, et à laquelle un ventilateur, placé sous le milieu de la voiture, envoie un courant d'air.

La vapeur actionne une machine à deux cylindres verticaux qui commande, accessoirement la pompe d'alimentation et le ventilateur, et principalement un arbre, dont le mouvement est transmis par pignons et chaînes Galle à l'essieu d'arrière. La vapeur, au sortir des cylindres, se rend dans la boîte à feu, traverse la grille et s'échappe par la cheminée, invisible et sans bruit.

Les roues, à moyeux de fonte, ont des rais en bois, serrés entre deux disques métalliques : le disque extérieur de chaque roue motrice porte venues de fonte avec lui deux saillies qu'attaquent deux saillies semblables, pour leur transmettre le mouvement du moteur. Ce mode d'attaque permet aux deux roues, bien que rendues solidaires par les pièces motrices, de tourner l'une par rapport à l'autre d'environ 100 degrés, quantité suffisante pour les virages ordinaires. Pour les tournants raides, les pièces motrices sont munies d'un dispositif spécial à vis, permettant à la roue extérieure de faire plusieurs tours pendant que l'autre reste immobile. La complication de ce système fait apprécier la simplification apportée par la découverte du différentiel.

Hancock construisit neuf voitures, dont six munies de la chaudière que nous venons de décrire, et qui fournirent un très bon service : en 1836, cinq de ces véhicules effectuèrent sur la route de Paddington 6800 kilom. en cinq mois.

Le Dr Church, qui appliqua à la construction de ses voitures beaucoup d'idées ingénieuses, Scott Russel et bien d'autres exécutèrent des services automobiles publics, à des vitesses allant jusqu'à 24 kilom. à l'heure. Et il serait injuste de ne pas voir dans leurs véhicules le germe de bien des dispositifs, qui sont maintenant d'une application courante.

9. — Locomotive act de 1836. — La nouvelle locomotion semblait avoir acquis droit de cité chez nos voisins, quand certains accidents regrettables furent contre elle l'occasion d'une véritable levée de boucliers : la campagne était menée par les Compagnies de chemin de fer et celles de roulage, qui voyaient en elle une concurrente dangereuse : elle aboutit au vote par le Parlement, en 1836, du *Locomotive act* [1]. Des droits énormes étaient établis sur les tarifs des transports par automobiles. Leurs roues que, depuis la mise en relief par Stephenson de l'efficacité de l'adhérence, on ne munissait plus de pointes ni de dentelures étaient astreintes à une largeur de jantes démesurée ou à des droits de circulation énormes. Les voitures devaient être précédées sur les routes d'un homme marchant au pas et agitant un drapeau rouge. Cela équivalait à la prohibition : et, en fait, jusqu'au 15 août 1896, date toute récente de l'abrogation du *Locomotive act*, il ne circula plus en Angleterre que quelques locomotives routières ou de rares voitures légères.

10. — Renaissance de l'automobilisme en France. — C'est en France que l'idée automobile devait renaître. Elle y avait sommeillé pendant les cent ans, qui suivirent la réalisation du fardier de Cugnot. Effectivement nous ne voyons d'intéressant à signaler,

---

1. M. Forestier, inspecteur général des Ponts-et-Chaussées, président de la Commission technique de l'Automobile-Club de France, dans son *Essai d'une étude didactique des Conditions d'établissement d'une voiture à traction sur route*, qu'a publié le *Génie Civil* (n° du 27 mai 1899 et suivants), et à laquelle nous avons fait plusieurs emprunts, n'attribue que peu d'importance à la *malignité* des compagnies de chemins de fer. S'appuyant sur le témoignage de MM. Gaby-Cazalet et C. Muyaud (1835), il attribue cet insuccès à l'imperfection des mécanismes anglais, à la fréquence et à la gravité des dérangements, aux frais occasionnés par les réparations et à la grande consommation des automobiles. Quant aux aggravations de taxes réclamées par les corporations chargées de l'entretien des routes, leur légitimité est prouvée par les constatations faites aux Concours des poids lourds de Versailles et de Liverpool.

pendant ce long laps de temps, que le chariot à vapeur, combiné en 1828 par Pecqueur, chef des ateliers du Conservatoire des Arts et Métiers, et la mise en route de quelques locomotives routières. Dans le chariot de Pecqueur, les deux roues motrices étaient calées sur les deux parties de l'essieu d'arrière, que reliait l'engrenage satellite de l'inventeur, origine du différentiel actuellement en usage. L'avant-train, seul muni de ressorts, portait la chaudière et la machine qui était rotative, et dont le mouvement était transmis à l'essieu par une chaîne passant dans la gorge de la poulie, autour d'un rayon de laquelle tournait le pignon satellite. Cet avant-train était mobile autour d'une cheville-ouvrière, à l'aide d'un secteur denté, engrenant avec le pignon inférieur de l'arbre vertical de la barre de direction. Les fusées de ses roues étaient modelées sur des pivots verticaux mobiles dans des fourches placées aux extrémités de l'essieu; mais ces fusées étaient reliées de façon à rester toujours parallèles, au lieu de prendre, comme celles d'aujourd'hui, des mouvements relatifs tels que leurs axes prolongés vinssent concourir en un même point de l'essieu d'arrière. Ainsi on trouve en germe dans le chariot de Pecqueur tous les organes de l'automobile moderne : si les inventeurs qui suivirent l'avaient tous connu, bien des efforts inutiles leur eussent été évités.

En 1835, Dietz construisit un remorqueur voyageant sur les routes ordinaires. Cet ingénieur est le premier à avoir pressenti l'utilité des bandages élastiques : entre la jante et le bandage, il plaçait du feutre goudronné, du liège, finalement du caoutchouc, qu'il maintenait par des joues latérales boulonnées sur la jante[1]. En 1856, Lotz fit circuler une voiture à vapeur pour voyageurs, dont la direction était assurée par une roue unique placée à l'avant.

En 1866, Séguier émit l'idée d'actionner chaque roue par un moteur; elle fut réalisée en 1870, par Michaux.

---

1. En 1869, Thomson mit en service à Édimbourg une locomotive routière, qui est le premier véhicule à avoir eu des roues avec caoutchouc vulcanisé.

11. — La vapeur. — Mais après ce long sommeil, l'automobilisme devait donner lieu à un magnifique réveil. Déjà, en 1862, Lenoir, en 1870, Ch. Ravel avaient essayé d'appliquer à la propulsion des véhicules le moteur à gaz, quand, en 1873, A. Bollée construisit *l'Obéissante* : cette voiture à vapeur, dans laquelle douze voyageurs pouvaient prendre place, était munie d'une chaudière Field et de deux pistons, inclinés à 45°, agissant sur l'essieu d'arrière ; la direction en était facilement assurée par l'avant-train à deux pivots que M. Bollée venait de combiner, en s'inspirant de l'idée d'Akermann. En 1880, une voiture plus perfectionnée sortait des ateliers du Mans ; c'était *la Nouvelle*, l'omnibus qui devait, quinze ans plus tard, parcourir en 90 heures 3 minutes, les 1200 kilom. de la course célèbre de Paris à Bordeaux, et retour.

En 1888, M. Serpollet applique son nouveau générateur à un tricycle, puis à une voiture à quatre places, qu'on a pu voir circuler dans Paris. La même année MM. de Dion, Bouton et Trépardoux établissent un tricycle à vapeur, dont la roue motrice est située à l'arrière ; en 1889, ils exposent une voiture à vapeur, et, en 1893, créent leur tracteur, capable de remorquer à la vitesse de 45 kilom. à l'heure telle voiture qu'on veut lui atteler. Peu après viennent M. Le Blant avec son tracteur, M. Scotte avec son train routier : la vapeur a définitivement conquis sa place dans la locomotion automobile.

12. — Le pétrole. — L'essence de pétrole, qui, du reste, devait rattraper brillamment le temps perdu, n'a fait que beaucoup plus tard son apparition. Notre compatriote Lenoir avait bien, dès 1862, employé son moteur à gaz, alimenté par de l'air carburé, à actionner une voiture, qui fit en 3 heures le trajet de Paris à Joinville-le-Pont ; mais le poids relativement considérable du moteur, le faible nombre de coups de piston (environ 100 par minute), la vitesse insuffisante qui en résultait pour le véhicule causèrent son échec. On nous parle aussi, d'ailleurs sans dire si elle a jamais fonctionné, de certaine voiture à pétrole qu'aurait construite, en 1877, à Vienne, Siegfried Markus. Mais on peut dire que la gazoline n'a réellement actionné une voiture, qu'à la fin de 1883. A cette époque, M. Delamare-Deboutteville, qui venait de construire le premier tricycle à gaz, qui ait, croyons-nous, fonctionné sur une route[1], combina avec M. Malandin un carburateur, qu'ils appliquèrent à leur moteur fixe, puis à celui d'une voiture à pétrole. Les dispositions de cette dernière, consignées dans leur brevet du 12 février 1884, ont été reproduites par M. A. Witz dans son troisième volume des *Moteurs à gaz et à pétrole* (p. 559). Ces documents nous semblent fixer au bénéfice de ces constructeurs la priorité souvent attribuée à Daimler ou à Benz, dont les voitures à pétrole suivirent, dès 1886, celle des ingénieurs français, et eurent, à vrai dire, une carrière autrement brillante qu'elle. Mais c'est à deux Français, au regretté Levassor et à son associé M. Panhard, concessionnaires pour notre pays des brevets Daimler, qu'est due la vulgarisation de l'emploi du pétrole : dès 1889, ils exposaient à Paris, un omnibus sur rails à moteur Daimler. En 1891, une voiture Peugeot, également à moteur Daimler, suivait la course de Paris à Brest. L'étude des progrès de la locomotion à pétrole n'est pas encore de l'histoire, mais bien de l'actualité au premier chef, puisque les glorieuses étapes en sont marquées par le concours du *Petit Journal* (1894), dû à la féconde initiative de M. Pierre Giffard, les Courses de Paris-Bordeaux (1895), Paris-Marseille (1896), Paris-Dieppe (1897), Paris-Amsterdam (1898), Tour de France (1899).

13. — L'électricité. — L'électricité était entrée en scène un peu avant le pétrole : en 1881, pendant que Raffard procédait aux premières expériences dont aient été l'objet les tramways à accumulateurs, M. G. Trouvé construisait un tricycle actionné par un de ses petits moteurs, qu'alimentaient six éléments Planté. En 1882, M. Ayrton essaya un tricycle ; en 1887, M. Volk une voi-

---

1. Le moteur recevait du gaz d'éclairage, comprimé à 10 kilog. dans deux récipients de métal, et ramené à la pression convenable par un détenteur.

turette à trois roues et à deux places ; en 1888, M. Immisch un dog-cart à quatre roues. En 1893 apparaît le phaéton de M. Pouchain ; en 1894, celui de M. Jeantaud. Le concours de fiacres de 1898 a consacré la possibilité de la voiture électrique pour les services urbains.

CHAPITRE II

14. — Les caractéristiques d'un agent d'énergie automobile. — Vapeur, pétrole, électricité sont donc jusqu'à aujourd'hui les seuls agents, qui aient été appliqués à la propulsion des véhicules sur routes. Ne pourraient-ils être avantageusement remplacés par d'autres ? C'est la question qu'on est amené à se poser en parcourant la longue liste des modes d'énergie utilisés à divers titres, en voyant, par exemple, les services que rendent l'air comprimé et l'eau chaude pour la traction des tramways. M. Marcel Deprez y a fort nettement répondu[1].

Il semble que, toutes choses égales d'ailleurs, il faudra donner pour l'usage automobile la préférence au corps, dont la puissance spécifique sera maximum, c'est-à-dire à celui qui, sous l'unité de poids, emmagasinera le plus de kilogrammètres. Naturellement dans le poids devront être compris ceux des accessoires indispensables au fonctionnement de l'élément : tel celui du réservoir contenant l'air comprimé ou l'eau chaude. Et il faudra aussi tenir compte des facilités d'utilisation de cette puissance spécifique.

Étudions, pour les divers agents d'énergie, en commençant par ceux qui sont couramment employés, ces deux facteurs caractéristiques de leur aptitude à la traction sur routes.

15. — Houille, coke. — C'est en brûlant la houille dans un foyer, en employant la chaleur produite à vaporiser sous

---

1. Conférence à l'Automobile-Club de France. — *Génie civil*, n^{os} du 20 février 1897 et suivants.

pression l'eau d'une chaudière[1], et en faisant agir cette vapeur sur le piston d'une machine, qu'on actualise l'énergie potentielle du charbon, ou, pour parler un langage plus clair, qu'on transforme en travail la quantité de chaleur emmagasinée en lui. Et comme 1 kg. de coke (ou de houille) représente 8000 (ou 9000) calories, et qu'une calorie équivaut à 425 kilogrammètres on peut dire que théoriquement 1 kg. de houille représente 3.400.000 kilogrammètres.

Pour ce qui est de l'utilisation pratique de cette énergie, elle est facile; la locomotive, cet engin merveilleux, qui remorque sur palier plus de 150 tonnes à la vitesse de 120 kilom. à l'heure, en est une preuve manifeste. Elle est assez économique pour être journellement employée : cette même locomotive vaporise 8 kg. d'eau par kg. de combustible, et donne disponibles aux jantes des roues 25.000 kgm. par kg. de vapeur, soit 200.000 kilogrammètres par kg. de houille brûlé dans le foyer.

16. — Pétrole lampant. Essence. — Si nous passons au pétrole, nous pouvons en toute sécurité admettre qu'un kg. de ce corps représente au moins 10000 calories [l'essence a un pouvoir calorifique à peine plus faible que celui du pétrole][2]. Pour utiliser cette énergie potentielle, on forme avec l'air et le pétrole (ou l'essence) un mélange carburé, que l'on fait détoner dans le cylindre d'un moteur. M. Deprez évalue à 750.000 kgm. le travail que peut donner effectivement à la jante des roues le kg. de pétrole. Nous nous contenterons d'un chiffre beaucoup moins fort : celui de M. Deprez correspond à une consommation de $^1/_2$ litre de pétrole par cheval-heure; or les essais fort méti-

---

1. MM. Milandre et Bouquet (*Voitures automobiles*, t. I, p. 44) voudraient qu'on essayât d'employer la vapeur d'éther, à cause des résultats économiques obtenus avec le moteur fixe de M. de Susini. Nous ne voyons pas l'éther, agent coûteux et dangereux, en passe de détrôner l'eau.

2. M. Witz admet pour une bonne essence de pétrole à 0. 700 un pouvoir calorifique de 11.400 calories, et pour le pétrole lampant à 0. 850 à peu près le même chiffre.

culeux, auxquels ont été soumises à Chicago les voitures, qui ont pris part à la course du *Times Herald* (§319) ont donné une consommation moyenne de 2.5 litres d'essence, toujours par cheval-heure mesuré aux jantes. Cette consommation correspondrait à 150.000 kgm. disponibles aux roues. Sans doute, depuis la course en question, qui remonte à 1825, la consommation des moteurs de traction s'est abaissée, mais elle reste encore bien supérieure à celle admise par M. Deprez, et en fixant jusqu'à nouvel ordre le nombre de kilogrammètres disponibles aux jantes à 250.000, nous ne devons pas, semble-t-il, nous écarter beaucoup de la vérité. C'est du reste le chiffre auquel nous a directement conduit un calcul assez simple[1].

L'utilisation pratique du pétrole, bien que le moteur soit plus complexe que la classique machine à vapeur, est possible et journellement réalisée ; elle est surtout facile avec l'essence. Il est à souhaiter qu'elle devienne aussi courante pour les huiles lourdes de goudron, dont le pouvoir calorifique atteint 15.000 calories par kilogramme, presque le double de celui du coke : un kg. de ces huiles vaporiserait facilement 13 à 15 kg. d'eau.

17. — **Électricité.** — Pour ce qui est de l'électricité, les meilleurs accumulateurs donnent par kg. 5.000 à 10.000 kilogrammètres

---

1. Le chiffre de 750.000 kgm. disponibles aux jantes correspond à un rendement de $\frac{750.000}{4.250.000} = 17$ °/₀. Or de très bons moteurs à pétrole fixes, notamment un moteur Priestmann, n'ont donné qu'un rendement de 13 °/₀ sur leur arbre, en consommant 0.625 litres par cheval-heure. Un semblable moteur, pour la construction duquel on n'a pas à compter avec le poids ni l'encombrement, est certainement plus économique qu'un moteur d'automobile, dont on cherche à réduire autant que possible la masse et les dimensions. Nous verrons (§ 333) que pour ce dernier il ne faut pas actuellement compter sur plus de 11 °/₀ sur l'arbre du moteur et 5.5 °/₀ seulement aux jantes, à cause des pertes occasionnées par la transmission. Le nombre de kgm. disponibles aux roues est donc égal à 4.250.000 × 0.055 = 233.750 kgm. soit 250.000 en chiffre rond. L'application du moteur Diesel d'un système nouveau, peut-être de certains moteurs du système ordinaire, mais particulièrement économiques, comme celui que M. Petréane a, paraît-il, réalisé (§ 103), permettra, le jour où elle sera devenue vraiment pratique d'élever assez notablement ce chiffre.

dit M. Pisca[1]; 7.000 à 8.000 kilogrammètres estime M. Hospitalier, dont le chiffre moyen nous semble devoir être préféré. C'est une puissance spécifique bien inférieure à celle du pétrole, dont elle n'est guère que les 4 centièmes. Mais la seconde condition, la facilité de l'utilisation est si bien remplie, que, comme nous le verrons plus tard, la voiture électrique est possible.

18. — Gaz comprimés. Air. — Passons maintenant aux succédanés éventuels des trois agents ci-dessus, d'abord aux gaz sous pression, à l'air comprimé.

Pour ce fluide, son poids propre, même sous forte pression lui permettant d'emmagasiner une énergie considérable, est très faible : 1 kg. comprimé à 45 atmosphères ne représente pas moins de 20.765 kilogrammètres. Mais il doit être renfermé dans un réservoir pesant treize fois plus que lui, si bien que la puissance spécifique de ce même air logé n'est plus que de 1.608 kgm. Ce n'est rien, en comparaison des 4.250.000 kgm. théoriques et des 250.000 kgm. donnés effectivement aux roues par 1 kg. de pétrole.

Pour ce qui est de son utilisation pratique, on sait comment elle est réalisée sur les tramways : l'air comprimé à 45, 60 et même 90 atmosphères par des appareils spéciaux, dont il faut combattre l'échauffement, est emmagasiné dans des récipients portés par la voiture. C'est en se détendant dans le cylindre du moteur qu'il travaille ; mais, comme cette détente serait suivie d'un refroidissement, qui amènerait la production de glace dans le cylindre et les tuyaux d'échappement, il faut réchauffer l'air avant de l'envoyer au cylindre, en le faisant barboter dans de l'eau à 160°.

Tout cela complique assurément l'emploi de l'air comprimé, mais reste possible avec des tramways que leur parcours toujours identique ramène périodiquement aux stations de chargement, auxquels leur forte masse permet l'adjonction des lourds récipients portant le fluide, et qui, grâce à la réduction

---

1. *Mémoires de la Société des Ingénieurs civils*, août 1898, p. 850.

de l'effort de traction que leur assurent leurs rails, grâce au nombre de voyageurs qu'ils peuvent transporter d'un seul coup, arrivent pour la voiture-kilomètre à un prix abordable, quoique relativement élevé [1].

Ce n'est plus acceptable pour une automobile, qui doit se ravitailler facilement, qui ne pourrait loger et transporter des récipients suffisants pour un long parcours. Aussi, malgré ses avantages réels de propreté, facilité de mise en marche et d'arrêt par simple robinet , impossibilité de tout incendie, ce mode de propulsion ne nous semble-t-il pas admissible pour la locomotion sur routes [2].

1. 0 fr. 345, avec les tramways système Mekarski, de Paris et de Nantes, qui pèsent 12 tonnes et transportent 50 voyageurs; dans ce chiffre, l'air comprimé entre pour 0 fr. 20, l'entretien des conduites pour 0 fr. 074, l'entretien et le graissage de la voiture pour 0 fr. 071.

2. Cela nous explique les insuccès auxquels ont donné lieu les essais tentés en l'espèce. W. Mann, en 1822, Wright, en 1830, Fordham, en 1832, ont dressé des projets d'automobiles à l'air comprimé, qui n'ont jamais été réalisés. Deux ingénieurs français, Andraud et Tessié du Motay ont construit, en 1840, la première voiture du genre qui ait existé : elle a été essayée à Chaillot, le 9 juillet de cette même année, sur une voie ferrée ; sa disposition l'aurait rendue également propre à la circulation sur les routes ordinaires, mais nous ne sachons pas qu'elle ait marché autrement que pour cet essai sur rails.

Dernièrement, à Chicago, Hartley a construit un tricycle, dont le réservoir, placé entre les deux roues d'avant porteuses et directrices, contient de l'air, qui actionne un moteur à deux cylindres, communiquant son mouvement, au moyen de deux chaînes, à la roue d'arrière motrice. Il donne, paraît-il, une vitesse moyenne de 8 milles à l'heure. Bien que l'administration des postes de Chicago ait essayé de le substituer à une partie de ses voitures ordinaires, nous ne croyons pas qu'il ait beaucoup d'avenir, même pour un service purement urbain.

On a proposé de monter sur la voiture compresseur et moteur à pétrole, M. Ravel rappelle (*France Automobile* du 1er janvier 1899, p. 7) que ce système essayé, vers 1888, sur un tramway, a donné une perte par les transmissions, de 70 %. Le nouveau projet ne prévoit même plus l'utilisation de la chaleur, enlevée aux cylindres du moteur à pétrole pour éviter la congélation dans le cylindre du moteur à air; c'était le seul point intéressant de ce système mort-né.

Enfin, à l'Exposition de 1899, MM. Molas, Lamielle et Tessier nous ont montré une voiture de grosse livraison. Bien que celle-ci puisse être considérée comme un moyen terme entre la voiture légère, pour laquelle l'emploi de l'air comprimé nous paraît impossible, et le tramway pour

Des conclusions à peu près analogues s'appliqueraient au gaz de l'éclairage, qui est employé pour quelques tramways Lührig, au prix d'une dépense de 800 litres de gaz par voiture-kilomètre et qui, on s'en souvient, a été essayé en 1883, par M. Delamare-Deboutteville sur un tricycle (§ 12).

19. — Gaz liquéfiés. Acide carbonique. — La puissance spécifique d'un gaz liquéfié est proportionnelle à la quantité de travail qu'il a fallu dépenser pour l'amener à cet état. Le mode d'utilisation de cette énergie est fort analogue à celui des gaz comprimés : quand le corps cesse d'être soumis à la pression qui le maintient liquide, il repasse à l'état gazeux, en absorbant une quantité de chaleur équivalente à celle qu'on lui avait enlevée

lequel il est journellement pratiqué, nous ne croyons pas que cette application soit appelée à un grand avenir. La voiture en question, faite pour la traction animale, a seulement été appropriée, avec le minimum des modifications nécessaires, à son nouvel usage. La provision d'air est emmagasinée « en quantité proportionnelle à l'effet à faire et au chemin à parcourir », ce qui semble admettre que les postes de ravitaillement seront aussi espacés qu'on le voudra, dans des « bouteilles en acier, d'un métal spécial et doux, qui ne peut éclater, mais qui, par l'exagération voulue des pressions, se déchire comme du plomb ». On devrait bien nous donner quelques renseignements de plus sur cet acier, qui résout de façon si sûre le dangereux problème du logement des fluides comprimés. Il s'agit, en effet, de pressions qui ne se chiffrent pas par moins de 300 kg. En France, beaucoup de tramways n'emploient que l'air comprimé à 45 atm. ; nous ne croyons pas, en tout cas, que sa pression y dépasse le double de ce taux. MM. Molas, Lamielle et Tessier font plus que le sextupler. On nous dit qu'en Amérique l'air est couramment comprimé à cette pression ; admettons-le. Un détendeur approprié le ramène à celle où il est utilisé dans les cylindres, soit 60 à 4 kg. par centimètre carré ; on ne nous dit pas quelles précautions sont prises pour empêcher la production de glace.

Le moteur, composé de 4 cylindres à simple effet est placé, avec ses accessoires, dans la voiture, sous le siège du conducteur, à l'abri de la boue et de la poussière. Un système de distribution spécial lui permet d'utiliser, d'après les constructeurs, la totalité du fluide employé, à quelques centimètres cubes près, et sous un encombrement minime, de donner de 1 à 35 chx. Normalement, il ne fait que 280 tours par minute. Les 4 pistons attaquent directement l'arbre intermédiaire portant la petite roue à empreintes, qui commande les roues motrices, celles d'arrière du véhicule, simplement munies de poulies à empreintes pour recevoir des chaînes ordinaires ; un tendeur, analogue, nous dit-on, à deux galets de guidage,

pour le liquéfier, et sa force expansive actionne le piston. Mais, comme cette chaleur de vaporisation est toujours bien inférieure à celle de l'eau, et pour bien d'autres causes encore (les gaz liquéfiés, beaucoup moins gênants à transporter, à égalité de puissance, que les gaz comprimés, offrent des dangers d'explosion), l'emploi de l'eau est bien préférable à celui des gaz liquéfiés [1].

maintient les maillons dans les alvéoles destinées à les recevoir. La direction s'obtient par un avant-train à cheville-ouvrière.

Les constructeurs nous donnent les chiffres suivants:

Poids de la voiture seule...........................	1400 kg.
— du moteur et de ses accessoires...............	450 kg.
— des réservoirs d'air comprimé..................	1050 kg.
— en ordre de marche...........................	2900 kg.
— de la charge utile...........................	2000 kg.
Rapport de la charge utile au poids total.............	0,408 kg.
Vitesse à l'heure.................................	10 kilom.
Prix de l'automobile..............................	10.000 fr.
Prix de revient de (pour un parcours journalier de 50 kilom.	0 fr. 295
la tonne kilométrique (— 100 —	0 fr. 196

Ces chiffres sont plus économiques que ceux mis en évidence par le concours des poids lourds, à Versailles, en 1897 (§ 325). Seulement ils ne pourront leur être légitimement comparés, que quand ils auront été établis par des essais aussi minutieusement conduits et contrôlés que ceux de ce concours. Jusque là nous estimerons qu'il est plus économique de brûler le charbon dans le générateur d'une automobile que dans celui d'un compresseur destiné à alimenter cette dernière.

(Pour les voitures à gaz comprimés, voir LOCKERT, *Voitures électriques*, p. 219 et suivantes.)

1. Nous ne prononcerons pourtant pas contre eux une excommunication majeure.

En avril 1898, à la réunion de l'Institut Franklin, M. F. Roberts a fait fonctionner, avec l'acide carbonique liquide, un moteur horizontal de 25 chevaux, dont le poids total ne dépassait pas, dit-on, socle compris, 38 kg. 5. Il y avait 3 cylindres de 50 mm. de diamètre et 50 mm. de course, à double effet, avec tiroirs de distribution commandés par cames. La force de 25 chx correspondait à une pression de 110 kg. par centimètre carré et à une vitesse de 2.000 tours par minute.

La New-Power, de New-York, a construit pour tramways un moteur, semblable à une machine à vapeur, sauf pour la distribution et quelques autres particularités : l'acide carbonique, emmagasiné sous une pression de 70 kg. par cm. dans des réservoirs en acier, passe directement aux cylindres,

20. — Eau chaude. — Portée à 200°, sous une pression de 15 atmosphères, comme celle qu'emploie la locomotive Lam-Francq, l'eau emmagasine 42 calories par kg. d'eau et de réservoir, soit 17.850 kgm. M. Deprez admet qu'on peut utiliser 10 °/₀ de ce travail, soit 1.785 kgm'., par kg. transporté. Nous sommes toujours loin de l'énergie fournie par le pétrole.

Pour la réalisation pratique du procédé, on remplit d'eau chaude les récipients du véhicule et on les met en communication par l'intermédiaire d'un détendeur, avec les cylindres de la machine : une partie de l'eau se vaporise, empruntant la chaleur nécessaire au reste du liquide, et la vapeur ainsi formée actionne le piston. Mais, quand la température dans la chaudière est descendue à 150° et la pression à 5 atmosphères, il est nécessaire de renouveler son énergie. Nous retrouvons ici une sujétion analogue à celle de l'air comprimé, acceptable pour un tramway, gênante pour une automobile ; aussi, bien que l'usine de chargement soit moins compliquée qu'avec l'air (simple chaudière, au lieu d'un compresseur actionné par une machine), et que la puissance spécifique de l'eau chaude soit plus élevée que celle de l'air

sans détendeur ni réducteur de pression, mais avec réchauffeur. Les cylindres ont 10 cm. de diamètre, 15 cm. de course ; la consommation est de 4 kg. 530 par cheval et par 24 heures ; le prix de l'acide carbonique liquide n'étant, à New-York, que de 0 fr. 37 le kg., la dépense par cheval-heure ne serait que de 0 fr. 065. (Lockert, *Voitures électriques*, p. 227.) Il s'agira de savoir si le fonctionnement en sera jamais pratique sur une automobile.

Cette question devient encore plus complexe pour le moteur à acide carbonique liquide et à eau chaude, qu'ont combiné MM. Francq et de Marchena, mais qui nous paraît bien compliqué pour une voiture sur routes (Lockert, p. 228).

Pour ce qui est de l'air liquide, ce ne serait pas lui, si nous en croyions M. Franck Richard, qui nous donnerait le moteur puissant et léger que demande la locomotion automobile. Employé à la production de la force, et sans tenir compte des frottements du piston ni des espaces nuisibles, il n'aurait fourni que 0. 454 chx en échange des 73 dépensés par le compresseur qui l'a produit : ce rendement de 0.006 n'a rien de séduisant. Nous n'avons pas besoin de dire qu'il ne faut accorder à ces chiffres, comme aux précédents, qu'une confiance limitée, et personnellement nous réservons absolument notre opinion sur l'avenir de l'air liquide, qui pourrait bien devenir un merveilleux agent de transport.

comprimé, la solution qu'elle nous offrirait pour la locomotion nous semble aussi peu pratique que celle de l'air comprimé [1].

21. — Acétylène. — Depuis la fin de 1892, époque à laquelle M. Moissan, en France, et M. Wilson, en Amérique, ont trouvé le moyen de produire en grand le carbure de calcium (en réduisant l'oxyde de calcium par le charbon dans le four électrique) la fabrication industrielle de l'acétylène est devenue facile par la simple mise en contact de ce carbure avec l'eau : un kg. en produit théoriquement 340 et pratiquement 300 litres, capables de donner 3,500 calories, environ le tiers de ce que peut fournir le pétrole. Ce gaz a, dès le principe, été utilisé pour l'éclairage, et on n'a pas tardé à se demander si on ne pourrait pas employer les 1.487.500 kilogrammètres qu'il donne au kg. à la production de la force motrice [2].

On s'est immédiatement buté à une première difficulté : l'acétylène, corps endothermique, c'est-à-dire formé avec absorption de chaleur, est un explosif puissant, dont le maniement est

---

1. Nous ne croyons pas qu'une voiture à eau chaude ait jamais été réalisée. Dernièrement MM. Hutin et Leblanc ont fait breveter un système prévoyant l'emploi, pour bien utiliser la force de la vapeur, d'une machine à multiple expansion : moteur à plusieurs cylindres (les inventeurs parlent de 6), série de machines rotatives ou de turbines. Mais nous ne trouvons pas dans les considérations, qu'ils font valoir en faveur de leur solution, des motifs suffisants pour nous faire changer d'avis sur l'avenir réservé à l'eau chaude. (*France Automobile*, 5 nov. 1898, p. 379.)

2. On parle depuis quelque temps d'un nouveau carbure, le *carbolite*, découvert par un chimiste de Chicago, M. H. L. Hartenstein, et pour la fabrication duquel une usine serait en construction à Hammond (Indiana). Ce carbure, obtenu par un traitement convenable des laitiers de hauts fourneaux, pourrait s'obtenir à 25 fr. la tonne (au lieu de 500 fr. que coûte celle de carbure de calcium); sous l'action de l'eau, un kilog. produirait 300 l. d'éthylène, gaz capable de remplacer l'acétylène. Ses protagonistes y voient un concurrent redoutable pour ce dernier (*Iron Age*). De moins enthousiastes se demandent s'il ne faut pas voir dans le carbolite un simple mélange de carbure de calcium et d'aluminium, devant donner sous l'action de l'eau un mélange de méthane et d'acétylène, ayant la même composition que l'éthylène sans en contenir du tout. Ils ajoutent que l'éthylène renfermant 65 %/o de carbone de moins que l'acétylène ne saurait être pour celui-ci un rival dangereux. Jusqu'à nouvel ordre, cette conclusion sera aussi la nôtre.

dangereux [1]. Cette explosibilité est maximum pour l'acétylène liquide, qui est comparable sous ce rapport au coton-poudre.

Il faut donc renoncer à son emploi sous cette forme qui eût été si commode pour la locomotion automobile. Tout au plus peut-on le comprimer, comme le fait à Paris la Société des produits chimiques, qui le vend couramment dans des récipients en acier, timbrés à 20 kg. et en contenant 250 litres sous pression de 10 kg. par centimètre carré. Mais il vaut mieux, semble-t-il, le dissoudre d'après le procédé Claude et Hess, dans l'acétone, qui en reçoit jusqu'à 300 fois son volume, sous la pression de 12 kg., le liquide n'augmentant que de la moitié de son volume, et en rend 275 volumes à la pression atmosphérique [2].

En supposant résolue la question de l'emmagasinement sans danger, une autre difficulté se dresse : la brutalité de l'explosion du mélange d'acétylène gazeux et d'air dans le cylindre du moteur qu'elle doit actionner.

M. Cuinet, avec un moteur à gaz ordinaire à 4 temps, a, paraît-il, obtenu une marche sans à-coups, en mélangeant 1 vol. d'acétylène et 20 vol. d'air. Son moteur de 6 chevaux a consommé à demi-charge 302 l. d'acétylène, à pleine charge 175 l., par cheval-heure effectif, à peu près trois fois moins que le volume de gaz d'éclairage nécessaire au même moteur. Avec du carbure à 500 fr. la tonne, le cheval-heure reviendrait donc à 0 fr. 30 [3].

---

1. MM. Berthelot et Vieille ont prouvé que, tant que sa pression ne dépasse guère celle d'une atmosphère, ni l'étincelle électrique, ni un point en ignition ne le font exploser ; au contraire, avec des pressions supérieures à 2 atmosphères, l'explosion peut se produire, sous l'influence des mêmes adjuvants, même sans le contact de l'air. Cette explosibilité augmente avec la pression.

2. Cette dissolution ne paraît pas explosible, sous l'action de la chaleur, quand sa tension n'est pas trop grande. D'après les travaux de MM. Berthelot et Vieille, 7 l. d'acétone ayant dissous 1170 gr. d'acétylène sous la pression de 8 kg. n'ont pas explosé sous l'action d'un fil de platine rougi ; une solution formée sous la pression de 20 kg. a, sous la même influence, donné de petites explosions. Il est donc prudent de ne pas dépasser beaucoup la pression de 10 kg.

3. Des expériences toutes récentes de M. Grover de Leeds confirment ce prix ; M. Grover a trouvé 0 fr. 28.

C'est cher, puisque le moteur en question, consommant 516 l. de gaz d'éclairage, à 0 fr. 30 le mètre cube, fournirait le cheval pour 0 fr. 10.

M. Ravel a essayé un moteur de son système à 2 temps, de 2 chevaux : la puissance de l'acétylène s'y est montrée 2 $\frac{1}{2}$ fois plus grande que celle du gaz de houille. Mais il ne croit pas que la grande force explosive de l'acétylène puisse donner tout son effet utile sur les pistons des moteurs à gaz tonnants tels qu'ils sont construits aujourd'hui, car on se trouvera en face de ce dilemme : « ou le gaz acétylène sera employé à forte dose dans le mélange détonant et alors il ne donnera que peu de travail utile, vu l'explosion brisante qui se produira. Ou bien l'on diluera l'acétylène dans une grande masse d'air, mais alors ce gaz ne donnera pas assez de calorique pour élever suffisamment la pression de la masse gazeuse et lui faire donner, par son expansion, un travail dans des conditions économiques [1]. »

Pour tourner la difficulté, MM. R. Turr et Ch. Chertemps ont cherché à utiliser l'élévation considérable de température provenant de la très soudaine explosion de l'acétylène pour transformer en vapeur une certaine quantité d'eau, et à provoquer ensuite la détente de cette vapeur, de manière à lui faire pousser graduellement le piston. Mais cela complique la construction du moteur, qui n'a pas encore été appliqué [2].

En résumé, tout en reconnaissant que si l'acétylène liquide pouvait être utilisé sans danger il constituerait un agent précieux pour l'automobilisme, nous restons, jusqu'à nouvel ordre, fort sceptique à l'endroit de la voiture à acétylène.

22. — Alcool. Huiles de distillerie. — La substitution de l'alcool à l'essence de pétrole, pour l'usage automobile, aurait probablement l'avantage de diminuer la mauvaise odeur et l'encrassement des cylindres, et certainement celui de substituer à un article

1. A. Witz, *Moteurs à gaz et à pétrole et voitures automobiles*, t. III, p. 90.

2. *Locomotion automobile*, 21 octobre 1897, p. 489.

d'importation un produit national, dont la consommation pourrait indemniser l'agriculture de la perte qu'elle ne manquera pas de subir par suite de la moindre demande de chevaux et de fourrages qui lui sera faite [1].

La possibilité de cette substitution est *a priori* assez improbable. Le pouvoir calorifique de l'alcool ne dépasse guère la moitié de celui de l'essence : si on calcule, comme l'a fait M. Lévy, le nombre de chevaux-vapeur-heure produits théoriquement par la combustion d'un kg. de pétrole et d'un kg. d'alcool, en présence des volumes d'oxygène qui leur sont strictement nécessaires, on trouve respectivement 6,75 pour le pétrole et 3,235 pour l'alcool à 90° ; de sorte qu'en comptant l'alcool à 30 fr. l'hectolitre (droits non compris) l'essence et le pétrole à 0 fr. 45 le kg., on arrive pour le nombre des chevaux-vapeur-heure obtenus par la combustion d'un franc de chaque substance à 9 pour l'alcool et à 15 pour le pétrole.

Mais on pouvait objecter que la pratique donnerait peut-être des chiffres tout autres, parce que ce n'est pas en présence de la quantité d'oxygène strictement nécessaire pour la combustion que cette dernière se produit, mais en présence d'air à 23 °/₀ d'oxygène et 77 d'azote (dont il faudrait théoriquement 15.117 kg. par kg. de pétrole et seulement 7.567 kg. par kg. d'alcool à 90°) et même en présence d'un grand excès de cet air, de sorte que l'azote et l'air en trop pourraient absorber en pure perte plus de chaleur dans la combustion du pétrole que dans celle de l'alcool. En outre, il pouvait être plus facile, avec ce dernier qu'avec le pétrole, d'avoir une combustion complète.

Pour étudier la question, la Société d'agriculture de Meaux a chargé M. Max Ringelmann de procéder à des expériences ; elles

---

1. En admettant pourtant que ne surgisse pas un moyen de préparer industriellement l'alcool. Déjà, M. Fritsch a eu l'idée de le retirer de l'éthylène, ce gaz carburé, qui se trouve dans la proportion de 2 °/₀ en volume dans les gaz d'échappement des hauts fourneaux, des fours à coke, des foyers où on distille la houille.

ont porté sur de l'essence minérale et de l'alcool dénaturé ayant donné à M. Ach. Müntz les résultats suivants :

	ESSENCE minérale	ALCOOL dénaturé
Carbone..........................	84.3	41.5
Hydrogène.........................	15.7	13.0
Oxygène...........................	0	45.5
Densité à 15°......................	708	834
Point d'ébullition.................	88°	78°5
Calories dégagées par kilog.........	11359.65	6521.75
Poids évaporés par heure et par décimètre carré de surface, en grammes :		
1° dans le hall d'essais, à 18°......	9^{gr}37	3^{gr}47
2° au dehors, au soleil, à 25°......	47^{gr}21	27^{gr}08

Les essais ont été effectués d'abord avec un moteur Brouhot, horizontal, de 2 à 3 chevaux, à 4 temps et allumage électrique, ensuite avec un moteur Benz vertical, de 3 à 4 chevaux, également à 4 temps, à allumage par tube. Ils ont donné les résultats suivants :

	CONSOMMATION par heure		RAPPORT des consommations	
	Essence minérale	Alcool dénaturé	Essence minérale	Alcool dénaturé
MOTEUR HORIZONTAL				
A vide	1^{k}040	2^{k}267	1	2.05
Par cheval { à demi-charge..	0.950	1.767	1	1.86
{ en charge	0.892	1.396	1	1.56
MOTEUR VERTICAL				
A vide......................	0.328	0.771	1	2.35
Par cheval { à demi-charge..	0.619	1.097	1	1.66
{ en charge	0.407	0.763	1	1.87
			1	1.89

Pour obtenir le même travail industriel, on a donc consommé de 1,5 à 2,3, en moyenne 1,89 fois plus d'alcool que d'essence. M. Ringelmann établit ainsi qu'il suit la dépense :

	ESSENCE minérale	ALCOOL dénaturé	PÉTROLE lampant[1]
Consommation par heure et par cheval { en poids (kg.)...	0.400	0.756	0.438
{ en volume (litre).	0.565	0.906	0.532
Rapport des consommations (en volumes).	105.28	169.2	100
Prix du litre (hors Paris)............ fr.	0.50	1	0.30
Prix du cheval-heure............... fr.	0.28	0.90	0.16

Dans ces conditions, les rapports des prix de ces combustibles nécessaires pour obtenir la même puissance sont :

Moteur à pétrole lampant................. fr. 1 »
Moteur à essence minérale...... .... 1 75
Moteur à alcool dénaturé................. 5 625

Et M. Ringelmann en conclut que l'alcool dénaturé devrait être vendu à raison de 17 fr. 70 l'hectolitre pour être équivalent, au point de vue économique, au pétrole lampant valant 30 fr. l'hecto-litre ; que, dans ces conditions, il ne faut pas songer à l'utilisation économique de l'alcool pour les moteurs.

Mais ce n'est pas tout : à cause du peu de vapeurs que l'alcool émet à la température de 15 à 20°, il lui a fallu recourir à un stratagème ou à des dispositifs particuliers pour la mise en marche des moteurs. M. Ringelmann faisait fonctionner celui de M. Brouhot, pendant 5 minutes environ, avec l'essence miné-rale, et lorsque la température moyenne des gaz de la décharge atteignait 70° environ, il commençait l'alimentation à l'alcool, mais en ayant soin de modifier en même temps la composition

1. Chiffres du 1er prix du concours international de Meaux en 1894.

du mélange tonnant (pour le même volume engendré par le piston, il fallait 2,06 fois plus d'alcool que d'essence) afin d'obtenir une combustion complète. Pour le moteur Benz, il avait établi un carburateur, qu'un fourneau à gaz permettait de maintenir à une température de 42 à 47°, reconnue par tâtonnements comme la plus favorable au fonctionnement de la machine, et ce carburateur était un danger constant d'incendie.

Les conclusions de M. Ringelmann sont-elles sans appel? Nous ne le pensons pas. Nous ferons d'abord remarquer que M. Ringelmann compare l'alcool au pétrole lampant, qui n'est pourtant qu'exceptionnellement employé pour les automobiles. La gazoline seule est d'un usage courant, et si on la compte 40 fr. (au lieu de 30 fr. admis pour le pétrole) on trouve que l'alcool pourra être aussi économique qu'elle en coûtant 23 fr. 60 (au lieu de 17 fr. 70). M. Ringelmann le comptait à 100 fr. l'hectolitre à une époque où les droits sur l'hectolitre d'alcool dénaturé s'élevaient à 37 fr. 50 ; or, une loi récente les a abaissés à 3 fr.; nous pouvons donc le compter à 65 fr. 50. En outre, on peut espérer que les frais de dénaturation, qui sont actuellement de 7 fr. par hectolitre, seront abaissés (en Allemagne ils sont sensiblement plus faibles). De la sorte, le prix de l'alcool dénaturé ne dépasserait guère 60 fr. La différence entre ce prix et celui auquel il devrait arriver pour que l'alcool fût économiquement utilisable, en acceptant les consommations trouvées par M. Ringelmann, reste assurément notable, mais s'est pourtant beaucoup abaissée.

En outre, M. Ringelmann a opéré sur des moteurs, qui n'étaient pas faits pour consommer de l'alcool et avec lesquels l'emploi de ce liquide n'était possible que grâce à des moyens inacceptables dans la pratique journalière; n'y aurait-il pas dans l'adaptation d'un carburateur et d'un moteur spéciaux le moyen de supprimer le danger et d'augmenter le rendement?

C'est ce que tendraient à prouver les expériences de M. Petréano. En employant un moteur à gaz Otto, modèle 1884, donnant 5 chevaux à 180 tours, mais en le munissant d'un carburateur spécial (§ 57), il a obtenu le cheval-heure indiqué à raison de 0 kg. 540. A la densité de 0,815, cela fait 0 l. 662, et en comptant sur un rendement du moteur de 80 %, cela met la consommation du cheval-effectif à 0 l. 822.

La maison Körting, de Hanovre, aurait, paraît-il, obtenu de résultats encore bien meilleurs : au mois de mars 1897, avec un moteur spécialement construit pour ces essais, sur le type de ses moteurs à benzine, elle aurait réalisé le cheval-heure indiqué moyennant 0 l. 49 d'alcool à 93°, du poids spécifique de 0.815 cela correspondrait à 0 l. 612 par cheval-heure effectif. La consommation ne serait guère supérieure à celle trouvée par M. Ringelmann pour l'essence (0 l. 565).

Si ces chiffres se confirmaient, l'emploi de l'alcool pour la production de la force serait dès à présent économique en Allemagne où le liquide ne coûte que de 20 à 30 fr. l'hectolitre [1]. En France il pourra peut-être le devenir dans un avenir plus ou moins lointain ; mais en admettant que la carburation se fasse sans danger que l'alcool, malgré les dénaturants qu'on lui ajoute, se comporte bien dans le cylindre, n'encrasse pas les soupapes et donne une combustion inodore, comme on l'espère, sa puissance spécifique restera toujours inférieure à celle de l'essence. Et comme la seule infériorité de cette dernière sur l'alcool, la mauvaise odeur de gaz brûlés, pourra un jour ou l'autre être supprimée par l'amélioration de la combustion, nous ne croyons guère à l'avenir de l'alcool. En résumé, pour nous comme pour bien d'autres, la question de la substitution de l'alcool à la gazoline ne se posera pas, si elle ne se compliquait d'une question économique (le débouché qu'elle offrirait à un produit national) ; même posé dans ces conditions, le sort qui lui est réservé nous apparaît comme assez précaire.

L'alcool a pourtant ses protagonistes fort résolus, en tête

---

1. M. A. Witz, *Moteurs à gaz et à pétrole*, t. III, p. 101, donne le prix de 20 fr. ; d'autres auteurs des chiffres notablement supérieurs.

M. Petréano : ce dernier croit à l'avenir de ce combustible en automobilisme, à cause de l'absence presque absolue d'odeur qui résulte de son emploi, et cela parce que dans le diffuseur auquel il a recours pour préparer le mélange carburé, la substance dénaturante (benzine lourde et vert malachite), qui serait de nature à contrarier la bonne utilisation de l'alcool et à donner des résidus odorants, si elle se vaporisait, reste au fond, comme une espèce de brai, qu'on a seulement l'ennui de retirer toutes les 24 heures. Ce diffuseur a aussi l'avantage de chauffer le mélange carburé et d'éviter ainsi la dissociation de l'alcool froid au contact du cylindre chaud : cette dissociation aurait pour conséquences fatales l'oxydation du cylindre et sa détérioration rapide par l'oxygène mis en liberté ; les écailles de matière pulvérulente, que l'on retrouve dans le pot d'échappement, quand on emploie l'alcool froid, ne laissent aucun doute à cet égard.

Quelques essais ont déjà été faits avec l'alcool sur des moteurs d'automobiles. En novembre 1898, on a expérimenté l'alcool, carburé par le procédé Dusart, croyons-nous, sur un tricycle de Dion-Bouton, et on aurait obtenu avec lui de bons résultats. En décembre de la même année, le commandant Krebs a effectué des essais au frein sur un moteur Phénix, simplement modifié par l'agrandissement de l'orifice ordinaire d'admission : il a obtenu 3, 6 chevaux avec l'alcool à 95° ordinaire, 4, 2 chevaux avec l'alcool carburé Dusart, 4, 4 chevaux avec la gazoline.

La Société des voitures Henriod fait parfois marcher à l'alcool ses automobiles à essence ordinaire ; son carburateur-distributeur permet, paraît-il, cette substitution ; mais, à égalité de parcours, le volume d'alcool consommé est notablement supérieur à celui de l'essence.

Le journal *Le Vélo* avait organisé, pour le 11 avril 1899, un critérium des moteurs à alcool, sur le parcours de Paris à Chantilly et retour. Des huit motocycles ou voitures inscrits, une seule, la voiture de MM. Guttin et Cie, s'est mise en route ; elle a parcouru les 136 kilomètres en 8 heures 8 minutes ; son moteur, de 4 chevaux, a consommé 38 litres d'alcool, soit près de 0.300 litre par kilomètre [1].

De ces quelques essais ne ressort encore rien de concluant. Notons pourtant, avec M. Périssé, dans la communication récente qu'il a faite à la Société des Ingénieurs Civils, l'intérêt qu'il peut y avoir à employer, au lieu de l'alcool ordinaire à 90° contenant 10°/₀ et 15°/₀ de dénaturant ordinaire, l'alcool à 95° que produisent toutes les distilleries agricoles, ou mieux encore l'alcool à 98° dénaturé avec des hydrocarbures bon marché, qui favoriseraient la richesse du mélange explosif. Il faudrait aussi approprier le moteur au nouveau combustible, au lieu d'utiliser simplement ceux qui sont faits pour marcher avec de l'essence.

Peut-être y aura-t-il plus de chances qu'avec l'alcool de réussir avec les huiles lourdes de distillerie (0,75 d'alcool amylique et 0,25 d'alcool butylique) qui, toujours, d'après M. L. Lévy, donnent, en présence du volume d'oxygène strictement nécessaire à leur combustion, 4 chevaux-vapeur-heure par kg. (au lieu de 3,235 donnés par l'alcool et 6,75 donnés par l'essence de pétrole). Comme les huiles ne coûtent guère que 13 fr. 30 les 100 kg., la combustion de 1 fr. donne théoriquement 30 chevaux-vapeur-heure (au lieu de 9 avec l'alcool et de 15 avec le pétrole). Mais il s'agit de savoir si l'emploi peut en devenir pratique, et, sous ce rapport, nous sommes à leur égard moins avancés que pour l'alcool: il n'y a pas eu, croyons-nous, le moindre essai effectué.

23. — Benzine. — En Allemagne, il existe quelques locomotives à benzine, construites par la fabrique de moteurs de Deutz. Un moteur Daimler à benzine de 14 chevaux y actionne les tramways

---

1. Notons, comme terme de comparaison, que, d'après des expériences faites par M. Brillié, sur une voiture Gobron et Brillié, à moteur de 6 chevaux, pesant 850 kg. en ordre de marche, et portant 5 personnes, c'est-à-dire bien plus lourde que celle de MM. Guttin et Cⁱᵉ, la consommation en terrain varié serait de 1/7 de litre d'essence par kilomètre; mais ce chiffre nous paraît au-dessous de la moyenne.

de la ligne Saulgau-Herbertingen-Riedlingen. Dans ce pays, autant qu'on peut en juger par une pratique encore insuffisante, le moteur à benzine est un peu plus économique que le moteur à alcool (10 °/₀ environ).

La traction par la benzine se développera-t-elle? Il est permis d'en douter. Cette substance est, comme on le sait, un bicarbure d'hydrogène, extrait surtout des goudrons de la fabrication du gaz d'éclairage, et presque entièrement absorbé par la préparation des couleurs d'aniline ; on le tire aussi des goudrons provenant de la fabrication du coke, de la calcination et de la distillation des lignites, de la tourbe, du bois. Mais c'est un produit fort demandé, dont un nouvel emploi ferait probablement hausser le prix, qui ne resterait plus économique pour la traction [1].

1. Nous ne parlerons que pour mémoire de l'emploi de la poudre. Un américain, M. Freeble, a imaginé un moteur (*Locomotion automobile*, 8 septembre 1898, p. 565) qui utilise cette substance et qu'il voudrait appliquer à la propulsion des bicyclettes. Un récipient plein de poudre, en communication même simplement médiate et intermittente avec un cylindre où cette matière déflagre, nous semble devoir constituer pour la voiture un danger permanent, et cette raison nous dispense d'en donner d'autres pour conclure au peu d'avenir réservé à cet agent d'énergie en automobilisme.

DEUXIÈME PARTIE

LES
ÉLÉMENTS DES VOITURES AUTOMOBILES

PREMIÈRE SECTION
LES MOTEURS

CHAPITRE PREMIER
CHAUDIÈRES ET MOTEURS A VAPEUR

1° Chaudières.

24. — Qualités à demander aux chaudières d'automobiles. — Les générateurs étant destinés : 1° à être transportés par le véhicule automoteur ; 2° à faire face à des besoins fort variables avec le profil de la route et la vitesse de la voiture ; 3° à être confiés à des chauffeurs plus ou moins expérimentés, doivent, pour remplir ces conditions fort impérieuses de légèreté, d'élasticité et de sécurité, être : 1° d'un poids et d'un volume réduits, tout en étant très solides ; 2° d'une mise en pression rapide et d'une puissance considérable facile à graduer ; 3° d'une conduite commode, sans danger d'explosion.

Ces qualités ne peuvent être réunies que dans les chaudières *tubulaires* ou à *vaporisation instantanée*. On a pu adapter à l'usage automobile quelques-unes de celles qui existaient déjà, comme aussi on en a créé de nouvelles fort bien comprises. Les unes et les autres ont quelques traits communs :

1º Pour éviter autant que possible les fumées, elles sont chauffées au coke, quand elles ne le sont pas au pétrole lampant ou aux huiles lourdes ;

2º Presque toutes ont, à l'instar des locomotives, leur tirage activé par l'injection, dans la cheminée, de la vapeur d'échappement (quelques-unes sont même munies d'un souffleur, qu'on met en action quand il y a un coup de collier à donner).

25. — Chaudières tubulaires. — Elles se divisent en deux classes, suivant que les tubes en sont occupés par les fumées (chaudières *ignitubulaires*) ou par l'eau et la vapeur (chaudières *aquatubulaires*).

A) IGNITUBULAIRES. — Elles sont peu employées, parce que la grande longueur de leurs tubes horizontaux, qui n'est pas une gêne avec une locomotive, en devient une très grande avec un véhicule ordinaire. Et, si on dispose ces tubes verticalement, ils n'utilisent pas aussi bien que quand ils sont horizontaux la chaleur du combustible.

Type Leyland. — La chaudière employée par la « Lancashire Steam motor Cº » de Leyland[1] est pourtant de ce type ; les tubes en sont verticaux, et peuvent être soulevés avec le couvercle, de manière à être commodément nettoyés. Elle est chauffée par un brûleur, auquel le pétrole brut arrive sous la pression de la vapeur de la chaudière (dès que celle-ci atteint sa valeur normale, elle provoque la fermeture partielle de la valve d'arrivée de l'huile), ou de l'air comprimé au-dessus de lui, comme dans le break Leyland de l'Automobile-association Limited, qui a pris part au Concours de Versailles, en 1898.

Le fourgon (§ 242) engagé par la Compagnie au Concours de Liverpool (mai 1898), qui pesait à vide 2.910 kil. et pouvait porter un poids utile de 4 tonnes, avait une chaudière de

1. *Industries and Iron,* 25 nov. 1898, p. 452.

10.20 m² de surface de chauffe, pesant moins de 30 kil. par m² de cette surface. Cette chaudière, essayée à la pression de 35 kg. par centimètre carré, fournissait normalement de la vapeur à 14 kg. et nécessitait, paraît-il, 18 minutes pour sa mise en pression. Elle était alimentée par une pompe à bras, en partie avec l'eau fournie par un condenseur à air, placé sur le toit du véhicule et ne pesant que 43 kg. Le pétrole brûlé à l'heure ne dépassait pas 8 l. en pleine charge.

La chaudière du break de *l'Automobile association Limited*, fait pour transporter 7 voyageurs assis, avec leurs bagages et quelques provisions (il pesait 1225 kg. à vide, 1850 kg. en ordre de marche et 2000 kg. en charge) avait 108 tubes, une surface de chauffe de 4 m²65 ; elle était timbrée à 13.50 kg. ; il a été constaté que sa mise en pression exigeait 25 à 30 minutes.

26. B) Aquatubulaires. — **Chaudière Ravel.** — Son brevet, et celui du tricycle qu'elle devait actionner, remontent à 1868 ; aussi n'est-ce qu'au titre purement historique que nous la mentionnons. Elle était chauffée au pétrole lampant, auquel on revient dans certains types des plus modernes.

Un serpentin, à spires jointives, était placé à l'intérieur d'une enveloppe cylindrique, terminée à sa partie supérieure par une demi-sphère. Les gaz brûlés montaient au centre du serpentin pour redescendre entre lui et l'enveloppe, et se rendre ensuite à la cheminée. L'eau, arrivant à la partie inférieure de l'enveloppe, s'élevait à sa partie supérieure, redescendait pour entrer dans le serpentin par le bas et en ressortait par le haut. La vapeur se rendait dans une grande chambre, formée par une enveloppe cylindrique annulaire que remplissaient les gaz chauds ; elle s'y surchauffait légèrement, tout en restant à basse pression. C'était, en somme, une chaudière à vaporisation rapide, avec une assez grande quantité d'eau et une réserve importante de vapeur ; elle devait être munie du niveau d'eau et des autres appareils de sécurité.

27. — **Chaudières Bollée et Scott.** — La première n'est autre que la chaudière Field, type des pompes à incendie. Comme elle est bien connue, nous nous bornerons à rappeler que le corps en est formé par un cylindre annulaire, qui entoure le foyer et la cheminée : la partie supérieure, placée autour de la cheminée, a un diamètre intérieur plus petit que la partie inférieure, qui correspond au foyer, de sorte qu'il existe comme un plafond annulaire au-dessus de ce dernier. Ce plafond sert de support à des tubes, qui plongent dans le foyer obliquement, de manière à gêner la sortie des gaz vers la cheminée et à multiplier ainsi leur surface de contact avec ces gaz. A l'intérieur de ces tubes s'en trouvent d'autres, concentriques ; l'eau descend par les tubes intérieurs et remonte par les intervalles que laissent entre eux les deux jeux de tubes; il en résulte une vaporisation très rapide. Malheureusement, les tubes sont sujets à des brûlures et à des incrustations fréquentes ; pour empêcher le plus possible ces dernières, il faut employer des eaux aussi pures que possible.

La chaudière de *La Nouvelle*, l'omnibus qui a fourni la course de Paris à Bordeaux et retour, a 0.70 m. de diamètre extérieur et 118 tubes. Il faut compter à peu près une demi-heure pour la mise en pression.

C'est également au type Field qu'appartient le générateur Scott (fig. 7), mais il a été doté de perfectionnements importants, notamment d'un tube brasseur d'eau, d'un réchauffeur-détartreur, d'un sécheur-surchauffeur, d'un souffleur, d'une grille mobile et d'un orifice de cheminée, dont la légende explique les avantages.

La chaudière des omnibus et tracteurs Scott pèse à vide 400 à 500 kg. et contient 50 à 60 l. d'eau, elle consomme par heure, (sur une grille qui pour le petit modèle a 0.130 m² et 0.150 m² pour le grand) 40 à 45 kg. de coke, en produisant environ 220 kg. de vapeur à 12 kg.; elle peut alimenter un moteur de 12 à 16 chx. La mise en pression demande 35 à 40 minutes, mais elle peut être accélérée en faisant usage du souffleur.

Les chaudières Thirion, Durenne, fort analogues, surtout la

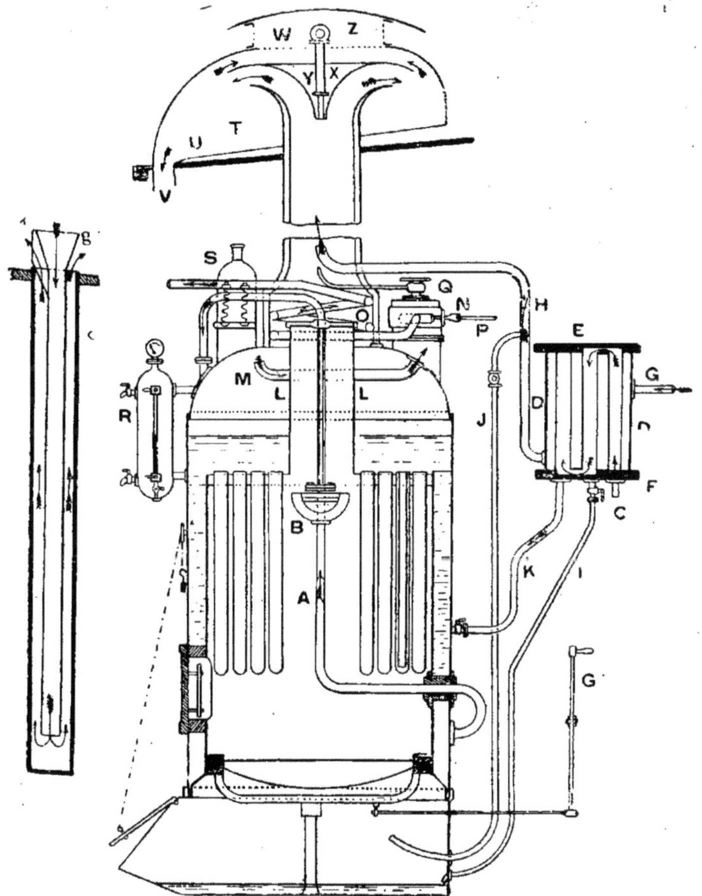

Fɪɢ. 7. — Chaudière *Field* améliorée par M. Scott.

A, *tube brassseur d'eau*, reliant la partie inférieure de l'espace annulaire formé par les deux parois de la chaudière, près de l'orifice d'alimentation, avec le dôme occupé par la vapeur: il offre à l'eau relativement froide arrivant dans la chaudière un chemin direct pour se rendre dans la partie la plus haute : la température de la chaudière est ainsi maintenue plus uniforme (ce qui diminue les inégalités de contraction et par suite la fatigue du métal); et, la circulation du liquide étant rendue plus active, le calorique est mieux utilisé.

B, écran en terre réfractaire, protégeant le joint du tube A contre la chaleur directe du foyer, et forçant les fumées à mieux lécher les tubes pendentifs avant de se rendre à la cheminée.

C, arrivée de l'eau d'alimentation dans le *réchauffeur-détartreur* D, formé de tubes en laiton réunis par les plaques de tête E, F, G, arrivée autour des tubes de la vapeur d'échappement du moteur ; cette vapeur réchauffe l'eau d'alimentation et se rend à là cheminée par le tuyau H (sur lequel est greffé le tube J, qui peut, quand on ouvre un robinet, amener une partie de la vapeur sous la grille, pour activer le tirage). L'eau, qu'il est recommandé d'épurer, si elle marque plus de 20 degrés hydrotimétriques, abandonne dans le réchauffeur-détartreur une partie de ses matières terreuses, et y prend une température pouvant aller jusqu'à 100° ; de là elle se rend à la chaudière par le tuyau C.

La vapeur, qui en résulte, déjà chauffée par le tuyau L, se rend par le tube M dans la boîte N, que le régulateur, manœuvré par le levier P, peut mettre en communication avec le serpentin O chauffé par les gaz du foyer. La vapeur s'y sèche et s'y surchauffe avant d'aller au moteur. Une partie peut être prélevée par le robinet souffleur K, pour être envoyée dans la cheminée et activer encore le tirage.

La grille qui est circulaire peut être animée d'un mouvement alternatif de rotation autour de son axe vertical, grâce au levier G. Elle est placée plus bas qu'elle n'est représentée, à la partie supérieure du cendrier, et peut, pour jeter le feu, être amenée près du fond de celui-ci, occupé par l'eau provenant de la condensation d'une partie de la vapeur d'échappement dans le réchauffeur D, d'où elle arrive par le tuyau I. Ce liquide rafraîchit les barreaux de la grille en se vaporisant sous l'influence des escarbilles qui en tombent. Quant à celles qui montent dans la cheminée, arrêtées par l'écran X, qui les empêche de s'échapper à l'extérieur, elles retombent sur le plan incliné U, et de là par un tuyau, dont on voit l'amorce en V, retournent au cendrier.

première, à la chaudière Field adaptée au service des pompes à incendie, les chaudières Westinghouse à tubes horizontaux, Rowan à tubes légèrement inclinés, appliquées à la traction des locomobiles et des tramways, pourraient, assez facilement semble-t-il, s'adapter au service automobile [1].

28. — Chaudière de Dion-Bouton. — Avec elle, nous arrivons à

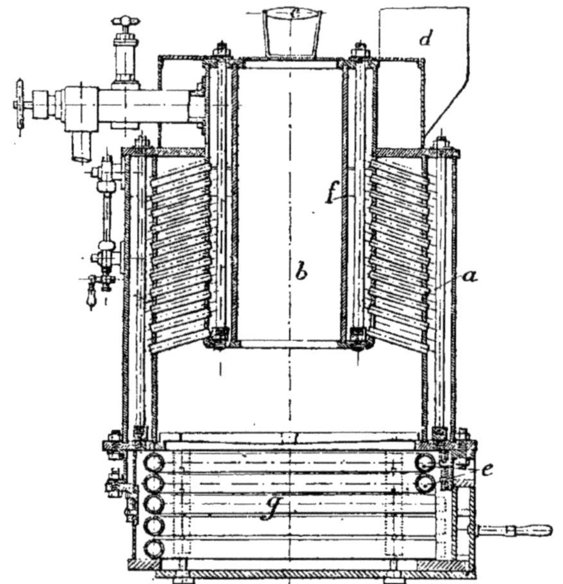

FIG. 8, — Chaudière de *Dion-Bouton*.

un type tout nouveau, fort ingénieusement créé pour la destination à laquelle il a été affecté. Elle se compose (fig. 8) de deux cylindres concentriques, à section annulaire, reliés par des tubes en acier *a*, de petit diamètre, légèrement inclinés vers l'extérieur. La longueur des tubes ne dépasse pas vingt fois leur diamètre, afin d'éviter la formation de ces poches de vapeur qu'on redoute dans beaucoup de chaudières multitubulaires. Ces deux cylindres dont la hauteur verticale est à peu près la même, mais dont les

1. Voir Milandre et Bouquet, t. II, p. 15 et suiv.

bases ne sont pas au même niveau, forment, le premier, l'enveloppe extérieure du foyer, le second, celle d'un tube central *b*, qui forme réservoir de combustible, lorsque, par l'orifice supérieur que forme le couvercle *c*, on l'a rempli de coke. Ce mode de chargement par masses relativement considérables permet de ne s'occuper qu'à d'assez longs intervalles de l'alimentation du foyer.

Les gaz de la combustion s'élèvent à travers les intervalles laissés par les tubes *a* ; et, comme ces intervalles sont étroits, et tourmentés par suite de la disposition en chicane des tubes, les gaz sont bien dépouillés de leur calorique. Quand ils arrivent dans la boîte à fumée, située à la partie supérieure de la chaudière, ils n'ont pas une température de plus de 250 à 300°. De cette boîte à fumée, ils s'échappent par la cheminée *d*, ordinairement recourbée pour déboucher en arrière de la voiture. Comme les gaz qui en sortent peuvent constituer une gêne pour visiter et surtout réparer le moteur pendant les arrêts, lorsque la voiture a un toit, ainsi que cela a lieu avec l'omnibus, la cheminée monte directement au-dessus de ce toit.

L'eau, qui est amenée à la chaudière par l'intermédiaire de la pompe ou de l'injecteur Giffard, dont elle est toujours munie, est maintenue à un niveau, situé au-dessous du diaphragme *f*, placé lui-même au-dessous des deux rangées supérieures des tubes, de manière à interrompre toute communication directe entre les parties haute et basse du corps cylindrique intérieur. Le liquide remplit les tubes, et, par cela même, est divisé en faibles masses, léchées sur tout leur pourtour par les flammes et les gaz de la combustion ; il s'échauffe très vite, et cela a un double avantage : 1° chaque tube est ainsi parcouru, du cylindre extérieur au cylindre intérieur, par un courant intense, dont la rapidité est un obstacle à son incrustation ; 2° le pouvoir vaporisateur de la chaudière est très grand.

La vapeur, rapidement formée, entraîne une certaine quantité de liquide, dont il y a intérêt à la débarrasser. Elle se sèche en traversant les deux rangées supérieures de tubes, qni débouchent, comme nous l'avons dit, au-dessus du diaphragme, et les conduites placées dans la boîte à fumée. Parfois même, dans certaines chaudières, comme celle que représente la figure, dont sont munis l'omnibus et le tracteur présentés par MM. de Dion et Bouton au concours des poids lourds de 1897, entre ces conduites et la prise de vapeur est intercalé un serpentin en acier e, qui entoure le foyer et où la vapeur se dessèche complètement et même se surchauffe.

Le serpentin g, que l'on voit au-dessous du précédent est destiné à surchauffer la vapeur de l'échappement; de la sorte cette vapeur, qui est encore réchauffée par son mélange avec les gaz chauds de la combustion, qu'elle rencontre dans la cheminée, devient presque invisible à sa sortie dans l'atmosphère.

Naturellement, la chaudière est munie d'une soupape de sûreté, d'un manomètre, d'un niveau d'eau, de robinets de jauge et de vidange. Deux portes permettent de décrasser le foyer et de vider le cendrier.

Les chaudières de Dion-Bouton peuvent être construites pour des forces variant de 2 1/2 à plusieurs centaines de chevaux. Pour les applications à la locomotion automobile, on les fait de 5 à 35 chx et on les timbre à 18 kg. pour une pression normale de 14 kg.; dans ces conditions, elles n'ont guère que 1 m. de hauteur et 0. m. 70 de diamètre. Voici les chiffres qui se rapportent au modèle employé pour l'omnibus à 16 voyageurs (moteur de 25 chx) et le tracteur de *La Pauline* à 40 places (moteur de 35 chx) engagés par MM. de Dion et Bouton dans le concours des poids lourds de 1897 :

Surface de grille	0 m² 18
Nombre de tubes	500
Surface de chauffe	5 m² 60
Surface des surchauffeurs	0 m² 50
Poids à vide	400 kg
— de l'eau	60 kg
— du coke	20 kg
— en ordre de marche	480 kg
Eau vapor. à 14 kg de press., par kg. de coke	6 lit.
— — en une heure	350 lit.
Temps nécess. pour la mise en pression	30 min.

La chaudière de l'omnibus à 20 places, engagé au concours de Versailles en 1898, pesait en ordre de marche 540 kg.

En somme, ce générateur, très réduit comme volume et comme poids, est d'une grande puissance de vaporisation et d'une grande élasticité.

29. — **Chaudière Weidknecht.** — C'est une chaudière multitu-

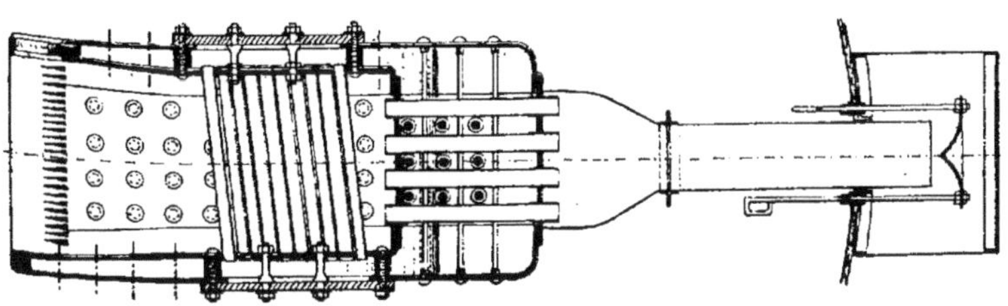

FIG. 9. — Chaudière *Weidknecht.*
Coupe verticale.

bulaire, à foyer intérieur, à chargement automatique, munie d'un surchauffeur. (Fig. 9 à 12.) Elle est tout en acier.

La grille est formée de deux parties, celle d'arrière fixe, celle

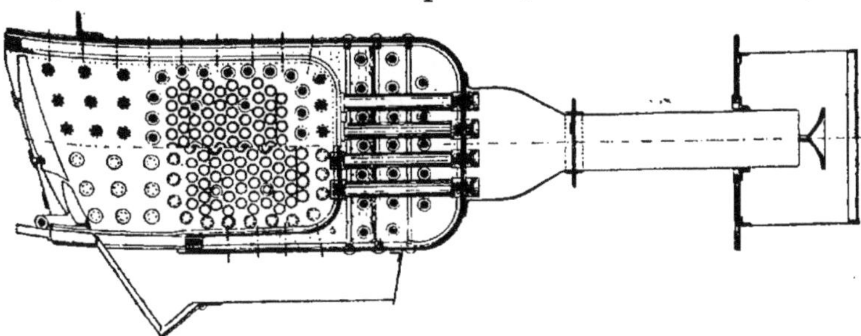

FIG. 10. — Chaudière *Weidknecht.*
Coupe verticale.

d'avant mobile par un jeu de leviers à bascule, qui permet, par son abaissement, de jeter le feu en partie, si on veut nettoyer le foyer, sans que pour cela il soit besoin de le vider complètement. L'ensemble est incliné et le combustible arrive sur elle, après qu'il a été versé préalablement dans une hotte de chargement placée à l'avant de la chaudière. Des tubes verticaux relient le ciel du foyer au bas de la cheminée, pour mieux utiliser le combustible. Les tubes d'eau sont légèrement inclinés sur l'hori-

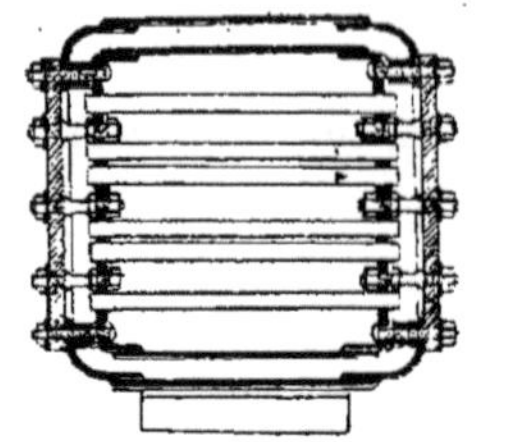

Fig. 11. — Chaudière *Weidknecht*.
Coupe horizontale.

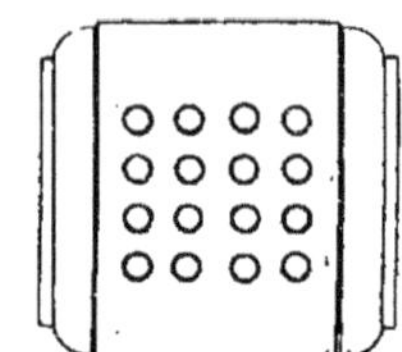

Fig. 12. — Chaudière *Weidknecht*.
Vue en plan.

zontale, pour faciliter le dégagement de la vapeur ; ils débouchent de part et d'autre dans des plaques de tête, pour faciliter le nettoyage et le remplacement.

L'alimentation se fait par un injecteur aspirant Sellers et une pompe automatique dont on modifie le débit en agissant sur l'obturateur de la conduite de retour d'eau placée en dérivation sur celle de refoulement.

La chaudière de l'omnibus à 16 places et 500 kg. de bagages de M. Weidknecht a 27 dm² de surface de grille, 6 m² de surface de chauffe, 87 tubes de 30 mm. de diamètre extérieur ; elle produit 260 kg. de vapeur à l'heure, à la pression moyenne de 12 kg. ; elle est timbrée à 15 kg.

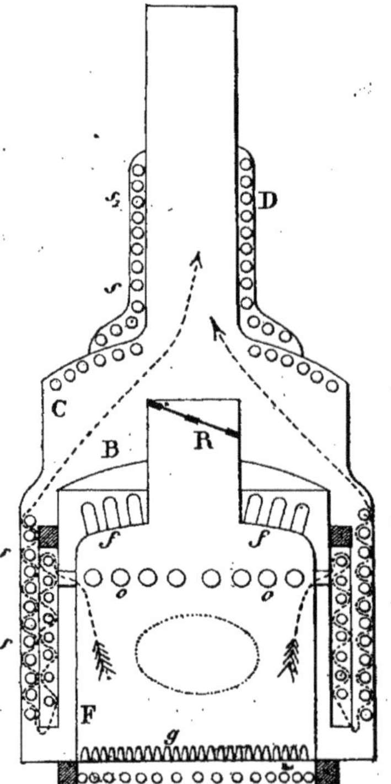

Fig. 13. — Chaudière *Nègre*.
(Type pour voitures lourdes)

30. — Chaudières Nègre (type pour voitures lourdes). — Elle est représentée schématiquement par le fig. 13 : F est le foyer, B le corps cylindrique ; entre les deux se trouvent l'eau et la vapeur. Pour allumer le feu de coke, on ouvre le registre R ; quand il a bien pris, on ferme le registre, et les gaz brûlés ne peuvent se rendre à la cheminée qu'en suivant le chemin sinueux indiqué par les flèches. L'eau d'alimentation suit la route inverse : elle pénètre dans un serpentin $s_1 s$, qui la conduit dans le haut du corps de chaudière B ; elle s'enrichit progressivement des calories abandonnées par les gaz de la combustion, et finit de se vaporiser au contact des tubes f, chauffés directement par le foyer.

Ce générateur a pu donner 6 kg. 5 de vapeur à 14 kg. de pression par kilogramme de coke ; le modèle ordinaire vaporise jusqu'à 280 kg. de liquide par heure.

30 bis. — **Chaudière Turgan** — Elle se compose d'un cylindre horizontal, formant comme l'arête supérieure d'un prisme triangulaire, dont les faces seraient constituées par les tubes à eau inclinés et la base par la grille horizontale. Chaque tube est double : le tube extérieur s'ouvre à son extrémité supérieure dans le cylindre et est fermé à la base par un bouchon à vis, se trouvant hors du feu ; le tube intérieur, ouvert aux deux bouts, débouche en haut dans un collecteur, intérieur au cylindre, et en bas, près de l'extrémité du tube extérieur. On alimente exclusivement la chaudière par le collecteur supérieur, l'eau descend par les tubes intérieurs et remonte par l'espace annulaire, qui les entoure. Les flammes et gaz chauds sont guidés par des écrans, qui constituent des tubes de gros diamètre jointifs.

Un générateur de 12 m² 50 de surface de chauffe et 0 m² 60 de grille pèse 900 kg. et mesure 0 m. 85 de long sur 1 m. 20 de large et 1 m. 20 de haut, dôme compris. Le rendement, même à tirage forcé, dépasse, d'après l'inventeur, 7 kg. 50 de vapeur par kg. de coke, et la production de vapeur, qui, avec bon feu, est de 750 kg. à l'heure, peut atteindre avec un très fort tirage jusqu'à 1000 kg.

Cette chaudière va être appliquée par MM. Turgan et Foy à un avant-train moteur-directeur (§ 239).

31. — **Chaudière Thornycroft** (fig. 14). — Employée par la

Steam Carriage and Wagon C°. Elle est du type utilisé pour les petites chaloupes à vapeur, multitubulaire, avec tubes d'eau formant aussi barreaux de grille. Elle peut brûler du coke ou

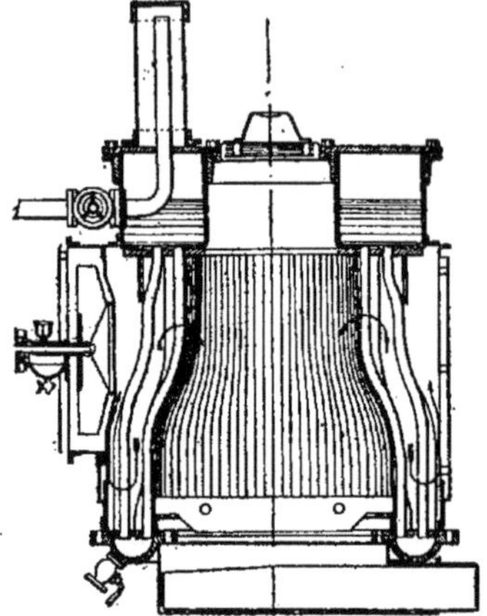

FIG. 14. — Chaudière *Thornycroft*.

même de la houille; comme le foyer est très grand, trois chargements par heure suffisent. Tirage assuré par un ventilateur qu'actionne la machine, et qui est mû à la main pour la mise en route : au bout d'un quart d'heure, la pression atteint dans la chaudière 9 kg. Alimentée pour les 2/3 par l'eau provenant de la vapeur d'échappement, condensée dans un réseau de tubes de cuivre placé sur le toit de la cabine-abri du mécanicien. Pompe mue par la machine et petit cheval.

Pour le tracteur de 5 tonnes, engagé au Concours de Liverpool (mai 1898), la chaudière avait une surface de grille de 23 dm²,

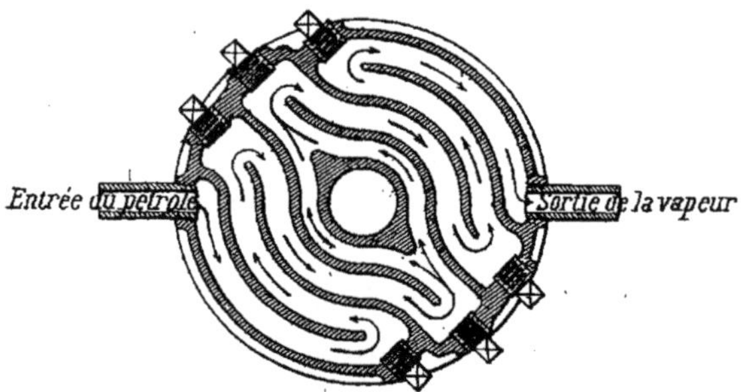

FIG. 15. — Brûleur de la chaudière *Lifu*.
Coupe horizontale du vaporisateur.

une surface de chauffe de 6 m² ; les tubes avaient 16 mm. de diamètre ; la pression normale était de 12.5 kg.

32. — Chaudière Lifu. — Employée par la « *Liquid Fuel Engineering C°* ». Des tubes greffés sur un tore horizontal inférieur s'en détachent verticalement, puis se courbent, tout en restant à peu près sur un cylindre vertical, et finalement vont se souder au bas d'un cylindre concentrique au tore, mais plus élevé que lui et d'un diamètre plus petit, formant réservoir de vapeur [1]. Ces liaisons sont réalisées par des tétières et des écrous, qui facilitent le remplacement ou le bouchage provisoire d'un tube crevé.

Elle est chauffée au pétrole lampant, à l'aide d'un brûleur spécial, que représentent les fig. 15 et 16 fort explicites par elles-mêmes. L'arrivée du pétrole est réglée automatiquement par la

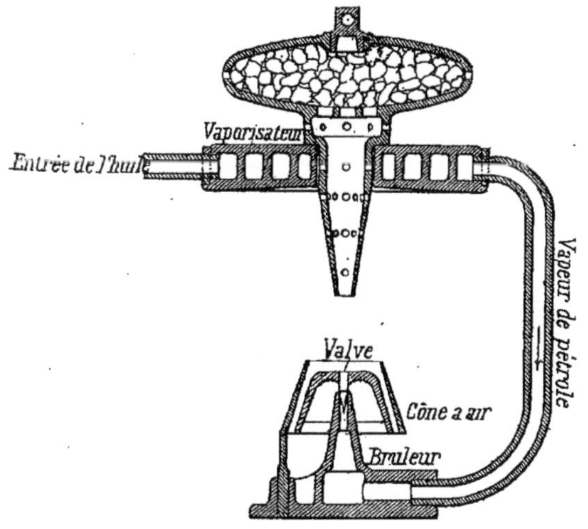

FIG. 16. — Brûleur de la chaudière Lifu.
Coupe verticale.

pression de la vapeur. Le récipient en fer que l'on voit au-dessus du brûleur est rempli de matières capables de retenir longtemps la chaleur, et destinées à rallumer le brûleur lorsqu'il s'éteint, sous l'influence d'un coup de vent, ou parce que l'huile qui lui arrive est chargée d'eau.

Pour une machine de 35 chevaux indiqués, en développant normalement 25, la chaudière a une surface de chauffe de 7, 50 m²

1. La fig. 17, dans laquelle les tubes seraient infléchis comme en spirales autour d'un cylindre, et de laquelle on supprimerait le bouilleur horizontal de dessus, représenterait assez bien une chaudière Lifu.

environ. Les soupapes de sûreté sont réglées pour une pression de 18 kilog. ; les tuyaux ont été essayés sous une pression double [1].

33. — **Chaudière Gillett.** — Employée par le *Motor Omnibus*

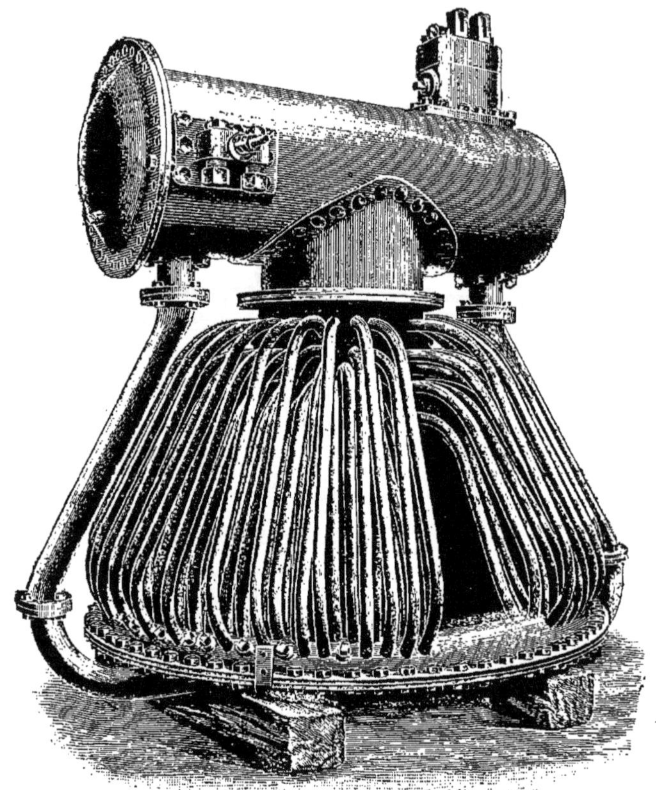

Fig. 17. — Chaudière *Gillett*.

Syndicate. La fig. 17 en donne une idée très suffisante ; elle est chauffée au coke, alimentée à l'aide d'un injecteur et de deux pompes, en partie par l'eau provenant de la condensation de la vapeur d'échappement. La pression normale est de 14 kilog. Les

1. *Industries and Iron*, 25 novembre 1898, p. 447.

constructeurs parlent d'une durée de mise en pression seulement égale à 6 minutes, qui nous paraît peu vraisemblable [1].

Citons pour mémoire la chaudière Freadley [2] à tubes horizontaux, chauffée au coke (ou si l'on veut au pétrole, mais le coke donne de très bons résultats), fixée au châssis du véhicule par des ressorts pour lui éviter les trépidations ; et la chaudière Stanley, chauffée par des brûleurs automatiques au pétrole, dont le système évite la nécessité d'avoir, comme tant d'autres, de l'air comprimé et qui donne, paraît-il, une flamme silencieuse et une bonne combustion [3].

34. — **Chaudières à vaporisation instantanée.** — Les chaudières de ce type, ne contenant qu'une quantité d'eau minime, ne présentent aucun danger sérieux d'explosion. Aussi sont-elles dispensées de tous appareils de sécurité : manomètres, soupapes, niveaux..., et la circulation en est-elle permise à Paris.

Chaudière Serpollet. — La plus justement connue de ce groupe ; c'est elle qui est appliquée, depuis quelques années, à la traction de certains tramways de la capitale. Effectivement ses avantages la rendent éminemment propre à la locomotion automobile : son élasticité de fonctionnement est extrême ; la surchauffe qu'elle donne à la vapeur rend celle-ci presque invisible à l'échappement.

Cette chaudière consiste, on le sait, en un circuit de tubes assez épais, mais dont la section, en forme de croissant, ne laisse à l'intérieur qu'un vide très étroit. Ces tubes sont reliés en tension par des raccords à écrous en tubes d'acier : l'eau injectée à un bout, soit à la main avec la pompe de mise en train, soit par le petit cheval qu'actionne le moteur, sort à l'autre bout sous forme de vapeur surchauffée.

Dans l'omnibus Serpollet, établi pour 14 voyageurs et leurs bagages, qui a pris part au Concours des poids lourds de 1898

1. *Industries and Iron*, 25 novembre 1898, p. 450.
2. *Locomotion automobile*, 1ᵉʳ septembre 1898, p. 552.
3. *Locomotion automobile*, 1ᵉʳ septembre 1890, p. 750.

(§ 326), la longueur du circuit est de 41 mètres (soit 30 m. 80 exposés à l'action directe des gaz de la combustion) ; sa contenance n'est que de 7 à 8 litres, la surface de chauffe est de 7,05 mètres carrés.

La particularité de cette chaudière est d'être chauffée avec de l'huile lourde, résidu du traitement des goudrons provenant de la distillation de la houille. Ce liquide, contenu dans un réservoir suspendu sous le châssis de la voiture est soumis, au moyen d'une pompe à air, à une pression variant de 0,250 à 1,500 kilog. par centimètre carré : on peut modifier cette dernière pour activer ou modérer l'envoi du combustible aux brûleurs. Ceux-ci sont accrochés au flanc de la chaudière, en face d'une ouverture qui permet l'introduction de la flamme dans la chambre de combustion ménagée au sein du faisceau tubulaire. Les gaz brûlés, après avoir traversé le faisceau, s'échappent par une cheminée, qui se divise en plusieurs branches, de façon à annuler l'action des vents, qui pourraient contrarier leur sortie.

La production moyenne à l'heure est de 200 kilog. de vapeur, surchauffée à environ 350° centigrades, pour la pression de 1 kg. au-dessus de l'huile. Cette production correspond à une consommation de 1 litre de combustible pour 12 l. 8 d'eau vaporisée, en marche constante. Des brûleurs appropriés permettraient une production de 350 kg. à l'heure. La chaudière est timbrée à 94 kg. ; elle pèse 1250 kg., elle demande 45 à 50 minutes pour l'allumage et la mise en train.

Dans ce générateur, comme dans les premiers modèles, chauffés au coke, le volant de chaleur (constitué dans les chaudières multitubulaires par la masse d'eau) est formé par la masse métallique du tube ; dans un nouveau modèle, destiné aux voitures légères, alimenté par le pétrole dont on règle l'arrivée suivant la quantité d'eau que l'on veut vaporiser, cette masse métallique est devenue à peu près inutile ; aussi a-t-on pu alléger beaucoup la chaudière : le type de 5 chx, qui pesait 350 kilog., n'en pèse plus que 45, tout en pouvant vaporiser de 9 à 10 kilog. d'eau par kilogramme de pétrole consommé.

Ce nouveau type est représenté par les fig. 18 à 22, qui montrent une chaudière de 0, 92 m². de surface de chauffe, destinée à alimenter un moteur de 4 chx. Ses dimensions (hauteur = 0, 534 m. ; longueur = 0, 412 m. ; largeur =

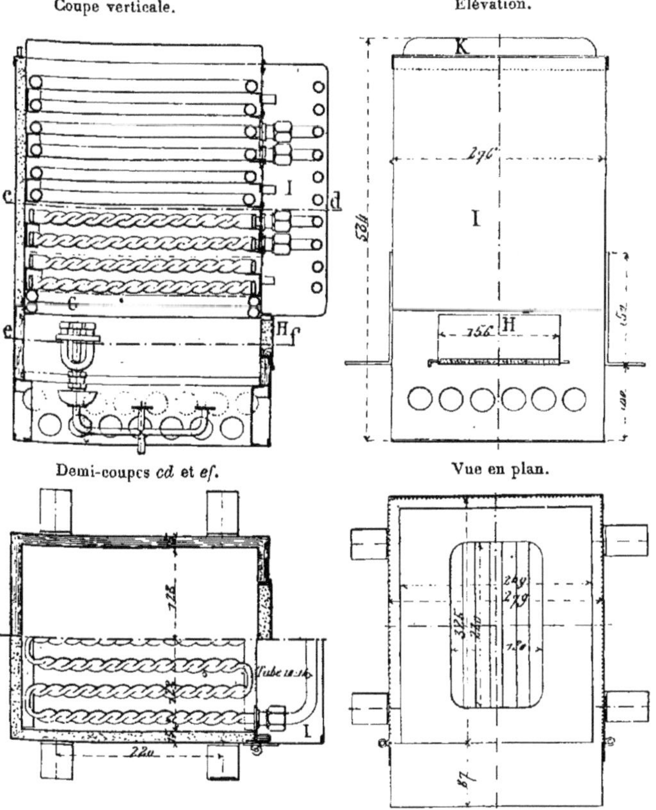

FIG. 18 à 21. — Chaudière *Serpollet* pour voitures légères.

0, 279 m.) en font un engin bien peu encombrant et bien léger pour la puissance qu'il est capable de développer.

Il est de forme rectangulaire, avec carcasse en tôle à doubles parois, laissant entre elles un intervalle bourré de déchets d'amiante. Le fond amovible porte trois brûleurs dont un seul est représenté.

H est une porte qui permet de surveiller ces brûleurs ; I, un

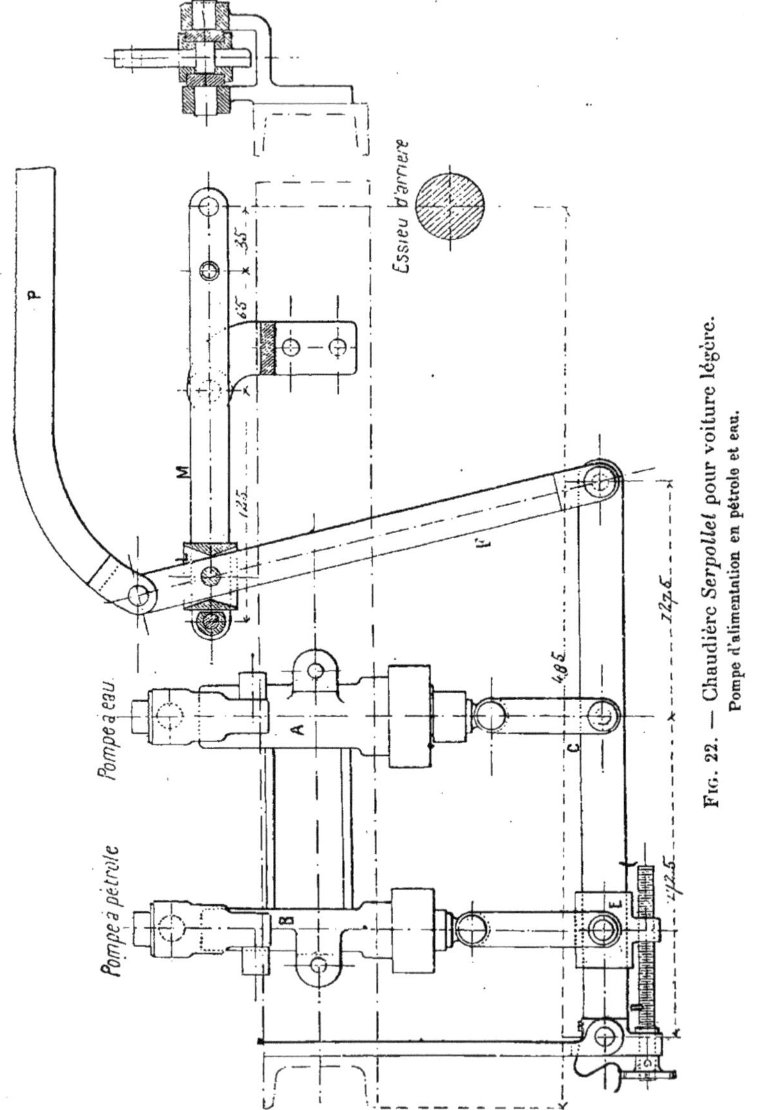

Fig. 22. — Chaudière *Serpollet* pour voiture légère.
Pompe d'alimentation en pétrole et eau.

écran, en tôle doublée de carton d'amiante, pour empêcher le
rayonnement et le refroidissement des raccords des tubes ; K, un

chapeau percé d'une ouverture par laquelle les gaz de la combustion se rendent à la cheminée.

L'eau injectée pénètre dans le serpentin à deux spires, en tubes ronds C, qui entoure la chambre de combustion et préserve les parois de l'action directe de la flamme. Elle passe ensuite dans la série des tubes torses, dont les quatre rangs sont étagés au-dessus des brûleurs. Enfin, elle pénètre dans les tubes ronds à leur partie supérieure et redescend jusqu'au rang situé au-dessus des tubes torses, par lequel elle sort.

L'inventeur définit le rôle de ces trois éléments de la chaudière, en disant que l'eau se réchauffe dans le serpentin du bas, se vaporise et se sèche dans les tubes torses, se surchauffe dans les tubes ronds.

La fig. 22 représente le mécanisme employé pour assurer corrélativement son alimentation en pétrole et en eau. Les pompes A et B, qui sont respectivement chargées de cette alimentation, ont leurs pistons plongeurs commandés, au moyen de courtes biellettes, articulées sur le levier C, articulé lui-même à sa gauche, avec une barre rigide ; les distances des articulations d'une part, les sections des pistons A et B de l'autre sont calculées, de telle façon que les quantités de pétrole pompées par B soient exactement celles nécessaires pour assurer la vaporisation et la surchauffe des quantités d'eau fournies par A. Pour parer à un déréglage toujours à craindre avec les variations de la température et de la quantité du pétrole, la vis molettée D permet, en agissant sur le curseur E, de le déplacer le long du levier C, de manière à modifier la proportion préalablement établie entre les quantités d'eau et de pétrole.

Ce réglage une fois obtenu, il faut, en outre, pouvoir faire varier ces quantités avec le travail que le moteur doit développer pour faire face aux exigences du profil à parcourir et des vitesses à réaliser. A cet effet, la bielle F, à laquelle le levier C emprunte son mouvement, a une de ses extrémités commandée par le curseur L, qui peut coulisser entre les deux flasques du balancier

M. Ce balancier oscille autour d'un tourillon établi en son milieu et reçoit son mouvement d'un excentrique calé sur une pièce tournante du mécanisme. Or, si l'amplitude de ses oscillations est constante, la bielle P donne au chauffeur la possibilité de faire varier, avec la position du curseur L, le point par lequel le balancier attaque la bielle K et, par suite, la course des bielles et des pompes.

Enfin, comme le pétrole est contenu dans un réservoir situé à un niveau un peu supérieur à celui des brûleurs (ou soumis à une pression d'air de quelques grammes), il soulève légèrement pendant les arrêts de la voiture, en l'absence de toute action de la pompe alimentaire, les clapets de cette dernière, et arrive aux brûleurs en quantité simplement suffisante pour assurer leur combustion en veilleuse. De la sorte, la chaudière est toujours prête à fonctionner et la voiture à repartir, sans qu'on ait à craindre les coups de feu, que prenaient trop souvent les tubes, quand, avec le système primitif de l'inventeur, ils continuaient à être soumis à l'action du coke incandescent, sans être refroidis par un courant d'eau continu.

Ainsi perfectionné, le générateur Serpollet se prête admirablement à l'usage automobile.

35. — Chaudière Le Blant. — Après avoir employé un générateur Serpollet du premier type légèrement modifié, M. Le Blant a fait breveter, en 1896, une chaudière inexplosible à pression variable, dans laquelle les tubes d'acier, plus longs que ceux de M. Serpollet, ont une section annulaire indéformable, un diamètre uniforme à l'intérieur, mais d'autant plus grand à l'extérieur que les tubes sont plus rapprochés du foyer. Une chaudière de 15 m². de surface de chauffe, timbrée à 100 kilog. pèse à vide 2000 kilog., alimente un moteur de 20 à 30 chx, et peut, avec un réservoir d'eau chaude, qui emmagasine la vapeur en excès pendant les descentes et pendant les montées, donner pendant un moment une force de 60 chx.

36. — Chaudière Nègre (type pour voitures légères). — Un fort brûleur Longuemare, consommant environ 1 litre de pétrole pour vaporiser, avec la chaudière en question, l'eau nécessaire à la production d'un cheval-heure, chauffe 32 tubes étagés au-dessus de lui et réunis en tension. Chacun d'eux est formé (fig. 23) d'un tube extérieur en acier de 4 à 5 mm. d'épaisseur et de 50 mm. de diamètre, et d'un tube intérieur en fer de 3 mm. d'épaisseur ; entre les deux une spirale de cuivre forme un canal hélicoïdal, que l'eau refoulée par la pompe alimentaire est obligée de parcourir. Ce dispositif a pour but de prolonger le contact de l'eau avec le tube extérieur ; mais, on peut se demander si la spirale de cuivre forme cloison bien étanche.

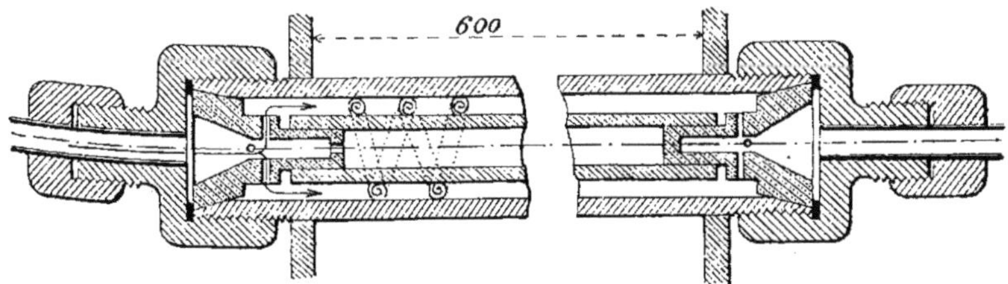

FIG. 23. — Élément de chaudière *Nègre* pour voitures légères.

Les tubes débordent de quelques centimètres hors des parois du foyer, et sont raccordés les uns aux autres par des bouchons et des écrous en bronze et des tubulures en cuivre rouge.

Indépendamment des orifices que les deux bouchons portent sur leur pourtour, celui du côté de l'entrée du fluide est percé suivant son axe d'une ouverture, qui donne accès dans le tube intérieur ; lors de la mise en marche, une certaine quantité d'eau entre dans ce tube, et y demeure tant que la chaudière est suffisamment alimentée, parce que la pression de la vapeur l'y maintient à l'état liquide. S'il cesse d'en être ainsi, cette eau se vaporise, empêchant pendant un instant les tubes inférieurs de se brûler.

37. — Chaudières Valentin, et Montier et Gillet. — M. Valentin, chef des ateliers de la Compagnie Générale des Automobiles, fait aussi passer l'eau à vaporiser dans l'espace annulaire très petit que comprennent entre eux deux tubes de fer concentriques. Seulement, les flammes passent à l'intérieur du petit tube, comme à l'extérieur du grand ; la surface de chauffe s'en trouve augmentée. L'eau est injectée par une pompe. Il n'y a pas de pointeau, comme dans le système Serpollet primitif. Le chauffage se fait au moyen de coke, glissant automatiquement sur une grille inclinée. Le tirage s'effectue par une cheminée très courte ; le foyer est disposé à l'avant, et la marche assure, paraît-il, un tirage suffisant. On n'a pas recours à l'injection de la vapeur d'échappement, afin de pouvoir réemployer celle-ci après l'avoir condensée, en la faisant passer dans un réseau de tubes à ailettes. Un détail de construction à noter, c'est que ces ailettes, au lieu d'être venues de fonte avec les tubes, sont forcées sur eux.

Le principe de la chaudière Montier et Gillet est analogue à celui de la précédente. Les flammes s'élèvent entre les tubes horizontaux, redescendent le long des extrémités de ces tubes, opposées à la cheminée, et les traversent horizontalement pour se rendre à cette dernière. La vapeur formée se rend dans des collecteurs où elle se sèche, comme cela est nécessaire après une vaporisation aussi rapide.

38. — Chaudière Kécheur. — Chaque élément est formé par un premier tube vertical en acier, à l'intérieur duquel s'adapte exactement un autre tube de même métal, mais plus épais, creusé, dans sa partie voisine du tube extérieur, d'une rainure hélicoïdale à filet carré, du pas de 15 mm. Il est chauffé par un brûleur Longuemare (analogue à celui que nous verrons utilisé pour chauffer les tubes à incandescence des moteurs à pétrole et comme lui alimenté à l'essence), dont la flamme pénètre dans la cheminée formée par le tube intérieur, et y produit un appel d'air et une combustion très active.

Les éléments sont reliés entre eux par des tubulures horizontales, avec joints bien assurés par doubles filetages de sens inverses, de sorte que le liquide et la vapeur parcourent le circuit complet. L'alimentation se fait par une pompe automatique, dont un levier permet de régler le débit, de manière à faire varier l'allure de la voiture (il n'y a aucun changement de vitesse mécanique). L'eau injectée provient en grande partie de la condensation de la vapeur d'échappement dans un appareil qui utilise le pouvoir absorbant de toiles métalliques.

Citons pour mémoire les chaudières Toward et Philipson [1], Tangye et Johnson [2].

39. — Considérations générales sur les chaudières à vapeur. — Progrès à espérer. — Telles sont les chaudières le plus communément employées en automobilisme.

Si nous laissons de côté les chaudières ignitubulaires, assez justement délaissées en l'espèce, nous voyons que les chaudières aquatubulaires, à cause de leur poids (1/2 tonne à vide), à cause de la quantité d'eau qu'elles contiennent (environ 50 kilog.), assez notable pour qu'une explosion soit à redouter (la simple rupture d'un tube peut avoir des conséquences graves), mais trop faible pour que la pression et le plan d'eau ne soient fort instables, conviennent seulement à la traction de véhicules lourds, sur lesquels la présence d'un chauffeur expérimenté est nécessaire. On peut regretter qu'elles ne soient pas munies d'ailettes sur leurs tubes ; il ne faut pas oublier que M. Baudry a démontré, sur les locomotives du P.-L.-M., que les tubes à ailettes vaporisaient 92 kilog. d'eau alors que les tubes lisses n'en vaporisaient que 75. Ces chiffres absolus ne se retrouveront pas en automobilisme, mais la proportion relative pourra rester la même. Ajoutons que les chaudières à tubes pendentifs semblent donner une mise en marche plus rapide que les autres.

Les voitures légères ne peuvent être munies que de chaudières à vaporisation instantanée, chauffées par un combustible liquide. Ces chaudières, avec l'alimentation proportionnelle en eau et pétrole, telle que l'a réalisée M. Serpollet, semblent d'ailleurs fort capables de leur assurer un bon service.

1. Voir *Industries and Iron*, 25 novembre 1898, p. 456.
2. Voir *Locomotion automobile*, 9 février 1898, p. 89.

Les brûleurs employés avec les combustibles liquides sont de formes très variables, mais reposent tous sur le principe des brûleurs à gaz des laboratoires. Dans ceux-ci la pression sous laquelle le gaz d'éclairage est distribué lui permet d'entraîner la quantité d'air nécessaire à sa combustion. En automobilisme, on a le plus souvent recours à la pression de l'air refoulé par une pompe dans le récipient qui contient l'huile minérale. On emploie aussi la vapeur de cette dernière, obtenue au début par de petits brûleurs temporaires, faciles à allumer avec un peu d'alcool et chauffant le vase clos dans lequel se trouve une certaine quantité du combustible liquide. On peut encore avoir recours à la vapeur de la chaudière pour entraîner le combustible et l'air.

Aux avantages que présente incontestablement le chauffage par les combustibles liquides, on ajoute d'ordinaire celui d'assurer une mise en pression plus rapide que le chauffage au coke. M. Forestier estime que cet avantage est plus apparent que réel, quand il faut commencer par élever la température des brûleurs principaux à l'aide de brûleurs accessoires.

Chaudières tubulaires ou à vaporisation instantanée, ont, à des degrés divers, l'inconvénient d'être peu économiques [1] : comme on leur demande une production intensive, les gaz brûlés en sortent à une température élevée (au moins 400°) ; les tubes sont sujets à des incrustations fréquentes, qui se compliquent trop souvent d'une grande difficulté pour le nettoyage.

A ces deux points de vue, comme aussi à celui du poids et de l'encombrement des chaudières tubulaires, il semble qu'on puisse réaliser quelques progrès. La voie la plus féconde semble d'ailleurs être celle qu'a suivie M. Serpollet.

L'acier doux, offrant à la traction une résistance de 38 à 42 kilog. par millimètre carré, est presque exclusivement employé pour la construction de ces générateurs.

---

1. Quand elles ont vaporisé 6 kilog. d'eau par kilog. de coke, comme celle de MM. de Dion et Bouton, c'est beaucoup pour elles ; cependant le générateur Serpollet vaporise jusqu'à 9 et 10 kilog. par litre d'huile lourde.

2° Moteurs à vapeur.

40. — Les moteurs à vapeur se prêtent naturellement au service automobile. — A l'inverse de ce que nous avons constaté à propos du générateur, il n'a pas été nécessaire, pour adapter le moteur au service automobile, de lui faire préalablement subir des modifications importantes. Comme il présentait naturellement les caractères de simplicité, de sûreté, d'élasticité, et, abstraction faite de la chaudière, de légèreté, que requérait ce nouvel usage, il lui a été appliqué tel quel, et nous pouvons presque dire sous les diverses formes qu'il est capable de revêtir. Effectivement, bien qu'il n'ait encore donné de résultats pratiques que sous le type alternatif, à cylindres fixes, avec simple ou double expansion, il a été essayé sous les types oscillant et rotatif. Aussi pouvons-nous, pour passer en revue les diverses applications, qui en ont été faites, suivre l'ordre méthodique d'une véritable classification des moteurs à vapeur.

41. — Moteurs alternatifs à simple expansion à cylindres oscillants. — Moteur Ravel. — Le moteur employé pour le tricycle de 1868, était constitué par deux cylindres oscillants, marchant assez lentement (100 tours par minute) pour que les manivelles aient pu être directement attelées à l'essieu moteur, parce qu'à ce régime la machine était censée supporter impunément le contrecoup des chocs de route. Cette solution n'a pas été imitée, probablement parce qu'elle était trop destructive pour le mécanisme, et que malgré l'élasticité de fonctionnement du moteur, dont la locomotive fournit la preuve si tangible, la crainte des chocs de route forçait à maintenir la vitesse à un taux par trop bas. On ne peut s'empêcher de le regretter, car en se passant des transmissions par engrenages ou autres, à plusieurs vitesses, ce dispositif permettait une simplicité qu'on ne retrouve pas en dehors de lui. Sans compter que, si au lieu de prendre un moteur à deux cylindres actionnant le même essieu, on emploie deux moteurs à un cylindre commandant chacun une roue, on supprime aussi la nécessité de cet organe toujours compliqué, qui s'appelle le *différentiel*. Qui sait si, un jour, une ingénieuse découverte, par exemple celle d'une suspension capable d'amortir suffisamment les chocs de route, ne permettra pas d'y revenir ?

42. — Moteurs alternatifs à simple expansion, à cylindres fixes. — A) A DEUX CYLINDRES INCLINÉS A 45°. — **Moteur Bollée.** — Ce moteur a un distributeur rotatif équilibré permettant la détente et le changement de marche. Avec la chaudière décrite (§ 27), deux cylindres de 0,15 m. de diamètre et de 0,16 m. de course pour les pistons, donnent une force moyenne de 15 chx., qui peut être poussée jusqu'à 30.

43. — B) A DEUX CYLINDRES PARALLÈLES. — **Moteurs Serpollet (1er type), Le Blant, Scott, Weidknecht.** — C'était le cas des premiers moteurs Serpollet. C'est aussi celui des machines que ce constructeur emploie pour les poids lourds, notamment pour l'omnibus qui a pris part au concours de 1898 : les deux cylindres ont 120 mm. d'alésage et 100 mm. de course ; la distribution s'y effectue à l'aide d'un tiroir plan, mû par une coulisse Stephenson, dont le secteur a divers crans correspondant aux admissions de 16, 33, 35 et 75 % ; le cran le plus usité, même sur des rampes dépassant 50 mm., est celui de 33 %. La puissance moyenne de ce moteur est de 15 chevaux, à la vitesse de 415 tours à la minute ; sur les rampes, il peut exceptionnellement développer jusqu'à 40 chevaux, grâce à l'élasticité de production et de pression du générateur. Le moteur ne pourrait d'ailleurs suivre, d'une façon courante, de trop grandes productions de la chaudière sans souffrir, dans ses garnitures et frottements, de la température correspondant à une pression trop élevée. La limite de cette dernière a été arbitrairement fixée à 15 kg. par centimètre carré. Les transmission du mouvement de l'arbre du moteur aux roues du véhicule sont combinées de manière que, cette limite une fois atteinte avec la première vitesse, on n'ait qu'à embrayer la seconde pour augmenter l'effort de traction, sans que la pression se trouve modifiée.

C'est aussi le type à deux cylindres égaux parallèles, qu'a adopté M. Le Blant. Son moteur, à deux cylindres de 170 mm. de diamètre, avec course de 180 mm., a son admission par tiroirs cylindriques équilibrés pouvant varier de 10 à 80 0/0, par une distribution Walschaërts, qui, on le sait, a l'avantage de supprimer un excentrique et de marcher à tous les crans de détente, sans changer l'avance linéaire des tiroirs, tandis que la coulisse de Stephenson diminue l'avance à l'admission dans le voisinage du point mort. Ce moteur, du poids de 450 kilog. a une force moyenne de 15 à 20 chx, pouvant aller jusqu'à 30; il tourne ordinairement à la vitesse de 180 à 200 tours par minute.

Le moteur de 20 à 30 chx, capable d'en fournir exceptionnellement 60, a des cylindres de 200 mm. de diamètre et une course de 220 mm.; il pèse 900 kilog.

M. Scott emploie le type pilon, à deux cylindres verticaux à double effet. Le moteur de l'omnibus, qui a figuré au Concours des poids lourds, de 14 chx. de force, a des cylindres de 0, 110 m. de diamètre et une course de 0, 115 m. La distribution et le changement de marche se font par le jeu ordinaire d'excentriques et de coulisses : l'admission peut se prolonger durant 70 °/₀ de la course motrice; le moteur tourne normalement à 400 tours; son poids est de 270 kilog.

M. Weidknecht, pour son omnibus à quinze places et à 500 kilog. de bagages, employait un moteur de 20 chx, dont les cylindres avaient 125 mm. de diamètre et autant de course, à distribution radiale, sans coulisse, du système Solms, assurant une détente variable dans de larges limites (10 à 83 °/₀), marchant normalement à 350 tours par minute.

Le type pilon est aussi adopté par la *Lancashire Steam motor* Cᵒ, dont la machine n'est pas reversible, par M. D. Martyn, M. Freakley, M. Stanley. Dans le moteur Freakley, pour voiture à trente places, chaque cylindre a 11,5 cm. de diamètre et 22 cm. de course; la distribution se fait par tiroir et coulisse de Stephenson. Dans le moteur Stanley, pour voiture à deux places, les pistons ont 5 cm. de diamètre et 9 cm. de course.

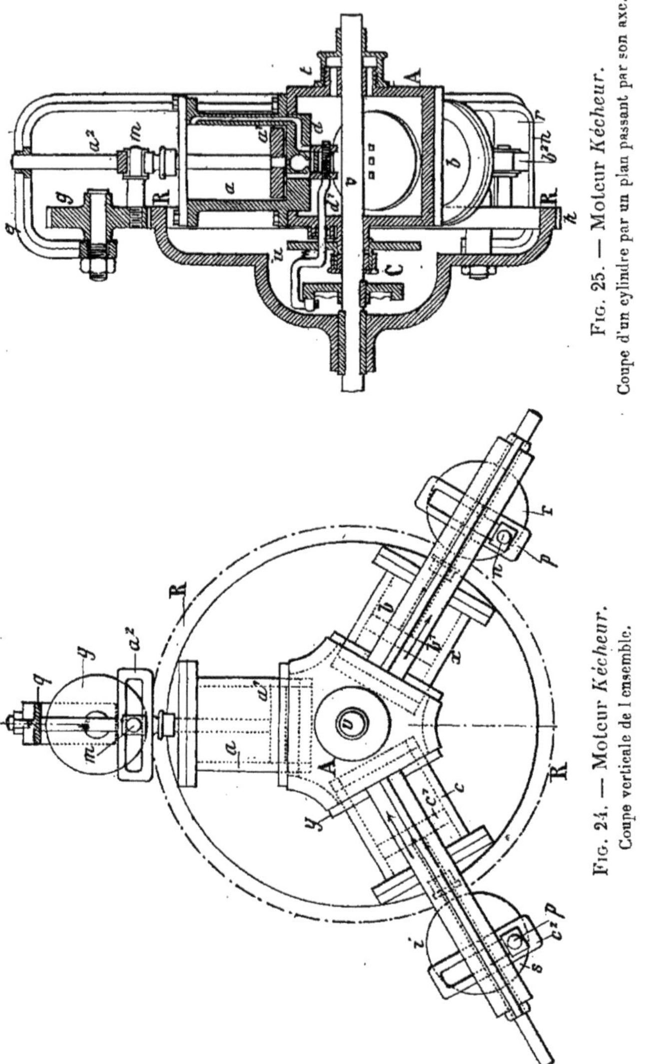

Fig. 25. — Moteur Kécheur.
Coupe d'un cylindre par un plan passant par son axe.

Fig. 24. — Moteur Kécheur.
Coupe verticale de l'ensemble.

44. — C) A TROIS CYLINDRES A 120°. — **Moteur Kécheur** (fig. 24 et 25). — Les trois cylindres à double effet rayonnent autour d'un bâti à section triangulaire A, qui leur sert de boîte à vapeur commune. La distribution se fait par trois tiroirs sous la commande de la came C, calée sur l'arbre moteur v. La tige de chaque piston tel que a^1, guidée par le cadre q, porte un cadre a^2, dans lequel se meut le doigt m, faisant corps avec un pignon g, qui est ainsi forcé de tourner. Les pignons engrènent avec la roue dentée formant volant R calée sur l'arbre moteur.

Fig. 26. — Moteur *Nègre*.
Vue extérieure.

45. — D) A quatre cylindres. — **Moteurs Nègre et Serpollet.** — Dans le type adopté par M. Nègre, les quatre cylindres sont disposés en croix. Les fig. 26 à 28 en montrent les dispositions. Les quatre pistons, à simple effet, ont leurs tiges deux à deux en prolongement l'une de l'autre, et reliées à un cadre elliptique. Les deux cadres embrassent un galet, dont l'axe de rotation est fixé sur un excentrique, solidaire de l'arbre moteur. La distribution est assurée par deux tiroirs plans manœuvrés par un seul excen-

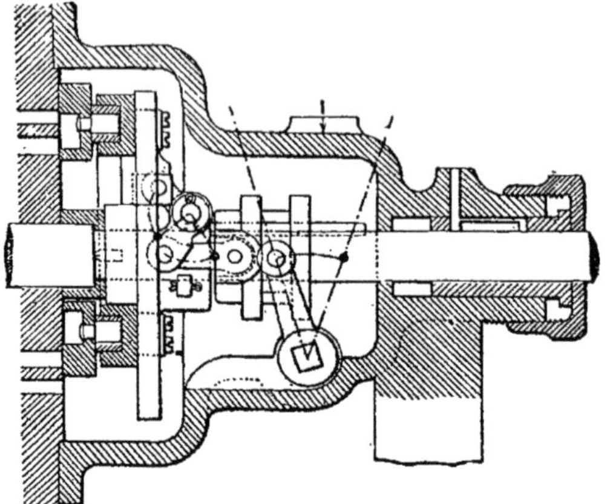

Fig. 27. — Moteur *Nègre*.
Coupe verticale par l'axe.

trique. Lorsque l'admission commence derrière un piston, et

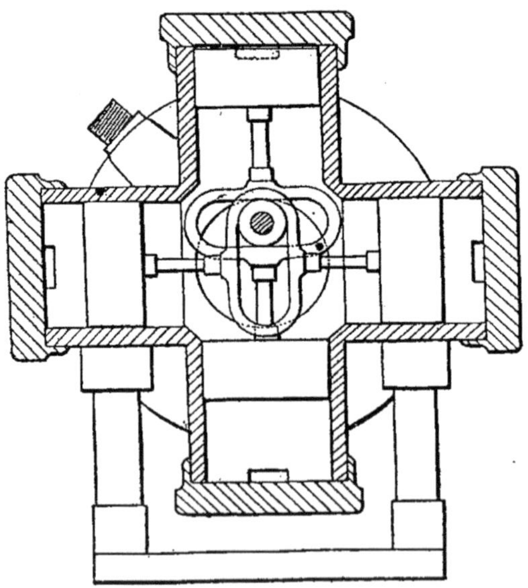

Fig. 28. — Moteur *Nègre*.
Coupe verticale perpendiculaire à l'axe.

l'échappement derrière le piston opposé, les deux autres pistons sont au milieu de leur course. Dans ces conditions, il n'y a pas de points morts, et l'action du moteur sur l'essieu est plus régulière.

La vapeur est admise dans la boîte à tiroirs par la tubulure supérieure (fig. 26) ; après avoir travaillé, elle s'échappe à travers la coquille du tiroir correspondant dans un canal communiquant avec le tuyau visible sur la droite de la figure 26.

On voit comment agit le levier de changement de marche ; lorsqu'on le fait passer d'une position extrême à l'autre, les tiroirs coulissent sur leur plateau et renversent la distribution. Les positions intermédiaires correspondent à des variations de la détente et la position médiane à l'arrêt.

Un moteur à pistons de 10 cm. de diamètre et de 6 cm. de course, alimenté par de la vapeur à 10 kilog., donne, paraît-il, 8 chx à 200 tours ; avec de la vapeur à 15 kilog., il donne 12 chx à 400 tours, 15 à 20 à 1.000.

Dans le nouveau moteur Serpollet, les quatre cylindres sont parallèles et à simple effet : leurs bielles attaquent l'arbre moteur par deux manivelles à 90° ; cet arbre est donc dans les mêmes conditions que s'il était commandé par deux cylindres à double effet. Les bielles des deux pistons qui se font face ont leurs têtes, en forme de demi-coussinet, réunies sur le même maneton par les colliers D, D' : ces colliers, qui permettent le jeu angulaire nécessaire aux têtes de bielles n'ont en marche aucun effort à supporter (fig. 29 à 31).

Les quatre cylindres horizontaux A, A', A″, A‴, venus de fonte deux à deux, sont disposés par paires de chaque côté d'un carter en aluminium B, qui porte en outre la boîte des cames de distribution.

Celle-ci est assurée d'une façon très simple, par les soupapes d'admission E et par les lumières d'échappement F. Ces dernières, placées à la partie supérieure des cylindres, sont simplement découvertes par les pistons arrivés à la moitié de leur course utile. Quant aux soupapes d'admission, placées au-dessus des fonds des cylindres, elles sont commandées respectivement par quatre cames, montées sur un arbre qui reçoit son mouve-

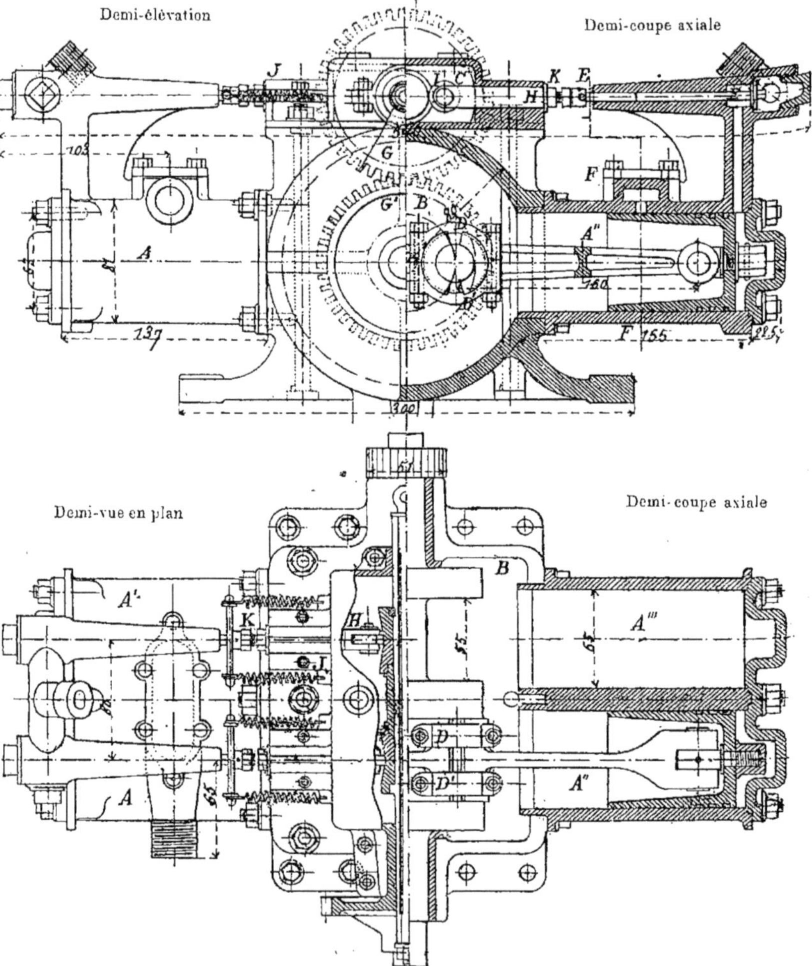

Fig. 29 et 30. — Moteur à vapeur *Serpollet* à 4 cylindres.

ment de rotation de l'arbre moteur par l'intermédiaire de deux roues dentées égales G, G′. Chacune de ces cames porte une saillie qui, développée, représenterait un triangle dont un côté coïnciderait avec une génératrice et un autre formerait une portion d'hélice autour du cylindre qui constitue le corps de la came. La liaison entre les tiges des soupapes et les cames est établie par les butoirs H, dont les vis K permettent de régler la longueur et dont les extrémités intérieures portent les galets I, que les ressorts J maintiennent contre les cames.

En tournant, la saillie des cames attaque les galets par

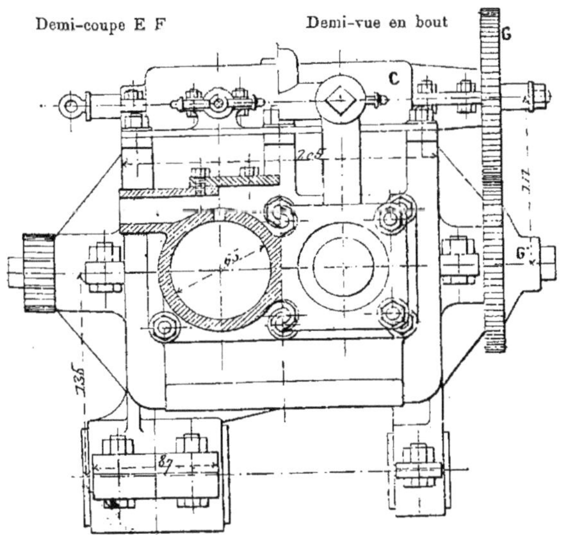

Fig. 31. — Moteur *Serpollet.*

l'arête qui est parallèle à leur axe, et dont la position angulaire correspond à une avance donnée. En continuant son mouvement, la saillie laisse retomber le galet, et par suite la soupape d'admission, lorsque le galet a dépassé l'arête qui forme une portion d'hélice. Il s'ensuit que la période d'admission sera d'autant plus longue que le cercle de roulement des galets s'éloignera davantage de la pointe de la saillie : à cet effet, l'arbre des cames est carré et il peut coulisser dans la roue dentée ainsi que dans les bagues qui lui servent de tourillons. En lui imprimant un mouvement longitudinal, le chauffeur peut à son gré faire varier l'admission de 0 à 80 %.

Les avantages de ce moteur sont les suivants :

Les cylindres étant à simple effet, les coussinets de tête et de pied de bielle ne quittent jamais le contact des tourillons et ne subissent aucun effet de matage, provenant du changement de sens de la course du piston.

Il n'y a ni presse-étoupes, ni tiroirs glissants difficiles à conserver étanches, à lubrifier et à préserver du grippage. Tous les organes en mouvement sont enfermés dans des boîtes, qui les mettent bien à l'abri de l'air et de la poussière.

Le moteur peut marcher à une très grande vitesse.

L'influence de l'espace nuisible est supprimé : en effet, la compression a lieu pendant environ 90 % de la course arrière, sans qu'elle puisse cependant dépasser la pression du générateur, car dès que cette pression est atteinte la soupape se lève automatiquement et l'excès de vapeur sort du cylindre pour rentrer dans la chaudière et en revenir à la course avant suivante.

La consommation de vapeur est des plus réduites : un moteur développant environ 4 chx à 510 tours par minute, avec deux cylindres de 80 mm. de course et autant d'alésage, ne dépense pas 10 kilog. de vapeur par cheval-heure.

Nous pouvons ajouter que dans le récent concours des poids lourds d'octobre 1898, M. Serpollet a engagé un omnibus, capable de transporter 16 voyageurs avec leurs bagages ; le moteur, d'une puissance de 15 chx, était alimenté par un générateur, chauffé aux huiles lourdes provenant de la distillation du pétrole,

Ces huiles, dont un litre vaporise 13 kg. d'eau (elles dégagent un nombre de calories très sensiblement supérieur à celui que donnent le pétrole lampant et l'essence) et ne coûte que 0, 15 fr., sont des plus économiques, et dès lors particulièrement précieuses pour la traction des poids lourds, qui doit viser au prix de revient le plus réduit. Les huiles lourdes actionnaient déjà, sans nécessité de ravitaillement en cours de journée, le tramway de la Bastille à la Porte Clignancourt, du système Serpollet. A ce nouveau concours des poids lourds, elles ont pour la première fois fait leurs preuves en locomotion sur route, et elles les ont faites très brillamment, car l'omnibus a subi avec succès les rudes épreuves spécifiées au programme (§ 326).

46. — E) A six cylindres. — Certains moteurs Serpollet, analogues au moteur que nous venons de décrire, ont six cylindres, au lieu de quatre.

Dans le moteur Clarkson-Capel de 8 chx. [1], il y a six cylindres à simple effet, de 0 m. 050 de diamètre, de 0 m. 150 de course. Cette multiplicité de cylindres donne une si grande régularité, que la machine pourrait, paraît-il, se passer de volant : l'équilibrage des manivelles serait si précis que le moteur pourrait marcher à pleine vitesse, simplement suspendu par une corde. Les cylindres n'étant qu'à simple effet, les joints travaillent toujours dans le même sens, et conservent ainsi plus longtemps leur étanchéité. La distribution et le changement de marche se font par coulisses et excentriques.

La machine est, pour une très grande part, alimentée par l'eau provenant d'un condenseur tubulaire de 315 m. de longueur, sur lequel sont enfilés des anneaux de fil de fer en spirale servant de radiateurs, et constamment refroidi par un ventilateur : dans l'atelier, elle aurait marché pendant 24 heures consécutives, sans que la perte de liquide eût atteint 22 litres.

47. — **Moteurs alternatifs à double expansion.** — A) A deux cylindres. — **Moteurs de Dion-Bouton, Gillett, de la Liquid Fuel Engineering C°, de la Steam Carriage and Wagon C°.** — C'est le type adopté par MM. de Dion et Bouton. Les deux cylindres sont disposés horizontalement, chacun d'un côté de l'axe longitudinal du tracteur ou de la voiture automobile. Leurs manivelles sont calées à 90° pour assurer la régularité de la marche et faciliter les démarrages. Une valve spéciale appelée « dépiqueur » permet, quand on veut donner un coup de collier, d'admettre directement la vapeur dans le grand cylindre.

1. Voir *Industries and Iron*, 25 novembre 1898, p. 465.

Dans certains de ces moteurs, la détente est uniformément de 25 °/₀; c'est alors en agissant sur le robinet de prise de vapeur qu'on fait varier l'admission et le travail. Dans la plupart de ceux qu'on construit maintenant, le taux de l'admission normale est d'environ 75 °/₀, mais une coulisse Walschaërt permet de la faire varier.

Toutes les pièces en mouvement du moteur sont enfermées dans un carter en fonte, qui lui sert de bâti; le graissage se fait alors par simple barbotage. Pour permettre les visites, deux grands flasques latéraux et un couvercle du carter peuvent s'enlever.

Voici quelques chiffres relatifs aux deux moteurs du Concours des poids lourds de 1897 :

	Omnibus	Tracteur
Diamètre du petit cylindre	0,100 m.	0,115 m.
— grand cylindre	0,190 »	0,195 »
Course du piston	0,170 »	0,170 »
Consommation, par cheval-heure, à la vitesse de 18 kilom. à l'heure en coke	1,500 k.	1,500 k.
en eau	9 litres	7 litres
Puissance à 680 tours par minute	25 chx.	35 chx.
Admission normale dans le petit cylindre	75 °/₀	75 °/₀
Taux de détente dans le grand cylindre	75 »	75 »
Poids du moteur et des transmissions, carter compris	800 k.	950 k.

Dans le moteur *Gillett* du *Motor Omnibus Syndicate*, type pilon, à renversement de marche, les cylindres ont respectivement 0 m. 100 et 0 m. 200 de diamètre; leur course commune est de 0 m. 125. Il fait 600 révolutions par minute pour 12 milles (19 kilom. 308) à l'heure. Il actionne un omnibus à 25 places : pour le démarrage, on peut admettre la vapeur directement dans le grand cylindre.

Le moteur de la *Liquid Fuel Engineering C°* a ses deux cylindres horizontaux. Les manivelles, glissières, tiges de connexion, excentriques et transmissions de pompes agissent dans des boîtes à moitié remplies d'huile, dans lesquelles l'eau des cylindres ne peut pénétrer. La distribution, qui se fait par tiroirs cylindriques, est bien mise en évidence par la fig. 32.

La *Steam Carriage and wagon* C^e emploie une machine hori-

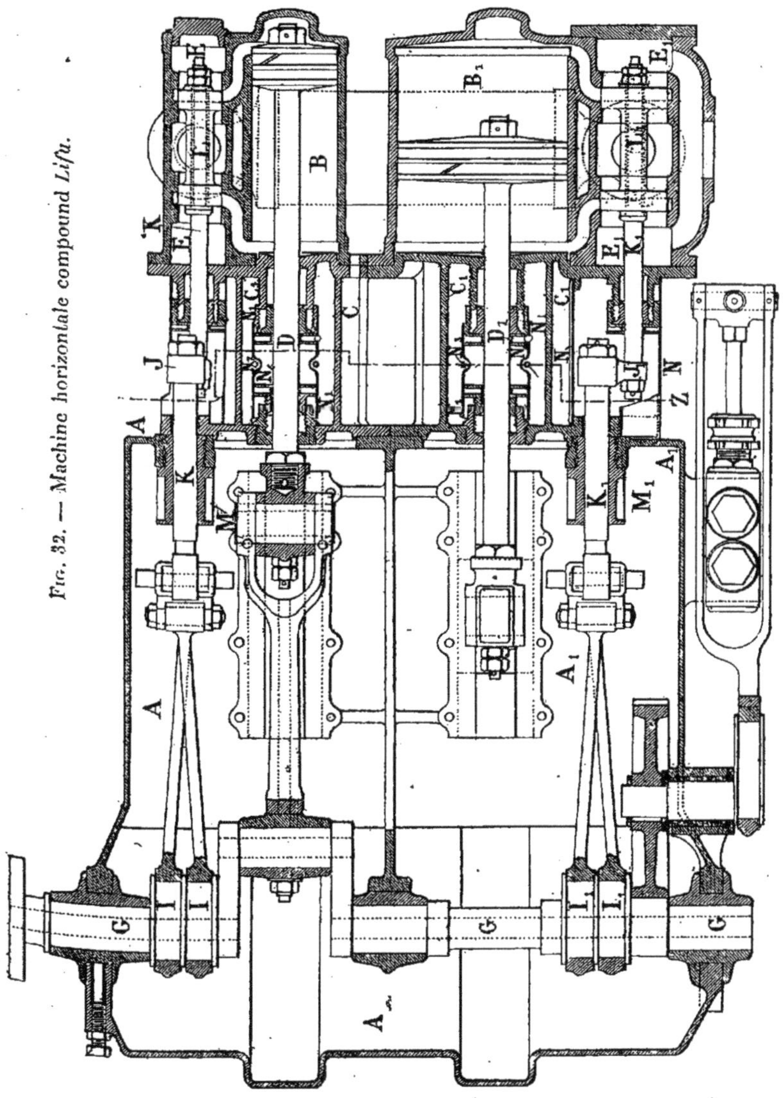

Fig. 32. — Machine horizontale compound Lifu.

zontale compound entièrement enfermée, dont les cylindres ont
102 et 178 mm. de diamètre, et une course de 127 mm., pour le

fourgon de 2 $^1/_2$ tonnes et le camion de 5 tonnes, qu'elle avait engagés au Concours des Poids lourds de Liverpool (mai 1898).

48. — B) A TROIS CYLINDRES. — **Moteur Bourdon-Weidknecht.** — Nous signalons pour mémoire le moteur compound à trois cylindres, employé par MM. Bourdon et Weidknecht dans leur omnibus à 30 places ; il a deux cylindres admetteurs extrêmes, à manivelles calées à 90° et un détendeur dont la manivelle est à 135° des précédentes. Le distributeur à changement de marche et à détente variable, permet une admission de 10 à 87 °/₀. Ce

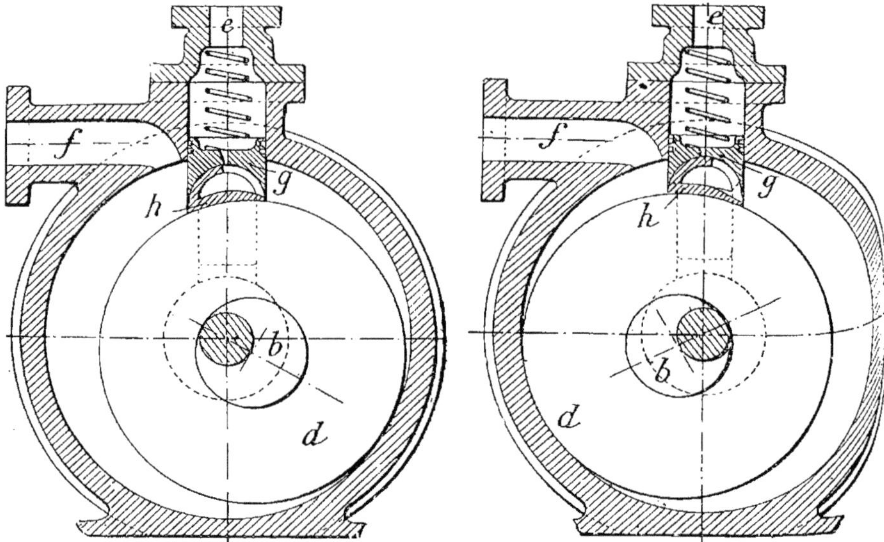

FIG. 33. — Moteur rotatif à vapeur
(système épicycloïdal *Gérard*).
Période d'admission.

FIG. 34. — Moteur rotatif à vapeur
(système épicycloïdal *Gérard*).
Période de détente.

moteur développe normalement une force de 25 chx, pouvant exceptionnellement être portée à 30 ou 35. Il faut compter environ un cheval de puissance par voyageur transporté, pour être assuré de démarrer, et de monter les longues rampes de 5 à 7 cm. par mètre à une vitesse de 8 à 12 kilom. à l'heure. Pour 25 chx, la consommation est environ de 3 kilog. de coke et de 18 à 22 litres d'eau par kilom.

On a vu que le constructeur a renoncé, pour son omnibus à 16 places, au système compound et qu'il a adopté un moteur à cylindres égaux.

49. — Moteurs rotatifs. — Moteurs Gérard, P. Arbel-Tihon, Lambilly. — Nous n'avons pas besoin de faire remarquer combien serait rationnelle l'application de ce genre de moteurs à la locomotion automobile ; et nous ne pouvons qu'approuver les efforts faits par certains constructeurs pour la réaliser. Ces tentatives ont abouti à la création de types intéressants qui, malheureusement, n'ont pas encore fourni dans la pratique des preuves suffisantes.

MM. Gauthier et Wehrlé ont étudié une machine rotative, dans laquelle la distribution se fait au moyen d'une palette, que la vapeur (ou le mélange gazeux) appuie contre le cylindre faisant l'office de piston. Pour marcher au gaz, on accouplerait deux de ces moteurs, le premier aspirant le mélange et le refoulant après compression dans le second.

La Compagnie Générale des automobiles, dirigée par M. Triouleyre, construit un omnibus à vapeur, qui doit être actionné par un moteur rotatif épicycloïdal (système A. G.) que représentent nos figures 33 à 36. Le fonctionnement de ce moteur est assuré par le jeu de trois disques d calés excentriquement en b sur l'arbre moteur, et qui, sous la pression de la vapeur, roulent dans un tambour cylindrique (dans ce mouvement, un point quelconque de l'un des disques décrit une épicycloïde ; de là, l'épithète « d'épicycloïdal » donnée au moteur). La figure 33 correspond à la période d'admission pour le compartiment considéré : l'inclinaison de la rotule h, qui est évidée sur la moitié de son pourtour, permet à la vapeur venant de l'orifice e, à travers le tiroir g, de s'introduire dans le cylindre, où elle force le disque d à rouler sur ce dernier. Quand le disque arrive à la partie inférieure du cylindre, la partie pleine de la rotule g obture l'entrée de la vapeur ; l'admission cesse, et la détente commence (fig. 34). Quand le disque piston est parvenu à la position de la fig. 35, l'orifice f commence à se découvrir ; c'est le début de la période d'échappement.

On a pu obtenir, avec un moteur de ce genre, toutes les vitesses intermédiaires entre 60 et 24.000 tours à la minute. La possibilité de marcher à faible vitesse permet, sinon de suppri-

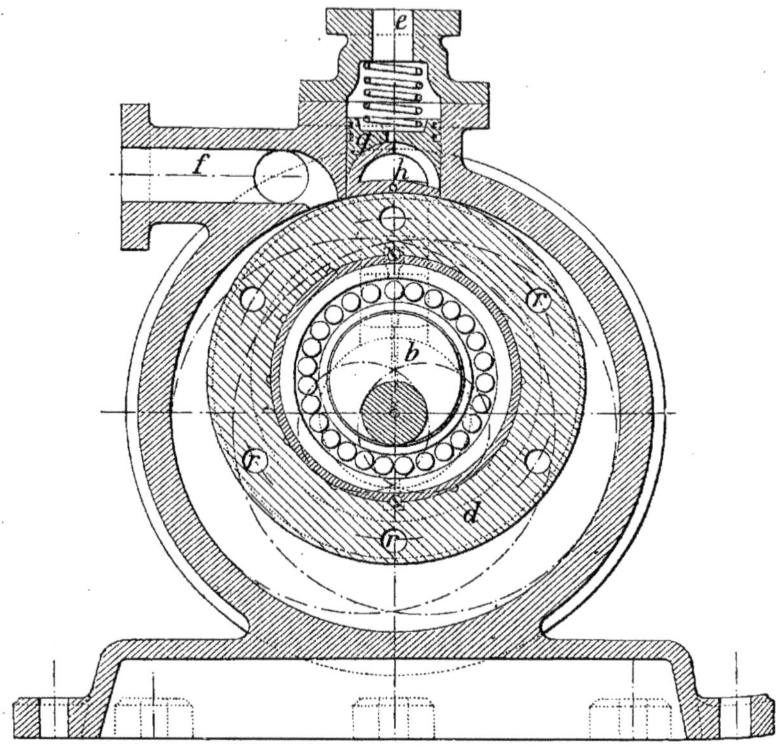

Fig. 35. — Moteur à vapeur (système épicycloïdal *Gérard*).
Coupe verticale perpendiculaire à l'axe.

Fig. 35-36. — *aa*, cloisons divisant le corps cylindrique en trois compartiments réservés chacun à un disque piston *d*; *bbb*, portées de l'arbre moteur, calées à 120° les unes des autres et servant de manivelles aux disques-pistons, avec roulements sur billes atténuant les frottements; *ddd*, Disques-pistons, excentrés sur l'arbre moteur et roulant dans les tambours cylindriques qui leur servent de logements; *ef*, orifices d'admission et d'échappement de la vapeur; *ggg*, tiroirs de distribution; *hhh*, rotules réglant la détente par les inclinaisons qu'elles prennent en suivant dans leur mouvement les disques *d*; *ll*, couronnes à segments chargées d'assurer l'étanchéité entre les faces latérales des disques et les cloisons ou les fonds du cylindre. Le long des génératrices de roulement des disques et du cylindre, l'étanchéité est assurée par la pression de la vapeur sur les disques; *rr*, ressorts appliquant les segments des couronnes *ee*, contre les cloisons et les fonds du cylindre.

mer, du moins de simplifier beaucoup les trains d'engrenages réducteurs ordinairement nécessités par les moteurs rotatifs. La consommation de vapeur a été trouvée, lors des premiers essais, inférieure à 25 kilog. par cheval-heure.

M. P. Arbel a exposé aux Tuileries, en 1898, un moteur rotatif dit moteur πR^2, dont nous empruntons la description à M. R. Soreau [1]. Le corps de pompe est un cylindre horizontal surmonté d'un chapiteau où se trouvent les organes de distribution

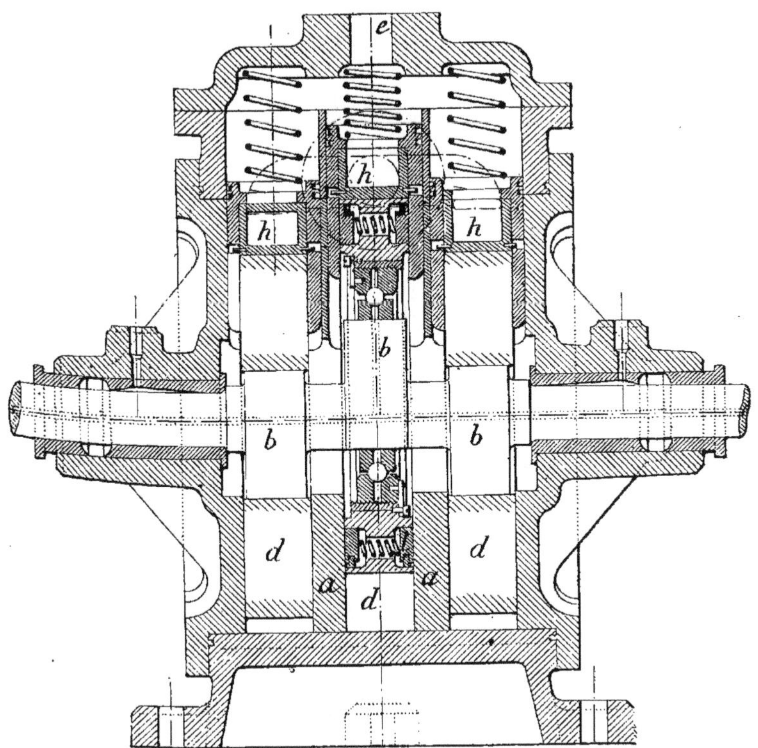

Fig. 36. — Moteur rotatif à vapeur (système épicycloïdal *Gérard*).
Coupe verticale par l'axe.

(fig. 37). Le piston est formé : 1° d'un autre cylindre de même longueur, guidé de façon à rouler sur le corps de pompe ; à cet effet, ce cylindre enveloppe deux cames fixées sur l'arbre moteur ; 2° d'une cloison qui fait corps avec le cylindre mobile et glisse dans un genou placé à la base du chapiteau. Deux robinets sont disposés symétriquement par rapport au genou : l'un sert à l'admission,

1. *Mémoires de la Société des Ingénieurs civils*, juin-1898, p. 1010.

l'autre à l'échappement; tous deux sont commandés par une seule manette, de sorte qu'en ouvrant le premier on ferme le second et qu'on change le sens de la marche. L'entraînement du cylindre-piston sous la pression de la vapeur provoque, par l'intermédiaire de bielles, l'entraînement des deux cames, et par conséquent de l'arbre moteur. L'étanchéité des joints est obte-

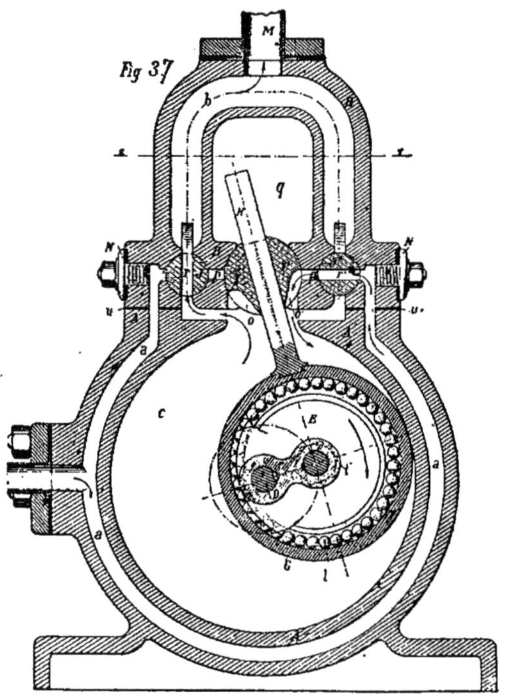

Fig. 37. — Moteur rotatif à vapeur (système *Arbel-Tihon*).

nue par des bouchons de liège, introduits à grande compression dans des alvéoles, de façon à affleurer sur les faces latérales de tout le piston; ces bouchons se gonflent par l'humidité de la vapeur, et forment, dit l'inventeur, un joint excellent à frottement très doux. Un seul graisseur lubrifie toutes les surfaces. Un moteur de 140 kilog. donnerait 6 chx sur l'arbre avec de la vapeur à 10 kilog.

M. de Lambilly a exposé, aux Tuileries, en 1899, un moteur rotatif caractérisé par le travail simultané de deux palettes, qui entraînent l'arbre moteur par le moyen d'un anneau calé sur lui, l'une des palettes étant actionnée à l'extérieur de cet anneau, pendant que l'autre l'est à l'intérieur. La distribution et le changement de marche se produisent par l'oscillation, dans un sens ou dans l'autre, d'un disque pourvu d'une manette et percé de deux lumières, qui viennent en communication avec celles pratiquées dans le fond du moteur pour l'admission et l'échappement. L'étanchéité serait assurée par un réglage du cylindre (à l'intérieur duquel tourne l'anneau-piston) dans le sens vertical et de l'anneau-piston dans le sens horizontal et par l'action de ressorts appliquant les segments mobiles, dont sont armées les palettes, sur les parois du cylindre. Le modèle exposé comporterait un travail théorique de 9 kilogrammètres par tour et par kilogramme de pression ; il tournerait facilement à 1500 tours par minute et donnerait 8 chevaux.

50. — Considérations générales sur les moteurs à vapeur. — Progrès à espérer. — La première condition à leur demander, c'est la simplicité. La disposition compound doit être réservée aux voitures lourdes, car la détente multiple n'a d'effet appréciable que pour les fortes machines. On estime que c'est seulement à partir de 15 chevaux-vapeur que l'économie résultant de la meilleure utilisation du fluide compense l'augmentation de poids et de frais résultant de l'adjonction du deuxième cylindre.

M. Lencauchez conseille de surchauffer les enveloppes des cylindres par un courant de vapeur à haute pression. C'est une chose bonne à faire malgré l'augmentation de poids qu'elle entraîne. Il a aussi démontré que la condensation de la vapeur n'était pas indispensable pour arriver au minimum de la consommation ; on n'a donc pas à regretter beaucoup que le condenseur à eau soit, par suite de la quantité de liquide qu'il consomme, impossible à admettre sur une automobile. En revanche, le condenseur à air doit, à notre avis, être employé parce qu'il permet de faire resservir l'eau, et qu'il augmente la longueur des parcours sans ravitaillements. Il ne faut pas oublier que la difficulté de ces derniers est encore accrue par la nécessité de se procurer un liquide d'un titre hydrotimétrique convenable, afin de ne pas s'exposer à trop d'incrustations. L'adjonction d'un condenseur serait d'ailleurs impossible, si on n'employait pas pour le graissage de l'huile minérale : toute autre serait saponifiée, surtout aux hautes pressions, et les acides organiques mis en liberté corroderaient les tuyaux ; même, avec l'huile minérale, il faut qu'elle ne pénètre pas en quantité notable dans la chaudière, car en s'étalant sur ses parois elle risquerait d'amener des coups de feu.

Les perfectionnements à espérer sont minimes : le moteur à vapeur a fourni déjà une longue carrière ; son rendement est, comme nous le verrons (§ 335), fort limité [1]. L'unique grand progrès qu'on puisse escompter est la réalisation d'un moteur rotatif pratique. Le seul dont l'emploi soit encore courant, la turbine à vapeur, n'est pas applicable en l'espèce, parce que son rendement n'est bon qu'à partir d'un nombre de tours par seconde très grand, qui entraînerait, sur une voiture automobile, l'emploi d'organes de démultiplication très lourds et absorbant beaucoup de travail.

---

1. Un moteur de Dion-Bouton, de 25 à 35 chx, consomme par cheval-heure, à la vitesse de 18 kilom. de la voiture, 1 k. 500 de coke, 9 k. de vapeur à 7 kilog. de pression. Un moteur Serpollet à simple effet de 4 chx consomme 10 kilog. de vapeur.

CHAPITRE II

CARBURATEURS ET MOTEURS A PÉTROLE

1° Les Carburateurs

51. — Pétrole lampant et essence de pétrole. — C'est assez improprement qu'on appelle moteurs à pétrole les moteurs que nous allons étudier dans ce chapitre, car la presque universalité en est actionnée par l'essence de pétrole ou gazoline, ce produit de la distillation du pétrole brut qu'on recueille entre 70° et 120° centigrades, et dont la densité varie de 0.690 à 0.735. La meilleure essence est celle dont le poids spécifique est de 0.700 à 15°, qui bout à 90°. Ce poids spécifique doit, en tout cas, être compris entre 0.675 et 0.710 [1].

1. Si l'essence essayée au densimètre n'est pas à la température de 15°, il faut ajouter ou retrancher à l'indication de celui-ci autant de fois 0.8 que le thermomètre marque de degrés au-dessus ou au-dessous de 15. Ainsi à 30°, il faut ajouter 12; à — 15°, il faut retrancher 24.

Les indications du densimètre ne sont pas sans appel. Les essences, résultant du mélange de benzines extra-légères et de pétroles lourds, peuvent être ramenées au poids spécifique voulu et ne rien valoir pour les automobiles, parce que, dans le carburateur, il se produit fort vite un départ entre les parties les plus volatiles et les autres, et que la carburation ne tarde pas à devenir impossible.

La bonne essence se fabrique en rectifiant et purifiant par l'acide sulfurique et la soude le produit de la distillation des pétroles bruts dans les limites de température que nous avons dites. Elle est absolument claire, a une odeur douce ; quelques gouttes dans le creux de la main s'évaporent rapidement sans laisser aucun résidu. Même quand elle est de bonne qualité, il est prudent de ne pas en utiliser la lie, la *queue du bidon*.

La bonne essence à 0. 700 coûte hors Paris 0 fr. 35 à 0 fr. 40 le litre ; dans ce prix la valeur marchande entre pour moitié et les droits de douane pour autant. A Paris, il faut lui ajouter 0 fr. 21, prix du droit d'entrée par litre.

Et cependant, à deux points de vue, l'essence présente par rapport au pétrole lampant, une infériorité marquée. Elle coûte plus cher. Sa volatilité est, dans les manipulations, une menace permanente de danger : en Amérique où la prudence n'est pas, en général, poussée à l'extrême, on interdit dans les ménages l'usage de la lampe à essence. On ne saurait donc trop recommander aux chauffeurs de manipuler la gazoline avec précautions, loin de toute flamme. Ce qui prouve d'ailleurs qu'elle mérite une certaine méfiance, c'est que, chez nous, jusqu'au jour encore très voisin, où les automobiles ont utilisé les moteurs à essence, ceux-ci, malgré leur simplicité, sont restés presque sans emploi.

D'où vient donc la préférence donnée à l'essence sur le pétrole lampant ? Des trois raisons suivantes : avec elle, les ratés dans l'inflammation du mélange carburé sont plus rares ; sa combustion ne laisse que fort peu de résidus et encrasse beaucoup moins les moteurs ; enfin, et surtout, la préparation du mélange carburé est plus simple et plus sûre qu'avec le pétrole lampant.

La première qualité qu'il faut demander à un moteur d'automobile, c'est, en effet, la simplicité ; or, dans le moteur à pétrole, le carburateur est parfois assez compliqué ; il peut être beaucoup plus simple avec l'essence, ainsi que va nous le montrer l'étude détaillée des carburateurs employés en automobilisme.

52. — Carburateurs. — Pour être explosible, le mélange d'air et de vapeur d'essence doit être fait dans certaines proportions déterminées. Si à 1 volume de vapeur, on ajoute 8 à 10 volumes d'air, on obtient un gaz riche, analogue au gaz d'éclairage, qui brûlerait sans exploser. Il faut, pour avoir un mélange tonnant, ajouter à ce gaz riche encore 9 à 10 volumes d'air. Dans beaucoup de carburateurs, on retrouve ces deux échelons pour la dilution de la vapeur d'essence, et par suite deux entrées d'air distinctes.

La préparation du gaz riche se fait par l'évaporation de l'essence au contact de l'air, évaporation parfois aidée, surtout en hiver, par la circulation autour du liquide d'une partie des gaz de l'échappement ou de l'eau qui a refroidi le cylindre [1].

Le contact des deux fluides est obtenu, soit en faisant barboter l'air dans le liquide, soit en l'amenant simplement à lécher l'essence, soit en soumettant cette dernière à une division préalable, et cela nous amène à distinguer trois classes de carburateurs : à barbotage, à simple léchage, à pulvérisation.

53. — Carburateurs a barbotage. — Ils ne sont plus très employés ; en tout cas, il faut proscrire ceux qui ne sont pas à niveau constant [2]. Si, en effet, le gaz ne traverse pas toujours une égale épaisseur de liquide, il ne s'enrichit pas d'une façon uniforme. Malgré la constance du niveau, l'enrichissement peut varier avec la vitesse de passage de l'air ; il varie certainement avec la composition de l'essence, parce que celle-ci abandonne, les premières, ses parties les plus volatiles, et s'appauvrit peu à peu ; si bien que, pour avoir une carburation toujours suffisante et éviter l'entraînement des particules solides, qui encrasseraient fort vite le cylindre, on est obligé de vider de temps à autre le carburateur, sans utiliser intégralement l'essence. Le carburateur à barbotage a aussi le défaut d'être assez encombrant. Mais il a l'avantage d'être fort simple : la constance du niveau est facile à obtenir automatiquement à l'aide d'un flotteur ou par le dispositif des abreuvoirs d'oiseaux. Aussi est-il encore utilisé par de très bons constructeurs, notamment par M. Delahaye.

54. — Carburateurs a simple léchage. — **Carburateurs Benz,**

---

1. L'essence froide ne se volatilise pas assez ; l'essence chaude se volatilise trop ; on comprend que pour la maintenir à la tiédeur voulue, il faut pouvoir faire varier la quantité de gaz ou d'eau qu'on charge de la réchauffer. Dans le tricycle de Dion-Bouton, par exemple, une espèce de vis-bouchon est disposée à l'extrémité du tuyau réchauffeur, qui peut faire varier la section utile de ce tuyau. Cette vis se perd souvent ; M. Wolff a imaginé pour la remplacer ce qu'il appelle un *régulateur*, et qui est tout simplement une clé en bronze ciselé, fixée solidement à la place de la vis-bouchon.

2. Pour améliorer les carburateurs dont le niveau n'est pas constant, M. P. Rapin a imaginé un flotteur-régulateur, qui peut assez facilement lui être ajouté (*Locomotion automobile*, 26 mai 1898, p. 325).

Tenting, de Dion-Bouton, Aster. — Plus nombreux que les précédents, dont ils partagent d'ailleurs les qualités et les défauts, à cela près qu'ils peuvent plus facilement se passer de la constance du niveau, et qu'ils sont peut-être encore plus encombrants.

Les carburateurs Tenting et Benz appartiennent à ce type, comme d'ailleurs le premier carburateur Lepape : celui-ci consiste en un récipient à enveloppe d'eau chaude où le niveau de l'essence est maintenu constant comme dans un abreuvoir d'oiseau. L'un des plus intéressants du genre est assurément celui de MM. de Dion et Bouton, qui fournit, dans le tricycle de ces constructeurs, un si bon service (fig. 110).

Le récipient, rempli d'essence jusqu'à un niveau d'ailleurs variable, reçoit l'air à carburer par la cheminée B, qui peut coulisser dans un manchon et porte à sa partie inférieure une plaque de laiton C, de manière à amener toujours assez près de l'essence le courant d'air qui, après avoir léché le liquide, remonte le long des parois.

La partie supérieure du carburateur constitue un boisseau contenant deux clés de robinets accolés. A sa gauche, le boisseau a une ouverture communiquant avec le carburateur et une autre qui s'ouvre à l'air libre ; la clé R, mobile autour de son axe, porte une ouverture qui peut venir en regard de l'un ou l'autre de ces orifices ou des deux à la fois. Ce robinet peut donc admettre de l'air pur, ou de la vapeur d'essence pure, ou un mélange des deux dans des proportions variables. Le mélange ainsi gradué à volonté entre dans la clé de droite R', dont le fond voisin est ouvert ; par ce robinet et le tube de prolongement qui traverse le carburateur, il est envoyé au cylindre. Les robinets R et R' sont manœuvrés, à l'aide de leviers, par de petites manettes placées sur le tube supérieur du cadre.

Dans le carburateur du moteur l'*Aster*, à la surface du liquide se trouve un flotteur qui atténue la production des vagues sous l'action des cahots du véhicule. La plaque métallique, sous laquelle l'air vient lécher le liquide, est reliée à ce flotteur, et reste dès lors à une distance constante du liquide. Ce dispositif assure une plus grande régularité à la carburation. Le mélange ainsi formé séjourne, avant d'aller au moteur, dans un dôme, où il se fait plus intime.

55. — **Carburateurs Decauville, Papillon, Balbi.** — Dans le carburateur de la voiturelle Decauville, l'évaporation de l'essence est favorisée. par l'ascension de cette dernière dans une large mèche ronde : quand le niveau du liquide baisse dans le carburateur, la partie de la mèche émergée augmente et au total la surface de contact de l'air et du liquide reste à peu près la même ; aussi n'a-t-on pris que la précaution, pour empêcher les trop grandes variations du niveau, de laisser le carburateur en communication avec le réservoir d'essence placé au même niveau que lui.

Les mèches sont aussi utilisées dans les carburateurs Papillon et Balbi. Le premier, qu'emploie la voiturette Tauzin, se compose de deux boîtes concentriques constituant une cloche, au centre desquelles une série de mèches de coton forme surface d'évaporation : l'air circule entre les deux boîtes, et pénètre dans celle du bas par des orifices percés tout autour d'elle, à la hauteur du niveau de l'essence, qui est à peu près constant. Le carburateur Balbi, employé par M. Grivel pour des motocycles, se compose aussi de deux récipients à section circulaire, emboîtés l'un dans l'autre et formant vases communiquants, grâce à une soupape placée dans le fond du vase intérieur ; à la périphérie du premier, on dispose une série de mèches.

56. — **Carburateur de la Pope manufacturing C°.** — Son trait caractéristique est l'existence, dans le grand récipient, d'un réservoir plus petit, qui permet l'envoi dans le carburateur d'essence fraîche, dès qu'un coup de collier doit être donné. L'air pur, qu'il faut mélanger à l'air carburé, entre par un conduit disposé en chicanes, pour éviter le bruit [1].

57. — **Carburateur Petréano.** — La fig. 38 représente le nouveau

1. Voir *France automobile*, 5 février 1899, p. 70.

carburateur de M. Petréano, dont nous empruntons la description à M. Witz (*Moteurs à gaz et à pétrole et voitures automo-*

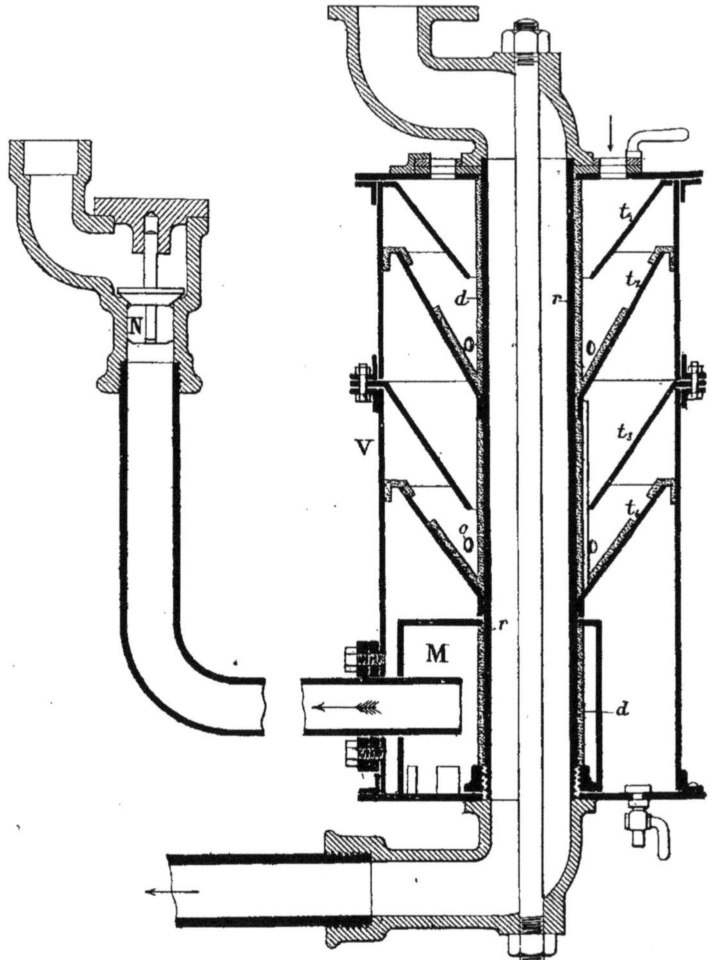

FIG. 38. — Carburateur *Petréano*.

biles*, t. III, p. 383). Un tube central r est parcouru par les gaz de la décharge, qui élèvent sa température et celle du cylindre V, dont il est enveloppé : le tube est garni d'une chemise en tissu d'amiante *d*, spongieux et perméable, constamment humecté de carbure liquide, lequel est introduit dans le cylindre par un orifice pratiqué à la partie supérieure ; l'air y pénètre par un autre orifice visible sur la droite de la figure. Quatre entonnoirs, dont deux garnis aussi d'amiante, forment des chicanes et obligent le carbure et l'air à se bien mélanger ; l'air carburé arrive finalement dans la chambre M et passe au cylindre à travers la valve N.

Les trous O, percés à la base des cônes, ont pour objet de laisser couler les huiles plus denses, dont l'évaporation plus difficile nuirait à la régularité de la carburation : ces huiles lourdes s'accumulent au fond du caisson V, d'où un robinet permet de les extraire.

Ce carburateur donne un mélange très homogène, dont la combustion s'opère dans les meilleures conditions possibles [1] ; il donne, paraît-il, de très bons résultats avec l'alcool.

58. — CARBURATEURS A PULVÉRISATION. — Ce sont les plus employés. Ils ont l'avantage d'être moins encombrants que les autres, de produire une carburation plus uniforme et de ne pas laisser de résidus inutilisables, car l'essence est vaporisée intégralement à mesure qu'elle est amenée au contact de l'air. Ils ont l'inconvénient d'être plus délicats, et souvent de nécessiter : au départ, de l'air chaud, que sur les voitures à allumage électrique il n'est pas commode de se procurer ; en route, après un repos un peu long, la purge des tuyaux, pour les débarrasser de l'essence froide ; cela donne lieu à des pertes de liquide, mais qui ne sont pas à comparer avec celles que nécessite la vidange des résidus du carburateur à barbotage ou à léchage.

Carburateurs, Phénix, Léon, Bollée, Longuemare. — Le *carburateur*

---

1. La complète diffusion du combustible dans le comburant a, en effet, une très grande importance que M. Lenoir avait déjà pressentie et que M. Petréano, mis sur la voie par les travaux de Bandsept et de M. Denayrouse sur l'amélioration du rendement des appareils d'éclairage, a cherché à réaliser depuis 1896. Cette diffusion rend la combustion plus soudaine et plus complète.

Daimler-Phénix est représenté par la fig. 39 : l'essence arrive du réservoir principal par N, traverse la toile métallique O, sur laquelle restent les particules solides qu'elle peut contenir et, par C, pénètre dans le récipient A. Dès qu'elle y a atteint le niveau de la partie supérieure de l'ajutage J, par lequel elle

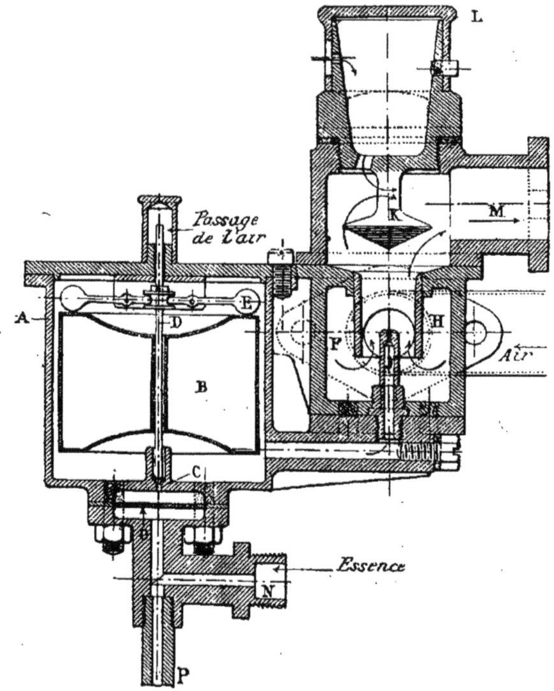

Fig. 39. — Carburateur *Daimler-Phénix.*

arrive dans la chambre H, le flotteur B soulève les contre-poids E, et la tige D n'étant plus soutenue par ceux-ci colle sur son siège la soupape C : l'arrivée de l'essence est interrompue. Le liquide affleure donc constamment le niveau supérieur de l'ajutage J. Lorsqu'une aspiration se produit en M, le courant d'air arrive par F, et l'essence jaillit en J. Les deux jets se brisent contre le champignon K et se mélangent intimement. La lanterne L permet d'admettre une proportion variable d'air pur destiné à amener le mélange à l'état explosif. Un tuyau P fermé par une vis permet de vider le carburateur, quand on veut le nettoyer.

Le *carburateur Bollée* est fort analogue au précédent, dont il

Coupe verticale.

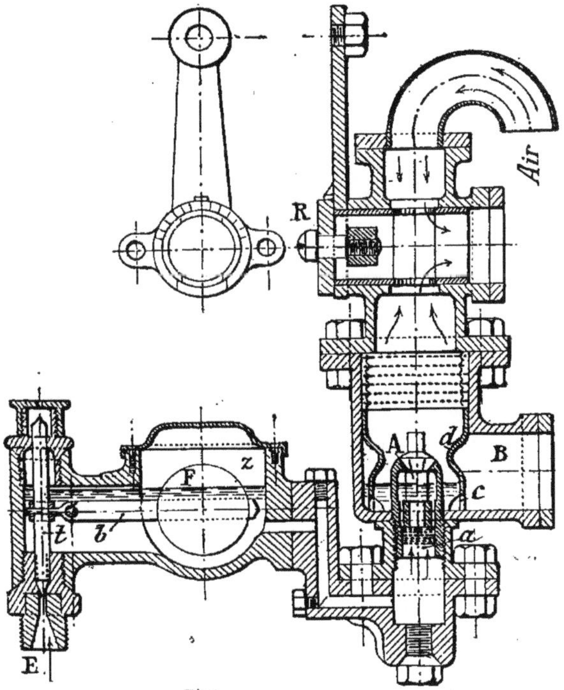

Plan.

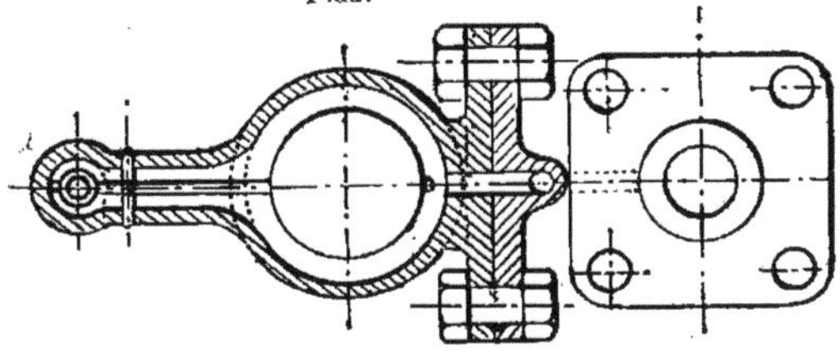

Fig. 40 et 41. — Carburateur *Longuemare* (ancien type).

diffère par la suppression de la lanterne, qui surmonte la chambre de mélange : l'air n'arrive que par une ouverture latérale, munie d'un cône, destiné à éviter le bruit de l'aspiration, et d'une toile métallique pour empêcher l'entrée des poussières; Cette ouverture est fermée par une plaque perforée fixe, sur laquelle peut se déplacer une plaque analogue, qui sert à régler à

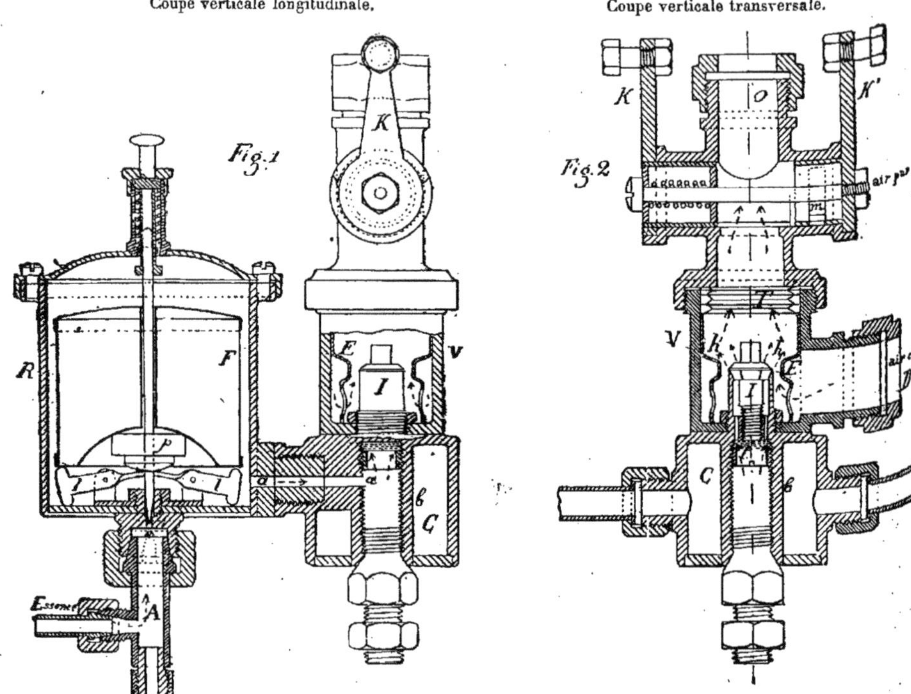

FIG. 42 et 43. — Carburateur *Longuemare*.

la main l'entrée de l'air et par suite la richesse du mélange carburé.

Dans le *Carburateur Longuemare* (ancien type) (fig. 40 et 41), l'essence arrive dans le réservoir d'alimentation et y prend un niveau constant, sous l'action du flotteur sphérique F et du balancier b, dont la tige t à pointeau ferme, au moment voulu, l'orifice d'entrée. Le liquide, après avoir traversé les toiles métalliques a, établit son niveau dans l'ajutage A, à 10 ou 12 mm. au-dessous des rainures, dont est munie la tête de l'ajutage.

L'air, échauffé par son passage contre la culasse du moteur, entre par la tubulure latérale B et les ouvertures c, ménagées au bas de la gaine métallique d, qui s'étrangle au niveau de la tête d'ajutage. Là il rencontre la poussière d'essence, qui, sous l'effet de l'aspiration du moteur, jaillit par les rainures de l'ajutage. Le mélange s'achève par le brassage énergique auquel le soumet la traversée d'autres toiles métalliques. Le robinet doseur R permet d'ajouter au mélange carburé la proportion voulue d'air pur.

Mme Vve Longuemare a exposé, au salon du Cycle et de l'Automobile, en décembre 1898, un nouveau carburateur (Fig. 42, 43) ; le flotteur est cylindrique et commande différemment l'arrivée de l'essence. C est une chambre destinée aux gaz de l'échappement pour réchauffer l'essence. En face du robinet doseur K' qui fait varier la quantité d'air pur ajouté à l'air carburé, s'en trouve un autre K, qui règle la quantité du mélange à admettre au moteur.

59. — **Carburateurs Chauveau, Gauthier-Wehrlé, Mors**. — Dans le *carburateur Chauveau* (fig. 44), il n'y a pas de réservoir auxiliaire d'alimentation : l'essence arrive directement, en charge, du réservoir principal par un tube établi sur le raccord C ; son entrée dans l'appareil est réglée par la vis à pointeau E. Elle monte dans la colonne G; qui est fermée à sa partie supérieure par un obturateur, dans lequel sont pratiqués des trous aboutissant à la gorge circulaire H. Le long de cette colonne peut coulisser un fourreau I, muni d'ouvertures i, i, et solidaire de la soupape J, dont la tige se prolonge au dehors de l'appareil et repose par son écrou K sur un ressort à boudin chargé de coller la soupape contre son siège.

L'ajustement du fourreau sur la colonne est étanche. Quand l'aspiration du cylindre se produit en A, la soupape J descend, et l'air extérieur arrive par N ; en même temps, les orifices i se placent en face de la chambre H ; si on a démasqué l'ouverture de E, l'essence jaillit en i, et se brise contre les parois tronconiques rugueuses M'. Le brouillard qui en résulte, se mélange avec l'air, et le tout pénètre par les orifices *o* dans le cylindre. Sur son parcours, il peut être additionné d'air pur, grâce à une prise spéciale.

Dans le *carburateur Gauthier-Wehrlé* (fig. 45). — Par la conduite E, l'essence arrive, sous une pression de 0. 10 m., du

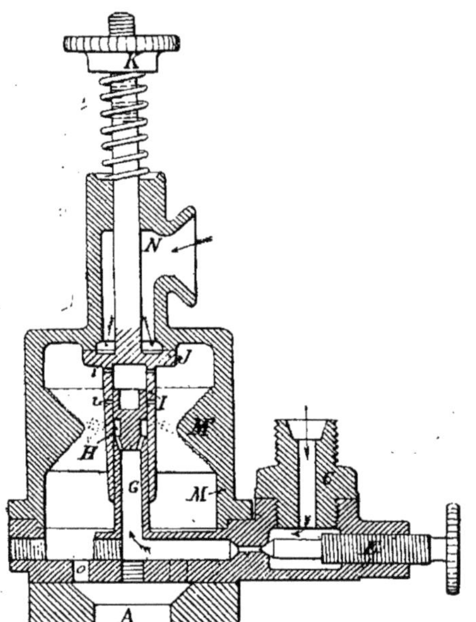

FIG. 44. — Carburateur *Chauveau.*
Coupe verticale.

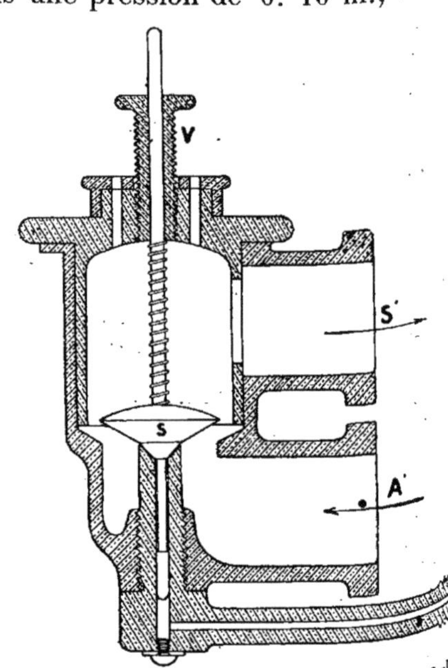

FIG. 45. — Carburateur *Gauthier-Wehrlé.*
Coupe verticale.

réservoir principal, et jaillit sous un cône disperseur S, formant la partie supérieure de la soupape ; celle-ci est réglée par la vis V à ressort de façon à se soulever légèrement sous l'effet de l'aspiration du moteur et à laisser passer un peu d'essence. L'air chaud arrivé par A rencontre le brouillard d'essence. Le tout est additionné de la proportion voulue d'air froid, par des orifices pratiqués dans le couvercle de la chambre de mélange et plus ou moins découverts par un chapeau réglable. Nous croyons que ce carburateur est abandonné.

Dans le *système Mors* (fig. 46), l'essence arrive, du réservoir auxiliaire *t* à niveau constant, par le conduit *sr*, dans le cône renversé *u* à parois intérieures striées. L'air fourni par le tuyau *v*, dans la proportion réglée par l'obturateur *x*, vaporise l'essence, et se rend avec elle dans le cylindre ; la valve *y* offre au mélange un passage de section variable à la volonté du chauffeur.

Dans le système Amédée Bollée, employé par la maison Dietrich (fig. 46 *bis*), l'essence arrive par le tube P, dont l'orifice

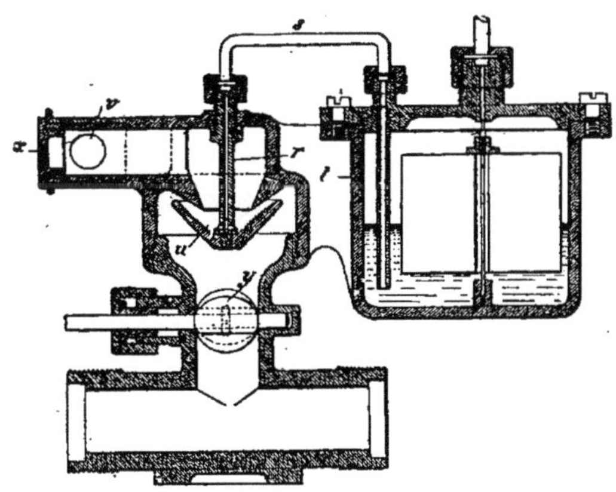

Fig. 46. — Carburateur *Mors*.
Coupe verticale.

est fermé par un pointeau, solidaire du flotteur F, qui maintient le niveau constant dans le cylindre R. Par le tube T, elle pénètre dans le carburateur proprement dit, quand l'aiguille I se soulève sous l'effet de l'aspiration produite en A par le piston. Elle y pénètre en quantité proportionnelle au soulèvement de l'aiguille, qui est réglé primitivement à la main par la vis V, et automatiquement par la force de l'aspiration du moteur, proportionnelle à sa puissance. Elle retombe en pluie sur la pièce H garnie de redans, et dans sa chute rencontre l'air arrivant par la tubulure T. Elle remonte avec lui et le mélange carburé sort par A.

60. — Carburateurs Peugeot (fig. 47). — Dans une tubulure faisant partie du cylindre moteur, ou rapportée sur lui, se trouve ajusté le corps du carburateur qui est percé de trous pour l'arrivée de l'air par le tuyau *a*. Ce corps est surmonté du chapeau *b*, sur lequel sont fixés le tube *c* d'arrivée du liquide et l'ajustage *d* normalement fermé par le pointeau *o*. Quand l'aspi-

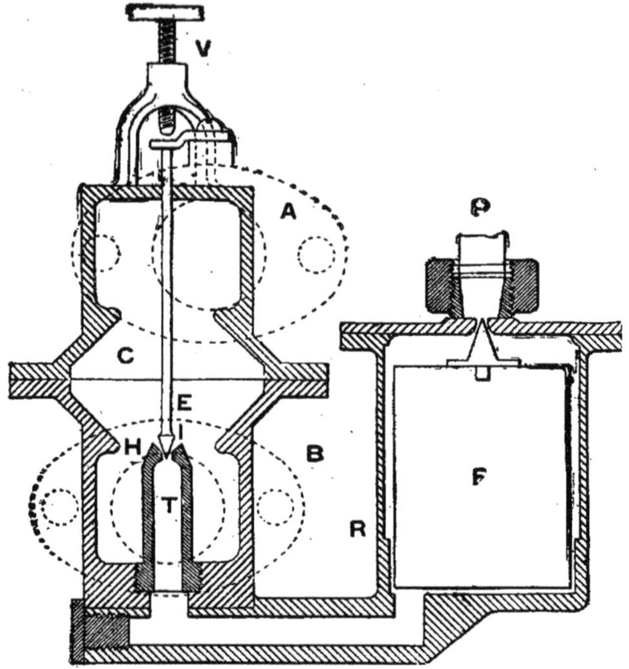

FIG. 46 bis. — Carburateur *Amédée Bollée*.
Coupe verticale.

P, tube d'arrivée de l'essence. — F, flotteur à pointeau, réglant l'arrivée de l'essence. — I, pointeau. — V, vis de réglage. — B, arrivée de l'air. — A, sortie du mélange carburé.

ration se produit, la soupape *s* ordinairement collée contre son siège par le ressort *r*, s'ouvre vers le bas et entraîne avec elle le pointeau *o*. L'essence arrive sur la calotte renversée *p*, chargée de la distribuer sur le cône en toile métallique *t*.

Depuis quelque temps, la maison Peugeot se sert d'un nouveau carburateur (fig. 48). L'essence y arrive par la conduite *e*, et tant que le flotteur de liège *b*, en s'appuyant sur *c* maintient l'aiguille *d* soulevée, s'introduit dans le réservoir *a*. Dès que le flotteur est assez soulevé pour.qu'il n'appuie plus sur c, l'aiguille d retombe en vertu de son poids et ferme l'orifice d'arrivée de l'essence. Le réglage de l'appareil est tel que le niveau dans le réservoir a s'établit, d'une façon constante, un peu plus bas que l'ajutage o; de cette manière, l'essence ne vient pas se déverser dans la chambre du carburateur f.

Sous l'effet de l'aspiration du moteur, l'essence jaillit de cet ajutage contre le bouchon de pulvérisation l; un courant d'air chauffé par les brûleurs arrive alors par une tubulure située au-dessus de n, suivant une direction perpendiculaire au jet, grâce à la déviation que détermine une douille à chicanes combinée avec une toile métallique qui retient les fines parties d'huile non vaporisée et aide à la carburation intime de l'air.

On n'a pas à se préoccuper du débit de l'essence qui reste constant. Des volets placés de chaque côté de la tubulure qui amène l'air chaud permettent d'amener de l'air froid pour obtenir un degré normal de carburation, le diaphragme mobile n

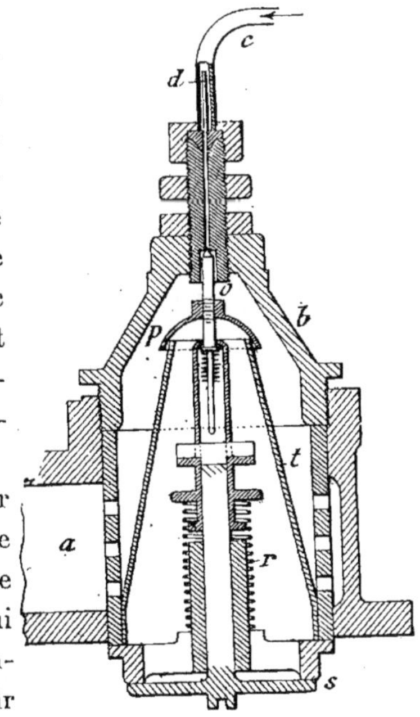

FIG. 47. — Carburateur *Peugeot* (ancien modèle).

manœuvré par une vis, sert aussi à modifier la quantité du mélange d'air chaud et d'air froid et dès lors du mélange carburé qui est conduit aux cylindres par la tubulure m. Suivant la qualité de l'essence et la température de l'air, on fait aussi varier le mélange au moyen du robinet d'air froid r établi sous la chambre de carburation et destiné surtout à parer à une carburation excessive.

A la mise en marche, on ferme l'admission d'air froid de façon à n'admettre d'abord que de l'air chauffé par les brûleurs. L'entretien se borne au nettoyage du filtre, lorsqu'il est obstrué par les impuretés soustraites à l'essence.

La maison Peugeot s'est aussi réservé la faculté de régler la marche du nouveau moteur, par la suppression temporaire de

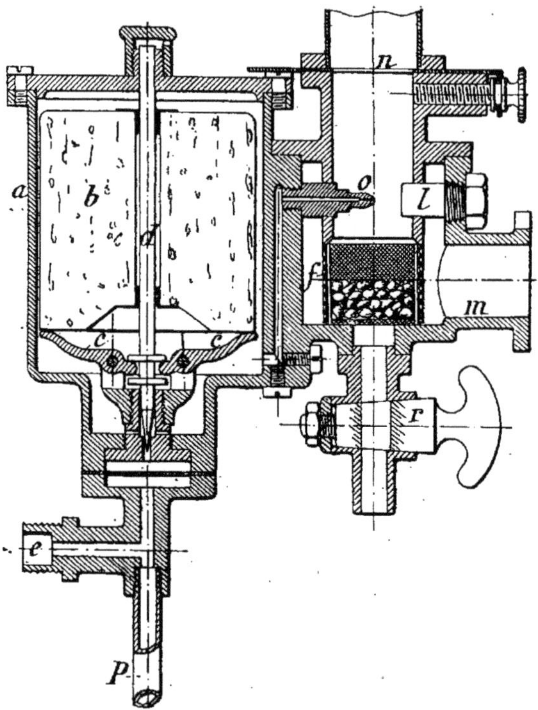

Fig. 48. — Carburateur *Peugeot* (nouveau type).

l'arrivée de l'essence; à cet effet, dans l'ajutage o est établi un robinet transversal qu'un ressort tend continuellement à ouvrir mais que les leviers R du régulateur (fig. 68) ferment lorsque la vitesse augmente; le moteur n'aspire alors que de l'air et l'explosion ne se produit pas.

61. — **Carburateurs Lepape, Loyal, Bouvier-Dreux, Jupiter.** — Dans le carburateur de M. Lepape (modèle 1898), l'essence arrive par la tutubure *a*, d'un réservoir en charge de quelques centimètres

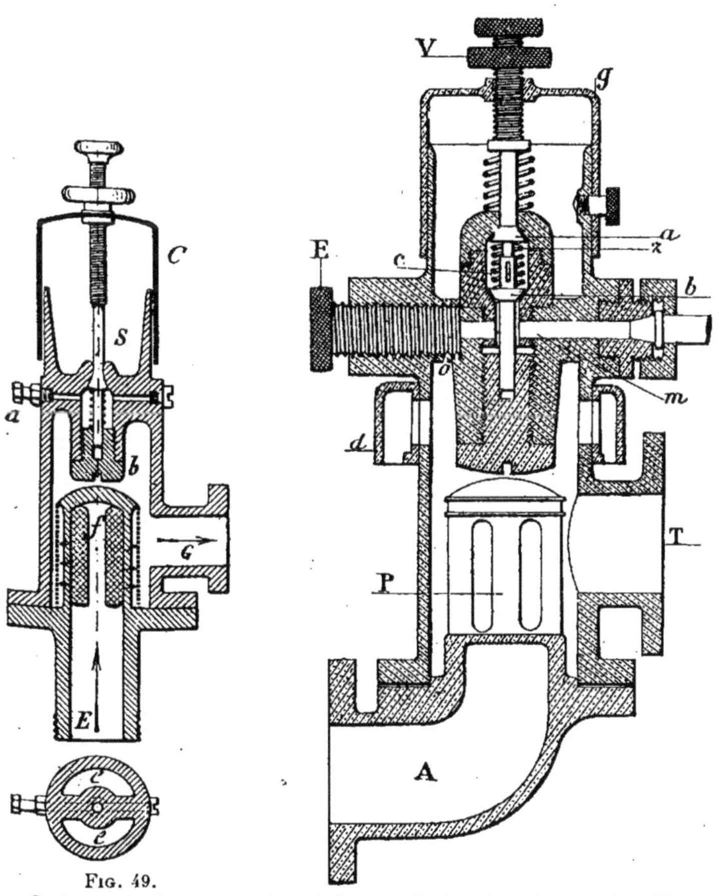

Fig. 49.
Carburateur *Lepape*
(modèle 1898).

Fig. 49 bis. — Carburateur *Lepape* (modèle 1899).
Coupe verticale.

L'essence arrive par le tuyau *m*, en passant sous la soupape *b* (normalement maintenue un peu au-dessus de son siège, par sa liaison avec la soupape *a* et par le ressort *z*), dans la chambre *c* qu'elle remplit. Quand l'aspiration du piston se produit en T, le capot *g* s'abaisse, enfonce la soupape *a* dans la chambre *c*, et fait déborder un certain volume d'essence : enfoncement et volume sont d'ailleurs réglés par la position du capot sur sa vis (position maintenue par le bouton fileté V), et par la force de l'aspiration que l'on peut diminuer en laissant pénétrer par la virole *d* plus d'air frais. L'essence tombe sur la lanterne à toiles métalliques P, par laquelle arrive de l'air chaud. Le mélange se rend par T au cylindre. E est une vis à pointeau que, lors de la mise en train, on dévisse pour laisser tomber par l'ouverture *o* un peu d'essence sur la lanterne P, et qu'on enlève complètement, pour purger le tube d'arrivée de l'essence.

(fig. 49) et remplit une petite capacité surmontée d'un clapet S dont la tige filetée supporte la légère capsule C, à une hauteur réglable. Cette capsule emboîte, à l'aise, le cylindre *a* qui est ouvert en haut et relié en bas avec la tubulure d'arrivée d'air chaud E, tandis que sur le côté se trouve en G la conduite du cylindre. Sous l'effet de l'aspiration du piston, la capsule C s'abaisse, malgré le ressort antagoniste du clapet S qui s'ouvre et laisse déborder, dans le cylindre *b*, un peu d'essence qui tombe par les ouvertures *e*, sur le treillis métallique *f* au contact de l'air chaud aspiré en E. Le mélange est additionné d'air pur en quantité convenable par un robinet placé sur la conduite G qui dessert les cylindres.

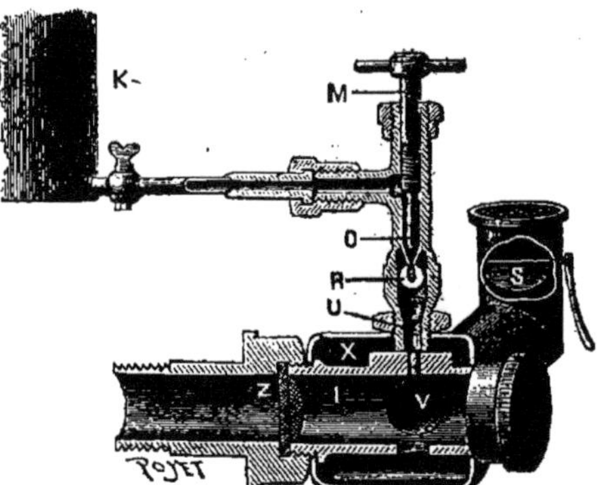

FIG. 50. — Carburateur *Loyal* (modèle 1898).

La fig. 49 *bis* représente le carburateur Lepape (modèle 1899), qui diffère du précédent par l'adjonction d'une soupape *b*, le mode d'introduction de l'essence et l'addition d'une virole *d* à persiennes permettant de faire varier l'arrivée de l'air froid (voir la Légende).

Dans le carburateur Loyal dernier modèle (fig. 50), l'essence de pétrole contenue dans le réservoir K s'écoule autour du pointeau MO, en gouttes visibles par le regard R et tombe par les orifices U dans la chambre de mélange I; l'air qu'aspire le moteur y arrive par le tuyau V monté sur la gaine X et pourvu d'un papillon de réglage S. Le mélange ainsi formé se complète à la traversée des toiles métalliques Z et se rend au cylindre moteur.

Carburateur Bouvier-Dreux (fig. 51). Dans le récipient B, l'essence est maintenue à un niveau constant par le flotteur C, pourvu d'un pointeau D, qui commande l'ouverture de la conduite d'arrivée A, et d'un indicateur J de ce niveau; celui-ci s'établit par le canal E dans l'ajutage F à 1 mm. au-dessous de son orifice de sortie.

Autour de cet ajutage sont ménagées trois rainures circulaires qui forcent l'air aspiré à travers la conduite G, par le moteur, à prendre un mouvement giratoire; en même temps sous l'effet de la succion, une petite quantité d'essence sort de l'ajutage F, se brasse et se mélange avec l'air tourbillonnant.

Pour rendre le mélange intime, l'air pur complémentaire, et

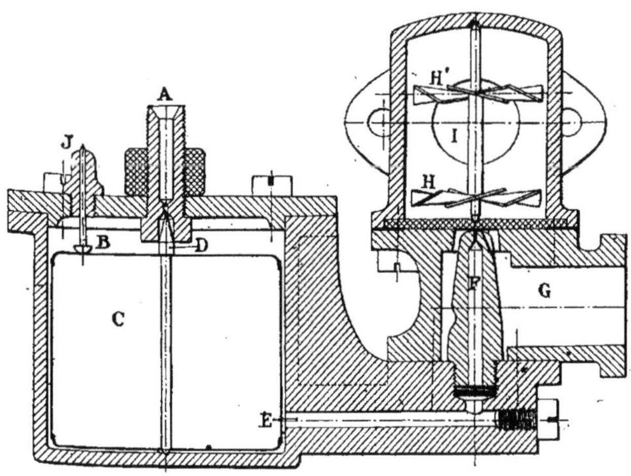

FIG. 51. — Carburateur *Bouvier-Dreux*.

les filets gazeux viennent se briser sur les ailes des deux petites turbines H, H' contenues dans une chambre qui surmonte l'ajutage, et tournant très rapidement, sous l'effet de l'aspiration même du moteur; celle-ci s'exerce à travers une prise d'air pur, non figurée, mais symétriquement disposée par rapport au tuyau I de sortie de l'air carburé. A la mise en train, on règle graduellement l'ouverture de cette prise d'air jusqu'à ce que, pour une essence de qualité déterminée, on ait réalisé le meilleur mélange. C'est de l'air préalablement chauffé par le moteur qu'on peut faire arriver par la conduite G en vue d'aider à la gazéification en hiver.

Carburateur Jupiter. Il est, comme le précédent, à niveau constant par flotteur, et muni : 1° autour de l'ajutage d'arrivée de l'essence, de rainures hélicoïdales ; 2° dans la chambre du mélange de deux étages de palettes.

61 bis. — Carburateur Roussy de Sales (fig. 52). — Il se compose d'une boîte 1, divisée en deux compartiments 2 et 3, par la cloison 4. Dans le compartiment 2, l'essence arrive par le

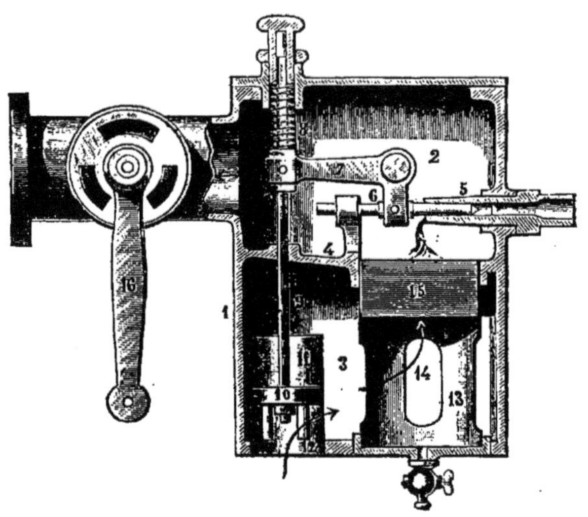

FIG. 52. — Saturateur-doseur *Roussy de Sales.*
Coupe verticale.

tuyau 5, dont l'orifice est ouvert par le pointeau 6, sous l'action du levier 7, rappelé par le ressort 8 et éloigné par la tige 9 du piston 10. Celui-ci se soulève dans le cylindre 11, sous l'effet de l'aspiration du moteur ; il démasque les orifices 12, qui lui donnent accès par les ouvertures 13 dans la boîte 14, garnie à sa partie supérieure de couches alternées de toiles métalliques et de tissus spongieux, imbibés d'essence. L'air ainsi *saturé* de cette dernière va au moteur, après avoir reçu par le valve 16 une proportion d'air frais, qui détermine le *dosage* du mélange. De là, le nom de *saturateur-doseur* donné à l'appareil.

L'autocarburateur Huzelstein est aussi un carburateur à pulvérisation [1].

62. — Carburateurs mixtes. — **Carburateur P. Gautier.** — Nous n'avons pas besoin de dire que certains types participent des caractères spéciaux aux trois classes que nous avons distinguées. Nous ne citerons que le carburateur P. Gautier, employé pour

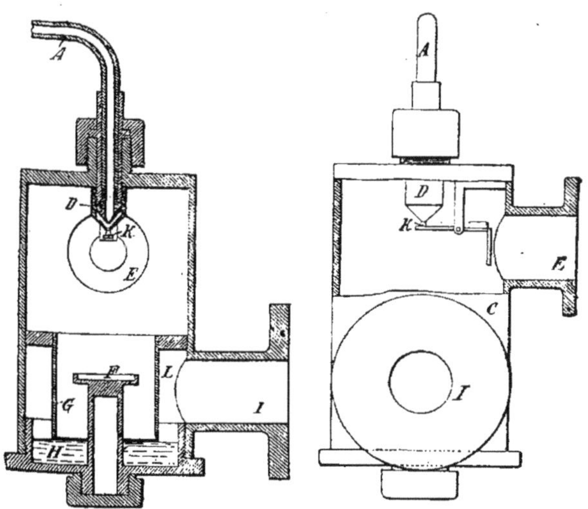

Fig. 53 et 54. — Carburateur *P. Gautier*.

les voitures David, et qui utilise à la fois le léchage, le barbotage et la pulvérisation.

Dans le *carburateur P. Gautier* (fig. 53, 54), l'essence arrive par A, dont le débit est limité par le diaphragme D (qui est double pour éviter que la section d'écoulement de l'essence ne soit insensiblement agrandie, par le contact de la soupape K; celle-ci, en effet, appuie seulement sur le diaphragme extérieur). La soupape K qui règle ce débit, s'ouvre au moment voulu sous l'effet du courant d'air occasionné par l'aspiration. L'essence tombe sur la cuvette F, et de là dans le

1. Voir *France automobile*, 15 janvier 1899, p. 21.

réservoir H, au-dessus duquel se trouve un tube G, supporté par une bague à une hauteur telle qu'il touche seulement l'essence contenue dans le réservoir. L'air aspiré par I circule dans la chambre L, lèche l'essence contenue en H, traverse la mince couche qui le sépare de l'intérieur du tube G, et en remontant pénètre dans le brouillard d'essence produit par la chute de cette dernière sur la table F. Le mélange se rend au cylindre par le tube E.

63. — Distributeurs mécaniques. — Dans les carburateurs que nous avons décrits jusqu'ici, l'essence arrive en vertu de la seule gravité. Dans quelques autres on a recours à des dispositifs mécaniques.

Ainsi dans le carburateur Klaus [1], c'est une pompe qui est chargée de l'y injecter : elle est mue par la came de la soupape d'échappement et rappelée après chaque coup par un ressort.

Carburateur-distributeur Henriod et Distributeur Brillié. — Le carburateur-distributeur Henriod est ainsi nommé, parce qu'il distribue mécaniquement, à chaque aspiration du cylindre, un volume d'essence, fixé par le réglage qu'on a donné à l'appareil et ne dépendant en rien de la température, sous laquelle se fait la carburation, à la différence de ce qui se passe dans les carburateurs ordinaires.

Dans le corps de l'appareil, qui est cylindrique, se trouvent, normalement appliquées sur leurs sièges par des ressorts, deux soupapes : l'une, dont la tige porte à son extrémité supérieure taraudée un disque-écrou, dans lequel s'enfonce perpendiculairement une vis de règlage ; l'autre, dont la tige creuse peut coulisser entre la tige pleine de la première soupape et un fourreau cylindrique. Dans le fourreau est pratiquée, un peu au-dessous de la seconde soupape, une chambre circulaire, qu'un orifice fait toujours communiquer avec le réservoir d'essence.

Dès qu'une aspiration se produit dans le cylindre, la première

1. Voir *Locomotion automobile*, 10 mars 1898, p. 141.

soupape s'abaisse, d'abord seule, puis quand la vis dont nous avons parlé arrive au contact de la tige de la seconde soupape (et le contact se produit plus ou moins tôt suivant que la vis a été, lors du réglage de l'appareil, plus ou moins enfoncée dans son écrou), en entraînant cette soupape. L'ensemble des deux soupapes s'arrête, quand le disque-écrou de la première arrive au contact du cylindre placé au-dessous. Pendant que la seconde soupape n'est plus sur son siège, l'essence coule dans des gorges circulaires pratiquées dans le chapeau de cette soupape. Elle se trouve là en contact avec l'air chaud admis par une première rangée d'orifices ; le mélange se rend dans une chambre placée au-dessous, où il reçoit une quantité convenable d'air frais. La quantité de liquide qui pénètre chaque fois dans l'appareil est ainsi réglée par les positions du disque-écrou et de sa vis[1].

Comme l'appareil que nous venons de décrire, le distributeur Brillié[2] distribue mécaniquement le pétrole ; mais, au lieu d'en faire entrer chaque fois une quantité fixe et de préparer avec elle le mélange carburé à la façon d'un carburateur ordinaire, il mesure chaque fois, sous le contrôle du régulateur, le liquide nécessaire à l'explosion, et il laisse le mélange avec l'air s'en opérer dans le conduit qui relie le distributeur au cylindre et dans le cylindre lui-même.

Voici comment le distributeur Brillié effectue le dosage volumétrique de l'essence : une clé unique, portant sur son pourtour des alvéoles équidistantes, tourne dans un boisseau en communication avec le réservoir d'essence ; chaque alvéole, après s'être remplie de liquide, est amenée par la rotation de la clé en regard d'un orifice communiquant (par un tube d'aspiration et une crépine) avec le moteur. La rotation est produite par un encliquetage, qui commande l'arbre du moteur au moyen d'une bielle du régulateur. Si la vitesse de régime est dépassée,

1. Pour une plus ample description, voir *Locomotion Automobile*, 20 juillet 1899, p. 457.
2. Voir *France automobile*, 8 janvier 1899, p. 19.

un mécanisme à culbuteur immobilise la bielle et le distributeur, et l'arrivée de l'essence est suspendue. Un levier, en donnant plus ou moins de bande à un ressort du mécanisme, permet au moteur de faire plus ou moins de tours (250 à 1000 par minute).

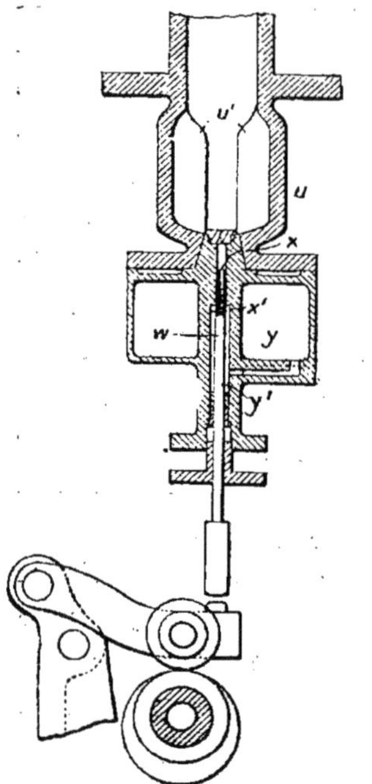

Fig. 55. — Carburateur *Gibbon* (à pétrole lampant).

La charge de pétrole pour chaque explosion est ainsi constamment ce qu'elle doit être pour que la carburation reste la même, la combustion complète, et l'odeur supprimée ; c'est du moins le but que s'est proposé l'inventeur : l'expérience nous dira s'il l'a complètement atteint [1].

Ce dernier carburateur, qui est plutôt un distributeur avec lequel la carburation, se fait dans la chambre d'aspiration est une transition toute naturelle pour arriver aux carburateurs à pétrole lampant proprement dits.

64. — CARBURATEURS A PÉTROLE LAMPANT. —**Carburateurs Gibbon, Faure, Dawson.** — Devant produire la vaporisation d'un liquide beaucoup moins volatil que l'essence, ils ont souvent recours à deux adjuvants : la chaleur fournie par une lampe à pétrole (dont on peut parfois se passer, quand la chaleur donnée par le fonctionnement du moteur est suffisante), et le jeu d'une pompe qui injecte à chaque instant la quantité de pétrole nécessaire.

Dans le *carburateur Gibbon* (fig. 55), une pompe sans clapet $x\,w$ injecte par $x'y'$ dans le vaporisateur placé au-dessus, le pétrole venant du réservoir y. Le vaporisateur est formé par un tube évasé u à ailettes u', pénétrant en partie dans la chambre

---

1. Pour une plus ample description, voir *Locomotion Automobile*, 5 janvier 1899, page 5.

de combustion, dont il constitue l'allumeur. Une gaine entoure librement ce dernier et empêche l'air frais du mélange de venir à son contact et de le refroidir. Pour la mise en train on le chauffe avec une lampe extérieure ; par la suite, la charge s'enflamme spontanément à la fin de la compression.

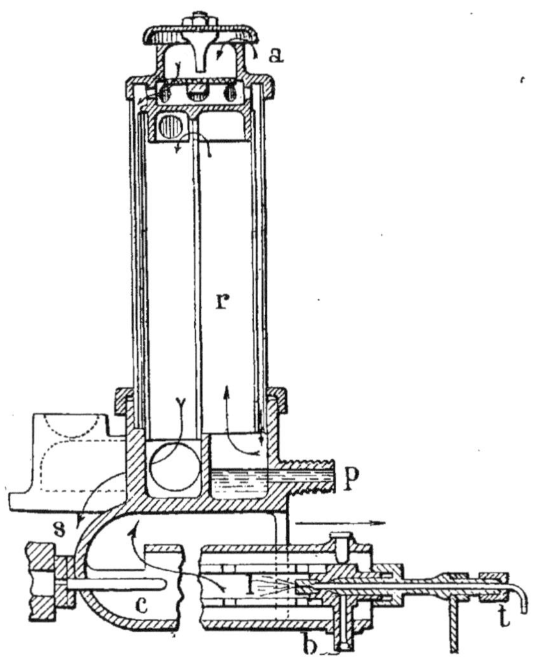

FIG. 56. — Carburateur *Faure* (pour pétrole lampant).

Dans le système *Faure* (fig. 56), le pétrole arrive par le conduit *p*, l'air par le chapeau *a*. Cet air suit le parcours indiqué par les flèches, en circulant dans des compartiments limités par des toiles métalliques, et sort par *s* pour se rendre au moteur. La lampe *l*, chargée de chauffer le tube d'allumage du cylindre, réchauffe aussi le pétrole contenu dans le récipient *r* : cette lampe est disposée comme les brûleurs des foyers à pétrole ; elle porte une petite aiguille de débourrage *t*. On voit en *b* la prise de l'air nécessaire pour parfaire le mélange.

Le carburateur Dawson (fig. 57), dont la chemise est parcourue par les gaz d'échappement, est relié par le tuyau *a* à un réservoir contenant du pétrole et de l'air sous pression. En bout de ce tuyau, se trouve la soupape *g* dont la tige est prolongée dans un tuyau perforé jusqu'au contact de la soupape *h* actionnée mécaniquement.

Lorsque celle-ci s'ouvre pour l'admission d'une charge dans le cylindre, elle force la soupape *g* à s'élever ; le pétrole coule dans le tuyau perforé, en même temps que de l'air y arrive par *o* ; l'air complétant le dosage du mélange, est admis par un clapet automatique *k*, et en *f* se trouve une lampe de mise en train.

La température du carburateur est réglée par la dilatation d'une pièce en cuivre, disposée dans le tuyau d'échappement et tendant à ouvrir plus ou moins le papillon *b* d'un bye-pass qui dérive les gaz brûlés, en cas d'excès de température.

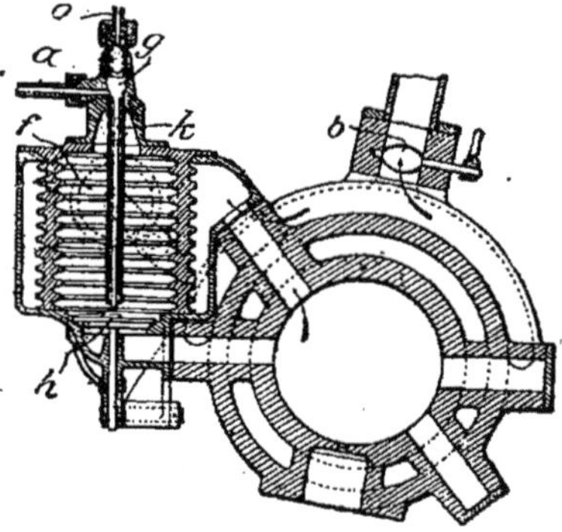

Fig. 57. — Carburateur *Dawson*.

65. — MOTEURS SANS CARBURATEUR. — **Moteurs Koch, Kane-Pennington.** — Dans certains moteurs la carburation n'est pas confiée à un organe spécial : les moteurs Koch (§ 105) et Kane-Pennington sont dans ce cas. Dans le dernier, pendant l'aspiration, l'essence tombe sur un fil métallique, en forme de spirale, placé dans la partie supérieure du cylindre, et mis en dérivation sur le courant électrique chargé de produire l'allumage. Cette légère élévation de température suffit, paraît-il, pour assurer la vaporisation complète de l'essence.

66. — **Considérations générales sur les carburateurs.** — Les appareils à pulvérisation sont, on le comprend, plus perfectionnés que ceux à simple léchage : nous ne dirons pas qu'ils peuvent se passer de surveillance, car l'orientation et la force du vent, la température ambiante, en faisant varier l'état physique et la quantité de l'air admis dans le carburateur, demandent souvent, en cours de route, qu'on modifie au moins la section utile des orifices qui lui donnent accès. Mais, avec un bon carburateur à pulvérisation cette graduation est assez facile, et elle suffit pour assurer un fonctionnement régulier à l'appareil, qui en tout cas n'est pas gêné par les cahots de la voiture. Aussi la plupart des voitures sont-elles munies d'un carburateur à pulvérisation.

Les motocycles, au contraire, ont dû jusqu'ici se priver de leurs services, par suite de ce fait que l'aspiration du moteur n'a pas toujours chez eux la force, si petite soit-elle, qui est indispensable pour provoquer l'action d'un carburateur à pulvérisation, ouvrir une soupape et amener l'essence dans l'appareil. Et elle ne l'a pas toujours, parce que dans ces véhicules les variations de l'admission du mélange carburé dans le cylindre constituent le seul moyen de faire varier la vitesse (l'avance à l'allumage, dont nous parlerons plus tard (§ 75) n'est pas faite pour provoquer les variations de cette vitesse, mais plutôt pour les suivre en produisant l'allumage au moment précis où il est le plus avantageux pour la bonne combustion du mélange carburé), et quand cette admission diminue au-dessous d'un certain taux, l'aspiration faiblit avec elle. Or la carburation donnée par les appareils à simple léchage est, comme nous l'avons dit, irrégulière ; elle est aussi influencée par les vagues que produisent dans le carburateur les cahots de la route. Il serait donc à désirer qu'on pût adapter à l'usage des motocycles des carburateurs à pulvérisation d'un fonctionnement assez délicat pour rester pratique avec la plus faible admission du moteur. Si nous en croyons M. Baudry de Saunier, qui a fort bien mis en lumière cette situation, la chose serait déjà réalisée par la maison de Dion-Bouton.

La longueur du tube qui relie le carburateur au cylindre du moteur demande à être convenablement réglée : en la diminuant, on rapproche le carburateur du cylindre, et l'échauffement qui en résulte pour le premier favorise la vaporisation de l'essence; en l'augmentant, on donne au mélange le temps de devenir plus intime pendant le court séjour qu'il fait dans le tuyau, avant d'être aspiré par le cylindre.

Pour éviter dans le carburateur une introduction de flamme qui pourrait amener une explosion, surtout à redouter avec un carburateur à léchage, dans lequel est toujours emmagasinée une assez grande quantité d'essence, il faut disposer une cloison de toile métallique dans le tube, autant que possible en un point où son diamètre est agrandi, pour que la section utile reste suffisante. Ces communications de flammes peuvent être produites par le déréglage des soupapes d'admission ou d'échappement, qui ne se ferment pas aux moments voulus; elles ont surtout lieu pendant les arrêts de la voiture, par suite de l'affolement des organes que ne maintient aucun effort à vaincre.

2° Les moteurs.

67. — Cycles adoptés. — Les moteurs employés en automobilisme appartiennent pour ainsi dire tous au type à compression et à explosion. C'est le cycle de Beau de Rochas qui est presque exclusivement utilisé. On sait qu'il se compose des quatre temps suivants :

1re course avant du piston — aspiration du mélange carburé;
1re course arrière — — compression;
2e course avant — — explosion; c'est la course motrice;
2e course arrière — — echappement des gaz brûlés.

Il n'y a donc, par cylindre, qu'une course motrice sur quatre, c'est-à-dire pour deux tours de l'arbre à manivelle : aussi l'adjonction d'un lourd volant est-elle nécessaire, et d'autant plus qu'il y a moins de cylindres moteurs ; même, comme souvent on ne conjugue pas les pistons, de manière à les faire agir sur des manivelles opposées, la multiplicité des cylindres ne permet ordinairement pas de diminuer la force du volant.

Théoriquement, le moteur à deux temps, donnant une course motrice par tour, serait plus rationnel ; mais, sa réalisation difficile est un puissant obstacle à son emploi. Le type Benz, qui avait été imaginé sous la forme à deux temps, ne se construit plus qu'avec le cycle à quatre temps. Il faut dire aussi que les moteurs actuels à quatre temps tournent couramment à 600 ou 700 tours (parfois à 1.000 et 3.000) et donnent par cela même une très grande régularité : on est bien loin des résultats fournis par les 150 ou 200 tours initiaux de Daimler. D'ailleurs, les moteurs à quatre temps ont l'avantage de consommer moins que les moteurs à deux temps.

Nous verrons cependant le cycle à deux temps appliqué par MM. Loyal, Conrad, Dufour…, comme aussi, nous verrons un moteur, celui de M. François Goret, marcher à six temps, les 5e et 6e étant destinés à effectuer dans les cylindres une chasse d'air pur, de manière à avoir toujours un mélange carburé uniforme. s'enflammant bien ; cette chasse a, en outre, l'avantage de refroidir le cylindre.

Avant de quitter les moteurs alternatifs, nous aurons à parler du moteur Duryea fondé sur un principe nouveau pour le pétrole : l'explosion s'effectue dans un réservoir spécial, jouant le rôle de la chaudière dans les moteurs à vapeur et fournissant au cylindre des gaz sous pression. Nous parlerons aussi du moteur Diesel, qui n'a pas été, que nous sachions, appliqué encore aux automobiles, mais qui leur assurera peut-être bientôt un rendement notablement supérieur à celui qu'elles donnent actuellement.

Enfin, malgré les difficultés de l'application du principe rotatif aux moteurs à pétrole, nous mentionnerons les efforts faits dans ce sens par quelques constructeurs : MM. Vernet, Batley, Dodement, André Beetz…

68. — **Distribution.** — Dans la plupart des moteurs à quatre temps, l'admission du mélange carburé dans les cylindres se fait par soupapes automatiques, maintenues sur leur siège par un ressort à boudin, et s'ouvrant sous l'action aspirante du piston. Quant à l'échappement des produits de l'explosion, il est assuré par une soupape, que commandent des leviers et une came, montée sur un arbre, relié à l'axe moteur par un système d'engrenages lui faisant faire un tour pendant que l'autre en fait deux : il n'y a, en effet, qu'une phase d'échappement pour deux tours de l'arbre moteur.

Ces règles souffrent cependant des exceptions. Dans certains moteurs (P. Gautier, Moreau, Berrenberg, Deliry, Le Brun, Roser-Mazurier...), la soupape d'admission est manœuvrée mécaniquement. Dans quelques autres, comme le moteur Tenting, les soupapes d'échappement sont actionnées par un excentrique. Dans le moteur Rossel, elles le sont par un tourteau (monté sur l'arbre moteur, entre les deux plateaux-manivelles), muni d'une rainure, qui en fait deux fois le tour; cette rainure est parcourue par deux boutons reliés aux soupapes par des leviers articulés. Dans le moteur Gibbon, la distribution est faite par une soupape qualifiée d'unique, mais qui est compliquée d'un tiroir. Dans le moteur Dawson, qui peut fonctionner au pétrole lampant, il n'existe plus de soupapes manœuvrées par cames ou leviers; elles sont remplacées par des orifices pratiqués dans le fourreau cylindrique, constituant le piston, et dans le cylindre lui-même; le piston, par le mouvement circulaire dont il est animé, amène en temps voulu ces orifices en face les uns des autres.

C'est un procédé analogue que met en œuvre la distribution du moteur Conrad. Dans la même catégorie des moteurs à deux temps, nous trouvons des distributions à deux soupapes automatiques (Loyal), et à soupape d'admission automatique et tiroir circulaire d'échappement manœuvré par une came (Dufour).

Toutes les distributions dont nous venons de parler, sont à simple effet; celle des moteurs à réservoir, comme le moteur Duryea, peuvent être à double effet.

Parmi les moteurs rotatifs, le système Vernet distribue le mélange carburé par soupape, levier et came.

Quels que soient les moyens mécaniques employés pour assurer la distribution, les diverses phases doivent en être parfaitement réglées; et ce réglage est particulièrement nécessaire pour l'échappement. Théoriquement, cet échappement doit commencer à la fin de la deuxième course avant du piston (course motrice); en pratique, il débute un peu avant, de façon à ce qu'il y ait une petite *avance à l'échappement*. Cette avance, loin de diminuer la force recueillie par le piston, en laissant perdre une faible partie de la pression des gaz, augmente cette force, en empêchant une contre-pression autrement considérable d'arrêter l'élan du piston, pendant son retour vers la culasse. En effet, de même que l'avance à l'allumage, que nous verrons bientôt (§ 75), a été créée pour donner à l'explosion le temps de se produire bien complète, de même l'avance permet à l'échappement de s'effectuer tout entier avant que la course d'aspiration recommence. Cette avance serait même *a priori* plus nécessaire que la première, car l'évacuation, qui se fait sous une pression diminuant de façon continue, est certainement moins rapide que l'explosion. Il va sans dire que l'avantage en question est d'autant plus sensible que le moteur tourne plus vite : quand il ne fait que 400 ou 500 tours par minute, il ne l'est pour ainsi dire pas; au-dessus, il le devient ; n'oublions pas que 2.500 tours par minute, chiffre souvent atteint par les petits moteurs, comme le de Dion-Bouton, correspondent à 5.000 courses, aller ou retour, par minute, environ 84 courses, avec 21 explosions et 21 échappements par seconde.

Quant à la fermeture de l'échappement, elle doit se faire, comme la théorie l'indique, au moment précis où s'achève la 2e course arrière du piston : si elle s'effectuait plus tôt, les gaz restant empêcheraient le piston d'arriver au fond de sa course et les gaz neufs de remplir le cylindre pendant l'aspiration suivante ; si elle ne s'effectuait que plus tard les gaz brûlés seraient aspirés en même temps que ceux du carburateur, et on éprouverait une grande difficulté à lancer le moteur, pour sa mise en marche. En effet, lors des premières aspirations, en même temps que de l'air carburé entrerait par la soupape d'admission, il arriverait par la soupape d'échappement de l'air pur, qui diluerait trop le mélange pour qu'il restât explosible ; ce ne serait qu'au bout d'un assez grand nombre de cylindrées, qu'il le deviendrait par un enrichissement progressif, la soupape d'échappement laissant rentrer un mélange de plus en plus carburé.

On arrive à bien régler l'échappement en taillant convenablement, souvent au prix de longs tâtonnements, la came qui commande la soupape.

D'après M. Gëorgia Knap, il faut donner aux soupapes d'échappement, suivant la course du piston, des diamètres de 18 à 25 mm. pour les moteurs de 65 à 70 mm. d'alésage ; 25 à 32 mm. pour les moteurs de 75 à 85 mm. d'alésage ; 32 à 38 mm. au-dessus de 85 mm.

On les fait quelquefois en nickel laminé, meilleur que l'acier, à cause du dépôt d'oxyde qui se produit sur ce dernier et empêche la fermeture de rester étanche. Elles sont brasées sur une tige d'acier Bessemer dur, quelquefois recouverte d'une gaine de nickel, pour éviter sa corrosion par les gaz chauds qui la lèchent.

Les sièges qu'on fait en fonte, ou en acier coulé (celui-ci s'associant très bien avec les tiges d'acier à gaine de nickel) doivent avoir une épaisseur bien uniforme pour que la dilatation soit la même dans tous les sens et que la fermeture reste bonne.

Les tuyaux d'échappement doivent être d'un diamètre plus grand que les soupapes, pour éviter l'étranglement des gaz et assurer au contraire leur détente : une soupape de 25 mm. reçoit ordinairement un tuyau de 35 mm.

La hauteur de levée est d'environ 5 à 6 mm. pour les cylindres de 60 à 70 mm. d'alésage, de 8 et 9 mm. pour ceux de 70 à 90 mm. de diamètre. Afin de ramener cette hauteur au taux normal, qu'il est essentiel de lui conserver et que le jeu des articulations tend à lui faire perdre, les tiges des soupapes sont munies de vis de rappel.

Les ressorts, qui collent les soupapes d'échappement sur leurs sièges, doivent être puissants, afin d'empêcher ces soupapes de s'ouvrir à l'aspiration et les gaz brûlés de se réintroduire dans le cylindre. Pour éviter qu'ils se détrempent sous l'action de la chaleur, on emploie parfois certaines dispositions, destinées à les isoler du moteur, ou au moins à les éloigner de ses parties les plus chaudes.

L'aspiration est plus facile à régler que l'échappement. La soupape et le tuyau d'amenée du gaz carburé doivent lui offrir une section assez grande pour que le remplissage du cylindre s'effectue rapidement ; avec des alésages de 60 à 90 mm., et des courses de 70 à 160 mm., le diamètre des soupapes varie de 15 à 30 mm. et celui du tuyau de 18 à 35 mm. Les ressorts doivent simplement maintenir les soupapes sur leurs sièges.

69. — Régulation. — Divers moyens permettent de faire varier la puissance du moteur.

On proportionne à la force motrice que l'on veut développer la quantité d'essence admise dans le carburateur (comme peut le faire la maison Peugeot avec son nouveau carburateur (§ 60) et comme le fait M. Goret à l'aide d'un pointeau), ou admise dans la chambre d'aspiration, comme nous l'avons vu pratiqué par le distributeur Brillié.

On peut aussi faire varier la quantité du mélange carburé admis dans le cylindre, comme le fait M. Mors.

Beaucoup plus souvent, on fait varier, par la manœuvre de robinets, le dosage du mélange carburé, soit par la proportion d'air admise dans le carburateur pour la préparation du gaz riche, soit plutôt par la proportion d'air pur supplémentairement ajoutée au mélange pour le rendre explosif.

Mais alors on s'expose, par l'appauvrissement du mélange à avoir des ratés. Pour obvier à cet inconvénient, il faudrait pouvoir modifier la compression, en raison inverse de la richesse du mélange. C'est l'idée, à notre avis fort juste, qu'a essayé d'appliquer M. Malézieux [1] en faisant varier la hauteur de la chambre de compression, le fond de la culasse étant à cet effet constitué par un piston mobile. Dans son appareil, le piston forme l'extrémité d'une vis, qui traverse un écrou placé dans le fond du cylindre ; un volant permet d'agir sur cette vis. Le dispositif demanderait à être perfectionné et rendu manœuvrable par le chauffeur de son siège. M. Hautier l'a réalisé de façon un peu différente (§ 102 *bis*).

A côté de ces moyens, qui sont parfois combinés dans un même moteur, on peut avoir recours à un véritable régulateur. Dans ce cas, on emploie presque toujours un appareil à force centrifuge, agissant sur le mécanisme commandant la valve d'échappement, de manière à empêcher l'ouverture ou la fermeture de cette valve : les gaz provenant de l'explosion précédente restent dans le cylindre, ou celui-ci reste en communication constante avec l'extérieur ; dans les deux cas, l'aspiration de mélange frais ne se produit pas, et la phase motrice du cycle est supprimée. Parfois cependant le régulateur agit directement sur l'admission, de manière à étrangler, ou plutôt à empêcher l'ouverture de la soupape d'admission : c'est le cas des moteurs Daniel Augé, Lanchester, Le Brun, P. Gautier, Dufour (à deux temps), Vernet (rotatif).

Il n'y a le plus souvent de régulateur que sur les voitures à allumage par tubes ; quand l'allumage est électrique on compte ordinairement sur la possibilité qu'il donne, comme nous le verrons bientôt, d'avancer le moment de l'allumage.

Parfois les voitures qui sont munies d'un régulateur le sont aussi d'un *accélérateur*, organe qui permet au chauffeur de paralyser le régulateur et de laisser le moteur s'emballer pendant quelque temps, au détriment de son rendement, mais au bénéfice de la vitesse.

---

1. Voir *Locomotion automobile*, 27 octobre 1898, p. 680.

70. — ALLUMAGE DU MÉLANGE EXPLOSIF. — Deux procédés d'allumage se disputent presque toute la clientèle des constructeurs : celui de l'étincelle électrique et celui du tube incandescent.

Allumage électrique. — Le procédé consiste à faire jaillir une étincelle très chaude, aussi bleue que possible, au milieu du mélange comprimé. C'est ordinairement l'étincelle d'induction, quelquefois l'étincelle de rupture renforcée par le phénomène de la self-induction, qui est utilisée.

Pour produire la première, on a recours à une bobine de Ruhmkorff. On sait en quoi elle consiste : le courant fourni par une pile ou un accumulateur traverse le circuit primaire ou inducteur de la bobine, sur lequel est monté un trembleur : toute interruption de ce courant produite par le trembleur en provoque un dans le circuit secondaire ou induit, et, si ce circuit est coupé — or, il l'est justement au sein du mélange — une étincelle au point de coupure.

Afin que les étincelles ne jaillissent qu'au moment voulu, le circuit primaire est habituellement interrompu ; il est seulement fermé au moment où la compression s'achève, par une came montée sur le même arbre que celle de l'échappement, c'est-à-dire sur un arbre ne faisant qu'un tour pendant que celui du moteur en fait deux ; il n'est donc fermé que tous les deux tours du moteur, pendant un temps sur quatre, au moment de l'explosion. Dès que cette fermeture est produite, le trembleur de la bobine entre en action, et une série d'étincelles jaillissent dans le mélange. C'est la disposition des voitures Benz, la plus rationnelle, qui a l'avantage de n'user de l'électricité qu'au moment nécessaire.

Mais parfois, dans certaines voitures Benz aussi, le courant inducteur passe tout le temps ; le courant induit est normalement établi sans passer par la bougie ; alors la came a pour but de l'y dériver au moment où l'étincelle doit s'y produire.

MM. de Dion et Bouton, craignant que, par les dispositifs précédents, une étincelle ne jaillisse pas toujours au moment précis où doit avoir lieu l'allumage, les ont modifiés : ils ont enlevé le trembleur à la bobine et ont chargé le moteur lui-même de produire l'interruption de courant qui doit amener l'étincelle. Le courant inducteur, après avoir parcouru le gros fil de la bobine, va à l'interrupteur actionné par le moteur, qui, tous les deux tours de ce dernier, le laisse passer et le coupe aussitôt, produisant dans le courant induit l'étincelle de rupture, qui enflamme le mélange au moment opportun.

Avec l'étincelle de rupture renforcée par le phénomène de la self-induction, c'est une bobine de self qui est employée : le courant électrique parti de la source traverse la bobine, l'inflammateur et son plateau, qui sont normalement en contact, et revient à la source ; au moment voulu, le contact est rompu et l'étincelle jaillit.

Dans les trois cas, on comprend qu'en modifiant l'angle de calage de la came d'allumage sur l'arbre qui la fait tourner, on puisse changer le moment où l'étincelle se produit, obtenir l'avance ou le retard à l'allumage.

71. — Générateurs électriques employés pour l'allumage : piles hermétiques, piles sèches, accumulateurs. — L'électricité nécessaire est empruntée, suivant les cas, à une pile humide ou sèche, à un accumulateur, à une machine électrique, magnéto ou dynamo.

Les piles humides ne peuvent être employées qu'à la condition d'être hermétiques. Un modèle assez répandu est celui de MM. Bassée et Michel, à l'acide chromique ; le récipient, un parallélipipède rectangle, en celluloïd de 3 mm. d'épaisseur, est fermé par un couvercle plat étanche. Le zinc dure en général trois mois, la solution chromique pendant 100 heures de fonctionnement. La force électro-motrice est de 2 volts.

La pile Clarenc, fort analogue à la précédente, est aussi assez employée : le vase en est fait avec une vulcanite spéciale, qui n'est pas inflammable comme le celluloïd ; deux cheminées traversent le couvercle, pour permettre l'évacuation des gaz, tout en évitant les projections de liquide. Un élément du petit modèle, ne contenant que 900 gr. du liquide excitateur peut fonctionner une soixantaine d'heures ; sa force électro-motrice est de 2. 25 volts.

Ce voltage élevé, la faculté de travailler sous un régime de décharge de 1 et même 2 ampères, sont des avantages précieux des piles hermétiques. Mais leur capacité est minime ; sous l'influence des actions d'endosmose qui se produisent à travers la cloison poreuse qui sépare les deux liquides, ceux-ci se mélangent assez vite et alors la pile ne se conserve plus ; or son rechargement n'est ni propre ni commode, sans compter que les cheminées des gaz peuvent laisser passer du liquide et que les récipients peuvent se casser, occasionnant la brûlure de tout ce que touche leur contenu.

Aussi préfère-t-on les piles sèches, depuis qu'on a constaté que l'étincelle n'avait pas besoin d'être aussi chaude qu'on le pensait, et qu'à la condition d'être assez volumineuse, elle pouvait produire l'allumage sous 4 à 5 volts environ avec un courant de $1/10$ d'ampère, tel que ces piles peuvent le fournir.

La pile sèche est, à proprement parler, une pile à liquides immobilisés. Dans la pile Bloc, qui est une Leclanché modifiée, ils imbibent du cofferdam, substance extraite des fibres extérieures de la noix de coco : l'élément de ce type a une force électro-motrice de 1.60 volt, et une résistance intérieure très faible ; on lui reproche son poids et son peu de durée. Une pile plus légère et plus durable semble être *l'Étoile* de la *Société le Carbone*, qui rappelle de très près celle que la même société fabrique pour les tricycles de Dion-Bouton. Elle est fort analogue à une Leclanché, dans laquelle on aurait supprimé le bâton de zinc et remplacé le vase de verre par une boîte de ce métal. Celle-ci et un aggloméré spécial, contenu dans un sac en toile, sont placés à l'intérieur de l'électrode zinc, qui forme boîte extérieure, et dont les sépare une couche de sciure de bois imprégnée du liquide excitateur. L'élément est fermé par une couche de matière isolante, traversée par deux petits tubes en plomb pour l'évacuation des gaz. La force électro-motrice est d'environ 1.6 volt, la résistance intérieure faible ; la capacité utile d'un élément de taille moyenne, en travail continu sur une résistance de 10 omhs est d'environ 60 ampères-heure par kilogramme de matière active. Cette pile fournit pendant longtemps un courant fort régulier. Elle a, comme toutes les piles d'ailleurs, le défaut d'être chère. On préfère souvent à ces dernières les accumulateurs, dans lesquels la matière première peut être réutilisée après un nouveau chargement [1].

Les accumulateurs ont, en outre, l'avantage de n'offrir aucune résistance au passage du courant dans la bobine ; mais ils ont aussi des inconvénients : ils dégagent des vapeurs acides, des chutes de matière active peuvent occasionner des courts-circuits... Nous parlerons longuement de ces générateurs d'électricité, quand nous nous occuperons de ceux destinés à la traction.

M. Mors emploie une dynamo ; MM. Lufbery et Simms et Bosch une petite magnéto pesant environ 4 kilog. 500 ; M. Duflos-Clairdent propose l'emploi d'une petite magnéto à courants alternatifs, de façon à rendre inutile le trembleur de la bobine ; M. Houpied y est parvenu en montant sur l'arbre de la magnéto ou de la dynamo de son inflammateur une came qui actionne un interrupteur. Magnétos et dynamos sont, cela va sans dire, actionnées par le moteur, et, comme elles ne marchent qu'avec lui, l'électricité doit, pour la mise en train du moteur, être demandée à une autre source, ordinairement à des accumulateurs, que la machine électrique recharge quand ils en ont besoin. Pourtant, certains dispositifs, comme celui de M. Houpied, dont la mise en marche est assurée par un simple déplacement du volant du moteur, celui de MM. Simms et Bosch se suffisent à eux-mêmes.

Les dynamos et magnétos donnent une étincelle plus chaude

1. Pour de plus amples détails sur les piles, voir *Petites Annales du cycle et de l'automobile*, 16 juillet 1898.

que les piles et accumulateurs, dès lors plus capable d'assurer la combustion complète d'une cylindrée considérable : M. Knap a constaté un gain de 15 à 25 kilogrammètres par la substitution d'un appareil Houpied à un simple accumulateur pour l'allumage d'un même moteur de faible puissance.

72. — Bobines employées pour l'allumage. — Elles doivent être d'une construction particulièrement soignée, à cause des trépidations qu'elles ont à subir. Pour assurer un bon service, il faut qu'elles ronflent avec force : souvent on rend à une bobine l'activité qui lui manque, simplement en frottant au papier d'émeri la section du faisceau de fils de fer doux, contre laquelle s'amorce le trembleur. Une grande bobine consomme moins qu'une petite, la chaleur de l'étincelle étant proportionnelle à la longueur du fil de l'induit : le détail est à noter parce qu'on recherche pour l'allumage électrique les bobines qui dépensent le moins de fluide. Une bobine Ruhmkorff ordinaire dépense couramment 3 ampères. MM. Bassée et Michel fabriquent, paraît-il, des bobines, qui n'en dépensent que 1.5 ; celles de M. Rossel ne demandent que de 5 à 7 centièmes d'ampère-heure : la maison Peugeot qui les emploie, pour son allumage électrique, d'application récente, avec la pile de la Société Le Carbone évalue à 800 ou 1000 heures la durée du fonctionnement de l'ensemble. Les bobines sans trembleur sont, paraît-il, les meilleures, quand le moteur fait plus de 1.500 tours par minute : elles ont toujours l'avantage de réduire au minimum la consommation de fluide, sauf pourtant quand elles laissent intempestivement passer le courant sans en avertir ; le bruit du trembleur est, à cet égard, précieux.

Le moteur l'*Aster* se sert d'une bobine type Rochefort.

73. — Cames et Bougies. — La came d'allumage est constituée par un cylindre de matière isolante, souvent en fibre de bois comprimée : une tranche conductrice relie l'axe de la came à sa périphérie ; quand sur cette tranche passe une touche métallique, constamment pressée contre le cylindre par un ressort, le courant passe.

La bougie est cet organe de l'extrémité duquel jaillit l'étincelle, au sein du mélange détonant : elle se compose essentiellement d'un fil métallique occupant l'axe d'un cylindre de porcelaine, maintenu par un écrou dans un culot métallique formant lui-même écrou pour visser le tout dans la culasse du moteur ; les filets de cet écrou portent un petit crochet de platine, qui se trouve à 1 mm. de l'extrémité du fil. D'un côté ce dernier, de l'autre la masse métallique du moteur communiquent avec le circuit du courant induit ; comme le cylindre de porcelaine les isole l'un de l'autre, il n'y a pas entre eux de court circuit, et l'étincelle jaillit entre les deux.

Le fil central a un diamètre de 1 mm. plus petit que celui du canal, dans lequel il est scellé au plâtre de Paris : on le fait souvent en nickel, et on le termine alors par un petit morceau de platine serti et brasé. L'inoxydabilité du nickel est précieuse pour éviter les courts circuits, surtout à craindre avec le *suiffage* de la bougie. On appelle ainsi l'imprégnation de la porcelaine par la suie provenant de la combustion du mélange tonnant, quand la carburation est mauvaise : cette suie pénètre dans les moindres fentes de la porcelaine, plus particulièrement pendant la période de compression du mélange. Pour rendre le suiffage plus difficile, on a proposé de substituer à la porcelaine ordinaire de la porcelaine d'amiante plus dense.

La construction des bougies a été l'objet de perfectionnements importants. MM. Bassée et Michel ont créé la bougie démontable (fig. 57 *bis*) : le crayon de porcelaine, au lieu d'être scellé dans le culot, s'y adapte simplement, l'étanchéité étant assurée par une garniture d'amiante serrée contre l'épaulement P par l'écrou B.

La bougie Reclus a été combinée en vue d'obvier aux ratés produits par les variations d'écartement des pointes (dues notamment à la dilatation dont elles sont l'objet), et à la rupture de la porcelaine. Pour parer aux premières, la tige centrale se termine, non plus en pointe, mais par une pièce massive en forme d'obus, qui n'est jamais portée à l'incandescence, et qui permet toujours la prise de l'étincelle en quelque point de sa périphérie; en route, cette étincelle jaillit assez avant dans le cylindre, pour se trouver au sein des gaz neufs. Afin d'éviter la rupture de la porcelaine, celle-ci n'est plus sertie contre le culot par un boulon: elle est soudée dans sa chemise métallique par un ciment spécial, destiné à éviter ainsi toute fuite.

La porcelaine se casse d'habitude, parce que l'un de ses bouts est exposé à une haute température, tandis que l'autre est refroidi par l'air extérieur. Dans la bougie à hélice, elle est en deux pièces séparées par une rondelle calorifuge. Cette bougie tire

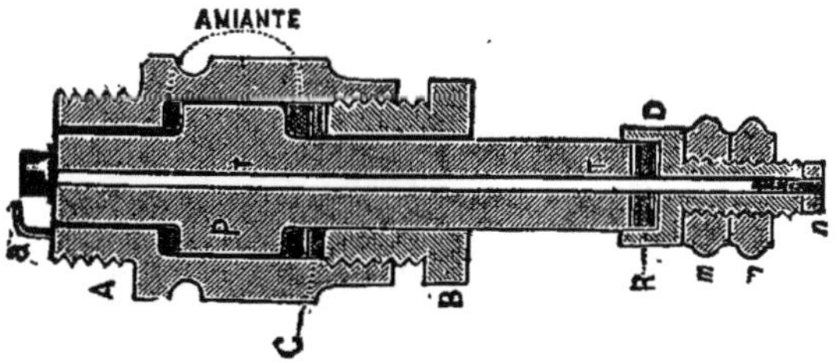

FIG. 57 bis. — Bougie démontable *Bassée-Michel*.
Coupe.

A, culot; a, pointe de platine; C, rondelle d'acier pour assurer le serrage; B, écrou de serrage; P, porcelaine; TT, tige centrale; R, rondelle de cuivre et d'amiante; D, chapeau de cuivre; m, m, écrous molletés; n, contre-écrou de sécurité.

son nom de ce que le fil du circuit est serré sur sa borne, non plus par un écrou, qui exerce sa torsion sur la porcelaine, mais par une hélice qui entoure la borne.

74. — ALLUMAGE PAR INCANDESCENCE. — **Tubes et brûleurs.** — Dans ce procédé un petit tube creux est disposé au fond de la chambre d'explosion. Après l'échappement, il reste dans ce fond et dans le tube lui-même une certaine quantité de gaz brûlés. Après l'admission des gaz neufs et pendant la compression, le mélange ne se fait guère entre les deux espèces de gaz, et le mélange explosif n'arrive pas au contact du tube; ce n'est que lorsque la compression a atteint sa plus grande valeur et que les gaz inertes sont refoulés au fond de l'éprouvette, qu'il arrive jusqu'à elle, et que l'explosion se produit. On peut, en enfonçant plus ou moins le tube, régler le moteur pour diverses compressions.

C'est parfois en porcelaine, ou en nickel, mais le plus souvent en platine qu'on fait le tube. Le platine ne s'oxyde pas, ne se déforme pas au feu ; il présente la qualité précieuse, une fois chauffé au rouge, de rester facilement incandescent au contact des hydrocarbures ; ces avantages font passer sur son prix élevé, dont il faut d'ailleurs défalquer le produit de la vente des

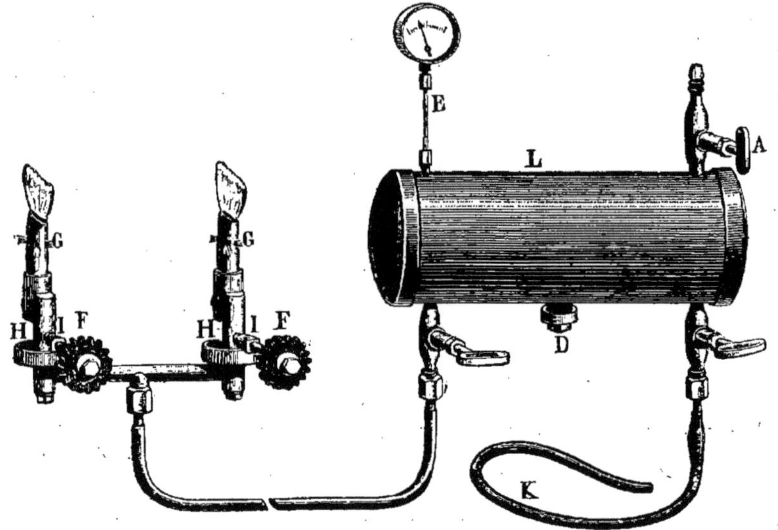

Fig. 58. — Brûleur *Longuemare*.

vieux tubes. Le nickel coûte quinze fois moins cher que le platine, mais ne dure que trois à quatre mois.

Pour le fixer au cylindre, le tube porte une collerette serrée contre un porte-tube vissé dans la culasse, au moyen d'un écrou à chapeau dont le fond est garni de rondelles d'amiante. En raison de leur carbonisation, ces rondelles nécessitent des serrages et des remplacements fréquents. La société des voiturettes Léon Bollée a imaginé un nouveau joint sans amiante, qui nous paraît très recommandable [1].

1. Voir *Locomotion automobile*, 1er décembre 1898, p. 755.

Les brûleurs, chargés de porter et de maintenir les tubes à l'incandescence, sont de modèles divers. Il peut être utile, pour activer à un moment donné leur combustion, de les munir d'un tube et d'une poire en caoutchouc, permettant de leur insuffler de l'air. Parfois on entoure d'un fil de nickel, d'un demi-millimètre de diamètre, le tube, pour lui conserver une température capable de rallumer le brûleur brusquement éteint. Nous décrirons les brûleurs Longuemare et Bollée.

Brûleur Longuemare (fig. 58). — Il est fort connu ; on le met en marche en allumant l'alcool que l'on verse dans les cuvettes H, environ jusqu'au tiers. La pression de l'air comprimé, admis par le tuyau K dans le récipient à essence L doit être d'environ 1 kilog. Les brûleurs G sont à chalumeau avec tube de platine ; c'est automatiquement que se fait l'entraînement de la quantité d'air nécessaire à la combustion de l'essence. On règle l'incandescence par les robinets F pourvus de presse-étoupe à l'amiante I ; elle permet d'obtenir une température d'environ 1.300°. Le réservoir, d'environ 0,08 m. de diamètre et de 0.30 m. de longueur, porte un robinet de remplissage A, un manomètre E et un bouchon de vidange D ; il contient à peu près 750 gr. d'essence et peut alimenter deux brûleurs pendant huit heures.

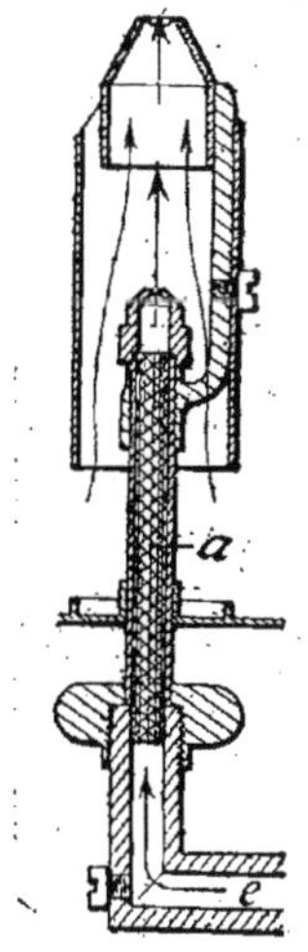

Fig. 59.
Brûleur *Bollée.*

Il y a quelque temps, nous avons eu l'occasion de voir chez Mme Vve Longuemare, un nouveau brûleur qui n'a besoin pour marcher que d'une pression minime : un coup de pompe suffit pour le mettre en train, comme aussi un léger échauffement du tube, si bien qu'il n'y a pas de coupelle à alcool.

Brûleur Bollée (fig. 59). — Le tube *a*, qui sert de support à tout l'ensemble, est garni intérieurement d'une mèche en coton, ne montant pas tout à fait jusqu'au haut, occupé par un chapeau muni d'un très petit trou et entouré d'un manchon perforé. Pour la mise en marche, on chauffe extérieurement le brûleur. Sur le tube *e* d'arrivée de l'essence se trouve une cloche à air, qui amortit les mouvements de la colonne liquide, pendant la marche de la voiturette.

75. — Comparaison des deux systèmes. — Les avantages de l'allumage électrique sont les suivants :

1° Sa mise en train est instantanée, et elle ne peut s'accompagner, si l'allumage est à son minimum d'avance, d'explosion à contre-sens, se produisant avant que le piston ait fini sa course de compression ; 2° sa suppression est aussi instantanée, et elle donne la possibilité de freiner par la compression dans le cylindre d'un mélange qui ne détonne plus ; 3° il offre moins de chances d'incendie, par suite de la suppression de tout brûleur ; 4° il donne un allumage plus sûr du mélange, quand l'étincelle jaillit bien dans ce dernier ; 5° il permet au moteur de marcher bien que la compression soit faible, et dès lors à la voiture de rentrer à petite allure ; tandis qu'avec les brûleurs toute marche est impossible, si la compression n'amène pas les gaz neufs au contact du tube ; 6° il donne la faculté, par ce qu'on appelle assez improprement les variations de l'avance à l'allumage, de provoquer toujours ce dernier au moment le plus propice pour la bonne utilisation du mélange carburé, dont on modifie la quantité et le dosage avec les diverses vitesses qu'on veut obtenir.

Voici comment : la transmission de l'explosion dans le mélange carburé n'est pas aussi rapide qu'on pourrait le croire ; si l'inflammation se produit au moment où le piston est au point extrême de sa course (c'est-à-dire quand le bouton de la manivelle est au point mort), la combustion n'a pas, lorsque le mélange est trop riche, le temps de se faire complète, et la force expansive du mélange n'est pas intégralement utilisée ; elle l'est mieux quand l'allumage est produit un peu avant la fin de la période de compression [1]. L'influence de cette avance

---

1. La came d'allumage est taillée de façon que, dans sa position d'avance minimum, elle ne donne l'étincelle que très peu avant la fin de la compression, et que, dans sa position d'avance maximum, elle ne le donne pas avant le commencement de la seconde moitié de la course de compression.

est bien mise en relief dans le tricycle de Dion-Bouton : le bon fonctionnement qu'on y constate pour l'allumage électrique est de nature à réconcilier avec ce procédé ceux qui lui reprochent, et non sans raison parfois, l'irrégularité de son jeu, due surtout aux courts circuits qui se produisent dans la pile, l'accumulateur ou les conducteurs, à la rupture d'un fil, à l'arrêt du trembleur.

Cette irrégularité de fonctionnement est le plus gros inconvénient de l'allumage électrique . Le deuxième est son prix relativement élevé ; le troisième son poids et son encombrement.

L'allumage par tube incandescent est considéré, à juste titre, comme moins délicat et plus sûr que l'allumage électrique. Comme, en outre, les brûleurs sont alimentés par la même essence que le moteur, on n'a pas avec lui à prévoir un renouvellement souvent peu commode de l'énergie nécessaire. Cependant, comme il la faut excellente, certains chauffeurs prévoyants, craignant de ne pas trouver en route la gazoline voulue, emportent une provision d'essence pouvant suffire à la consommation des brûleurs pour tout leur voyage. Cet allumage donne la possibilité de réchauffer, avant la mise en train du moteur, l'air qui va au carburateur ; cet avantage est précieux en hiver.

Ces qualités bien réelles assurent aux brûleurs des partisans fort convaincus. Sans doute, avec eux, une extinction n'est pas impossible : mais, certains systèmes, depuis longtemps éprouvés, la rendent bien rare [1].

Indépendamment de la possibilité de l'extinction et de la longueur de mise en train (quelques minutes), les autres inconvénients qu'on reproche aux tubes sont les suivants :

[1]. Aussi trouvons-nous inutile l'adjonction, que proposent MM. Clément et Michaux, d'un dispositif permettant de produire à l'intérieur du brûleur une série d'étincelles électriques, destinées à le maintenir allumé malgré le vent. La dynamo, à laquelle ces inventeurs ont recours pour avoir les étincelles, au moment où l'extinction est à craindre, occasionnerait une complication hors de proportion avec le résultat cherché.

1° Ils chauffent le cylindre, qu'on s'applique d'autre part à refroidir par un courant d'eau ; s'il est simplement refroidi au moyen d'ailettes, il faut le soustraire à l'échauffement qui lui serait occasionné par les brûleurs, et employer l'allumage électrique ;

2° Ils constituent un danger d'incendie [1] ;

3° Ils peuvent donner des explosions à contre-sens, par suite de l'arrivée du gaz neuf au contact des tubes, au moment où le piston revient en arrière pour les comprimer : le piston est alors violemment repoussé vers l'avant, occasionnant dans tout le mécanisme un choc qui peut être dangereux pour le conducteur ;

4° Enfin les brûleurs consomment en pure perte de l'essence pendant les arrêts ; cet inconvénient est surtout appréciable pour les fiacres. Avec ceux-ci l'allumage électrique semble de rigueur, et il faut employer de préférence l'étincelle de rupture, seule assez forte pour brûler le dépôt d'huile et de poussière charbonneuse qui se forme sur les bougies quand le fonctionnement des cylindres n'est qu'intermittent ; or l'étincelle de rupture nécessite ordinairement l'emploi d'une dynamo. Dans ces conditions, M. Forestier se demande, puisqu'on a avec la dynamo le moyen de chauffer électriquement le carburateur, s'il ne conviendrait pas d'employer pour actionner les fiacres, le pétrole lampant plus économique que l'essence.

76. — Autres modes d'allumage. — Quelques autres modes d'allumage ont été essayés. L'allumeur Gans de Fabrice est une imitation du thermocautère Paquelin, consistant, comme on le sait, en un tube de platine, à l'intérieur duquel est constamment renouvelé, par une soufflerie disposée à cet effet, un mélange de vapeur d'hydrocarbure et d'air. Cet allumeur produit une très

---

1. M. Baudry de Saunier indique notamment que l'essence, au moment où se fait l'allumage des brûleurs, peut arriver trop vite dans ces derniers pas assez chauds pour la vaporiser, et s'enflammer liquide, risquant d'incendier toute la voiture, surtout avec des brûleurs à pression. (*L'automobile théorique et pratique*, p. 45.)

haute température, qui a été accidentellement mise en évidence par ce fait que, dans certains essais où l'alimentation était trop continue, le platine a fondu. Le Dr Gans de Fabrice a cru pouvoir conclure de ses recherches sur les moteurs à pétrole qu'il existe une relation assez étroite entre la force de l'explosion du mélange et la température du corps qui les provoque ; son allumeur, en produisant une température plus élevée que les brûleurs et l'étincelle électrique, donnerait de meilleurs résultats que ceux-ci ; il prétend que le rendement du moteur s'en trouverait augmenté de 30 à 50 %, ce qui nous paraît impossible et que la meilleure utilisation du mélange serait prouvée par l'absence de toute odeur, ce qui serait facile à vérifier avec une bicyclette actionnée par ce moteur. Nous ne sachons pas, en effet, que cet allumeur ait été essayé sur une automobile.

M. Bernardi a appliqué à son moteur pour automobiles un système d'allumage fondé sur la propriété catalytique du platine, qui, on le sait, devient incandescent, quand il est plongé dans un mélange d'air et de gaz combustible. Seulement, au lieu d'employer la mousse de platine, fort délicate et qui nécessite la température du rouge blanc pour allumer avec certitude les mélanges détonants comprimés, il se sert d'un tissu de fils de platine, qui les allume dès qu'il est chauffé au rouge sombre (environ 250°) [1]. M. Ménard emploie un faisceau de fils métalliques, platine ou nickel, dont on pourrait faire varier l'enfoncement dans le cylindre, de manière à régler le moment de l'allumage.

Allumage automatique. — On demande quelquefois au seul jeu de la compression d'entretenir, après que le moteur a été mis en action, la température du tube à un degré suffisant pour provoquer l'explosion des charges successivement introduites dans le cylindre. MM. Banki et Csonka [2], Latapie de Gerval [3],

<hr>

1. *Locomotion automobile,* 7 avril 1898, p. 217.
2. *Revue industrielle,* 7 août 1897.
3. *Chauffeur,* 10 février 1897, p. 36.

Southall[1] ont proposé des dispositifs variés pour utiliser cette compression. Elle l'a été effectivement par la Société des Moteurs Benz[2], et elle l'est tous les jours par M. Loyal. Dans le moteur à deux temps de ce dernier inventeur, le tube en nickel est seulement pour la mise en train chauffé par une lampe à essence Longuemare. MM. Banki et Csonka recommandent de chauffer les gaz neufs en les faisant passer dans un serpentin baigné par les gaz de l'échappement. La plupart des systèmes d'allumage automatique se passent de cette précaution.

Le moteur Diesel emploie l'allumage automatique, et, comme il n'applique la compression qu'à l'air pur, le procédé ne présente plus dans l'espèce cet inconvénient des explosions prématurées, qui peut avec lui devenir fort grave.

77. — Cylindres. — On en emploie le plus ordinairement deux; cependant, pour les moteurs peu puissants, on peut se contenter d'un seul ; comme aussi parfois on en assemble trois, ou même quatre, comme dans le moteur Mors.

Les cylindres sont horizontaux, verticaux ou inclinés ; cette dernière disposition, qui était employée dans le Daimler primitif, où les deux cylindres étaient disposés de part et d'autre de la verticale, à 15° de cette dernière, avait été imaginée pour régulariser l'action du moteur en empêchant les points morts de correspondre aux mêmes positions des deux pistons. Elle a été abandonnée, comme compliquant la construction, sans profit réel pour la régulation du mouvement, qui est suffisamment assurée par le volant et surtout par la grande vitesse du moteur.

Les cylindres horizontaux ont l'avantage de permettre, en marche, la composition de leurs vibrations avec le mouvement de la voiture ; au repos, celles-ci ont l'inconvénient de pouvoir, surtout sur une rampe, faire démarrer intempestivement la voiture. Mais le gros défaut de ces cylindres est de donner lieu à une ovalisation et de nécessiter de temps à autre un alésage.

1. *Revue industrielle*, 18 décembre 1897.
2. *Chauffeur*, 10 octobre 1897, p. 350.

Les cylindres verticaux sont affranchis de ce dernier inconvénient ; mais, ils sont plus difficiles à loger et leurs trépidations s'exercent dans un sens qui ne leur permet pas d'être annihilées, en marche, par le mouvement du véhicule.

Les cylindres se font en acier ou en fonte douce ; avec le premier, leur épaisseur varie de 2 à 3.5 mm., pour des moteurs de 65 à 90 mm. d'alésage ; avec la seconde, l'épaisseur atteint 4 à 6 mm.

78. — Refroidissement des cylindres. — La température du mélange explosé est très haute : M. Witz ne l'évalue pas à moins de 2000° ; sans doute elle est fort vite abaissée par la détente des gaz, mais même ainsi atténuée elle produirait des effets funestes : 1° il serait impossible d'assurer le graissage des cylindres, car les huiles les plus résistantes se décomposent à 300° et donneraient au-dessus des dépôts charbonneux nuisibles au bon fonctionnement des soupapes et du moteur en général ; 2° les dilatations très grandes et inégales dans les pièces très bien ajustées, notamment dans le cylindre et le piston, gêneraient le jeu du moteur ; 3° on pourrait craindre le grippage du piston, le soudage de la tête de bielle et de la manivelle, la mise hors d'état de soupapes, surtout de celles d'échappement (deux heures de marche à une température trop élevée suffisent pour amener cette dernière).

Ce refroidissement, on le comprend, est cause d'un déchet considérable dans l'utilisation des calories du combustible ; il constitue une des grosses imperfections des moteurs à pétrole actuels. Aussi ne faut-il le pousser qu'au moindre taux possible, sans qu'on soit bien fixé sur ce dernier. En général, sur les automobiles, on ne refroidit pas trop, parce que le renouvellement de l'eau est une sujétion, à laquelle on échappe tant qu'on peut.

79. — Refroidissement par courant d'eau. Radiateurs Grouvelle et Arquembourg, Loyal, Julien. Pompes. — C'est le plus ordinairement au procédé classique d'un courant d'eau, circulant autour de la chambre d'explosion et des boîtes de soupapes ou même de tout le cylindre qu'on a recours. Le mouvement du liquide est obtenu à l'aide d'une pompe spéciale, ou simplement assuré par les différences de densité qui se produisent dans le circuit. Ce procédé a le gros ennui de nécessiter de fréquentes alimentations du réservoir à eau, surtout en été. Pour combattre l'échauffement trop rapide de l'eau, on la fait circuler dans des tubes ou serpentins, entre lesquels le mouvement de la voiture assure une rapide circulation d'air frais. M. P. Royer a proposé de remplacer à cet effet les pare-crotte de cuir ou de bois des voitures par des ailes tubulaires, dans lesquelles l'eau se rafraîchirait[1]. M. J. Dupont a recours à un récipient spécial muni d'ailettes[2]. M. Lepape a essayé un assez grand nombre de refroidisseurs, notamment celui qui consiste, après que l'eau a circulé autour des cylindres et du carburateur, à la faire remonter à la partie supérieure de la bâche et à la laisser ensuite retomber en pluie sur quatre plans inclinés en tôle : le courant d'air, qui passe à travers les gouttelettes liquides, en sépare la vapeur. Cet inventeur a aussi essayé un système, qui met en œuvre la perméabilité de la toile à voile, comme celle qu'utilisent les pompiers pour la fabrication de leurs seaux : cette perméabilité a, à ses yeux, le double avantage d'augmenter la surface de contact du liquide avec l'air ambiant et de permettre à la vapeur de se séparer du liquide.

En fait, le procédé presqu'universellement employé consiste à faire circuler le liquide dans des tubes droits compris entre deux collecteurs d'entrée et de sortie de l'eau, cloisonnés de façon que celle-ci traverse les tuyaux en série, ou dans un serpentin à plusieurs étages. Ces tubes ou *radiateurs* sont munis d'ailettes qui augmentent leur surface de contact avec l'air chargé de les rafraîchir.

L'un des modèles les plus usités est celui de MM. Grouvelle et Arquembourg : les tuyaux (de 15 mm. de diamètre intérieur

1. *Revue du Touring-club*, mai 1897, p. 89.
2. *Chauffeur*, 25 août 1897, p. 295.

pour les moteurs au-dessous de 8 chx, de 18 mm. pour les autres) sont en cuivre; leurs ailettes rectangulaires de 35 × 45 mm. sont en fer rapporté ou soudé, ou en aluminium rapporté, pour être plus légères; ils sont écartés les uns des autres de 60 à 70 mm. On compte qu'il faut par puissance d'un cheval 2 m. de tuyau de 15 mm. ou 1 m. 35 de tuyau de 18 mm.; ces tuyaux pèsent respectivement au mètre: le premier 0 kg. 875 avec des ailettes d'aluminium, 1 kg. 275 avec des ailettes de fer; le second 1 kg. 220 et 1 kg. 820. On voit d'après ces chiffres que le poids d'un radiateur n'est pas négligeable; le prix est aussi assez élevé (10 fr. par mètre de tuyau de 15 mm. avec ailettes en fer rapportées). Mais l'adjonction d'un refroidisseur, bien disposé, c'est-à-dire avec des ailettes parallèles à l'axe longitudinal de la voiture, pour que l'air y circule bien, augmente beaucoup la distance que l'on peut parcourir sans prendre d'eau froide: on peut compter, dit-on, 200 kilom. si on ne marche pas à plus de 20 kilom. à l'heure en moyenne. Mais il est avantageux de renouveler l'eau plus souvent, si on le peut.

M. Loyal donne à ses ailettes une forme ondulée, qui leur assure une surface de contact plus grande avec l'air ambiant, et augmente leur indéformabilité.

M. Julien reproche aux tubes à section circulaire de rendre difficile le contact de leur paroi intérieure avec les veines centrales du liquide: il constitue ses radiateurs avec des tubes aplatis, sauf à leurs extrémités qui restent cylindriques pour faciliter leurs raccords avec les collecteurs ou le reste de la tuyauterie; il supprime d'ailleurs les ailettes. Il propose, assez logiquement à notre avis, de greffer sur l'enveloppe du cylindre moteur une série de tubes, parallèles aux génératrices de ce cylindre, de façon à ce que l'eau de cette enveloppe se refroidisse en parcourant ces tubes. M. Julien construit aussi un refroidisseur formé par un tube ayant comme section un large rectangle très aplati, replié en serpentin; sa largeur permet de réduire beaucoup le nombre des spires. Il se place sur la voiture, l'embouchure face en avant, pour que l'air pénètre abondamment entre les spires, et ressorte par deux ouïes latérales [1].

La circulation de l'eau dans les radiateurs nécessite l'emploi d'une pompe. Bien que l'emploi d'une pompe alternative ne soit pas sans exemple, on emploie principalement les pompes rotatives, surtout les centrifuges, qui ne nécessitent pas de soupapes et dont le mécanisme est fort simple. MM. Grouvelle et Arquembourg en construisent une de 125 mm. de diamètre, de 15 mm. aux orifices d'entrée et de sortie, pesant 1 kg. 800 et faisant de 1.500 à 2.800 tours à la minute. MM. Dalifol et Thomas font la pompe *Abeille*, qui tourne normalement à 1.500 tours, et dont la visite peut s'effectuer, sans toucher à la tuyauterie, après avoir simplement dévissé un plateau tenu par 4 boulons. MM. Benoît et Julien emploient un corps cylindrique en fonte, fermé par deux plateaux, dans lequel tourne une vis également en fonte, portant deux filets de pas contraires, séparés par une cloison droite : l'eau arrive aux extrémités extérieures de chaque filet, chemine vers la cloison médiane et sort de la pompe perpendiculairement à son axe. Normalement elle fonctionne en charge, mais, une une fois amorcée elle peut aspirer l'eau à 0 m. 60 de profondeur. Elle pèse 3.5 kg. ; à la vitesse de 2.000 à 2400 tours, elle débite 500 à 600 litres à 1 m. de hauteur [2].

Nous avons dit en commençant quels inconvénients ne manqueraient pas de se produire, si on ne refroidissait pas les cylindres. Un refroidissement trop brusque (occasionné, par exemple, par l'admission dans le réseau de circulation d'une trop grande quantité d'eau froide, en cours de marche) ne leur serait pas plus profitable ; il amènerait dans les cylindres une condensation de liquide, qui remplirait les tubes d'allumage et empêcherait les gaz neufs d'arriver à leur contact, ou créerait des courts-circuits dans la bougie (dans les deux cas, ce serait l'arrêt du moteur); il pourrait aussi amener la rupture des joints de la culasse, peut-

1. *Revue Industrielle*, 1er avril 1899, p. 122.
2. *Locomotion automobile*, 13 avril 1899, p. 230.

être la fente du cylindre, qui seraient l'une et l'autre suivies de la pénétration de l'eau dans le moteur.

La circulation de l'eau autour du cylindre ne va pas sans la formation, sur ce dernier, de dépôts calcaires, qui diminuent la conductibilité du métal : il faut se ménager la possibilité de les enlever fréquemment en faisant l'enveloppe facilement visitable.

Malgré tous ces dispositifs, l'emploi de l'eau, qui présente encore l'inconvénient de se congeler très facilement en hiver, quand on la laisse dans une voiture au repos, si on n'a pas eu le soin de l'additionner de glycérine, est une très grande sujétion, dont on peut heureusement s'affranchir pour les petits moteurs.

80. — **Refroidissement par ailettes.** — Ceux-ci sont simplement munis d'ailettes destinées à augmenter le refroidissement par l'air extérieur. Ces ailettes sont le plus souvent en fonte, faisant partie intégrante du cylindre. M. Moreau emploie des ailettes en cuivre, forcées autour du cylindre ; dans le moteur Papillon, celui-ci est entouré de véritables frettes, aussi en cuivre, qui ont l'avantage de lui assurer une plus grande résistance, en même temps qu'un refroidissement plus efficace, à cause de la conductibilité du cuivre, meilleure que celle de la fonte. M. Grivel est en train d'expérimenter des ailettes en aluminium contournant en spirales le cylindre. Dans le moteur l'Aster, les ailettes en cuivre sont gaufrées de manière à augmenter leur surface.

Tout récemment [1], M. Huber-Baudry, se fondant sur les variations qu'amène dans le pouvoir émissif d'un corps la nature de sa surface (un métal qui, poli, a un pouvoir émissif égal à 12, en prend un égal à 100, quand il est recouvert de noir de fumée) a appelé l'attention sur l'intérêt qu'il y aurait à peindre en noir ou en blanc le cylindre des moteurs à pétrole. Il y a peut-être quelque chose à faire dans cette voie. Mais il ne faut pas oublier que les surfaces qui émetttent le plus facilement la chaleur sont aussi celles qui la reçoivent le mieux : dans l'espèce, avec la

____

1. *France automobile* du 26 mars 1899.

juxtaposition des ailettes, n'y-a-t-il pas à craindre que la chaleur cédée par l'une soit prise par la voisine ? Et puis, autant qu'on peut en juger par la nécessité de renouveler l'air autour du cylindre, c'est surtout par conductibilité que se fait le refroidissement : il ne faudrait pas que la peinture en rendant la surface du moteur plus rugueuse, gênât cette circulation.

Nous préférons, pour notre part, le procédé de M. Sire, qui consiste à recouvrir galvaniquement de cuivre mat (et en quantité d'autant plus grande qu'elles demandent à être plus efficacement refroidies) les parties du cylindre. Le cuivre prendra une température plus élevée que le noir de fumée, et la chaleur se dissipera d'autant mieux que la surface du cylindre sera à une température plus grande que l'air ambiant.

81. — Refroidissement par procédés divers : G. Desjacques, Klaus, Lepape, Lanchester, Diligeon, Dufour, Goret. — M. G. Desjacques propose [1] de pratiquer dans l'épaisseur même du cylindre, parallèlement à ses génératrices, des trous de quelques millimètres de diamètre, qui constitueraient autant de cheminées dans lesquelles l'air circulerait très bien, et aussi près que possible des parties à refroidir.

Sur les ailettes, M. Klaus fait agir les gaz de l'échappement, de manière à produire autour d'elles une circulation d'air plus active ; mais il vaudrait mieux, semble-t-il, leur éviter le contact même de ces gaz, qui, au sortir du silencer, sont encore très chauds et les employer à provoquer un courant d'air frais, autour de ces ailettes, comme le propose un autre inventeur avec une rainure hélicoïdale pratiquée dans l'enveloppe du cylindre.

C'est ce qu'a fait, aussi dans certaines de ses voitures, M. Lepape : le moteur placé verticalement à l'avant était entouré d'une gaine, dans laquelle les gaz de l'échappement produisaient un courant d'air frais. Ces gaz ont ordinairement une pression de 3 à 4 kg. ; on comprend qu'elle soit utilisable.

M. F. Lanchester propose l'emploi du dispositif de la figure 60 :

_____

1. *Locomotion automobile,* 6 avril 1899, p. 210.

le cylindre moteur C, formé par un tube d'acier, est renforcé par des frettes B, laissant entre elles un espace suffisant pour la circulation de l'air : frettes et cylindre sont entourés par une enveloppe en tôle. Une entrée d'air A communique avec une capacité dans laquelle le volant du moteur, muni de palettes, fait fonctionner le ventilateur centrifuge pour envoyer, au contact des frettes et du cylindre, de l'air constamment renouvelé. La sortie d'air D est munie d'un clapet rotatif, à réglage automatique, qui dirige l'air vers le carburateur pour en activer l'action. M. Diligeon a réalisé dans ses voitures un dispositif du même genre[1].

Signalons le procédé employé par M. Dufour, dans son moteur à deux temps : une pompe mue par des leviers et une came, montée sur l'arbre qui commande l'échappement, envoie de l'eau dans l'intérieur même du cylindre. L'action du liquide est là plus efficace qu'autour du cylindre, mais l'eau qui a agi peut-elle être recueillie pour être réemployée après refroidissement? Et puis la complication du système est-elle rachetée par ses résultats?

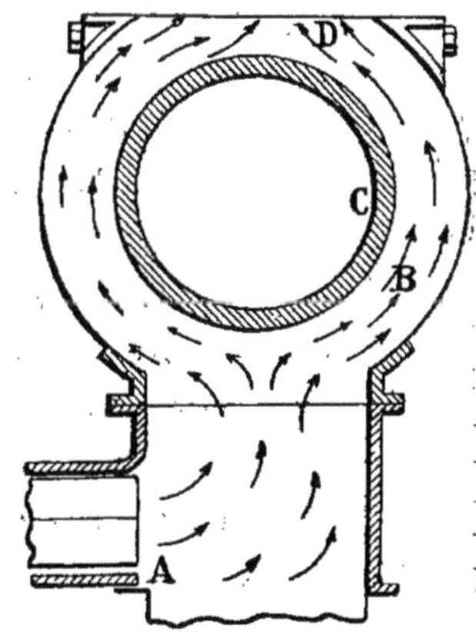

Fig. 60.
Refroidisseur *Lanchester*.

Rappelons que, dans le moteur Goret à six temps, la chasse d'air pur, produite dans le cylindre après chaque explosion, le refroidit.

82. — Pistons. — Ils sont sans tige, et très longs, de manière à se guider eux-mêmes; parfois ils sont prolongés par un manchon creux. Ils doivent être légers : les pistons lourds usent davantage la partie inférieure des cylindres horizontaux. On les fait en fonte malléable. Ils portent des rainures, dans lesquelles sont logés, pour assurer l'étanchéité, des segments, espèces d'anneaux en cuivre et fonte malléable, ou mieux en fonte ordinaire, d'un diamètre un peu plus grand que celui du cylindre, et d'épaisseur

1. *Chauffeur*, 11 juillet 1898, p. 256.

aussi faible que possible, pour qu'ils restent élastiques. Les segments doivent bien remplir les rainures dans le sens de leur largeur, sans pourtant y être forcées (car cela paralyserait leur élasticité), et conserver un jeu d'au moins 1mm. dans le sens de la profondeur, afin d'agir comme ressorts.

M. Michelin propose, pour éviter la nécessité du graissage et du refroidissement du cylindre, de supprimer le frottement du piston, en munissant celui-ci de gorges circulaires séparées par des parties saillantes d'un diamètre un peu inférieur à celui du cylindre. Ce piston assurerait une étanchéité d'autant meilleure qu'il irait plus vite. Mais, comme il ne toucherait pas le cylindre, il faudrait le guider.

La bielle, directement fixée au piston, attaque par son autre extrémité le vilebrequin de l'arbre moteur. Elle est ordinairement attachée au piston par un tourillon, qui le traverse de part en part, et qui est embrassé par l'œil de la bielle. MM. Roser et Mazurier fixent la bielle au piston par un ajustement à rotule qui permet d'obtenir une plus grande surface de frottement et donne une très faible usure, supprimant le jeu. Dans tous les cas, l'ajustage a besoin d'être parfait, comme d'ailleurs le graissage, si on veut être à l'abri des grippages. Les bielles doivent être d'autant plus légères que le moteur va plus vite.

83. — **Mise en marche.** — La mise en marche du moteur s'obtient à l'aide d'une manivelle, qui permet d'imprimer quelques tours à l'arbre moteur. A cet effet, certaines voitures sont munies d'un dispositif pour ouvrir la soupape d'échappement, afin d'éviter la compression des gaz se trouvant dans le moteur au repos. La manivelle est montée, au moment voulu, sur un arbre auxiliaire disposé à l'arrière de la voiture ; il faut donc, après chaque arrêt du moteur, que le chauffeur descende de son siège, pour le remettre en marche. L'inconvénient n'est pas bien grave, car les arrêts de la voiture ne sont suivis de celui du moteur, que quand on le veut bien, autrement dit quand les arrêts sont de longue durée ; aussi peut-on trouver que c'est une complication inutile que celle imposée par certains constructeurs à leur mécanisme pour permettre la mise en marche du moteur du siège même de la voiture.

Pourtant une mise en marche du siège est précieuse par la facilité qu'elle donne de supprimer les trépidations pendant les arrêts : certaines voitures à moteurs peu puissants, entre autres la voiturette Decauville, en sont munies.

84. — Bruit et odeur des moteurs à pétrole. — Qui dit bruit et odeur dit vibrations parasites et combustion défectueuse du mélange, par cela même mauvaise utilisation de l'énergie potentielle de l'essence. A ces deux points de vue, les moteurs à pétrole laissent à désirer. Nous reviendrons plus tard sur les trépidations auxquelles ils donnent lieu; nous ne nous occuperons pour le moment que du bruit dû à l'échappement des gaz brûlés et de l'odeur qu'ils exhalent.

Pour diminuer le bruit, et du même coup la poussière que le jet de ces gaz soulèverait s'il venait librement rencontrer le sol, on les envoie, au sortir du cylindre, dans un pot d'échappement ou *silencer*, ordinairement formé par un cylindre horizontal, communiquant avec l'air extérieur par un tube percé de petits trous. Le mélange gazeux se détend dans la capacité relativement considérable qui lui est offerte, et s'échappe en minces filets par les trous du tube. Pour bien amortir le bruit, il faut employer un grand silencer, percé de beaucoup de petits trous, ou deux ou trois silencers successifs. Évidemment, tout cela diminue un peu la force du moteur, qui doit vaincre, pour refouler les gaz dans le pot d'échappement, une pression supérieure à celle de l'atmosphère ; mais il ne faut pas supprimer le pot, comme le font certains chauffeurs, qui ne tiennent pas un assez juste compte de l'effroi que le bruit de leurs moteurs peut causer aux chevaux.

Quant à l'odeur, on ne fait ordinairement rien pour la diminuer. Signalons cependant l'appareil qu'a proposé M. Chevalet, pour atténuer du même coup l'odeur et le bruit. Il doit être monté à la suite du pot d'échappement ou simplement sur le tuyau de sortie du cylindre. Il est composé de quelques anneaux *scrubbers* rationnels, semblables à ceux qui sont employés dans les usines à gaz, munis à l'intérieur d'un plateau en fonte percé de trous, et remplis de frisons de menuisier ou mieux de paille de fer. Ces anneaux sont superposés et arrosés, pour arrêter le pétrole non brûlé, cause de l'odeur en question, avec de l'eau ou mieux avec de l'huile inodore. Cette huile peut, paraît-il, être employée au graissage, quand elle a été débarrassée des impuretés entraînées, par décantation ou mécaniquement.

85. — Consommation. — Il nous resterait, pour être complet, à faire connaître la dépense des moteurs à pétrole. Mais, on n'a pas fait d'expériences systématiques pour préciser ces consommations. Les chiffres donnés par les constructeurs, sans l'indication de la qualité d'essence employée et des conditions dans lesquelles le moteur a travaillé, ne sont pas comparables entre eux. Ceux que nous reproduirons dans la suite ne devront être admis que sous le bénéfice de ces observations. Pour le moment nous nous bornerons à dire que la consommation par cheval-heure peut varier de 0.450 l. à 0.800 et 0.900 l. d'essence. Jusqu'à présent, on a surtout cherché à réaliser des moteurs simples et d'un fonctionnement sûr ; on ne s'est guère préoccupé de leur dépense. A mesure que la construction se perfectionnera, on recherchera davantage l'économie du moteur. Nous reviendrons à la fin de l'ouvrage (§ 335) sur ces questions.

86. — Description des principaux types. — I. Moteurs a quatre temps. A) Moteurs pour voitures. — **Moteur Daimler.** — Maintenant que nous avons étudié en détail les divers organes dont se composent les moteurs à pétrole, il nous sera facile de décrire en quelques mots tel ou tel d'entre eux. Nous ne pouvons songer à en faire une revue complète : ils sont légion et chaque jour voit s'en accroître le nombre ! Mais il s'en faut que tous méritent également l'attention : beaucoup n'ont de particulier que le nom. Il nous sera donc possible, en décrivant quelques types, de donner une idée suffisamment générale de l'ensemble.

Nous commencerons cette description par le moteur Daimler, bien qu'il ne soit plus employé sous sa forme primitive, mais parce qu'il a ouvert la voie à tous les autres.

Il a été appliqué aux bicyclettes dès l'année 1885, et aux voi-

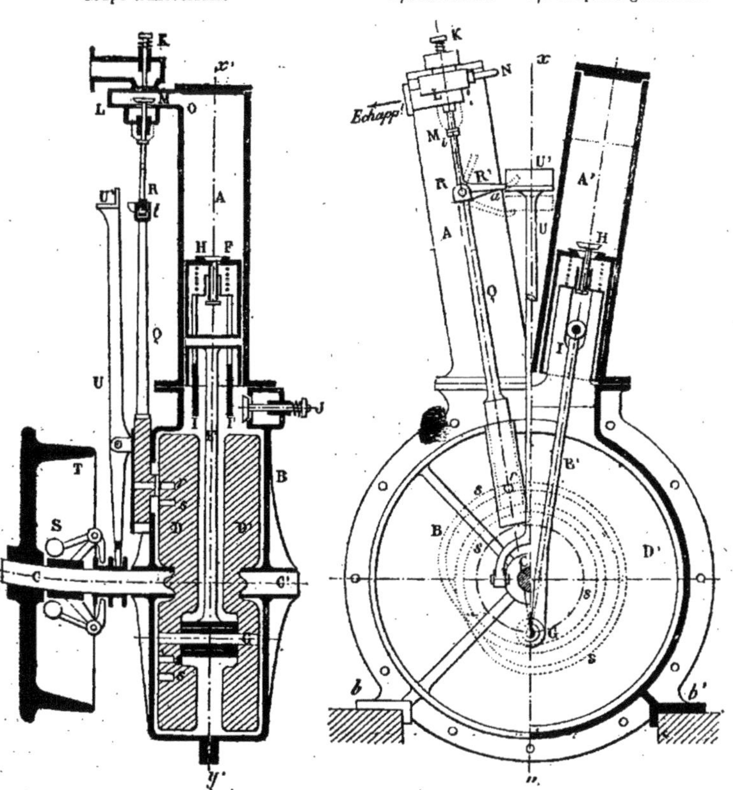

Fig. 61 et 62. — Moteur *Daimler*.

tures en 1886. Jusqu'en 1889, il n'a été construit qu'avec un cylindre, de la force de 1/2, 1 et 2 chx ; à partir de cette époque, on en a accouplé deux pour avoir une puissance de 1, 2 et 4 chx. Comme ces deux formes ne diffèrent que par quelques détails, nous décrirons seulement la seconde (fig. 61 et 62).

Elle est caractérisée par l'inclinaison des cylindres, A, A′ qui convergent vers l'arbre de couche CC' logé dans un bâti cylindrique B, qui communique librement avec les cylindres par leurs bases, et renferme deux plateaux-manivelle D,D'. Dans chaque cylindre, l'admission se fait au moyen d'une soupape automatique K, contenue dans une boîte L, qui renferme aussi la soupape d'échappement M. Le mélange explosif, préparé par un carburateur à barbotage et niveau constant, que nous ne décrirons pas, pénètre dans le cylindre par le conduit O, servant également à la sortie des gaz brûlés par l'ouverture de la soupape M; celle-ci est soulevée au moment voulu par la tige Q dont la partie inférieure porte un galet *r* jouant dans une rainure *s* ménagée dans l'un des plateaux-manivelle. Cette rainure fait deux fois le tour de l'arbre moteur avant de revenir à son point de départ, de sorte que la tige Q n'agit sur la soupape que tous les deux tours. L'allumage se fait par les tubes N.

Supposons le piston A dans la période de travail et l'autre A' dans la phase d'admission : ils descendent de conserve, en comprimant au-dessous d'eux l'air contenu dans le bâti. A la fin de cette course, la soupape centrale H du piston A' qui a aspiré le mélange explosif, se soulève en rencontrant la fourchette I et laisse pénétrer dans le cylindre correspondant une charge d'air comprimé qui rend le mélange inflammable. Dans l'autre cylindre, la soupape d'échappement, sous l'action de la tige Q et la soupape centrale H, sous l'action de la fourchette I, se sont ouvertes à fin de course; il en résulte qu'une charge d'air pur comprimé pénètre dans ce cylindre en chassant devant elle les produits de la combustion qui s'échappent par un tuyau recourbé relié à la boîte L.

Lorsque les pistons accomplissent leur course ascendante, la pression diminue dans le bâti, de sorte que la soupape J s'ouvre pour admettre une nouvelle provision d'air pur; pendant ce temps le piston A' comprime les deux charges juxtaposées de mélange carburé et d'air, et le piston A refoule dans l'atmosphère les deux couches de gaz brûlés et d'air pur. Au moment où les pistons arrivent à la fin de la course ascendante, il ne reste plus que de l'air pur dans la chambre de compression du cylindre A pour former un nouveau mélange explosif, tandis qu'en A' l'explosion a lieu, projetant tout le système en avant.

Quant à la régulation, elle est obtenue par la suppression totale de l'admission du mélange. Lorsque le moteur vient à dépasser la vitesse normale, le régulateur S, logé dans la poulie motrice T, rapproche des cylindres la branche supérieure du balancier articulé U, terminée par le taquet U'. Au moment où la tige Q monte pour ouvrir la soupape d'échappement, ce taquet rencontre la branche horizontale R' d'une équerre articulée en t de sorte que la branche R de cette dernière se trouvant écartée de la verticale ne rencontre pas la tige i de la soupape d'échappement M et celle-ci reste fermée. La présence des gaz brûlés dans le cylindre empêche le soulèvement de la soupape d'admision et l'arrivée d'une nouvelle charge de gaz carburés.

La culasse seule du cylindre est refroidie par un courant d'eau assuré par une pompe. La mise en marche est effectuée au moyen d'une manivelle appliquée à l'extrémité C' de l'arbre moteur et se désembrayant quand la machine est lancée.

Le Daimler à deux cylindres marchait à 450, 550, ou 700 tours par minute, suivant que sa force était de 1, 2 ou 4 chx. Il consommait 1 l. de gazoline à l'heure, pour actionner à la vitesse de 13 kilom. le phaéton à deux places de la maison Panhard et Levassor, modèle 1891 ; le graissage était alors évalué à 0 fr. 025 par heure. On n'a pas dépassé avec ce moteur la force de 4 chx parce qu'au-dessus il eût été trop lourd.

87. — Moteur Phénix-Daimler. — Le modèle actuel, qui date de 1895, a été combiné sous le nom de Phénix-Daimler par MM. Panhard et Levassor, concessionnaires des brevets Daimler (fig. 63-65) : il diffère notablement du type à deux cylindres qui vient d'être décrit. On ne retrouve, en effet, dans ce dernier, ni l'inclinaison des cylindres par rapport à la verticale, ni les soupapes placées dans les pistons, ni ces chasses d'air qui constituaient dans l'esprit de l'inventeur, une des principales causes du succès de son moteur et de sa faible dépense. Or, depuis qu'au profit de la simplicité de l'ensemble, on a supprimé le mécanisme qui leur était nécessaire, le moteur n'en marche que mieux et ne semble pas dépenser davantage.

Le Phénix-Daimler, dont l'installation sur une automobile est représentée par la figure 65, accompagnée d'une légende très

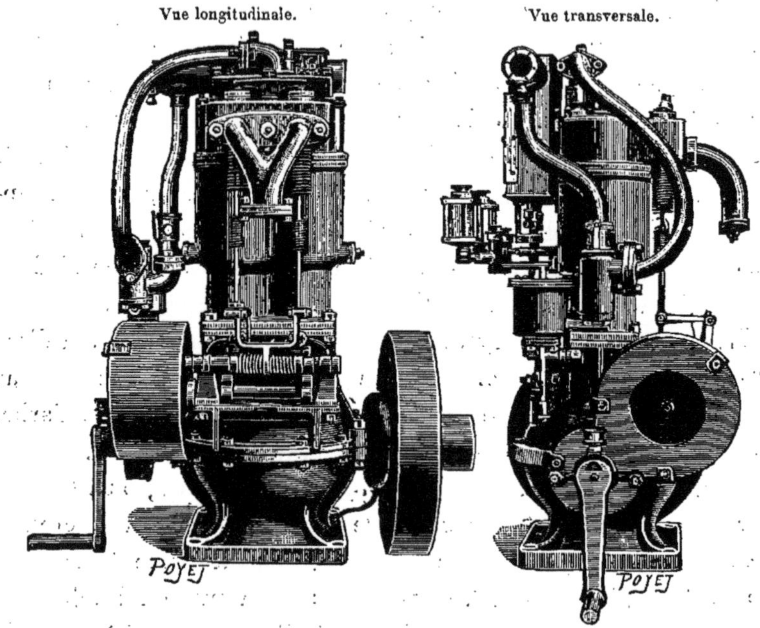

Fig. 63 et 64. — Moteur Daimler-Phénix.

explicite, se fait avec deux ou quatre cylindres verticaux, accolés deux à deux; dans le moteur à quatre cylindres, un seul des groupes travaille dans les endroits faciles du parcours; quand toute la puissance devient utile, un dispositif très ingénieux vient agir sur le régulateur et fait entrer en jeu le second groupe. Les pistons sont attelés deux à deux sur le même vilebrequin.

L'admission se fait par soupapes automatiques; l'échappement par soupapes qu'actionnent des leviers et des cames montées sur

un arbre tournant deux fois moins vite que l'arbre moteur.
L'une de ces soupapes peut être laissée sur son siège, par le jeu
du régulateur, quand le moteur marchant trop vite, il y a
intérêt à ne pas admettre une nouvelle charge d'air carburé

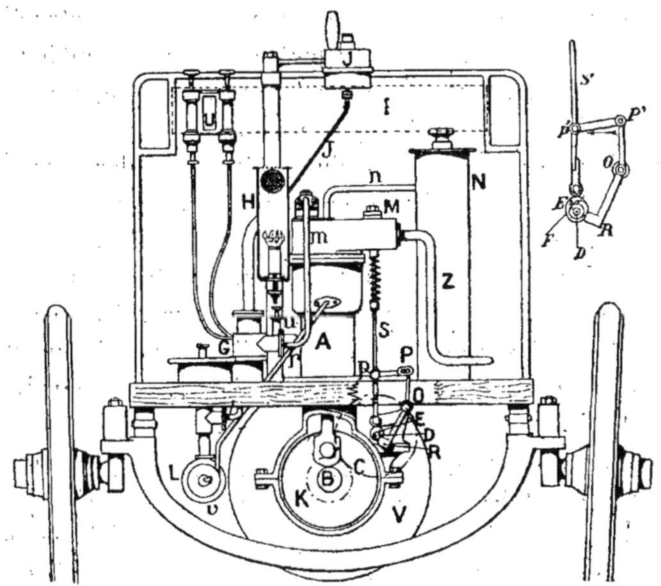

FIG. 65. — Moteur *Daimler-Phénix* installé sur une automobile.

LÉGENDE. — A, cylindres ; B, arbre moteur ; C, engrenage de retard ; D, arbre distributeur ; E, E'
cames commandant par les tiges S, S' les soupapes d'échappement ; F, virole consistant en une partie
cylindrique suivie d'une came ; elle est montée sur l'arbre D et peut glisser le long de cet arbre, sous
l'action du régulateur à force centrifuge (également monté sur l'arbre D, mais non représenté par
la figure) ; quand la virole F occupe sa position normale, les tiges S, S' sont actionnées par des talons
d'enclenchement à cames et l'échappement se fait par le tuyau Z ; quand cette virole est tirée par le
régulateur, la came de F se substitue à sa partie cylindrique et fait osciller R O P ; mais la soupape S
est encore ouverte, parce que la bielle P p a en P un jeu considérable ; la soupape S', au contraire, est
maintenue fermée parce que sa tige, écartée de sa position habituelle, ne peut plus être enclenchée par
son talon, puis la came avançant toujours, la soupape S elle-même est fermée. J, petit réservoir
d'essence ; J, tuyau amenant l'essence aux brûleurs ; H, lanterne des brûleurs ; G, carburateur Daimler-
Phénix déjà décrit ; m, tuyau amenant le mélange carburé aux cylindres ; L, pompe centrifuge assurant
la circulation de l'eau ; v, galet, entraîné par le volant V et actionnant la pompe L ; N, bouteille de
condensation de la vapeur après le passage de l'eau autour des cylindres ; U, graisseurs ; u, godets pour
admettre quelques centimètres cubes d'essence dans les cylindres à la mise en train.

dans le cylindre correspondant. Un petit levier placé
sur le garde-crotte et relié d'une manière convenable avec le
régulateur, permet aussi au conducteur de ralentir par
les mêmes moyens la vitesse du moteur et même de l'arrêter
complètement pendant le stationnement de la voiture.

La carburation est effectuée par l'appareil Daimler à pulvérisation (§ 58) ; l'allumage se fait par brûleurs à tubes de platine.

Le refroidissement des cylindres est assuré par une circulation d'eau, sous l'action d'une petite pompe centrifuge.

Le parallélisme des cylindres simplifie la construction du moteur et permet d'en accoupler quatre tout en confiant leur distribution à un seul arbre et à un régulateur unique, agissant successivement sur les quatre échappements.

L'un des gros avantages du Phénix-Daimler sur l'ancien Daimler est encore la facile accessibilité de ses organes : dans ce dernier, pour arriver aux soupapes, il fallait démonter la lanterne des brûleurs, les brûleurs, et diverses pièces de tuyauterie ; il ne fallait pas moins d'une heure. Avec le Phénix, il suffit de dévisser un écrou. Celui-ci est aussi beaucoup plus léger que l'ancien Daimler (moins de 22 kg. par cheval, au lieu de 30 et 35).

Diamètre des cylindres...	0.080 m.
Course des pistons...	0.120 m.
Poids { 2 cylindres, 4 chx...	83 kg.
{ 4 cylindres, 8 chx...	155 kg.
Nombre de tours par minute...	850
Compression du mélange au point mort par cm^2...	2,8 kg.
Pression approximative après l'allumage par cm^2...	12 kg.
Rendement organique...	75 %
Consommation par cheval-heure (essence à 0,700)...	0,65 l.

C'est du Daimler anglais que la fig. 66 représente la coupe, pour le modèle correspondant à celui de 6 chx de la maison Panhard : le nombre de tours par minute en a été réduit à 650, parcequ'on a trouvé exagérées les vitesses françaises ; aussi sa puissance n'est-elle plus que de 5 1/4 chx. La chambre d'admission du mélange carburé, que l'on voit au-dessus des soupapes est assez grande pour que la quantité déjà admise dans cette chambre remplisse un cylindre : le mélange a ainsi le temps de se faire plus intime dans le carburateur. Si on ajoute à cela que le volant est plus lourd que dans le modèle français, on aura les raisons de la très grande régularité d'allure de ce moteur. Les deux manivelles sont calées à 180°. La circulation d'eau est assurée, non par une pompe centrifuge comme d'habitude, mais par une ompe à clapets, qui donne de très bons résultats quand elle marche bien, mais qu'un rien peut empêcher de fonctionner. Un

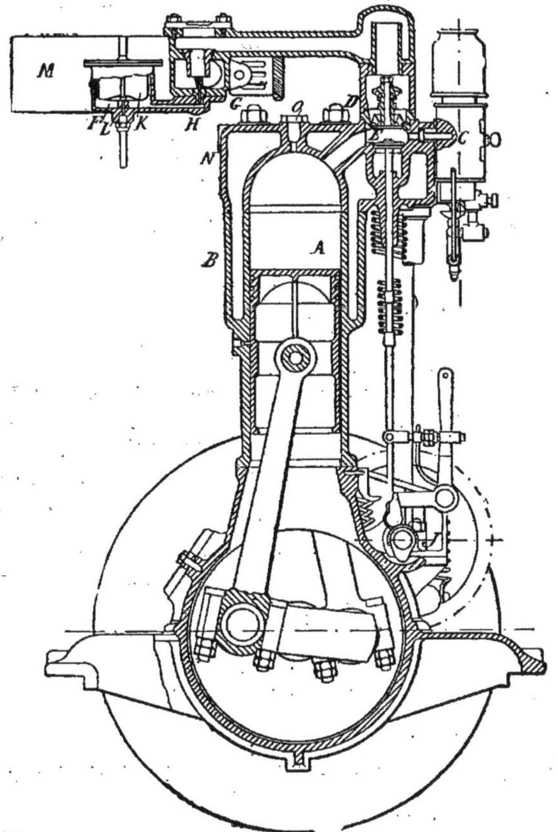

Fig. 66. — Moteur *Daimler-Phénix* anglais.

A, cylindres; B, enveloppe à circulation d'eau; C, brûleurs; D, E, soupapes d'admission et d'échappement; J, mécanisme de distribution; M, carburateur.

seul réservoir d'essence, maintenu sous pression par une partie des gaz de l'échappement, alimente les brûleurs d'abord et le carburateur ensuite; au moment du départ quelques coups de piston suffisent pour envoyer aux premiers le liquide nécessaire.

G. LAVERGNE. — *L'Automobile sur route.* 10

    L'AUTOMOBILE SUR ROUTE

88. — Moteur Peugeot. — Le nouveau moteur horizontal Peugeot

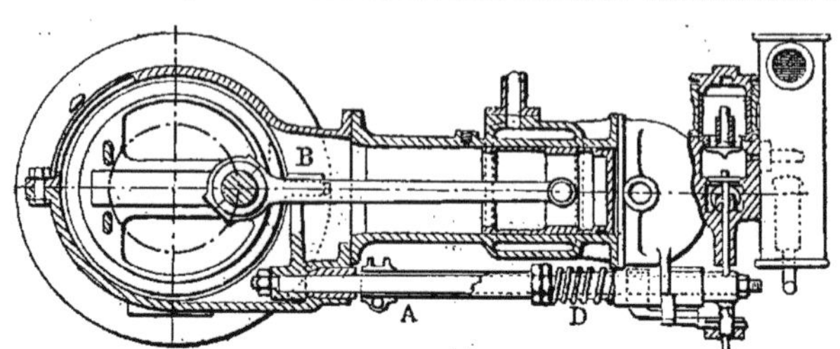

FIG. 67. — Moteur à pétrole *Peugeot*.
Coupe longitudinale.

(fig. 67-71) se compose de deux cylindres parallèles, dont les

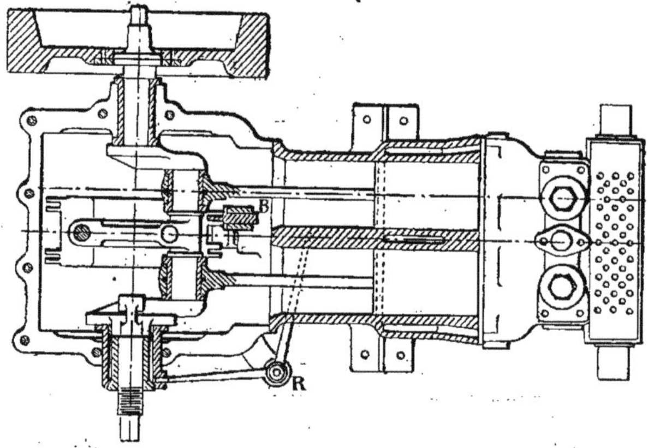

FIG. 68. — Moteur à pétrole *Peugeot*.
Coupe horizontale.

pistons attaquent un même vilebrequin. L'admission se fait par

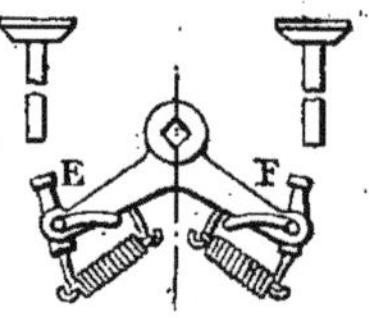

FIG. 69. — Commande de l'échappement
du moteur *Peugeot*.

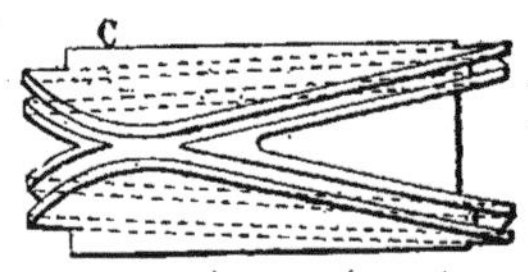

FIG. 70. — Came de distribution
du moteur *Peugeot*.

soupapes automatiques, l'échappement par soupapes mues mécaniquement : au-dessous des cylindres, se trouve l'arbre A, sur lequel agissent un levier et le coulisseau B, mobile dans la rainure de la came C établie concentriquement sur l'arbre à mani-

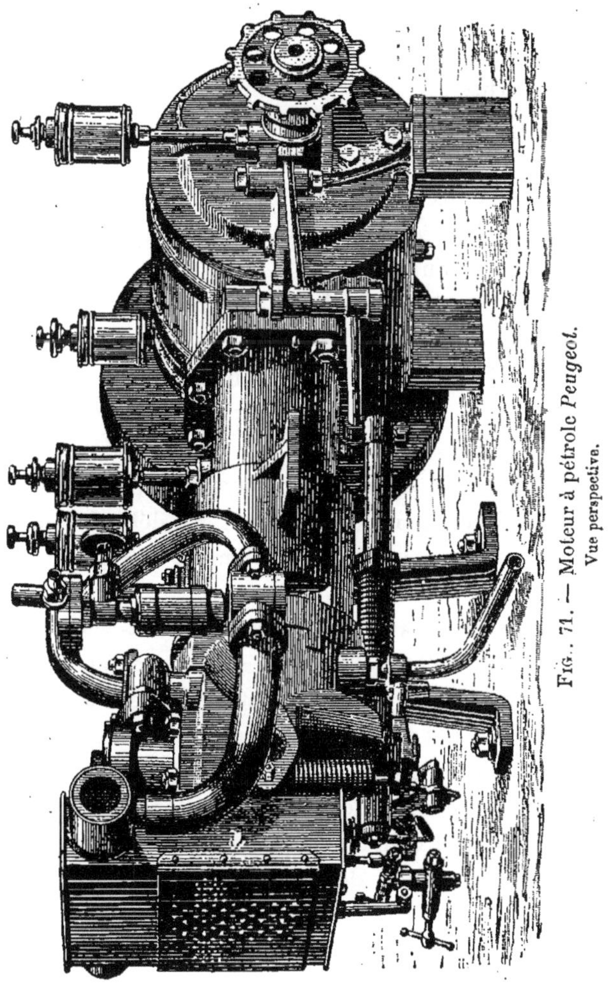

Fig. 71. — Moteur à pétrole *Peugeot.*
Vue perspective.

velles (fig. 70). Un déplacement angulaire est ainsi communiqué à l'arbre de distribution A et transmis à une pièce EF (fig. 69), en forme de V renversé ; les petits leviers, qui terminent cette pièce, viennent alternativement soulever les soupapes d'échappement.

Si la vitesse devient excessive, un régulateur centrifuge, logé dans la chambre à manivelles surmonte la résistance du ressort D et repousse, par l'action de leviers appropriés R, la douille entourant l'arbre A. Ce mouvement fait avancer une pièce spéciale, qui, venant agir sur les prolongements des leviers de EF les fait basculer, en tendant les petits ressorts que l'on voit par-dessous, et les empêche d'ouvrir les soupapes; la conservation des gaz brûlés dans les cylindres empêche l'admission du mélange frais au tour suivant.

L'allumage se fait par des tubes incandescents chauffés au moyen de deux brûleurs logés dans la boîte qui prolonge la culasse (fig. 71) et le refroidissement s'opère par courant d'eau.

Le moteur est renfermé dans un carter, muni de deux orifices latéraux, livrant passage à l'air froid destiné à rafraîchir les pistons et les cylindres, et d'une ouverture (normalement fermée par une glissière) pour le graissage. En déboulonnant la partie supérieure de ce carter, on a facilement accès aux organes de la machine.

89. — Moteurs Benz, Audibert-Lavirotte, Rochet-Schneider, Delahaye, Hurtu-Diligeon, G. Richard, Cambier. — Le premier moteur Benz était monocylindrique, à double effet, seulement à deux temps. Sa complication l'a fait rejeter pour l'usage automobile, et l'on a d'abord appliqué un moteur à un cylindre comme le premier, mais à quatre temps. Le mélange explosif, produit par le carburateur K (sans niveau constant), à évaporation aidée par la chaleur empruntée à une partie des gaz brûlés, est envoyé au cylindre à travers la valve de réglage R (il n'y a pas de régulateur mécanique); il arrive en A dans la boîte de distribution où se trouvent les soupapes et la bougie électrique c. Les engrenages C actionnent par la bielle C' la soupape d'échappement; celui-ci se fait par le tuyau E. Allumage électrique (§ 70). Refroidissement par eau, sans pompe.

Diamètre du cylindre.................................... 154 mm.
Course du piston...................................... 180 »
Nombre de tours par minute........................... 480
Puissance effective................................... 5 chx.

Dans un deuxième type à deux cylindres jumeaux, venus de fonte dans la même enveloppe de circulation d'eau, les soupapes

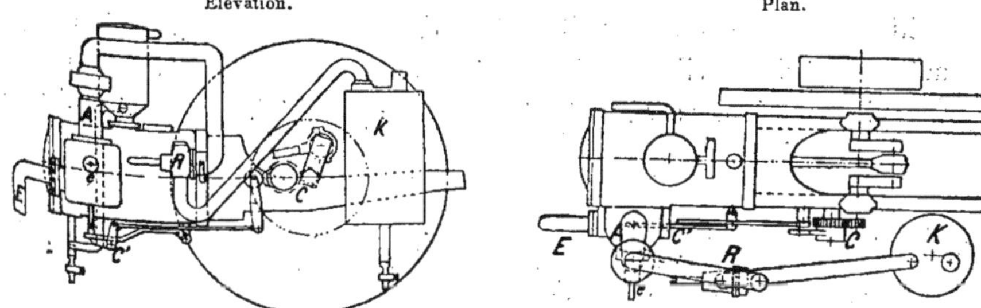

Fig. 72 et 72 bis. — Moteur monocylindrique *Benz*.

et les bougies sont placées dans les fonds des cylindres : une interruption mécanique leur distribue le courant.

Dans un troisième type, deux cylindres, du premier modèle,

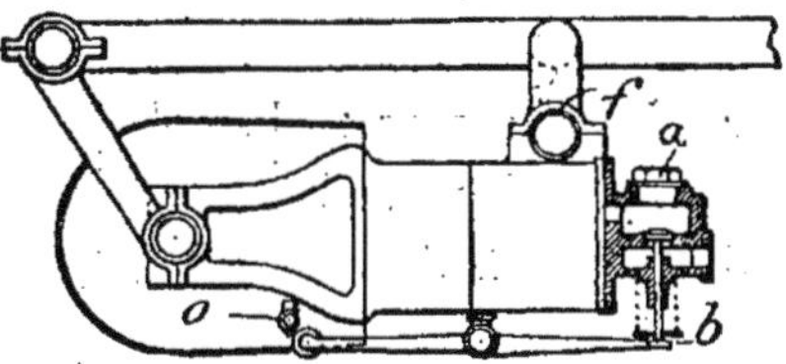

Fig. 73. — Moteur à pétrole *Delahaye*.

b, boîte à soupape d'admission et à soupape d'échappement avec bouchon d'accès *a*, disposée derrière chacun des cylindres; l'enveloppe de ces derniers est divisée en deux compartiments, l'un pour l'eau et l'autre pour chauffer l'air à carburer; *f*, suspension du moteur; *o*, cames commandant les soupapes d'échappement.

sont opposés bout à bout, et réunis par un même bâti, qui porte l'arbre-manivelle et le volant.

Le moteur Benz a eu beaucoup d'imitateurs, principalement sous la forme à deux cylindres jumeaux; citons les moteurs Audibert-Lavirotte, Rochet-Schneider, Delahaye, Hurtu-Diligeon, G. Richard.

Le moteur Audibert-Lavirotte se fait à un ou deux cylindres; pour diminuer la compression, lors de la mise en route, une soupape de décharge, manœuvrée par un levier et une came, peut être ouverte au moment voulu.

MM. Rochet et Schneider se sont attachés à équilibrer toutes les pièces; le type Benz a été modifié dans quelques détails.

M. Delahaye emploie (fig. 73) deux cylindres horizontaux actionnant deux vilebrequins calés à 180°. Carburateur à barbotage dont le niveau est constant. Les soupapes d'échappement sont

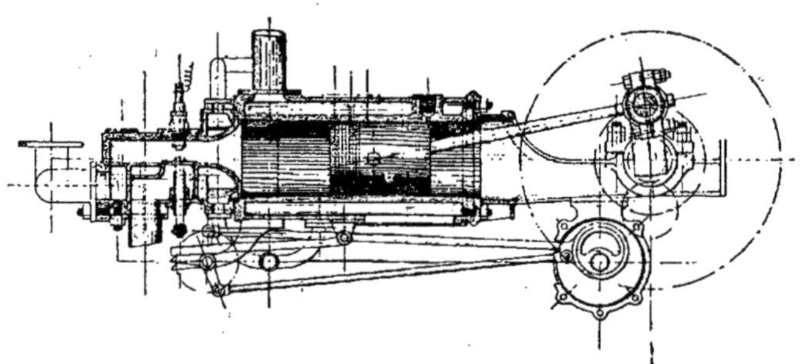

Fig. 74. — Moteur à pétrole *Cambier* à 2 cylindres.

commandées par deux cames : la plus grande fonctionne pendant la marche normale; la plus petite seulement lors de la mise en route, de façon à donner un échappement anticipé pendant la compression. Inflammation électrique ne nécessitant qu'un seul accumulateur (qui peut, paraît-il, servir pendant 2.000 kilom), grâce à un appareil spécial pour la commande des contacts. Pas de régulateur. Circulation d'eau assurée par une pompe centrifuge dont la poulie de commande est calée sur l'arbre intermédiaire. Puissance portée à 6 et 8 chx pour la vitesse normale de 700 tours.

Le moteur Hurtu-Diligeon était préalablement caractérisé par son mode de refroidissement, qui ne se faisait pas par un courant d'eau, mais par le courant d'air, qu'un ventilateur dirigeait sur les ailettes dont était muni le cylindre (§ 81). Ce mode ayant été

trouvé insuffisant, les constructeurs sont revenus au refroidissement par eau.

Dans le moteur de M. G. Richard, les manivelles des deux
pistons sont calées à 180°. Allumage électrique perfectionné,
qui sera décrit à propos de la voiture de ce constructeur (§ 270).

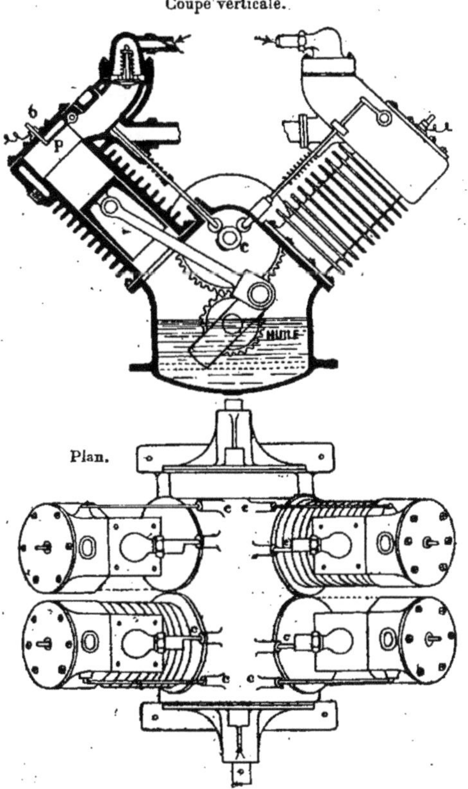

Fig. 75 et 76. — Moteur à pétrole *Mors* à 4 cylindres.

Régulateur spécial modifiable en cours de marche, qui agit sur
l'échappement pendant un temps proportionnel à l'énergie utile.

M. Cambier fait des moteurs à un, deux, trois ou quatre
cylindres, le plus communément à deux cylindres et deux
vilebrequins, faisant le même angle avec l'arbre moteur (fig. 74).

Deux soupapes d'aspiration par cylindre, pour donner une section d'introduction considérable tout en faisant chacune d'elles légère et facile à refroidir. Soupapes d'échappement mues non par cames bruyantes et brusques, mais par excentriques, bielles, leviers coudés et palettes : celles-ci communiquent aux soupapes leur mouvement de montée et de descente. Allumage par tube, mieux par étincelle électrique que donne une machine magnéto-électrique. Un moteur de 8 chx pèse 132 kilog. Un moteur de quatre cylindres, atteint facilement la force de 12 chx.

90. — Moteur Amédée Bollée. — Deux cylindres horizontaux, à course concomitante, donnant une explosion par tour, attaquent l'arbre moteur sur un seul coude. Allumage par tubes incandescents.

La régulation se fait par un appareil à force centrifuge, commandant une came, dans laquelle coulisse un bouton solidaire de la pièce en V, chargée d'ouvrir par ses oscillations alternatives les deux soupapes d'échappement : à chaque position de la came correspondent une certaine course de la pièce en V et une certaine ouverture des soupapes. Ce mode diffère de celui qui est habituellement adopté et qui consiste à supprimer complètement l'ouverture des soupapes ; il est meilleur parce qu'il gradue de lui-même son effet, et permet aussi au chauffeur de le graduer par les positions diverses qu'il donne à l'accélérateur dont est munie la voiture.

Le mécanisme de distribution et de régulation comme du reste tout le moteur est très robuste et de fonctionnement très sûr ; les soupapes sont d'une visite très facile.

Refroidissement par eau, dont la circulation est assurée par les seules différences de densité : le liquide arrive dans l'enveloppe du cylindre en vertu de la gravité ; un flotteur et un obturateur à pointe y maintiennent la hauteur constante.

91. — Moteurs Mors à quatre et à deux cylindres. — Le premier a ses quatre cylindres, inclinés à 45°, disposés par paires au-dessus et des deux côtés de l'arbre moteur. Les bielles des pistons

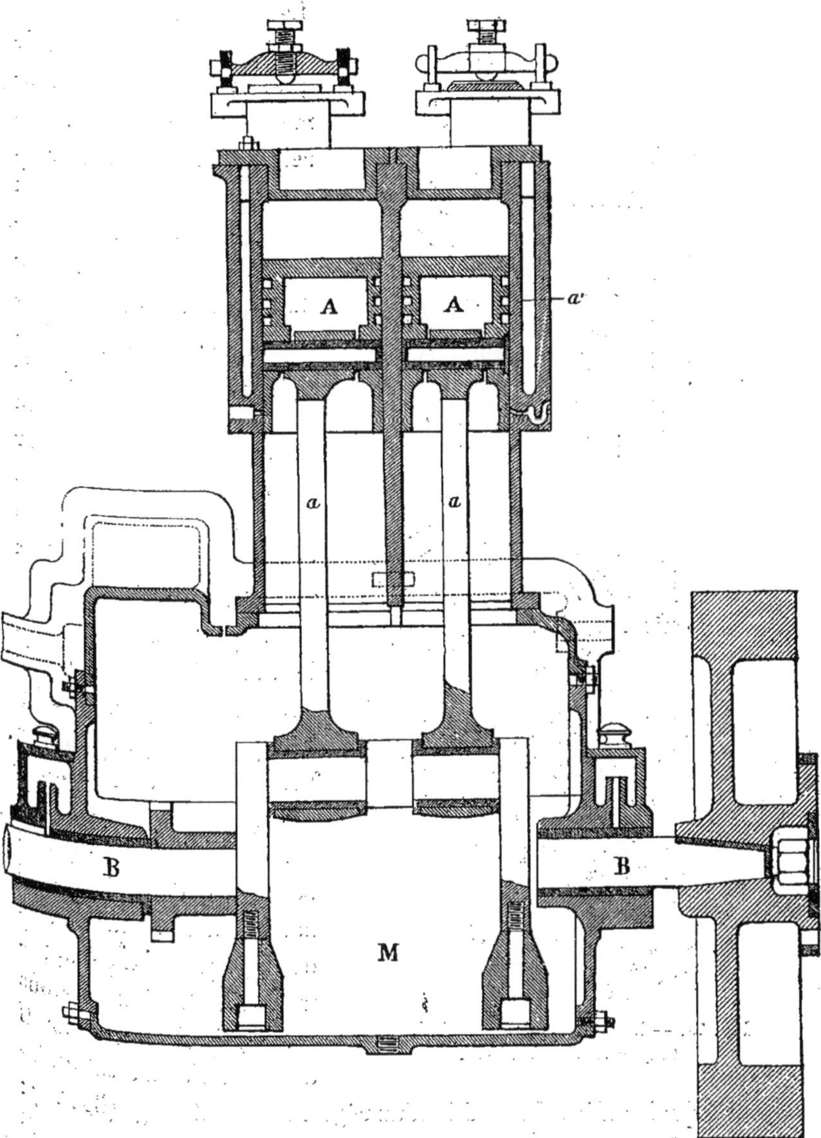

Fig. 77. — Moteur *Mors* à 2 cylindres.
Coupe verticale longitudinale.

d'une même paire sont attelées à des manivelles calées à 180° (fig. 75-76).

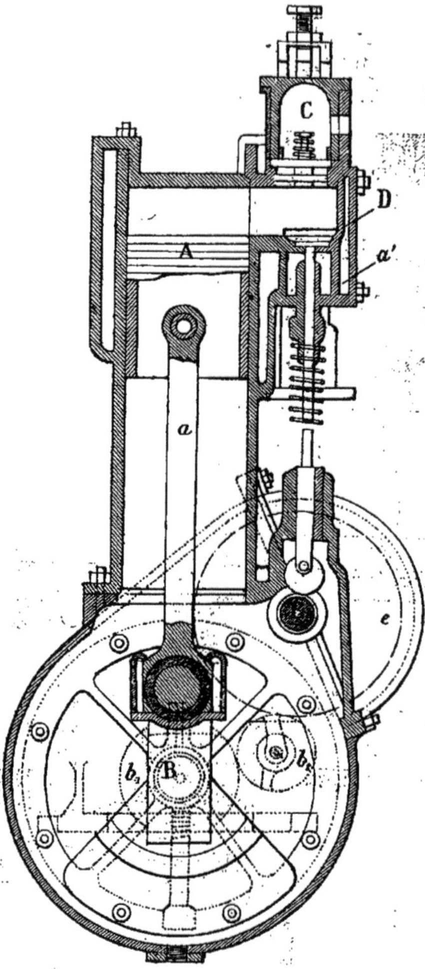

Admission automatique. Échappement commandé par cames. Le régulateur fait varier la quantité et le dosage du mélange admis. Carburateur décrit (§ 59). L'inflammation électrique le sera plus tard (§ 273). Refroidissement par ailettes et, autour de la chambre d'explosion, par circulation d'eau qu'assure une pompe spéciale. Le moteur fait 800 tours à la minute.

Dans le second type, les deux pistons AA verticaux, accolés (fig. 77 et 78) attaquent un même vilebrequin muni de contrepoids (parfois deux vilebrequins calés à 180°). Les soupapes d'admission C sont placées au-dessus des soupapes d'échappement D. Par les pignons b^1, b^2, l'arbre moteur B actionne l'arbre tubulaire

FIG. 78. — Moteur *Mors* à 2 cylindres.
Coupe verticale transversale.

E, sur lequel coulisse la douille d'un régulateur centrifuge (fig. 79) : les deux boules F, F sont reliées par les bras f, f à une tige $f^1 f^1$ (fig. 80) traversant de part en part l'arbre tubulaire et passant dans un noyau f^2, logé à l'intérieur de cet arbre et pouvant s'y déplacer. Le noyau f^2 est solidaire d'une tige f^3, guidée à frottement doux dans le bouchon-écrou G ; un ressort g est placé entre le noyau et le bouchon. La douille du régulateur constitue

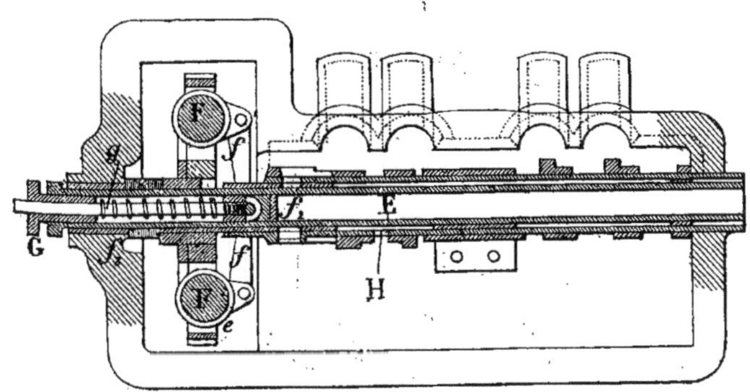

FIG. 79. — Moteur à pétrole *Mors* à 2 cylindres.
Mécanisme de distribution et de régulation (coupe longitudinale).

la moitié d'un embrayage à griffes, dont l'autre partie est solidaire d'un arbre tubulaire H, concentrique à l'arbre E.

C'est sur l'arbre H que sont fixées les cames commandant les soupapes d'échappement et les organes d'allumage. Normalement sous l'action du ressort g, la douille est en prise avec la deuxième partie de l'embrayage calée sur l'arbre H, et les cames agissent sur les soupapes d'échappement et les organes d'allumage. Quand la vitesse de l'arbre dépasse une certaine limite, le débrayage se produit, l'arbre H n'est plus solidaire de E : les cames ne sont plus actionnées ; l'échappement et l'allumage sont suspendus. C'est un système différent de ceux que nous avons vus

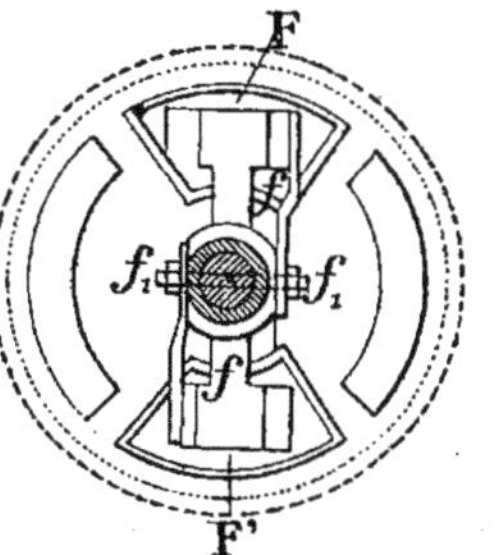

FIG. 80. — Moteur *Mors*
à 2 cylindres.
Mécanisme de distribution et de
régulation (élévation transversale).

jusqu'ici, laissant les cames fonctionner toujours, mais les empêchant, par des dispositifs plus ou moins compliqués, culbuteurs ou autres, d'agir sur les soupapes. Tout le mécanisme que nous venons de décrire est enfermé dans la boîte M de l'arbre mani-velle.

Le rôle du régulateur se borne d'ailleurs à maintenir automa-

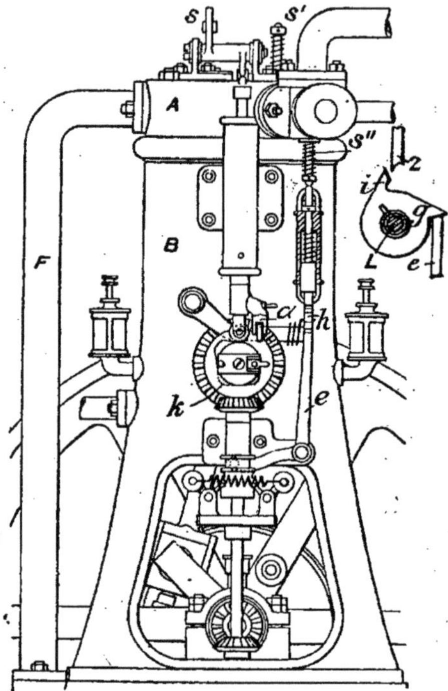

Fig. 81. — Moteur *Landry-Beyroux*.

A, culasse à circulation d'eau emboîtant le cylindre B et contenant les trois soupapes d'échappement s, d'admission automatique du mélange s' et d'arrivée d'air carburé s''; k, arbre à cames à vitesse réduite de moitié; a, galet qui, tourné de 90°, vient en contact avec une came donnant une faible compression à la mise en train. Un retard à l'allumage est également prévu pour faciliter le démarrage. Après la mise en marche la soupape s est actionnée par le galet (qu'on voit à gauche de a) et par la came ordinaire d'échappement.

F, conduite d'échappement débouchant dans le socle; L, levier coudé articulé au bâti et reposant sur une came de la distribution; h, disque relié à L par un ressort à boudin et portant deux pointes i, g ; la première enclenche la tige z de la soupape à air carburé s'', la seconde permet à la tige e reliée au régulateur de faire tourner le disque h dont la pointe i manque z, en cas d'excès de vitesse. Un levier à pédale sert à atténuer l'action du régulateur pour forcer l'allure.

tiquement le moteur à une allure déterminée : les diverses vitesses s'obtiennent en faisant varier l'admission du mélange tonnant, grâce à une lame qui obture plus ou moins, ou même complètement les orifices des canaux d'admission.

La réfrigération des cylindres est assurée par un courant d'eau *a'*, qui enveloppe chacun d'eux sur toute la partie qui correspond à la course du piston et à la soupape d'échappement.

Dans un troisième type, de 4 chevaux environ, avec lequel M. Mors équipe sa voiturette à 2 places, dont un spécimen figurait aux Tuileries en 1899, les 2 cylindres sont horizontaux t placés en face l'un de l'autre. Bien que l'allumage soit électrique, il y a un régulateur de vitesse ; celle-ci peut aussi varier sous l'influence d'une valve qui commande l'introduction du gaz carburé dans les cylindres. Le refroidissement est assuré par un courant d'eau.

92. — Moteur Landry-Beyroux (fig. 81). — Un seul cylindre vertical. Admission dans le cylindre même par une soupape automatique et dans la boîte, qui précède cette dernière, par une soupape mue mécaniquement. Régulateur à force centrifuge supprimant ou simplement diminuant l'ouverture de cette dernière. Carburation par un vaporisateur, dans lequel

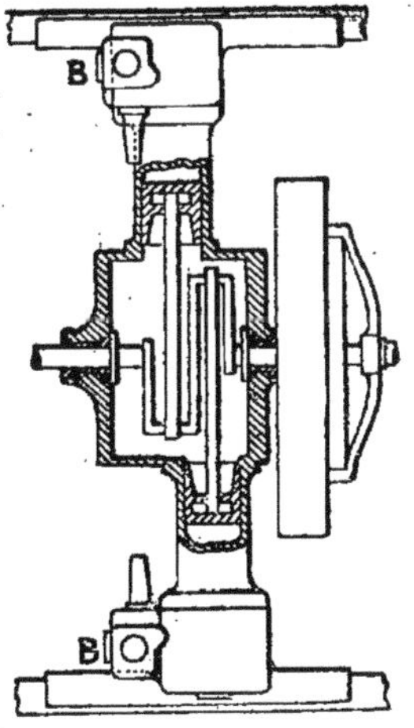

FIG. 82.
Moteur *Gautier-Wehrlé.*

un compte-gouttes envoie au fur et à mesure des besoins la quantité d'essence voulue. Allumage électrique. Refroidissement par un courant d'eau que maintient en circulation une pompe rotative actionnée par le volant. (Voir la légende.)

Force 2 à 8 chx ; la société M.-L. B. qui construit ce moteur, a aussi créé un modèle à deux cylindres de 16 chx pour les poids lourds.

93. — Moteur Gautier-Wehrlé. — Deux cylindres horizontaux, placés face à face, des deux côtés de l'arbre moteur (fig. 82), ou quelquefois deux cylindres jumeaux. Manivelles à 180°. Les soupapes d'échappement sont actionnées par une seule came, que commande le régulateur, de manière à supprimer successivement, et suivant les besoins, l'échappement dans chacun des cylindres. Carburateur déjà décrit (§ 59). Allumage par tubes ou électrique. Refroidissement par courant d'eau. Puissance de 5 à 6 chx pour une voiture à quatre places ; la vitesse de régime est de 800 tours à la minute, mais, quand la voiture est arrêtée, un dispositif spécial permet de réduire ce nombre à 100.

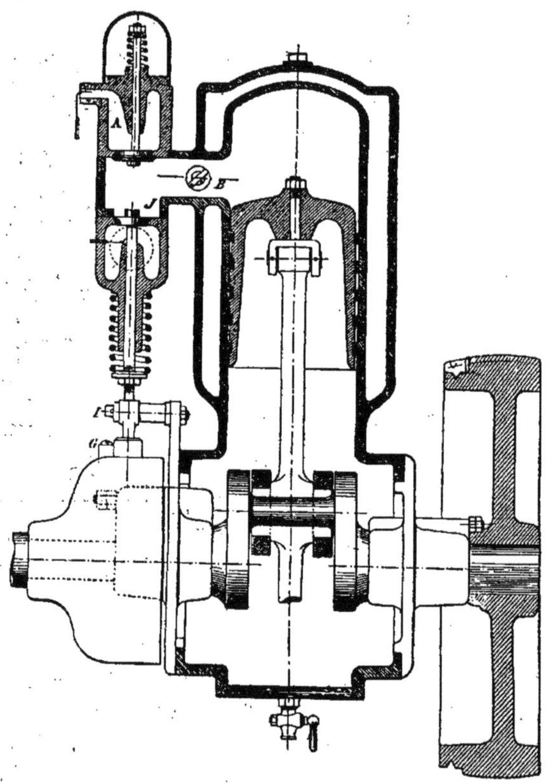

Fig. 83. — Moteur à pétrole *Lepape* à 3 cylindres.

94. — Moteurs Lepape. — M. Lepape a successivement créé plusieurs types de moteurs.

1er type. — Trois cylindres à 120° les uns des autres (fig. 83) et cycle à quatre temps, trois explosions tous les deux tours ; les trois têtes de bielles sont reliées au même tourillon de l'arbre moteur, comme dans le type Brotherhood. Admission automatique par la soupape A. Allumage électrique en B. Échappement à travers la soupape J qui, après la course motrice, est soulevée par un doigt I, que manœuvre l'une des cames G; ces cames sont diamétralement opposées sur un tourteau en bronze, commandé par l'arbre moteur, à une vitesse quatre fois moindre, au moyen de quatre roues en acier à dents hélicoïdales. Régulateur spécial.

Carburateur à simple léchage et à niveau constant (par le dis-

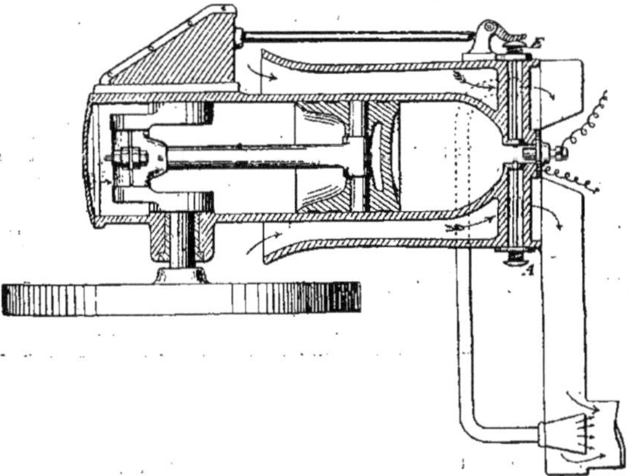

FIG. 84. — Moteur à pétrole *Lepape* monocylindrique.

positif de l'abreuvoir des oiseaux), réchauffé par l'eau qui a servi à refroidir les cylindres. L'eau refoulée par une pompe dans les enveloppes de ces derniers, remonte en haut d'une bâche d'où elle tombe en pluie fine au contact de l'air.

Pour une puissance de 6 chx, poids 245 kilog., plus celui du volant 55 kilog; 400 tours à la minute; consommation 2/3 de litre par cheval-heure. Ces chiffres se rapportent à un type déjà vieux de trois ans. L'inventeur revendique pour ce moteur une mise en train facile et une marche très régulière.

2ᵉ *type*. — Moteur à un cylindre, propre à actionner une petite voiture (fig. 84). Admission automatique A. Échappement mécanique E. Pas de régulateur. Carburation et allumage, comme pour le moteur à trois cylindres. Circulation d'eau supprimée. Le cylindre à ailettes est entouré de canaux dans lesquels l'air s'engouffre pendant la marche ; cet air sort à l'arrière par un collecteur, dans lequel le tirage est activé par l'échappement des gaz brûlés. Au repos, quand il n'y a pas d'échappement, le courant d'air s'établit en sens inverse par différence de niveaux entre le cylindre chaud et le tuyau d'échappement.

Puissance : 3 chx ; le poids par cheval reste à peu près ce qu'il était pour le précédent, parce que l'augmentation occasionnée par les ailettes est contrebalancée par la suppression de l'eau

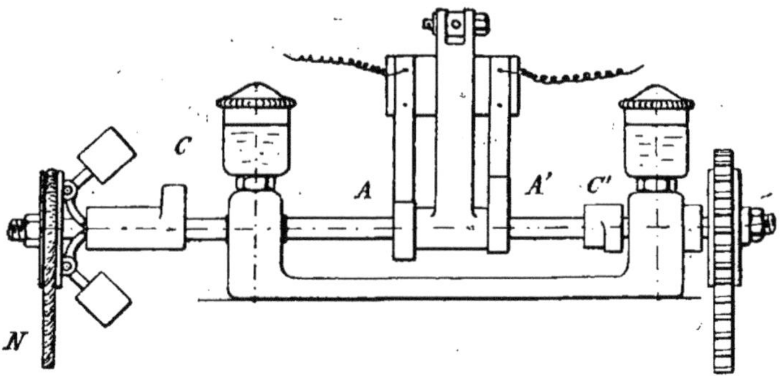

Fig. 85. — Moteur à pétrole *Lepape* à 2 cylindres (type 1898).
Mécanisme de distribution.

de refroidissement de la pompe et de la canalisation. Marche normale : 300 tours, pouvant être poussée jusqu'au double.

3° type. — Dans le dernier type de voiture qui figurait à l'Exposition internationale d'automobiles de 1898, M. Lepape est revenu au moteur vertical : celui-ci est à deux cylindres et, comme dans le précédent, le refroidissement s'effectue par l'air dont la circulation autour des ailettes est forcée au moyen des gaz brûlés.

Les soupapes d'admission sont automatiques ; les soupapes d'échappement sont actionnées par les cames CC' (fig. 85), situées, ainsi que les cames AA' d'allumage électrique, sur un arbre intermédiaire, établi en haut du cylindre et commandé par une chaîne, à une vitesse réduite de moitié. Un régulateur monté sur cet arbre déplace, en cas de vitesse, la came C dont la soupape d'échappement reste fermée, ce qui met hors d'action le cylindre correspondant. Les touches AA' sont également susceptibles d'être déplacées, de façon à changer l'avance à l'allumage et à faire varier la vitesse de 400 à 1.200 tours. On voit en N la commande d'un graisseur multiple Hamelle.

Ce moteur pèse 170 kilog. et peut développer 8 chx avec des cylindres de 0,110 m. de diamètre.

95. — Moteurs P. Gautier (fig. 86 à 88). — Quatre cylindres verticaux, dont les bielles sont accouplées par paires avec deux vilebrequins à 180° l'un de l'autre, disposés sur deux arbres parallèles C et C' ; ces arbres dont un seul est moteur à la fois, sont reliés par deux pignons, de manière à ce que leur mouvement soit solidaire et plus régulier.

Les soupapes d'admission et d'échappement de chaque cylindre sont accolées (fig. 87) et commandées mécaniquement par des systèmes de leviers et des cames montées sur un tambour E qui est mû par un engrenage à vitesse réduite de moitié.

Régulation par un appareil à boules, monté sur l'arbre moteur C et dont le manchon (fig. 88) actionne, par un balancier mobile autour d'un axe situé en son milieu, le tambour E sur lequel

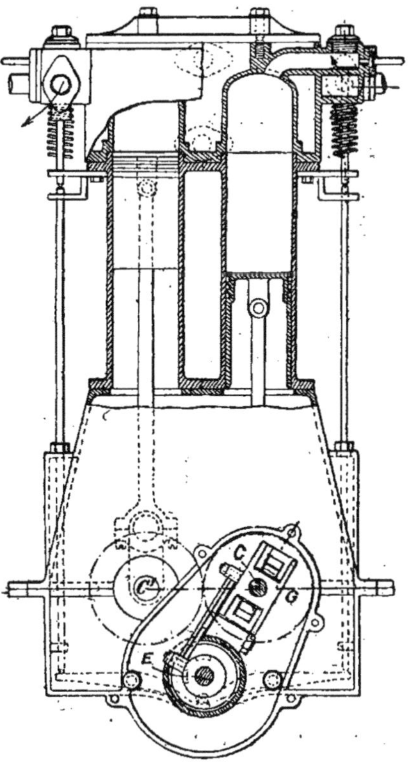

Fig. 86. — Moteur à pétrole *P. Gautier*.
Coupe verticale.

sont montées les cames d'échappement et d'admission. Les premières sont assez larges pour que l'action du balancier ne les empêche pas de provoquer l'ouverture des soupapes d'échappement; les secondes sont plus étroites, et quand le régulateur les déplace, les soupapes d'admission restent fermées.

Carburateur déjà décrit (§ 62). Inflammation par incandescence. Refroidissement par eau. Consommation 0,500 litre par cheval-heure.

96. — Moteurs Vallée, Tenting, Pygmée, D. Augé, Gaillardet, Idéal, Buchet. — Dans le moteur Vallée deux cylindres horizontaux

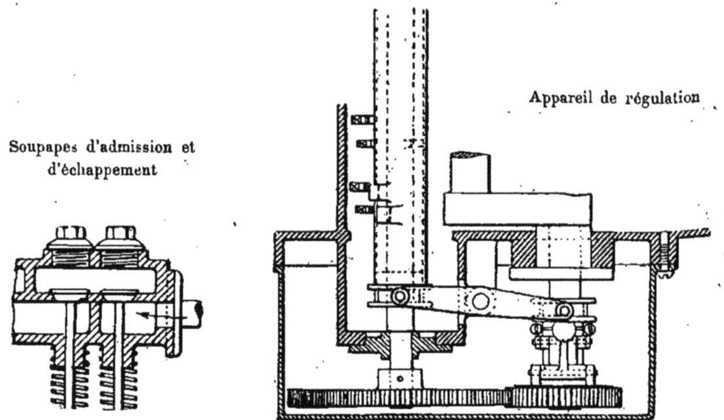

FIG. 87 et 88. — Moteur à pétrole *P. Gautier.*

actionnent l'arbre moteur par deux manivelles à 180°. Le mélange d'air pur et d'air carburé s'effectue dans une boîte spéciale, renfermant des disques de distribution, qui portent des ouvertures convenablement disposées pour que le chauffeur puisse, à l'aide de deux poignées, faire varier et le dosage du mélange et la quantité admise; pas d'autre moyen de régulation. Carburateur à niveau constant. Allumage électrique, le courant inducteur ne passant que lorsque l'étincelle doit jaillir. Refroidissement par eau circulant dans deux réservoirs formant thermo-siphon. Puissance de 4 chx, pour 500 tours à la minute.

Dans le moteur Tenting, deux cylindres sont conjugués, horizontaux ou inclinés symétriquement de part et d'autre de l'horizontale. L'air carburé, appelé par le piston, ne reçoit son complément d'air pur qu'à son entrée dans la culasse. Régulation par l'intermédiaire d'un levier, qui empêche la soupape d'échappement de se refermer. Allumage par incandescence.

Pour son omnibus, M. Tenting a construit un moteur à quatre cylindres, de 140 mm. d'alésage et de 220 mm. de course, de la puissance de 16 chx.

Les deux cylindres du moteur Pygmée sont verticaux, et ses manivelles à 180°. L'air carburé, ordinairement préparé par le carburateur Longuemare, débouche dans les cylindres tangentiellement à leur bord, de manière à produire une giration, qui brasse le mélange. Régulateur à force centrifuge maintenant ouverte d'abord une soupape d'échappement, puis la seconde, si c'est nécessaire. Vitesse de régime, 800 tours à la minute. Pour une puissance de 2 chx, le moteur n'occupe qu'un cube de moins de 0 m. 45 de côté ; il est donc fort peu encombrant. Il peut marcher au pétrole lampant.

Le moteur D. Augé est souvent appelé moteur Cyclope, parce que les deux tubes d'allumage sont placés côte à côte, et chauffés par un seul brûleur. Deux cylindres horizontaux parallèles, un seul vilebrequin, entre deux plateaux. Carburateur pourvu d'un régulateur micrométrique. Il y a aussi un régulateur mécanique constitué par un appareil centrifuge, placé dans le volant et, qui tend à faire tourner un collier mobile sur le moyeu du volant ; mais comme ce collier est muni de deux coulisses inclinées, guidées par deux goupilles fixées dans le même moyeu, tout déplacement circulaire du collier se traduit par un déplacement latéral, qui se transmet à une valve d'admission. La régulation se fait ainsi par étranglement de l'admission du mélange. Cette valve régulatrice est une sorte de robinet, dont le boisseau est mobile autour de son axe (à la main) et le long de cet axe (par le régulateur).

Ce moteur pèse environ 20 kilog. par cheval, soit 100 kilog. pour 5 chx ; il tourne à 600 tours.

Le moteur Gaillardet, de 10 chevaux, est muni des deux modes d'allumage : les bougies sont placées entre les deux tubes ; ce sont elles qui normalement produisent l'inflammation. Les brûleurs, genre Longuemare, avec tubes de platine, constituent seulement un allumage de secours.

Le moteur Buchet, à 2 cylindres, a cela de particulier que les soupapes d'admission sont montées directement sur le cylindre : le constructeur trouve que le rendement est ainsi amélioré. L'allumage est électrique, à avance variable : sur l'arbre secondaire est fixé un disque en fibre qui porte une touche ; le courant primaire ne passe que quand cette touche arrive au contact de la came, qui, elle, ne tourne pas avec l'arbre secondaire, mais peut avoir son angle de calage modifié.

Le moteur Idéal, construit par MM. Vincke, Roch-Brault et Cⁱᵉ, à Malines, a une force de 8 chevaux, ses deux cylindres verticaux, ses manivelles à 90°, un régulateur à force centrifuge, qui empêche les tiges des cames de rencontrer celles des soupapes d'échappement, qui restent ainsi fermées. La circulation d'eau est assurée par une pompe demi-rotative, que l'arbre du moteur commande par engrenages et bielles.

97. — **Moteur Henriod** (fig. 89). — Deux cylindres horizontaux opposés, dont les pistons agissent par des manivelles, calées à 180°, sur l'arbre moteur placé entre eux : les deux cylindres sont animés de mouvements inverses qui s'équilibrent. Les soupapes d'admission et d'échappement forment comme un organe distinct du cylindre, de construction et d'entretien plus faciles. Carburateur-distributeur décrit (§ 63) ; ce n'est qu'au moment de la compression produite par le piston dans chaque cylindre que le mélange carburé se parfait et devient réellement explosif. Si nous en croyons un article de M. Sarrey (*Locomotion automobile* du 20 juillet 1899, p. 458), c'est à cela que serait due (sans que nous comprenions bien pourquoi) la possibilité de supprimer la circulation d'eau autour du cylindre. Quoi qu'il en soit, le refroidissement s'obtient simplement par des ailettes, d'ailleurs spéciales, qui règnent aussi sur le fond du cylindre ; les constructeurs le disent suffisant pour leurs divers moteurs, dont pourtant la force varie de 2 à 8 et 10 chx. Une voiture Henriod de 8 chevaux a effectué en 19 heures 5 minutes le parcours de 565 kilomètres de la course de Paris à Bordeaux, en 1899. L'allu-

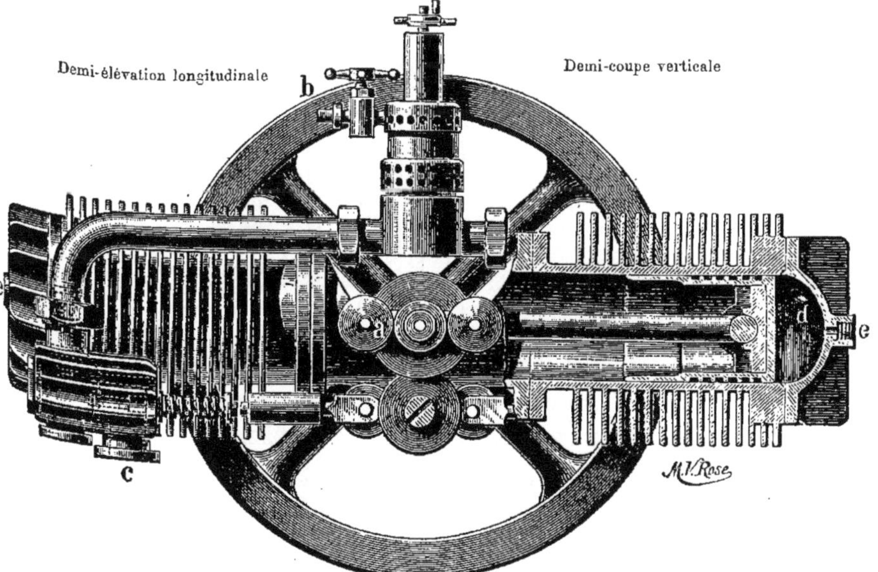

Fig. 89. — Moteur *Henriod*.

mage du moteur est électrique : la régulation se fait en maintenant les soupapes d'échappement ouvertes; quand le moteur tend à s'emballer.

98. — **Moteurs Le Brun et Papillon.** — Dans le premier, il y a deux cylindres légèrement inclinés de part et d'autre de la verticale, et dont les pistons sont attelés au même vilebrequin. Soupapes d'admission commandées mécaniquement. Régulation par interruption de l'arrivée du mélange explosif.

Dans le second, il y a encore deux cylindres inclinés sur la verticale, boulonnés sur un carter cylindrique en aluminium contenant de l'huile : les deux bielles, articulées sur les pistons, sont montées obliquement sur deux vilebrequins distincts, à 36° environ l'un de l'autre. Carburateur décrit (§ 55). Allumage électrique dont on peut faire varier l'avance pour les deux cylindres à la fois. Refroidissement par ailettes en cuivre rouge formant frettes, dont sont munies, en même temps que les

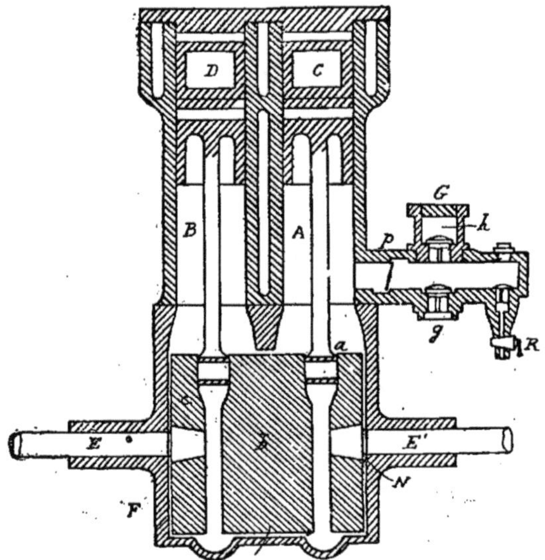

FIG. 90. — Moteur *Ravel*.
Coupe verticale.

cylindres, les culasses et boîtes à soupapes. Force ordinaire 3 chx.

99. — Moteur Ravel. — Deux pistons verticaux concomitants aspirent en remontant le mélange carburé, qu'en redescendant ils refoulent à la partie supérieure de l'un des cylindres. A cet effet, la partie inférieure des cylindres et le carter dans lequel se meuvent les trois plateaux-manivelle qu'on voit sur la fig. 90 forment le corps d'une pompe aspirante et foulante, dont le volume utile est le double de celui engendré par un piston. Cette pompe exerce son aspiration et son refoulement dans une chapelle G, munie d'une soupape g, par laquelle arrive le mélange carburé, d'une autre h par laquelle ce mélange est renvoyé à la boîte d'admission contenant les soupapes des deux cylindres, et d'un robinet R, qui sert à régulariser l'arrivée des gaz aspirés; p est un papillon manœuvré par un régulateur à force centrifuge.

La charge ainsi emmagasinée dans le cylindre est comprimée par le piston qui remonte, et enflammée par étincelle ou par tube. Il y a ainsi une explosion par tour. Les soupapes d'admission sont mues par des cames, comme celles d'échappement.

Ce moteur est depuis longtemps inventé : il péchait jusqu'à présent par son carburateur, qu'il fallait combiner pour qu'il fonctionnât bien sous pression. M. Ravel vient d'en construire un, qui lui donne toute satisfaction : il agit par laminage de l'essence et par condensation des goutelettes, de sorte que l'air carburé arrive sec aux cylindres ; en outre, comme il est toujours plein d'air, sous la pression de 100 à 120 grammes par centimètre carré, il y règne constamment une température de 30 à 35°, qui lui permet, hiver comme été, de marcher avec les essences les plus lourdes qu'on rencontre dans le commerce, c'est-à-dire de densité allant jusqu'à 0.735.

Ce carburateur était employé sur le moteur de 8 chevaux, que M. Ravel avait exposé aux Tuileries, en 1899, et pour lequel il revendique les avantages suivants :

1° Chaque cylindre reçoit pour chaque explosion une double charge, de sorte que la puissance du moteur est pour un volume déterminé, le double de ce qu'elle serait pour une simple charge; de là le nom de moteur *intensif* qui lui a été donné ;

2° Le mélange carburé arrive d'abord dans la boîte de distribution où se fait l'allumage, passe ensuite dans le cylindre, et de là dans la boîte d'échappement ; il s'ensuit que la boîte de distribution ne contient jamais que du gaz carburé neuf, et que l'explosion se produit toujours bien.

M. Ravel affirme que son moteur de 8 chevaux ne consomme

que 300 gr. d'essence, à 0.700 ou 0.735 par cheval-heure effectif : c'est évidemment fort peu.

100. — Moteurs Brouhot et G. Bouché. — Le premier n'est autre que le moteur industriel de la maison, à deux cylindres, construit avec des matériaux destinés à le rendre plus léger. On sait que ce moteur se distingue par l'adjonction d'une chambre auxiliaire, dans laquelle l'air et le gaz arrivent par des orifices, calculés pour que le mélange soit fait dans les meilleures proportions. Un cylindre conduit par une tige taraudée et un volant, permet d'obturer plus ou moins les deux conduits d'air et de gaz, de manière à réduire le volume du mélange admis, sans en changer le dosage. Allumage électrique. Le moteur peut marcher au pétrole léger.

Celui de M. G. Bouché a deux cylindres horizontaux, avec manivelles à 180°, un carburateur, basé sur le principe de la membrane oscillante du baromètre anéroïde, pour assurer la constance du niveau. Un volant avec régulateur agit sur la valve d'admission et limite la vitesse du moteur à 500 ou 600 tours par minute. Les soupapes d'échappement sont actionnées par un levier oscillant, qui commande un excentrique. Allumage électrique avec distribution qui règle l'avance. Pour la puissance de 4 $\frac{1}{2}$ chx, le diamètre des cylindres est de 90 mm., la course de 160 mm.

101. — Moteur Gobron et Brillié. — Deux cylindres verticaux accolés C_1 C_2 (fig. 91); dans chacun deux pistons p_1, p_2, p_3, p_4, travaillant en sens inverse l'un de l'autre. Les tiges des pistons inférieurs commandent le vilbrequin S; celles des pistons supérieurs, par l'intermédiaire du palonnier K et des bielles h_1 t_1, h_2 t_2, commandent les vilebrequins N_1, N_2, calés à 180° du premier. L'attelage des pistons supérieurs est ainsi plus lourd que celui des pistons inférieurs, mais en revanche le rayon des vilebrequins N_1, N_2 est plus petit que celui du vilebrequin S, et la différence est calculée pour que les efforts des deux groupes de pistons s'équilibrent parfaitement. Toutes trépidations provenant du moteur sont, paraît-il, supprimées.

Les charges d'essence liquide, mesurées volumétriquement par l'appareil décrit (§ 63), et qui est sous la commande du régulateur, sont pulvérisées dans la conduite d'aspiration et additionnées d'air ; le mélange admis par la soupape automatique G, pénètre, par le canal B, dans l'une des chambres d'explosion g^1 ou g^2, et, après compression, est enflammé électriquement. Un commutateur automatique est disposé sur le circuit secon-

Coupe verticale en travers.   Coupe verticale en long.

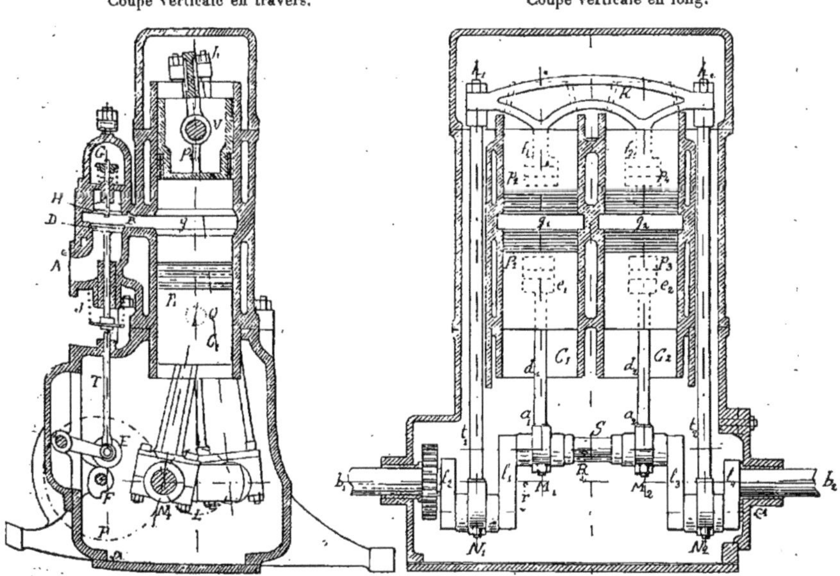

Fig. 91. — Moteur *Gobron-Brillé*.

daire et provoque alternativement dans chaque cylindre l'étincelle, avec une seule bobine : l'avance à l'allumage est réglée automatiquement par le levier de changement de vitesse ; celle-ci varie de 250 à 1000 tours par minute. Le refroidissement se fait par eau : l'emploi d'un radiateur limite, paraît-il, la quantité nécessaire de ce liquide à 8 ou 10 litres.

102. — **Moteurs Gladiator, Élan.** — La maison Gladiator a réalisé deux types : l'un à deux cylindres opposés de la force de 2 chx pour tricycles et quadricycles ; l'autre à deux cylindres juxtaposés, de la force de 4 chx, pour voiturettes ; le premier à allumage électrique, le second à allumage par tubes ; dans ce dernier, les soupapes d'admission sont actionnées mécaniquement [1].

Le moteur Élan a 2 cylindres verticaux, équilibrés par un accouplement spécial : leurs bielles actionnent deux vilebrequins, que des roues dentées rendent solidaires.

Les cylindres portent une ouverture que les pistons découvrent à fond de course, donnant ainsi un échappement anticipé et une dépression qui refroidit les gaz ; la minime épaisseur du cylindre que consolident des brides d'acier, et les ailettes dont il est muni complètent le refroidissement. Allumage par étincelle de rupture avec avance réglable à volonté. Mise en marche au moyen d'un encliquetage spécial. Poids du moteur avec son volant et son carburateur à niveau constant 52 kilog. ; vitesse de 200 à 1200 tours par minute ; la consommation annoncée, (300 à 350 gr. d'essence par cheval-heure) nous paraît trop faible.

102 bis. — Moteur Hautier (ou Espérance). — Nous avons mis en relief (§ 75) les avantages qu'il y avait à pouvoir faire varier le moment de l'allumage. Cette faculté était jusqu'ici réservée à l'étincelle électrique ; avec les brûleurs, l'explosion se produit au moment précis où la compression amène au contact du tube les gaz neufs, et on ne peut faire que cela arrive plus tôt ou plus tard. En fait, on règle une fois pour toutes la compression, de façon que l'explosion ne se produise pas avant que le piston soit arrivé à fond de course, cela afin d'éviter les inconvénients qui résulteraient d'une explosion anticipée, pour le mécanisme et surtout pour le chauffeur, qui, tournant la manivelle de mise en marche, recevrait de celle-ci, brusquement ramenée en sens inverse, un choc dangereux. La sécurité de la mise en marche est ainsi assurée ; mais on n'a pas la faculté de faire varier le

---

1. Voir D. Farman, *Les Automobiles*, p. 192 et suivantes.

moment de l'inflammation, comme il le faudrait pour assurer la bonne utilisation des explosions successives. Avec une chambre de compression de volume constant, cette faculté est impossible. Si, au contraire, on pouvait faire varier son volume, on n'aurait qu'à le restreindre pour que la compression s'en trouvât augmentée et qu'elle amenât, avant la fin de la course du piston, le contact des gaz neufs et du tube, autrement dit l'explosion.

C'est justement le procédé que M. Hautier a mis en œuvre pour assurer à son moteur à tubes incandescents le bénéfice de l'avance à l'allumage. Dans ce but, les cylindres (fig. 92 et 92 *bis*), au lieu d'être boulonnés sur le carter, glissent chacun dans un tube greffé sur lui, et leur position assurée par des vis de 40 mm. de diamètre, peut être réglée du siège même de la voiture par une vis sans fin. (Dans la disposition représentée par la figure 92, le mouvement des cylindres est obtenu à l'aide de bielles et de leviers). Le constructeur affirme qu'il obtient ainsi une utilisation de son mélange aussi bonne à 800 tours qu'à 200 tours et que, pour une même dépense, il recueille jusqu'à 30 et 35 % de puissance de plus.

Quoi qu'il en soit, le principe qu'il a mis en œuvre est séduisant. Il nous l'a montré, à l'Exposition de 1899, appliqué à un moteur de 16 chevaux, à 4 cylindres, qui offre quelques autres particularités intéressantes (fig. 92 et 92 *bis*). Les soupapes d'aspiration et d'échappement D sont, pour chaque cylindre, maintenues sur la culasse C, par une fourchette G et un seul écrou F ; l'échappement est desservi, pour chaque paire de cylindres, par un seul raccord H, qu'un seul boulon I, muni d'un contre-écrou, fixe à la culasse. Un seul tube J amène l'eau de refroidissement aux 4 cylindres ; un seul tube J' assure son départ.

Au centre du carter, qui est en aluminium, un palier Q supporte le vilebrequin ; le coussinet en bronze de ce palier porte, à sa partie supérieure, un mamelon venu de fonte, dans lequel vient pivoter sur une crapaudine l'arbre de distribution R, qui reçoit

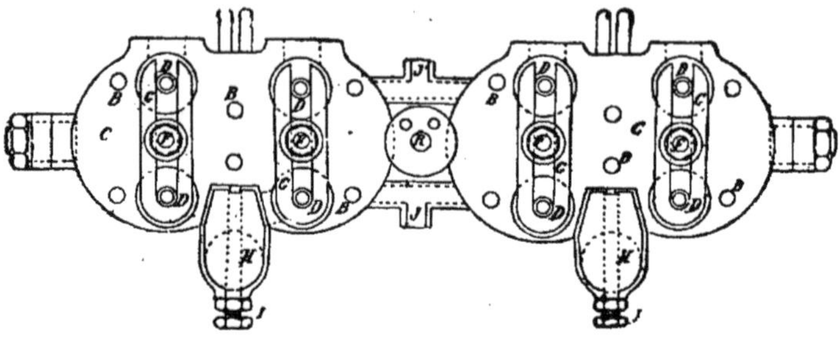

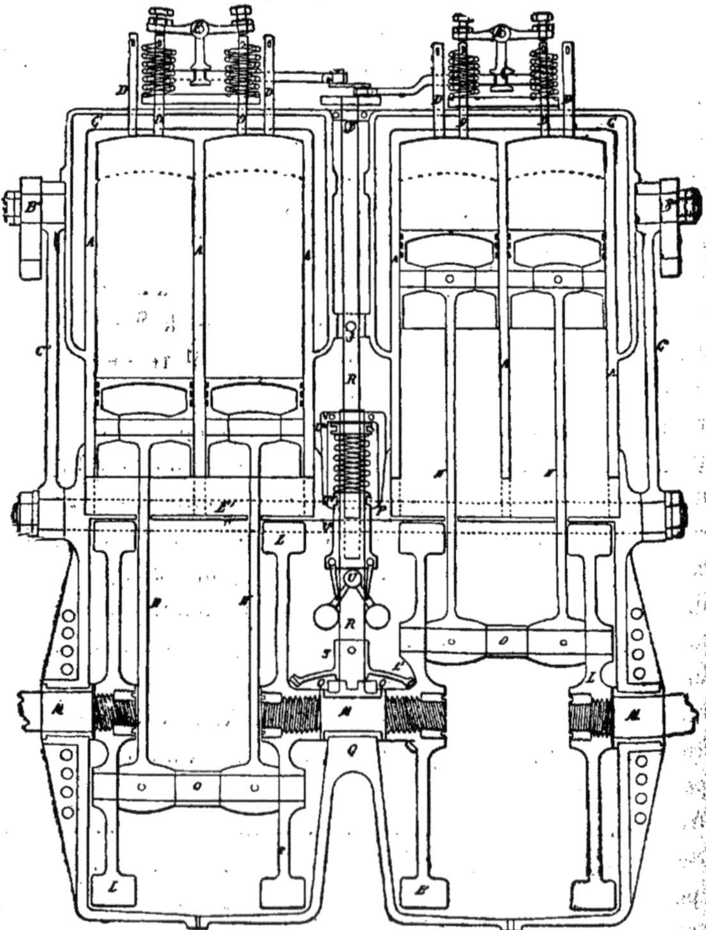

Fig. 92 et 92 bis. — Moteur espérance de M. *Hautier*.

son mouvement d'une couronne dentée S, engrenant avec une denture pratiquée dans le congé du volant L′.

Cet arbre porte le régulateur U, qui tourne dans le carter, toujours lubrifié : sa douille U′ porte une gorge U″, qui, par une fourchette et un levier, agit sur le clapet du carburateur et règle l'arrivée d'essence. Une bague U‴, en tendant un ressort, gêne les mouvements du régulateur et sert d'accélérateur [1].

103. — **Moteur Pétréano.** — Il est caractérisé par l'emploi du

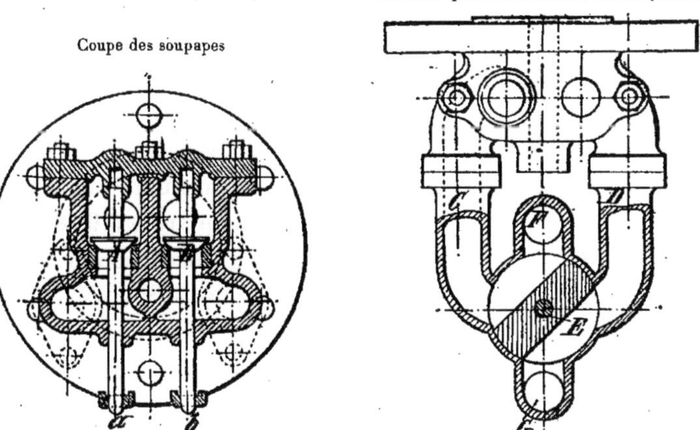

Fig. 93 et 94. — Moteur *Pétréano.*

carburateur que nous avons décrit (§ 57) et par le renversement de marche dont il est doté (fig. 93 à 95).

« Deux soupapes A, B, disposées côte à côte, sont commandées par les tiges *a* et *b* : la première reçoit le mélange tonnant par le

1. M. Hautier nous a aussi montré, à l'Exposition de 1899, un moteur de Dion-Bouton de 1 3/4 chevaux muni d'un dispositif semblable et qu'il affirme en réaliser de ce chef 2 1/4. Une vis que l'on peut manœuvrer de la selle permet de faire varier le volume de la cylindrée ; cette vis a pris la place du robinet de décompression. Pour le départ, la vis est montée à son maximum et découvre un orifice qui assure la décomposition. Il ne faut pas pousser, par la réduction de la chambre, la compression jusqu'au point où l'allumage se fait spontanément, car alors on ne serait plus maître du moment où elle se produirait ; mais il y a de la marge.

canal F C ; la seconde évacue les gaz brûlés par le chemin D E G. Mais E est un robinet à quatre voies, qui peut-être placé dans la position de la fig. 94 pour desservir la distribution ainsi que nous venons de le dire, mais qu'on peut aussi placer dans la position de la fig. 95 pour isoler les soupapes de leurs canalisations et retourner pour faire de B la soupape d'admission et de A la soupape de décharge. On renverse donc la marche par une simple rotation de robinet [1]. » Cet avantage, joint à l'absence de tout courant d'eau destiné à refroidir le cylindre, rend l'application de ce moteur à l'automobilisme fort désirable.

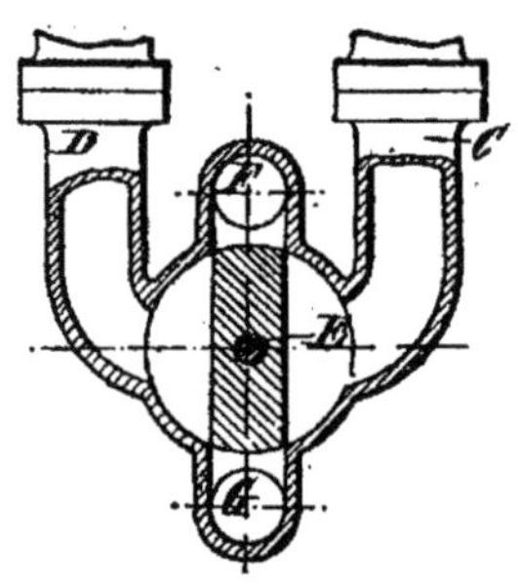

FIG. 95. — Moteur *Pétréano*.
Coupe du robinet de distribution placé pour isoler les soupapes de la canalisation.

Le moteur Pétréano peut marcher à l'essence, au pétrole ou à l'alcool ; il est, paraît-il, très économique ; on aurait avec lui le cheval-heure effectif moyennant 250 gr. de pétrole à 0. 85. Souhaitons que ces chiffres soient confirmés. Le modèle, exposé aux Tuileries en 1898, pesait 425 kilog. pour une force de 8 chx ; son allumage était électrique.

104. — Moteur de la Société d'automobilisme (fig. 96 et 96 *bis*). — A sa partie inférieure, est établi le carburateur *c* qui permet au mélange explosif de se rendre par le tuyau *m* à la soupape

---

1. « Un tour de main est nécessaire pour réussir à coup sûr cette opération. On commence par placer le robinet dans la position de la fig. 95 pour cesser d'alimenter le cylindre et ralentir la marche ; puis on provoque une explosion prématurée, qui renvoie le piston en arrière. Il suffit alors de tourner le robinet et de le mettre dans la position correspondante à ce genre de rotation pour obtenir un mouvement continu. » (A. Witz, *Les Moteurs à gaz et à pétrole et Voitures automobiles*, t. III, p. 534).

Si les moteurs à pétrole ou à gaz ordinaires ne peuvent, par un simple changement de voies, comme celui qu'emploie M. Petréano, avoir leur marche inversée, c'est parce que leurs orifices d'admission et d'échappement ne sont ni de la même grandeur (celui d'admission est plus petit que l'autre) ni de la même disposition (l'orifice d'admission est précédé de deux orifices, l'un pour le gaz carburé, l'autre pour l'air). M. Petréano les a faits égaux, et le mélange leur arrive tout formé d'assez loin.

automatique d'admission *s*. L'allumage s'effectue au moyen du tube *a* dont la lampe chauffe un cylindre *b* percé en bout de trous, garnis de toiles métalliques à travers lesquelles l'air est aspiré ; celui-ci est conduit par le tuyau *d* dans le carburateur, à l'endroit où le pétrole amené par le tube *f* et aspiré par le tuyau *m*, jaillit d'un pointeau fixé à la soupape *g* soulevée par l'aspiration.

Après l'explosion, se produit un échappement anticipé des gaz brûlés par la soupape latérale *l* qui fonctionne automatique - ment.

La soupape *e* à travers laquelle s'effectue l'échappement final ainsi facilité, est commandée par une came tournant avec la roue d'un engrenage à vitesse réduite de moitié.

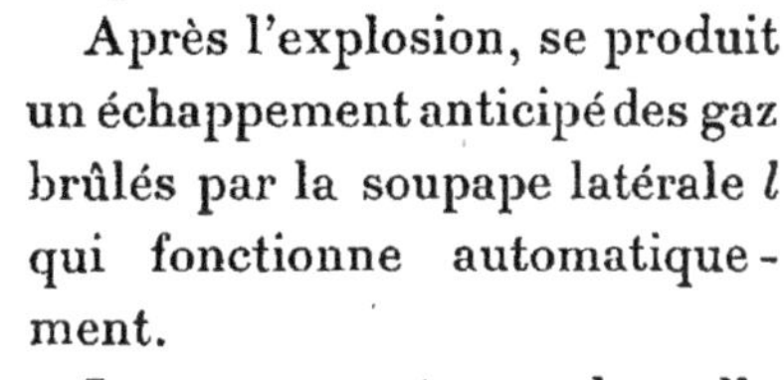

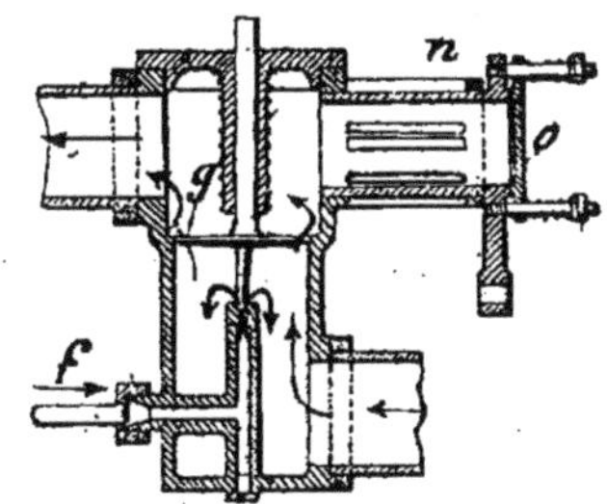

FIG. 96 et 96 bis. — Moteur de la *Société d'Automobilisme*.

Lorsque la vitesse du moteur s'accélère, le régulateur disposé dans le volant ouvre les fenêtres circonférencielles de la lanterne *n*, de sorte que la soupape *g* reste fermée à l'aspiration ; de l'air seul arrive alors par la conduite *m* à la soupape d'aspiration *s* du moteur.

Par mesure de sécurité, on a fermé la lanterne avec un fond *o* pourvu de ressorts qui cèdent dans le cas d'une explosion par retour de flamme et évitent ainsi tout danger.

104 bis. — Moteur Canello-Dürkopp. — C'est un moteur vertical de 4, 6, 8, 12 chevaux ou même plus, à allumage par tubes, à

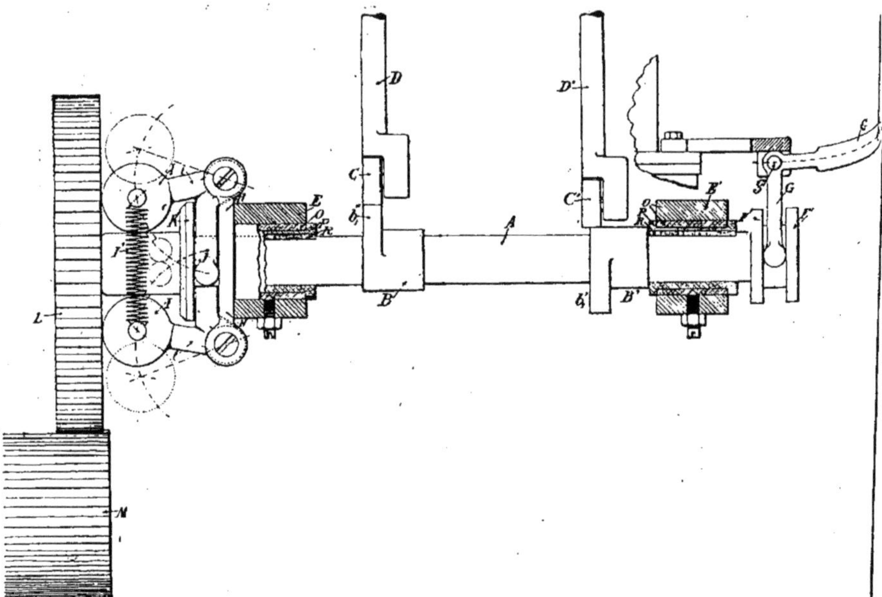

FIG. 97. — Dispositif *Canello* pour la commande des soupapes d'échappement et la régulation du moteur.

refroidissement d'eau, circulant sous les seules différences de densité ou par l'effet d'une pompe centrifuge, suivant la force du moteur. Vitesse normale : 800 tours à la minute.

Le caractéristique de ce moteur réside dans la commande des soupapes d'échappement et la régulation de son mouvement. L'arbre-manivelle fait tourner le pignon M (fig. 97), assez large pour engrener toujours avec la roue dentée L, montée sur l'axe A, qui peut se déplacer longitudinalement sous l'action du régulateur à boules, que l'on voit à côté de la roue L. Pour que cet axe ne s'use pas en glissant dans les coussinets O, il est muni de bagues P, auxquelles il est relié par des clavettes R. Ces clavettes permettent à l'axe de glisser longitudinalement, mais forcent les bagues à tourner avec lui, et l'usure se produit ainsi entre les bagues et les coussinets.

Lorsque le moteur tend à s'emballer, le régulateur tire l'arbre vers la gauche ; les galets c, c', qui par les tiges D, D' actionnent les soupapes d'échappement, quittent l'un après l'autre les bossages b_1, b', des cames B, B' et descendent sur les portées cylindriques de ces cames ; alors ils n'ouvrent plus les soupapes. Si on veut qu'ils continuent à le faire, le conducteur n'a qu'à tirer vers le haut la tige H, ce qui paralyse l'action du régulateur : le levier à sonnette G, mobile autour de l'axe g, exerce, en effet, une traction sur le manchon à gorge FF' solidaire de l'arbre A, et le tire dans un sens opposé à celui du régulateur.

105. — Moteur Koch. — Nous arrivons avec lui aux moteurs qui peuvent être alimentés au pétrole lampant.

Un cylindre horizontal (fig. 98 et 98 *bis*), dans lequel se meuvent, en sens inverse et symétriquement, deux pistons, qui, par l'intermédiaire de deux systèmes de bielles, actionnent l'arbre moteur : ces bielles étant équilibrées, tout l'ensemble l'est aussi. Le constructeur affirme que ce moteur, même marchant à pleine vitesse, ne donne aucune trépidation. L'essence (ou le pétrole lampant) arrive avec l'air comburant dans la chambre à explosion où se fait le mélange sans carburateur. L'admission est commandée mécaniquement, sous le contrôle d'un régulateur qui la proportionne à la force à déployer. L'allumage se fait par tubes (Voir la légende).

106. — Moteur Kane-Pennington. — Un ou deux cylindres verticaux, ou quatre cylindres disposés par paires et inclinés de part et d'autre de la verticale, suivant la puissance qu'on veut obtenir. Admission automatique. Échappement mécanique. Pas de régulateur. Carburation sans appareil spécial, par un procédé

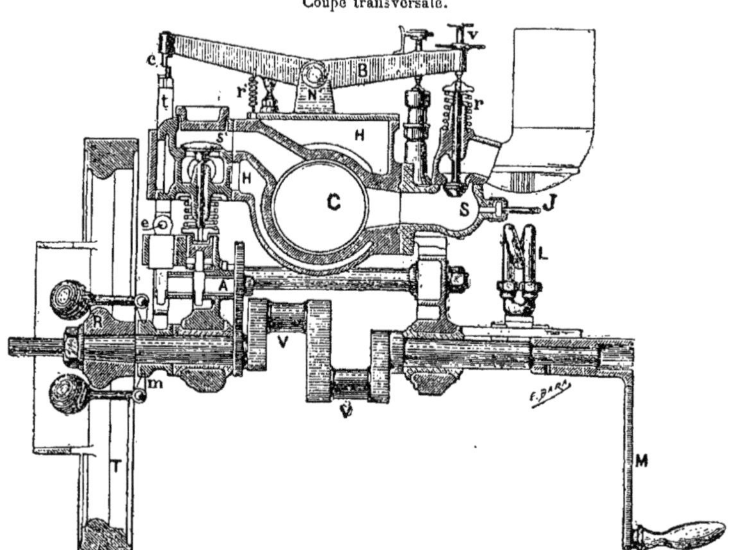

Fig. 98 et 98 *bis*. — Moteur *Koch* (au pétrole lampant).

PP, pistons (pouvant se rapprocher à 20 mm. l'un de l'autre) actionnant par les bielles F, L, E le vilebrequin V, calé sur l'arbre moteur. — C, cylindre, S, chambre d'explosion, J, bougie d'allumage chauffée par le brûleur L. Dans cette chambre arrivent le pétrole (envoyé par une pompe spéciale) et l'air. L'admission se fait par la soupape S *r*, commandée par le levier B, le butoir *c*, les tiges *t*, *e* et l'arbre A. tournant deux fois moins vite que l'arbre moteur. Cette admission est d'ailleurs sous le contrôle du régulateur R, dont le manchon *m* peut déplacer les tiges *e*, *t*, de façon que cette dernière n'attaque plus le butoir *c*. Quand le pétrole est admis, il tombe en gouttes sur la paroi de la chambre d'explosion S et s'y gazéifie : à la mise en train pour chauffer cette chambre, on fait glisser sous elle la lampe L, qu'on ramène ensuite sous le tube J. — L'échappement se fait par la soupape S', commandée aussi par l'arbre A. H, circulation d'eau réservée aux parois du cylindre. — M, manivelle de mise en marche.

déjà décrit (§ 65) qui, nous le rappelons, consiste à faire jaillir une étincelle primaire au sein du mélange, avant sa compression finale. Inflammation électrique par étincelle longue, dite secondaire. Refroidissement sans circulation d'eau, ni ailettes, assuré, paraît-il, par l'absorption de chaleur à laquelle donne lieu la vaporisation de l'essence à l'intérieur même du cylindre, et par l'air dont le contact est très efficace à cause de la faible épaisseur de la paroi du cylindre.

Pour la mise en train dans l'emploi des pétroles lourds, M. Kane-Pennington a imaginé les dispositions représentées (fig. 99-100).

Le pétrole est admis à une dose convenable par la soupape automatique O, sur une rondelle de pierre ponce R placée entre les bornes S T d'un circuit électrique. Le courant porte cette rondelle à une température suffisamment élevée pour que la charge d'huile soit immédiatement vaporisée ; l'étincelle produite

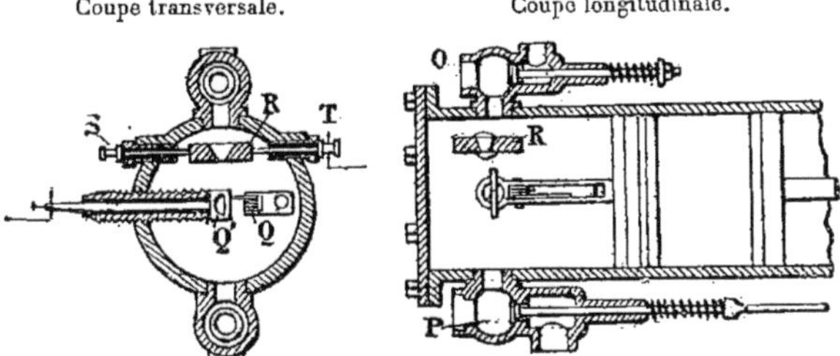

Fig. 99 et 100. — Moteur *Kane-Pennington* à pétrole lampant.

par l'allumeur dont l'une des parties Q′ est fixe, tandis que l'autre Q est mobile avec le piston, enflamme ensuite le mélange au moment de la compression finale. Une fois le cylindre convenablement chaud, on ouvre le circuit en S T et le moteur fonctionne comme avec l'essence. On voit en P la soupape d'échappement des gaz brûlés.

Nous ne garantissons pas la réalité des qualités multiples que les Américains semblent reconnaître à ce moteur, pas plus que la légèreté accusée par les chiffres ci-dessous :

Puissance 55 kgm.   1 cylindre, poids 13,500 kilog.
    —   2 chx   2 cylindres   —   18
    —   4 chx   4 cylindres   —   22,500 .

Quand on pense que le moteur imaginé par M. Maxim, pour son aéroplane, pesait 150 kilog. pour une puissance de 12 chx, il est permis de faire des réserves sur des chiffres, qui font, pour le moteur de 4 chx, ressortir le poids du cheval à 5, 6 kilog.

107. — Moteur Gibbon, dit Britannia. — C'est un moteur anglais, pouvant marcher au pétrole lampant, chose à laquelle nos voisins d'Outre-Manche attachent, et en somme assez justement, un grand prix.

Un seul cylindre vertical, auquel sont accolés une chambre de combustion et un distributeur. L'admission et l'échappement sont assurés par une soupape qualifiée d'unique, mais qui en réalité, est compliquée d'un tiroir circulaire actionné mécaniquement. Carburateur déjà décrit (§ 64); allumage par le prolongement du tube formant carburateur, chauffé pendant la mise en train, par une lampe extérieure, mais fonctionnant ensuite par la chaleur des explosions successives. Pour que cet allumeur ne soit pas refroidi par l'air frais, il est entouré d'une gaine toujours remplie de gaz chauds.

Le refroidissement du cylindre est obtenu par le simple passage dans l'enveloppe, munie d'orifices d'appel, de l'air frais, destiné au mélange carburé.

Son poids et son encombrement (175 kilog., 0.68 m. $\times$ 0.98 m. pour une force d'un cheval) ne semble pas le rendre propre aux emplois automobiles; néanmoins il représente un effort intéressant pour l'utilisation du pétrole lampant [1], comme d'ailleurs les trois moteurs que nous allons décrire maintenant.

108. — Moteur Faure. — Deux cylindres verticaux, dont les pistons du type à plongeur actionnent les manivelles à 180° (fig. 101 et 102).

Chacun d'eux est prolongé par une chambre d'explosion E,

---

1. Voir *Revue Industrielle*, 15 août 1896.

contenant trois soupapes c, o, i respectivement affectées à l'admission, à l'échappement et à l'allumage ; la première fonctionne

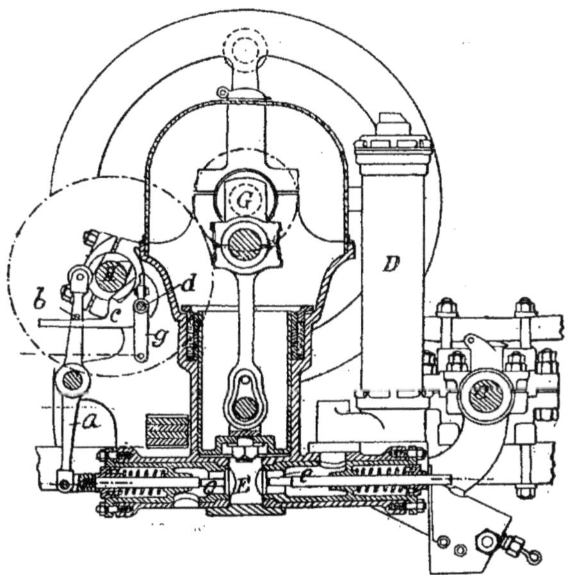

FIG. 101. — Moteur *Faure* au pétrole lampant.

automatiquement, les deux autres sont commandées mécaniquement par des leviers et des cames, calées sur l'arbre intermé-

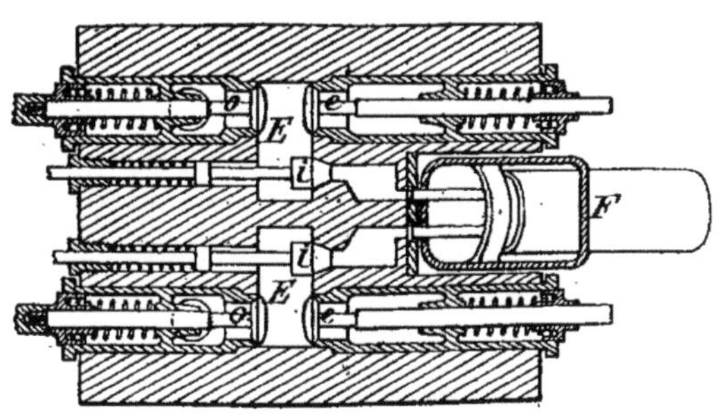

FIG. 102. — Moteur *Faure*.
Disposition des soupapes.

diaire H que l'arbre moteur G fait tourner à une vitesse réduite de moitié par des engrenages et qui commande l'essieu C par une transmission à chaîne.

Carburateur D à pétrole lampant déjà décrit (§ 64) ; allumage par tubes incandescents disposés dans le brûleur F ; pas de refroidissement des cylindres.

Régulation par une corde de tirage accrochée au levier g, monté sur la tige d ; une traction sur cette corde force cette tige à enclencher deux leviers c dont les talons ne se placent pas sur le parcours des taquets b que portent les leviers a des soupapes d'échappement, et celles-ci se ferment sous le rappel de leurs ressorts. En donnant du mou à cette corde, on permet à des ressorts de relever les leviers c dont les talons portent sur les butées b qui empêchent les soupapes d'échappement de se fermer.

En vue d'éviter l'effet nuisible de la chaleur sur les joints, ils sont placés dans les cylindres et constitués par des bagues métalliques en quinconce serrées sur les pistons par des bourrages à l'amiante.

109. — Moteur Dawson (fig. 103-104). — Le cycle à quatre temps est réalisé sans l'emploi de soupapes. Le piston détermine les phases d'admission, d'explosion et d'échappement en tournant sur lui-même pendant sa course ; ce mouvement est réalisé par un engrenage hélicoïdal dont la roue fait corps avec la manivelle équilibrée par un contrepoids, tandis que le pignon est calé sur la bielle, attelée par un joint universel avec le piston et guidée en haut par une contre-bielle.

Le piston est prolongé par une longue gaine, percée de deux orifices diamétralement opposés, jouant chacun devant une paire de lumières ovales, ménagées dans le cylindre ; par une lumière de chacune de ces parois se fait l'admission, et par l'autre l'échappement.

L'inflammation est produite électriquement par une bougie a disposée dans le fond du cylindre ; en c, est figuré un purgeur destiné à faciliter la mise en train. L'explosion se fait à l'intérieur de la gaine, dont le pourtour n'a pas de segments d'étanchéité.

Jusqu'à trois chevaux, le cylindre porte des ailettes et le refroidissement s'effectue par l'air ; au delà, il est pourvu d'une enveloppe de circulation d'eau.

La manivelle barbote dans un bain d'huile du socle qui, pour les petits types des tricycles, est construit en aluminium.

Coupe verticale.

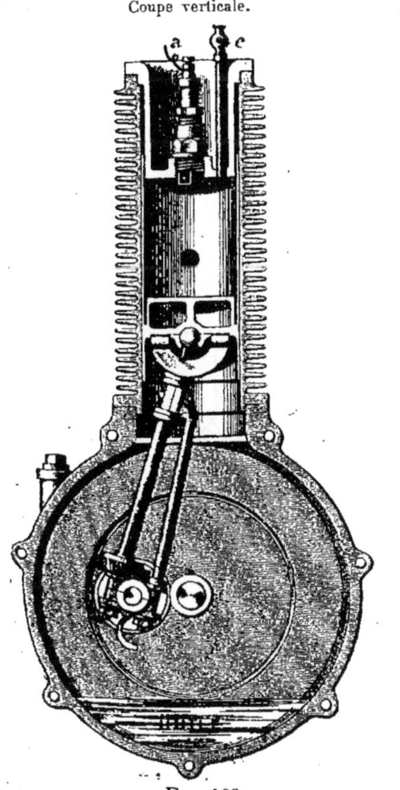

FIG. 103.
Moteur *Dawson* au pétrole lampant.

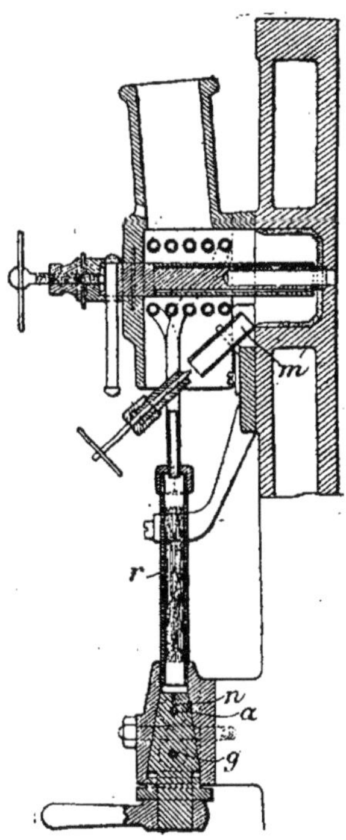

FIG. 104.
Brûleur du moteur *Dawson*.

Pour l'emploi du pétrole, l'inventeur a construit le carburateur que nous avons décrit (§ 64).

Dans les moteurs où l'inflammation s'effectue par un tube incandescent, celui-ci est fixé au droit d'un orifice supplémentaire du cylindre (fig. 104), et chauffé par un brûleur *m* dardant sa flamme sur les parois d'une chambre garnie d'amiante. Cette lampe est alimentée par la vapeur de pétrole engendrée dans un serpentin, auquel l'huile arrive sous pression par le tube r garni d'une matière fibreuse. A cet effet, le robinet joint à ce tube, porte non seulement les orifices a et g respectivement affectés au passage du pétrole et de l'air nécessaires au carburateur,

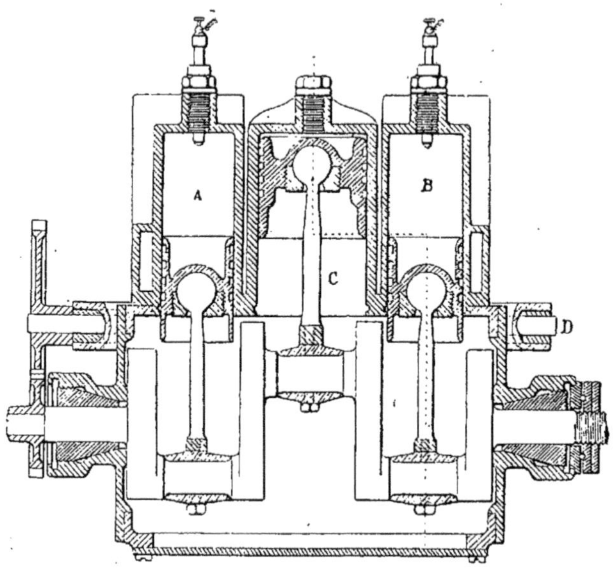

Fig. 105. — Moteur *Roser-Mazurier* compound.
Coupe verticale.

mais encore le premier est prolongé par une fente n qui admet le pétrole dans l'inflammateur.

Les Usines Pocock, à Paris, qui construisent le moteur Dawson, en avaient fait une installation intéressante à l'Exposition internationale d'automobiles de 1898, où le public pouvait entendre la description qu'en faisait à haute voix un phonographe.

110. — Moteur Roser et Mazurier (fig. 105-106). — Trois cylindres verticaux, dont les pistons actionnent deux manivelles calées à 180°. La caractéristique du système est que les deux cylindres A et B, à essence ou même à pétrole lampant, envoient leurs gaz brûlés au troisième cylindre C qui est d'un volume environ double de chacun des autres et dans lequel ils réchauffent une certaine quantité d'air, préalablement comprimé, pour éviter la perte de travail qui résulterait de la détente brusque des gaz brûlés. Ce cylindre C travaille comme moteur à air chaud.

Inflammation par tube ou par électricité. Refroidissement par l'eau autour des petits cylindres et par l'air autour du grand.

Les deux cylindres à pétrole fonctionnent à quatre temps, mais avec une différence de deux temps, l'un par rapport à l'autre ; le cylindre à air chaud fournit une course motrice par tour.

A la gauche de l'arbre moteur, se trouve un engrenage, com-

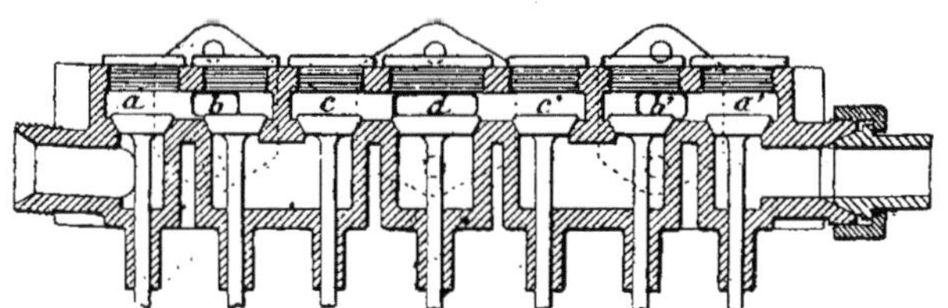

Fig. 106. — Moteur *Roser-Mazurier.*
Soupapes.

mandant à une vitesse réduite de moitié, un arbre intermédiaire portant sept cames qui agissent sur autant de soupapes disposées en ligne à la partie supérieure des cylindres. On voit en *a* et *b*, puis en *a'* et *b'*, les soupapes d'admission et d'échappement des cylindres A et B ; les gaz brûlés sont dirigés de *b* en *c* et de *b'* en *c'* dans le gros cylindre qui échappe finalement les produit brûlés par la grande soupape *d* ; cette évacuation ne se produit que pendant une partie de la course de retour du piston en C : la soupape *d* se ferme prématurément ; le reste des gaz est alors comprimé dans le fond du cylindre C, puis réchauffé à ce moment par les gaz brûlés, qu'admet l'une ou l'autre des soupapes *b, b'*.

Un régulateur à boules agit sur l'admission au moyen d'un papillon. Le socle, hermétiquement clos, contient un bain d'huile dans lequel plongent les manivelles.

Des essais ont été faits par la Compagnie des moteurs Charon, sur un moteur qui a donné au frein 4,17 chx en marchant au gaz, et consommé 682 litres par cheval-heure ; en fonctionnant à l'essence de pétrole, il a développé 4,96 chx et dépensé 313 gr. par cheval-heure au frein.

111. — B) Moteurs pour motocycles et voiturettes. — **Moteur**

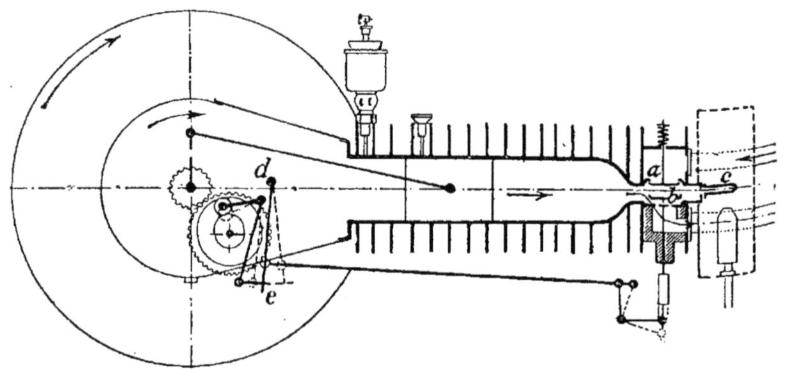

Fig. 107. — Moteur à pétrole *Léon Bollée*.
Coupe verticale.

Bollée. — Il nous reste maintenant à décrire, pour en finir avec le cycle à quatre temps, les petits moteurs réservés aux motocycles et voiturettes, en général fort bien conçus et très intéressants.

Carburateur enclenché.

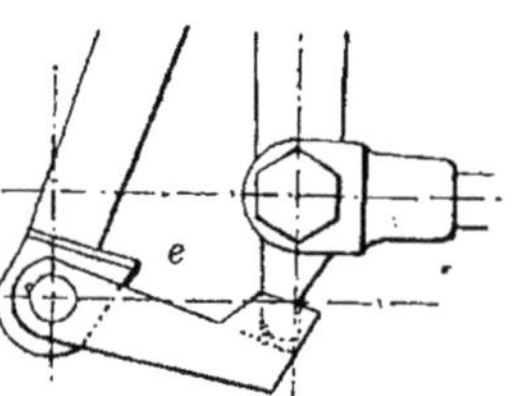

Carburateur déclenché.

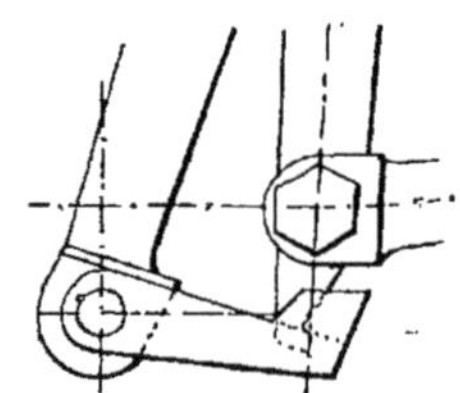

Fig. 107 bis et 107 ter. — Moteur à pétrole *Léon Bollée*.

Le moteur Bollée a un seul cylindre, horizontal (fig. 107-107 *ter*), dont les soupapes sont superposées dans une chambre adjointe à la culasse : celle d'échappement *b* est commandée par des leviers à sonnette et une came, sous le contrôle d'un régulateur à boules logé dans le volant. Quand la vitesse s'accélère, l'écartement des boules produit le déplacement d'un levier et par lui le décrochage d'un culbuteur, et la soupape ne s'ouvre plus. La fig.

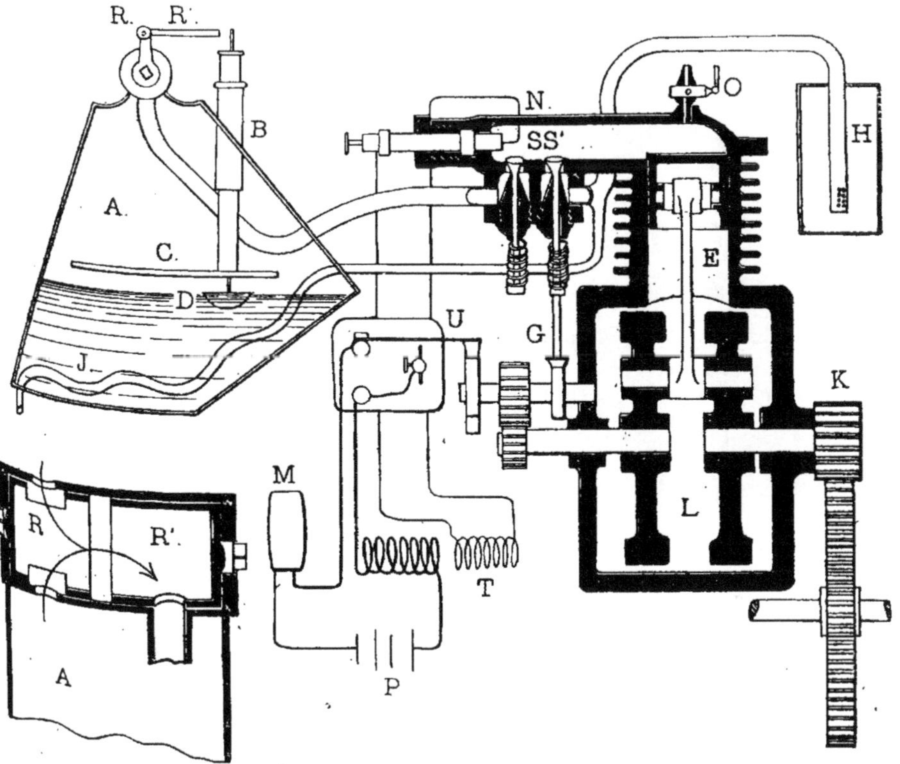

FIG. 108. — Schéma du moteur de *Dion-Bouton*.

A, réservoir carburateur ; B, tube d'arrivée d'air; C, lame métallique; D, flotteur indicateur du niveau ; E, cylindre du moteur ; G, came de la soupape d'échappement S' ; H, cylindre de l'échappement ; J, serpentin ; K, pignon moteur, calé sur l'arbre des volants L, engrenant avec la roue dentée montée sur l'axe des roues d'arrière ; M, manette du guidon rompant le circuit électrique d'allumage ; N, dispositif d'allumage du mélange explosif ; O, robinet d'évacuation d'air ; P, accumulateurs électriques ; R, robinet d'admission d'air, ou du mélange explosif; R', robinet d'admission au moteur ; S, S' soupapes de distribution et d'échappement ; T, bobine d'induction ; U, trembleur mécanique de la bobine d'induction.

107 *bis* représente le culbuteur enclenché, et la fig. 107 *ter* le même déclenché : le décrochage est obtenu à l'aide de deux plans inclinés, par lesquels se touchent le culbuteur (placé à gauche des figures) et le levier (placé à droite). Ce levier est articulé

avec la tringle de commande de la soupape d'échappement, dont on voit l'amorce.

Carburateur (§ 58). Allumage par tube, qui chauffe le brûleur de la fig. 59. Refroidissement par ailettes. Le bon fonctionnement de ce moteur n'est plus à prouver [1].

112. — Moteur de Dion-Bouton. — Il est représenté schématiquement par la fig. 108, qu'accompagne une légende très explicite. Dans le cylindre, qui est vertical, se meut un long piston à trois segments : la bielle et les plateaux-manivelle formant volant sont enfermés dans un carter en aluminium contenant de l'huile. Pas de régulateur. Allumage électrique, avec la variante que nous avons donnée (§ 70). Refroidissement par ailettes.

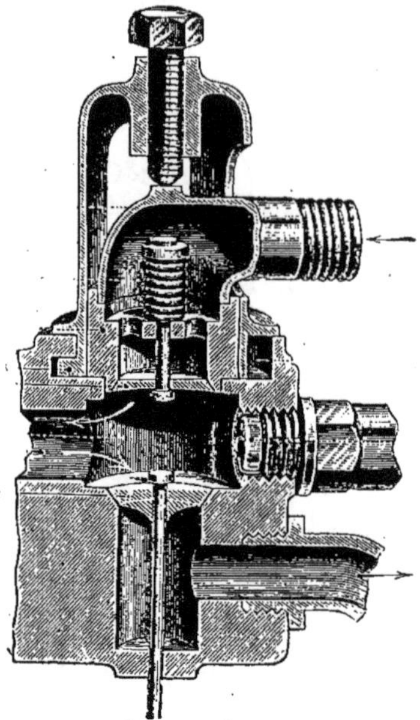

Fig. 108 bis.
Cloche du moteur de *Dion-Bouton*.
(modèle 1898-1899).

Pour le type de 1 1/4 cheval, le cylindre a 58 mm. de diamètre, 70 mm. de course ; le nombre normal de tours par minute est de 1400. En portant l'alésage à 66 mm., la puissance s'est élevée à 1 3/4 chx ; l'épaisseur du corps cylindrique n'est plus alors que de 3 mm. ; celui-ci est garni de 16 ailettes, de 0 m. 19 de saillie, formant frettes [2].

1. Pour plus de détails, voir P. et Y. Guédon, *Manuel pratique du conducteur d'automobiles*, p. 120.

2. Dans le modèle 1898-1899, la soupape d'admission n'est plus placée, comme dans la fig. 108, à côté de la soupape d'échappement, mais au-dessus (fig. 108 *bis*). La soupape d'admission et son siège sont simplement posés au-dessus du trou d'aspiration, sur une portée plane, avec interposition d'une rondelle d'amiante non figurée. Ils sont recouverts par un tube coudé,

113. — Moteurs Decauville, Gaillardet, Aster, Sphinx, Cyclone. —
Dans le premier, deux cylindres verticaux (genre de Dion 1 $^3/_4$ ch.)
sont accolés : ces cylindres n'ont pas été fondus, mais façonnés
au tour, et leurs ailettes, dégagées de la masse à la fraise ;
aussi leurs parois ont-elles pu être amenées à l'épaisseur assurément minime de 2 mm., évidemment très favorable au refroidissement des cylindres. Les manivelles sont calées à 180° ; le
volant est à l'extérieur du carter. Les explosions ne se produisent pas à intervalles réguliers : dans un seul tour, il y en a
deux, à un demi-tour l'une de l'autre, tandis qu'il n'y en a pas
pendant le tour suivant.

Les constructeurs ont cherché à équilibrer les masses en mouvement, plus que les chocs des explosions ; ils estiment avoir ainsi
réussi à diminuer les trépidations, surtout aux grandes vitesses.
Carburateur décrit (§ 55). Allumage électrique. Puissance normale : 3 chx à 1200 tours.

Le moteur Gaillardet se distingue par la forme spéciale et le
développement de ses ailettes (fig. 109 et 109 *bis*). Son constructeur revendique pour lui, grâce, dit-il, à la disposition
rationnelle de ses organes et au choix sévère des matériaux, une
puissance et un rendement fort améliorés : 2 $^3/_4$ chevaux (pour
un alésage de 0 m. 080 et une course de 0 m. 080) et une consommation de 10 à 15 centimes par heure (en comptant l'essence à
0 fr. 37 le litre, et le nombre de tours étant d'environ 1800 et
2400 par minute).

Le moteur Aster est muni autour de sa culasse et des sou-

par lequel arrive le gaz carburé. L'ensemble est maintenu par une pièce
en forme de cloche (dont les parois sont ajourées), à l'aide d'un emmanche-
ment à baïonnette. Ce dispositif facilite beaucoup la visite des soupapes.
En outre la cloche, par suite du rayonnement auquel donne lieu sa soupape
relativement grande et du courant d'air qui passe par ses évidements, favorise le refroidissement de la soupape et de la tubulure d'admission : à
chaque aspiration, il entre dans l'appareil un poids de gaz plus grand,
puisque son volume reste le même et que sa température est moins élevée ;
de ce fait, la puissance du moteur est augmentée de quelques kilogrammètres.

papes d'ailettes venues de fonte avec elles, et, autour du cylindre, d'ailettes en cuivre rapportées : ces dernières sont d'un métal trois fois plus conducteur que la fonte ; sa malléabi-

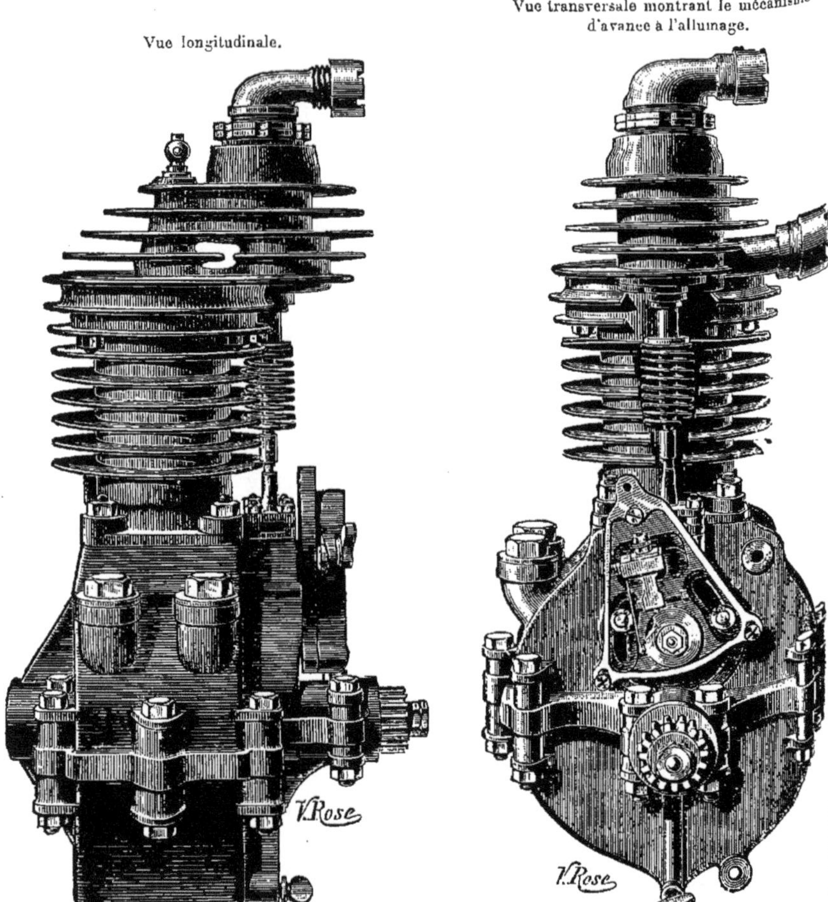

Fig. 109 et 109 bis. — Moteur *Gaillardet*.

lité permet de les faire aussi minces et aussi larges qu'on le désire et de les onduler, de manière à augmenter leur surface de refroidissement. Le moteur Aster a ordinairement la force de 2 $\frac{3}{4}$ chevaux.

Nous avons vu, à l'Exposition de 1899, une voiturette Phébé, équipée avec un moteur Aster de 3 ¼ chevaux, refroidi par une circulation d'eau.

Le moteur « Le Sphinx », de 70 mm. d'alésage et 70 mm. de

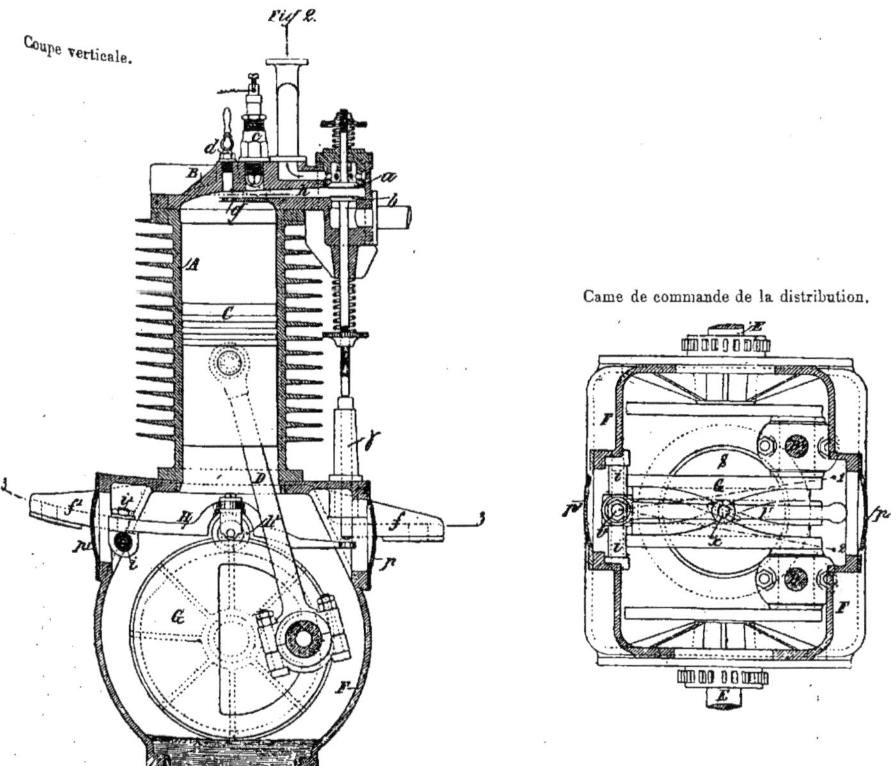

Fig. 110 et 111. — Moteur *Cyclone*.

course pèse 27 kilogrammes et marche normalement à 1200 tours ; à 1800, il peut donner 2 ¼ chevaux. Sa boîte à soupapes est munie d'ailettes ; son carter est en bronze phosphoreux ; l'allumage s'y fait par étincelle de rupture. On conjugue quelquefois deux moteurs en les inclinant à 15°, et en articulant leurs tiges sur le même vilebrequin.

Le Cyclone (fig. 110 et 111) se fait à un cylindre, donnant 135 kilogrammètres garantis au frein, pour un poids de 30 kilogrammes ; ou à 2 cylindres juxtaposés, dont les cycles sont alternés et dont les pistons attaquent de conserve le même vilebrequin, pesant 50 kilogrammes pour 200 kilogrammètres. Il faut signaler : 1° l'existence à la partie supérieure de chaque cylindre d'une cloison g, qui évite tout mélange des gaz neufs avec les gaz brûlés dans le voisinage de la bougie, de manière à rendre plus efficace et plus sûre l'inflammation ; 2° la commande des soupapes d'échappement par la came G, dans laquelle est creusée une rainure double, dont les voies se croisent en x. A la partie supérieure de cette rainure est engagé le galet h^2, monté dans un étrier solidaire du levier H, mobile autour de l'axe ii', et dont l'extrémité soulève en temps voulu l'une ou l'autre des tiges j des soupapes. Ces soulèvements se produisent quand le levier, amené en 1 ou 2 par le déplacement horizontal, que lui vaut la forme en 8 de la rainure, est soulevé par le relief du fond de cette dernière.

Le moteur ne marche qu'à 800 tours par minute, soit 400 explosions par cylindre ; aussi n'est-il jamais très chaud.

113 bis. — **Moteur Noël**. — Il est caractérisé par la présence de 2 soupapes d'échappement : l'une à la partie supérieure du moteur, commandée par lui comme d'habitude ; l'autre à la partie inférieure du cylindre, un peu au-dessus du point où s'arrête le piston dans sa course descendante. Cette dernière évacue par anticipation les gaz les plus chauds de la combustion ; la soupape ordinaire, ne livrant passage qu'à des gaz moins chauds, s'abîme moins par le martelage et souffre moins de la corrosion. On peut, après plusieurs heures de marche du moteur, maintenir la main sur le cylindre, la culasse et les boîtes à soupapes.

La soupape d'admission est placée en un point diamétralement opposé à celui de la soupape d'échappement, où elle ne s'échauffe ni ne s'encrasse trop. L'inflammateur se trouve près de la soupape d'admission : sa pointe ne s'encrasse pas non plus.

114. — **Moteur Krebs.** — Un cylindre que la fig. 112 représente dans la position qu'il a sur la voiturette, où il est incliné pour être plus facile à loger. Deux volants enfermés dans un carter en aluminium. La régulation se fait par étranglement de l'admission, à l'aide d'un robinet qu'ouvre plus ou moins un système de leviers actionné par une came, montée sur l'arbre de distribution, avec le régulateur à boules. Cette came est formée de deux

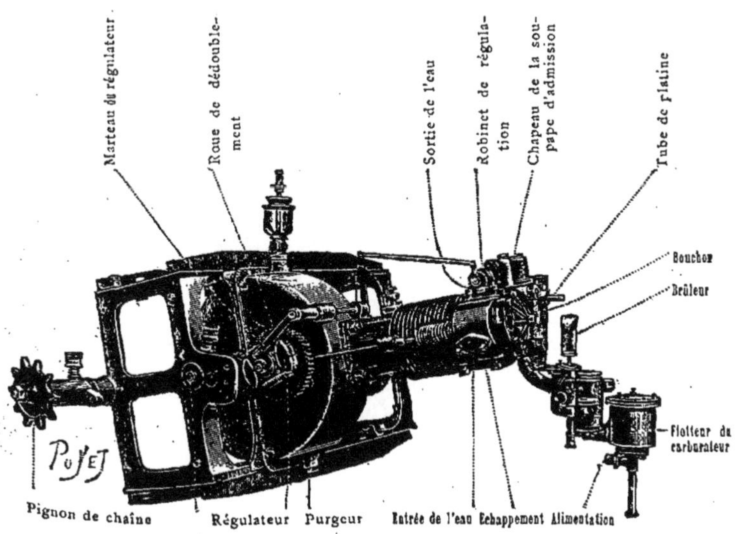

Fig. 112. — Moteur à pétrole *Krebs*.

parties d'inégal diamètre, reliées par une rampe hélicoïdale. Carburateur Phénix. Allumage par tube, chauffé par un brûleur, qui est alimenté grâce à une simple différence de niveau. Refroidissement par ailettes pour le cylindre et la culasse, par courant d'eau pour la soupape d'échappement, la circulation du liquide étant assurée par les différences de densité.

115. — **Moteur de Riancey** (fig. 113). — Deux cylindres horizontaux placés bout à bout avec une culasse commune. Deux pistons chassés en sens inverse par la même explosion (dont les réactions s'équilibrent) agissent, par l'intermédiaire de leviers articulés, qui oscillent autour des points fixes B, B, et s'accrochent à des manivelles calées à 180° sur l'arbre moteur. L'un de ces leviers est relié à une bielle, qui commande la soupape d'échappement, sous l'action d'une came placée sur l'arbre intermédiaire N, dont la vitesse angulaire n'est que la moitié de celle de l'arbre moteur.

Allumage par incandescence, ou mieux électrique, mais à

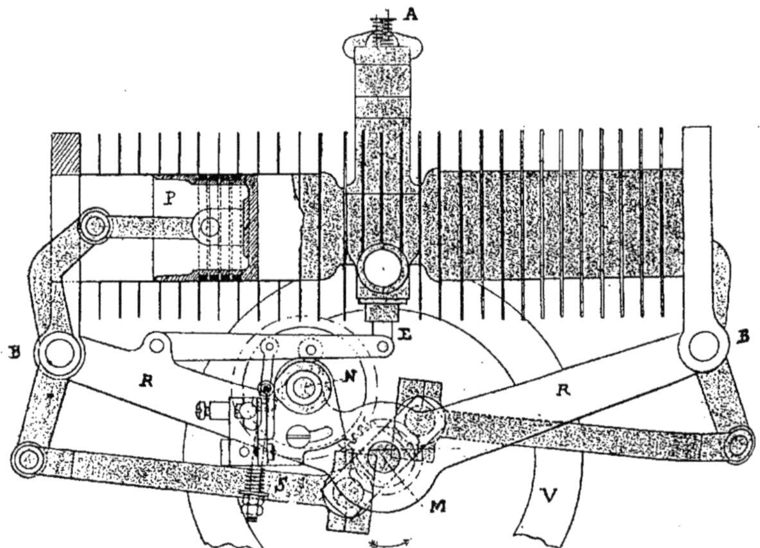

Fig. 113. — Moteur de *Riancey*.

avance fixe : le point d'allumage peut seulement être légèrement modifié lors de la mise en route pour éviter les explosions en sens contraire. Les variations d'allure (300 à 1000 tours) sont obtenues en changeant l'admission et la détente. Refroidissement par ailettes. Puissance normale 2 $^1/_2$ chx.

116. — *II. Moteurs à deux temps.* — **Moteurs Loyal, Dufour, Briggs.** — *Moteur Loyal* (fig. 114. 114 *bis*). — Un seul cylindre. Admission et échappement automatiques, la première par soupape A placée dans le fond du cylindre, la seconde par la soupape B établie vers son milieu.

Pendant la course d'aller, il y a successivement : 1° explosion ; 2° échappement partiel depuis le moment où le piston P a dépassé la soupape d'échappement jusqu'à celui où la pression interne n'égale plus la pression atmosphérique augmentée de la charge

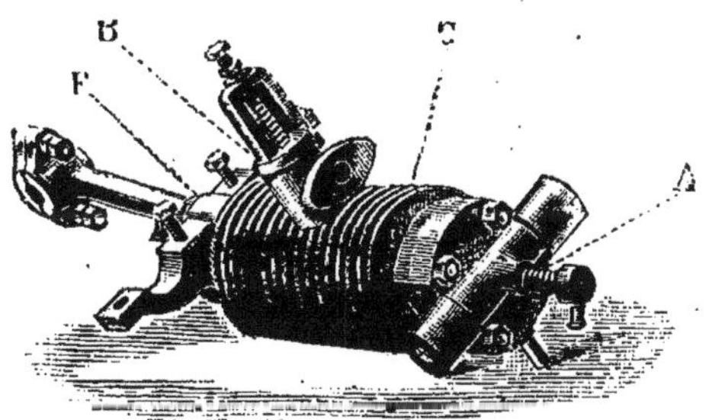

Fig. 114. — Moteur *Loyal.*
Vue perspective.

du ressort ; 3° aspiration des gaz neufs. A la fin de la course, ceux-ci se trouvent vers la culasse et les gaz brûlés vers le piston.

Pendant la course de retour, il y a d'abord compression jus-

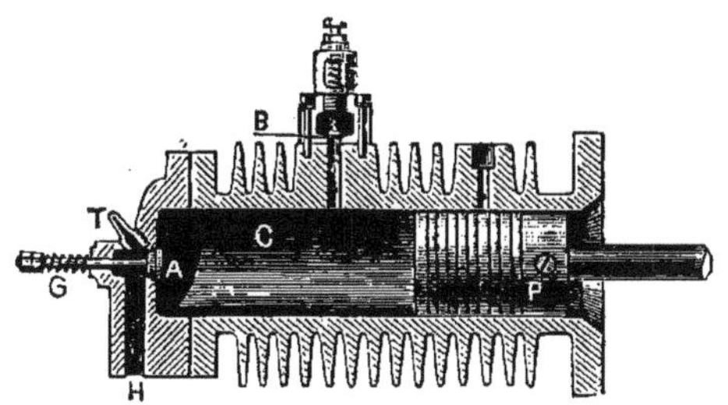

Fig. 114 *bis.* — Moteur *Loyal.*
Coupe verticale.

qu'à ce que la résistance antagoniste de la soupape B soit vaincue, puis second échappement partiel des gaz brûlés seuls, à cause de la simple juxtaposition, sans mélange, de ces derniers et des gaz neufs, jusqu'au moment où le piston dépasse la soupape d'échappement ; à partir de cet instant, a lieu la compression réelle. On voit qu'il n'y a ni cames ni excentriques : les soupapes fonctionnent par le simple jeu des pressions et dépressions créées par le mouvement du piston. Tout cela est assurément fort simple.

A la mise en train, on chauffe le tube de nickel T à l'aide d'une lampe Longuemare; ensuite, l'allumage se fait automatiquement par suite de l'élévation de la température due à la conservation d'une partie des gaz brûlés. Refroidissement du cylindre par ses ailettes C. Consommation annoncée : 300 gr. d'essence par cheval-heure, avec un moteur de 3 chx.

Le moteur Loyal a été appliqué par son inventeur à un tricycle d'essai, avec lequel il a donné de bons résultats. Il mériterait, nous semble-t-il, d'être essayé plus en grand, à cause de sa simplicité.

Moteur Dufour. — Un cylindre fermé aux deux bouts. Admission par soupape automatique. Échappement par tiroir circulaire qui enveloppe le cylindre percé de trous circonférenciels et que manœuvre une came. L'arbre moteur placé à l'arrière du cylindre est mû par deux bielles latérales en retour. Régulation par appareil centrifuge empêchant, au moment voulu, la soupape d'admission de s'ouvrir. Refroidissement par injection d'eau à l'intérieur de la chambre motrice du cylindre : la pompe d'alimentation est actionnée par une came montée sur le même arbre que celle de l'échappement. Dans sa course vers l'avant, le piston comprime dans un réservoir latéral de l'air qui se carbure avant de pénétrer sous pression dans le cylindre.

Nous ne croyons pas que ce moteur ait encore été appliqué en automobilisme, pas plus d'ailleurs que le moteur Conrad, dans lequel la distribution est faite à l'aide de longues lumières pratiquées dans le piston et de deux orifices d'admission et d'échappement se faisant face à mi-hauteur du cylindre.

Dans le moteur Briggs il y a deux cylindres parallèles, dont les pistons actionnent des manivelles à 180°. Chacun donne une explosion par tour, grâce à un dispositif spécial : une pompe supplémentaire comprime le mélange et le fait pénétrer dans la chambre d'explosion qui termine chaque cylindre, dont elle est d'ailleurs séparée par une soupape [1].

117. — III. *Moteurs divers.* **Moteur Goret à six temps** (fig. 115 et 116). — Les 5e et 6e temps servent, comme nous l'avons dit, à effectuer, après chaque explosion, une chasse d'air pur, c'est-

Coupe longitudinale.   Coupe transversale.

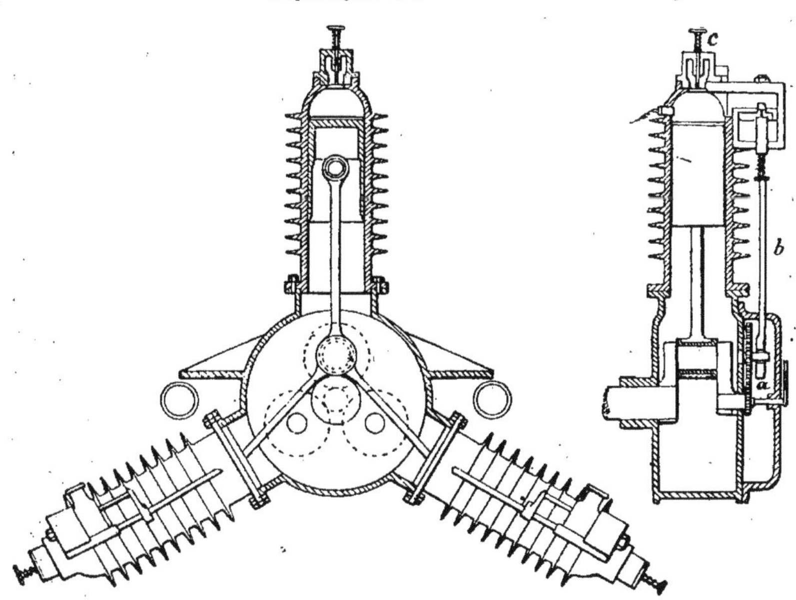

FIG. 115 et 116. — Moteur à pétrole *Goret.*

à-dire qu'aux quatre temps du cycle ordinaire, s'ajoutent une aspiration puis une chasse d'air, ce qui procure l'expulsion complète des gaz brûlés et un refroidissement efficace des cylindres.

Trois cylindres rayonnants, dont les pistons sont montés sur un même vilebrequin. Régulation par pointeau faisant varier l'entrée de l'essence dans le carburateur, qui vaporise totalement la quantité admise. Allumage électrique par piles.

1. Voir *Locomotion automobile*, 12 août 1897, p. 376.

Chaque cylindre est muni d'une came *a* commandant une tige *b* qui soulève la soupape d'échappement. Comme à l'ordinaire, la soupape d'admission *c* fonctionne automatiquement.

Les soupapes d'échappement sont disposées sur le côté de chacun des cylindres. La came de distribution *a* porte une rainure d'un profil spécial dans laquelle roule un petit galet fixé au cadre qui actionne la tige de distribution *b* portant plusieurs touches latérales.

A l'extrémité de cette tige se trouve une bague conique qui vient attaquer par l'intermédiaire d'un galet la soupape d'un vaporisateur. De cette manière, la vaporisation n'est pas constante, mais se produit simplement et mécaniquement pour un cylindre, chaque trois tours (six temps) de l'arbre moteur.

118. — Moteur Duryea à réservoir. — L'explosion s'effectue dans un réservoir spécial qui joue le rôle de la chaudière dans les machines à vapeur. L'essence arrive du récipient qui la contient, par un tuyau, dans un gros tube, où elle se vaporise sous l'action de la chaleur que lui fournit une lampe. La vapeur sort par un ajutage cylindrique, avec une vitesse considérable, qui est utilisée pour entraîner dans le réservoir la quantité d'air nécessaire à l'explosion. Celle-ci produit une pression d'environ 8,5 kilog. par cm². Un tuyau fait communiquer le réservoir avec le récipient d'essence, pour que, malgré la pression qui règne dans le premier, la gazoline continue à descendre. Une valve placée sur le tube d'alimentation permet de faire varier la quantité d'essence admise.

Le double effet, que l'on pourrait facilement réaliser avec un moteur de ce genre, offrirait pour les applications automobiles d'incontestables avantages.

119. — Moteur Diesel (fig. 117-121). — Ce moteur n'a pas encore été appliqué à la locomotion automobile, mais comme il repose sur des principes différents de ceux qui ont servi jusqu'ici à la construction des moteurs usuels, et qu'il offrirait pour l'automobilisme de grands avantages, nous croyons devoir le décrire avec quelques détails, renvoyant pour de plus amples renseignements à l'étude que nous en avons faite ailleurs [1].

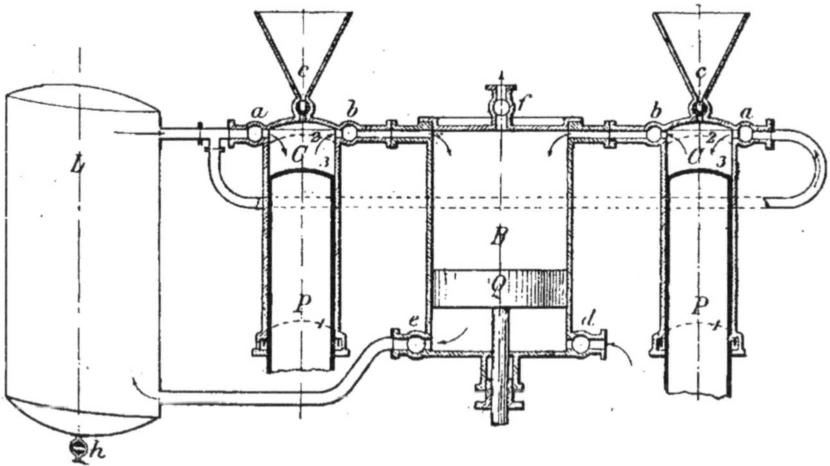

Fig. 117. — Schéma d'un moteur *Diesel* compound.

Ces principes ne sont autres que les conclusions auxquelles M. Diesel a été conduit par une étude, publiée en 1893, et que nous avons brièvement résumée ci-dessous [2].

1. *Revue Industrielle*, 1er Janvier 1899, p. 3.
2. Dans toute combustion, il faut distinguer : 1° la température *d'inflammation*, à laquelle on doit amener le combustible pour l'allumer en présence de l'air; 2° la température de *combustion*, qui se produit pendant l'action chimique même de la combustion.
Si l'on étudie au point de vue de la température de combustion proprement dite, les procédés employés dans nos machines thermiques, pour donner naissance à un travail moteur, on trouve que cette température y est toujours produite après l'allumage, par et pendant la combustion même.
M. Diesel pose comme condition fondamentale d'un cycle moteur rationnel que la température de combustion doit être produite avant la combustion et indépendamment d'elle, par conséquent avant l'allumage et uniquement par une ignition mécanique d'air pur. Il démontre que cette condition si imprévue n'est qu'une conséquence, jusqu'ici laissée dans l'ombre, des principes mêmes qui ont servi à établir le cycle de Carnot.
Mais, si on veut, pour produire par simple compression cette température de combustion, appliquer exactement le cycle classique, c'est-à-dire comprimer l'air d'abord jusqu'à 2 ou 4 atm., suivant une isotherme, ensuite

Cette étude se terminait par le schéma d'un moteur basé sur ces principes tout nouveaux : deux cylindres de combustion C (fig. 117), à pistons plongeurs P, sont reliés par les soupapes b à un cylindre intermédiaire B d'un diamètre plus grand à piston Q, et par les soupapes a au réservoir d'air L. Les manivelles des pistons P sont parallèles et à 180° de celle du piston Q. Ce dernier aspire par la soupape d, de l'air qu'il comprime, en redescendant, à une pression de quelques atmosphères, et qu'il refoule à travers la soupape e dans le réservoir L. Le piston P, en descendant jusqu'à la position 1, aspire l'air de ce réservoir ; en remontant jusqu'à la position 2, il l'amène à sa pression définitive. Pendant qu'il redescend jusqu'à sa position 3, le charbon pulvérisé, contenu dans l'entonnoir c, tombe dans le cylindre et y brûle. Les gaz de la combustion se détendent et poussent le piston jusqu'à sa position inférieure 1. A ce moment la soupape b s'ouvre ; dès que P remonte, les gaz continuant à se détendre remplissent le cylindre B, en dessus du piston Q qui descend. Au moment où ce dernier va remonter, b se ferme et f s'ouvre pour permettre l'échappement du fluide qui a travaillé.

jusqu'à la pression correspondant à la température voulue, suivant une adiabatique, on trouve que par cette voie, il ne faut pas moins de 100 à 200 atm. Si, au contraire, dès le début, on comprime suivant l'adiabatique, 30 à 50 atm. suffisent. La seconde condition du cycle cherché est donc la modification du cycle de Carnot, par la suppression du premier temps isothermique.

La troisième condition, c'est d'introduire, dans la masse d'air, comprimée suivant une adiabatique, le combustible graduellement, de façon que la chaleur produite par cette combustion soit, à mesure qu'elle se développe, transformée en un travail de détente équivalent. En d'autres termes, et à l'inverse de ce qui a lieu jusqu'ici, où l'élévation de température est exclusivement produite par la combustion, celle-ci doit être aussi isothermique que possible.

La quatrième condition est également en désaccord avec les idées reçues ; c'est que la combustion s'effectue au contact d'un très grand excès d'air.

Nous n'avons pas besoin de dire qu'en pratique la compression ne se fera pas rigoureusement suivant une adiabatique, et encore moins la détente suivant une isotherme, mais cela n'altère pas l'essence même du procédé. Il est évident aussi que la combustion exige, pour être spontanée, un combustible amené sous un état particulier : gazeux, liquide ou pulvérisé.

Le cycle de chaque cylindre C comprend ainsi quatre temps ou deux tours ; à eux deux, ils donnent donc une course motrice par tour.

Comme il eût été fort compliqué de construire tout de suite le moteur compound, que nous avons décrit, on commença par une machine monocylindrique, alimentée par du pétrole lampant.

Les fortes compressions, les hautes températures et les grandes vitesses, mises en jeu par ce moteur, donnèrent lieu, dans la réalisation de ses organes, à de très grandes difficultés. L'expérience acquise en les surmontant, fut mise à profit pour construire un second moteur de 12 chx, qui donna des résultats déjà fort remarquables, et qui actionna, pendant plusieurs mois, l'atelier de l'inventeur. A la fin de 1896, on entreprit la construction d'un moteur du même genre, de la force de 20 chx, qui put être essayé dès le commencement de 1897. Les figures 118 à 121, qu'accompagne une légende fort explicite, représentent ce nouveau moteur.

Elles montrent que le cylindre est entouré, pour son refroidissement, d'une enveloppe d'eau. La machine de 1895 n'avait pas semblable chemise, et elle a, par cela même, prouvé la possibilité de la marche sans eau réfrigérante. Mais le refroidissement présente certains avantages pratiques, notamment au point de vue de la plus grande puissance qu'il permet d'obtenir avec un cylindre de dimensions données ; ce sont ces avantages qui l'ont fait adopter pour la machine de 1897.

Le pétrole est envoyé à l'ajutage D par une pompe qui n'est pas représentée sur les figures.

Cette machine fonctionne de la façon la plus tranquille et la plus sûre. Elle a été essayée très minutieusement par le professeur Schröter qui a rendu compte de ses essais devant la même Société technique ; elle l'a aussi été par les professeurs Gutermuth et Sauvage, et par des ingénieurs allemands et français. Les résultats obtenus ont, paraît-il, été si concordants qu'on peut les considérer comme définitifs.

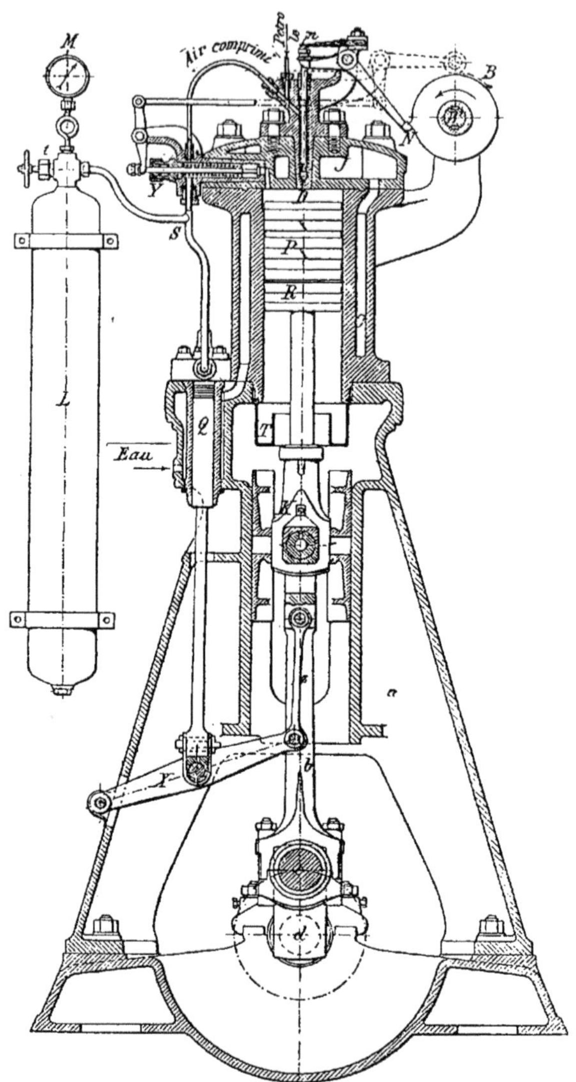

Fig. 118. — Moteur à pétrole *Diesel* de 20 chevaux de 1897.
Coupe transversale.

C, Cylindre de compression et de combustion de 250×400 mm., à chemise refroidissante d'eau ; P, piston à simple effet à segments ; a, glissière ; b, bielle ; d, axe moteur ; g, arbre intermédiaire ; W, arbre de distribution, placé à la partie supérieure du cylindre ; I, came commandant la soupape V, d'admission d'air ; II, came commandant la soupape Y, par laquelle l'air du récipient L arrive dans le cylindre pour la mise en marche ; III, came commandant l'aiguille d'injection du combustible dans l'ajustage D ; IV, V, cames commandant la soupape V_2 d'expulsion des gaz brûlés, la première, pendant la mise en marche, la seconde, pendant le fonctionnement du moteur. C'est par le levier H, qui, pour la mise en marche, est maintenu par la goupille d dans la position H_1, que les cames sont amenées d'une position à l'autre ; le ressort F les maintient dans la situation qu'elles doivent occuper pour la marche normale ; Z, X bielle et levier actionnant la pompe Q, qui maintient la charge d'air comprimé du réservoir L à une pression plus haute que celle qui règne dans le cylindre à la fin de la compression ; S, conduite reliant le réservoir au cylindre.

Le rendement thermique indiqué a été trouvé égal à 34 ou

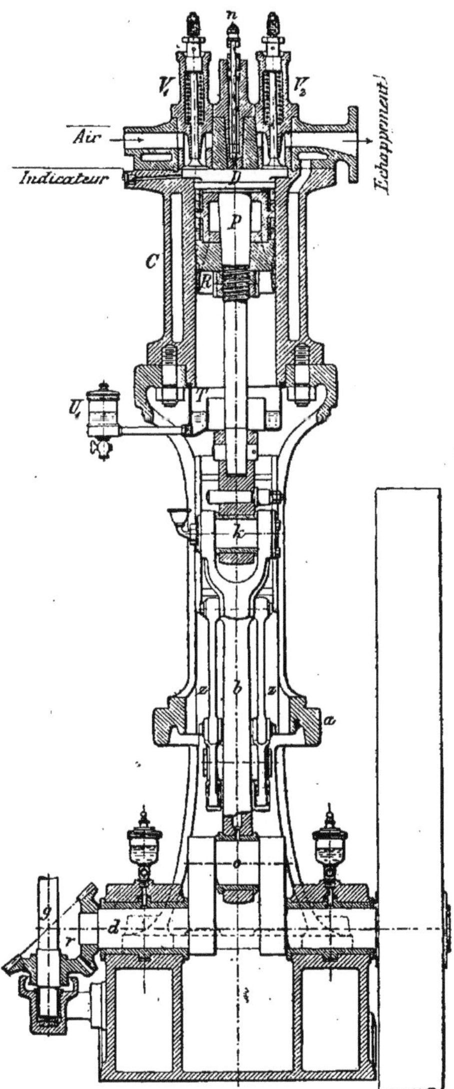

Fig. 119. — Moteur à pétrole *Diesel*.
Coupe longitudinale.

35 % avec la charge normale, à 38 ou 40 % à demi-charge.

Ces chiffres sont d'environ 50 % plus élevés que les meilleurs résultats obtenus jusqu'ici pour le rendement indiqué des moteurs à gaz qui, d'après Dugald Clerk, ne dépasse jamais 27 % et reste bien souvent en dessous de ce chiffre, surtout quand ces moteurs ne marchent pas à pleine charge.

Le rendement organique de la machine est, il est vrai, compris entre 71 et 75 %, c'est-à-dire inférieur à celui des moteurs à vapeur ou à explosion. Mais le rendement final n'en atteint pas moins 0,266, ce qui veut dire que 26, 6 % de la chaleur du combustible est bel et bien transformée en travail effectif au frein. L'élévation de ce rendement montre la supériorité du nouveau système sur ceux qui l'ont précédé.

La consommation de pétrole par cheval-heure au frein n'a été que de 240 gr. pour la pleine charge, de 277 gr. pour la demi-charge. Le faible écart de ces deux chiffres met en évidence la minime augmentation qu'amène, dans la dépense de combustible, la diminution de la charge. Cette dépense est, pour ainsi dire, constante, dans les limites ordinaires du fonctionnement d'une machine. Le moteur Diesel doit cet avantage à l'augmentation dont bénéficie le rendement thermique, quand la charge devient moins forte, cette augmentation compensant la faiblesse relative du rendement organique.

A égalité de nombre de tours, le moteur Diesel peut donner la puissance ordinaire, en conservant des dimensions plus petites.

La mise en marche s'obtenant par l'établissement de la communication du réservoir d'air avec le cylindre, le moteur est toujours prêt à marcher, qu'il soit chaud ou froid, que l'interruption ait duré quelques secondes ou plusieurs jours. C'est un avantage à considérer, notamment pour les applications à l'automobilisme, qui s'accommode mal des difficultés inhérentes à la mise en train des moteurs à essence de pétrole qu'il emploie d'habitude.

M. Diesel mentionne comme autre avantage de son moteur la perfection de la combustion, qui se traduit par la double consé-

quence de ne pas encrasser l'intérieur du cylindre et de ne rejè-

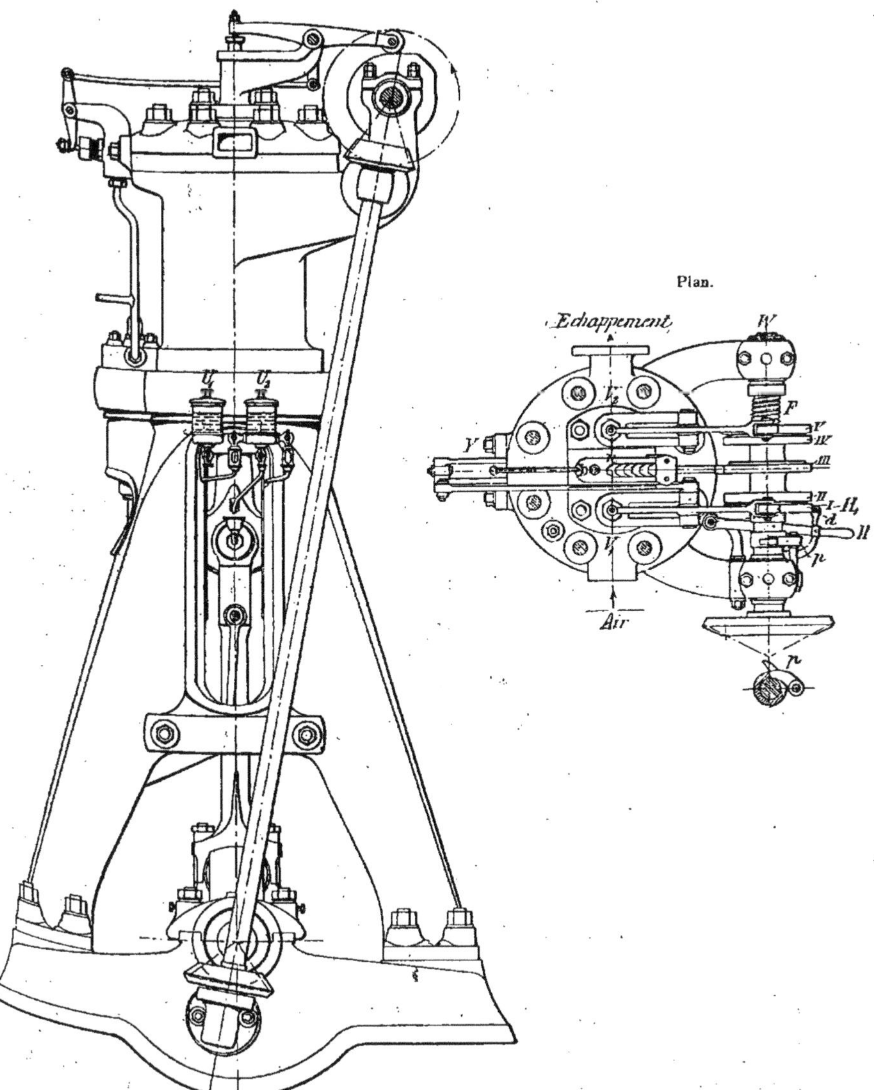

Fig. 120 et 121. — Moteur à pétrole *Diesel*.

ter dans l'atmosphère que des gaz presque invisibles et inodores.

Ceci serait encore très avantageux pour les voitures à pétrole.
Nous n'avons pas besoin d'ajouter que la suppression de tout

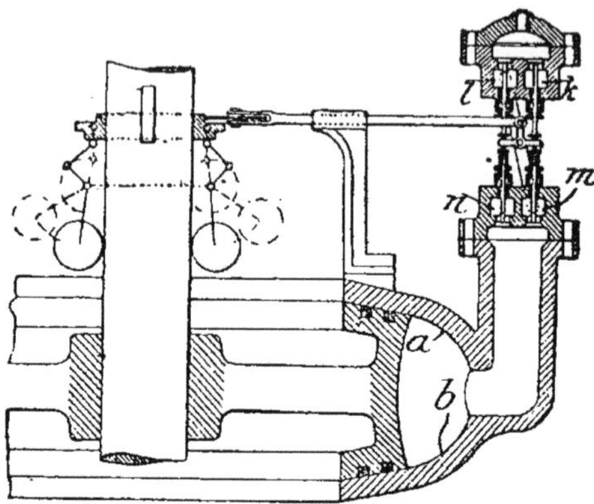

Fig. 122. — Moteur rotatif à pétrole *A. Beetz*.
Coupe longitudinale.

système de carburateur et d'allumeur est une cause de très grande
simplification.

120. — **IV.** **Moteurs rotatifs : Moteurs A. Beetz, Dodement, Vernet.**

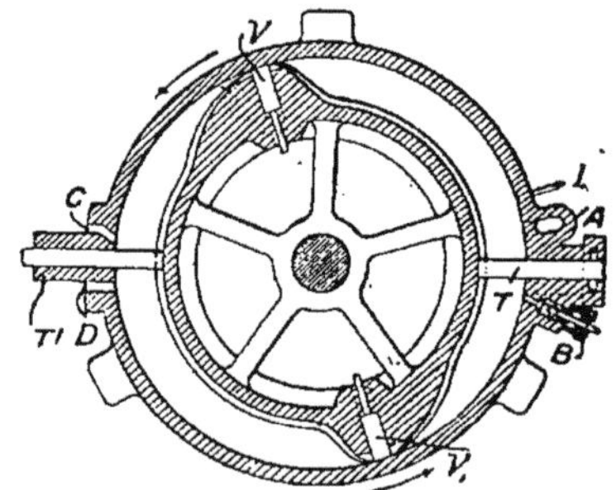

Fig. 123. — Moteur rotatif à pétrole *A. Beetz*.
Coupe transversale.

Gardner-Sanderson. — *Moteur André Beetz* (fig. 122, 123). — Deux
impulsions par tour. Le cylindre dans lequel travaille le piston
est un tore creux *a b* ; ce piston porte deux saillies diamétralement opposées V, V₁, à joints étanches et le cylindre est pourvu
de deux palettes T, T₁ placées suivant un même diamètre.

La charge préalablement comprimée par le moteur est admise en A et allumée par I ; les produits brûlés s'échappent par la lumière C.

Au passage de la palette T_1, le piston comprime l'air qui a été aspiré à travers l'orifice D et le refoule dans un réservoir intermédiaire par la soupape B. Ce dernier communique avec la partie supérieure de la boîte des soupapes k, l (fig. 122) dont la dernière est reliée par un tuyau avec la soupape m, tandis qu'entre k et n est interposée une tuyauterie sur l'entrée et la sortie du carburateur. Un levier à sonnette actionné par une

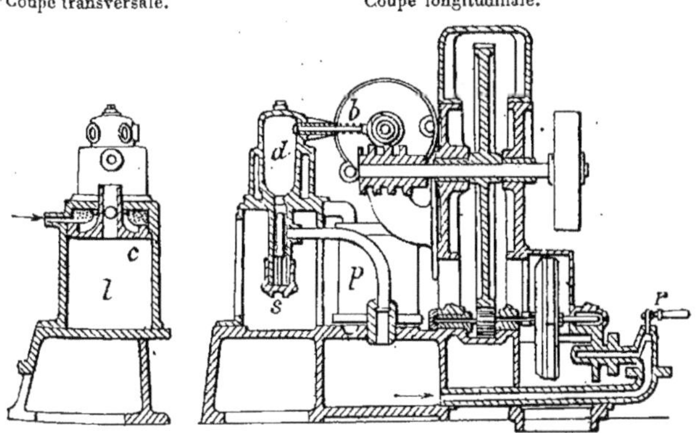

Fig. 124 et 125. — Moteur rotatif à pétrole *Dodement*.

came commande deux soupapes à la fois ; par k, arrive l'air au carburateur qui, à son tour, l'envoie par n dans le cylindre, puis celui-ci reçoit par l m de l'air pur comprimé. Un régulateur agit sur la came pour supprimer toute admission.

Moteur Dodement (fig. 124 et 125). — L'essence arrive à travers un filtre dans la chambre de vaporisation c, chauffée seulement pour la mise en train par une lampe placée en l (fig. 124) ; les vapeurs sont aspirées par une pompe p, et refoulées dans le détonateur d, où une autre pompe comprime de l'air. Le mélange y est enflammé électriquement ; les gaz provenant de l'explosion ouvrent la soupape à ressort s et arrivent à travers

un robinet *r* et des ajutages directeurs non figurés, sur les aubes
d'un turbo-moteur. Une soupape *b* actionnée par l'arbre moteur
au moyen d'un engrenage droit, d'un mécanisme à vis sans fin
et d'une came, permet l'entrée de l'air extérieur dans le détonateur, après chaque explosion. Ce moteur a été, paraît-il, appliqué
à l'avant-train Ponsard.

Moteur Vernet (fig. 126 à 128). — Deux cylindres posés bout

Coupe transver-ale.

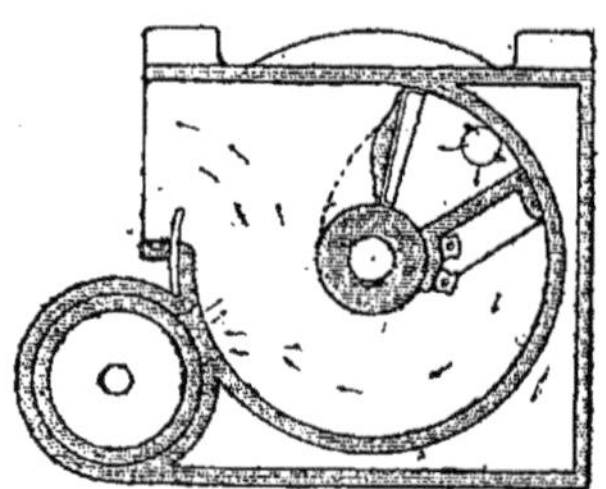

Coupe longitudinale.

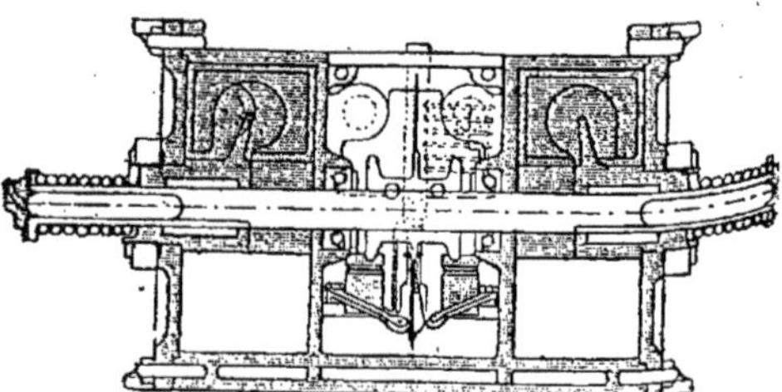

Vue en bout.

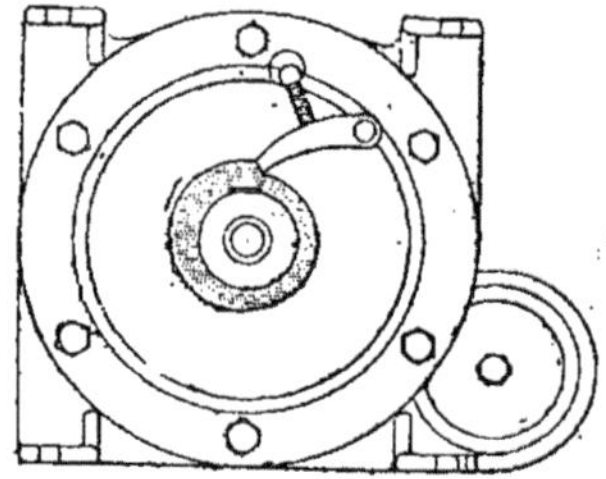

Fig. 126 à 128.
Moteur rotatif à pétrole *Vernet*.

à bout, avec au milieu une [chambre de combustion, qui les
dessert alternativement. Les gaz provenant de l'explosion
arrivent par une lumière, dans l'espace compris entre deux lames
radialement disposées sur l'axe du cylindre ; l'une de ces lames
ne pouvant reculer, parce qu'elle est maintenue par un cliquet
extérieur, c'est l'autre qui avance, en entraînant l'arbre moteur,
et en tendant un ressort également extérieur, qui a pour office
de ramener les lames l'une vers l'autre pour une nouvelle course
motrice qui est alternée dans les deux cylindres.

L'inventeur prétend avoir réussi, là où tant d'autres ont échoué, parce que les joints sont étanches, sans jamais gripper : pour l'une des ailes le contact n'a lieu, dit-il, que pendant l'explosion des gaz ; pour l'autre, le contact se fait par de petits rouleaux sur plan incliné ; donc, étanchéité sans frottements considérables. Tout cela demande à être vérifié par l'expérience.

Carburation par pompe Greindel, mue par le moteur, qui envoie un jet d'air comprimé à la rencontre d'un jet d'essence.

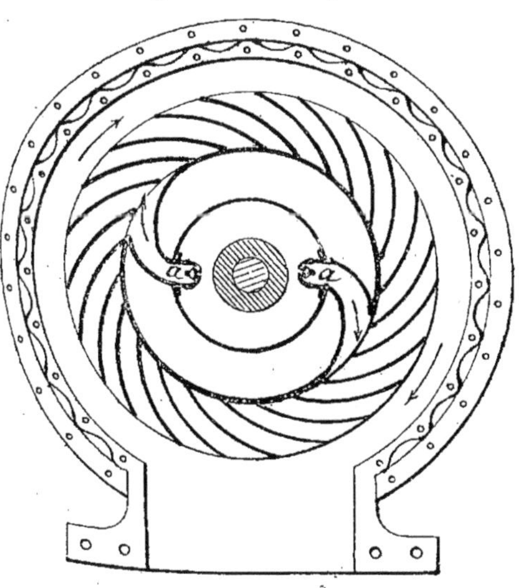
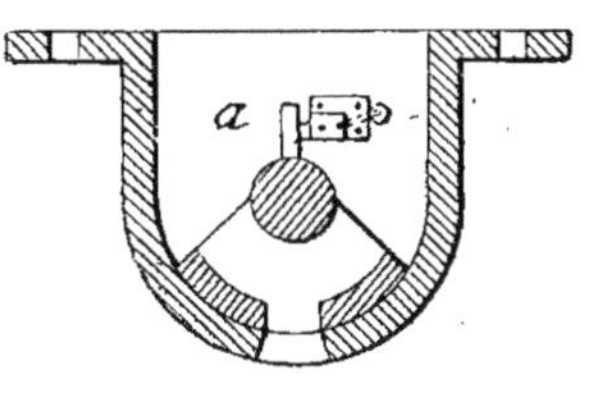

Fig. 129 et 130.
Moteur rotatif à pétrole
Gardner-Sanderson.

Coupe verticale.   Soupapes.

Distribution par soupapes, leviers et came ; celle-ci en forme de V, est aussi régulatrice, parce que son profil lui permet de supprimer progressivement l'admission quand le moteur dépasse sa vitesse normale. Inflammation par tube.

Moteur Gardner Sanderson (fig. 129, 130). — L'explosion s'effectue dans une chambre *a*, d'où les gaz s'échappent en frappant normalement les ailettes des aubes ménagées sur la couronne mobile du moteur.

Il y a deux chambres symétriques *a* dans chacune desquelles se produisent deux explosions par tour.

Des valves oscillantes actionnées par des cames (fig. 130)

servent à la formation et à l'admission du mélange explosif qui est comprimé en dehors du moteur; elles portent des contacts

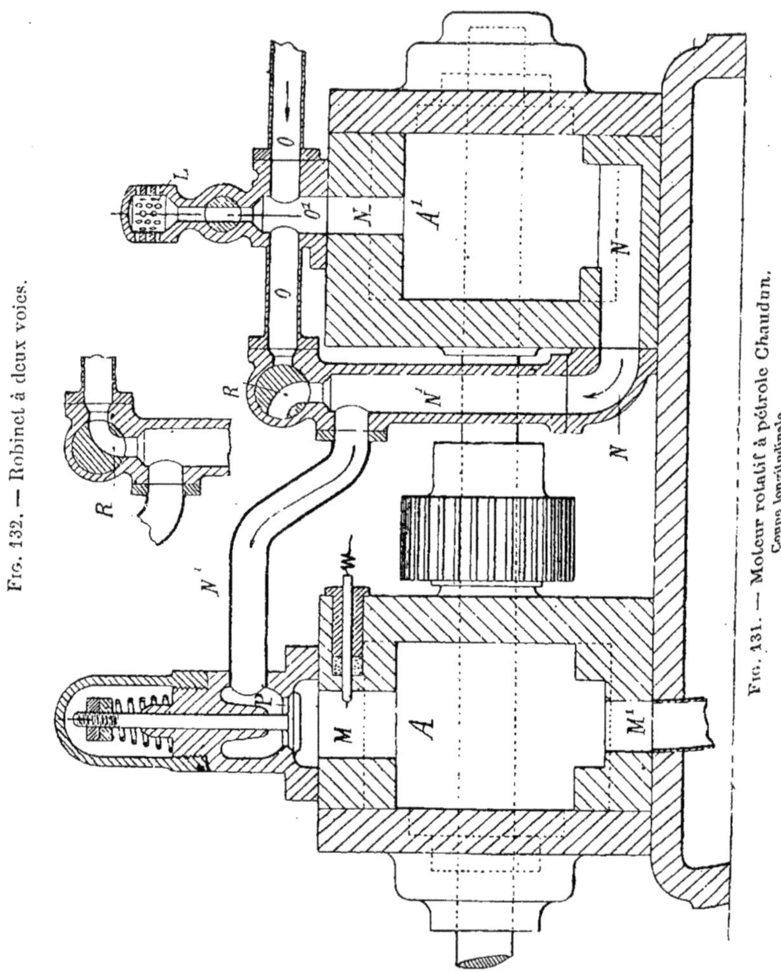

Fig. 132. — Robinet à deux voies.

Fig. 131. — Moteur rotatif à pétrole Chaudun. Coupe longitudinale.

pour l'allumage électrique. Circulation d'eau dans des chemises latérales communiquant avec les cavités ondulées du tambour.

121. — Moteur Chaudun (Fig. 131 à 136). — Deux cylindres égaux et parallèles BC se coupant de façon à présenter une section oblongue, forment le moteur proprement dit A et deux autres B¹ C¹ disposés de la même manière, constituent une pompe A¹ pour la formation et la compression du mélange explosif.

Chaque groupe contient deux secteurs ou pistons F, G et F¹, G¹,

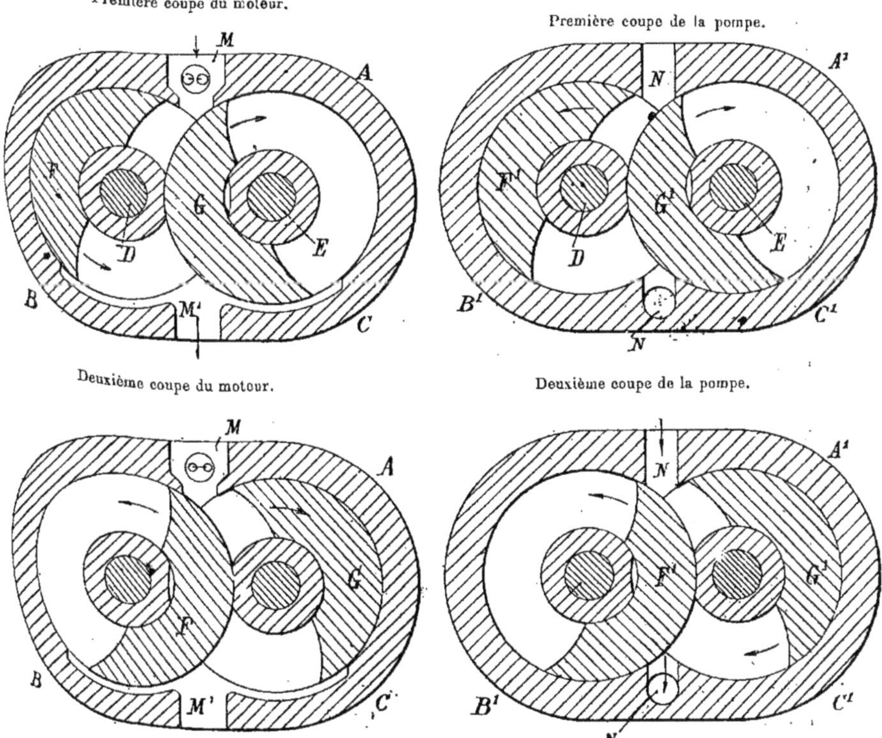

FIG. 133 à 136.

calés par paires sur les arbres D et E, communs aux appareils A et A¹ et reliés entre eux par des pignons droits égaux. F est toujours diamétralement opposé à F¹ et G à G¹; en tournant, ces pistons prennent contact tantôt avec les parois de leurs cylindres et tantôt avec des manchons fixes qui entourent les arbres D et E.

Le mélange explosif formé par la pompe A¹ est comprimé à

une pression suffisante pour déterminer l'ouverture de la soupape P, malgré la résistance de son ressort et s'introduire dans la chambre d'explosion M où il est enflammé électriquement.

Sur la figure 133, l'action motrice se produit dans le haut du cylindre B, sur le secteur F dont le bas communique avec l'échappement M', en même temps que le cylindre C. La chambre motrice considérée augmente progressivement de volume ; au bout d'un demi-tour, elle est presque à son maximum, tandis que la chambre du cylindre C d'abord unique, s'est dédoublée en un compartiment supérieur où le secteur G va devenir moteur (fig. 135) et en un compartiment inférieur encore ouvert à l'échappement. Il se produit donc deux explosions par tour.

A la pompe A', est joint un tuyau O venant d'un carburateur et réunie une prise d'air pur L, réglée au moyen d'un robinet.

Sur la figure 134, le cylindre B' est rempli d'air carburé que vient d'aspirer par le canal N le secteur F' ; le haut du cylindre C' commence une semblable aspiration et en bas le mélange, qui y a été précédemment admis, est refoulé à travers l'ouverture N et la canalisation N'. Ce mélange est ainsi comprimé au-dessus de la soupape P, jusqu'au moment où le secteur G' ferme la communication de cette ouverture avec le cylindre C'. En même temps, le piston F' vient démasquer cette dernière et y refouler à son tour ; vers la fin de la compression due à ce secteur, il recommence à aspirer (fig. 136) tandis que le cylindre C' est plein d'air carburé.

Sur la tuyauterie N' est disposé un robinet à deux voies R, susceptible de la mettre directement en communication avec la conduite d'air carburé O, afin de pouvoir, à la mise en train du moteur, supprimer la compression du mélange.

Lorsque ce robinet occupe la position de la figure 132, les pistons F et G aspirent directement dans le carburateur la charge explosive qui accomplit, en même temps, dans la pompe A' un cycle favorisant le mélange de ses éléments.

121 *bis*. — **Causes de mauvais fonctionnement des moteurs à pétrole.**
— Les moteurs à pétrole sont sujets à des pannes fort variées,
dont il est parfois, à cause de cette diversité même, assez difficile
de déterminer les causes. On ne saurait, dans ces recherches,
procéder avec trop d'ordre et de méthode. On trouvera dans l'ouvrage de M. G. Knap (*Les secrets de fabrication des moteurs à
essence*, p. 182, 185 et 223), sous forme de tableaux destinés à
les faciliter, des répertoires assez complets de ces causes de non-
fonctionnement. Nous ne pouvons ici mentionner que les principales.

Dans un moteur à allumage électrique, l'arrêt ou la mauvaise
marche sont le plus souvent imputables :

1° *A un défaut de compression*, par suite d'une fuite, provenant
elle-même d'une bougie mal fixée au cylindre, d'un joint défectueux (les meilleurs joints sont ceux en amiante et cuivre ou toile
métallique), d'une soupape peu étanche (les soupapes, surtout
celles de l'échappement, doivent de temps à autre être rodées);

2° *A un défaut de l'allumage*, le plus généralement dû à la
bougie ;

3° *A un défaut de la carburation*, assez facile à découvrir avec
le carburateur à barbotage ordinairement associé à l'allumage
électrique ;

4° *A une fuite dans la canalisation reliant le carburateur au
moteur*, qui trouble la composition du mélange.

Dans un moteur à allumage par brûleurs, on peut surtout
incriminer :

1° *Le manque de compression*, qui, on le sait, peut empêcher
radicalement le moteur de marcher ;

2° *La trop faible intensité de l'allumage* : il est bon de se réserver la faculté d'activer la combustion des brûleurs en leur insuf-
flant de l'air, avec un tube de caoutchouc et une poire ;

3° *La façon dont se fait la carburation*. Avec le carburateur à
pulvérisation, qui accompagne ordinairement l'allumage par
brûleurs, le défaut est assez délicat à trouver : il peut tenir à une

arrivée insuffisante de l'essence (parce que le tube capillaire est obstrué), ou à un excès de cette essence (parce que le flotteur fonctionne mal ; il sort alors du silencer une fumée intense) ;

4° *La tenue du régulateur* : pour vérifier si c'est bien lui qui est fautif, il y a lieu de l'isoler et de voir comment marche sans lui le moteur (à faible carburation, pour qu'il ne s'emballe pas).

Il faut d'ailleurs savoir qu'un moteur neuf ne donne pas tout de suite la force pour laquelle il a été construit, parce que le cylindre n'est pas parfaitement alésé, que le piston est trop juste ou trop petit, que les segments n'ont pas encore bien épousé la forme du cylindre... Après un certain temps de fonctionnement ces petits défauts disparaissent, et le moteur marche mieux.

122. — Considérations générales sur les moteurs à pétrole. Progrès à espérer. — Le gros défaut du moteur à essence, que nous mettrons en relief, quand nous le comparerons au moteur à vapeur (§ 141 et 144), est de manquer d'élasticité. Cela oblige, quand on veut avoir une puissance variable, à composer le moteur de plusieurs cylindres, dont on met en action un nombre proportionnel au travail à produire. Cette solution qui charge la voiture d'organes qui ne sont utilisés que d'une façon intermittente, n'est pas logique ; et il vaudrait beaucoup mieux doter le moteur à pétrole de l'élasticité qu'il n'a pas.

Il faudrait, pour cela, faire varier la richesse et la compression du mélange ou au moins l'une des deux. Nous avons vu comment M. Hautier modifiait la seconde. Pour ce qui est de modifier la première, il semble que ce devrait être simplement l'affaire du carburateur ; mais ce dernier n'agit le plus souvent que par l'aspiration du piston, qui diminue avec la vitesse du moteur, quand il rencontre une résistance plus grande, c'est-à-dire au moment où l'alimentation du carburateur devrait être activée. Le carburateur à pulvérisation est donc incapable de proportionner dans d'assez larges limites la richesse du mélange au travail à développer. Le distributeur, fondé sur l'introduction mécanique d'un volume déterminé d'essence, semble plus apte à ce service : le dosage du pétrole est facile à obtenir avec un robinet compte-gouttes, en faisant tourner le boisseau portant les cavités remplies d'essence une vitesse appropriée à l'énergie que l'on veut obtenir. Mais le réglage de l'air et son brassage avec l'essence sont difficiles dans ce dispositif, où l'aspiration de l'air reste toujours sous la dépendance de la seule dépression produite dans le cylindre par la fuite du piston. Peut-être suffira-t-il, comme le remarque M. Forestier, pour obtenir la variabilité de puissance du moteur à mélange tonnant de combiner ce dispositif avec l'allumage électrique, qui permet, par l'avance à l'explosion, d'augmenter le nombre de coups de piston conservant, grâce à l'injection d'un même volume d'essence, la même puissance.

La solution du problème, difficile avec l'explosion, qui exige un dosage rigoureux de l'air carburé, semble plus facile avec la combustion, qui se produit, quelle que soit la proportion trop considérable de l'air, pourvu que la température soit suffisante. Il faut donc espérer que les systèmes Duryea (§ 118) et Diesel (§ 119) pourront, malgré la complication que leur impose la nécessité d'un réservoir auxiliaire, être appliqués à l'automobilisme.

Un autre inconvénient des moteurs à mélange tonnant consiste dans les trépidations qu'ils impriment à la voiture, surtout quand elle est arrêtée. Les constructeurs ont donc bien raison de chercher à les équilibrer : il reste à savoir lequel, des divers procédés que nous avons exposés, est le meilleur. Celui qui consiste à disposer des masses faisant contre-poids aux têtes des bielles, à leurs coudes d'assemblage avec l'arbre et aux pistons est le plus simple ; mais l'équilibrage n'est obtenu que pour la vitesse, en vue de laquelle on a calculé la distance des contre-poids à l'axe de rotation. L'équilibrage par mouvements inverses de pistons conjugués, qui est applicable même avec les moteurs à nombre impair de cylindres, comme le moteur compound de MM. Roser et Mazurier, paraît assez recommandable. L'équilibrage par explosion entre deux pistons marchant en sens inverse semble théoriquement le plus parfait : on peut se demander si la complication résultant de l'adjonction de bielles et palonnier et l'augmentation de volume du carter ne compensent pas, et au delà, l'avantage qu'il procure.

A l'inverse de ce que nous avons constaté pour le moteur à vapeur, la date récente du moteur à pétrole peut nous faire espérer qu'il sera l'objet de perfectionnements importants. On pourra notamment rendre meilleurs la carburation et l'allumage, plus précise la régulation ; étudier l'influence du volume de la cylindrée et du taux de la compression sur le rendement.

On améliorera ce dernier en diminuant les pertes de chaleur, causées par le refroidissement qu'on fait subir aux cylindres et qui s'élèvent parfois à 30 % des calories développées par l'explosion. Si on trouve un lubrifiant, qui ne se décompose pas, comme les oléonaphtes employées jusqu'ici, à 350° ou 400°, on pourra laisser les cylindres plus chauds, et ce sera autant de gagné. Dès à présent, on pourrait s'attacher, comme le demande M. R. Sorean, à avoir un refroidissement plus méthodique, soit par un jeu de valves automatiques réglant le courant d'eau d'après la température du cylindre, soit par un ventilateur qu'actionnerait le moteur et qui injecterait entre les ailettes du cylindre une quantité d'air variable (système Diligeon).

Il serait fort désirable de voir réaliser un moteur rotatif pratique, mais sa construction nous paraît encore plus lointaine avec le pétrole qu'avec la vapeur.

CHAPITRE III

ACCUMULATEURS ET MOTEURS ÉLECTRIQUES

1º Les accumulateurs.

123. — L'accumulateur seul générateur électrique applicable aux automobiles. — L'automobile, qui demande à l'électricité la force nécessaire pour sa propulsion, doit, comme les autres voitures sur route, emporter avec elle sa source d'énergie. Elle s'interdit par là l'utilisation du trolley, courant le long d'un conducteur constamment relié aux dynamos de l'usine, c'est-à-dire le mode de traction électrique que l'expérience a jusqu'ici consacré comme le plus pratique [1]. Car, il faut bien reconnaître que si l'électricité est devenue, dans ces deux dernières années, un des plus puissants agents de transport, c'est presque exclusivement le procédé par câble aérien ou souterrain qui est la base de ses applications : les quelques tramways à accumulateurs, qui circulent dans nos villes, ne le font encore que depuis trop peu de temps pour que la question soit résolue de savoir s'ils donnent lieu à une exploitation économique [2].

Il ne reste donc à l'automobile que la ressource des piles primaires ou secondaires.

---

1. On a bien proposé l'application de ce mode de traction aux automobiles (voir notamment *Génie civil*, t. XXXII, p. 49), mais elle est pour longtemps impossible.

2. Il est cependant juste de reconnaître que l'accumulateur Tudor donne de très bons résultats dans les exploitations de tramways de Hanovre, Dresde, Hagen, Francfort, Paris, Berlin..., parmi lesquelles plusieurs sont, dit-on, nettement rémunératrices. Avec lui, l'augmentation de poids que le transport de l'accumulateur inflige à la voiture n'est plus que de 15 à 25 % de son poids total, alors qu'elle était, il n'y a pas bien longtemps, de 50 %.

Les premières, comme leur nom l'indique, font directement la transformation de l'énergie chimique en énergie électrique ; elles la font même dans des conditions de rendement très avantageuses. On pourrait donc les croire capables de fournir l'électricité à très bon compte. Il n'en est rien, parce que les substances que consomment les piles : acides, sels, zinc (les tentatives qu'on a faites pour substituer à ce métal un autre corps sont toutes restées infructueuses) sont autrement coûteuses que le charbon auquel la dynamo emprunte son énergie.

M. Hospitalier, qui s'est fait l'apôtre aussi fervent que judicieux de l'automobile électrique, et auquel nous aurons l'occasion de faire plus d'un emprunt [1], a calculé qu'une pile au bichromate de potasse ne consommant que les quantités strictement nécessaires pour produire 1 kilowatt-heure, soit 1 kg. de zinc amalgamé et 1.668 kg. de bichromate, dépensera (en comptant le premier à 0.80 fr. le kilog. et le second à 1.20 fr.), 2.80 fr., soit 3 fr. avec l'acide sulfurique. Si on admet qu'une voiture électrique doive emporter une provision d'énergie de 5 à 10 kilowatts-heure, suivant le poids et la durée de parcours journalier qu'on lui assigne, cela fait une dépense de 15 à 30 fr. pour les seuls produits chimiques.

Mais, la pile n'est pas seulement un générateur coûteux ; elle est aussi un générateur très lourd (par suite de la nécessité de diluer l'acide et de dissoudre le sel dans une grande quantité d'eau et de placer le tout dans des récipients solides) et de très faible puissance (puisque sa force électro-motrice ne dépasse pas 2 volts, sur lesquels 0,2 volt sont absorbés par sa résistance intérieure). Il en résulte que sa puissance spécifique (quotient de sa puissance utile par sa masse) n'est que de 1 à 2 watts par kilog., et que son énergie spécifique ne dépasse pas 4 à 5 watts-heure par kilog. Or, nous n'avons pas besoin de faire remarquer que, dans ses applications à la traction, le générateur électrique

---

1. *Voir* Notes électromobiles (*Locomotion automobile* du 13 janvier 1898 et n^{os} suivants).

doit présenter une grande puissance spécifique, pour pouvoir développer à un moment donné (démarrage, forte rampe...) un effort considérable, et une grande énergie spécifique, pour être, sous un faible poids, capable d'assurer pendant un temps suffisamment long la propulsion de la voiture.

L'emploi des piles primaires est donc inadmissible. Celui des accumulateurs est-il plus pratique? Il y a peu d'années, il ne l'était pas, puisqu'en 1881, le type Faure ne donnait guère comme puissance et énergie que 1 watt et 7 watts-heure, par kilog. de poids total, chiffres se rapprochant beaucoup de ceux que nous avons donnés pour la pile. Mais, actuellement, le type Fulmen réalise une puissance spécifique de 8 à 10 watts et une énergie spécifique de 20 à 30 watts-heure. Suivant une marche parallèle, le moteur électrique de 2 à 3 kilowatts, qui, en 1881, pesait 30 à 40 kg. et ne rendait que 60 %, voyait dès 1897, son poids s'abaisser à 15 ou 20 kg. par kilowatt, et son rendement s'élever à 85 ou 90 %. Tout cela a changé l'état des choses pour l'application de l'électricité à l'automobilisme, et, en fait, les concours de fiacres de 1898 et 1899 ont prouvé qu'elle était d'ores et déjà possible. Nous allons voir dans quelles conditions elle a été jusqu'ici réalisée.

124. — L'accumulateur plomb-plomb jusqu'ici seul pratique. — Toute pile, qui ne donne pas en quantité appréciable des produits volatils, peut *théoriquement* constituer un accumulateur électrique. Mais jusqu'à présent, on n'a obtenu des résultats qu'avec les trois seules combinaisons suivantes :

1° Accumulateur plomb-plomb, eau acidulée sulfurique ;

2° Accumulateur plomb-zinc, eau acidulée sulfurique ;

3° Accumulateur zinc-cuivre, solution de potasse ou de soude caustique.

Cette dernière ne donne qu'une force électro-motrice minime : 0,8 volt par élément. La seconde donnerait, au contraire, une force électro-motrice considérable (2,4 v.) et permettrait de faire avec le zinc des plaques négatives bien plus légères qu'avec le plomb; mais, dans la charge, la constitution de l'élément se fait mal, et cela a été considéré jusqu'ici comme un vice rédhibitoire. Pourtant M. Riker, de Brooklyn, emploie des accumulateurs plomb-zinc, sur lesquels nous donnerons quelques détails en parlant de ses voitures.

Il ne faut d'ailleurs pas désespérer d'utiliser un corps plus léger que le plomb, capable de constituer un accumulateur puissant, entièrement régénérable. M. Pisca ne doute pas de la chose : « La théorie est faite ; il faut forcer les corps choisis à suivre la voie que les difficultés d'exécution lui masquent, mais que le calcul leur indique [1]. »

125 — Adaptation des accumulateurs plomb-plomb au service de traction. — En attendant cet avenir plein de promesses, l'accumulateur plomb-plomb reste le seul pratique.

Il se compose comme on le sait, de lames *négatives* de plomb réduit spongieux et de lames *positives* de plomb peroxydé, plongeant dans de l'eau acidulée sulfurique. Le difficile est, dans tous les cas, d'établir entre la matière active et son support une adhérence suffisante pour résister aux variations de volume et de cohésion, inséparables des transformations périodiques sur lesquelles est fondé le jeu de l'accumulateur [2]. Lorsque celui-ci est destiné à un service de traction, la difficulté est encore aggravée par ce double fait qu'il faut réduire le plus possible le poids du support (afin d'obtenir une puissance et une énergie spécifiques considérables) et que les vibrations tendent à . en détacher la matière active.

Quand cette dernière est formée aux dépens du support, l'électrode est dite à formation *autogène* ou Planté. Le moyen est peu employé, à cause de sa longueur. On a presque toujours recours à la formation *hétérogène*, qui procède par voie électrolytique, à

1. Société des Ingénieurs civils. Bull. d'août 1898, p. 850.
2. En général, le support est formé par une grille dont le quadrillage reçoit des pastilles de la matière active. Parfois, comme dans l'accumulateur Phœbus, celle-ci est comprise entre deux grilles entretoisées : elle constitue alors une masse continue plus solide qu'une réunion de pastilles isolées.

peu près abandonnée, ou par dépôt mécanique. Celui-ci, qui est dû à M. Faure, se prête aux formes les plus variées du quadrillage destiné à assurer le solide encastrement des pastilles de matière active. Pour obtenir, comme c'est nécessaire en l'espèce, un débit et une capacité spécifiques considérables, il faut éviter les plaques trop épaisses et les alvéoles trop grandes, qui n'assureraient pas à la matière active un contact suffisant avec le support et avec l'électrolyte.

Nous pouvons donc conclure, avec M. Hospitalier, que jusqu'à nouvel ordre, les accumulateurs de traction sont tous, ou presque tous, des accumulateurs plomb-plomb (plomb doux ordinaire pour les lames négatives, plomb antimonié pour les lames positives), à formation hétérogène, à oxydes rapportées mécaniquement.

Nous verrons cependant certains accumulateurs avoir leurs positives à formation Planté. M. Wallace Jones croit que cette solution mixte est appelée à prévaloir. M. Wythe Smith, allant plus loin, estime qu'il faudra peut-être adopter l'élément Planté plus ou moins modifié.

La connexion entre leurs diverses plaques est faite par des traverses de même métal ou alliage que les plaques elles-mêmes, c'est-à-dire en plomb doux et en plomb antimonié; on visse les traverses aux lames à l'aide d'écrous en plomb antimonié, si on veut se réserver la faculté de démonter les éléments.

Pour empêcher tout contact entre les lames de noms contraires, on entoure de jarretières, en caoutchouc rond de 5 à 8 mm. de diamètre, les bords des plaques, verticalement pour qu'elles ne facilitent pas les courts-circuits en arrêtant les parcelles de matière active détachées. Pour les accumulateurs de traction, on utilise souvent des feuilles d'ébonite ou de celluloïd, de quelques dixièmes de millimètre d'épaisseur, percées de trous de 1 à 2 mm. de diamètre, d'une section totale au moins égale au tiers de la surface des feuilles. De cette façon, ces dernières n'opposent qu'une résistance négligeable au passage du courant, tout en étant de sûrs garants contre les courts-circuits.

Bien qu'une solution riche en acide sulfurique soit peu favorable à la conservation des électrodes, M. Hospitalier n'hésite pas à la conseiller dans l'espèce : une densité de 1,32 (35° Baumé) lui paraît nécessaire pour avoir une force électro-motrice et un débit suffisants, et réduire par suite le poids transporté.

C'est aussi pour cette dernière raison, qu'on fait les récipients aussi légers que possible : on est en train de renoncer au celluloïd, qui serait pourtant la substance de choix si elle n'était très inflammable ; elle a effectivement causé plusieurs incendies. On se rabat sur l'ébonite. Peut-être pourra-t-on un jour employer l'ambroïne, un tissu pégamoïdé, la toile laquée à chaud, sous pression, ou le carton comprimé, laqué ou caoutchouté.

Le couvercle doit être hermétique, pour empêcher toute projection de liquide en cours de route ; mais, un petit trou y est ménagé pour permettre le départ des gaz pendant la charge.

Les dimensions des éléments peuvent varier ; mais leur nombre reste fixé de façon presque constante, à 40 ou 44, par l'intérêt qu'il y a à pouvoir, pour leur chargement, les disposer en tension sur les distributions d'énergie électrique au potentiel ordinaire de 110 volts, et, pour les changements de vitesse, les diviser en quatre batteries égales.

Certains constructeurs, comme MM. Bouquet, Garcin et Schivre, et M. Patin emploient des accumulateurs particuliers, sur lesquels ils sont fort sobres de détails. La plupart des autres utilisent des types, qui sont dans le commerce, et que leurs constructeurs n'ont pas encore eu bien le temps d'approprier à leur nouveau service. Citons, indépendamment de ceux que nous allons décrire, les systèmes Gadot, Faure-King, Bristol.

126. — Accumulateur Lamina. — L'accumulateur Lamina (fig. 137), employé par M. Elieson, du type Planté, a ses plaques formées chacune d'une série de feuilles de plomb perforées et gaufrées, et les gaufrages sont alternativement horizontaux et verticaux ; cette disposition assure aux plaques une grande surface et à l'acide une libre circulation. Les plaques sont enveloppées dans une gaine en plomb perforé, qui, pendant la formation, a été préservée de l'action électrolytique. L'inventeur affirme que cette gaine maintient très bien la matière active, et que l'accumulateur peut sans détérioration être mis en court-circuit ; ce dernier avantage serait précieux, s'il était bien confirmé. Le type de 17, 5 cm. de longueur, 10 cm. d'épaisseur, 32,5 cm. de hauteur, fournissant 100 ampères-heure au régime de 20 ampères et

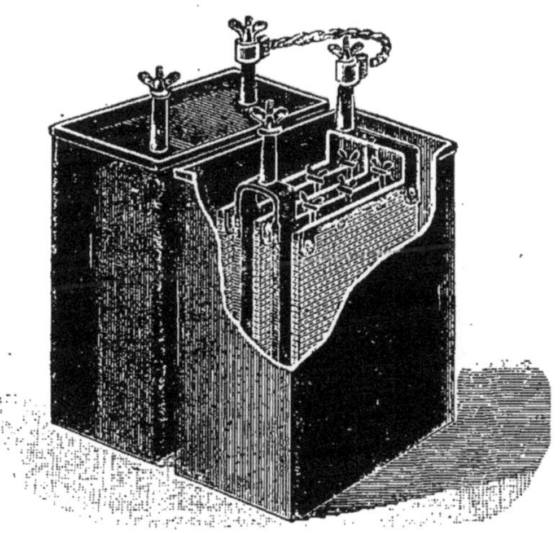

Fig. 137. — Accumulateur *Lamina* à bac d'ébonite.

120 A.-h. au régime de 10 A, pèse 12,23 kg. A ce taux, une batterie de 40 éléments renfermant 8 kw.-h. disponibles, pèse 500 kg. Cela fait ressortir à 62 kg. le poids du kw.h., au débit de 3 à 3,5 w. par kilog. : la légèreté de l'accumulateur est assez médiocre.

127. — Accumulateur Fulmen. — L'accumulateur Fulmen est de beaucoup le plus employé jusqu'ici, au moins par nos constructeurs français. Les figures 138, 139 montrent, d'après une photographie, les deux parties d'une plaque, et la figure 140 l'aspect qu'elle offre, après leur assemblage.

Les châssis très légers, sont coulés en plomb antimonié ; dans le modèle représenté, ils sont divisés par des barrettes transversales et longitudinales, en trente compartiments subdivisés chacun en douze alvéoles. L'un des châssis porte des tenons ronds qui correspondent à des ouvertures ménagées de fonte dans l'autre et qui y pénètrent lorsqu'on superpose ces châssis. Sur les côtés, ceux-ci présentent une obliquité tournée vers le dedans ; de plus, toutes les barrettes intérieures ont une section triangulaire dont le sommet est également dirigé en dedans, de sorte que les évidements constitués entre ces châssis, ont un pourtour en queue d'hironde où l'oxyde rapporté est emprisonné. . En

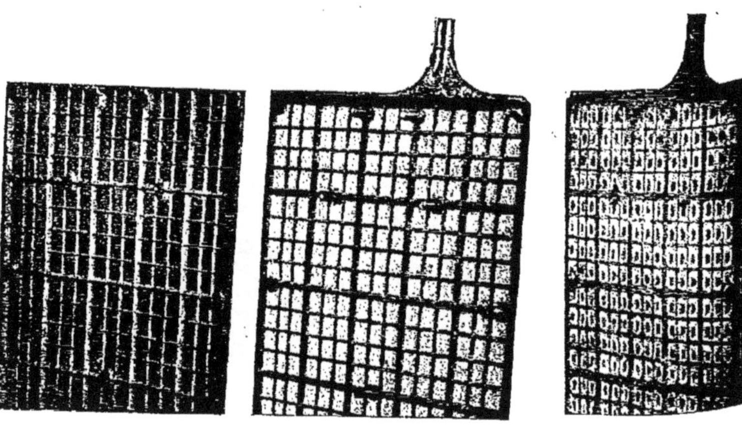

Fig. 138 et 139.
Accumulateur *Fulmen*.
Châssis d'une plaque.

Fig. 140.
Accumulateur *Fulmen*.
Plaque complète.

même temps que la matière active est convenablement comprimée, les tenons d'un châssis sont écrasés dans les ouvertures de l'autre et la plaque solidement assemblée contient, serties dans les quadrillages, 360 pastilles, qui résistent, dans les meilleures conditions possibles, aux causes de désagrégation.

Les plaques ainsi formées sont logées dans des bacs en ébonite, présentant de hauts rebords et elles reposent par l'intermédiaire de bourrelets souples, sur des traverses également en ébonite. C'est aussi en cette matière qu'est fait un couvercle portant, respectivement pour l'emplissage et la traversée des tiges de connexion, une ouverture fermée par un bouchon et des rondelles en caoutchouc pur.

M. Hospitalier, qui a pu expérimenter cet accumulateur dans son laboratoire, nous donne à son sujet les renseignements suivants. L'élément B_{13}, qu'il a plus particulièrement étudié, comprend 13 plaques [1] de 18,5 cm. de haut, 9,5 cm. de large, 4 mm. d'épaisseur, formant un quadrillage à 24 alvéoles rectangulaires. Avec ses lames séparatives et son bac de celluloïd, il pesait 7,5 kg.; avec l'ébonite, qui est maintenant exclusivement employée pour la confection des boîtes, à cause de la trop grande inflammabilité du celluloïd, il faut compter sur une augmentation de poids de $3^o/_o$. Il fournit normalement pendant cinq heures un courant de 21 ampères, c'est-à-dire 1 A par dm^2 de surface de plaque positive; il peut d'ailleurs donner, aux dépens de sa capacité, jusqu'à 50 A en décharge continue et 100 A pendant un instant. A la décharge normale en cinq heures, la différence utile de potentiel de l'élément est de 1,9 volt en moyenne, la capacité de 105 ampères-heure, la puissance 21 A $\times$ 1,9 v. $=$ 40 watts, l'énergie disponible de 200 watts-heure.

Si on divise ces divers chiffres par le poids 7.5 kg. de l'élément, on arrive aux constantes spécifiques consignées dans le tableau suivant :

	Fulmen	F. S. V. de MM. Valls et Cie	Pulvis	Société anonyme pour le travail des métaux	B. G. S.	Pharus	Pisca
Nombre de plaques de l'élément ordinaire.	13.	23.	7.	13.	15.	13.	13.
Débit spécifique, en ampères par kg.	3.»	1.6	1.87	2.17	3.»	2.»	2.2
Puissance utile spécifique, en watts par kilog.	5.3	3.»	3.65	4.1	5.3	3.7	4.2
Capacité spécifique, en ampères-heure par kilog.	14.6	8.»	9.37	7.76	21.»	9.9	6.6
Énergie utile spécifique, en watts-heure par kilog.	26.»	15.»	18.25	14.7	27.6	18.5	12.6
Poids spécifique, en kg. par k-w-h.	37.5	65.»	54.6	68.»	36.2	54.0	79.2

1. On sait qu'un élément a toujours un nombre impair de plaques, afin d'encadrer les positives extrêmes par des négatives; sans cette précaution, les positives, étant inégalement attaquées, se gondoleraient.

Si l'on porte le régime de décharge spécifique continue de l'accumulateur Fulmen à 2.5 ou 10 w., c'est-à-dire si on le diminue de moitié ou si on le double, l'énergie spécifique devient 30 et 20 w.-h., c'est-à-dire augmente ou diminue d'environ 5 w.-h.

Cela prouve que l'on gagne en énergie ce que l'on perd en puis-

Fig. 141. — Accumulateur *Valls*.

Plaque négative d'accumulateur Valls, type normal pour automobiles.

sance et inversement. Et il ne faut pas oublier, quand on fixe les constantes spécifiques de la batterie à employer, que les accumulateurs se conservent d'autant mieux qu'on les soumet à des régimes de décharge plus modérés.

128. — Accumulateur F. S. V. de MM. Valls et Cⁱᵉ. — L'accumulateur Faure-Sellon-Volckmar, fabriqué par MM. Valls et Cⁱᵉ, a ses plaques négatives en plomb pur, à alvéoles très petites (fig. 141). Les plaques positives (fig. 142), aussi en plomb pur (l'emploi du plomb doux est destiné à compenser la chute graduelle de la matière active), sont constituées pour le type normal [1] par une âme assez épaisse, sur laquelle sont ménagées des rainures horizontales inclinées et des rainures verticales, ces rainure

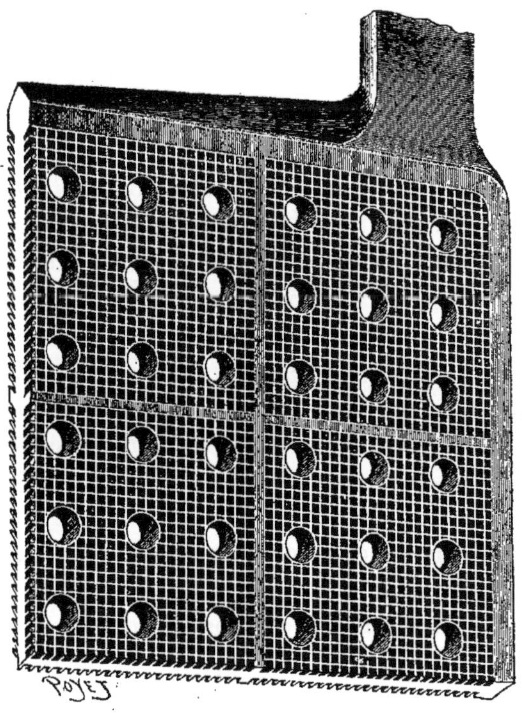

FIG. 142. — Accumulateur *Valls*.
Plaque positive d'accumulateur Valls, type normal pour automobiles.

étant disposées en quinconces sur les deux faces pour augmenter la rigidité de l'ensemble. Une mince lame d'ébonite perforée, placée sur les plaques, empêche la chute de leur matière active; une autre ondulée assure leur isolement. Les bacs, en ébonite, sont ou fermés, ou simplement recouverts d'une plaque de la même substance s'opposant aux projections du liquide.

[1]. Les types léger et extra-léger ont leurs positives identiques aux néga-tives.

L'élément normal est composé de 23 plaques carrées de 14 cm. 5 de côté, et pèse 15 kg. 95 [1]. Il fournit, pendant cinq heures, un courant de 35 ampères, soit 0,54 A par dm. ^{2} de surface positive développée : la différence utile de potentiel est de 1,9 volt en moyenne, la capacité de 135 ampères-heure, la puissance de 48 watts, l'énergie disponible de 240 watts-heure. Les constantes spécifiques en sont consignées au tableau de la page 225.

129. — **Accumulateur Pulvis.** — Dans l'accumulateur Pulvis, les positives sont constituées par des lames de plomb, d'environ 9 mm. d'épaisseur, étirées à la presse hydraulique, portant sur leurs deux faces des rainures horizontales très rapprochées, qui sont ensuite remplies de poudre de plomb impalpable. Les négatives sont analogues aux positives ; mais les lames sont plus minces et portent des nervures horizontales espacées de 4 à 5 mm., à profil en queue d'aronde, pour mieux maintenir la matière active. Les queues des connexions sont soudées, par le procédé autogène, à une barre cylindrique en plomb avec âme de cuivre. Les plaques reposent sur deux prismes en ambroïne, destinés à ménager un espace libre entre elles et le fond des bacs qui sont aussi en ambroïne. Elles sont séparées par des feuilles d'ébonite ondulées et perforées.

L'élément courant T$_7$ est composé de 7 plaques, de 0 m. 15 $\times$ 0 m. 19, pèse 16 kilog., et fournit, pendant cinq heures, un courant de 30 ampères, soit 0,156 A par d.-m. ^{2} de surface positive développée ; la différence utile de potentiel est de 1,95 volt, la capacité de 150 ampères-heure, la puissance de 30 A $\times$ 1,95 v. $=$ 58,5 watts, l'énergie disponible de 202 watts-heure.

130. — **Accumulateur de la Société Anonyme pour le travail électrique des métaux.** — Dans l'élément de la Société Anonyme pour le travail électrique des métaux, les négatives, dérivées du genre Faure, sont constituées par un quadrillage de plomb servant de support à du plomb spongieux provenant de la réduction de chlo-

---

[1] Les éléments léger et extra-léger ont respectivement 19 et 13 plaques, et pèsent 11,4 kilog. et 8 kilog.

rure de plomb fondu et coulé en pastilles. Les positives du genre Planté sont composées de bandelettes de plomb gaufré, superposées et réunies entre elles par des procédés spéciaux.

Les éléments, actuellement employés pour les fiacres de la Cie générale des voitures à Paris, se composent de 13 plaques de 0 m. 210 $\times$ 0 m. 110, reposant sur un tasseau en ébonite, et séparées par des plaques ondulées et perforées en ébonite ; ils sont enfermés dans des bacs aussi en ébonite, et pèsent au total 17 kilog. Ils fournissent normalement, pendant trois heures et demie un courant de 37,7 ampères, soit 1.3 A par dm. ^{2} de surface positive développée ; la différence de potentiel utile est de 1,9 volt, la capacité de 132 ampères-heure, la puissance de 71 watts, l'énergie disponible de 250 watts-heure. Les constantes spécifiques sont données par le tableau de la page 225.

130 bis. — Accumulateurs Bouquet, Garcin et Schivre, Phœbus, Pisca, Blot-Fulmen, W.-A Bease, Phénix. — L'accumulateur B-G-S, à formation hétérogène, avec connexions à la soudure autogène, ne présente rien de bien particulier dans sa construction. Ses inventeurs revendiquent cependant pour lui une capacité spécifique exceptionnelle (20 à 22 ampères-heures) : en service automobile, au régime normal de décharge en 6 heures, la batterie à 15 plaques donnerait le cheval-heure sous le poids de 26 kilogrammes environ. Un deuxième type plus récent aurait encore un rendement spécifique plus considérable et un volume plus réduit.

L'**accumulateur Phœbus**, construit par M. Kaindler, a sa matière active comprise entre deux grillages en plomb antimonié parallèles, solidement entretoisés ; cette matière forme ainsi, au lieu de pastilles isolées, une masse consistante. L'élément ordinaire comprend 13 plaques, de 0 m. 095 de large et de 0 m. 160 de haut ; il pèse 7 kg. 850 et se décharge normalement en 8 heures.

L'**Accumulateur Pisca**, combiné en vue d'une grande durée, plutôt que d'une haute capacité spécifique, est à formation hétérogène : les plaques ont des épaisseurs variant de 3 à 4 mm., les négatives étant un peu plus minces que les positives ; leurs bords s'engagent dans les rainures verticales dont sont munies deux parois opposées du bac, en caoutchouc durci. Le couvercle de celui-ci, à double cloisonnement, s'oppose aux projections d'acide, sans gêner le départ des gaz. La décharge normale a lieu en trois heures : si on l'effectue en une heure et demie, la capacité n'est plus que les 92 % de sa valeur normale ; si au contraire on la fait durer six heures, la capacité devient 1,2 fois plus grande.

L'élément moyen à 13 plaques pèse 21 kilos.

L'accumulateur Blot-Fulmen est constitué par des plaques positives Blot à navette du sytème bien connu et par des négatives Fulmen, les premières à formation autogène, genre Planté, les secondes à formation hétérogène. Ces plaques reposent sur des tasseaux placés au fond des bacs en ébonite et sont isolées par des feuilles d'ébonite ondulées et perforées. Les connexions sont en plomb antimonié. Les plaques positives de 8 mm. d'épaisseur pèsent 0 kg. 560 ; les négatives de 4 mm. d'épaisseur 0 kg. 300 ; l'élément de N plaques pèse, avec les accessoires, l'acide et le bac (1 kg. 250 × N) + 0 kg. 400 ; sa capacité en ampères-heure est de 12 (N — 1). Le nombre des plaques varie de 11 à 25 ; l'élément de 21 plaques, employé par M. Jenatzy pour la voiture de livraison des Magasins du Louvre, qui figurait à l'Exposition de 1899, pèse 25 kg. et a les capacités de 250, 230 et 200 ampères-heure, aux décharges respectives en 10, 5 et 3 heures.

Citons encore les accumulateurs **W.-A. Bease, Phénix** (brevets G. Philippart), que nous avons vus aussi à l'Exposition sans que nous puissions dire ce qu'ils donneront en service courant.

131. — **Concours d'accumulateurs de l'Automobile-Club de France** (1899). — La simple lecture du tableau de la page 225 montre combien les constantes spécifiques varient d'un système à un autre ; mais comme il ne fait pas entrer en ligne de compte d'autres éléments intéressants, tels que la durée, ses chiffres sont loin d'être comparables. Leur diversité prouve seulement que les caractères types de l'accumulateur de traction sont encore loin d'être bien définis. C'est pour essayer de le faire que l'Automobile-Club de France a organisé un concours [1] qui se poursuit encore (novembre 1899), parce qu'il doit durer tout le temps nécessaire pour mettre hors de service les batteries engagées, sans dépasser pourtant le délai de six mois. Ses enseignements seront utiles à écouter : ils ne manqueront pas d'être, pour les accumulateurs d'automobiles, la source de progrès sensibles.

Même avec ceux, qui ont d'ores et déjà été réalisés, la locomotion électrique est possible sur routes.

132. — L'accumobile est dès maintenant possible. — Reportons-nous, en effet, aux chiffres du tableau (page 225), relatifs à l'accumulateur Fulmen ; bien qu'ils aient été déterminés par des emplois fixes de ses éléments, ils peuvent être acceptés pour l'usage automobile, parce que les repos qui coupent fréquemment la décharge des accumulateurs de traction, et le mouvement de la marche favorisent la diffusion du liquide ; aussi, permettent-ils de calculer le poids d'accumulateurs nécessaire pour actionner une automobile d'une certaine masse, dans des conditions de vitesse et de profil déterminées.

Pour assurer la propulsion d'une voiture pesant une tonne, à la vitesse de 18 km. à l'heure (5 m. par seconde), bien suffisante pour un service urbain, il faut, avec un coefficient de traction de 2.5 % (25 kg. par tonne), fournir à la jante des roues une puissance de $25 \times 5 = 125$ kilogrammètres $= 1.250$ watts environ.

---

1. Aux termes de l'art. 3 du programme, il doit porter : a) sur la durée des éléments ; b) sur leur rendement industriel, c'est-à-dire sur le rapport entre l'énergie fournie aux bornes pendant la charge et l'énergie débitée pendant la décharge ; c) sur la fréquence, l'importance et la facilité des opérations d'entretien ; d) sur le poids des accumulateurs comparé à leur débit et à leur capacité ; le tout dans des conditions de trépidation et de variation de débit aussi semblables que possible à celles que les accumulateurs auraient à subir sur une automobile.

Chaque batterie présentée au concours, composée d'un nombre approprié d'éléments et contenue dans une caisse de groupement, ne devra pas peser plus de 110 kilos, non compris la caisse. Cette batterie devra pouvoir fournir 120 A.-h. pendant cinq heures, sans que la différence de potentiel s'abaisse au-dessous de 815 v. (art. 8).

La charge sera faite en huit heures au maximum sur les batteries montées en tension, avec un courant décroissant dont l'intensité initiale ne dépassera pas 30 A et dont l'intensité finale sera d'environ 15 A. (art. 10).

Si nous admettons des rendements de 0,8 pour le moteur électrique et de 0,9 pour la transmission entre son arbre et l'essieu, les accumulateurs devront fournir $\dfrac{1250}{0,9 \times 0,8} = 1.800$ w. Ils pourront le faire, au régime de 5 w. par kilog., s'ils ont un poids de $\dfrac{1800}{5} = 360$ kg. soit 36 % de celui de la voiture et, puisque en 1 heure, ils dépenseront 18,000 w.-h. pour faire parcourir à la voiture 18 km., cela équivaudra à une dépense de 100 w.-h. par tonne-kilomètre [1]. Les accumulateurs renfermant 25 w.-h. par kilog. pourront entretenir pendant cinq heures cette vitesse de 18 km., et faire parcourir à la voiture, sans être rechargés, la distance de $18 \times 5 = 90$ km.

M. Hospitalier avait cru devoir réduire ce chiffre d'un tiers pour tenir compte des pertes par arrêts, démarrages, fausses manœuvres, pentes. Ces dernières doivent être supposées modérées : il ne faut pas, effectivement, oublier que l'élévation d'une tonne à 10 m., correspondant aux bornes des accumulateurs à $\dfrac{100.000}{0,9 \times 0,8} =$ 143.000 kgm. $= \dfrac{1.430.000}{3.600} = 400$ w.-h., réduit, à raison de 100 w.-h., par tonne-kilomètre, le parcours en palier de 4 km. Or, ces prévisions ont été dépassées par les résultats du concours de fiacres de juin 1898 : les voitures qui y ont pris part, ont effectué, presque toutes, des parcours notablement supérieurs aux 60 km. qui leur étaient demandés ; l'une d'elles a fait jusqu'à 105 km. Et pourtant dans aucune de ces voitures, le rapport du poids des accumulateurs n'a atteint cette proportion de 36 % du poids total en charge, que nous avons supposée : il a varié de

1. Ce chiffre est un peu supérieur à ceux qu'ont trouvés MM. Morris et Salom à Chicago et qui ont varié entre 84 et 92 w.-h. Mais, comme le fait remarquer M. Hospitalier, les expériences des ingénieurs américains ont été faites dans des conditions éminemment favorables, notamment sur route très plate. Le concours de fiacres de 1898 a montré qu'on pouvait l'abaisser à 80 w.-h.

26 à 32 °/₀. Avec une pareille valeur de ce rapport, la marge reste assez grande pour le poids du moteur, des transmissions, de la voiture et des voyageurs.

M. Hospitalier évalue aux taux suivants les poids relatifs des diverses parties composant une voiture à deux voyageurs, conducteur non compris.

```
Accumulateurs...........................................   300 à 350 kg.
Moteurs et transmissions 120 à 150 kg.............. )
Coupleur, connexions, accessoires, 50 à 80 kg...... )
Caisse, châssis, roues. 300 à 400 kg.............. }  670 à 850  kg.
Deux voyageurs et le conducteur 210 à 220 kg....... )
                                                      ─────────────
                                                      970 à 1.200 kg.
```

Les chiffres de la seconde série sont à peu près exactement ceux des voitures à deux places qui ont pris part au concours de fiacres : le drojki Jeantaud et la victoria Krieger, où les poids d'accumulateurs sont de 340 kg. pour des poids totaux respectifs de 1.050 et 1.180 kg. Pour les voitures à 4 places, ils s'élèvent progressivement et deviennent 450 et 1.770 pour le fiacre à galerie de M. Krieger, 450 et 1.790 pour le landaulet de M. Jeantaud. Le rapport de ces poids s'abaisse notablement; il n'est plus que de 25 °/₀, au lieu de 33 et 30 °/₀.

L'accumobile est donc possible, et les concours de fiacres de 1898 et 1899 l'ont prouvé d'une façon éclatante.

Nous ne partageons donc pas les avis émis dans les récentes séances de l'*Institute of Electrical Engineers* de Londres, notamment par le professeur Ayrton, qui nie pour l'instant la possibilité d'une exploitation économique, et qui semble même étendre sa déclaration aux tramways à accumulateurs ; et par le professeur R. Smith, qui ne promet aux accumulateurs la consécration de la pratique automobile que pour le jour où ils se seront allégés de 60 °/₀ de leurs poids.

L'accumobile nous paraît non seulement possible, mais encore douée de qualités spéciales fort avantageuses. C'est ce que nous allons prouver.

2° Les Moteurs.

133. — Avantages du moteur électrique au point de vue de la traction. — Les accumulateurs envoient leur courant au moteur électrique chargé d'actionner la voiture ; le couple moteur fourni par celui-ci a pour expression

$$W = SHI,$$

S, étant la surface d'enroulement du moteur, constante avec lui ;
H, l'intensité du champ magnétique donné par les électros ;
I, l'intensité du courant.

On peut, comme nous allons l'expliquer, faire varier H et I, et par suite le couple moteur : effectivement celui-ci peut prendre des valeurs jusqu'à 8 fois supérieures à sa normale, offrant ainsi une élasticité précieuse pour les démarrages et les coups de collier [1].

De plus, quand la vitesse diminue, la puissance du moteur augmente ; et inversement quand la vitesse augmente, la puissance diminue ; le moteur est donc autorégulateur. Même, dans certaines conditions, elle peut devenir nulle, puis négative ; à ce moment, il y a récupération, le moteur faisant frein, et fonctionnant comme dynamo, susceptible dès lors d'être utilisé pour recharger les accumulateurs.

C'est à l'aide du *combinateur* qu'on donne à H et I, aux intensités du champ magnétique et du courant, les variations qui se traduisent par les variations correspondantes qu'on veut obtenir dans le couple moteur. C'est lui aussi qui permet d'obtenir la mise en marche, les changements de vitesse, le freinage, l'arrêt, la marche arrière de la voiture.

Pour assurer et faire varier l'excitation du moteur, il peut mettre en jeu divers moyens.

---

1. Il n'y a rien d'analogue dans le moteur à pétrole, dont le couple est constant : le seul moyen dont on dispose pour faire varier ce dernier est de changer la vitesse (voir § 144).

L'excitation *séparée*, obtenue en envoyant dans les inducteurs le courant emprunté à quelques accumulateurs, donne un champ magnétique constant et une vitesse qui ne dépend guère que de la différence de potentiel fournie aux bornes du moteur. Le combinateur règle cette vitesse en intercalant des résistances variables dans le circuit de l'induit, ou mieux en couplant de façons diverses les batteries de l'accumulateur. Le champ magnétique étant constant, dès que la vitesse angulaire du moteur dépasse une certaine valeur, il se met à fonctionner comme dynamo, fait l'office de frein et peut servir à la récupération d'une partie du travail produit par la marche de la voiture. Malgré ces avantages indiscutables, l'excitation séparée est peu employée, par suite des complications qu'occasionne pour la recharge, l'inégalité d'épuisement des accumulateurs affectés à l'excitation : ceux-ci, qu'ils soient spécialement réservés à ce rôle ou qu'ils soient constitués par quelques-uns des accumulateurs de travail, ne sont pas déchargés comme les autres. Cette simple difficulté de rechargement mérite d'être prise en considération, car le renouvellement de l'énergie est une des grosses complications de l'emploi des accumulateurs.

L'excitation en *série*, dans laquelle les inducteurs sont traversés par le même courant que les induits, est la plus simple ; elle est souvent employée, et combinée avec le couplage varié des batteries. Mais elle ne permet pas la récupération ; et, comme elle rend la vitesse de la voiture sensible aux variations de profil de la route, elle lui inflige une allure peu régulière.

L'excitation *Shunt*, obtenue en branchant les inducteurs sur les bornes des accumulateurs qui alimentent l'induit, exige au démarrage un dispositif spécial pour éviter la brûlure du moteur ; elle n'admet que le couplage des accumulateurs en tension. Mais, le moteur une fois parti, ce mode offre les avantages de l'excitation séparée.

Parfois l'induit est à deux enroulements, que le combinateur couple en tension pour le démarrage, en quantité pour la marche à grande vitesse.

On peut aussi utiliser deux moteurs, actionnant chacun une roue, et permettant la suppression du différentiel ordinairement nécessaire pour assurer l'indépendance des roues motrices dans les virages. « Les couplages de ces deux moteurs et de leurs excitations en série, en tension ou en quantité, joints aux couplages des batteries, permettent, dit M. Hospitalier, un grand nombre de combinaisons graduant la vitesse, mais elles compliquent le règle-marche. »

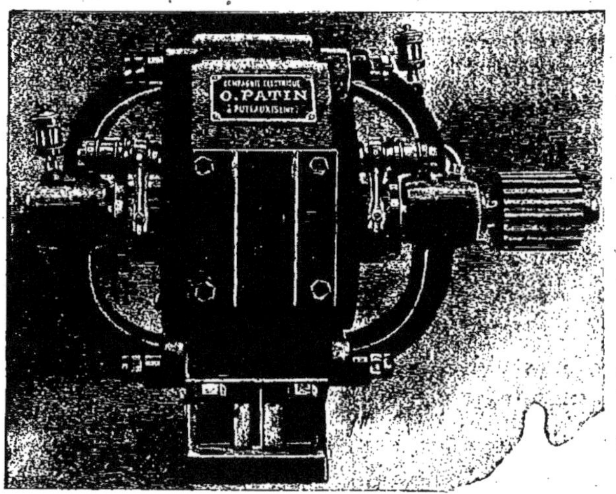

FIG. 143. — Moteur *Patin*.
Vue de face

Les combinaisons les plus délicates parmi celles que nous venons d'indiquer, sont d'ailleurs, grâce à cet appareil, assurées par des manœuvres d'une simplicité extrême, ne demandant de la part du conducteur que la notion du résultat qu'il veut obtenir.

Quant à la mise en marche, au recul, à l'arrêt, le combinateur les donne bien aisément en admettant, inversant, supprimant le courant dans l'induit.

Tout cela explique la grande souplesse et l'extrême facilité de conduite de l'automobile électrique.

134. — Qualités à exiger d'un moteur électrique de traction. — Le moteur électrique, tel qu'on le construit couramment, réalise fort simplement ce système rotatif, qui s'adapte si bien à la locomotion automobile, parce qu'il supprime les vibrations inhérentes au système alternatif, mais qu'on n'a pas jusqu'ici réussi à rendre pratique avec la vapeur et encore moins avec le pétrole.

Fig. 144. — Moteur *Patin*.
Vue de profil

Comme il n'a reçu que peu d'applications automobiles, il n'a pu jusqu'ici être doté de toutes les modifications qui le rendront encore plus apte qu'il ne l'est naturellement à démarrer facilement, à être aisément manœuvrable, à fonctionner avec des courants de faible tension comme ceux des distributions ordinaires. On s'efforcera aussi de le rendre plus robuste, et moins lourd : c'est ainsi que M. Patin (fig. 143 et 144) a fait en aluminium deux flasques de son moteur appelés à ne pas travailler beaucoup. Une autre qualité à exiger d'un moteur de traction, c'est qu'il tourne à faible vitesse, de façon qu'on puisse éviter ou du moins simplifier beaucoup la transmission du mouvement de l'arbre de l'induit à l'essieu moteur. Les engrenages réducteurs de vitesse sont bruyants et coûteux : *par eux-mêmes*, car le prix en est élevé et ils s'usent fort vite (surtout quand on ne les enferme pas dans des carters), même quand on les fait, non pas en bois, en cuir durci ou vert, en bronze, mais en acier ; et *par la consommation de force*, qu'ils entraînent en pure perte.

Une faible vitesse angulaire n'est d'ailleurs pas exclusive d'une grande vitesse tangentielle, favorable au développement de la force électro-motrice : on donnera donc à l'induit un diamètre aussi grand que le permettront la place qu'on pourra lui offrir et le danger qu'une force centrifuge excessive ferait courir au frettage de ses fils ; la vitesse tangentielle a pu être impunément portée à 25 mètres par seconde.

Ces deux conditions, faible poids et faible vitesse angulaire, doivent pourtant être combinées avec cette autre que le moteur a besoin d'une puissance suffisante. Et il devient assez difficile de les concilier tous les trois, car le moyen le plus naturel de donner à un moteur léger une grande puissance serait de le faire tourner vite. Il faut d'ailleurs se rappeler qu'un moteur léger n'est pas toujours préférable à un moteur lourd, ni un moteur lent à un moteur rapide : il se peut, par exemple, qu'une machine pesant quelques kilos de moins qu'une autre, mais n'ayant pas un aussi bon rendement, exige dans le poids des accumulateurs une majoration bien supérieure au gain réalisé par sa construction trop légère. La considération de rendement doit au fond primer toutes les autres, car le problème consiste à transporter une charge donnée avec le minimum d'énergie dépensée.

135. — Construction d'un moteur d'automobile. — Dans la construction des moteurs automobiles, il faut se servir de matériaux de tout premier choix, pour les inducteurs d'acier doux, qu'on sature à pleine charge, afin de bien utiliser le métal. Pour la même raison, souvent on les fait à plusieurs pôles, alors quatre, attendu qu'il serait difficile d'en loger davantage avec les bobines d'induction qu'ils nécessiteraient.

On ménage à l'entrefer une valeur aussi minime que possible, sans descendre pourtant au-dessous des 3 mm., qui semblent indispensables au jeu de l'induit.

A celui-ci on donne une section telle que la densité du courant y soit de 5 ou 6 ampères par mm^2 : dans ces conditions, la température des bobines ne dépasse pas 50°. Il faut pourtant prévoir une majoration d'intensité de 50 °/₀ pendant une heure (sans parler des 10 ou 12 A qu'elle atteint au démarrage) ; la température des enroulements s'élève alors à 90°.

De là résultent, et la nécessité d'employer des isolants très efficaces, et la préférence donnée à l'excitation en série, avec laquelle il n'existe qu'une différence de potentiel très faible (10 volts au plus) entre deux points quelconques de l'enroulement inducteur, et la défaveur qui pèse sur l'excitation en dérivation, avec laquelle la différence de potentiel peut devenir presqu'aussi forte qu'entre les deux bornes de la batterie, et occasionner des étincelles.

Pour éviter celles-ci aux balais du collecteur, sans avoir recours au décalage de ces derniers, impossible avec un moteur qui doit tourner dans les deux sens, on fait les balais en charbon (d'environ 15 mm.^{2} de section par ampère). On s'efforce aussi de réduire la réaction d'induit, qui, on le sait, fait varier la position de la ligne neutre. On diminue cette réaction en donnant à l'inducteur un grand nombre d'ampères-tour, ce qui revient à saturer ce dernier, comme nous avons déjà dit qu'on devait le faire pour bien utiliser le métal. On est encore conduit par là à augmenter le nombre des pôles de l'inducteur, car on sait que la réaction d'induit diminue à mesure qu'augmente ce nombre.

Le moteur tétrapolaire a, en outre, l'avantage d'avoir une forme très ramassée, permettant pour l'induit un grand diamètre, et se prêtant fort bien au cuirassement. Quand l'enveloppe reste ouverte aux deux bouts, elle ne fait que protéger les bobines contre les chocs, ce qui est déjà quelque chose ; quand on la ferme, elle les protège en outre contre l'humidité, les poussières et les petites masses métalliques qui, attirées par les électro-aimants, pourraient venir se loger entre eux et l'armature. L'étanchéité de la cuirasse n'a qu'un défaut, soustraire les bobines à tout courant d'air et les soumettre, dès lors, à un échauffement considérable ; parfois, pour le combattre, on pratique à l'enveloppe quelques ouvertures aux points par lesquels l'entrée des poussières et des masses métalliques est la plus difficile.

Tous ces avantages font que le moteur tétrapolaire est presque exclusivement utilisé pour les tramways, et souvent aussi dans les automobiles.

En général, on ne conserve pas les quatre balais qui correspondent aux quatre pôles ; on en supprime deux, en faisant les couplages à l'intérieur même de l'induit, par un ensemble de fils qu'on nomme *connecteur*. Par ce dispositif, en même temps qu'on simplifie le moteur, on diminue les chances de mauvais contact, et on rend sa surveillance plus facile.

Quelquefois cependant il a bien quatre balais, mais parce que l'armature de l'induit comprend deux bobinages, aboutissant chacun à un collecteur, et constituant les deux circuits indépendants dont nous avons déjà parlé, pouvant être couplés en série ou en parallèle.

136.—Moyens employés pour faire varier la vitesse du moteur et de la voiture. — Le moyen presque exclusivement employé pour changer la vitesse de la voiture consiste à modifier celle du moteur. On peut le faire de trois manières : en agissant sur le voltage aux bornes du moteur ; en modifiant le flux inducteur ; en couplant diversement les enroulements de l'induit. Et ces trois manières peuvent même recevoir plusieurs variantes.

La première est commode à réaliser par l'intercalation dans le circuit de l'induit d'un rhéostat, dont on peut faire varier la résistance.

Mais ce procédé a l'inconvénient d'entraîner la perte de l'énergie ainsi employée à échauffer le rhéostat et de porter celui-ci à une température élevée ; pour ces deux raisons, il faut, si on l'emploie, borner son intervention au démarrage et à quelques autres cas ne la nécessitant que pendant peu de temps.

Un meilleur moyen consiste à coupler, comme nous l'avons déjà dit, de façons diverses, les batteries de l'accumulateur. Si, par exemple, celui-ci est composé de 40 éléments, ayant chacun une force électro-motrice de 20 volts, et répartis en 4 batteries, le couplage des 4 en dérivation donne une force électro-motrice de 20 volts, suffisante pour la petite vitesse ; le couplage en quantité de 2 paires de batteries disposées en tension, donne 40 volts pour la vitesse moyenne ; le couplage en tension des 4 batteries donne 80 volts pour la grande vitesse. Si l'on veut obtenir des vitesses intermédiaires, il n'y a qu'à faire varier le nombre des accumulateurs produisant l'excitation, ou introduire une résistance variable dans le circuit d'excitation.

On peut modifier le flux inducteur de deux façons :

1° En intercalant entre les bornes des inducteurs une dérivation de résistance variable : plus cette résistance sera faible, plus notable sera la portion du courant qui y passera, et plus faible celle qui passera dans les inducteurs, plus faible dès lors la vitesse de la voiture. La plus grande valeur de cette dernière correspondra dès lors au cas où aucune partie du courant ne sera dérivée. C'est le procédé par *shuntage*.

2° En faisant varier le nombre d'ampères-tour de l'excitation. Et cette variation peut s'obtenir en agissant sur le nombre d'ampères (intensité du courant) ou sur le nombre de tours (longueur de l'enroulement) : dans le premier cas, on relie en série ou en quantité les diverses sections de l'inducteur ; dans le second, on fait varier le nombre des sections d'enroulement intercalées dans le circuit, mais on s'abstient de le faire, parce que de la sorte l'enroulement inducteur est mal utilisé aux forts régimes.

Enfin le couplage des enroulements de l'induit se pratique

avec les moteurs tétrapolaires à deux collecteurs : on couple en tension pour le démarrage, en quantité pour la grande vitesse.

Lorsque là voiture est actionnée par 2 moteurs, on peut, en les couplant en série ou en quantité, « faire varier du simple au double, à vitesse égale, la force contre-électromotrice opposée ; à couple égal, la vitesse obtenue dans le premier cas sera donc sensiblement double de celle obtenue dans le second. Au démarrage, les deux moteurs étant en série, produisent le même couple total avec un courant moitié moindre que celui qu'ils absorberaient s'ils étaient en parallèle [1]. »

On voit combien les procédés employés pour faire varier la vitesse d'une accumobile diffèrent de ceux en usage avec une automobile à pétrole, et quelle simplification en résulte pour la transmission du mouvement. Disons cependant que quelques constructeurs ont recours à un jeu d'engrenages pouvant donner mécaniquement deux vitesses, jamais davantage : ce dispositif, en doublant le nombre des vitesses obtenues électriquement, donne une gamme des plus étendues, mais qui n'est pas, à notre avis, nécessaire pour avoir une voiture très souple.

Naturellement les procédés que nous venons de décrire sont très souvent combinés dans une même voiture, au gré du constructeur. Quels sont les meilleurs ? La réponse est fort difficile. M. D. Dujon [2] proscrit le couplage des batteries et des induits, et veut seulement agir sur les inducteurs, non par sectionnement, mais par shuntage. Comme il le reconnaît d'ailleurs lui-même, la solution est certainement beaucoup moins simple et doit varier avec les circonstances. En tout cas, nous ne partageons pas son avis sur celle qu'il regarde comme devant être la meilleure : un moteur tournant à une vitesse uniforme avec une transmission à rapports de vitesses variables ; ce serait tirer un bien mauvais parti de la souplesse du moteur électrique que de

1. *Petites Annales du cycle et de l'automobile*, 21 janvier 1899, p. 21.
2. *France automobile*, 26 mars 1899, p. 149.

revenir aux systèmes mécaniques qu'on trouve si peu satisfaisants pour le pétrole.

137. — Récupération du courant. — Ce moteur, avons-nous dit dans l'exposé général que nous avons fait de ses avantages, peut récupérer une partie du travail produit par la marche de la voiture. Il y a récupération lorsque, dans une descente, le moteur ne recevant plus le courant de la batterie, est actionné comme une dynamo et fournit un courant qui est envoyé aux accumulateurs.

La récupération est logique : elle n'est malheureusement possible qu'avec les machines tournant toujours dans le même sens, qu'elles fonctionnent comme moteurs ou comme dynamos, c'est-à-dire quand, la machine passant d'un rôle à l'autre, le courant n'y change de sens que dans l'un des organes, inducteur ou induit. Il n'en est ainsi qu'avec les moteurs à excitation par dérivation, dans lesquels la dérivation est faite entre les pôles. Or, nous savons que beaucoup de moteurs de traction sont à excitation par série [1].

Tous les accumulateurs ne se prêtent pas non plus à la récupération, notamment ceux avec lesquels l'intensité de charge ne doit pas dépasser une certaine limite assez basse.

138. — Freinage électrique. — Si, au lieu d'utiliser la force vive de la voiture, pour faire tourner le moteur comme dynamo chargeant les accumulateurs, on l'emploie seulement à créer un courant que l'on transforme en chaleur par son passage dans une résistance appropriée, le moteur fait l'office d'un frein, dont la puissance varie en raison inverse de la résistance interposée. Lorsque celle-ci devient minime, qu'on met presque le moteur en court-circuit, on obtient un arrêt quasiment instantané ; mais on ne doit faire cela, quand la voiture va à grande vitesse, qu'en cas de danger imminent, parce qu'on s'expose à griller l'induit.

Le freinage électrique convient très bien au moteur série ; il faut seulement prendre avec lui la précaution de changer, au

1. Si on veut les employer à la récupération, il faut prendre la précaution stipulée pour le freinage (§ 138), qui complique leur construction.

moment du freinage, le sens de l'enroulement de l'inducteur ou de l'induit, pour qu'il puisse devenir générateur, tout en tournant dans le même sens que quand il était moteur. Il convient moins au moteur en dérivation, à cause de la difficulté de l'amorçage.

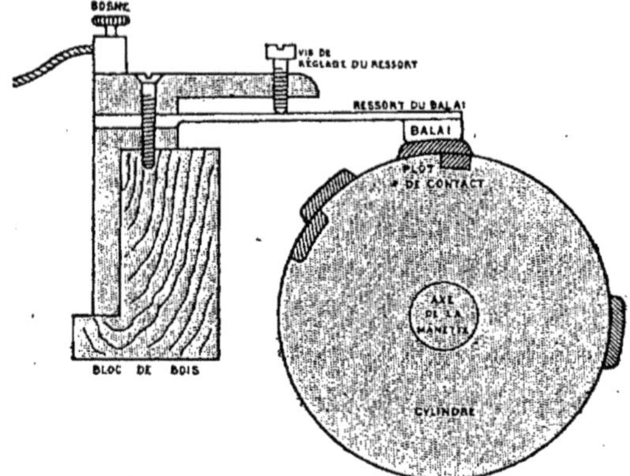

Fig. 145. — Coupe d'un combinateur à l'endroit d'un balai.

139. — Combinateur. — L'appareil, qui commande les nombreuses manœuvres que nous venons d'énumérer, est le *combina-*

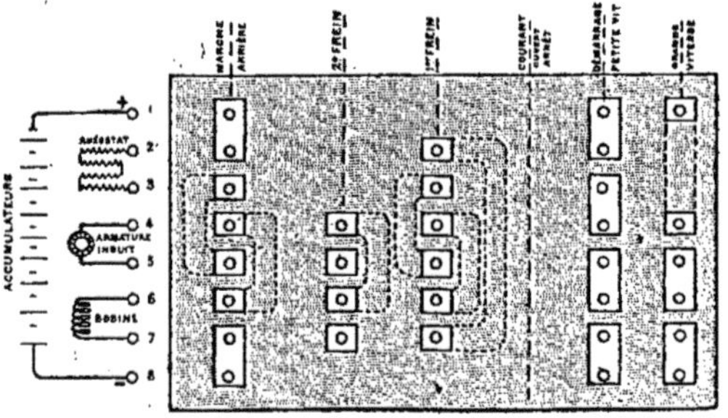

Fig. 145 bis. — Plots de contact sur la surface développée d'un cylindre.

teur, appelé aussi *coupleur*, *contrôleur* ou *règle-marche*. Il le fait en établissant des couplages variés entre les divers organes du mécanisme électrique : bornes de l'accumulateur, balais du moteur, bobines de l'inducteur, de l'induit, rhéostats... A cet effet, les organes sont reliés par des conducteurs, chacun à une borne du commutateur, et les bornes communiquent elles-mêmes avec des balais, frottant sur des touches, qui forment les jeux nécessaires pour assurer les couplages voulus.

Les fig. 145, 146 [1] représentent schématiquement un moyen commode de réaliser cet appareil : les bornes du commutateur sont disposées suivant une ligne parallèle à un cylindre, sur lequel sont placés les jeux de touches ; les balais, fixés aux extrémités de ressorts métalliques, communiquant avec les bornes, affleurent le cylindre, suivant une de ses génératrices. Chaque jeu de touches est aussi disposé suivant une génératrice, leurs touches étant reliées d'une façon convenable par des conducteurs métalliques, incrustés comme elles dans le cylindre isolant. Une manette permet de faire tourner le cylindre autour de son axe, de manière à amener sous les balais le jeu de touches correspondant à la manœuvre qu'on veut effectuer.

140. — Rechargement des accumulateurs. — C'est une très grosse question, dont la solution doit, à notre avis, dépendre du rôle joué par la voiture.

Si elle appartient à une compagnie de fiacres, le remplacement des batteries épuisées par des batteries similaires chargées, tel qu'il a été adopté notamment par la Compagnie Française des Voitures électro-mobiles, nous paraît être la meilleure solution. Il est concentré dans une ou plusieurs usines appartenant à la Société, qui, nous n'avons pas besoin de le dire, a tout intérêt, si les fournisseurs ordinaires de la localité ne lui consentent pas des prix biens inférieurs à ceux qu'ils appliquent couramment, à fabriquer elle-même son électricité ; et il a le grand avantage de ne pas immobiliser les voitures pendant le chargement toujours long des batteries.

La charge rapide aux points terminus, admise pour certains tramways à air comprimé, à eau chaude ou même à accumula-

1. Ces figures sont empruntées aux *Petites Annales du cycle et de l'automobile*, 14 janvier 1899, p. 13.

teurs ne saurait être de mise pour une voiture à parcours libre ; d'autre part, on aurait beau multiplier à grands frais, en ville, les stations de chargement, que cette solution ne serait pas pratique, car les accumulateurs à charge rapide comme ceux du système Tudor, dont l'emploi serait indispensable pour ramener dans des limites acceptables la durée du chargement, n'ont ici qu'une très faible capacité spécifique (2 à 3 ampères-heure par kg.), inadmissible avec des accumobiles devant faire un assez long parcours sans se ravitailler.

A la rigueur on pourrait appliquer aux fiacres la charge au dépôt des accumulateurs fixés à demeure sur le véhicule, mais cela les immobiliserait longtemps et demanderait l'installation de dépôts de chargement très considérables.

En revanche, cette solution est indiquée pour la voiture de maître, surtout quand ce dernier a sa maison déjà reliée pour l'éclairage à un réseau urbain : le rechargement pourra se faire, principalement pendant la nuit, sans devenir une gêne pour personne.

Dans tous les cas, les accumulateurs seront, pour la recharge, groupés en série. Si le courant qui les alimente est alternatif, la transformation en courant continu s'imposera et deviendra une complication réelle.

CHAPITRE IV

Maintenant que nous savons de quelles manières sont appliqués à la locomotion automobile les trois agents, auxquels elle demande l'énergie qui lui est nécessaire, la vapeur, le pétrole et l'électricité, il va nous être facile de mettre en relief leurs caractères spéciaux et par suite leurs avantages relatifs : du même coup, nous déterminerons le rôle auquel chacun d'eux est appelé dans l'œuvre commune.

141. — Avantages de la vapeur. — C'est le moteur alternatif, qui est le seul employé jusqu'ici. Bien qu'avec lui la vapeur n'ait pas cette continuité d'action qui caractérise le moteur rotatif et ferait de ce dernier le moteur type pour la propulsion d'une voiture, il n'en est pas moins un engin très approprié à cet usage : nous n'en voulons d'autre preuve que son bon fonctionnement dans la locomotive. C'est que, tout rectiligne et alternatif qu'il est, son mouvement se transforme très simplement, à l'aide d'une bielle et d'une manivelle, en mouvement circulaire et continu, comme aussi, la vapeur n'exerce sa pression sur le piston que de façon fort douce, exempte de toute secousse. Nous savons qu'il en est tout autrement avec le moteur à pétrole.

Le moteur à vapeur, tel qu'il est et qu'il doit rester, dans ses applications automobiles, est d'une très grande simplicité, composé d'organes robustes. Aussi est-il d'un fonctionnement très sûr, et, s'il se dérange, il ne donne guère lieu qu'à des réparations faciles.

Abstraction faite de sa chaudière, il est à égalité de vitesse et de puissance, plus léger que le moteur à pétrole. Il y a à cela deux raisons : tandis que dans le moteur à gazoline à quatre temps, il n'y a qu'une course motrice sur quatre, dans le moteur à vapeur à double effet, chaque course est motrice, de sorte que le mécanisme est utilisé de façon plus intense ; en outre, le volume d'air nécessaire pour brûler complètement le mélange carburé est, à cause de la présence dans le cylindre de gaz déjà brûlés par l'explosion précédente, beaucoup plus grand que ne l'indique la théorie, de sorte qu'il faut, pour mettre en œuvre ce mélange dilué, lui offrir un espace supérieur à celui que nécessiterait la stricte élaboration du mélange théorique.

Même cette légèreté relative s'accentue à mesure que s'accroît la puissance du moteur. Comme d'ailleurs rien ne s'oppose à ce qu'on amène à un taux fort élevé cette puissance, on peut faire des automobiles à vapeur aussi fortes qu'on le désire, et nous entrevoyons déjà que leur emploi conviendra essentiellement aux poids lourds.

Mais l'avantage principal du moteur à vapeur est son élasticité. Sa chaudière peut, à un moment donné, augmenter beaucoup sa production : si elle est tubulaire, grâce au volant de chaleur constituée par sa masse d'eau chaude sous pression ; si elle est à vaporisation instantanée, genre Serpollet à tubes épais, grâce au volant de chaleur constitué par la masse métallique ; et si elle est du genre Serpollet à alimentation concomitante d'eau et de pétrole, grâce à sa très grande rapidité de vaporisation. Dans tous les cas, les coups de colliers que la chaudière permet facilitent singulièrement le parcours des profils accidentés. Le fonctionnement du moteur est lui-même fort élastique, par suite de la facilité avec laquelle on fait varier l'admission.

Pour les démarrages, on peut, dès les premières courses du piston, obtenir la puissance maximum, en se mettant au cran de la plus faible détente, et, si le moteur est compound, et muni d'une valve qui permette la communication directe entre le générateur et le grand cylindre, en faisant travailler ce dernier à pleine pression.

Quand, en cours de route, on veut faire varier la vitesse ou la puissance, il suffit de modifier la détente. Et cela permet de simplifier beaucoup le mécanisme chargé de transmettre, dans des conditions variées, le mouvement du moteur aux roues de la voiture. On se contente ordinairement de deux changements mécaniques de vitesse, alors qu'avec les moteurs à pétrole, on en met couramment trois et quatre.

La marche arrière s'obtient par le simple changement du sens, dans lequel on fait agir la vapeur ; l'arrêt de la voiture, en fermant le régulateur, et dès lors en arrêtant le moteur, de sorte que pendant les stationnements, il n'y a pas d'inutile consommation d'énergie.

Et toutes ces manœuvres, si bien appropriées à la bonne marche de la voiture, s'obtiennent le plus aisément du monde, à l'aide d'une valve et d'un levier de changement de marche.

En outre, comme la dépense de vapeur, et dès lors de combustible, se règle à chaque instant sur la puissance exigée par la propulsion du véhicule, l'utilisation économique du travail fourni par le moteur est par là assurée.

Effectivement, la vapeur effectue la traction dans des conditions très avantageuses. Il suffit, pour s'en rendre compte, de rappeler les judicieuses considérations qu'a exposées M. Marcel Deprez.

L'expérience de tous les jours montre qu'une chaudière de locomotive consomme 1 kg. de charbon pour fournir 8 kg. de vapeur. D'autre part, les essais de la Cie de l'Est ont montré que le cheval-heure peut être obtenu à la jante des roues motrices, c'est-à-dire avec la déperdition de force qu'occasionnent les frottements du mécanisme, moyennant une consommation de 11 kg. de vapeur. Cela équivaut, puisque le cheval-heure représente 270.000 kilogrammètres, à une production d'environ 25.000 kgm par kg. de vapeur.

Admettons avec M. Deprez que la chaudière de l'automobile donne 7 kg. de vapeur par kg. de charbon, et que le rendement de son moteur soit d'un tiers inférieur à celui de la locomotive : le kilogramme de vapeur ne produirait alors que 16.500 kgm; M. Deprez estime, fort justement, croyons-nous, qu'en surchauffant convenablement la vapeur, on pourrait certainement dépasser ce chiffre.

Calculons, en partant de ces données et en comptant sur un coefficient de traction de 0,03 en palier, ce qu'il faudrait de charbon pour faire parcourir à une automobile pesant une tonne un trajet de 100 km. avec différence d'altitude de 500 m. entre les points d'arrivée et de départ. Le travail à développer serait de $0.03 \times 1.000 \times 100.000 = 3.000.000$ kgm., pour le parcours horizontal, et de $500 \times 1.000 = 500.000$ kgm. pour l'élévation verticale, de 3.500.000 kgm. au total. La quantité de vapeur nécessaire pour fournir ce travail serait de $\dfrac{3.500.000}{16.500} =$ 212 kg. et la quantité de charbon pour produire cette vapeur $\dfrac{212}{7} = 30$ kg. soit 300 gr. de charbon par tonne-kilomètre. Avec du coke acheté au détail à Paris, à raison de 40 fr. la tonne, cela équivaudrait à une dépense kilométrique de 0,0120 fr.

Si on admet, ce qui n'a rien d'irréalisable, que l'automobile donne les mêmes résultats économiques que la locomotive, soit 8 kg. d'eau vaporisée par kilogramme de combustible, et 25.000 kgm. disponibles aux jantes des roues par kilogramme de vapeur, la consommation se réduit à 175 gr. de coke par tonne-kilomètre; si on le compte au prix du gros, à Paris (25 fr. la tonne), la dépense s'abaisse à 0,0044 fr. par tonne-kilomètre, ce qui est assurément minime.

142. — Inconvénients de la vapeur. — Le plus gros est d'exiger l'emploi d'un générateur, dont le premier défaut est d'occasionner le transport d'un poids considérable, constitué par la chaudière elle-même et par ses approvisionnements en eau et combustible.

Pour nous en faire une idée, reprenons avec M. Deprez les hypothèses ci-dessus, en les complétant par ces autres, que la chaudière, comme celle d'une locomotive, peut produire 90 kg. de vapeur et pèse 120 kg., par mètre carré de surface de chauffe; qu'enfin l'automobile doit marcher à 30 km. par heure, quand les pentes n'excèdent pas 0,030 m. par mètre.

Pour soutenir cette vitesse avec cette déclivité maximum, le moteur doit fournir par seconde un travail égal $(0.030 + 0.030)\ 1.000 \times \dfrac{30.000}{3600} = 500$ kgm : il consommera par heure $\dfrac{500 \times 3.600}{16500} =$ environ 110 kg. de vapeur. La chaudière devra, pour cela, avoir une surface de chauffe de 1,25 m², et pèsera $1,25 \times 120 = 158$ kg.

Pour ce qui est des approvisionnements, si l'on veut que l'automobile parcoure 100 km. sans se ravitailler, elle devra emporter, pour fournir les 3.500.000 kgm., que nous avons trouvés nécessaires : $\dfrac{3.500.000}{16.500} = 212$ kg. d'eau, et $\dfrac{212}{7} = 30$ kg. de coke, c'est-à-dire un poids de 242 kg. Chaudière et approvisionnements représentent donc un poids d'environ 400 kg., soit 40 % de celui de l'automobile. La proportion est évidemment énorme.

Elle n'est cependant pas de nature à rendre impossible la construction de la voiture. En évaluant à 50 kg. le poids du moteur à deux cylindres avec son mécanisme de distribution, et à 200 kg. le poids des deux voyageurs avec leurs menus bagages, il reste un peu plus de 350 kg. pour le poids du véhicule seul. Avec les hypothèses plus favorables que nous avons admises en second lieu, le poids des approvisionnements se réduirait à $140 + 17,5 =$ environ 160 kg. Si on réalise pour l'automobile un générateur donnant un rendement analogue à celui des chaudières de torpilleur, qui, à surface de chauffe égale, ne pèsent plus que les 0,60 du poids des chaudières de locomotives, le générateur ne pèsera plus que $0,6 \times 150 = 90$ kg. Chaudière et approvisionnements ne représenteront guère que 250 kg. soit le quart du poids de l'automobile.

Enfin, il ne faut pas oublier que nous avons implicitement supposé, dans le calcul de l'eau à prendre, que le moteur n'était pas à condensation. Si on trouve le moyen de le doter, par des moyens assez simples, de ce perfectionnement, la provision de liquide s'en trouvera fort diminuée ; c'est ce qui existe déjà dans plusieurs voitures, notamment dans les voitures Serpollet.

On peut d'ailleurs admettre des ravitaillements moins espacés que ceux que nous avons supposés, et qu'on fera de l'eau tous les 50 km. par exemple, et non pas tous les 100.

A côté de cette augmentation du poids mort transporté, la chaudière présente d'autres inconvénients, qui ne sont pas négligeables :

1º Il est difficile de lui trouver sur le véhicule une place où elle soit facile à servir et où elle n'incommode pas les voyageurs;

2º Elle nécessite le service d'un chauffeur compétent, qui la conduise de manière à éviter l'explosion si elle n'est pas impossible, qui affranchisse le conducteur de toute préoccupation relative à son alimentation et du maniement du coke toujours malpropre (sans le mettre d'ailleurs à l'abri de la poussière inhérente à l'emploi de ce combustible);

3º Elle donne lieu à des projections d'escarbilles, et à un dégagement de fumée et de vapeur, qui peuvent devenir un sujet d'effroi pour les chevaux et de gêne pour les piétons. A vrai dire, le concours des poids lourds de 1897 a prouvé qu'on pouvait supprimer à peu près ces inconvénients, en munissant la cheminée d'une grille destinée à arrêter les projections sérieuses, et en surchauffant la vapeur d'échappement et la mélangeant aux gaz chauds de la combustion, qui la rendent invisible;

4.º La mise en pression exige un certain laps de temps, qu'il n'est pas exagéré d'évaluer à une demi-heure.

Il faut remarquer que tous ces inconvénients s'atténuent beaucoup, dès qu'il s'agit des automobiles de grosses dimensions (parfois remorqueuses), comme celles qui sont destinées aux transports en commun des voyageurs ou des marchandises : le logement et le transport de la chaudière et de ses approvisionnements, la présence du chauffeur, la longueur de la mise en train ne constituent plus une gêne. D'un autre côté, la puissance et l'élasticité du moteur à vapeur restent avec tous leurs avantages, et rendent son emploi parfaitement approprié à cet usage.

Pour les automobiles légères, destinées au tourisme, le changement de combustible s'impose. C'est ce qu'a parfaitement compris M. Serpollet, et, avec le pétrole lampant qu'il emploie, la situation change : l'emmagasinement d'une énergie considérable devient plus facile (le pétrole lampant donnant plus de 10.000 calories par kilogramme, au lieu de 8.000 comme le coke, et un liquide se logeant très commodément dans des récipients de forme quelconque, qui permettent d'utiliser les moindres recoins); la nécessité du chauffeur disparaît : la conduite du feu se réduit à la manœuvre d'un robinet; l'allumage est instantané, la mise en pression rapide. Le jour où l'on utilisera couramment les huiles lourdes, d'un prix plus bas que le pétrole lampant, ce mode de chauffage deviendra par surcroît presque économique. Comme avec lui les avantages ordinaires de la vapeur subsistent, c'est à se demander vraiment si, dans ce domaine du grand tourisme qui semble jusqu'ici réservé à l'essence de pétrole, elle ne deviendra pas pour cette dernière un concurrent sérieux.

143. — Avantages du pétrole. — Le moteur à pétrole a sur le moteur à vapeur la supériorité de donner un plus gros rendement. Nous le verrons plus tard (§ 335).

Mais le plus sérieux avantage du pétrole est d'emmagasiner, sous un faible poids et un petit volume, une grande quantité d'énergie. En reprenant les hypothèses précédentes, calculons ce qu'il faut en emporter pour faire effectuer à l'automobile d'une tonne le même parcours de 100 km : le kilogramme d'essence correspond au moins à 10.000 calories ou 4.250.000 kilogrammètres qui équivalent, d'après M. Deprez (§ 16) à environ 750.000 kgm. disponibles à la jante des roues. Les 3.500.000 kgm. nécessaires pour faire parcourir 100 km. à la voiture, exigeront dès lors un poids de $\dfrac{3.500.000}{750.000} = 4,66$ kg. d'essence. Avec le nombre de 250.000 kgm. que nous avons admis, comme représentant actuellement le travail recueilli aux jantes par kilogramme d'essence consommé dans le moteur, on arrive à un poids de 13,98 kg. d'essence. Même en tenant compte du poids du réservoir contenant cette esssence et du carburateur qui la transforme en mélange gazeux, explosible, ces poids sont minimes, en comparaison des 400 kg., nécessités par la vapeur pour les poids de la chaudière et de ses approvisionnements.

Le moteur lui-même a beau, pour les raisons que nous avons données, être plus lourd (celui de 500 kgm., un peu plus de 6 chx 1/2, est évalué par M. Deprez à 150 kg., au lieu des 50 kg. qu'il avait admis pour le moteur à vapeur de la même force); les transmissions ont beau, comme nous allons le voir, être plus compliquées, l'ensemble du moteur et de ses approvisionnements ne dépasse pas 200 kg., alors qu'avec la vapeur il atteignait 450. La différence est énorme; bien qu'il faille la réduire un peu pour tenir compte du poids de l'eau de réfrigération du moteur, elle reste très considérable, et le poids est augmenté d'autant qui reste libre pour la carrosserie : on a toutes facilités de la faire solide (ce qui est essentiel avec les vitesses que la voiture peut atteindre et les efforts qu'elle peut être amenée à supporter) et confortable.

Un autre avantage des voitures à pétrole est la presque instantanéité de leur mise en marche : tourner le commutateur de l'allumage électrique ou allumer les brûleurs, si l'inflammation se fait par tubes, c'est tout ce qu'il y a à faire pour l'assurer.

144. — Inconvénients du moteur à pétrole. — A côté de ces avantages précieux, il faut mentionner des inconvénients multiples.

Le principal réside dans le manque absolu d'élasticité du moteur. Comme le dit M. Soreau (*Mémoire de la Société des Ingénieurs Civils*, juin 1898, p. 1017): « La quantité d'air carburé est réglée par le volume du cylindre; d'autre part, la richesse de ce mélange ne peut notablement varier, puisque l'explosion ne se produit plus, dès qu'on s'éloigne un peu, en plus ou en moins, des proportions qui correspondent à la combustion complète. La quantité et la richesse du mélange explosif étant à peu près invariable, il en résulte qu'on ne peut augmenter sensiblement la puissance. » Le moteur ne donne d'ailleurs la puissance pour laquelle il a été construit et un rendement avantageux que s'il tourne à sa vitesse normale de régime. Pour peu qu'il s'en écarte, l'utilisation du combustible se fait moins bien et l'effort moteur est réduit. Comme il faut cependant faire varier la vitesse et le travail de la voiture, il devient nécessaire d'interposer entre l'arbre du moteur et les roues motrices, des engrenages, des poulies différentielles avec courroies,... qui absorbent une partie de la force utile et compliquent beaucoup le mécanisme. Il arrive même souvent, dans la pratique, que les dimensions de ces organes sont mal calculées; quand, par exemple, la voiture a une rampe à gravir, elle doit le faire à sa petite vitesse ; comme elle a alors besoin de développer son effort maximum, le moteur ne devrait pas cesser de tourner à sa vitesse de régime, qui, nous le savons, est celle à laquelle il donne sa plus grande puissance ; or, bien souvent, les transmissions sont ainsi établies qu'avec elles le moteur ne peut pas conserver cette vitesse de régime. C'est un pur défaut de construction, mais avec lequel il faut trop souvent compter.

Le moteur à pétrole se refusant à tout coup de collier, on est obligé de lui donner une puissance qui lui permette d'assurer le démarrage du véhicule et sa propulsion sur les côtes les plus raides qu'il ait à gravir. Si on la calcule largement, on augmente les frais de premier établissement, on impose au véhicule une surcharge permanente, et une marche peu économique, parce que presque tout le temps on n'utilise qu'une partie de la puissance de son moteur. Si on la calcule un peu juste, on restreint beaucoup l'échelle des rampes accessibles à la voiture.

La force motrice, étant due à l'explosion du mélange carburé, n'a rien de la douceur qui caractérise la pression de la vapeur : elle se produit par secousses, destructives du matériel et peu favorables à l'uniformité du mouvement. De plus, avec le cycle à quatre temps, qui est presque universellement employé, le moteur ne fournissant qu'une course motrice pour deux tours de l'arbre, il faut, pour régulariser le mouvement, avoir recours à un volant. Celui-ci doit être assez lourd pour emmagasiner la force explosive qui jaillit pendant la course utile et la restituer pendant les trois autres. Trop de constructeurs ont tendance à alléger cet organe, qui, incapable de recueillir toute la force, la laisse se perdre en effets destructeurs, et le moteur est mis par ce fait dans l'impossibilité de donner le travail pour lequel il a été calculé.

Ajoutons cependant que les énormes vitesses auxquelles marchent couramment les moteurs tendent à atténuer beaucoup ces variations de l'effort moteur.

Effectivement, quand la voiture va vite, elle se sert à elle-même de volant et les trépidations en sont bien diminuées. Mais, aux faibles vitesses et plus encore pendant les stationnements de la voiture, ces trépidations constituent une gêne réelle pour les passagers.

Or, les arrêts de la voiture, pendant lesquels on laisse marcher le moteur, sont assez fréquents : il faut, en effet, pour le démarrage, l'effort maximum, qui ne peut être développé que par le moteur marchant à sa vitesse de régime, et celle-ci ne serait atteinte qu'au bout d'un certain temps si le moteur partait du repos. Il faudrait, en outre, pour remettre celui-ci en marche, donner à l'arbre quelques tours de manivelle, ce qui, dans presque toutes les voitures, exigerait que le chauffeur descendît de son siège. La marche du moteur, pendant les arrêts de la voiture, entraîne en pure perte une consommation de gazoline qui peut devenir assez onéreuse.

Un gros inconvénient du moteur à pétrole est d'exiger le refroidissement des cylindres. Dès qu'il devient impossible de l'assurer par des ailettes, c'est-à-dire quand la force du moteur dépasse 2 ou 3 chx (quelques rares constructeurs croient la chose encore possible au-delà), il faut avoir recours à un courant d'eau. Pour que cette eau ne s'échauffe pas trop (elle ne devrait pas dépasser 70° C.), même quand on la fait circuler dans des tubes refroidisseurs, il faut en prendre une assez grande quantité et la renouveler de temps à autre. La précaution est d'autant plus nécessaire qu'il y a plus de côtes ; si on la néglige, le rendement du moteur diminue rapidement.

Le moteur à pétrole a encore le défaut, comme l'effort moteur se produit toujours du même côté du piston, de ne pas se prêter à un changement de marche ; aussi faut-il pour assurer la marche arrière de la voiture avoir recours à un dispositif supplémentaire (engrenages ou poulies à courroie dont les brins sont croisés) qui manque à quelques véhicules, mais que le Règlement du 10 mars 1899 sur la circulation des automobiles en France impose à tous ceux dont le poids à vide excède 250 kilogrammes.

La carburation, assez capricieuse par elle-même, variable notamment avec le degré d'humidité de l'air, la température extérieure..., est souvent une source d'ennuis, surtout pour le chauffeur inexpérimenté.

Les gaz de l'échappement exhalent une odeur dont ne souffrent pas les personnes occupant l'automobile, mais fort incommodante pour celles qui se trouvent dans son sillage.

L'essence très inflammable est d'un maniement dangereux, surtout la nuit ; pour certaines réparations, exigeant l'intervention d'une flamme, il devient nécessaire de vider les réservoirs et les carburateurs. En fait, les incendies d'automobiles à pétrole ne sont pas rares.

Le prix de revient de la traction est plus élevé qu'avec le coke. L'essence est vendue environ 0,45 fr. le litre de 700 gr., soit 0,64 fr. le kilog. Les 4,66 kg. nécessaires, dans l'hypothèse de M. Deprez [ou les 13,98 kg. nécessaires dans la nôtre (§ 143)] pour un trajet de 100 km. coûteraient donc 3 fr. (ou 9 fr.), ce qui ferait ressortir les frais de combustible pour la tonne kilométrique à 0,03 fr. (ou 0,09 fr.) au lieu de 0,0120 fr. ou même de 0,0044 fr. avec le coke.

Afin de ne pas exagérer la plupart des inconvénients que nous venons d'énoncer, notamment pour ne pas multiplier les carburateurs, les cylindres, les quantités d'eau à emporter, les organes de refroidissement de cette eau, les difficultés de la mise en marche, (on n'ignore pas qu'avec les moteurs fixes, dès que leur force atteint 25 ou 30 chevaux, cette mise en marche exige l'intervention d'un servo-moteur, c'est-à-dire d'un moteur à pétrole plus petit) on ne peut pas, si l'on veut que son emploi reste commode, augmenter indéfiniment la puissance du moteur à pétrole.

Cela semble devoir réduire le champ d'action de ce moteur et lui interdire le transport des marchandises sur une échelle un peu large, au-dessus de 1500 kg. par exemple. Cette marge lui permet cependant un service de livraison en ville ou dans la banlieue, par voiture automobile, et non par tracteur; l'absence de chaudière et la légèreté des approvisionnements du moteur à pétrole, priveraient, en effet, le tracteur d'un poids qui lui est indispensable pour la réalisation d'une adhérence suffisante.

En revanche, la double facilité d'emporter une énergie considérable et de se ravitailler en cours de route, l'inutilité de tout aide pour le conducteur font de la voiture à pétrole l'agent indiscuté du grand tourisme.

Pour ce qui est du pétrole lampant, sa moindre inflammabilité, qui atténue sérieusement les dangers d'incendie, son coût un peu moins élevé que celui de l'essence le recommanderaient plutôt que cette dernière à l'usage automobile [1]; mais les difficultés de la carburation l'y ont rendu jusqu'ici assez impropre. Ces difficultés n'ont d'ailleurs rien d'insurmontable, et peuvent être vaincues. Les moteurs fixes au pétrole ont fait, dans ces dernières années, des progrès considérables. Déjà quelques automobiles, celle de M. Koch, par exemple, marchent au pétrole lampant.

145.— Avantages de l'électricité. — La continuité du mouvement rotatif, l'élasticité du moteur électrique, chez lequel, nous l'avons vu, le couple peut prendre une valeur jusqu'à huit fois supérieure à sa normale, le privilège d'autorégulation dont il jouit, font de ce moteur la machine automobile par excellence. La facilité avec laquelle il se laisse conduire, sa docilité constituent un gage précieux de sécurité pour la voiture qu'il actionne et pour celles que cette dernière rencontre. Sa marche presque silencieuse lui donne un peu de ce charme, qui était jusqu'ici resté l'apanage de la bicyclette.

La simplicité du montage de la dynamo est aussi un avantage pratique à considérer.

Indépendamment de tous ceux que nous venons de signaler, par lesquels l'accumobile l'emporte à la fois sur les voitures à pétrole et sur celles à chevaux, il en est d'autres qui constituent pour elle une supériorité sur l'un ou sur l'autre de ces deux modes de locomotion.

Sur les voitures à pétrole, elle offre les avantages d'une

---

1. Alors, en effet, que l'essence émet des vapeurs inflammables à 5°, souvent même à 0°, le pétrole lampant est tel qu'on peut, sans qu'il prenne feu, le chauffer à 35° et approcher de lui une allumette en ignition. Pour ce qui est de l'économie, en estimant avec M. Witz à 57 centilitres d'essence et à 54 centilitres d'huile lampante, les consommations correspondant au cheval-heure effectif et en comptant le litre de la première à 0 fr. 45 et le litre de la seconde à 24 centimes, le cheval-heure revient à 26 centimes avec l'essence et à 13 centimes avec le pétrole. C'est une différence du simple au double.

mise en marche plus facile, d'une propreté plus grande, d'une réduction des frais d'entretien. Avec l'accumobile, il n'y a plus de trépidations, plus de mauvaise odeur, plus de consommation d'énergie pendant les stationnements de la voiture, plus de crainte d'incendie. Ce n'est pas à dire pour cela que des voitures électriques ne puissent brûler: nous avons à l'esprit plusieurs accidents du genre, mais tous dus, croyons-nous, à l'inflammation du celluloïd, qui constituait les bacs des accumulateurs. Un court circuit peut, en effet, suffire pour mettre le feu à cette matière éminemment combustible: on a bien vu un carter en celluloïd entourant la chaîne d'une bicyclette s'enflammer, probablement par simple frottement. Mais en proscrivant l'emploi du celluloïd, en faisant par exemple les bacs en ébonite, on écarte toute chance sérieuse d'incendie.

Sur les voitures à chevaux, les véhicules électriques l'emportent par l'augmentation de la vitesse moyenne, la réduction de l'espace occupé dans la rue, la suppression des dépôts de fourrages, des écuries, des fosses à fumiers dans les maisons, des déjections dans la rue. Les Parisiens savent à quelles fermentations putrides donnent lieu ces dernières, en été, sur les pavés de bois !

146. — Inconvénients de l'Électricité. — Nous les connaissons : l'augmentation du poids mort transporté ; l'entretien et le renouvellement des accumulateurs, dont la durée reste encore incertaine; la nécessité des ravitaillements, qui entraîne la construction d'usines et de postes de chargement, et des pertes de temps répétées.

Ils ont leur gravité. Cependant, comme nous l'avons fait remarquer, et comme nous le verrons mieux plus tard, ils s'atténuent singulièrement pour les voitures destinées à un service de ville.

147. — Rôle réservé à chacun de ces agents. — En résumé, à la vapeur, les poids lourds ; au pétrole, le grand tourisme ; à l'électricité, les services urbains: telle est la trilogie qu'admettent aujourd'hui les chauffeurs compétents. Nous y souscrivons pour notre part, en faisant nos réserves pour l'importance du rôle que la vapeur peut prendre dans le domaine jusqu'ici réservé au pétrole, et qu'il est, croyons-nous, désirable de voir se développer.

On ne doit d'ailleurs pas prendre ces conclusions à la lettre ; il faut, au contraire, dans chaque cas, combiner les considérations générales que nous venons de mettre en relief avec les conditions spéciales de l'espèce, notamment avec les facilités du ravitaillements en énergie et en eau, la rapidité requise pour la mise en marche, la régularité du service, le profil des routes, le nombre et surtout la longueur des arrêts (au point de vue de la consommation en pure perte), les vitesses à réaliser, l'économie à chercher.

1º *Ravitaillements en énergie et en eau.* C'est l'essence qu'il est ordinairement le plus aisé de se procurer, et l'électricité qu'il est le plus difficile d'avoir : si pourtant un hôtel a fait une installation électrique pour son éclairage, il aura une occasion toute naturelle d'utiliser pendant le jour cette installation pour la recharge des accumulateurs de ses omnibus et voitures.

Si l'eau qu'on trouve dans le pays est trop incrustante pour les chaudières, ce sera une raison pour ne pas employer la vapeur.

2º *Rapidité de la mise en marche.* Le moteur à pétrole est toujours prêt à partir ; mais le moteur électrique, si ses accumulateurs sont chargés, est plus vite mis en mouvement.

3º *Régularité du service.* La vapeur s'en accommode très bien ; mais l'électricité y trouve aussi l'avantage d'une périodicité favorable à ses ravitaillements.

4º *Profil des routes.* La vapeur semble la plus indiquée pour les pays accidentés ; mais l'électricité donne un très bon service en montagne, où elle peut utiliser, pour sa production, des chutes d'eau sans emploi et même faire de la récupération en marche.

5º *Nombre et longueur des arrêts.* L'électricité ne consomme rien pendant que la voiture est au repos; mais le pétrole, avec l'allumage électrique ne consomme pas davantage.

6° *Vitesse à réaliser*. L'essence de pétrole semble se prêter mieux que la vapeur et l'électricité aux grandes vitesses; mais, en pays de montagne, la supériorité peut rester à ces deux dernières.

7° *Économie à chercher*. Elle dépend beaucoup des conditions du trafic et du tonnage, et semble appartenir à la vapeur, mais des circonstances particulières (par exemple la difficulté de se procurer du coke) peuvent rendre moins cher l'emploi du pétrole.

Les groupements de ces conditions et d'autres encore, pour ainsi dire variables avec chaque cas, peuvent amener à des conclusions différentes de celles que nous avons posées en principe. C'est ainsi qu'aux Concours des poids lourds de 1897 et 1898, le moteur à essence a donné pour le voyageur-kilomètre des résultats économiques comparables à ceux de la vapeur, et que la raffinerie Say estime avantageux de faire une partie de son transport par un camion électrique, capable de recevoir 10 tonnes de charge utile.

CHAPITRE V

1° Puissance à donner au moteur.

148. — Résistances que doit vaincre le moteur d'une voiture en marche. — Supposons que nous ayons fait choix du moteur que nous voulons appliquer à notre automobile : comment allons-nous calculer la puissance qu'il faudra lui donner pour que la voiture soit capable de fournir la marche qu'on veut lui imposer?

La première chose à faire, pour y parvenir, est de calculer l'effort utile que le moteur est appelé à développer aux jantes des roues motrices. Cet effort aura, en cours de route, à vaincre les résistances dues :

1° Au roulement de la voiture sur la chaussée supposée en palier;

2° Au frottement des fusées contre les boîtes d'essieux ;

3° A la pente de la route, dont l'effet s'ajoute à celui du roulement en palier, ou s'en retranche, suivant que la voiture monte ou descend;

4° Aux courbes, dont l'influence doit être inversement proportionnelle à leurs rayons ;

5° A l'action retardatrice de l'air traversé.

Nous allons étudier successivement ces divers facteurs.

149. — 1° et 2°. Résistances provenant du roulement de la voiture sur palier, et du frottement des fusées. — Coefficient de traction. — La première dépend, cela va sans dire, de la nature du sol sur lequel roule la voiture et des bandages par lesquels elle porte sur lui. Elle dépend aussi de l'étendue des surfaces en contact et des déformations qu'elles s'impriment réciproquement, par conséquent de la largeur et de la plasticité des bandages.

Il semble évident qu'une roue de grand diamètre doit franchir un obstacle plus facilement qu'une autre de petit rayon : tandis, en effet, que pour cette dernière le passage de l'obstacle constituera une véritable ascension, la grande roue le dominant de toute sa hauteur roulera sur lui tout naturellement. Les expériences d'Edgeworth, puis de Coulomb ont d'ailleurs prouvé le fait : les dernières reprises par Morin l'ont amené à conclure (peut-être pas très exactement, comme nous le dirons plus tard, § 154), que la résistance au roulement d'un cylindre en bois sur un plan horizontal, en même temps qu'elle était ordinairement proportionnelle à la pression (ici au poids de la roue et de la charge qu'elle supporte), était toujours en raison inverse du rayon.

L'action de la vitesse de la voiture n'est pas non plus négligeable. On comprend, en effet, que la fraction de cette vitesse, absorbée par les chocs que subissent les roues, dépend de sa valeur absolue.

Il va de soi aussi, qu'un choc donné fait perdre une portion plus considérable de sa force vive à une voiture non suspendue qu'à une voiture suspendue, dont toute la masse n'est pas impressionnée par le choc, et dont les ressorts peuvent emmagasiner une partie de la force vive mise en jeu, pour la restituer ultérieurement au véhicule.

Il y a donc à considérer :

1° L'état de la chaussée ;

2° La largeur et la nature des bandages ;

3° Le diamètre des roues ;

4° La vitesse de la voiture ;

5° La suspension de la caisse.

Pour ce qui est du frottement des fusées contre leurs boîtes, il peut être influencé par le rayon de ces fusées et par le coefficient de frottement, dépendant lui-même de la nature des métaux en contact et des conditions du graissage.

Morin a, dans des expériences classiques, étudié ces influences diverses (sauf celle de la nature des bandages, parce qu'à l'époque le fer était exclusivement employé), et il a trouvé que l'effort de traction R_1, appliqué aux jantes des roues, pouvait être exprimé en fonction de ces éléments par la formule suivante :

$$R_1 = (A + f\rho) \left(\frac{P'}{r'} + \frac{P'}{r''} \right) + A \left(\frac{p'}{r'} + \frac{p''}{r''} \right)$$

dans laquelle :

A représente un coefficient dépendant de l'état de la chaussée et de la nature du véhicule ;

f, le cofficient de frottement des fusées contre leurs boîtes, dont la valeur oscille entre 0,030 et 0,054, suivant la nature des métaux en contact (fonte, fer, bronze) et le mode de graissage employé ; quand ce dernier est bien assuré, on peut prendre 0,040 comme valeur moyenne ;

ρ, le diamètre des 4 fusées ;

P', P'' les charges des essieux d'avant et d'arrière ;

p', p'' les poids et r', r'' les rayons des roues d'avant et d'arrière.

Cette formule met bien en relief l'influence des diamètres des roues, du rayon des fusées et de leur frottement sur les boîtes. Celle de la nature de la chaussée, de la largeur des bandages, de la vitesse de la voiture, de la suspension de la caisse sont implicitement renfermées dans A, dont la valeur varie avec elles. Ces variations sont consignées dans les tableaux par lesquels Morin a résumé les résultats de ses expériences [1]. On y voit toujours, en regard des chiffres donnés, la nature et l'état de la chaussée à laquelle ils se rapportent.

L'influence de la largeur des bandages, qui étaient toujours en

---

1. Les principaux ont été reproduits par MM. Milandre et Bouquet, dans leur ouvrage sur les *Voitures automobiles*, t. 1, p. 65 et suivantes. E. Bernard, Paris, 1898.

fer, est mise en relief par trois tableaux [1] : l'examen du premier montre qu'avec une chaussée compressible, en sable ou terre molle, la valeur de A (par suite de l'effort moteur à développer) diminue à mesure qu'augmente la largeur de la jante. Les deux derniers prouvent, au contraire, qu'avec un sol incompressible, la valeur de A augmente en même temps que la largeur de la jante. Donc, il y a intérêt à faire, dans le premier cas, des bandages larges, dans le second, des bandages étroits. Morin conseille au point de vue de la bonne conservation des routes 0,150 m. pour les terrains mous et compressibles, 0,120 m. à 0,100 m. pour les routes solidement macadamisées et les pavés; ces largeurs sont encore trop fortes pour les automobiles légères, qui du reste étant munies de caoutchouc pleins ou de pneumatiques ne sont pas pour les routes une cause de dégradation.

L'influence de la vitesse est consignée dans un tableau [2], qui montre très clairement l'augmentation de la valeur de A avec celle de la vitesse, qu'il s'agisse d'une route pavée ou d'une route empierrée en bon ou mauvais état, mais l'augmentation proportionnelle s'accentue à mesure que diminue le bon entretien de la chaussée, ce qui s'explique fort naturellement par cette considération que l'effet retardateur des chocs augmente avec la fréquence et l'importance des obstacles et des trous.

Un tableau [3] donne les valeurs de δ, coefficient numérique variable avec l'état de la route, qui entre dans l'expression $\delta (V — V')$, par laquelle peut être représentée l'augmentation que prend la valeur de A, quand la vitesse passe de V à V'. Il montre que cette valeur de δ, et par suite de A, est toujours beaucoup moins élevée pour une voiture suspendue que pour un véhicule sans ressorts.

Grâce à un de ces tableaux, on peut déterminer, dans chaque cas, la valeur de A qu'il convient de prendre. A vrai dire, on ne l'y trou-

1. Milandre et Bouquet, *Voitures automobiles*, t. I, p. 67 et 68.
2. *Ibid.*, p. 70.
3. *Ibid.*, p. 69

vera pas toujours consignée ; alors on interpolera, mais le plus souvent c'est une extrapolation qu'on sera amené à faire, parce que depuis la renaissance de la locomotion automobile, qui remonte à quelques années seulement, les conditions de la traction des véhicules ont dépassé de beaucoup le cadre étroit dans lequel elles étaient enserrées au moment où Morin faisait ses expériences : ainsi, pour la vitesse, le tableau s'arrête à celle de 12,6 km. à l'heure, tandis qu'aujourd'hui celle de 30 km. est devenue courante. Il serait désirable que des expériences nouvelles fussent systématiquement entreprises pour faire face à tous les cas de la pratique actuelle.

En portant dans la formule la valeur ainsi déterminée, concurremment avec celles des autres éléments, on en déduit la résistance due, en l'espèce, au roulement des roues et au frottement des fusées.

En divisant cette résistance, exprimée en kilogrammes, par la charge totale ou poids $(P' + P'')$ du véhicule, on aura le coefficient de traction (correspondant au roulement et au frottement des fusées), qui est l'élément commode à considérer.

Assez souvent il sera directement donné par le tableau [1] sur lequel Morin a consigné ses valeurs pour les applications les plus usuelles qu'il ait expérimentées.

Des essais beaucoup plus récents, faits par la Compagnie Générale des Voitures et la Compagnie Générale des Omnibus, à Paris. ont donné pour le coefficient de traction, à la vitesse de 8 km. :

0,025 sur pavé assez régulier ;

0,020 sur bon macadam.

Ces chiffres se rapprochent beaucoup de ceux de Morin pour les conditions supposées ; en adoptant celui de 0,025, on ne s'écartera guère, croyons-nous, de la valeur moyenne de ce coefficient.

Morin, avons-nous dit, ne s'était pas préoccupé de la nature

---

1. Milandre et Bouquet, *Voitures automobiles*, t. I, p. 65.

des bandages. Le fer, qui était la règle, est, depuis quelques années devenu l'exception, au moins pour les voitures légères, qui sont toujours munies de caoutchoucs pleins ou de pneumatiques. Il y avait là une lacune regrettable, que M. Michelin a comblée par des expériences que nous avons eu l'occasion de rapporter [1] : celles qu'il a faites avec un break de promenade bien suspendu, pesant à vide 570 kg., et ayant comme diamètres de roues 1,12 m. à l'arrière et 0,92 m. à l'avant, lui ont donné pour le coefficient de traction :

	au pas	au trot	au trot accéléré
Avec les bandages de fer......	0,0242	0,0300	0,0368
Avec les pneumatiques........	0,0228	0,0239	0,0339

Les dernières, effectuées en 1897 avec un coupé de la Compagnie Générale, que remorquait, par l'intermédiaire de la voiture dynamométrique de la même Compagnie, un tracteur à vapeur de MM. de Dion et Bouton ont établi que le caoutchouc plein et le pneumatique étaient toujours supérieurs au fer (sauf peut-être le caoutchouc plein sur pavé boueux, aux grandes vitesses). Pour le pneumatique, le bénéfice n'est jamais inférieur à 10 % de l'effort de traction et peut atteindre jusqu'à 30 et 35 % sur mauvais terrain.

La conclusion, c'est qu'il faut employer des bandages en caoutchouc plein ou même mieux des pneumatiques, pour réduire l'effort de traction : si, malgré cela, on calcule cet effort en se basant sur les chiffres de Morin, on est assuré de le faire assez largement.

150. — 3° Résistance provenant de la pente. — Si on désigne par α l'angle que fait le profil de la route avec l'horizontale, on peut décomposer les charges P', P'' de chaque essieu, chacune en deux composantes, les unes perpendiculaires au sol, égales à $P' \cos \alpha$, $P'' \cos \alpha$, les autres parallèles à la chaussée, égales à $P' \sin \alpha$, $P'' \sin \alpha$.

1. *Génie civil*, t. XXIX, n° 16, p. 251.

Les premières sont celles qui produisent sur le sol la pression du véhicule : en bonne règle, on devrait dans le cas d'une pente les substituer aux charges P' et P'' dans la formule; mais, comme α n'est jamais très grand, ces composantes ont des valeurs très voisines de celles de P' et P'', et on conserve ces dernières : on ne risque d'ailleurs que de compter trop largement l'effort moteur.

Quant aux autres, dont la somme $(P' + P'') \sin \alpha = P \sin \alpha$ (P étant le poids de l'automobile), elles sont dirigées dans le sens même de l'effort moteur, et s'ajoutent à lui, si la voiture monte, s'en retranchent si elle descend. En pratique, les pentes α se comptent en millimètres par mètre et ce nombre $\dfrac{N}{1000}$ de millièmes représente précisément le sinus de l'angle d'inclinaison; on peut donc prendre pour mesure de la résistance provenant de la pente, $P\dfrac{N}{1000}$. Rapportée à la tonne, cette résistance se chiffre par autant de kilogrammes qu'il y a de millimètres dans la pente ; autrement dit, la part dans le coefficient de traction relative à la pente, $\dfrac{R_2}{P} = \dfrac{N}{1000}$, est égale au nombre de millimètres qui mesure cette pente.

151. — 4° **Résistance due aux courbes.** — Elle est assez intense dans les locomotives, dont les roues calées deux à deux sur un même essieu, tournant dès lors à la même vitesse, roulent de conserve, quand la voie est droite, mais ne peuvent continuer à le faire, quand la ligne devient courbe : il en résulte, pour les roues internes un glissement qui ne se fait pas sans perte d'énergie, dépensée en usure du bandage et du rail.

Mais avec les automobiles, munies d'un engrenage différentiel, qui assure aux roues motrices leur indépendance, la roue interne tourne moins vite que l'autre, quand le chemin cesse d'être rectiligne : il n'y a donc pas de résistance appréciable du fait des courbes.

152. — **5° Résistance due à l'air traversé.** — Celle-là n'est point négligeable : il suffit, pour s'en convaincre, de jeter les yeux sur le tableau, qui résume les dernières expériences de M. Michelin[1] : sur bon macadam, dur, sec et poussiéreux, avec des bandages en fer, les coefficients de traction, sont respectivement égaux à 0,0253 et 0,0272 à la vitesse de 11,700 m. à l'heure et 0,0276 et 0,0344 à la vitesse de 19,700 m., suivant que la voiture a le vent arrière ou debout.

Un lieutenant de vaisseau, M. Thibault, a trouvé que la résistance de l'air contre la base d'un prisme droit, à section carrée, dont les arêtes sont placées dans la direction du mouvement, rapportée à l'unité de chemin horizontal parcouru par le prisme, a pour valeur

$$R_3 = 0,0625 \ \varepsilon \ S \ V^2$$

V étant la vitesse du prisme en mètres par seconde.

S la surface du prisme en mètres carrés ;

ε, un coefficient dépendant du rapport de la longueur l du prisme au côté a de sa base, et égal à

$$1,10 \quad \text{pour} \quad \frac{l}{a} = 3$$

$$1,17 \quad \text{pour} \quad \frac{l}{a} = 1$$

$$1,43 \quad \text{pour} \quad \frac{l}{a} < 1$$

Comme le remarquent MM. Milandre et Bouquet, on peut, pour la plupart des automobiles, prendre $\varepsilon = 1,10$.

M. Thibault a aussi trouvé que, pour la seconde de deux surfaces carrées de même étendue, cheminant l'une derrière l'autre,

____

[1]. Page 74 du volume de MM. Milandre et Bouquet précité.

de façon que la première masque la seconde, la résistance de l'air est fort diminuée : elle est des sept dixièmes de celle éprouvée par la première (déterminée par la formule précédente), quand l'écartement des deux surfaces est égal au côté des carrés. Ce chiffre permet d'évaluer approximativement la résistance éprouvée par une voiture remorquée.

M. Bourlet estime que la résistance de l'air est suffisamment exprimée par la formule plus simple $R_3 = 0,005\ SV^2$ dans laquelle V représente la vitesse en kilomètres à l'heure.

Nous adopterons cette formule.

153. — Résistance au démarrage. — Nous en avons fini avec les résistances éprouvées par une voiture en marche; mais chacun sait que l'effort moteur nécessaire au démarrage est supérieur à celui qui est suffisant en cours de route.

Pendant les stationnements de la voiture, la matière qui graisse les essieux se fige plus ou moins; les fusées se collent à leurs boîtes. En outre, sous les roues le sol s'affaisse, de sorte que celles-ci ont véritablement une pente à gravir pour se mettre en branle, pente d'autant plus raide que le sol est plus susceptible de se tasser et le poids de la voiture plus lourd. L'augmentation de résistance qui en résulte est à peu près nulle sur asphalte et sur pavé de bois. Sur macadam en parfait état, très sec, elle est peu sensible. Sur macadam et sur pavé en assez bon état d'entretien, on estime que la résistance au démarrage est de 1/5 supérieure à celle en cours de route; aussi, pour lui faire face, a-t-on l'habitude de majorer d'autant cette dernière. Mais il ne faut pas oublier que, sur une chaussée mal entretenue, l'effort au démarrage peut être notablement plus élevé.

Le moteur doit aussi, pour se mettre en train, vaincre les résistances qui s'opposent au jeu de ses diverses pièces, l'inertie de toute la masse; mais il n'y a pas là de résistance spéciale, dont il faille tenir compte : le moteur aura seulement besoin de plus ou moins de temps pour amener la voiture à sa vitesse de marche normale.

L'expression de la résistance, en fonction des éléments que nous venons de considérer, est donc :

$$R = \frac{6}{5}\left[(A + f\,\rho)\left(\frac{P'}{r'} + \frac{P''}{r''}\right)A + \left(\frac{p'}{r'} + \frac{p''}{r''}\right) \pm \frac{P\,N}{1000} + 0,005 \quad S\ V^2\right].$$

154. — Expériences récentes de M. de Mauni. Leur influence sur le calcul de la puissance du moteur. — Nous avons été conduit à cette expression en appliquant la formule de Morin. Or, tout dernièrement, M. de Mauni, dans un livre intéressant que nous avons eu l'occasion d'analyser ailleurs [1], a relaté des expériences auxquelles il venait de se livrer, et qui frappent de suspicion partielle les principes sur lesquels Morin avait basé cette formule.

Sans entrer dans de longs détails, précisons les différences pour deux types de routes bien définis, répondant aux conditions les plus ordinaires du roulage dans notre pays :

1° Sur chaussée empierrée, peu compressible, la résistance est :

D'après Morin	proportionnelle à la pression	inversement proportionnelle au rayon des roues	peu influencée par la vitesse	à peu près indépendante de la largeur des bandages
D'après M. de Mauni	proportionnelle à la pression	inversement proportionnelle à la racine carrée du rayon	peu influencée par la vitesse	indépendante de la largeur des bandages

En somme, dans ce cas, la seule différence bien tranchée est celle qui a trait à l'influence du rayon des roues.

Si on s'en rapporte aux résultats annoncés par M. de Mauni,

1. Baron de Mauni. *Les bandages pneumatiques et la résistance au roulement*, Paris, Dunod, 1899, ouvrage analysé dans la *Revue industrielle*, 18 mars 1899 et n°s suivants.

la valeur de la résistance trouvée avec la formule de Morin est plus petite que la valeur réelle.

2° Sur chaussée pavée, la résistance est :

D'après Morin	proportionnelle à la pression	inversement proportionnelle au rayon des roues	proportionnelle à la vitesse	proportionnelle à la largeur des bandages
D'après M. de Mauni	plus que proportionnelle à la pression	plus qu'inversement proportionnelle au rayon	proportionnelle à la vitesse	inversement proportionnelle à la largeur des bandages

Si nous faisons abstraction de l'influence de la largeur des bandages, à laquelle les deux expérimentateurs attribuent un sens opposé, la valeur de la résistance calculée avec la formule de Morin doit, pour deux raisons, être inférieure à sa valeur réelle. L'application de la formule de Morin ne nous donnera donc que des résultats assez peu exacts.

D'un autre côté, nous avons eu l'occasion de constater que les résultats trouvés par Dupuit se rapprochaient de ceux de M. de Mauni plus que ceux de Morin. Pouvons-nous en conclure qu'il vaut mieux, pour évaluer la résistance au roulement, substituer à la formule de Morin celle de Dupuit? Ces dernières sont [1] :

Pour les chaussées empierrées ·

$$T = \frac{0,04}{\sqrt{D}} P + 0,12\,(P - p)\frac{d}{D},$$

et pour les chausssées pavées, au pas :

$$T = \frac{0,0118 + \dfrac{0,0009}{L + 00,2}}{\sqrt{D}} P + 0,12\,(P - p)\frac{d}{D}$$

1. *Essai et expériences sur le tirage des voitures et sur le frottement de seconde espèce*, par J.-M. Dupuit. Paris, Carilian-Gaury, 1837, p. 135.

D, d, diamètres des roues et des fusées ;

P, pression totale exercée par la voiture sur la route ;

p, poids des roues ;

L, largeur des jantes.

Mais, ces formules ont été établies pour des voitures à deux roues, les seules sur lesquelles les expériences aient été assez nombreuses et variées. Pour les deux voitures à quatre roues que Dupuit a brièvement expérimentées (une diligence de la Cie Laffitte et Caillard, et un char-à-bancs ayant à l'arrière des roues de 1,50 m. de diamètre et à l'avant des roues de 0,86 m.), il a bien démontré que les roues de derrière éprouvaient beaucoup moins de résistance que si elles n'étaient pas précédées d'autres roues ; et cela s'explique assez naturellement par ce fait, que ces roues, entrant dans le frayé des roues d'avant (les deux essieux étaient d'égale longueur), trouvent une partie du travail fait et en profitent, pour ainsi dire. Mais Dupuit ne manque pas d'ajouter : « C'est la seule conséquence que nous croyons devoir faire ressortir du petit nombre d'expériences que nous ayons faites sur les voitures à quatre roues. » Et cette remarque fort sage nous prive même de la seule ressource que nous aurions eue d'appliquer successivement la formule aux roues d'arrière et d'avant d'une voiture à deux essieux, pour évaluer sa résistance totale au tirage. La locomotion automobile n'employant que de semblables véhicules, l'application des formules de Dupuit ne lui est aucunement indiquée.

Sans compter que les valeurs attribuées par cet ingénieur aux coefficients de traction, diffèrent très notablement de celles que nous avons acceptées sur la foi d'expériences faites, beaucoup plus récemment, avec une voiture dynamométrique perfectionnée, c'est-à-dire avec des appareils de mesure autrement précis que la romaine à cadran de Dupuit et dans des conditions de traction et autres bien plus voisines de celles qui président à notre roulage actuel. Nous avons, en effet, admis pour ce coefficient 0,025 sur pavé assez régulier, 0,020 sur bon macadam, tandis que

Dupuit donne comme moyenne 0,020 sur chaussée pavée et 0,030 sur empierrement ; non seulement leurs valeurs absolues diffèrent, mais encore leurs grandeurs relatives se trouvent inversées. Nous ne comprenons pas non plus comment le coefficient de traction est plus considérable pour une voiture de luxe que pour une diligence et qu'une voiture de roulage (autrement dit une charrette à deux roues), ainsi qu'il résulte du tableau suivant, qui donne les valeurs de ce coefficient :

	sur macadam	sur pavé
Voiture de roulage.......	0,030	0,017
Diligence	0,030	0,020
Voiture de luxe.........	0,036	0,034 à 0,037

Ce qui nous frappe surtout, ce sont les différences énormes de ces valeurs pour le pavé, sur lequel elles passent du simple au double et même plus. Nous ne nous permettrons pas d'incriminer, sans preuve irrécusable, les chiffres donnés par un expérimentateur aussi consciencieux que Dupuit, mais il nous sera bien permis de conclure de ce qui précède que les circonstances dans lesquelles ses expériences ont eu lieu devaient être assez différentes des conditions actuelles de la locomotion automobile, pour qu'on ne puisse lui appliquer les formules auxquelles les expériences ont abouti.

Que conclure pour la question qui nous intéresse ? On doit, à notre avis, faute d'une formule meilleure, appliquer celle de Morin, comme nous l'avons fait, mais en ne lui accordant que le degré de confiance qu'elle mérite, et en se rappelant qu'elle donne des valeurs trop faibles pour la résistance au roulement. Mais il faut souhaiter que M. de Mauni, ou d'autres expérimentateurs, auxquels il a ouvert la voie, reprennent la question et l'étudient dans des conditions qui leur permettent de nous fixer pour les applications que réclame la locomotion nouvelle. L'affaire incontestablement vaut la peine qu'on s'en occupe.

155. — **Effort utile maximum à demander au moteur.** — Quoi qu'il en soit, et jusqu'à ce moment, la formule que nous avons établie, donnera approximativement, pour chaque cas particulier, la valeur de la résistance à vaincre, et dès lors celle de l'effort utile à développer aux jantes des roues. Parmi ces valeurs, il est essentiel de connaître celle qui correspond à la marche du véhicule, dans les conditions les plus défavorables qu'il ait à subir. Une fois donc qu'on aura déterminé le genre et le poids de la voiture qu'il s'agit de munir d'un moteur et la vitesse à laquelle on veut qu'elle parcoure la plus forte rampe qu'elle devra aborder, dans les conditions de chaussée et de vent les plus défavorables, en remplaçant dans la formule les lettres par les valeurs correspondantes, on trouvera le plus grand effort utile que le moteur aura à développer. Il n'est cependant pas *a priori* impossible que l'effort maximum corresponde à d'autres conditions, par exemple à une pente moins forte gravie avec une vitesse relativement plus considérable, ou même à la marche en palier à une vitesse très grande : il sera donc quelquefois prudent de calculer les valeurs de l'effort moteur correspondant aux diverses conditions de marche, et on verra sur quel effort maximum on doit compter.

Ce maximum une fois déterminé, il faudra vérifier qu'il ne dépasse pas la limite compatible avec la voiture. On ne doit effectivement pas oublier que c'est grâce à l'adhérence, qui se développe entre les bandages des roues et le sol, que l'entraînement du véhicule se produit.

156. — Adhérence. — Les premiers constructeurs d'automobiles étaient fort préoccupés par cette question de l'adhérence : ils avaient muni les jantes de leurs roues de dents ou saillies, destinées à l'augmenter. Leurs craintes étaient chimériques : l'expérience journalière du chemin de fer le prouve surabondamment; et l'adhérence entre les bandages d'une automobile et le sol est autrement considérable que celle qui s'exerce entre l'acier des roues de la locomotive et celui des rails. Pour si forte qu'elle soit, elle a pourtant une limite, qu'il est sage de ne pas oublier. Il faut donc vérifier que l'effort maximum trouvé est inférieur au travail de frottement développé entre la roue et le sol. Si cette condition n'était pas remplie, les roues patineraient, absorbant de la force motrice en pure perte, détériorant les bandages, imprimant aux pièces du mécanisme une vitesse exagérée, pouvant occasionner de graves désordres.

Or, l'adhérence a pour mesure le produit de la charge des roues motrices par le coefficient de frottement des bandages sur le sol ; ce dernier, variable, cela va sans dire, avec l'état de la chaussée, est assez mal connu. Il fallait, jusqu'à ces dernières années, s'en rapporter à des chiffres déterminés par Morin, et qu'on ne pouvait guère étendre aux pavés de bois et de grès :

Fer sur chêne sans enduit............................... 0,62
    —   mouillé................................... 0,26
Fer sur calcaire....................................... 0,49

M. Jeantaud a trouvé des chiffres très notablement différents de ceux-là :

Sur pavé de bois sec.......... adhérence =   20 % de la charge.
    —   humide......   —   =   25 %   —
Sur bon pavé de grès sec.....   —   =   30 %   —
    —   humide......   —   =   35 %   —
Sur macadam sec.............   —   = { 25 % p. voitures légères.
                                            { 40 % p. voitures lourdes
                                                      pénétrantes.
    —   humide........   —   =   42 % p. voitures lourdes
                                                      pénétrantes.

Ces chiffres, qui ont été établis pour les chaussées de Paris, ne pourraient être appliqués à des chaussées quelconques : ainsi il est tel sol argileux, pour lequel l'adhérence diminuerait avec l'humidité, à l'inverse de ce qui se passe avec les matériaux expérimentés par M. Jeantaud. Aussi est-il désirable que des expériences plus variées soient entreprises. Il semble pourtant, jusqu'à nouvel ordre, qu'on puisse compter sur une adhérence moyenne de 25 à 30 % (sauf sur le pavé de bois sec).

Cette marge est, dans la plupart des cas, assez grande pour

qu'on n'ait pas à craindre le patinage ; cependant, on le voit quelquefois se produire aux démarrages sur pavé gras ou asphalte. Si l'effort maximum est reconnu inférieur à l'adhérence, on peut l'accepter.

157. — Pertes par les transmissions. Effort moteur total. — Mais cet effort n'est pas encore celui que doit développer le moteur sur son arbre, car il faut tenir compte des pertes occasionnées par sa transmission de ce dernier aux jantes des roues. Pour les moteurs à vapeur et pour les moteurs à pétrole, il est prudent (§ 335) d'évaluer ces pertes respectivement à 40 et 50 %, ce qui donne 60 et 50 % pour rendements des transmissions ; il faut donc multiplier par 5/3 ou par 2 la valeur trouvée pour l'effort moteur. Pour les moteurs électriques, la simplification des transmissions réduit notablement les pertes d'énergie entre l'arbre du moteur et les jantes.

Dans le calcul que nous avons fait de l'énergie qui devait être fournie par les accumulateurs, nous avons admis avec M. Hospitalier, pour rendement de la transmission le chiffre de 0,90, trop élevé, nous semble-t-il, quand il n'y a pas un moteur directement monté sur chaque roue et qu'il faut dès lors compter avec les pertes de charge occasionnées par le différentiel et les chaînes Galle. En comptant, pour plus de sûreté, avec MM. Morris et Salom, d'après les essais qu'ils ont effectués après la course de Chicago (§ 312), sur une valeur de 0,70 pour le rendement de cette transmission, il suffit, dans la voiture électrique, de multiplier par $\frac{10}{7}$ l'effort moteur utile, pour avoir celui que doit développer normalement le moteur, autrement dit la puissance de ce dernier.

La méthode que nous venons d'esquisser pour le calcul de cette puissance est, croyons-nous, la plus logique. Il ne faudrait pas en conclure qu'elle est toujours employée. Elle pourrait cependant l'être, puisque, dans l'état actuel, l'industrie automobile, toujours débordée, ne travaille guère que sur commande.

Elle aurait l'avantage de proportionner la force de la voiture au travail qui doit lui être imposé, et d'éviter de très fâcheux mécomptes. Que de chauffeurs sont déçus lorsque leur machine est impuissante à gravir une rampe, parce qu'elle n'a pas été calculée pour le faire! Que d'autres gémissent sur la lenteur de marche que leur impose, surtout dans le Midi, où le vent souffle parfois avec rage, une résistance, qu'on n'a pas fait intervenir dans le calcul du moteur!

Il ne faudrait cependant pas pousser jusqu'à l'extrême l'application de la méthode, parce qu'elle aurait l'inconvénient de diversifier à l'infini les types de voitures. La construction économique des automobiles, que nous appelons de nos vœux et que finira bien par nous donner la concurrence, n'est possible pour une maison qu'autant qu'elle se contente de quelques types, jouissant chacun de cette interchangeabilité des pièces, qui est la principale cause du bon marché des produits américains. autres que les automobiles; mais le choix judicieux de quelques types bien définis suffira pour faire face, dans des conditions bien suffisantes, aux besoins les plus usuels. Et la méthode que nous avons donnée servira, dans chaque cas, à déterminer nettement quel type lui convient : ainsi appliquée, elle évitera les déceptions dont nous avons parlé.

Quelle que soit la méthode employée pour calculer la puissance à donner au moteur, le nombre de chevaux-vapeur trouvé sera toujours très notablement supérieur à celui des chevaux qu'il serait raisonnable d'atteler à la voiture en question, même en tenant compte de l'accroissement de poids que lui inflige l'adjonction du mécanisme automobile. Un cheval n'est cependant, on le sait, capable de fournir qu'un travail de 50 kgm. par seconde, pendant six heures par jour, alors qu'un moteur d'un cheval peut fournir pendant les 24 heures ses 75 kgm., soit 6.480.000 kgm., ou six fois plus que les 1.080.000 kgm. que donne le cheval. Mais, alors que ce dernier peut facilement doubler pendant assez longtemps son effort musculaire, et, dans un passage difficile, le quintupler, le décupler même, le moteur mécanique, le type à pétrole principalement, est loin d'avoir une semblable élasticité. On est donc obligé de lui donner la force qui lui est nécessaire, pour le travail maximum qu'il a à effectuer, bien supérieure à celle qu'il utilisera normalement. Aussi les puissances de six chevaux, de huit même et plus, sont-elles devenues courantes pour des voitures, qui ne demanderaient guère à être attelées que de 2 ou 3 chevaux. Quand elles utiliseront intégralement de pareilles forces, il ne faudra pas s'étonner qu'elles prennent des vitesses de 40 et 60 km. à l'heure et même plus, laissant bien loin derrière elles celles de la traction chevaline. Mais quand elles ne marcheront pas à ces allures vertigineuses, leur rendement économique sera certainement mauvais.

2° Évaluation de la puissance d'un moteur existant.

158. — Méthodes d'évaluation. — Nous avons appris à calculer la puissance du moteur avec lequel nous devons équiper une automobile, pour la rendre capable de fournir une marche déterminée.

Nous allons résoudre le problème inverse. Le moteur existe : il s'agit pour le constructeur, avant de le monter sur une voiture, de mesurer le travail qu'il donne sur son arbre ; pour l'acheteur de vérifier qu'il donne bien, à la jante des roues motrices, la puissance annoncée par le vendeur.

159 — I. Puissance disponible sur l'arbre. — Plusieurs méthodes sont applicables pour déterminer la puissance disponible sur l'arbre : les premières la calculent en se basant sur des données théoriques ou empiriques ; les secondes la mesurent en soumettant le moteur à certains essais.

1° *Calculée d'après des données théoriques.* — Procédé **Ringelmann.** — M. Ringelmann estime que pratiquement la combustion d'un gramme d'essence nécessite 16,3 litres d'air. Si V représente le volume en litres d'une cylindrée, le poids d'essence consommée pour remplir d'air carburé le cylindre sera $\dfrac{V}{16,3} =$ 0 gr. 06135 V. Soit n le nombre de tours que fait par minute le moteur; celui-ci étant supposé à 4 temps, il donnera 0, 50 n explosions par minute; M. Ringelmann admet que, pour éviter un échauffement exagéré, il ne s'en produit que 0.45 n par minute, et dès lors $\dfrac{0,45\ n}{60} = 0,0075\ n$ par seconde. Le poids d'essence consommé par seconde sera donc 0,06135 V $\times$ 0,0075 $n =$ 0,00046 n V.

Quel travail représente cette essence ? Théoriquement le gramme de ce combustible équivaut à 11 calories : M. Ringelmann admet que sur ces 11 calories 0,15 $\times$ 11 seulement $= 1.65$ sont effectivement transformées en travail [1]. On ne doit donc recueillir que 1,65 $\times$ 425 $=$ 700 kilogrammètres environ ; par suite la puissance en chevaux du moteur est :

$$P = \frac{700 \times 0.00046}{75}\ n\ V = 0.0043\ n\ V.$$

L'emploi de cette formule ne nécessite que la connaissance des dimensions du cylindre et du nombre de tours du moteur par seconde. Appliquée par M. Witz à un moteur monocylindrique de 12 chx, cette méthode a donné une puissance un peu supérieure à ce chiffre [2].

160. — **Procédé Witz.** — Si nous supposons connus la pression moyenne p exercée par l'explosion du gaz sur le piston pendant sa course motrice, et le rendement organique K du moteur ; et si nous appelons S la section du piston, C sa course, n le nombre

1. En d'autres termes, il prend comme rendement thermique (§ 335) 0,15.
2. *Moteurs à gaz et à pétrole et Voitures automobiles*, par M. A. Witz. t. III, p. 582.

de tours par minute, P le travail effectif en chevaux, nous pouvons poser :

$$K = \frac{75\,P}{S\,p\,C\,\dfrac{n}{2 \times 60}}$$

d'où nous tirons :

$$P = \frac{K\,S\,C\,n\,p}{9.000}$$

K peut être pris égal à 0,75 ; p est évaluée par M. Witz à 4 kg. 25.

Appliquée par M. Witz à 3 moteurs [1], cette méthode a donné une estimation de leur puissance un peu inférieure à celle annoncée par les constructeurs.

161. — 2° *Calculée d'après des données empiriques.* — **Procédé Hospitalier.** — « En étudiant les principaux éléments de construction et de fonctionnement d'un certain nombre de moteurs à essence, et en comparant certains facteurs spécifiques qui auraient dû être théoriquement *identiques* pour des moteurs fonctionnant dans les mêmes conditions de richesse de mélange, de compression, d'allumage et de rendement, nous avons, dit M. Hospitalier, remarqué que l'un de ces facteurs spécifiques était constant, à 20°/₀ près environ, malgré les différences de proportions, de système, d'allumage, de puissance [2] ». Ce facteur n'est autre que le rapport du déplacement des pistons (en litres par seconde) à la puissance du moteur (en poncelets), et il est sensiblement égal à 10.

Il suffit donc d'évaluer ce déplacement en litres par seconde, en multipliant le double du volume du cylindre par le nombre de tours à la seconde et de le diviser par 10 pour avoir la puissance en poncelets. Comme le poncelet vaut 100 kilogrammètres,

---

1. *Loc. cit.*, p. 580.
2. *Locomotion automobile*, 2 décembre 1897, p. 562.

alors que le cheval-vapeur n'en vaut que 75, il faut diviser le nombre trouvé par 0,75 pour avoir la puissance en chevaux. Si nous appelons n le nombre de tours par minute, R le rayon du cylindre et C sa course en centimètres, il n'y a qu'à appliquer la formule :

$$P = \frac{1}{0,75} \times \frac{\pi R^2}{100} \times \frac{2\,C}{10} \times \frac{n}{60} \times \frac{1}{10}$$

ou, très approximativement :

$$P = \frac{n R^2 C}{75.000}$$

Cette formule donne la puissance avec une erreur probable de 1/5.

Les méthodes de calcul, que nous venons de décrire, ont l'avantage de ne nécessiter que la mesure de quelques dimensions du cylindre et du nombre de tours du moteur; mais, par suite de l'incertitude qui règne sur les valeurs admises pour les coefficients qui y figurent, elles ne méritent qu'une confiance limitée. Si on veut évaluer de façon plus exacte la puissance du moteur, il faut avoir recours à un véritable essai de ce dernier. On peut y procéder de diverses façons [1].

162. — 3° *Déterminée par des essais au frein.* — **Frein de Prony.** — Le principe de cet appareil bien connu consiste à faire tourner l'arbre A du moteur (fig. 146), à l'intérieur de deux mâchoires serrées contre lui par les vis B, B', et à charger un levier C solidaire de ces mâchoires d'un poids p suffisant pour les empêcher d'être entraînées par la rotation de l'arbre. La puissance en chevaux est donnée par la formule :

$$P = 0,0014\ pln$$

p étant exprimé en kilogrammes, l, distance du point d'applica-

1. M. Brachet a donné un exposé fort explicite de ces méthodes (*Locomotion automobile*, 10 février 1898 et n^os suivants).

tion du poids p à l'axe de l'arbre, en mètres, n étant le nombre de tours par minute.

Pour réaliser pratiquement un essai, il faut d'abord bien immobiliser le moteur, par exemple en le tirefonnant sur un châssis en bois. Au lieu des mâchoires de bois que représente la gravure schématique, on emploie souvent une bande de fer plat garnie de tasseaux en bois dur, fixée au levier, d'un côté par un écrou fixe, de l'autre par un écrou dont on fait varier le serrage. Cette bande entoure ordinairement le volant de l'arbre : il faut la disposer, comme le représente la figure, le levier au-dessous du diamètre horizontal de la poulie, pour être sûr que

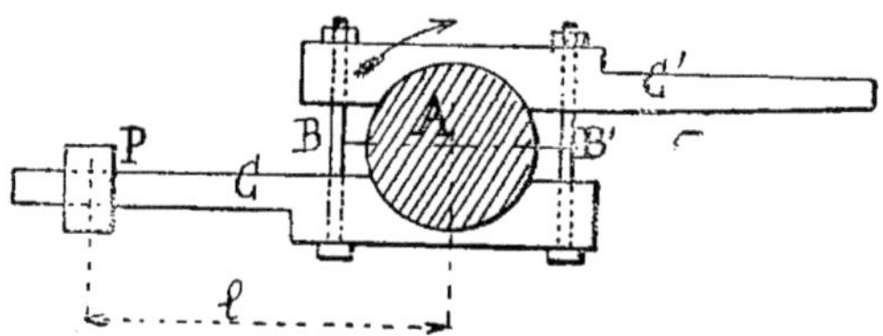

Fig. 146. — Schéma du frein de *Prony*.

l'indication donnée par le poids soulevé est bien exacte ; avec la disposition *barre en dessus*, lorsque le levier s'écarte sensiblement de la position horizontale, l'indication peut être fort inexacte.

Pour obtenir pendant l'expérience un frottement constant, il est souvent besoin de modifier le serrage des boulons : on peut atténuer les à-coups, en disposant sous les écrous des rondelles de caoutchouc séparées par des disques de tôle ; comme on n'est jamais sûr de les éviter, il est prudent de disposer des taquets, capables d'arrêter, le cas échéant, le levier. Pour éviter le grippage du frein, il est indispensable de le graisser continuellement avec du suif ou de l'eau contenant environ 10 % de savon. Un essai, pour être concluant, doit durer 10 minutes.

La formule donnée s'applique à un frein se tenant de lui-même en équilibre, sur l'arête horizontale d'un couteau, située dans le plan de l'axe de l'arbre du moteur. S'il fallait, pour établir cet équilibre, placer à l'autre extrémité du levier un poids p', il faudrait retrancher ce poids p' de la valeur de p dans la formule.

Le frein de Prony est d'un emploi classique pour mesurer la puissance d'une machine à vapeur. Il ne conviendrait plus pour un moteur à pétrole, dans lequel les brusques variations du

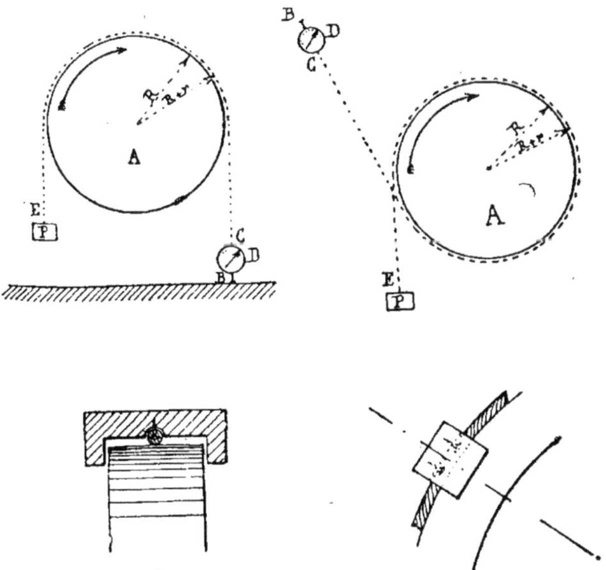

FIG. 146 *bis*. — Schéma du frein à corde.

travail demanderaient à ce qu'on fît varier concurremment le serrage du frein, ce qui serait impossible.

M. Ringelmann a imaginé un frein réalisant un réglage automatique de ce serrage : son application aux moteurs à pétrole est relativement facile [1]; mais il est plus simple d'utiliser le frein à corde.

163. — **Frein à corde** (fig. 146 *bis*). — Le volant A du moteur est embrassé par une corde, dont une extrémité est attachée au point

[1]. *Locomotion automobile*, 3 mars 1898, p. 141.

fixe B, par l'intermédiaire du dynamomètre D, et dont l'autre reçoit le poids p : le dynanomètre facilite le réglage en imprimant à la corde une tension p', qu'on fait varier à l'aide d'une vis de serrage à double effet. La formule appliquée est :

$$P = \frac{2\,\pi\,(R + r)\,n}{60 \times 75}\,(p\text{-}p')$$

R, r, rayons de la poulie et de la corde, étant exprimés en mètres ; p et p' en kilogrammes ; n étant le nombre de tours par minute. Pour un moteur, dont la force ne dépasse pas 8 chx, il suffit de prendre une corde de 6 à 8 mm. de diamètre ; un diamètre de 20 à 30 cm. suffit à la poulie pour un nombre de 1700 tours. Ce n'est qu'exceptionnellement qu'on a besoin de mettre sur la corde quelques gouttes d'eau savonneuse ou un peu de plombagine ; en tout cas, un graissage continu, avec ses projections et ses ennuis, est toujours inutile.

164. — 4° *Déterminée par un essai électrique.* — Si on dispose d'une dynamo, dont le rendement R est connu, il suffit de lui atteler le moteur et de noter le nombre de volts E et d'ampères I, accusés par un voltmètre et un ampèremètre, intercalés dans le circuit de cette dynamo, pour en déduire la puissance en chevaux de la formule :

$$P = 736\ EIR\ [1].$$

On peut prolonger l'essai aussi longtemps qu'on le désire, (ce qui n'est pas toujours facile avec le frein de Prony, à cause de l'échauffement) et le rendre plus précis. Le procédé est surtout de mise pour un constructeur, qui attelle successivement à sa dynamo les divers moteurs qu'il veut essayer ; il est d'ailleurs plus coûteux que les précédents.

165. — II. PUISSANCE DISPONIBLE A LA JANTE DES ROUES MOTRICES. — Le travail, donné par le moteur sur son arbre, doit être

1. *Locomotion automobile*, 21 avril 1898, p. 251.

multiplié par le rendement des transmissions, intercalées entre cet arbre et celui des roues motrices, pour avoir finalement le travail disponible à la jante de ces dernières, que le chauffeur a le plus d'intérêt à connaître. Ce rendement peut être en moyenne regardé comme égal à 50, 60 ou 70 %, suivant qu'il s'agit d'un moteur à pétrole, à vapeur ou électrique (§ 157) ; mais l'incertitude qui règne sur cette valeur se répercute sur le résultat trouvé [1].

On peut assez simplement procéder à un essai direct : après avoir mesuré, en kilogrammes, le poids p de la voiture, voyageurs compris, on lui fait gravir une côte, dont on connaît l'inclinaison I en centimètres et la longueur L en mètres, et on note le nombre de secondes N qu'elle met à la gravir ; si T est le coefficient de traction en centièmes, la puissance en chevaux est donnée par la formule :

$$P = \frac{p\,L\,(I + T)}{75\,N}$$

[1]. MM. Boramé et Julien ont établi des tableaux et graphiques, reproduits par la plupart des journaux spéciaux, d'un usage commode pour déterminer : 1° les travaux développés pendant la marche des automobiles, suivant la charge (poids du véhicule compris), la montée et la vitesse, indépendamment des résistances passives engendrées par le système de transmission adopté ; 2° les efforts exercés tangentiellement aux roues motrices, suivant la charge, la montée et la vitesse.

Nous renvoyons le lecteur, pour ce qui touche aux questions traitées dans ce chapitre, à ce que nous disons du concours de moteurs organisé par la *Locomotion automobile* (§ 330).

DEUXIÈME SECTION

LES TRANSMISSIONS

CHAPITRE VI

TRANSMISSION DU MOUVEMENT DU MOTEUR AUX ROUES MOTRICES

166. — **Nécessité des transmissions. Leurs organes principaux.** — Nous avons choisi le genre de notre moteur, calculé sa puissance : il s'agit de l'appliquer à la propulsion du véhicule.

Dans le fardier de Cugnot, le mouvement des pistons de la machine à vapeur était transmis à l'essieu, porteur de l'unique roue motrice du chariot, par l'intermédiaire de bras munis de cliquets, qui s'engageaient dans les encoches de roues à rochets montées sur cet essieu. Dans une voiture beaucoup plus récente, puisqu'elle ne date que de 1868, mais qui n'en est pas moins encore un ancêtre des véhicules actuels, le tilbury-tricycle de M. Ravel, le moteur à vapeur attaquait directement, par ses deux cylindres oscillants, l'essieu d'arrière. Et, comme pour montrer une fois de plus que souvent les extrêmes se touchent, M. Jenatzy, le constructeur de ce 16000, qui aura été le premier fiacre automobile parisien, a récemment construit une voiture électrique dont les roues, formées simplement d'un énorme pneumatique entourant le moyeu, sont calées sur l'induit même du moteur (§ 300).

Peut-être cette simplicité de la commande, que nous avons vue poindre à l'aurore de la locomotion automobile et qui vient de réapparaître dans un cas tout exceptionnel de la construction moderne, lui sera-t-elle un jour rendue par le progrès, dont l'essence même est d'être simpliste ! Nous ne devons pas oublier qu'elle fonctionne, sur certains tramways électriques, dans des conditions assez semblables à celles de la locomotion automobile, avec pourtant cette différence que les rails évitent au moteur la fâcheuse répercussion des chocs qu'une chaussée ordinaire infligerait à nos voitures malgré leurs pneus. Et nous savons que pour les locomotives, elle est d'un emploi constant, grâce à ce double fait que ces machines circulent sur des rails, et que les vitesses en usage sur nos voies ferrées permettent aux roues de suivre l'impulsion directe des pistons. Mais si la chose semble possible, à échéance d'ailleurs lointaine, pour l'électricité et la vapeur, il semble qu'elle ne le sera jamais pour le pétrole.

Plusieurs causes s'ajoutent en effet, pour rendre nécessaire l'interposition entre l'arbre moteur et les roues, d'organes intermédiaires.

1° *La nécessité de réduire la vitesse du moteur.* — Le fardier de Cugnot marchait à 5 km. à l'heure; le moteur de M. Ravel ne faisait que 100 tours à la minute. Cette lenteur de marche rendait facile la liaison directe des pistons aux roues. Les conditions sont bien changées avec les moteurs actuels, qui, pour la vapeur, tournent couramment à 400 tours comme celui de M. Scotte, à 500 comme celui de M. Serpollet, d'ailleurs capable de marcher beaucoup plus vite, à 600 comme celui de MM. de Dion et Bouton. Parmi les moteurs à pétrole, le Benz marche à raison de 480 révolutions par minute, le Gautier-Wehrlé de 600, l'Amédée Bollée de 600, le Mors de 800, le Phénix de MM. Panhard et Levassor de 800 à 850, le de Dion-Bouton de 1400 et plus. Les moteurs électriques tournent encore bien plus vite : celui que M. Postel-Vinay construit pour les voitures Mildé-Mondos fait 1.800 tours, quand ces dernières marchent à 15 km. à l'heure. Cet autre, avec lequel M. Jenatzy a équipé la voiture à transmission directe avec laquelle il a battu le record du kilomètre, a dû faire 900 tours à la minute pour imprimer aux roues une vitesse linéaire de 105 km. à l'heure. Mais, comme nous ne nous proposons pas, avec celui que nous étudions, de briguer le moindre record, nous conclurons plus sagement qu'avec les vitesses pratiques ci-dessus, considérées comme avantageuses pour les divers moteurs auxquels elles s'appliquent, une réduction s'impose avant de les transmettre aux roues.

2° *La nécessité d'avoir plusieurs vitesses de marche.* — La voiture ne saurait, en effet, se contenter d'une allure uniforme. En ville, elle doit pouvoir marcher vite, si la chaussée est libre, même accélérer encore sa vitesse pour profiter d'un vide qui va se fermer, au contraire ralentir, si la voie est encombrée. En pleine route, elle doit filer promptement en palier, se lancer sur les pentes légères, modérer son allure sur les pentes raides, aborder les côtes à faible vitesse : si, en effet, elle n'avait pas le moyen de diminuer le travail absorbé par sa propulsion dans le sens horizontal pour consacrer à sa progression verticale la majeure partie de la force dont elle dispose, elle s'exposerait à rester en panne au bas de côtes insignifiantes. Or, si le moteur électrique a en lui-même une élasticité assez grande pour faire face à ces exigences multiples ; si le moteur à vapeur pourrait à la rigueur y suffire, bien qu'il soit préférable de l'y aider par un ou deux changements mécaniques de vitesse ; en revanche, le moteur à pétrole, qui ne peut modifier sa force qu'en changeant sa vitesse, et toujours au détriment de son rendement, y serait radicalement impuissant, si on n'augmentait son élasticité par des dispositifs capables d'assurer aux roues motrices trois ou quatre vitesses différentes.

3° *La nécessité de faire reculer la voiture.* — Les moteurs électrique et à vapeur permettent ce recul par un simple renversement dans la distribution du fluide qui les actionne ; mais le moteur à pétrole n'admet pas le renversement de sa marche. On est encore obligé, pour l'en doter, de recourir à un dispositif mécanique.

4° *La nécessité de débrayer le moteur.* — Pour arrêter brusquement la voiture et la rendre docile à l'action des freins, il faut pouvoir supprimer instantanément l'action propulsive du moteur.

Quand on ne peut y arriver par le renversement de la marche, ce qui est, comme nous venons de le dire, le cas du moteur à pétrole, il est nécessaire de débrayer ce dernier.

Il faut aussi, par une singulière antithèse, le faire quand on veut aller très vite, en se laissant sur une pente emporter par la gravité. Si, en effet, on conservait la liaison des roues et du moteur, les premières ne pourraient pas aller plus vite que le second : il n'y aurait là que moitié mal, car la descente à toute vitesse d'une côte n'est pas sans danger; mais on risquerait fort, par le surmenage, que la gravité réussirait à infliger au moteur, malgré sa liaison avec la voiture, de provoquer la rupture de quelque pièce du mécanisme, d'une bielle notamment, ou tout au moins d'amener la soudure de la tête de bielle et de la tige du piston.

Il faut enfin, dans les fréquents et courts stoppages, auxquels une voiture est soumise, éviter l'arrêt du moteur à pétrole, qui, comme on le sait, entraînerait chaque fois une remise en train ennuyeuse.

Comme aussi la présence d'un embrayage progressif facilite beaucoup la douceur des démarrages.

5° *La nécessité d'assurer l'indépendance des roues motrices dans les virages.* — Si, en effet, comme c'est le cas général, il n'y a pas un moteur pour actionner chacune des roues montées sur un même essieu, il faut que les deux roues tributaires d'un même moteur, ne soient pas assujetties à tourner toujours de conserve. Nous l'expliquerons plus tard avec plus de détails, en décrivant le dispositif qui assure d'ordinaire cette indépendance, le *différentiel* (§ 176).

Nous venons de voir quels organes essentiels doivent composer les transmissions dans une voiture à pétrole. La combinaison la plus généralement employée est la suivante : l'arbre moteur en actionne un autre ordinairement placé dans son prolongement, et que nous appellerons arbre principal, par un embrayage, qui permet de relier le moteur au reste du mécanisme ou de l'en séparer, et qui parfois aussi est utilisé, pour produire les marches avant et arrière et très accessoirement pour donner des changements de vitesse. De l'arbre principal, le mouvement est transmis à un arbre intermédiaire par engrenages, courroies ou plateau de friction, ces organes étant chargés de produire les changements de vitesse, et les changements de marche, quand ils ne sont pas donnés par l'embrayage. Cet arbre intermédiaire porte le différentiel ou actionne un autre arbre qui en est muni. Enfin, l'arbre différentiel conduit par chaînes Galle, engrenages ou essieux articulés, les roues de la voiture.

Nous allons étudier successivement ces divers organes. Nous décrirons ensuite les systèmes classiques de transmissions, qui les mettent en œuvre, et enfin quelques autres beaucoup moins employés que les précédents ordinairement basés sur l'emploi d'organes assez compliqués, mais que leur ingéniosité rend parfois intéressants et même aptes à passer dans une pratique plus courante.

167. — **Embrayages.** — Nous distinguerons les systèmes à griffes, à friction (par cônes droits ou renversés, à ruban), et les systèmes divers : magnétique, hydraulique.....

1° EMBRAYAGES A GRIFFES. — Ils sont bien connus, avec leurs deux manchons clavetés chacun sur l'un des arbres à relier, le premier fixe, l'autre mobile longitudinalement, et munis de saillants et de rentrants, qui s'emboîtent les uns dans les autres.

Pour les rendre propres aux changements de marche, on peut employer le dispositif suivant : à l'extrémité de l'arbre moteur est calée une roue dentée, qui engrène constamment avec deux roues d'angle faisant corps chacune avec une douille montée à l'extrémité d'un arbre perpendiculaire au premier; sur chacun de ces arbres, se trouve un manchon d'embrayage à coulisse. Quand les deux manchons sont éloignés des griffes qui leur correspondent, les deux roues dentées tournent avec leurs douilles folles sur leurs arbres, qui demeurent au repos. Quand on veut produire la marche en avant, on pousse, vers les griffes de sa douille, le manchon calé sur l'arbre de la marche avant : la douille est rendue solidaire de ce dernier, qu'elle entraîne dans son mouvement. Pour la marche en arrière, on embraie l'autre manchon.

L'embrayage à griffes a l'inconvénient de n'être ni progressif ni élastique, par suite de ne pas adoucir les démarrages et d'établir entre le mécanisme et le moteur une liaison absolue, de sorte que les efforts subis par la voiture se transmettent intégralement jusqu'au moteur, risquant d'amener des ruptures dans les pièces ou de produire le calage du moteur avec ses conséquences plus ou moins graves : déréglage des soupapes... Pour cette raison, on lui préfère d'ordinaire un des suivants.

168. — 2° EMBRAYAGES A FRICTION. — A) *A cônes droits.* — Sur chacun des deux arbres à conjuguer est calé un cône, l'un fixe, l'autre capable de se déplacer longitudinalement sous l'action d'une fourchette, mue par des leviers et une pédale, pour pénétrer dans le premier. La disposition la plus couramment employée est la suivante : l'arbre moteur porte le cône femelle, l'autre le cône mâle, qu'un ressort maintient normalement appliqué à l'intérieur du premier. Un levier, mû par une pédale, permet au chauffeur de supprimer momentanément l'action du ressort pour débrayer.

B) *A cônes renversés.* — Dans cette disposition, l'inclinaison des génératrices est telle que le cône mâle ne peut être introduit dans le cône femelle qu'en deux pièces, la dernière étant constiuée par une bague conique qu'on commence par disposer à l'intérieur du cône femelle, et qu'on relie ensuite par une vis au cône mâle dont elle forme la surface extérieure. Le serrage s'obtient en éloignant le fond du cône mâle de celui du cône femelle, par traction, et non plus en rapprochant ces deux fonds par pression, comme dans l'embrayage à cônes droits. Mais qu'on emploie l'un ou l'autre de ces systèmes, on exerce une poussée fâcheuse sur l'un des paliers qui encadrent l'embrayage ; cette poussée est évitée avec les systèmes suivants.

169. — C) *A ruban.* — **Villard et Bonnafous.** — L'un des em-

brayages à ruban les plus employés est celui de MM. Villard et
Bonnafous (fig. 147-147 *ter*). X est l'arbre moteur à l'extrémité

FIG. 147. — Embrayage *Bonnafous*.
Vue d'ensemble.

duquel est calée la cuvette de friction B ; Y l'arbre principal sur

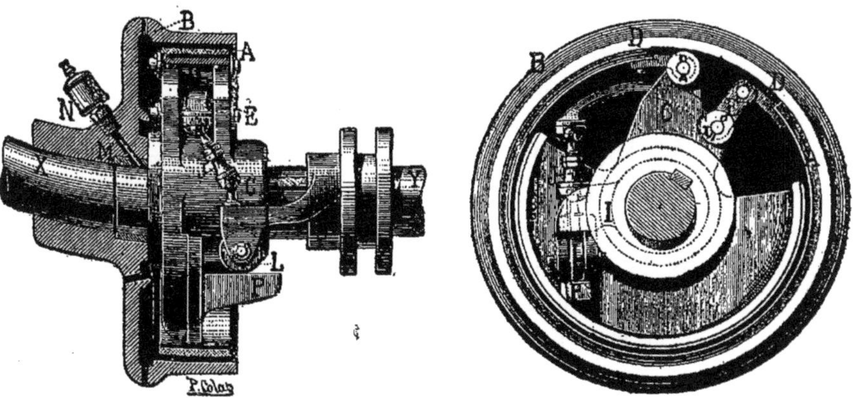

FIG. 147 *bis* et 147 *ter*. — Embrayage *Bonnafous*.

lequel est clavetée la pièce C, dont on voit (fig. 147 *ter*) la forme
assez particulière d'un bras radial à chape fondu avec un demi-

disque. Autour de cette pièce, est enroulé le ruban A en acier doublé de cuir : c'est un cercle non fermé, qui porte à ses deux extrémités les manetons D, articulés, celui de gauche sur le bras de la pièce C, celui de droite à l'extrémité du levier à chape E, dont l'autre extrémité est, à la fois, attelée en G sur la pièce C, et articulée à rotule avec le bout supérieur de la bielle extensible J. Enfin, cette dernière est aussi articulée, toujours par un joint à rotule, avec le bras du manchon d'embrayage I qui coulisse le long de l'arbre Y.

Dans la position de la fig. 147 *bis*, il n'y a pas contact entre la surface intérieure de la cuvette B et le ruban A : l'appareil est débrayé. Pour l'embrayer, il suffit de déplacer de droite à gauche sur l'axe Y le manchon I; le bras de ce manchon, guidé par le roulement du galet L, sur la console P, force la bielle J à se redresser, ce qu'elle ne peut faire qu'en agissant de bas en haut sur l'extrémité gauche du levier E. Son extrémité droite applique alors le ruban A contre la cuvette B, et de proche en proche, celui-ci se colle contre la cuvette. Un réglage de l'appareil (facile à obtenir en agissant sur la longueur de la bielle par les vis dont elle est munie), permet de le disposer pour que l'application, tout le temps progressive, du ruban contre la cuvette, ait fini de s'opérer, quand le manchon à gorge a parcouru les deux tiers de sa course : la compression donnée pendant l'autre tiers met en jeu la plasticité et l'élasticité du cuir. Si on ajoute à cela qu'à mesure que la bielle se rapproche de la verticale, à des éléments égaux du chemin parcouru par le manchon correspondent des éléments de plus en plus petits parcourus par le levier E, on comprendra combien le serrage est progressif.

Quand le manchon à gorge I est à fond de course, la bielle J a dépassé vers la gauche la verticale : elle tend alors à serrer le galet L et le manchon I contre la pièce C, de sorte que l'embrayage se maintient sans aucune poussée de la fourchette, qui a seulement servi à rapprocher le manchon.

Mais, il ne se maintient que pour le sens de la rotation de

l'arbre X, qui tend à ouvrir le ruban ; dans l'autre sens, où la friction tend à le fermer, la grande branche du levier E céderait et l'appareil glisserait. Cette propriété est précieuse pour amortir les chocs dans la transmission : ceux-ci se produisent, en effet, quand la roue conductrice de l'engrenage devient la roue conduite ; dans l'espèce, le glissement inséparable du changement de sens dans la rotation de l'arbre moteur produit le desserrage, qui empêche le renversement des rôles dans les roues en prise.

170. — **Embrayages Gautier-Wehrlé et Julien.** — La Société continentale d'automobiles emploie, pour ses voitures, l'embrayage à ruban Gautier-Wehrlé, que représentent les fig. 148 et 148 *bis*, accompagnées d'une légende suffisamment explicite.

Les fig. 149 et 149 *bis* montrent l'embrayage combiné par M. Julien, et construit par la maison Benoît, type pour motocycles et voiturettes, soit pour transmettre une puissance de 3/10ᵉ de cheval à 100 tours.

Sur l'arbre moteur, est calé le manchon d'entraînement B entouré par un ressort ouvert en acier trempé G semblable à un segment de piston, sur lequel est fixée, par des rivets en cuivre, une bande de cuir sec H, enveloppée à son tour par la cuvette folle C dont le moyeu est claveté avec la roue de l'engrenage de commande. Le ressort ouvert G tend à produire l'embrayage par son élasticité même et conséquemment, avec une énergie maximum limitée par construction. A l'une de ses extrémités, est fixée la plaque de butée J qui s'engage dans un évidement du manchon B, et à l'autre, la plaque de desserrage I appuyée continuellement sur le levier L qui est articulé dans une chape du manchon B. Perpendiculairement à son axe, ce levier porte le tourillon d'un galet fou N que le coin P attenant au manchon du levier ordinaire à fourchette, élève ou laisse descendre suivant le sens de la manœuvre.

On se rend compte qu'au fur et à mesure du rappel de ce coin, le galet N s'abaisse et permet au levier L d'osciller sous la réaction du ressort G qui s'applique progressivement sur la paroi intérieure de la cuvette C. Lorsque la pointe du coin P a dégagé le galet N, l'appareil est complètement embrayé et la transmis-

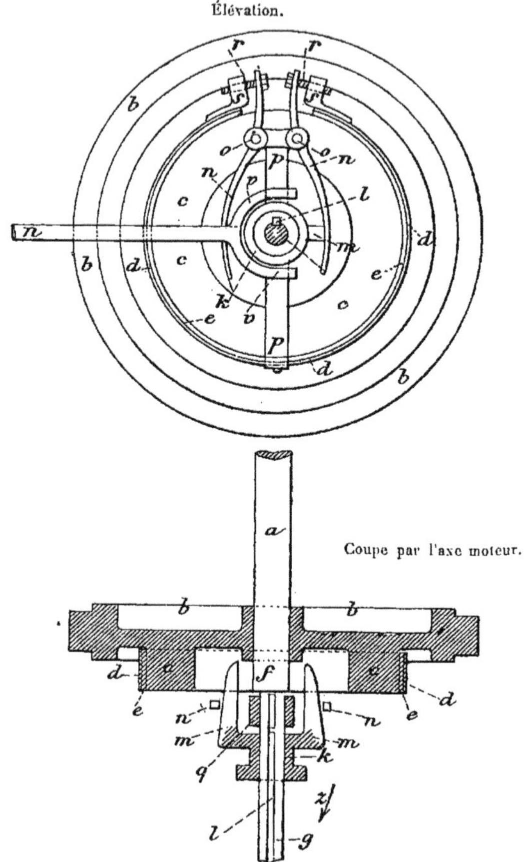

FIG. 148 et 148 *bis*. — Embrayage *Gautier-Wehrlé*.

a, arbre moteur ; *b*, volant ; *c*, couronne saillante solidaire du volant ; *d*, ruban métallique garni de cuir, dont les extrémités sont munies de vis, pour régler la longueur du ruban et le relier aux branches *n*, *n*, mobiles autour des axes *o*, *o*. Entre les branches *n*, *n*, coulisse, sous l'action de la fourchette visible sur la fig. 148, le manchon *m*, relié à l'axe *g*, par la clavette *l*. Normalement le manchon tient les branches assez écartées pour que le ruban *d* soit appliqué contre la couronne *c* ; alors le mouvement de l'arbre se transmet au manchon *m* et à l'arbre *g*. Quand le manchon est tiré dans le sens de la flèche *z* (par la pédale de débrayage et un système de leviers qui exerce une traction sur la fourchette), les branches *n*, *n*, n'étant plus maintenues écartées, les extrémités *s*, *s* du ruban *d* s'éloignant, le ruban n'adhère plus à la courroie et la transmission du mouvement ne se fait plus de l'arbre *a* à l'arbre *g*.

sion du mouvement s'effectue sans glissement, ni réaction latérale sur les paliers.

Comme le ressort G s'applique sur la cuvette en raison de son énergie propre d'expansion, il n'est pas besoin de recourir à un artifice de coincement, ce qui conduit à une grande douceur au démarrage, du reste progressif, et évite l'emploi d'un organe de réglage. L'élasticité donnée au ressort et l'amplitude ménagée à l'oscillation du levier L sont toujours suffisantes pour que le cuir s'use de toute l'épaisseur maximum prévue, c'est-à-dire jusqu'à ce que les têtes encastrées de ses rivets viennent à être mises à

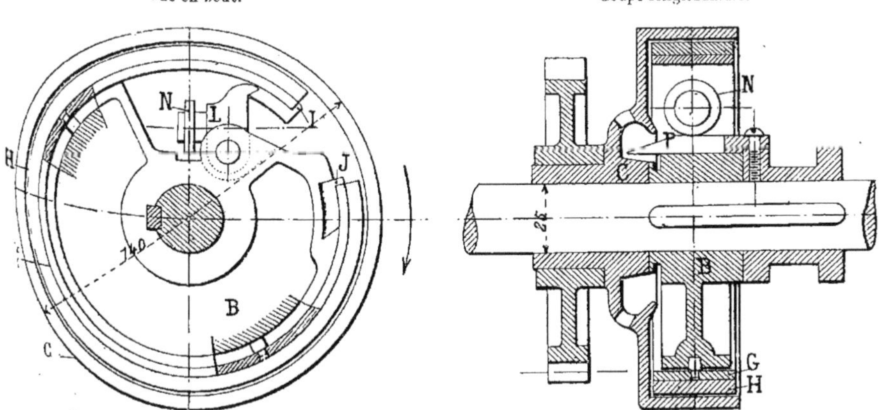

Fig. 149 et 149 bis. — Embrayage *Julien*. Type pour motocycle et voiturette.

nu. Le remplacement de ce cuir est, d'ailleurs, facile et économique.

Cet embrayage a, en somme, un très petit nombre d'organes, simples et robustes, bien appropriés à l'automobilisme.

Pour éviter que le ressort se déboîte, il est pourvu de quelques ergots rivés, susceptibles de glisser librement dans des gorges ménagées autour du manchon G. Enfin, il n'est pas sans intérêt de remarquer que les projections d'huile susceptibles de jaillir sur le cuir et de gêner l'action de l'embrayage en lubrifiant les surfaces en contact sont captées auparavant par le bord intérieur d'une cavité ménagée autour du moyeu de la cuvette ; des trous permettent l'échappement de cette huile.

Dans l'embrayage Julien combiné avec une poulie de commande et applicable aux voitures (fig. 150), des moyens spéciaux de graissage sont appliqués. L'un des bras de cette poulie forme, à cet effet, un cylindre C contenant un piston P qui est soumis à l'action de la force centrifuge et dont la face inférieure est mise, par un trou O de 0,003 m., percé dans le cylindre, en communication avec l'atmosphère afin d'éviter la formation du vide.

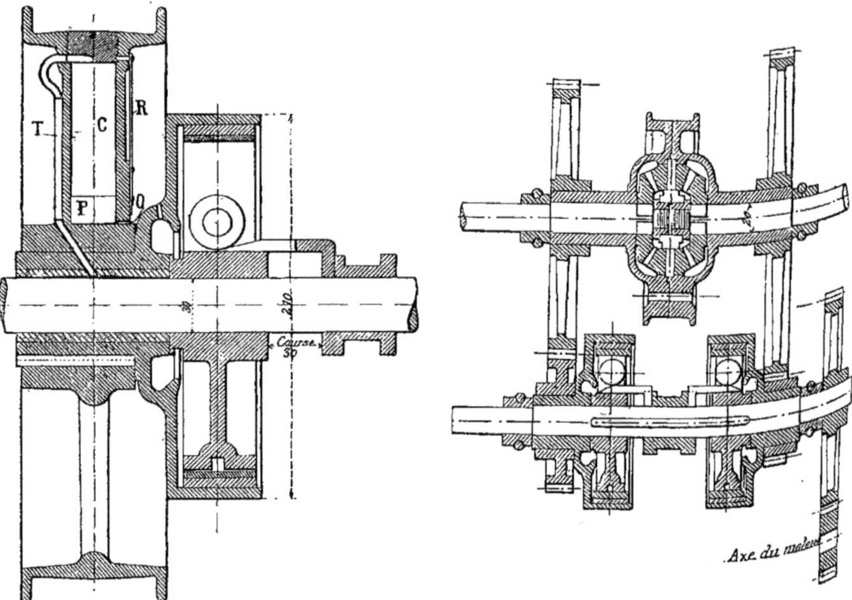

Fig. 150. — Embrayage *Julien*.
Type à poulie pour voiture.

Fig. 151. — Embrayage *Julien*.
Transmissions à deux vitesses pour motocycle.

L'huile est versée dans ce cylindre par l'ouverture que dégage un bouchon à vis. Un ergot fixé dans le ressort à lame R, empêche ce bouchon de se dévisser pendant le fonctionnement. Sous la poussée du piston, l'huile tend à s'écouler sur l'arbre à travers le tuyau en cuivre T. Ce système de graissage est, à la fois, abondant et économique.

Sous cette forme, cet embrayage a été souvent combiné directement avec un moteur à pétrole; sa cuvette est alors fixée sur le volant du moteur ou venue de fonte avec ce dernier, tandis que

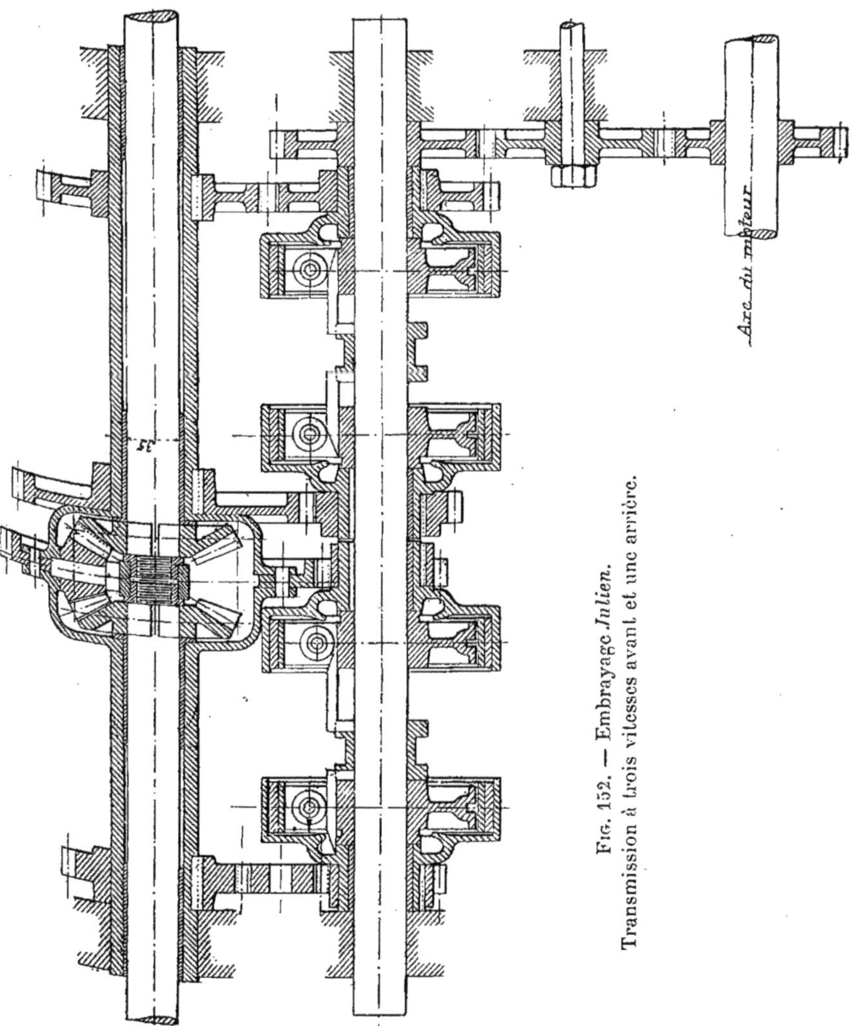

Fig. 152. — Embrayage *Julien*.
Transmission à trois vitesses avant et une arrière.

le manchon à ressort est claveté sur le premier arbre du changement de vitesse.

Voici quelques données sur les types d'embrayage Julien :

Diamètre intérieur de la cuvette :　110　120　150　200　250 mm.
Puissance à 100 tours par minute :　1/5　1/3　1/2　1　2 chx.

La figure 151 représente le mécanisme d'un changement de vitesse pour un motocycle ou une voiturette ne pesant pas plus de 250 kg. Deux embrayages Julien, disposés symétriquement et

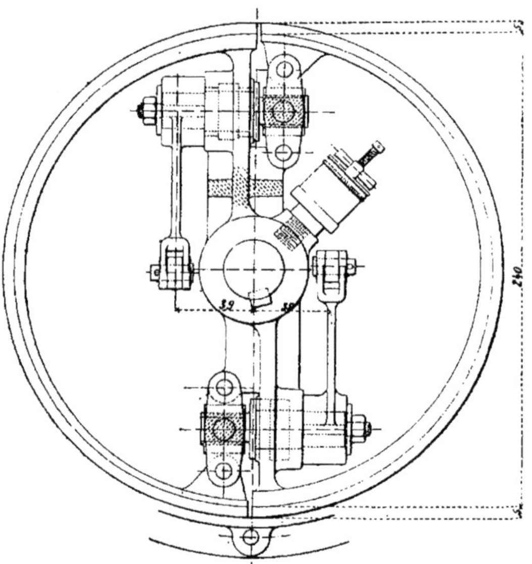

Fig. 153. — Embrayage à friction *Piat.*
Vue en bout.

manœuvrés par un manchon commun à fourchette, permettent de marcher à deux vitesses et de débrayer le moteur. Lorsque le manchon est poussé vers la gauche, l'embrayage de droite qui commande la petite vitesse, est accouplé et *vice versâ.*

Dans les applications aux voitures où trois vitesses sont exigées pour la marche avant et une pour la marche arrière, on adopte les dispositions représentées dans la figure 152. Deux paires d'embrayages Julien disposés comme dans le cas précédent sont mises en jeu et actionnées de la même manière; toutefois, leurs leviers peuvent être rendus solidaires d'une came de forme convenable, manœuvrée par une seule tige ou par un volant.

171. — **Embrayage Piat.** — Le système d'embrayage à friction imaginé et breveté par la maison Piat, en vue des applications aux automobiles, est représenté dans les figures ci-dessous. Il se

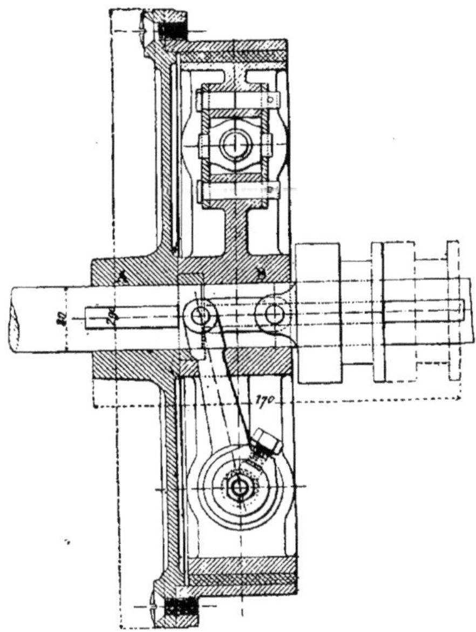

Fig. 153 *bis*. — Embrayage à friction *Piat.*
Coupe suivant l'axe.

compose de deux parties, la cuvette A et la poulie de friction B, qui peuvent être combinées de deux manières : elles sont respectivement calées sur deux arbres en prolongement l'un de l'autre pour les accoupler, ou bien l'une est folle et l'autre fixe sur un arbre commun, lorsqu'il s'agit d'embrayer et de débrayer des poulies ou des engrenages, sans perte de vitesse par le glissement. (fig 153 et 153 *bis*).

La jante de la poulie de friction présente deux solutions de continuité, diamétralement opposées; chaque moitié constitue une branche flexible, d'épaisseur décroissant à partir d'une extrémité rigidement reliée au moyeu, jusqu'à l'autre, qu'un mécanisme à vis tend à ouvrir ou laisse se refermer. Autour de cette poulie, se trouve une garniture en cuir qui a pour objet d'augmenter le coefficient de frottement et d'éviter le graissage.

Comme on le voit, les deux vis dont les filets sont inclinés à 45°, et qui servent à l'extension des branches flexibles de la poulie, sont commandées par des manivelles articulées au moyen de petites bielles, de part et d'autre du manchon classique qui participe à la rotation de l'un des arbres et peut y être déplacé sous l'action d'une fourche à levier.

L'axe de chacune des manivelles porte en prolongement une de ces vis et tourne dans le bras radial de sa demi-branche flexible; cette vis agit dans un écrou tourillonné librement dans une chape, articulée à une extrémité avec la partie mince de l'autre demi-branche flexible.

Ces dispositions permettent à l'embrayage de s'effectuer d'une façon progressive et sans choc, tout en se prêtant au débrayage instantané. On voit, d'ailleurs, que l'appareil est complètement équilibré; de plus, comme l'entraînement n'est produit que par des pressions normales, à l'exclusion de toute poussée latérale, il n'y a aucune résultante de translation dans le couple de rotation.

Toutes les pièces de cet embrayage sont en acier coulé; l'emploi de ce métal a permis de réduire le poids au minimum et de donner aux organes une grande élasticité avec une résistance élevée; il en résulte, au surplus, une augmentation dans le coefficient de frottement.

172. — 3° EMBRAYAGES DIVERS. — Plusieurs autres embrayages à friction sont appliqués encore à l'automobile, notamment le système Mégy, que nous avons vu à l'exposition des Tuileries.

Dans cet embrayage, le ruban circulaire est appliqué, par

l'intermédiaire de ressorts à boudin disposés suivant une corde, contre la cuvette de friction; normalement, ces ressorts ne pressent pas contre le ruban, mais exercent sur lui une poussée quand on introduit une pointe entre eux. L'appareil est réversible, il peut, avec un dispositif spécial, être utilisé pour les changements de vitesse.

M. le commandant Krebs, ingénieur en chef des Établissements Panhard, a imaginé un embrayage magnétique, sur lequel nous n'avons pas de renseignements, mais qui doit être fondé sur un principe analogue à celui de M. de Bovet, dans lequel, on le sait, l'adhérence est produite par l'aimantation d'un électro, sous l'influence d'un courant.

M. Herschmann a combiné un embrayage hydraulique, où l'adhérence du ressort et de la cuvette de friction est produite par l'huile, grâce au jeu d'une soupape [1].

M. Hall a aussi imaginé un embrayage hydraulique, pouvant donner une vitesse variable, qui, d'après l'*Engineer*, a fonctionné sur une voiture, et dont l'exécution est d'ailleurs fort compliquée [2].

173. — Plateaux de friction. — L'arbre principal porte ou, en tout cas, actionne un plateau (c'est ordinairement le volant qui est utilisé) contre lequel frotte un galet, dont le mouvement entraîne l'arbre intermédiaire. Le galet peut coulisser le long de l'arbre, de façon à produire la marche avant (quand il se trouve d'un certain côté du plateau), l'arrêt (quand il arrive au centre), la marche arrière (quand il passe de l'autre côté).

Le système est séduisant et simple, il se prête à des changements insensibles de vitesse. Cependant on l'emploie peu, parce qu'il offre de sérieux inconvénients: pour éviter le patinage ou glissement du galet sur le plateau, qui occasionnerait une déperdition considérable dans la force transmise, on est conduit à augmenter l'adhérence (qui est surtout faible près du centre) en

1. *Revue industrielle*, 10 septembre 1898.
2. *Locomotion automobile,* 2 février 1899, p. 67.

collant énergiquement le galet contre le plateau ; mais, alors cette pression, par la poussée à laquelle elle donne lieu entre l'arbre du plateau et l'un des paliers, par la résistance qu'elle oppose à la rotation du plateau, absorbe de la puissance, et produit de l'usure. On est enfermé dans un dilemme embarrassant. Le système a cependant quelques protagonistes ardents, notamment MM. Lepape et Ringelmann.

174. — Courroies. — Pour chaque vitesse, l'arbre principal porte une large poulie fixée à demeure, et l'arbre intermédiaire deux poulies juxtaposées, l'une calée, l'autre folle ; une courroie dessert ce groupe de poulies. En la faisant passer, à l'aide d'une fourche chargée d'assurer ses déplacements latéraux, de la poulie folle à la poulie fixe, on produit l'embrayage.

Quelquefois, les jeux de poulies et de courroies sont remplacés par une courroie unique et deux cônes à axes parallèles, disposés de manière que la grande base de l'un soit en face de la petite base de l'autre. Ces cônes sont à gradins, ou à jante lisse pour permettre des variations progressives de vitesse. Avec eux, un tendeur est indispensable pour embrayer.

On peut, au lieu de cônes, employer deux poulies extensibles : la courroie ne chemine plus transversalement ; ce sont les diamètres des poulies qui changent sous elle, pour la maintenir toujours tendue et lui communiquer des vitesses variables (§ 183).

Le défaut d'adhérence est le gros inconvénient des courroies, parce qu'il donne lieu à une notable déperdition de force. Pour augmenter cette adhérence, on emploie quelquefois des courroies de caoutchouc sur poulies garnies de cuir. Les autres défauts consistent dans la nécessité de retendre souvent les courroies et dans le grand espace occupé par le système. En revanche, ses avantages sont précieux : il est simple, économique, assez silencieux ; son élasticité écarte tout danger de rupture d'une pièce quelconque, par un changement brusque de vitesse ou autrement ; il permet d'utiliser comme frein la marche arrière ; il n'en est pas de même avec les engrenages qui pourraient être brisés, si la voiture continuait à marcher en avant, après que les engrenages auraient été mis en prise pour la marche arrière.

Avec les courroies, la marche arrière s'obtient par un jeu de poulies, que relie une courroie à brins croisés.

175. — **Engrenages**. — Sur l'arbre principal sont fixés à demeure, clavetés ou vissés et brasés, autant de pignons que l'on veut de vitesses différentes. Sur l'arbre intermédiaire un nombre

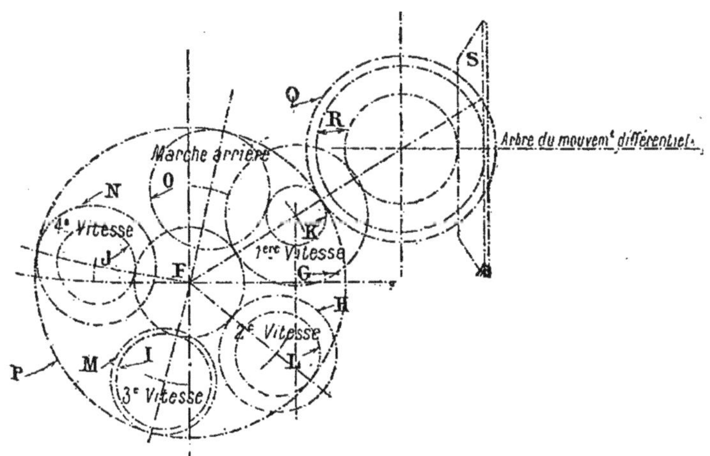

FIG. 154. — Transmission à engrenages *Rossel*.

égal de roues sont aussi montées, qui restent libres de coulisser longitudinalement, de manière à ce que, successivement, chacune puisse être amenée en prise avec le pignon qui lui correspond ; le plus souvent, elles sont portées par un manchon qui glisse le long de l'arbre ; parfois, comme dans la voiturette Bollée, c'est l'arbre lui-même qui est mobile suivant son axe. Les engrenages peuvent aussi s'attaquer non plus par le flanc, mais par la circonférence (fig. 154) : on établit alors la communication entre la roue calée sur l'arbre moteur et la roue montée sur l'arbre intermédiaire, parallèle au premier, par un jeu de pignons doubles formés de deux parties inégales, engrenant l'une avec la 1ᵉ roue, l'autre avec la 2ᵉ. Les diamètres de ces doubles pignons varient de façon telle qu'une même vitesse de l'arbre moteur transmette à l'arbre intermédiaire des vitesses différentes. Tous ces pignons sont montés sur un plateau tournant autour de l'axe moteur, de manière à être amenés successivement en prise avec la roue de l'arbre intermédiaire. Cette dispositon, imaginée par M. Rossel, de Lille, et appliquée par lui à la voiture qu'il construisit en 1895, est encore utilisée par les voitures Rochet, de la Compagnie Générale des Cycles [1]. Elle évite les chocs sur les joues des roues, mais n'en donne-t-elle pas sur les dents elles-mêmes, plus graves que les précédents ?

Quelquefois ce sont les pignons montés sur l'arbre principal qui coulissent le long de cet arbre, et non les roues dentées, qui sont alors calées sur l'arbre intermédiaire. Ces dernières, au lieu d'être juxtaposées sur cet arbre, peuvent être concentriques : l'axe sur lequel sont montés les pignons occupe alors la position du diamètre horizontal de la circonférence commune (fig. 283, transmission Henriod).

Les rayons respectifs de ces engrenages sont calculés de manière à réduire le nombre de tours de l'arbre principal dans les proportions qui conviennent aux vitesses à obtenir pour la voiture [2]. Ils devraient aussi l'être, de manière à laisser le moteur

1. A. Witz., *Moteurs à gaz et à pétrole et Voitures automobiles*, t. III, p. 565.

2. La plus forte réduction que nous ayons eu l'occasion de voir appliquer est celle de 18 à 1, employée par M. Kriéger dans son avant-train moteur électrique (§ 299). Or nous avons vu à l'Exposition de 1899 un appareil à engrenages hélicoïdaux pour changements de vitesse et embrayages progressifs, sur lequel nous croyons utile d'attirer l'attention.

Cet appareil (fig. 154 *bis* et 154 *ter*), dû à M. Humpage, est placé dans le carter M, et relie bout à bout les deux arbres : sur celui de grande vitesse est monté le pignon B, qui engrène avec la roue dentée E, engrenant elle-même avec la roue H, que nous supposerons pour le moment fixée au carter M ; avec la roue E tourne la roue F, de diamètre plus petit, qui entraîne le pignon G calé sur l'arbre de petite vitesse. Si nous appelons B, E, F, G, H, les nombres de dents des roues désignées par ces mêmes lettres, le rapport de réduction du nombre de tours est

$$N = \frac{E.\,G\,(H + B)}{B\,(EG - FH)}.$$

En faisant varier les nombres de dents, on peut donner à N des valeurs

marcher à sa vitesse de régime (à laquelle il donne les meilleurs

fort diverses, même sans changer les dimensions des engrenages ni le

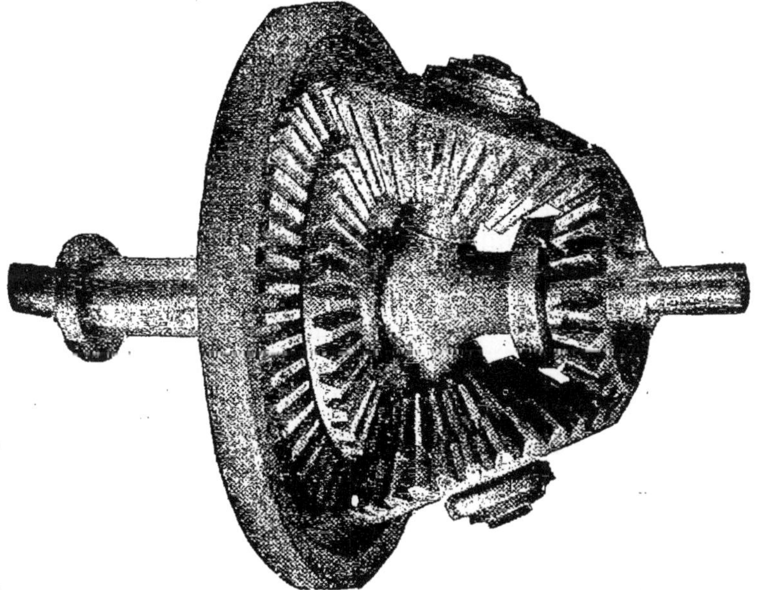

Fig. 154 *bis*. — Engrenages épicycloïdaux *Humpage*. Vue perspective.

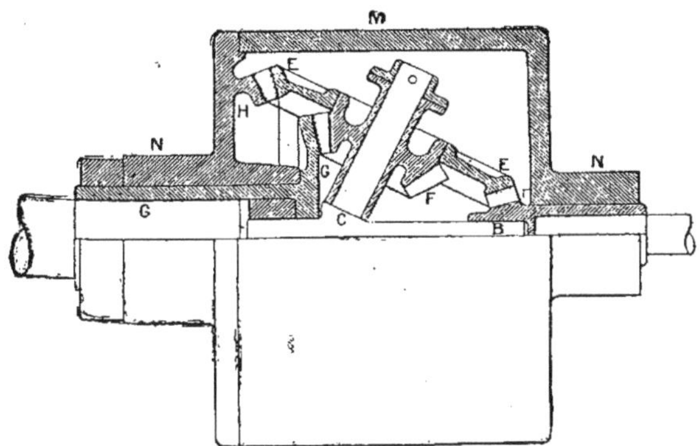

Fig. 154 *ter*. — Engrenages épicycloïdaux *Humpage*. Demi-coupe longitudinale.

nombre total des dents. L'appareil exposé donnait, sous un petit volume,
un rapport de réduction égal à 100.

Si, au lieu de solidariser H avec le carter M, on l'en rend indépendant,

rendements économiques), quelle que soit la vitesse de la voiture, qui, elle, doit être basée sur le profil de la route. Cette seconde condition n'est pas toujours remplie: il n'est pas rare de voir la vitesse du moteur diminuer quand on met la voiture à

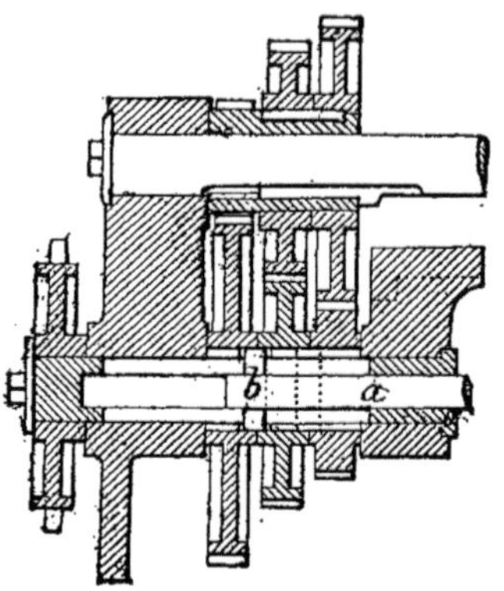

Fig. 155. — Roue à calage pour clavette mobile (Dispositif *Lang*).

sa petite vitesse, comme cela est nécessaire pour lui faire gravir une rampe; et il est assurément peu logique que le moteur ne développe pas son effort maximum, au moment où le travail à produire est lui-même le plus grand.

La marche arrière, qui ne se fait d'habitude qu'avec la petite vitesse, s'obtient par l'interposition, dans le harnais d'engrenage correspondant, d'un pignon supplémentaire.

La transmission par engrenages a le double avantage de réduire à leur minimum l'emplacement nécessaire et la déperdition de force, si les dents sont bien taillées. Mais elle est

tant que cet engrenage sera libre, il tournera fou autour de l'axe G, et le mouvement du pignon B ne se transmettra pas à cet arbre. Mais si, avec un frein entourant la poulie N, on immobilise le pignon H, la transmission du mouvement se fait. Ainsi modifié, l'appareil permet les débrayages et embrayages progressifs.

Indépendamment des grandes réductions de vitesse qu'il rend possibles cet appareil a d'autres avantages :

1° Sous une forme très ramassée, dans un carter qui met ses organes à l'abri de la poussière et de l'usure, il assure les deux services d'embrayages et de changements de vitesse;

2° Son rendement est très élevé : 3 kilowatts ont pu être transmis d'un arbre tournant à 800 tours à un autre n'en faisant que 100, avec un rendement moyen de 90 %.

3° Par suite de l'emploi de deux équipages satellites diamétralement opposés, le moment de rotation est remplacé par un couple, et les réactions sur les paliers sont supprimées. En outre, le travail étant réparti entre ces deux équipages, les dents fatiguent beaucoup moins.

coûteuse, sans élasticité, bruyante (si on n'emploie pas des engrenages en cuir vert ou si on ne peut utiliser des engrenages à chevrons). Elle ne permet pas de faire graduellement passer le véhicule d'une vitesse à une autre. Pour changer de vitesse, il faut débrayer et changer les engrenages en prise ; or, que ce changement s'opère par glissement des roues parallèlement aux pignons, comme nous le croyons préférable, ou par rapprochement des arbres, s'il n'est pas effectué avec adresse, les dents sont faciles à détériorer.

Pour éviter ce dernier inconvénient, on peut employer le dispositif Lang, représenté ci-contre (fig. 155), qui laisse toujours en prise les pignons et les roues, celles-ci étant folles et leur calage étant successivement obtenu par le déplacement, à l'intérieur de l'arbre intermédiaire creux, d'un autre arbre a porteur d'une clavette b, ne calant qu'une roue à la fois. Le calage des roues folles peut aussi être obtenu par des manchons d'embrayage, comme dans les systèmes Julien (fig. 151 et 152) et Duryea (fig. 292 *bis*).

176. — **Engrenages différentiels et encliquetage.** — Supposons que les deux roues motrices d'une voiture soient calées sur leur essieu, de façon à être obligées de faire constamment à une vitesse commune le même nombre de tours : sur une route droite, en l'absence d'obstacles retardant inégalement les deux roues, celles-ci tourneront de conserve sans glisser ; mais dès qu'elles auront à opérer le moindre virage, la roue intérieure, ayant moins de chemin à parcourir, patinera, engendrant un travail de frottement, qui se traduira par une usure du bandage, une mobilité moins grande du véhicule, pouvant jusqu'à un certain point compromettre sa sécurité. Le différentiel a justement pour but de faire cesser la solidarité des deux roues.

L'essieu, au lieu d'être d'une seule pièce est coupé en deux moitiés a, a' (fig. 156), sur chacune d'elles sont montés, d'un côté une des roues r r', de l'autre un pignon b, b' engrenant avec les pignons c c' ; ces derniers sont mobiles autour de leurs axes, dirigés suivant deux rayons de la couronne dentée *d* et solidaires de cette dernière qui est actionnée par l'arbre moteur,

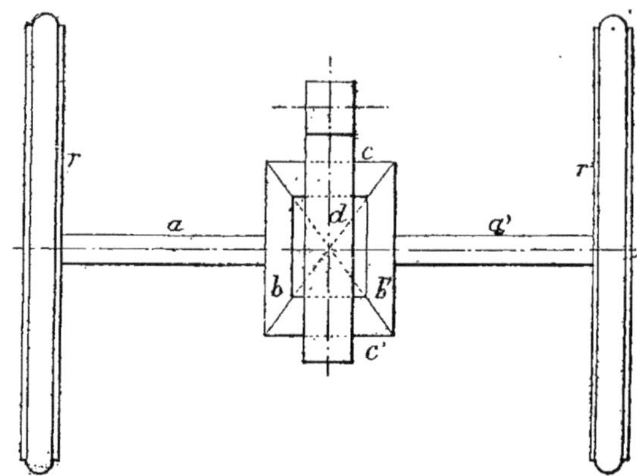

FIG. 156. — Schéma d'un différentiel à pignons coniques.

grâce au pignon qu'on voit au-dessus d'elle. Avec ce dispositif,

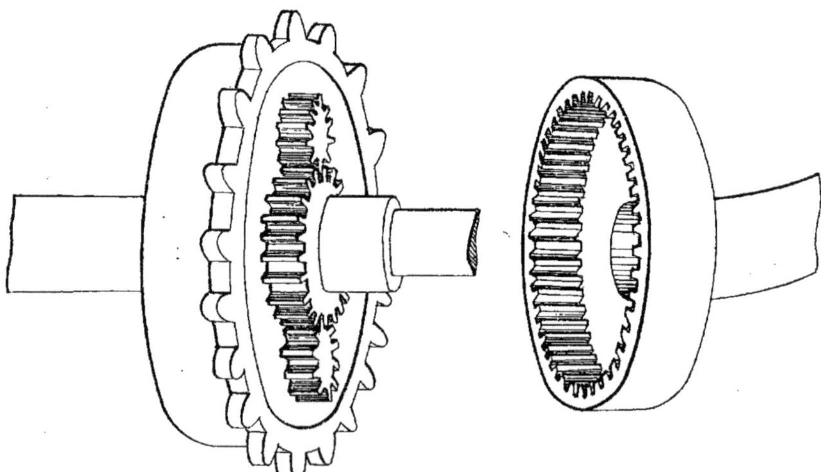

FIG. 157. — Différentiel à pignons plats.

les roues proportionnent leurs vitesses respectives aux chemins qu'elles ont à parcourir.

Au lieu d'être constitué par des engrenages coniques, le différentiel peut l'être avec des engrenages plats, moins encombrants (fig. 157). Coniques ou plats, ils sont ordinairement renfermés dans un carter à huile, qui les préserve contre la poussière et leur assure un graissage parfait.

Dans ce que nous avons dit, nous avons supposé que les roues étaient calées sur l'essieu; or, en général, comme nous allons le voir, elles sont folles sur lui, mais actionnées par des chaînes Galle engrenant avec des pignons calés sur l'arbre intermédiaire. Cette liaison les rend aussi solidaires que dans l'hypothèse admise, et rend le différentiel aussi nécessaire qu'avec cette dernière.

Il peut être remplacé par un encliquetage.

ENCLIQUETAGE. — MM. Brouhot et Cie adaptent au moyeu de chaque roue une couronne dentée (fig. 285), et à chaque extrémité de l'essieu un plateau porteur d'un axe autour duquel est articulé un cliquet à trois branches, celle du bas étant engagée dans une cavité de l'essieu. Quand celui-ci tourne, le cliquet oscille autour de son axe et l'une ou l'autre de ses branches supérieures, suivant le sens de la marche, s'engage dans l'une des encoches de la roue dentée et entraîne la roue du véhicule. Dans un virage, la roue extérieure, pour prendre une vitesse plus grande que l'autre, n'a qu'à fuir devant le cliquet; celui-ci revient au contact de la roue dentée, quand les vitesses sont redevenues les mêmes.

177. — Chaînes Galle. — L'arbre intermédiaire porte deux pignons, qui sont reliés à deux roues dentées (montées chacune sur les rais ou sur le moyeu d'une roue motrice du véhicule) par des chaînes Galle. Les chaînes employées en automobilisme sont analogues à celles que l'on fait pour les bicyclettes, à blocs ou à rouleaux.

Les chaînes à blocs sont composées de maillons allongés, qui servent de logements aux dents des roues, et que des rivets en acier durci relient à d'autres maillons plus courts et pleins.

Dans les chaînes à rouleaux, tous les maillons sont allongés, mais les uns portent à l'intérieur, faisant corps avec eux, des douilles traversées par des rivets, qui relient les maillons et forment un tourillon, autour duquel peut tourner librement le rouleau. Le glissement des maillons pleins du premier système sur les dents des engrenages est remplacé, dans le second, par le roulement des rouleaux, et il doit y avoir de ce fait moins de

Fig. 158. — Chaîne à blocs *Benoit*.

force utile absorbée ; il n'y a en somme qu'un axe au lieu de deux. Il resterait à savoir si la solidité est la même. En fait, c'est la chaîne sans rouleaux qui est la plus employée.

M. Benoit (ancienne maison Galle) construit la chaîne sans rouleaux que représente la figure 158, combinée pour faire porter

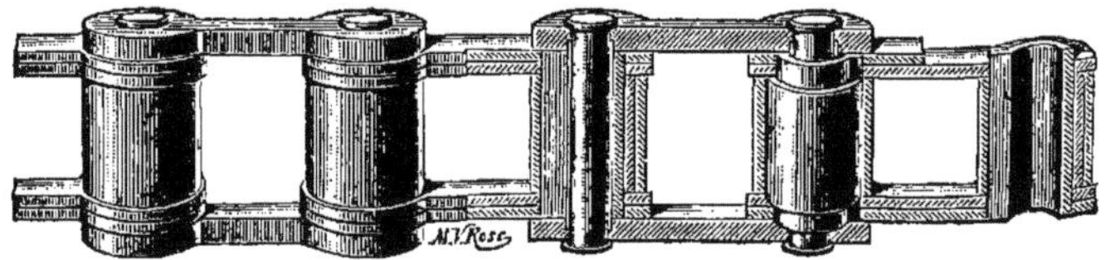

Fig. 159. — Chaîne à simples rouleaux *Benoit*.

le frottement et l'usure sur deux surfaces trempées, formant l'une l'intérieur des maillons pleins à deux œilletons, l'autre l'extérieur des douilles entourant les axes ; le rivetage de ces derniers assure la fixité de ces douilles qui, d'ailleurs, sont encastrées dans les maillons plats au tiers de leur épaisseur.

L'usure est, en effet, le grand ennemi de la chaîne, car en allongeant son pas, elle empêche l'exact emboîtement des dents par les maillons, et le jeu qui en résulte, occasionne des pertes dans la transmission de la force.

M. Benoit s'est aussi préoccupé de remplacer les chaînes à blocs par des chaînes à doubles rouleaux; les dimensions en sont calculées de telle sorte qu'on puisse les substituer aux premières sans rien changer aux roues dentées. Relativement aux premières, ces chaînes procurent une plus grande douceur de roulement; elles sont un peu plus délicates, mais en revanche, moins sujettes aux ruptures que les chaînes à blocs.

Un troisième type de chaîne a été mis en usage; la figure 159 montre comment la maison Benoit l'établit. On voit que le même intervalle est ménagé entre tous les rouleaux et qu'il y en a un seul dans chaque dent. Cette chaîne présente les avantages du deuxième type, tout en étant plus légère et moins chère [1].

178. — **Chaîne Renolds.** — La chaîne Renolds, dite Varietur, a été conçue pour éviter les inconvénients dûs à l'allongement du pas (fig. 160): les maillons dont elle est formée, sont reliés par

[1]. Il est évidemment désirable d'arriver à l'unification des chaînes, en traçant des règles qui puissent guider les constructeurs, sans leur imposer d'entraves gênantes. Le Touring-Club a organisé une Commission, qui a proposé les dimensions suivantes, qui semblent devoir faire face à tous les besoins :

CHAINES A BLOCS ET A DOUBLES ROULEAUX			CHAINES A SIMPLES ROULEAUX		
pas (mm.)	largeur (mm.)	plein (mm.)	pas (mm.)	largeur (mm.)	plein (mm.)
35	20	24	25	13	11
40	20	28	30	15	13
45	20	32	35	20	16
50	20	36	40	20	18
60	25	42⅗	50	25	22
70	30	48	60	30	27
85	35	60	75	35	33
100	40	70			

Par *plein* on doit entendre la longueur des parties pleines; par *largeur*, la largeur intérieure du vide; le *pas* est égal à la longueur du plein et du vide.

des axes autour desquels ils peuvent tourner; ils ont leur partie
supérieure légèrement courbe et leur partie inférieure constituée
par deux dents triangulaires raccordées par un demi-cercle.
Lorsque la chaîne s'enroule sur un engrenage, dont la denture
a été taillée au profil convenable, les deux séries de maillons
articulés sur le même axe (car, ainsi que le montre la figure,
plusieurs rangées de maillons sont juxtaposées pour donner à
l'ensemble la résistance que l'on désire) s'enfoncent comme des

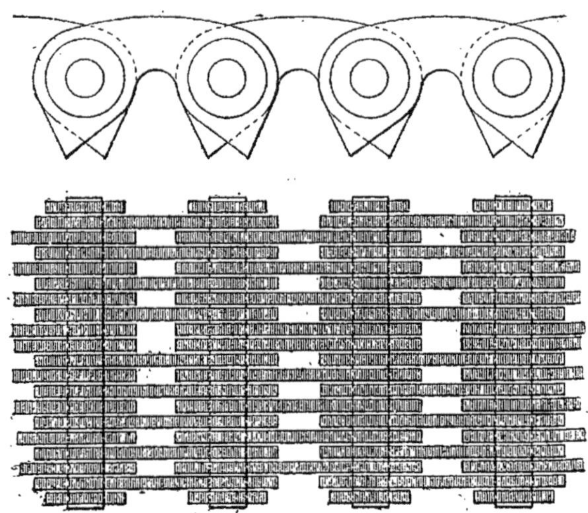

Fig. 160. — Chaîne *Renolds*. (Varietur.)

coins entre les dents qu'ils embrassent énergiquement. Que le
pas vienne à changer par un allongement éventuel de la chaîne,
les coins triangulaires s'enfoncent moins entre les dents, mais
l'engrènement reste aussi étroit. On revendique aussi comme
avantages de la chaîne varietur la forme de sa partie supérieure
assez semblable à celle d'une courroie et qui empêche plus ou
moins la poussière de s'introduire dans les dents des roues
dentées; les dents de la chaîne l'en chassent d'ailleurs un peu.

Dans le but d'obvier aux ruptures de maillons, en somme

assez fréquentes pour nécessiter la présence dans la voiture d'une chaîne de rechange, certains constructeurs, notamment MM. Jacquet et Bordet, ont cherché à faire des chaînes à maillons assez facilement démontables, pour que le remplacement d'un maillon rompu soit possible en cours de route[1].

Quel que soit son système, la chaîne établit entre l'arbre différentiel et l'essieu, dont la distance varie avec la flexion des ressorts, la connexion flexible qui leur est nécessaire : pour que la distance varie le moins possible, entre ces deux organes, on les relie par une bielle, articulée à ses deux extrémités, qui force l'essieu à décrire une portion de cylindre circulaire autour de l'arbre[2]. Pour le lui permettre, on emploie des ressorts à extrémités arrondies assez flexibles et on les relie au châssis par des jumelles, qui leur permettent un certain jeu ; si on a recours aux ressorts à pincette, on ménage aux pièces qui relient les ressorts au châssis la possibilité de glisser dans des goussets.

La rupture d'une chaîne qui ne laisse plus qu'une roue motrice à la voiture, peut faire verser cette dernière, si elle marche à grande vitesse ; en tout cas, elle l'empêche de continuer sa marche, parce que la roue qui est restée motrice décrit un cercle autour de l'autre devenue inerte. Si on pouvait, en bloquant le différentiel, donner aux roues la solidarité qui leur manque, on pourrait avec une seule chaîne, regagner le gîte ; c'est ce qui a lieu dans la voiture Orient-Express : une bague glisse sur une douille et, en s'enfonçant dans une griffe, bloque le différentiel.

Le principal avantage de la chaîne est la flexibilité qu'elle assure à la transmission : cette flexibilité est fort précieuse avec le moteur à pétrole dont le couple varie à chaque instant ; avec

1. Voir (§ 313) la chaîne-courroie Elieson.
2. On réduit la composante horizontale de ce mouvement en disposant l'arbre et l'essieu à peu près dans le même plan horizontal, ou en inclinant les ressorts à pincette, de manière que le déplacement relatif se fasse suivant une tangente à la courbe de flexion des sommets des ressorts.

le moteur électrique, qui donne un couple constant, on peut facilement se passer de la chaîne et confier la transmission à des engrenages, qui ont l'avantage de pouvoir être renfermés dans un carter et de permettre le lavage de la voiture à la lance.

179. — **Systèmes acatènes.** — Malgré leurs défauts, mais à cause de leur simplicité, les chaînes, dont on a tant médit, restent, avec les automobiles, comme avec les bicyclettes, l'organe de transmission le plus généralement employé pour relier à l'arbre intermédiaire les roues motrices. Cependant, toujours comme pour les bicyclettes, on a essayé de s'en passer dans certains

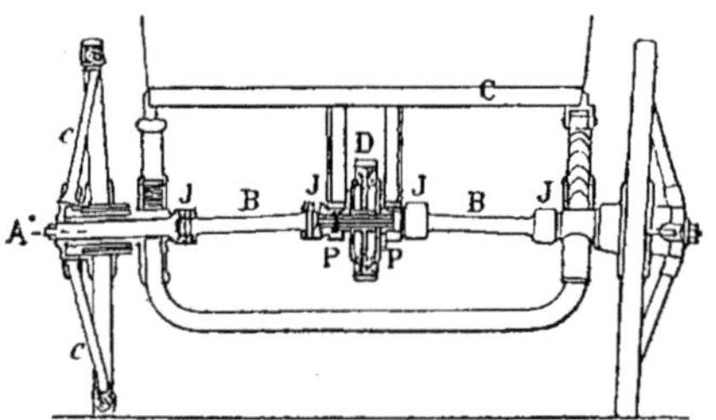

FIG. 161. — Essieu articulé de *Dion-Bouton*.

systèmes dits acatènes, qui remplacent les chaînes par des organes plus faciles à vérifier et moins sujets à se rompre.

Système A. Bollée. — Dans les voitures A. Bollée, l'arbre du différentiel se termine, à chacune de ses extrémités, par un pignon d'angle engrenant avec un autre pignon, calé sur un arbre dirigé suivant la longueur du véhicule, et qui porte à son autre bout un deuxième pignon d'angle, en prise avec une couronne dentée fixée sur la roue correspondante du véhicule. Chacun de ces arbres longitudinaux est brisé deux fois, par des joints à la Cardan, qui lui permettent de prendre toutes les inclinaisons nécessaires pour suivre les déplacements relatifs de la caisse (fig. 275 et 276).

Essieux articulés de Dion-Bouton et Gautier-Wehrlé. — Il est enfin un dernier mode de transmission du mouvement aux roues motrices, celui des essieux articulés, qu'emploie la plus ancienne maison de construction automobile, celle de MM. de Dion et Bouton. Ce système d'essieux articulés a, comme d'ailleurs les systèmes acatènes en général, l'avantage de permettre pour les roues motrices le carrossage (inclinaison de la fusée sur l'horizontale), qui est presque inapplicable avec la commande ordinaire par les chaînes, à cause de la nécessité pour les roues de se mouvoir dans le même plan vertical que les chaînes. Il est représenté par la figure 161 : le mouvement du différentiel est

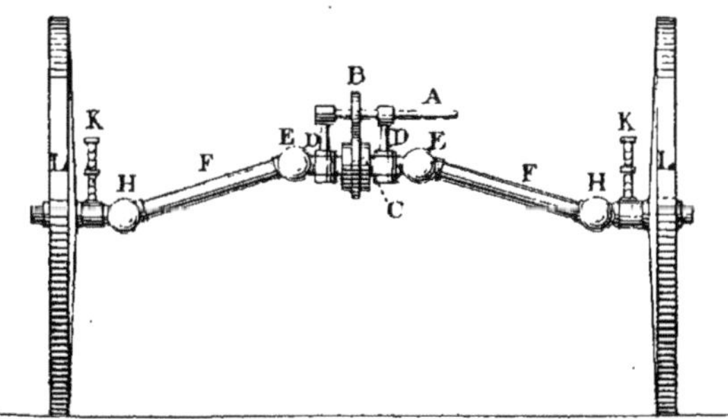

FIG. 162. — Essieu articulé *Gautier-Wehrlé*.

A, arbre recevant le mouvement de l'arbre des changements de vitesse ; B, pignon monté sur l'arbre A ; C, couronne du différentiel monté sur l'arbre DD. E, E joints universels transmettant le mouvement de l'axe D D aux arbres F, F ; H, H joints universels transmettant le mouvement des arbres F, F aux fusées, sur lesquelles sont calées les roues L, L. K, K ressorts supportant le châssis. Quand l'une des roues s'élève ou s'abaisse plus que l'autre, l'inclinaison des arbres F, F se modifie en conséquence. Les choses sont calculées pour qu'à pleine charge, l'essieu soit au plus horizontal. Les roues sont carrossées.

transmis aux jantes en bois des roues motrices par des axes articulés et des rais métalliques indépendants des rais en bois : les joints, à la Cardan, permettent aux axes de se plier aux inégalités du sol, sans imposer la fatigue aux ressorts de la suspension, et les rais métalliques évitent la fatigue de la commande aux rais en bois, qui ont simplement à supporter la charge du véhicule.

MM. Gautier et Wehrlé relient l'arbre intermédiaire, par des axes à rotules, aux fusées sur lesquelles sont calées les roues motrices (fig. 162 avec légende).

180. — **Transmissions dans les voitures à vapeur.** — La progressivité de l'action de la vapeur, qui rend inutile l'intervention d'un embrayage pour adoucir les démarrages ; l'élasticité du moteur, qui permet de réduire beaucoup le nombre des changements mécaniques de vitesse ; la facilité de la marche arrière, qui se fait toujours par renversement de la vapeur, facilement obtenu à l'aide de coulisses et d'excentriques, simplifient beaucoup ces transmissions.

Omnibus de Dion-Bouton. — L'arbre moteur actionne, par l'un des deux jeux d'engrenages, de grande ou de petite vitesse, l'arbre différentiel, dont le mouvement est communiqué aux roues motrices par essieu articulé.

Omnibus Scotte. — L'arbre manivelle commande encore par deux couples de pignons, un premier arbre intermédiaire, qu'une chaîne Galle relie à l'arbre différentiel, qui à son tour actionne, par deux chaînes semblables, les roues d'arrière du véhicule.

Omnibus Weidkneckt. — Le mouvement est transmis à l'arbre différentiel par engrenages et aux roues par chaînes Galle.

Omnibus de la Cie G^{le} des Automobiles. — Il est actionné par un moteur rotatif, dont l'axe est muni d'un embrayage à friction ; des engrenages entraînent l'arbre différentiel, que des chaînes relient aux roues motrices.

Voitures Serpollet. — L'arbre manivelle commande par un pignon la roue du différentiel, dont l'arbre en deux parties mène les roues d'arrière ; les changements de vitesse sont assurés, dans des conditions, paraît-il, fort satisfaisantes, par le seul moteur.

Le système des engrenages étant dans les voitures à vapeur, fort simplifié, et pouvant d'un autre côté, transmettre mieux qu'un autre aux roues l'effort moteur considérable mis en œuvre dans ces véhicules, il n'y avait aucune raison d'appliquer à ceux-ci les systèmes par courroies ou plateau de friction ; aussi nous ne sachons pas que semblable application ait jamais été faite.

181. — Transmissions dans les voitures à pétrole. — C'est, nous l'avons dit, pour ces voitures que la transmission est la plus complexe; aussi allons-nous y voir figurer, d'ailleurs diversement groupés, les divers organes que nous avons étudiés.

1° Systèmes a engrenages. — **Tricycle de Dion-Boutou.** — Il

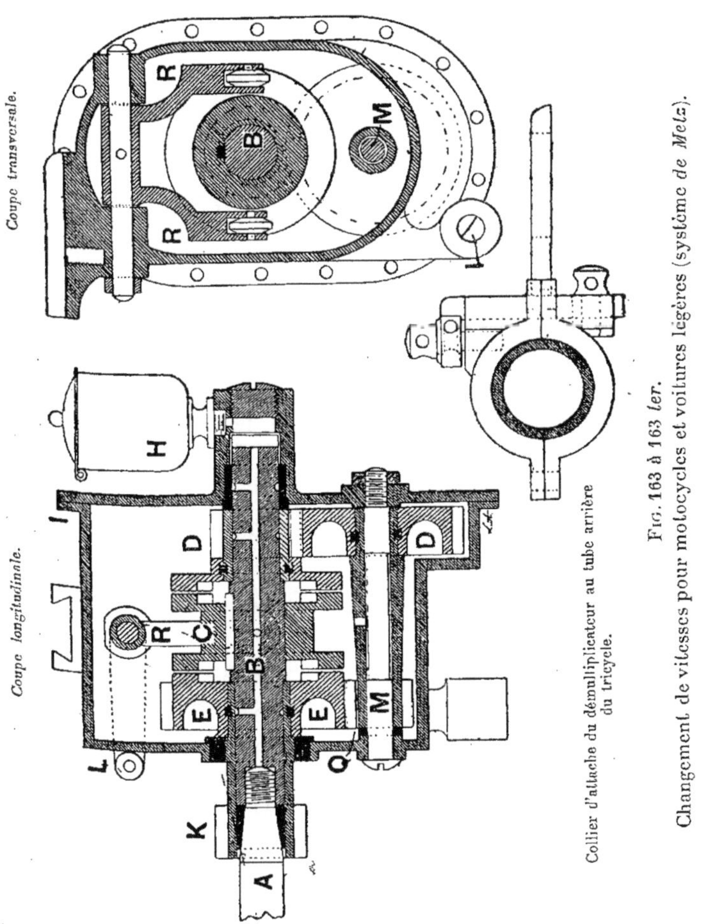

Fig. 163 à 163 ter.

Changement de vitesses pour motocycles et voitures légères (système de Metz).

n'y a pas d'embrayage, ni de marche arrière. L'axe moteur commande simplement les roues par un petit pignon, qui engrène avec une roue montée sur la boîte même du différentiel. La fixité de cette démultiplication qui n'a d'autre cause que la simplicité indispensable à un motocycle, n'est, cela va sans dire, qu'assez peu favorable à la bonne utilisation du moteur, parce qu'elle lui impose souvent une vitesse autre que celle de son régime. On y remédie autant que possible en faisant varier la composition du mélange carburé, et même l'avance à l'allumage. Mais, pour monter les côtes un peu raides, surtout quand le tricycle remorque une voiturette ou est transformé en quadricycle par l'adjonction d'un avant-train, il est de toute nécessité de pouvoir réduire encore la vitesse.

On a pour cela recours à un démultiplicateur, qui atteint son but par l'adjonction d'un nouveau train d'engrenages. Les démultiplicateurs ont un autre avantage, celui de permettre le débrayage du moteur ; cette faculté est précieuse, quand le tricycle doit être actionné par les seules pédales ou même poussé à la main, car, en supprimant le travail dû à la compression de l'air dans le moteur, elle diminue beaucoup la fatigue imposée au motocycliste.

Nous décrirons plusieurs démultiplicateurs (§ 253). Nous nous contenterons de donner ici l'appareil de changement de vitesse, de M. R. de Metz, applicable aux voitures légères, en même temps qu'aux motocycles (fig. 163 à 163 *ter*).

Système R. de Metz. — L'arbre moteur A porte vissée à son extrémité la partie B, munie de canaux qui distribuent aux points à lubrifier l'huile du graisseur H. Sur B est claveté un manchon d'embrayage C, que la fourche R, actionnée par le chauffeur, permet d'isoler pour le débrayage et d'amener successivement en prise avec les pignons D et E pour les petite et grande vitesses. Quant il engrène avec E, le mouvement de l'arbre A est transmis directement au pignon K, monté sur le même arbre creux que le pignon E. Quand, au contraire, le manchon C est solidaire du pignon D, celui-ci, par le grand pignon marqué aussi D placé au-dessous et le pignon Q, calés l'un et l'autre sur l'arbre M, actionne le pignon E et dès lors le pignon K ; mais le mouvement n'est transmis qu'après avoir subi deux démultiplications. La figure 163 *ter* représente le collier, à l'aide duquel on fixe le démultiplicateur sur le gros tube arrière du tricycle, au point voulu dans le sens transversal; le réglage en hauteur se fait au moyen d'une pièce en queue d'aronde, commandée par la vis que l'on voit au bas de la figure [1].

Voitures Panhard et Levassor (fig. 262 et 263). — L'arbre moteur, dirigé horizontalement dans le plan longitudinal médian de la voiture, est relié, par un embrayage à friction normalement en prise, avec l'arbre principal porteur de 4 pignons. Les 4 roues dentées, destinées à venir au contact de ces pignons (par le coulissage d'un manchon) sont montées sur un arbre placé au-dessus de l'arbre principal et qui se termine par un pignon d'angle, avec lequel un levier spécial permet d'amener en prise l'un ou l'autre de deux pignons montés sur le différentiel, pour donner les marches avant et arrière; en isolant les pignons les uns des autres, on produit l'arrêt.

L'embrayage à friction ne sert donc pas normalement pour ce dernier; il est cependant employé pour rompre la communication entre le moteur et la transmission, quand on veut, en cours de route, annuler brusquement la force vive de la voiture; il est surtout destiné à assurer la douceur des démarrages et des passages d'une vitesse à une autre. L'arbre différentiel porte les pignons des chaînes qui actionnent les roues motrices.

Citons encore comme transmissions à engrenages celles des maisons Peugeot (§ 268), Landry-Beyroux, Gauthier-Wehrlé, qui seront décrites en même temps que leurs voitures (§ 274 et 275), et comme transmissions à engrenages avec roues toujours en prise, celles des voitures David, Brouhot (§ 277 et 278).

---

1. Nous citerons l'appareil Jametel, que nous avons vu à l'Exposition de 1899 : il est à deux vitesses, et le passage de l'un à l'autre se fait à l'aide d'embrayages à friction. Il permet de mettre le moteur en route, le motocycle restant à l'arrêt, et, paraît-il, de démarrer (à la petite vitesse) sans pédaler, même sur rampes de 6 à 8 %. Quand le motocycle marche à sa vitesse normale, aucun pignon supplémentaire ne tourne.

Voitures Gaillardet. — Dans le système de la Société Française d'Automobiles à moteurs Gaillardet, les roues dentées font partie intégrante de la boîte du différentiel. Elles sont embrayées

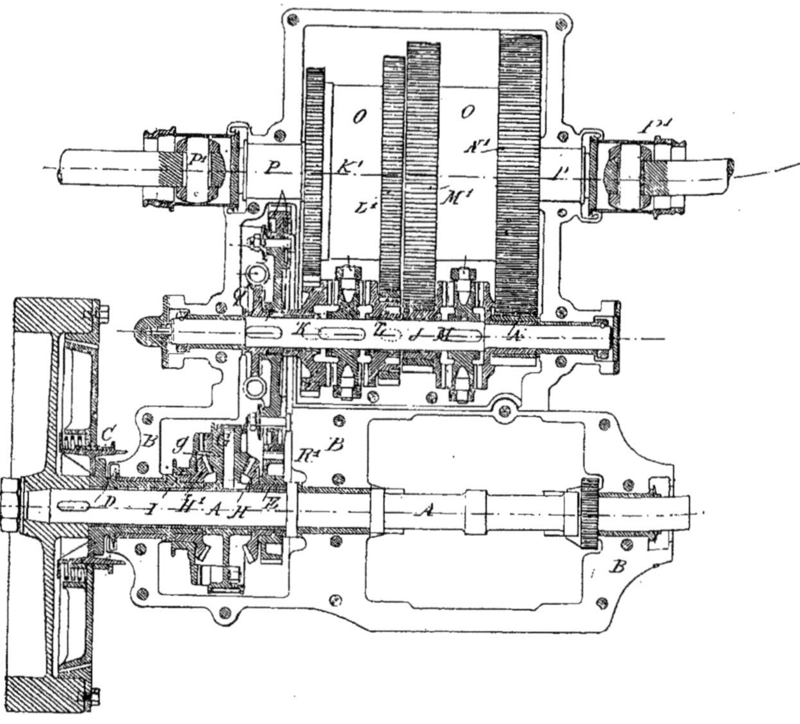

Fig. 164. — Changement de vitesses *Gaillardet* pour voitures.
Coupe verticale de l'ensemble.

A, arbre du moteur; B, bâti-carter du moteur; C, embrayage; D, arbre de l'embrayage; E, pignon de commande; F, entraîneur élastique; G, différentiel du changement de marche; H, H¹, pignons cônes du changement de marche; I, manchon de la marche avant; J, arbre intermédiaire; K, L, M, N, pignons des vitesses sur l'intermédiaire; K¹, L¹, M¹, N¹, roues des vitesses sur le différentiel; O, différentiel; P, arbres du différentiel; P¹, arbres articulés commandant les roues; Q, croix de l'entraîneur élastique; R, roue de commande de l'arbre intermédiaire; S, rondelles Belleville de l'entraîneur; T, fourchettes de l'embrayage de vitesse; U, came des fourchettes; V, arbre des cames; X, ressort des cames; Y, douilles des ressorts.

avec les pignons portés par l'arbre principal, à l'aide de manchons, mus par des cames montées sur un arbre spécial, en même temps qu'une autre came destinée à interrompre l'arrivée dans le cylindre des gaz tonnants, de manière à ralentir l'allure du moteur lors de chaque passage d'une vitesse à une autre.

Le système de transmission Gaillardet, que représentent les figures 164 à 165 *bis*, accompagnées d'une légende, offre des particularités intéressantes :

1° La marche arrière se fait par un différentiel spécial, indépendant du différentiel ordinaire, et sur lequel on freine pour le mettre en action au moment voulu. On y trouve l'avantage

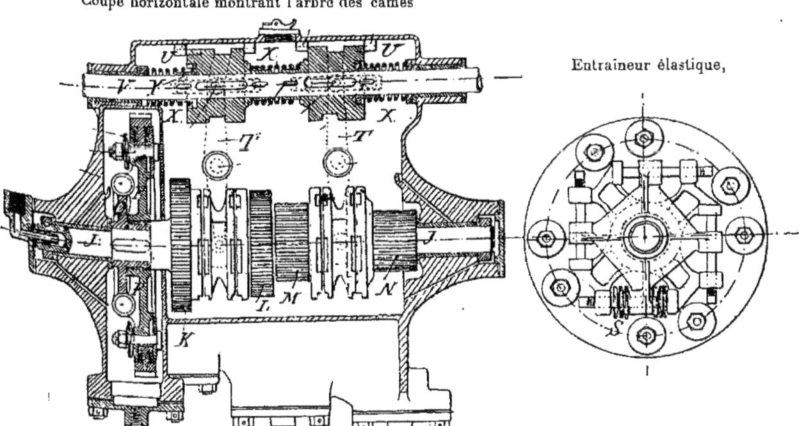

Fig. 165 et 165 *bis*. — Transmission *Gaillardet* pour voitures.

de pouvoir marcher en arrière à toute vitesse, et surtout de passer très vite de la marche avant à la marche arrière (sans avoir à changer préalablement de vitesse).

2° Le mouvement de l'embrayage est transmis à l'arbre intermédiaire du pignon de vitesse par un entraîneur élastique avec rondelles Belleville : ce dispositif assure la douceur de l'entraînement.

3° La transmission du mouvement de l'arbre différentiel aux roues se fait par un arbre à la cardan, analogue à celui de MM. de Dion et Bouton, mais agissant directement sur les fusées solidaires des roues et ayant l'un de ses assemblages un peu modifié.

Bloc-Transmission Montauban-Marchandier (fig. 166). — Il a, comme son nom l'indique, l'avantage de former un bloc qui facilite le montage de la voiture.

L'arbre B porte deux engrenages coniques *a* et *b*, qui peuvent, à tour de rôle, l'entraîner dans le sens des marches avant et arrière, quand le manchon placé entre eux les solidarise l'un ou l'autre de l'arbre B. On reconnaît sur l'arbre B les pignons 1, 3, 5, 7 et sur l'arbre C les roues 2, 4, 6, 8 des changements de vitesse, et entre ces dernières, le différentiel.

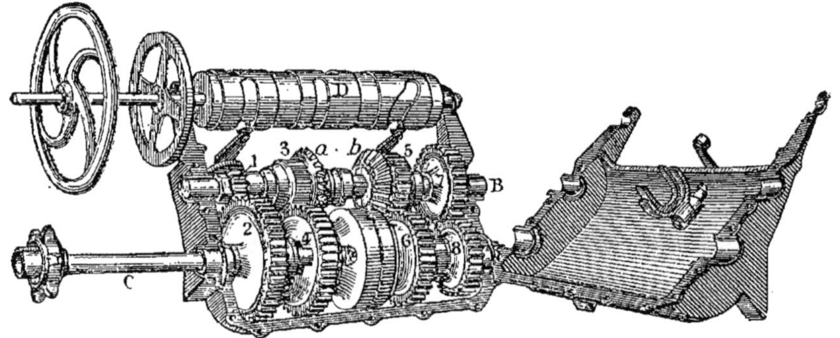

Fig. 166. — Bloc-transmission *Montauban-Marchandier*.

Pignons calés et roues folles engrènent toujours ensemble, et celles-ci sont rendues, au moment voulu, solidaires de l'arbre C par des manchons qui sont commandés, comme celui des changements de marche, par des fourchettes, dont les talons coulissent dans les rainures portées par le cylindre D. Celui-ci est actionné par le chauffeur de son siège, à l'aide d'un volant de deux petites roues et d'un bout de chaîne de bicyclette.

182. — Avant-train automoteur Prétot. — Avec l'avant-train automoteur Prétot, nous arrivons à un système tout différent des transmissions ordinaires par engrenages, et qui, sous sa complication peut-être encore plus apparente que réelle, cache de réels avantages.

L'arbre *a* est ou l'arbre moteur, ou plus rarement, un arbre secondaire relié à ce dernier par un engrenage ou une courroie donnant une première réduction de vitesse, d'ailleurs constante. Sur lui, est calée la roue A, qui est représentée dentée, pour le cas où elle communiquerait le mouvement de l'arbre moteur à l'arbre a qui serait secondaire. Cette roue porte 4 moyeux, destinés à recevoir chacun un axe b, parallèle à l'arbre a et solidaire d'un pignon planétaire B, engrenant avec le moyeu denté c, fou sur l'axe central. Ce moyeu fait corps avec un pignon, sur lequel

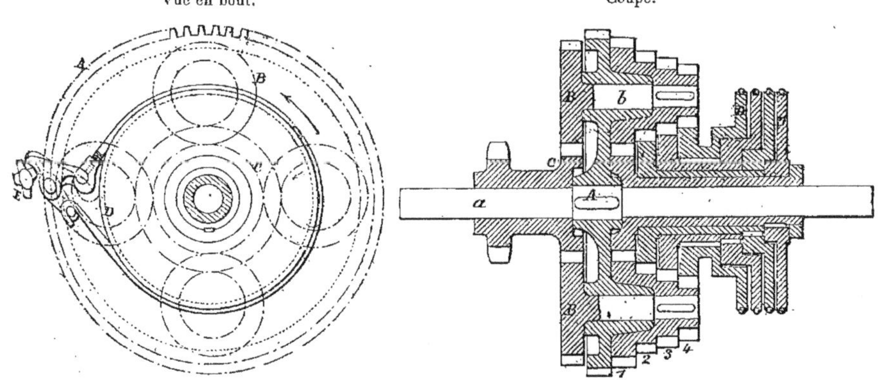

Fig. 167 et 168. — Transmission à engrenages pour avant-moteur *Prétot*.

est montée la chaîne Galle, destinée à communiquer au différentiel, le mouvement de la couronne A.

Pour le faire dans les conditions de vitesse qu'on veut réaliser, on a calé sur chaque axe b un groupe de pignons, venus tous ensemble de fonte 1, 2, 3, 4, engrenant respectivement avec des roues folles sur l'arbre a, mais pouvant à tour de rôle être immobilisées par des rubans, formant freins autour des disques D respectivement solidaires des roues.

Quatre cames E sont respectivement établies en face de chacun des disques D et montées sur un arbre latéral susceptible d'être tourné au moyen d'un pignon denté et d'une crémaillère. Ce sont ces cames qui produisent le serrage des freins, par le dispositif visible sur la gauche de la figure 167. Qu'une des roues soit ainsi rendue fixe, pendant que le plateau A tourne en entraînant les axes *b*, les pignons en prise avec cette roue tourneront aussi et feront tourner les pignons B, le moyeu *c* et le pignon de la chaîne Galle.

Supposons que l'engrenage *3* soit en prise ; ainsi que le représente la figure 167, comme sa roue est plus grande que le moyeu *c*, et que par suite son pignon est plus petit que les pignons B, si la roue A tourne dans le sens de la flèche, le moyeu *c* sera entraîné dans le même sens, avec une vitesse proportionnelle à la différence des nombres de dents des roues montées sur les mêmes axes ; c'est le sens de la marche avant.

Le même résultat se produit, si l'engrenage *4* est mis en jeu : la voiture marche encore en avant, mais avec une vitesse supérieure à celle de tout à l'heure.

Avec l'engrenage *2*, dont la roue et le pignon ont respectivement le même diamètre que *c* et B, il n'y a plus de différence entre les nombres des dents des roues montées sur les mêmes axes ; le moyeu *c* ne reçoit aucun mouvement : la voiture est au repos.

Quand enfin la roue *1* est en prise, comme elle a un diamètre inférieur à celui de *c*, la roue A continuant à tourner dans le sens de la flèche, le moyeu *c* est entraîné en sens inverse ; c'est le cas de la marche arrière.

Le simple déplacement de la crémaillère, qui fait tourner l'arbre des cames E, donne donc les changements de vitesse, l'arrêt et le changement de marche.

183. — 2° SYSTÈMES A COURROIES. — **Voitures Benz.** — Dans le type Roger, tel que le construit actuellement la Compagnie Anglo-Française, sur l'arbre manivelle sont montées deux larges poulies, d'inégaux diamètres, et sur l'arbre intermédiaire, deux couples de poulies l'une fixe, l'autre folle, ayant à elles deux la largeur d'une des poulies de l'arbre manivelle. Il y a donc deux vitesses. Un autre jeu de poulies donne la marche arrière, avec une courroie à brins croisés. L'arbre intermédiaire porte deux pignons qui actionnent par chaînes l'essieu moteur, muni du différentiel, et sur les deux parties duquel sont calées les roues motrices. Cette transmission est rustique et peu coûteuse.

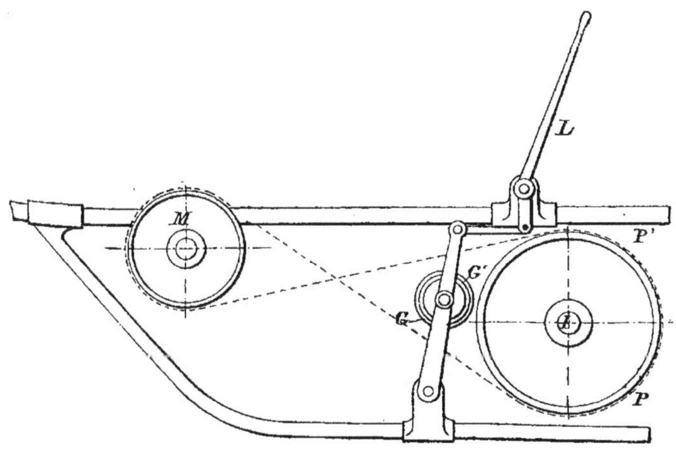

Fig. 169. — Marche arrière *Rochet-Schneider.*
Ensemble.

Les maisons Delahaye, Audibert-Lavirotte, et bien d'autres l'emploient aussi.

Voitures Rochet-Schneider. — Il y a pour la marche avant deux vitesses, assurées chacune par une courroie dont les brins croisés donnent une meilleure adhérence que les brins droits. Un dispositif spécial (fig. 169-170) donne la marche arrière : M est l'arbre moteur, dont une courroie à brins croisés actionne l'arbre intermédiaire I sur lequel sont montées deux poulies P, P', l'une fixe, l'autre folle. G, G', sont deux

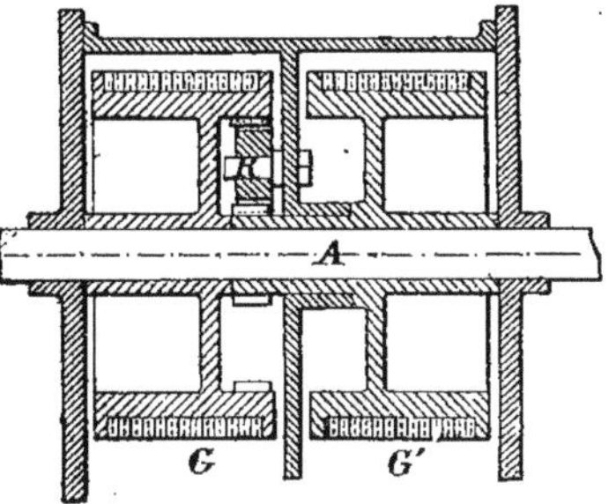

Fig. 170. — Détail de la marche arrière *Rochet-Schneider.*

galets, tournant autour du même axe, en sens inverse l'un de l'autre, G moins vite que G'. A cet effet, le galet G' est solidaire de l'axe A (fig. 170), qui porte une partie dentée, engrenant avec le pignon R, engrenant lui-même avec une denture intérieure au pignon G. Celui-ci, comme d'ailleurs G', est entouré de cuir ou de caoutchouc.

Pendant la marche avant, les galets sont mis hors de contact avec les poulies. Pour la marche arrière, la courroie donnant la petite vitesse étant sur la poulie folle, à l'aide du levier L on colle le galet G sur la poulie fixe P, le galet G' sur la poulie folle P'; P' entraîne G', qui, à son tour, entraîne G en sens inverse, et dès lors, P tourne dans le sens de la marche arrière.

Si on approchait les galets des poulies P et P', alors que la courroie est sur la poulie fixe, pour la marche avant, cela ne produirait d'autre résultat que de faire tourner la poulie folle.

Voitures Buchet. — Certaines d'entre elles sont munies d'une transmission à courroie unique avec poulies extensibles (fig. 171). Ces poulies sont constituées par des secteurs appelés *sabots ou chiens*, qui d'un côté glissent dans des rainures, dirigées suivant les rayons d'un disque fixe, et de l'autre sont plus ou moins soulevés par les génératrices d'un cône dont l'angle au sommet est variable. La figure montre bien la poulie de gauche, fermée autant qu'elle peut l'être, entre le disque et le cône correspondants; la poulie de droite est, au contraire, ouverte.

Pour embrayer, il faut amener la poulie de gauche à un diamètre tel que la courroie soit tendue. A cet effet, on fait tourner autour du petit secteur denté, que l'on voit en haut de la figure, la manette qui commande un arbre intérieur; cet arbre vertical fait tourner le pignon denté calé à son extrémité inférieure, et par lui un secteur denté monté sur un arbre horizontal; sur ce dernier est aussi monté un pignon qui engrène avec une crémaillère transversale solidaire d'un manchon, qui est lui-même solidaire du cône de la poulie de gauche. Ce manchon en glissant le long de son axe, sur lequel il est claveté, fait glisser aussi le cône, et les chiens sont par celui-ci soulevés jusqu'au moment où la courroie est tendue.

Une fois l'embrayage produit, on abandonne la manette du petit secteur au cran correspondant, et on prend la manette du grand secteur : celle-ci fait *solidairement* mouvoir les cônes des deux poulies extensibles, de façon telle que, quand le diamètre de l'une augmente, celui de l'autre diminue assez pour que la courroie reste tendue.

Le changement de marche se fait ou par deux pignons dentés,

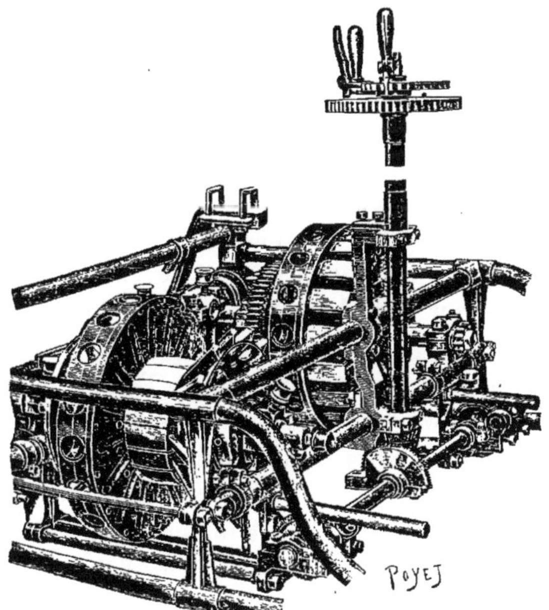

Fig. 171. — Transmission à poulies extensibles *Buchet*.

commandant l'un ou l'autre l'arbre moteur, comme dans les Panhard (d'une façon indépendante des poulies extensibles), ou par pignons satellites à l'intérieur d'un tambour solidaire du premier disque, et autour duquel on applique une lame de frein pour faire tourner l'arbre en sens inverse.

L'ensemble est ingénieux, mais coûteux.

184. — 3° SYSTÈMES MIXTES A ENGRENAGES ET COURROIES. — **Voiturette Bollée.** — L'axe moteur porte 3 pignons, l'axe intermédiaire 3

roues dentées fixées sur lui à demeure, et sur une portée carrée un tambour qui, sans être entraîné, permet à cet axe de glisser sur lui-même et qu'une courroie relie à une poulie solidaire de l'unique roue motrice du véhicule.

En éloignant peu à peu cette dernière des roues d'avant, la courroie est tendue et l'embrayage se fait progressivement. En faisant glisser l'arbre intermédiaire sur lui-même, on amène en prise la paire de roues, capable de donner la vitesse que l'on désire, tout en laissant le tambour et la poulie dans le même plan. Ces mouvements s'obtiennent à l'aide d'un levier unique, constitué par un fourreau cylindrique, dont l'oscillation dans un plan vertical produit l'avancement ou le recul de la roue motrice montée sur le châssis, et à l'intérieur duquel tourne un axe qui, par pignon et crémaillère, fait glisser sur lui-même l'arbre intermédiaire. Chaque fois qu'on change de vitesse, il est nécessaire de débrayer; pour aller de la petite à la grande, il faut passer par la moyenne vitesse.

Cet embrayage par déplacement de l'essieu moteur est assez rare ; nous le retrouvons pourtant dans la voiture Morisse, dont la transmission est aussi du système mixte à courroies et engrenages.

Voitures de Dietrich. — L'arbre moteur, placé à l'avant, transmet son mouvement à un arbre intermédiaire placé à l'arrière, par une longue courroie en caoutchouc, qui est animée d'une vitesse à peu près constante, et sert à produire l'embrayage et le débrayage du moteur avec le reste de la transmission. Les changements de vitesse et la marche arrière sont obtenus par des engrenages, reliant l'arbre intermédiaire à l'arbre différentiel. Ce dernier, comme nous l'avons dit, transmet son mouvement aux roues par un système acatène.

Voitures Diligeon. — Les changements de vitesse s'effectuent à l'aide d'une courroie, que l'on déplace le long de deux poulies-cônes. L'arbre intermédiaire est relié à l'arbre différentiel par des pignons dentés.

Voitures Léo (fig. 172-173). — Le moteur Z, qui est horizontal,

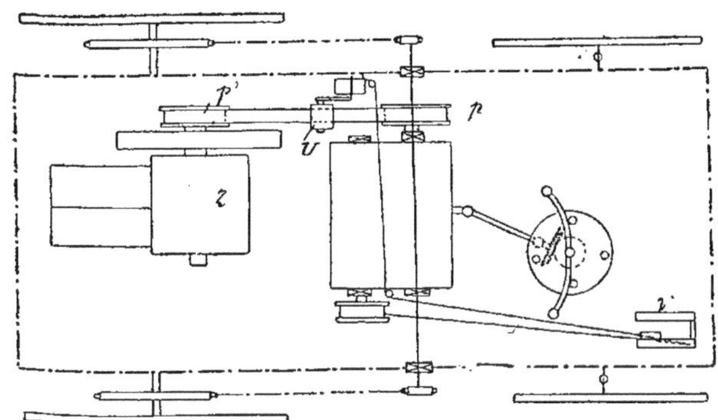

FIG. 172. — Transmission par courroie et engrenages *Léo*.
Ensemble.

a son arbre disposé transversalement à la voiture, et porteur

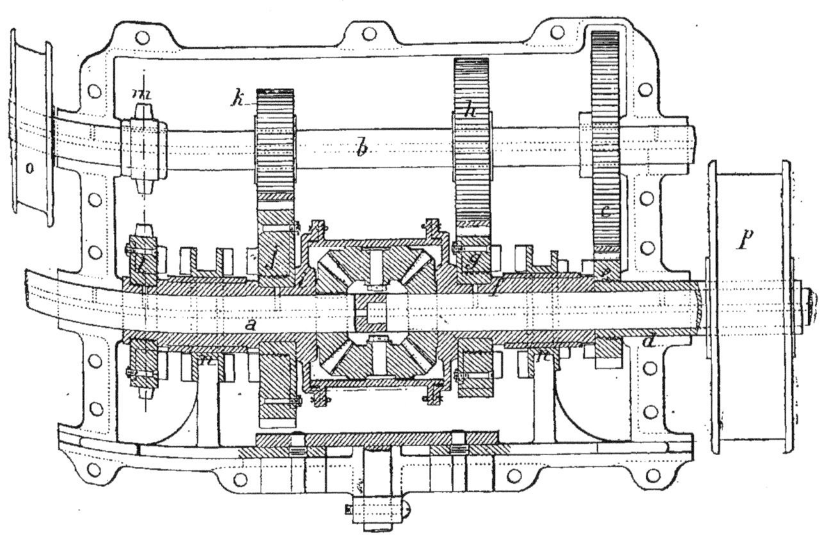

FIG. 173. — Détail de la transmission *Léo*.
Boite des changements de vitesse et de marche.

d'une poulie p' qu'une courroie relie à une autre p, montée sur
l'arbre différentiel (fig. 172). Cette courroie est munie d'un rou-

leau tendeur U monté à l'extrémité d'un levier et appliqué normalement par un ressort contre la courroie pour produire l'embrayage ; on débraie, en appuyant sur la pédale V, qui, par une chaînette, agit sur le levier ; un verrou fixe, quand on le veut, la pédale dans la position de débrayage.

L'arbre différentiel a, mené par la poulie p (fig. 173) traverse la boîte des changements de vitesse et de marche arrière. Il porte folles : 1° la douille d solidaire de la poulie p et du pignon e qui engrène avec la roue c montée sur l'axe b ; de la sorte le mouvement de la poulie p est toujours transmis à l'arbre b ; 2° la douille f qui prolonge la boîte du différentiel, et sur laquelle est monté fou le pignon g, engrenant avec la roue h ; 3° la douille i solidaire aussi de la boîte du différentiel, et sur laquelle sont montés fous le pignon j, engrenant avec k, et le pignon l, relié par une chaîne Galle à m.

Pour produire la marche avant, aux diverses vitesses, à l'aide de l'un ou l'autre des manchons n, n, on rend e, g ou j solidaire de f ou de i, c'est-à-dire de la boîte du différentiel.

Pour produire la marche arrière à l'aide du manchon de gauche n, on rend l solidaire de i : c'est alors la chaîne de m l, qui mène le différentiel.

Système Webb (fig. 174). — L'axe moteur porte un large tambour V, le long duquel se déplace la courroie, dont la vitesse linéaire est ainsi constante, et d'ailleurs convenablement grande quand le moteur tourne à sa vitesse de régime ; cette double condition, on le sait, est favorable à la transmission de la force.

La figure 174 représente la courroie sur la poulie F de l'arbre intermédiaire, dans la position correspondant au débrayage. Elle peut être amenée sur l'une quelconque des poulies portées par cet arbre, respectivement solidaires de roues dentées engrenant constamment avec d'autres montées sur l'arbre du différentiel, et donnant chacune une vitesse particulière : Gg la grande, Mm la moyenne, et Pp la petite. La dernière poulie R procure la marche arrière, par l'interposition du pignon S qui, engrenant constamment avec un pignon solidaire du moyeu de cette poulie, est amené à engrener avec une roue calée sur l'arbre différentiel, lorsque la courroie attaque cette poulie.

184. — 4° Systèmes a plateau de friction. — **Voitures Tenting, Lepape. Système Ringelmann.** — L'arbre manivelle porte un volant profilé en cône de friction, commandant deux roues coniques

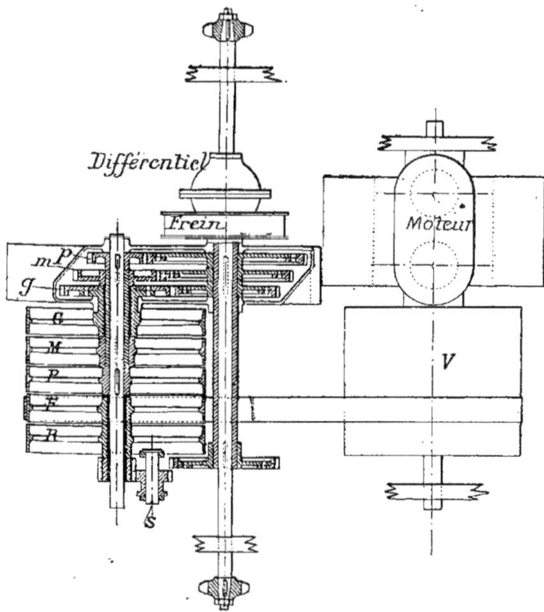

Fig. 174. — Transmissions par courroie et engrenages *Webb*.

disposées aux deux extrémités du diamètre horizontal du volant. Entre ces deux roues formant plateaux de friction se déplace un grand disque, constamment en contact avec elles, et dont l'arbre porte un pignon commandant par une chaîne le différentiel placé sur l'essieu aux deux extrémités duquel sont scellées les roues motrices. En faisant passer le disque à droite ou à gauche du centre des pignons et plus ou moins loin de ce dernier, on obtient la marche dans les deux sens à différentes allures.

Une transmission analogue est employée dans les voitures américaines de M. Bird.

Dans ses premières voitures, M. Lepape employait le dispositif des figures 175, 176 : le volant A horizontal servait de

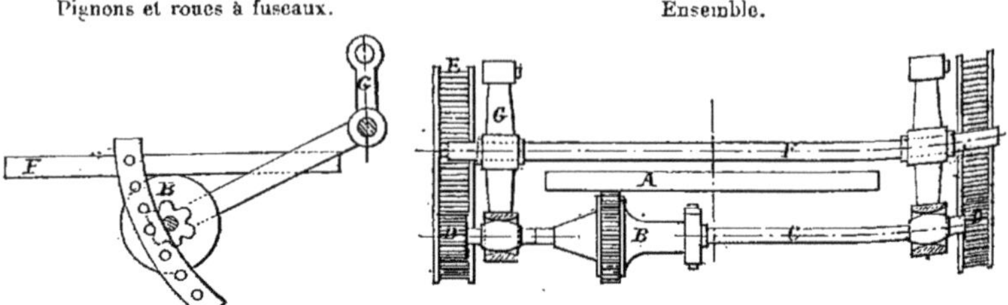

FIG. 175 et 176. — Transmission *Lepape* à plateau.

plateau de friction au galet lisse B, qui coulissait le long de l'arbre C, pour donner les vitesses avant ou arrière, et le stop-

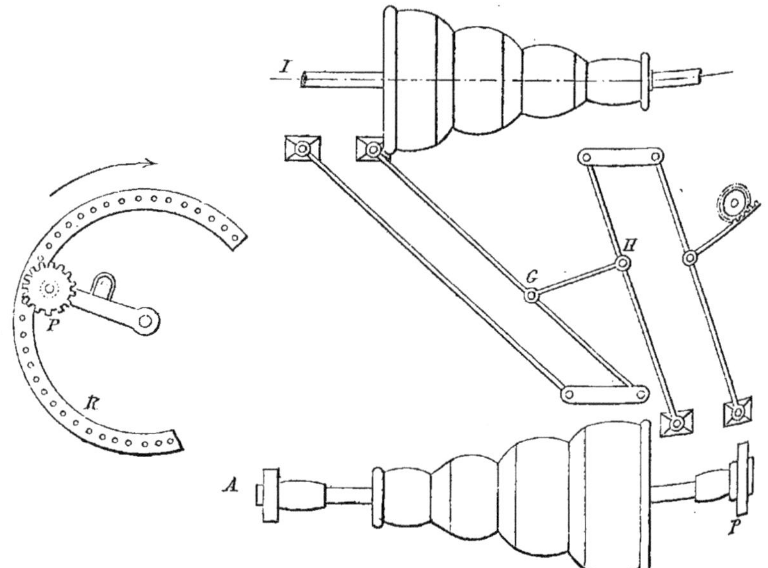

FIG. 177. — Transmission *Lepape* à courroie (sans différentiel).

page. L'arbre C, supporté par deux paliers à rotule, était terminé à chaque extrémité par un pignon D, engrenant avec une roue à fuseaux E, fixée aux rais de chaque roue motrice.

Pour assurer toujours l'engrènement des pignons et des fuseaux, les paliers à rotule étaient montés aux extrémités de bras, pouvant osciller autour de l'essieu F; les leviers G permettaient d'appliquer le galet B contre le plateau F ou de l'en écarter. En outre, le sens du mouvement avait été choisi de façon que, une fois le galet B amené au contact du plateau A, les pignons D tendaient à s'élever dans les roues à fuseaux, augmentant ainsi la pression du galet contre ce plateau, afin d'amener une bonne transmission du mouvement.

Dans ses nouvelles voitures, M. Lepape a recours à une disposition un peu différente de la précédente, mais qui, pas plus que cette dernière, n'emploie de chaînes, et qui, en outre, se passe du différentiel. Sur l'arbre intermédiaire I (fig. 177), qui reçoit le mouvement du moteur par des poulies à gorge et une corde sans fin à boyaux, est monté un cône à poulies étagées. Ce cône actionne par une courroie une autre cône, disposé parallèlement au premier, comme à l'ordinaire. On voit dans notre croquis le train de leviers G H que l'inventeur emploie pour faire passer la courroie sur les différents gradins des cônes et aussi pour l'y maintenir.

L'arbre A du second cône porte, à l'une de ses extrémités, un levier qui se termine par le pignon P, engrenant avec la roue à fuseaux R solidaire d'une des roues de la voiture. Cet axe est, comme dans la première disposition, monté sur deux paliers mobiles autour de l'essieu, pour que ses déplacements laissent le pignon en prise avec la roue à fuseaux. Il est facile de voir que le mouvement de l'axe A dans le sens de la flèche tracée sur la figure de détail tend la courroie et produit l'embrayage du moteur avec la transmission.

L'autre extrémité de cet axe porte un levier et un galet garni de cuir, chargé d'entraîner par friction (et c'est ainsi que cette dernière intervient encore dans ce nouveau dispositif), un anneau dont le diamètre est égal à celui de la roue à fuseaux, et qui communique son mouvement à la seconde roue de la voiture, tout en lui permettant de glisser par rapport à lui, sans le secours d'un différentiel.

M. Ringelmann estime que la médiocrité des résultats donnés en pratique par les systèmes à plateaux tient à ce que la pression exercée par le galet est constante, alors qu'elle devrait varier avec la position de celui-ci, et croître à mesure qu'il se rapproche du centre. Pour obvier à cet inconvénient, il propose le dispositif de la figure 177 *bis* : A et B sont deux plateaux de friction, qui pour communiquer au galet C des mouvements concordants, reçoivent des engrenages D et D' des vitesses identiques, mais de sens inverses. Au lieu d'être plates, leurs surfaces intérieures sont

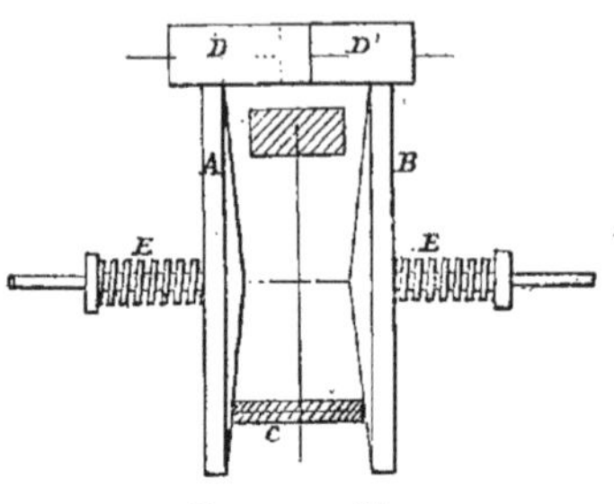

Fig. 177 *bis*.
Transmission à double plateaux
(système *Ringelmann*).

Coupe horizontale.

Coupe verticale.

Fig. 178 et 179. — Transmission *Ellis* et *Steward*.

coniques, et leur inclinaison est combinée avec la puissance des ressorts E, de façon que la pression entre le galet et les plateaux varie automatiquement suivant la proportion voulue, quand le galet passe du centre, où la pression doit être maximum, à la circonférence où elle doit, au contraire, être la plus petite.

186. — Systèmes divers. — **Système Ellis et Steward.** — L'arbre manivelle actionne, par pignons et chaînes, l'arbre différentiel, absolument comme celui-ci commande les roues motrices. La caractéristique du système est fournie par le mécanisme des figures 178, 179, logé dans la calotte C, située au bout de l'arbre moteur et fixée au châssis.

A est l'arbre manivelle sur lequel sont montés : 1° fixe, le pignon a ; 2° claveté mais mobile longitudinalement à l'aide du levier articulé L, le disque femelle D, portant les axes d, autour desquels tournent les pignons b, placés de part et d'autre de a, avec lequel ils engrènent ; 3° fou, le disque mâle M, qui est muni intérieurement d'une denture engrenant avec les pignons b et qui porte latéralement le pignon m autour duquel passe la chaîne du différentiel.

En amenant le levier L dans la position symétrique à celle qui est représentée, on applique la couronne du disque D contre la calotte C qui l'immobilise ; au moyen des pignons b, le pignon a entraîne le disque M et son pignon de chaîne m en sens inverse de A. C'est la marche arrière, à une vitesse trois fois moindre que celle de l'arbre moteur.

Quand on fait reprendre au levier L la position figurée, le disque D retrouve sa liberté dans la calotte C, et devient solidaire du disque M, les pignons b restent en repos, et A entraîne M dans le même sens que lui et avec sa vitesse de rotation. C'est la marche avant à grande vitesse ; pour amoindrir cette dernière, il suffit de diminuer la pression de D contre M.

Pour arrêter la voiture, on manœuvre le levier L de façon à placer le disque D entre C et M, sans qu'il les touche.

Ce système assez simple et peu encombrant donne bien la progressivité de l'embrayage. Il faudra voir si l'adhérence et la friction, sur lesquelles le jeu de l'appareil est basé, donneront en pratique de bons résultats.

Voiture Lufbery. — L'arbre manivelle transmet son mouvement à un arbre intermédiaire, transversal comme lui, à l'aide de deux cônes à poulies étagées, avec courroie et tendeur. A l'intérieur du cône de l'arbre intermédiaire se trouve le dispositif à engrenages représenté ci-contre (fig. 180). I est l'arbre intermédiaire creux traversé par l'axe D du différentiel ; C un cône poulie, en fonte ou en aluminium, fou sur I et portant à l'intérieur deux couronnes circulaires A B dentées l'une extérieurement, l'autre intérieurement. G est une douille montée sur clavette longue

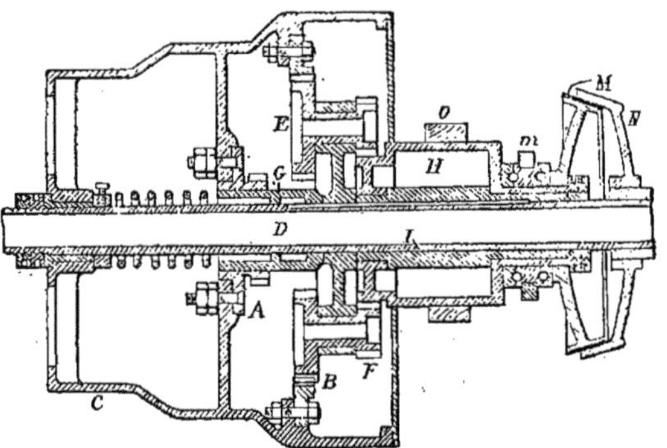

FIG. 180. — Transmission système *Lufbery*.
Coupe.

pour coulisser le long de I, et munie de deux bras portant chacun un axe mobile, solidaire des deux pignons E et F, pouvant engrener le premier avec la couronne B, le second avec une roue venue de fonte au bout du manchon H qui est relié rigidement au cône mâle M d'un accouplement ; ce manchon peut tourner sur sa portée, et il est entourée par un frein o à ruban capable de l'immobiliser.

Normalement, un ressort à boudin, enroulé autour de l'arbre central, maintient l'embrayage du cône femelle N qui est solidaire de la boîte du différentiel calée à demeure sur l'arbre I. Mais, le collier *m*, tournant sur des billes, permet avec une fourchette à levier, de faire coulisser l'ensemble des pièces G H M vers la gauche et de détruire l'accouplement.

Dans la position représentée, l'accouplement est embrayé et le frein *o* du manchon H desserré ; tout roulement des pignons étant impossible, le mouvement de la poulie C se transmet intégralement à l'arbre I comme si la poulie était calée sur l'arbre. La voiture marche en avant, à celle des trois vitesses qui correspond à la position que la courroie occupe sur les cônes.

Si on déplace, de quelques millimètres vers la gauche, le cône M, avec les pièces qui en sont solidaires et qu'on serre le frein *o* celui-ci immobilise le manchon H, et par suite la couronne dentée B. La poulie C en tournant entraîne E et dès lors F ; comme ceux-ci ne peuvent pas faire tourner la roue du manchon H, ils roulent sur cette dernière entraînant la douille G, qui entraîne à son tour l'arbre I sur lequel elle est clavetée ; mais, il ne l'entraîne qu'à une vitesse moitié de celle de C (par suite des nombres de dents donnés aux engrenages en prise). La voiture marche à une vitesse égale à la moitié de celle qui correspond à la position de la courroie sur les cônes.

Si on déplace encore le groupe M H G vers la gauche, F reste toujours en prise avec la roue du manchon H, mais E abandonne B ; c'est le débrayage.

Si on amène enfin E en prise avec A, le frein étant toujours serré, C entraîne l'arbre I par l'intermédiaire du manchon G, à une vitesse moitié de la sienne, mais de sens inverse ; c'est la marche arrière.

Les mouvements du manchon et du frein sont obtenus à l'aide d'un seul organe, consistant en une douille creuse traversée par un levier à poignée. Normalement, on se sert du tendeur et de la courroie ; les engrenages intérieurs n'entrent en jeu que pour produire la marche arrière et gravir certaines rampes.

L'appareil a l'avantage de donner une gamme de vitesses plus étendues que celle dont on dispose ordinairement ; il est peu encombrant et léger : pour une force de 4 à 6 chx, il ne pèse que 50 kg., et l'inventeur espère pouvoir en réduire le poids à 35 kg. Mais sa construction est compliquée, il s'agit de savoir si cet inconvénient n'est pas hors de proportion avec le but atteint et si en pratique le fonctionnement est satisfaisant.

Système de la Steam Carriage and Wagon Company. — Le moteur transmet son mouvement aux pignons de chaîne, par l'intermédiaire d'une courroie que supportent, sur l'arbre moteur, une poulie unique, sur l'arbre des pignons deux poulies jumelles, transmettant chacune son mouvement à l'un des pignons. La courroie est à cheval sur les deux poulies, également, quand la voiture marche en ligne droite et davantage sur la poulie extérieure, de façon à permettre à la roue intérieure de glisser facilement, quand la voiture tourne. La position de la courroie est assurée par une fourchette que commande une vis mobile dans un écrou : celui-ci, qui est fixé dans le sens du déplacement de la vis, peut tourner sur lui-même lorsque la tige et le levier qui la sollicitent se déplacent dans les tournants de la route.

Cette transmission se passe donc de différentiel. Elle a ce point de commun avec plusieurs autres que nous avons décrites comme celles de M. Brouhot ou de M. Lepape, ou que nous nous contenterons de citer, comme celle de M. Lesage, dans laquelle le différentiel est remplacé par deux embrayages et le mécanisme disposé pour que la roue du côté où l'on tourne soit automatiquement débrayée.

Quelques constructeurs estiment qu'il est avantageux de ne pas avoir recours à un organe aussi sensible que le différentiel, qui n'agit pas seulement lorsque son intervention est utile, mais souvent hors de propos quand, par exemple, l'une des roues rencontre un obstacle, si léger soit-il, que l'autre ne trouve pas sur son chemin : la première s'arrête ou du moins ne va pas aussi vite que la seconde, elle exerce sur sa chaîne un à-coup nuisible, et la chaîne de l'autre roue est seule à travailler. C'est notamment l'opinion de M. Lepape; toutefois la majorité des constructeurs ne paraît pas la partager.

Système Auble. — Citons encore le principe proposé par M. Auble, pour produire la progression de la vitesse de la voiture par la rotation d'un écrou dans lequel passe une chaîne de Galle de forme particulière. Et terminons cette revue des divers systèmes applicables aux voitures à pétrole par la suivante que préconise M. Hospitalier.

Transmission électro-élastique de M. W. Morrison. — Elle a pour principe d'interposer entre l'arbre manivelle et l'arbre différentiel une dynamo motrice, constituée par un inducteur (que commande le moteur à pétrole, tournant toujours à sa vitesse de régime) et un induit en anneau Gramme, qui actionne par engrenages l'arbre du différentiel.

Les avantages que semble devoir assurer le système sont : la suppression des organes d'embrayage et de changement de vitesse, des leviers de manœuvre ; une grande souplesse ; l'automaticité, avec laquelle, lorsque les résistances ont été mises par le rhéostat hors circuit, le véhicule prend la vitesse maxima correspondant à la puissance maxima du moteur.

Le seul organe de manœuvre est un rhéostat qui sert de démarreur et de modérateur de vitesse ; le débrayage s'obtient naturellement par la simple rupture du circuit, l'embrayage progressif par sa fermeture en passant sur les diverses touches du rhéostat.

L'addition de la dynamo n'augmente pas le poids du mécanisme, car, indépendamment des organes de transmission, le volant aussi est supprimé.

187. — **Transmissions dans les voitures électriques.** — Le moteur électrique permet d'assurer très simplement la marche arrière et les changements de vitesses ; aussi, n'y a-t-il que rarement des changements mécaniques de vitesse. Et cela donne à ces transmissions un grand caractère de simplicité. Elles sont d'ailleurs toutes basées sur l'emploi des engrenages.

Voitures Jeantaud. — Dans la plupart de celles qui ont pris part au Concours des fiacres, en juin 1898, le moteur commande par engrenages l'arbre différentiel, qui actionne par chaînes les roues arrière.

Dans le coupé trois-quarts, où les roues d'avant sont à la fois motrices et directrices (fig. 181, 182), l'arbre de l'induit commande par engrenages (l'embrayage magnétique placé à gauche de l'induit a été supprimé) l'arbre différentiel, dont les

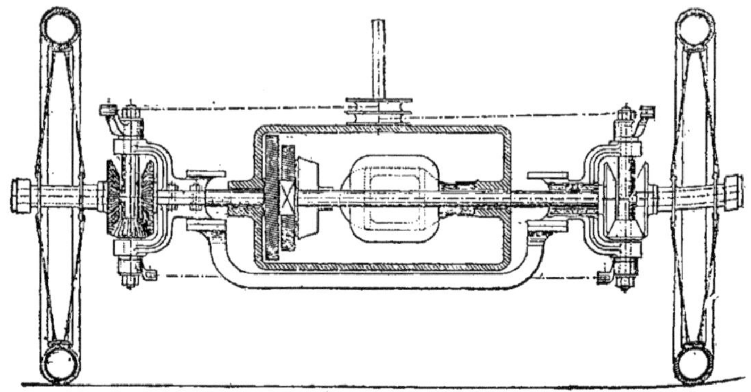

Fig. 181. — Avant-train moteur électrique *Jeantaud.*
Plan.

deux parties portent chacune à son extrémité un pignon d'angle, engrenant avec un autre dont l'axe vertical est précisément le

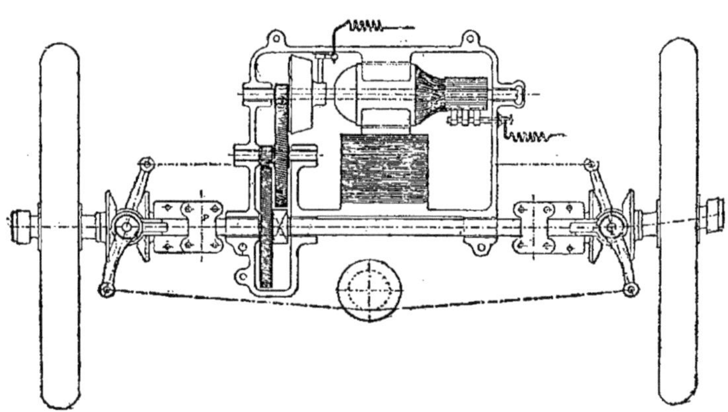

Fig. 182. — Avant-train moteur-directeur *Jeantaud.*
Élévation.

pivot de la roue. Cet autre engrène à son tour avec un pignon monté sur l'axe de la roue motrice. Grâce à cette disposition, les roues peuvent prendre toutes les directions sans cesser de recevoir leur mouvement.

La Cie Générale des Transports automobiles, dont le coupé du système Jenatzy constitua, sous le numéro 16000, le premier fiacre automobile de Paris, la Cie française de Voitures électromobiles et MM. Mildé et Mondos emploient la même transmission que M. Jeantaud (première manière).

Voitures Kriéger (fig. 183). — Elles sont munies d'un avant-train moteur et directeur, à deux pivots : chacun d'eux sert de support à un moteur électrique, attaquant directement par un pignon à denture hélicoïdale une roue dentée montée sur la roue.

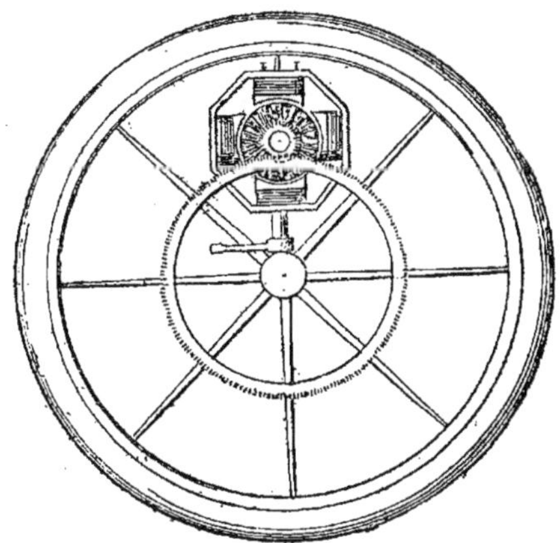

Fig. 183. — Avant-train moteur électrique *Kriéger*.
Transmission directe du mouvement.

Il est impossible d'avoir une transmission plus directe ; mais ces deux dynamos alourdissent l'aspect de l'avant-train et font perdre à la voiture cette légèreté que le système électrique permet mieux que d'autres de lui conserver ; de plus, en raison de la force contre-électromotrice qui s'oppose d'autant plus au passage du courant que le moteur marche plus vite, il en résulte dans les courbes un peu accentuées, que le moteur de la roue intérieure allant moins vite que l'autre, est l'objet d'un flux de courant qui tend à lui faire rattraper la vitesse du moteur de la roue extérieure et à faire dévier la direction que la main a imprimée au guidon.

Voitures Doré (fig. 184) — L'avant-train est aussi moteur et directeur. La dynamo est sur le siège, aux pieds du conducteur. Pour transmettre son mouvement aux roues malgré la flexion des ressorts qui fait varier la distance de l'essieu et du moteur, celui-ci actionne un cylindre vertical creux (formant la cheville ouvrière, autour de laquelle tourne tout l'avant-train), à l'intérieur duquel peut monter et descendre une tige composée de

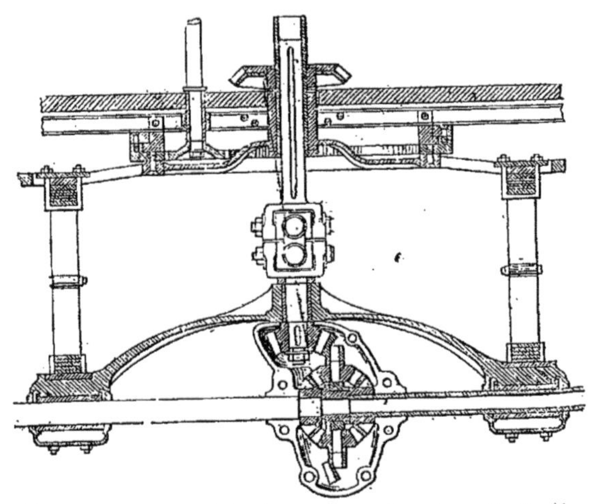

Fig. 184. — Avant-train moteur-directeur G. Doré.

deux parties reliées par un double joint à la Cardan : la partie inférieure porte un pignon d'angle qui entraîne la couronne du différentiel ; sur les deux parties de l'essieu sont calées les roues. Une clavette force la tige à suivre le mouvement de rotation du cylindre [1].

Voitures Columbia, de la Pope Manufacturing C°, de Hartford (Connecticut). — Le moteur est supporté directement par l'essieu d'arrière, et son arbre est concentrique à celui des roues qu'il commande par engrenages et différentiel. Il n'y a donc pas de chaînes, ni d'arbre intermédiaire : cette simplicité permet de conserver aux voitures leur bel aspect de carrosserie.

1. Cet avant-train peut aussi être employé avec un moteur à pétrole (§ 293).

Voitures Patin (fig. 185, 186). — Le moteur a, directement fixé sur l'essieu b, incurvé en son milieu et s'élargissant, à un point donné, en ovale pour laisser passer le différentiel et sa couronne, a l'axe de son induit horizontal, et muni d'une poulie q recouverte de cuir. Dans le plan de cette poulie se meut, perpendiculairement à l'essieu, sous l'action du levier e, le secteur triangulaire n n, porteur des poulies s s', de diamètres inégaux, mais tous les deux plus grands que celui de la poulie q.

Lorsque l'une ou l'autre des poulies s s' est amenée au contact de cette dernière, elle se met à tourner entraînant son axe et avec lui un pignon denté v qui en est solidaire et qui constamment engrène avec la roue dentée l du différentiel. Les pignons de ce dernier entraînent les deux parties c c, qui passent à l'intérieur des fusées de l'essieu, sans frotter contre elles. Par les écrous extrèmes, les manchons à griffes p entraînent les moyeux p' des roues.

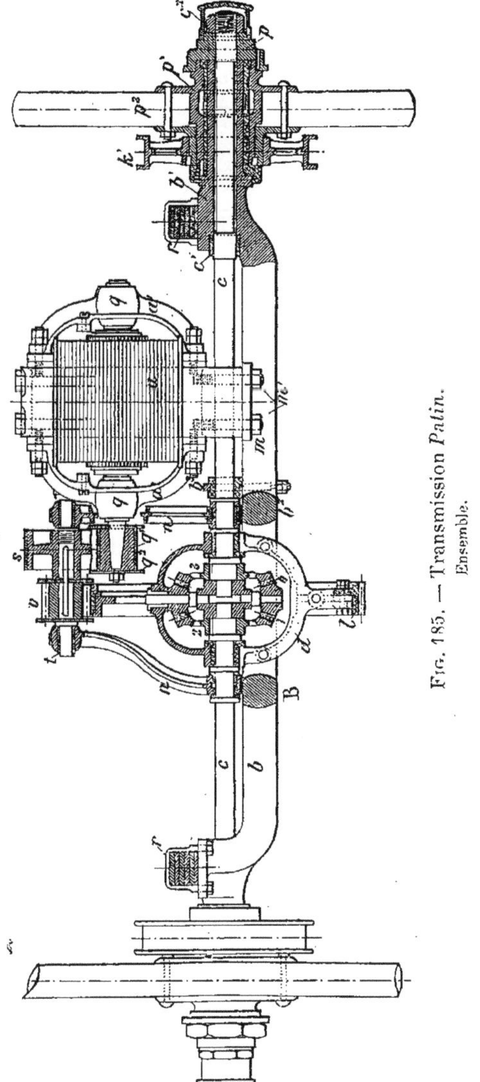

Fig. 185. — Transmission *Patin*.
Ensemble.

Il suffit de changer la poulie au contact de q, pour faire varier instantanément la vitesse en pleine marche, sans avoir à craindre

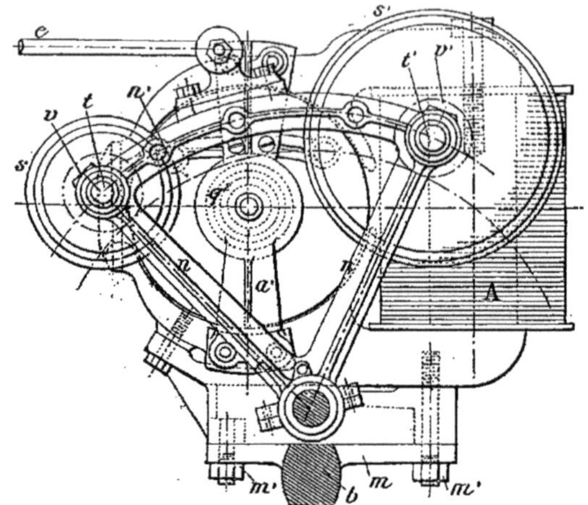

FIG. 186. — Transmission *Patin*.
Détail de l'embrayage.

des chocs et des ruptures de dents, comme avec les transmissions à engrenages.

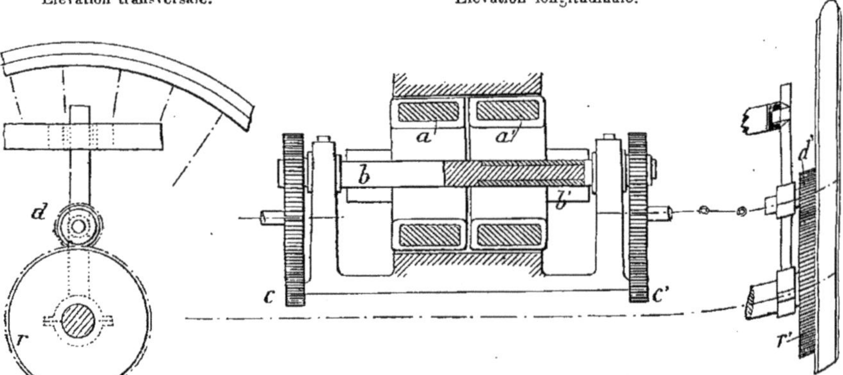

FIG. 187 et 188. — Transmission électrique *Mildé-Mondos*.

Le débrayage s'obtient en rompant tout contact entre les poulies q d'une part et $s\,s'$ de l'autre ; l'embrayage en rétablissant le contact. Ce dispositif permet d'embrayer le moteur préalablement lancé à toute vitesse, et de développer ainsi des coups de collier puissants pour le démarrage.

Il est certes très ingénieux : que donnera-t-il dans une longue pratique? On l'ignore encore. La faculté de changer mécaniquement de vitesses, en pleine marche, instantanément, est moins intéressante avec un moteur auquel son combinateur électrique procure déjà le moyen d'obtenir vivement le même résultat. Cette transmission, fort peu encombrante, ne charge pas le dessous de la voiture.

Transmission Mildé-Mondos à différentiel électrique (fig. 187, 188). — Le différentiel mécanique est remplacé par le dispositif suivant : a et a' sont les deux anneaux induits du moteur comportant chacun un enroulement spécial ; l'un a est calé sur l'arbre plein b, l'autre a' sur l'arbre creux b' concentrique au premier, dont il n'entoure du reste qu'une partie de la longueur. Chaque arbre porte à son extrémité un pignon engrenant respectivement avec les roues c c'. Celles-ci, par transmission flexible ou autre, actionnent à leur tour tous les pignons d d', engrenant avec les couronnes dentées r r', fixées sur les roues motrices du véhicule. Ces roues ont ainsi la faculté de se déplacer l'une par rapport à l'autre, parce que les induits peuvent prendre des vitesses différentes, l'action motrice devenant d'ailleurs la plus puissante dans l'anneau qui correspond à la roue recevant l'effort maximum.

TROISIÈME SECTION

LE VÉHICULE

CHAPITRE VII

ESSIEUX, ROUES, BANDAGES

1° Les Essieux.

188. — **Essieux moteurs et essieux directeurs.** — Les essieux sont de deux sortes, moteurs ou directeurs : *moteurs*, quand ils portent les roues motrices, calées sur eux, (ou du moins sur leurs deux parties réunies par le différentiel), ou folles avec les couronnes qu'attaquent les chaînes Galle ; *directeurs*, quand ils portent les roues chargées d'assurer à chaque instant l'orientation de la voiture.

D'une façon générale, l'essieu d'arrière est moteur, et l'essieu d'avant directeur. La disposition inverse n'est cependant pas sans exemple : on la trouve notamment dans l'omnibus Weidknecht, dans celui de la Compagnie générale des automobiles, dans la voiturette Morisse. L'essieu directeur à l'arrière assure même très bien le pilotage de la voiture, avec une grande douceur, avec beaucoup de stabilité dans les virages courts ; mais, on lui reproche de rendre difficiles les démarrages quand la voiture est arrêtée au contact d'un trottoir.

M. Forestier estime que le mieux est de mettre l'essieu moteur à l'avant, la direction se faisant par l'arrière ou même par l'avant. Certains essieux sont, en effet, moteurs et directeurs, et sont alors toujours disposés à l'avant.

188 bis. — **Freingalage, dérapage, tête-à-queue.** — On attribue quelquefois aux essieux moteurs-directeurs placés à l'avant la propriété d'empêcher le dérapage. Le freingalage ou dérapage, qui est un gros inconvénient pour les automobiles, car il peut aller jusqu'au tête-à-queue, quand elles vont vite, se produit, d'après M. Forestier [1], quand les roues de l'avant-train rencontrent une résistance qui ralentit leur mouvement, et que les roues arrière, plus ou moins obliques par rapport aux premières, se trouvent sur un rail de tramway, sur de l'asphalte humide, sur un pavé gras, ou toute autre partie de chaussée sur laquelle le frottement de glissement est trop faible pour s'opposer à la translation latérale de ces roues. L'influence de l'essieu moteur-directeur est assurément bonne à cet égard, mais elle n'est pas toujours suffisante : au concours des fiacres de 1898, on a vu un véhicule, qui en était muni, faire un tête-à-queue complet de 360°.

Le moyen d'éviter cet inconvénient est, dit M. Forestier, de charger l'avant-train, de façon que la force vive des roues surmonte la résistance que celles-ci rencontrent, sans faire descendre leur vitesse sensiblement au-dessous de celle des roues d'arrière. Si on charge l'avant-train, il faut augmenter le diamètre de ses roues. Dans ces conditions, faut-il les laisser directrices? Cette question n'est pas encore résolue.

Mais il n'est pas nécessaire pour qu'il y ait tête-à-queue que le mouvement des roues de l'avant-train soit retardé par une résistance. Il peut, en l'absence de cette dernière, se produire, quand l'une des roues motrices ne parcourt pas le même chemin que l'autre (la voiture tourne alors du côté de la roue qui parcourt le moins de chemin) : cela arrive notamment quand une roue se trouve sur une partie de la chaussée où l'adhérence est diminuée (rail de tramway, pavé ou asphalte particulièrement gras), et patine plus ou moins, ou quand l'effort qu'elle doit vaincre pour tourner est augmenté (les freins des deux roues serrent inégalement). Dans ces conditions, l'augmentation de la charge de

----

1. *Génie civil*, 17 septembre 1898, p. 324.

l'avant-train ne saurait supprimer le tête-à-queue ; le remède serait, semble-t-il, de forcer les roues à tourner de conserve, en supprimant l'action du différentiel, qui, ordinairement salutaire par l'indépendance qu'elle assure aux deux roues, est nuisible en l'espèce.

189. — Fabrication des essieux. — Que l'essieu d'avant soit moteur ou directeur, il est avantageux, pour que, dans un encombrement, le chauffeur juge aisément si la place libre est suffisante pour que la voiture puisse passer, de lui donner la largeur de l'essieu d'arrière ; la stabilité de la voiture ne fait d'ailleurs qu'y gagner.

Les essieux ayant, d'une part, à supporter la caisse et le mécanisme, c'est-à-dire un ensemble plus lourd que celui d'une voiture ordinaire, étant, d'autre part, soumis aux chocs de route, qui lui sont transmis par les roues et qu'aggravent les vitesses rendues courantes par le nouveau mode de locomotion, ont besoin, pour les voitures automobiles, plus encore que pour les autres, d'être solides. Aussi est-il nécessaire de les faire en métal de toute première qualité.

L'acier qui offrirait pour cette fabrication, certains avantages, entre autres celui de faciliter la trempe des fusées, doit être rejeté à cause de sa tendance à devenir cassant sous l'influence des vibrations. En tout cas, l'acier doux pourrait seul être toléré.

C'est le fer qui est presque exclusivement utilisé, et on le choisit doux et nerveux, donnant autant que possible 26 à 27 $^{o}/_{o}$ d'allongement, sous une charge de rupture de 35 à 36 kg. par millimètre carré de sa section primitive.

Le corps de l'essieu peut être droit ou coudé, avec ou sans patins, avec ou sans rondelles, soudées ou enlevées dans la masse.

Les essieux droits sans patins se font d'une seule pièce, laminée ou forgée au pilon.

Les essieux droits à patins se fabriquent, au contraire, le plus souvent en deux morceaux qu'on soude ensuite. Les patins peuvent être obtenus par encollage et amorces ; mais il est préférable, et même nécessaire pour les essieux de fort calibre, de ménager, pendant le forgeage, aux endroits que doivent occuper les patins, des masses de métal qu'on chauffe ultérieurement au blanc soudant et qu'on matrice d'un seul coup.

Les essieux coudés sans patins se font généralement cintrés : il faut réserver à l'étirage un bossage suffisant pour qu'après ployage le coude ait la même section que le reste du corps.

Pour les essieux coudés avec patins, l'enlevage de ceux-ci dans la masse est de rigueur. Il est aussi recommandé pour les rondelles ; cependant le soudage peut être employé, mais seulement s'il est bien exécuté.

Les fusées sont estampées aussi près que possible de leurs dimensions définitives, pour éviter tout façonnage ultérieur important. Elles sont ensuite cémentées, au moins sur une épaisseur de deux dixièmes de millimètre, et trempées. Après la trempe, on recuit les filets de la fusée ; sans cela, ils seraient trop cassants. Enfin les fusées sont rectifiées comme les organes les plus délicats des pièces d'armes, pour qu'elles ne prennent à l'usage ni usure ni déformation sensibles.

Dans les voitures ordinaires, les fusées sont inclinées vers le bas, afin que, malgré l'écuanteur de la roue, le rais qui supporte le poids de la voiture soit perpendiculaire au sol et dès lors chargé d'aplomb. En automobilisme, les roues motrices étant solidaires des couronnes dentées, qui, elles, doivent tourner dans les plans verticaux des chaînes Galle qui les actionnent, il ne saurait être question de carrossage important pour les fusées de leurs essieux, si on n'a pas recours à certains dispositifs en général peu employés. La même raison n'existe pas pour les fusées des essieux directeurs ; parfois pourtant, il n'y a ni carrossage à ces essieux, ni écuage sensible aux roues qu'ils portent.

Les boîtes dans lesquelles tournent les fusées sont à graisse (ordinaires ou patent), à huile (demi-patent ou patent), à billes ou rouleaux.

Les boîtes à graisse ne sont employées que pour les voitures lourdes.

Les boîtes patent à huile se construisent à peu près sous la forme que leur donna leur inventeur J. Collinge, en 1787. M. Lemoine supprime pourtant la rainure que comporte à sa partie supérieure la fusée, dont l'utilité n'a jamais été prouvée et dont la présence peut nuire à la bonne exécution de la fusée au moment du rodage. Elles se font en bronze, ou plus souvent en fer cémenté et trempé, jamais en fonte qui serait trop cassante. Le bronze donne un frottement meilleur et élimine toutes chances d'enrayage ; mais il s'use plus vite que le fer, et cette usure occasionne du bruit quand la roue tourne. Les bagues, au contraire, se font plus souvent en bronze qu'en fer, pour qu'elles coûtent moins cher. Il en est de même des écrous ; pour les véhicules lourds, le fer vaut peut-être mieux : alors on peut n'en employer qu'un seul, à entailles.

L'essieu demi-patent, sans bague ni écrous, la boîte étant reliée à la roue par des rondelles et des boulons, présente une grande sécurité, parce qu'il est à l'abri d'un dévissage d'écrou, et que, si la fusée se rompt, la roue est cependant retenue ; mais son démontage est difficile.

Les essieux patent et demi-patent doivent être tenus dans un état parfait de propreté, et graissés avec des produits d'excellente qualité (huiles de pied de mouton, de pied de bœuf, certaines qualités minérales moins chères). Il ne faut pas oublier, en effet, que les essieux patent qui d'ordinaire fournissent un service excellent, peuvent au contraire, et notamment par manque d'huile comme par mauvais réglage ou détachement d'un grain de métal de la boîte, donner lieu à de graves ennuis, à l'enrayage, au grippement de la fusée, même au collage de cette dernière et de la boîte par suite de l'échauffement. Normalement, une roue bien graissée doit faire 800 à 1.000 km. sans qu'on ait à y retoucher.

Les roulements à billes semblent assez indiqués pour les automobiles, puisque, d'après M. G. Richard, ils réduisent à 1/10 de sa valeur normale le frottement des fusées, et que, d'un autre côté, quand les billes sont bien fabriquées en acier dur ou en acier doux Bessemer à 0,10 °/₀ de carbone, bien trempées, polies au rouge, elles offrent une grande résistance à l'écrasement : 26 kg. par millimètre carré pour billes de 10 mm., qui peuvent sans altération de roulement, supporter entre des surfaces planes en acier Bessemer cémenté, jusqu'à 1.100 kg. par bille. Et il est facile d'augmenter cette résistance en mettant plusieurs rangées de billes, ou en substituant à ces dernières des rouleaux cylindriques.

M. Forestier[1] admet que le coefficient de frottement des fusées peut-être pris égal à 10 kg. par tonne, avec les boîtes patent, à 5 kg. avec les roulements à billes, à 2.5 kg., si, entre les billes supportant les essieux ou en interpose d'autres plus petites, de manière à faire disparaître tout frottement de glissement entre les premières.

Aux États-Unis[2], la comparaison des efforts nécessités par la traction de deux wagons semblables, mais munis l'un d'une boîte à rouleaux, l'autre d'une boîte à graisse, a donné

pour la charge de   3.300 kg., la proportion de 1 à 2.90
—   8.300   —   1 à 3.67
—   10.000   —   1 à 3.98

Sur nos chemins de fer de l'Ouest français, des essais faits sur un train entier ont semblé prouver que la substitution des rouleaux aux boîtes ordinaires réduisait beaucoup la résistance au roulement : la résistance au démarrage notamment serait abaissée de 35 à 40 °/₀.

Ces avantages seraient fort précieux en automobilisme[3], et font

---

1. *Génie civil*, n° du 3 juin 1899, p. 74.

2. D'après la *Rail Road Gazette*, citée par la *Locomotion Automobile* du 11 mai 1899, p. 298.

3. Il serait surtout avantageux de réduire la résistance au démarrage, principalement causée par l'absence d'huile entre les fusées et leurs boîtes, quand on ne graisse pas abondamment. Si, pour éviter cet inconvénient, on graisse beaucoup, le coefficient de frottement, au lieu de diminuer, quand la vitesse du déplacement relatif de la fusée et de la boîte augmente, croît

désirer qu'on lui applique ces nouveaux roulements (§ 336). Malheureusement il est à craindre que les essais ne réussissent pas complètement, tant que la consommation de billes ou rouleaux pour automobiles ne sera pas assez grande pour permettre de les fabriquer en quantité telle qu'il soit possible de réserver au même essieu des billes ou rouleaux rigoureusement de même diamètre.

Ce ne sont d'ailleurs pas les modèles qui manqueraient pour ces essais : essieux Belvalette, Vermot (à deux rangs de billes, un de chaque côté de la fusée), Hannoyer (à 4 rangs), Simonds (à 8 rangs), Gondefer, Gros et Pichard (roulements à billes ou à rouleaux, dans lesquels les billes ou les rouleaux principaux sont maintenus écartés par une deuxième couronne de billes ou de rouleaux, logés dans des gorges spéciales ; cette disposition supprime, comme nous l'avons dit, tout glissement).

En fait, les roulements à billes ne sont employés que pour les motocycles et voiturettes. La presque universalité des constructeurs estiment que l'essieu patent donne un très bon service. Ils reprochent aux systèmes à billes d'être plus coûteux, moins solides (la rupture d'une seule bille provoque le grippage de la fusée ; la simple usure doit suffire pour donner un mauvais service) ; de présenter une complication qui est hors de proportion avec leur utilité (le frottement des fusées ne représentant qu'une faible part dans le total des résistances au roulement).

190. — Essieux moteurs. — Les essieux moteurs sont susceptibles de recevoir en pratique des formes assez variées : notamment, leurs moyeux peuvent ou non porter la poulie de frein et le disque destiné à recevoir la roue dentée qui engrène avec la chaîne de

en fonction du carré de cette vitesse. M. Forestier se demande s'il n'y aurait pas lieu d'imiter le dispositif de graissage aujourd'hui fort employé par les compagnies de chemins de fer, et qui consiste à faire déposer par une mèche sur la fusée la quantité de lubrifiant juste suffisante pour éviter le grippage ; mais celui-ci est plus à redouter avec les automobiles qu'avec les wagons, de sorte que le nouveau procédé, au lieu de rendre inutiles les billes ou rouleaux, semblerait indiquer encore leur emploi pour supprimer le grippage.

Galle. Les fig. 189 et 189 bis, qu'accompagnent des légendes fort explicites, montrent deux genres construits par M. Lemoine.

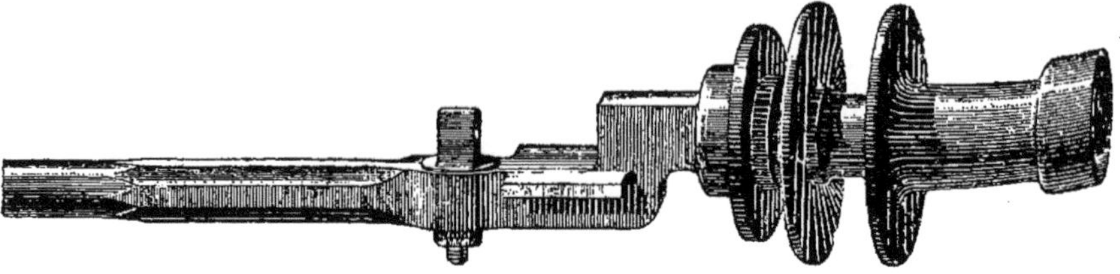

FIG. 189.

Vue extérieure d'un essieu-moteur patent huile, corps surbaissé portant œil pour recevoir la pièce d'attache de la bielle de poussée, rondelle enlevée dans la masse, monté avec moyeu métallique à manchon à frette portant un disque pour fixer la roue dentée.

191. — Direction par essieu brisé à deux pivots. — La direction des voitures automobiles, à cause des dangers que présenterait,

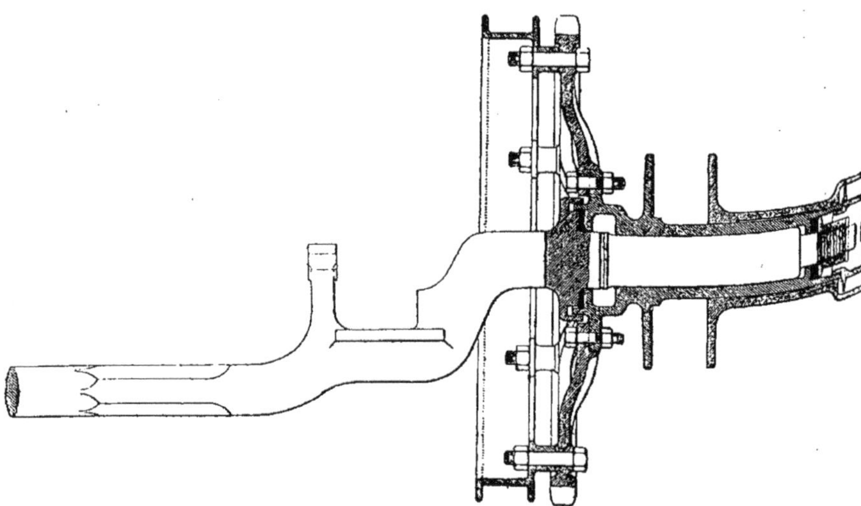

FIG. 189 bis.

Coupe d'un essieu-moteur patent huile, corps surbaissé et cintré portant des attaches venues de forge pour les bielles de poussée, rondelles enlevées dans la masse, monté avec moyen métallique sur lequel sont fixées la roue dentée et la poulie de frein.

surtout aux grandes allures, son défaut de précision, méritait de fixer tout particulièrement l'attention des constructeurs.

La monture en tricycle, qui était celle du fardier de Cugnot, en aurait constitué la solution la plus simple, mais aussi la plus déplorable au point de vue de la sécurité, parce qu'elle aurait réduit à un triangle le polygone de sustentation.

L'avant-train ordinaire, à cheville ouvrière, aurait offert le même inconvénient que l'unique roue directrice pour les virages à 90° ; à la vérité, ceux-ci sont rares et on aurait pu, en tout cas, les faire doucement. Mais, l'avant-train aurait présenté, pour les voitures automobiles, le défaut suivant, dont la manœuvre par timon ou brancards le met à l'abri pour les voitures ordinaires : tout obstacle rencontré par une roue offre à son avancement une résistance, qui tend à la faire tourner autour de la cheville ouvrière ; comme cette résistance agit avec un bras de levier égal à la distance horizontale, qui sépare le point de contact de la roue sur le sol de l'axe de rotation, on est obligé, pour maintenir la voiture dans la direction rectiligne, de contrebalancer un effort puissant. Il ne fallait pas espérer le faire aisément à l'aide d'un levier directement relié à l'essieu : ce levier, d'un maniement presque toujours pénible, aurait pu être arraché des mains du conducteur. On aurait pu avoir recours à une commande par vis sans fin et engrenages irréversible, et c'est ce qu'ont fait quelques rares constructeurs, notamment M. Pouchain, M. Le Blant (§ 237) et M. Doré (§ 187). Mais cette solution aurait exposé les organes de la direction aux mêmes efforts, qui eussent été capables de les disloquer.

Le remède aux deux maux, que nous venons de signaler, semble se trouver dans la solution suivante, qui est presque universellement adoptée, bien que la direction par avant-train à cheville ouvrière ait toujours ses partisans très chauds : immobiliser l'essieu directeur parallèlement à l'essieu moteur [1], et rendre chaque roue mobile autour d'un pivot situé tout près de l'extré-

---

[1]. Quelquefois, au lieu d'être complètement immobilisé, il demeure libre de se mouvoir autour d'un pivot qui lui est perpendiculaire ; mais il reste toujours dans un plan vertical parallèle à celui de l'essieu moteur, et le polygone de sustentation ne s'en trouve pas changé (Voiture Duryea).

mité correspondante de l'essieu ; la longueur du bras de levier est alors réduite à la distance qui sépare le plan moyen de la roue de ce pivot ; elle peut même être nulle, comme sur la voiture Duryea, dans laquelle l'axe du pivot prolongé coupe le sol au point où la roue prend contact avec lui.

Le principe de l'avant-train à deux pivots a été inventé par un mécanicien de Munich, Lankensperger, et importé en France, par brevet du 27 janvier 1818, par M. J. Akermann, de Londres, qui l'a présenté à la Société d'encouragement le 7 avril 1819. Mais tel qu'il avait été conçu, il présentait le grave défaut d'exposer les roues à des ripements sur le sol, parce que les axes des fusées des roues directrices ne convergeaient pas, dans les virages, en un seul point et que les quatre roues n'avaient pas dès lors un axe commun de rotation.

En 1873, M. Bollée père appliqua à sa voiture à vapeur l'*Obéissante* le principe des deux pivots, avec cames précisément destinées à assurer la rencontre des prolongements des fusées en un même point du plan vertical de l'essieu d'arrière.

Direction Akerman-Jeantaud. — En 1878, M. Jeantaud a imaginé une modification de la disposition Akerman, qui permet les virages faciles, parce que, en projection horizontale, les axes des fusées se rencontrent toujours sur le prolongement (ou du moins très près du prolongement) de l'axe de l'essieu d'arrière. C'est celle de la fig. 190 : r, r_1 sont les projections horizontales des roues directrices ; O, O_1 celles de leurs pivots respectifs ; en joignant ces deux derniers points à l'intersection A de l'axe médian de la voiture et de l'axe de l'essieu d'arrière M, on forme un triangle isocèle, dont les côtés sont pris comme direction des bielles OL, O_1L_1, qu'on relie d'une façon invariable aux fusées des deux roues ; ces deux bielles sont enfin articulées avec la traverse LL_1, chargée de leur transmettre solidairement les mouvements de la barre de direction ou mieux du volant. Quand ce dernier, pour un virage, amène la roue r dans la position r', la roue r_1 est forcée de venir dans une position r_1', telle que les

normales OA′ et O₁A′ aux plans des roues se coupent en un
point A′, situé très approximativement sur le prolongement de
l'axe de l'essieu d'arrière[1].

La traverse LL₁ peut être plus ou moins rapprochée de l'essieu
OO₁, et d'un côté ou de l'autre de cet essieu ; mais, plus elle en
sera près, et plus grand sera le champ d'action des roues, sans
qu'on puisse d'ailleurs, à cause de l'amplitude limitée des arcs

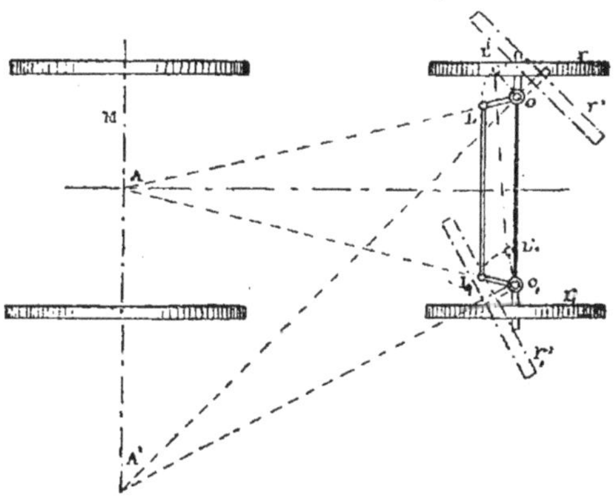

Fɪɢ. 190. — Avant-train à deux pivots (dispositif *Akerman-Jeantaud*).

décrits par les bielles, faire pivoter la voiture sur l'axe d'une des
roues d'arrière.

Le dispositif Jeantaud est aujourd'hui fort employé. Pourtant
il ne donne de bons résultats que pour des angles de braquage
ne dépassant pas 30°. Le dernier mot n'est donc pas dit sur la
question.

Pour la tirer au clair, M. Bourlet en a fait une très intéressante
étude[2], que nous ne saurions mieux faire que de résumer. Avec
lui nous distinguerons :

1° Le système de liaison des deux roues ;

2° Le mécanisme de commande de ce système.

---

1. Le lieu des points A′ est rigoureusement une courbe, dont la ligne
AA′ est une tangente, avec laquelle on peut en pratique la confondre.

2. *Génie Civil*, 2 et 9 septembre 1899.

192. — Système de liaison des roues. — I. LIAISONS PAR BIELLES. — Ce sont les plus faciles à exécuter et les moins sujettes à prendre du jeu. Mais est-il possible de réaliser avec elle la condition indispensable pour que, dans les virages, aucune roue ne soit traînée latéralement, ne *ripe*, à savoir que, dans toute position du système, les quatre roues tournent autour d'un axe instantané de rotation situé dans le plan vertical de l'essieu d'arrière? Théoriquement, oui ; pratiquement non, parce que la réalisation du système, qui assurerait cette condition, nécessiterait l'emploi d'un nombre trop considérable de bielles, au minimum 18, d'après les dispositions qui ont été jusqu'ici proposées.

Mais si une solution mathématiquement exacte n'est pas praticable, on peut se proposer de trouver une solution approchée, puisqu'il suffit d'assurer aux véhicules un angle de braquage maximum d'environ 40° ; effectivement, ceux qui ont leurs roues motrices à l'arrière ne virent plus, lorsqu'on braque leurs roues d'avant au-delà de 45° ; celles-ci, sous la poussée qu'elles reçoivent des premières, tendent à déraper, et le font, si l'avant-train ne se brise pas. M. Bourlet attribue cette impossibilité des virages sous les petits rayons, d'une part à la défectuosité des directions actuelles sous les grands angles de braquage, d'autre part à la cessation de fonctionnement du différentiel. Quoi qu'il en soit, il n'y a que les voitures à roues motrices d'avant qui puissent utiliser un braquage sous tous les angles [1].

Les liaisons par bielles se différencient les unes des autres par la forme des polygones qu'elles constituent.

a) *Liaisons par bielles à simple quadrilatère.* Le quadrilatère peut d'ailleurs être intérieur aux essieux, comme dans le dispositif *Akerman-Jeantaud* (fig. 190), ou extérieur aux essieux, comme dans le dispositif *Panhard et Levassor*.

---

1. Comme un pareil braquage serait fort utile aux fiacres automobiles pour leur permettre de sortir facilement d'une file, nous voyons en ceci une très bonne raison de les munir d'un avant-train moteur-directeur.

Le premier, comme nous l'avons dit, ne donne une direction acceptable que pour des angles de braquage ne dépassant pas 30°; au-delà, elle devient franchement mauvaise. Du reste, c'est un fait à peu près général pour tous les quadrilatères intérieurs : dès que l'inexactitude commence à se manifester, elle devient très vite considérable.

Le quadrilatère extérieur vaut mieux que l'autre : 1° parce qu'à identité de châssis, il permet un plus grand angle de braquage maximum ; 2° parce que les chocs de route sur les roues directrices produisent sur la bielle LL_1 (fig. 190) une compression dans le quadrilatère intérieur, une traction dans le

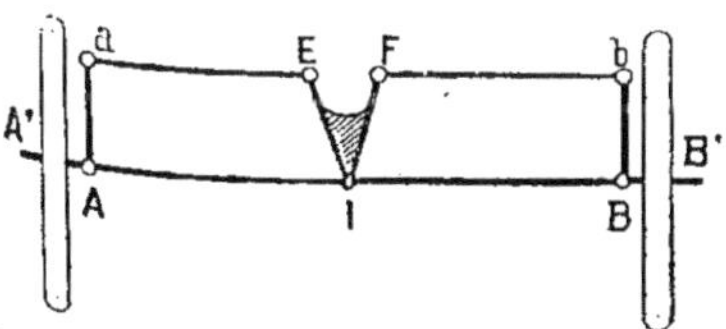

Fig. 190 *bis*. — Direction *Jenatzy* à double quadrilatère (avec axe de rotation du secteur sur l'essieu).

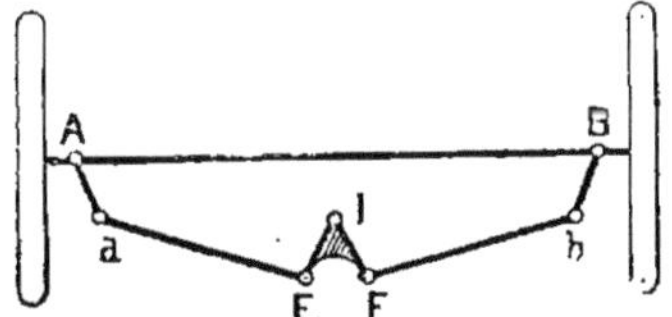

Fig. 190 *ter*. — Direction *Bollée* à double quadrilatère (avec axe de rotation du secteur hors de l'essieu).

quadrilatère extérieur, et qu'il vaut mieux que cette bielle travaille à la traction.

M. Bourlet a recherché quelle était, parmi toutes les liaisons à quadrilatère articulé, la meilleure possible. Le calcul l'a amené à une condition, qu'il n'est possible de réaliser qu'avec une voiture longue et étroite ; si celle-ci est courte et large, l'angle maximum de braquage est trop petit. Il faut alors renoncer aux systèmes à quadrilatère simple.

b) Liaisons par bielles à double quadrilatère. — En dédoublant le quadrilatère simple, on réduit en quelque sorte de moitié la largeur de la voiture, et on améliore la solution. Pour la réaliser pratiquement, il faut relier l'une à l'autre les bielles voisines des deux quadrilatères, de façon à former un secteur tournant autour du milieu de l'essieu directeur.

C'est le cas de presque tous les systèmes à bielles actuels, notamment des directions *Roger*, *Lepape*, *Jenatzy* (fig. 190 *bis*), dans lesquelles les quadrilatères sont deux trapèzes rectangles. Dans les directions *Benz* et *Bollée* (fig. 190 *ter*), l'axe de rotation du secteur n'est plus sur l'essieu directeur : on se donne un paramètre variable de plus.

c) *Liaisons par pentagone concave.* — En fait il y a plus de paramètres qu'il n'en faut, et M. Bourlet montre qu'on peut établir une liaison presque parfaite, dans laquelle le secteur est remplacé par une bielle unique. En suivant la marche indiquée par lui, M. Lavenir a déterminé un système

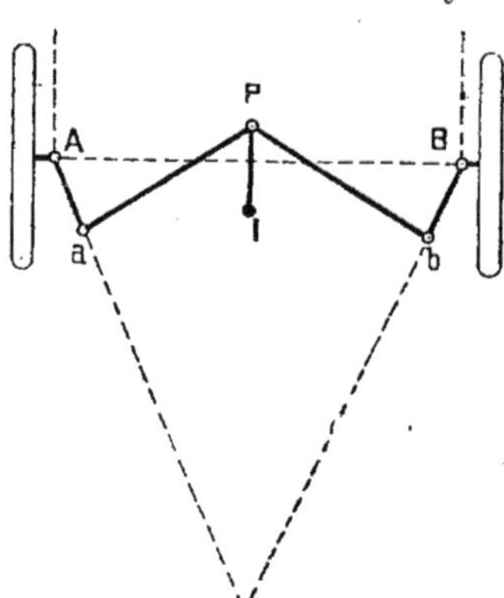

Fig. 191. — Direction *Lavenir* à pentagone concave.

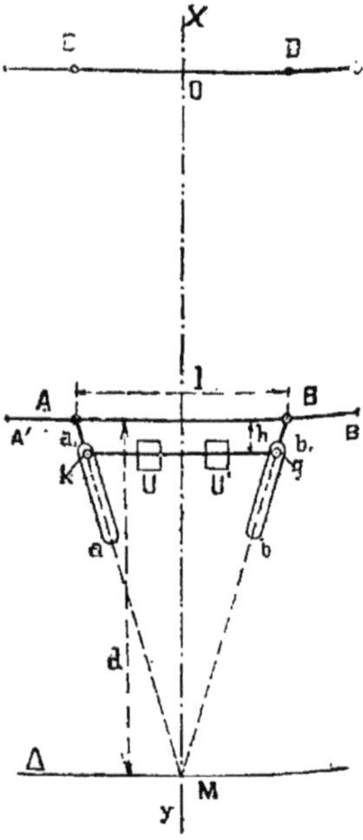

Fig. 191 *bis*. — Schéma de la Direction *Bourlet*.

à pentagone concave (fig. 191), qui est sans contredit la liaison par bielle la plus exacte de toutes celles imaginées jusqu'à ce jour : elle l'est rigoureusement de 0° à 60° ; à 90°, l'erreur n'est que d'environ 3°.

II. — LIAISONS A CAMES ET GLISSIÈRES. — Il est presque évident qu'on peut concevoir une liaison à cames fournissant entre les directions des roues telle relation que l'on voudra. Effectivement on a imaginé plusieurs dispositifs de ce genre, notamment celui de MM. *Sydenham et Walkinson*; tous ont l'inconvénient de prendre très vite du jeu.

M. Bourlet a combiné un mécanisme à glissières, faisant *rigoureusement* converger, dans toute position, les fusées des roues directrices vers le même point de l'essieu d'arrière.

Il est fondé sur ce fait, démontré géométriquement par l'inventeur, que si on relie aux deux fusées AA' et BB' (fig. 191 *bis*) deux bras Aa_1 et $B b_1$, dont le point d'intersection M est,

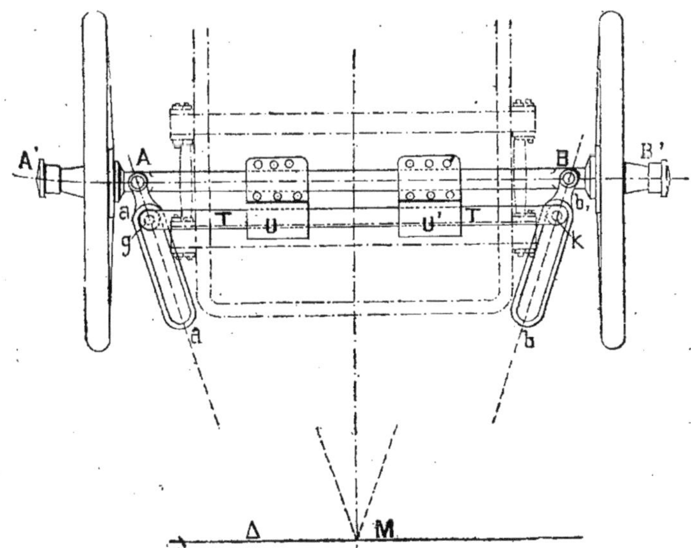

Fig. 191 *ter*. — Direction *Bourlet* à glissières.

dans la position normale, le symétrique du milieu O de l'essieu d'arrière CD par rapport à l'essieu d'avant AB, le point M décrit une droite Δ parallèle à AB, et qu'inversement si ce point M décrit la droite Δ, la condition susindiquée de convergence est remplie.

Le problème revient donc à ceci: relier les deux bras Aa_1 $B b_1$ par un mécanisme tel que M décrive la droite Δ. Pour cela M. Bourlet munit les deux bras de deux glissières aa_1 et $b b_1$, dans lesquelles roulent deux galets placés aux extrémités d'une tige gk assujettie à glisser dans deux manchons U, U', qui le maintiennent à une distance constante h de AB [1].

La figure 191 *ter* montre comment on peut réaliser cette direction. On a d'ailleurs la faculté d'agir sur la tige T par l'un quelconque des mécanismes de commande que nous décrirons plus loin.

Ce mode de liaison est presqu'aussi simple que le quadrilatère articulé Akerman, sur lequel il a une supérioté incontestable. Les chocs des aspérités de la route sur les roues font travailler la tige T en traction, comme dans la direction Panhard et Levassor ; mais, outre la supériorité théorique de l'exactitude rigoureuse, la direction Bourlet a sur cette dernière l'avantage de ne pas avoir des bras Aa_1 et Bb_1 divergents, qui obligent à un fâcheux allongement des fusées, dès que la largeur de la voie est grande par rapport à l'empattement [2].

III. — Liaisons a chaines et engrenages. — On les abandonne parce qu'elles prennent très rapidement du jeu.

L'ancienne direction *Bollée* (fig. 192) était à chaînes : les deux roues directrices étaient installées chacune dans une fourche verticale, comme une roue directrice de tricycle. A leur partie supérieure, les axes A et B de ces fourches étaient munis de deux pignons circulaires reliés par des chaînes C et D à deux pignons elliptiformes excentrés, E et F, solidaires, tournant

---

1. Le point M décrit bien ainsi la droite Δ, car les deux triangles MAB et Mgk restent semblables et dans un rapport constant, qui est celui de leurs bases AB et gk ; d étant la hauteur du triangle MAB, celle du triangle Mgk est $(d-h)$. A cause de la similitude des triangles, on a

$$\frac{d}{d-h} = \frac{AB}{gk} = \text{constante,}$$

et comme h est constante, d l'est aussi.

2. Tandis que M. Bourlet imaginait ce dispositif en France, un Anglais, M. *Davis* en combinait un autre tout semblable, en différant seulement par l'exécution : les deux bras Aa_1, Bb_1, au lieu d'être munis de glissières, sont pleins et coulissent dans deux manchons articulés aux extrémités de la tige gk.

autour d'un axe I placé au milieu de AB. Le choix de la forme des pignons E et F permet d'avoir théoriquement une liaison exacte. Pratiquement, la variabilité des tensions des chaînes C et D donne une direction qui obéit très mal.

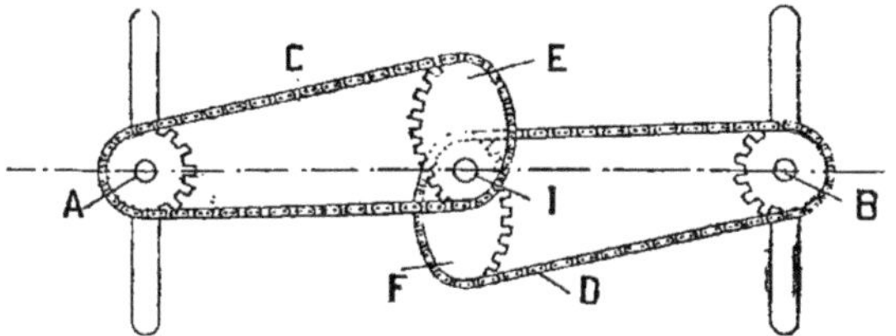

Fig. 192. — Ancienne Direction *Bollée* à chaînes.

La direction *Delahaye* (fig. 192 *bis*), employée aussi quelquefois par la maison *Peugeot*, est une combinaison de chaînes et de bielles. Pour elle aussi, la flexibilité de la chaîne donne un jeu

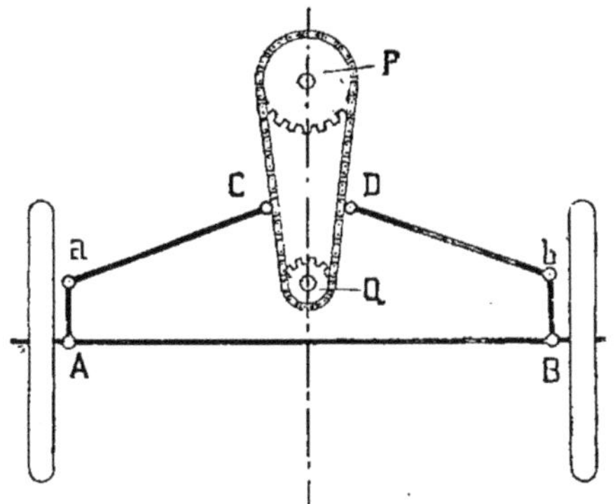

Fig. 192 *bis*. — Direction *Delahaye* à chaînes et bielles.

considérable, qui fait de ce système un des moins recommandables.

Enfin la direction *Priestmann et Wright*, représentée par la figure 192 *ter*, qu'accompagne une légende fort explicite, est d'un système à engrenages.

193. — **Mécanisme de commande des essieux directeurs.** — Le mécanisme de commande du système de liaison des roues, et par suite des roues elles-mêmes, doit avoir le moins de jeu possible; être facile à manier, tout en ayant une action prompte; être assez flexible pour se prêter aux déplacements relatifs de la caisse et de l'avant-train (car l'arbre de commande avec son levier, son guidon ou son volant de manœuvre [1] est fixé à la caisse et le système de liaison des roues n'est solidaire de cette dernière que par l'intermédiaire des ressorts).

I. — COMMANDES A SONNETTE. — Ce sont les plus simples :

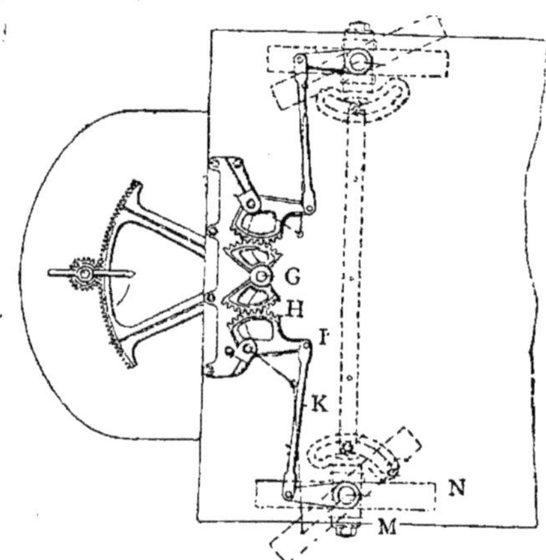

FIG. 192 *ter*. — Direction *Priestmann* et *Wright*

La manette de direction est montée à l'extrémité supérieure d'un arbre vertical dont l'extrémité inférieure porte un pignon, engrenant avec un secteur denté. Le secteur porte l'arbre vertical G, sur lequel est calé le double secteur H excentriquement placé. Les deux parties de ce double secteur engrènent avec d'autres secteurs, également excentriques, portant venant de fonte des bras articulés avec les bielles K. qui s'articulent à leur tour avec les leviers fixés aux fourches M des roues N. La forme et l'excentricité des secteurs G et H sont calculées pour qu'ils transmettent aux roues des mouvements différentiels et appropriés à un bon virage.

elles se composent uniquement de bielles articulées, dont la disposition peut d'ailleurs varier beaucoup.

Dans l'une d'elles assez fréquemment employée, l'un des bras tels que OL (fig. 190) est prolongé de façon à former le tirant de la sonnette, que l'arbre de commande actionne par un bras de

1. Le volant incliné est aujourd'hui l'organe de manœuvre le plus en faveur ; on renonce au levier, qui n'est acceptable que pour les automobiles à faible vitesse, comme les accumobiles.

levier et un tirant; pour permettre au mécanisme de suivre les déplacements relatifs de la caisse et de l'essieu, les extrémités

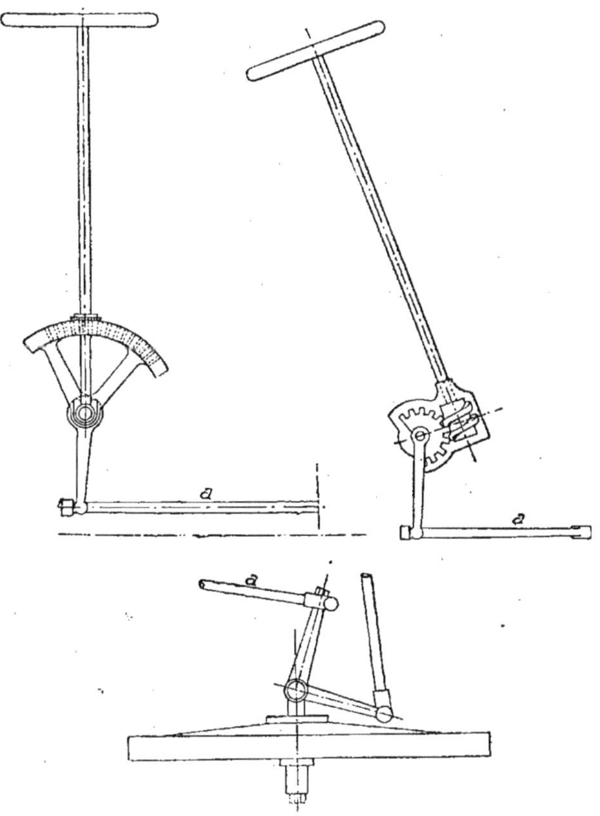

FIG. 193. — Commandes *Panhard*
(à sonnette et secteur, avec pignon ou vis sans fin).

du tirant portent chacune une double articulation à axes verticaux et horizontaux.

Dans les mécanismes adoptés récemment par la maison *Panhard et Levassor*, le tirant de sonnette, au lieu d'être actionné par un bras de levier, est mû par un secteur denté : l'arbre du volant porte à sa partie inférieure un pignon ou une

G. LAVERGNE. — *L'Automobile sur route.*   24

vis sans fin, qui engrène avec un secteur denté situé dans un plan vertical. Ce secteur porte un bras de levier dont l'extrémité se déplace quand on agit sur le volant. C'est ce bras de levier qui tire ou pousse sur le tirant *a* de la sonnette.

M. *Jeantaud* se sert, pour mouvoir le tirant, d'une crémaillère qui le prolonge, et qui engrène avec le pignon placé à la partie inférieure de l'arbre de commande : le tirant lui-même est articulé en un point de la bielle LL₁ (fig. 190).

II. — COMMANDES A CHAINES ET ENGRENAGES. — Les maisons qui ont adopté la liaison à double quadrilatère effectuent fréquemment la commande par une simple transmission à chaînes.

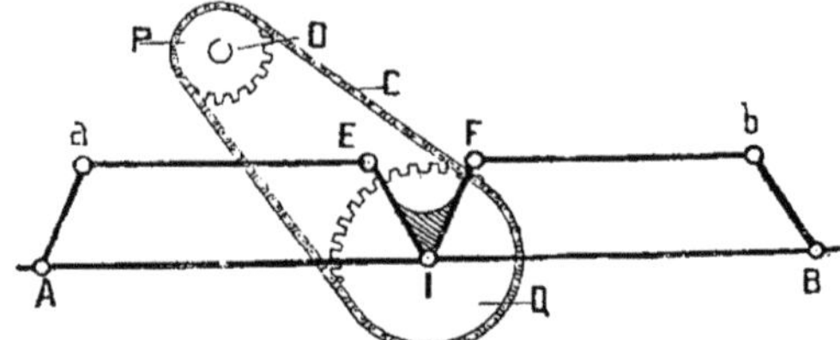

Fig. 193 *bis*. — Commande à chaîne.

Le secteur EIF (fig. 193 *bis*) porte un pignon Q concentrique relié par une chaîne sans fin C au pignon P calé à la partie inférieure de l'arbre de commande O. D'ordinaire le pignon P est plus petit que Q, de manière à obtenir une démultiplication, qui a pour effet de rendre la direction plus doucé et plus sensible, mais aussi plus lente.

III. — COMMANDES IRRÉVERSIBLES. — Tous les mécanismes que nous venons de décrire (sauf la commande Panhard à vis sans fin) ont un défaut, qui occasionne une grande fatigue au conducteur: il ne peut abandonner la direction sans risquer de rouler dans le fossé voisin.

Ces systèmes ont pu suffire aux vitesses jusqu'ici usuelles; avec celles qui menacent de le devenir, qui le sont déjà en course, le conducteur n'a plus le temps de remédier aux déviations que les chocs de route peuvent imprimer à sa voiture. Il est, en effet, facile de calculer qu'une automobile marchant à la vitesse de 60 km. à l'heure (d'à peu près 17 mètres à la seconde), au milieu d'une route de 8 m. de largeur, sera en moins de 1/5 de seconde dans le fossé, si son conducteur n'a pas rectifié à temps la fausse direction, qui lui est imprimée par un obstacle.

Il est donc prudent de disposer le mécanisme de façon que les chocs de route ne puissent pas modifier la direction donnée à la voiture par le chauffeur; en d'autres termes que son mouvement, normalement produit par la main du conducteur, ne soit pas *réversible*[1].

Déjà les directions, qui utilisent la vis sans fin, jouissent du privilège de la non-réversibilité car le mouvement de cette dernière n'est pas réversible; mais la vis sans fin a l'inconvénient d'absorber beaucoup de travail et de ne pas donner une commande rapide.

M. *Jeantaud* vient de faire breveter un système irréversible, qu'il ne tardera probablement pas à appliquer; M. de Coninck a aussi combiné un mécanisme à mouvement épicycloïdal, qu'il faut souhaiter de voir réaliser[2].

M. *Brillié* a imaginé une commande épicycloïdale qui est déjà appliquée dans les automobiles Gobron, et qui, indépendamment de sa non-réversibilité, a l'avantage de réaliser une démultiplication variable.

Si, en effet, l'on se demande dans quelle proportion doit être démultiplié le mouvement de l'appareil de direction, on trouve qu'avec une faible réduction les virages sont plus faciles, mais la conduite plus fatigante, tandis qu'avec une forte réduction la conduite est aisée, mais les virages sont lents. Le seul moyen

1. Sans doute, comme le remarque très judicieusement M. Baudry de Saunier, la *non-réversibilité* ne doit pas être absolue : autrement les roues, n'ayant pas la latitude de se dévier le moins du monde, pourront se briser contre l'obstacle. Le mieux serait, d'après lui, de ne conserver qu'une réversibilité minime et d'amortir par des ressorts les chocs latéraux que reçoivent les roues.

2. *France Automobile*, nᵒˢ du 9 avril 1899, p. 178 et du 5 mars 1899, p. 66.

d'éviter ces deux inconvénients, liés l'un à l'autre, est de faire varier le taux de la réduction ; c'est ce qui a lieu dans le système Brillié, dont nous empruntons la description à M. P. Sarrey [1].

Un volant de direction V (fig. 194, 194 *bis*) est calé à la partie supérieure de l'axe de direction AA', lequel est guidé

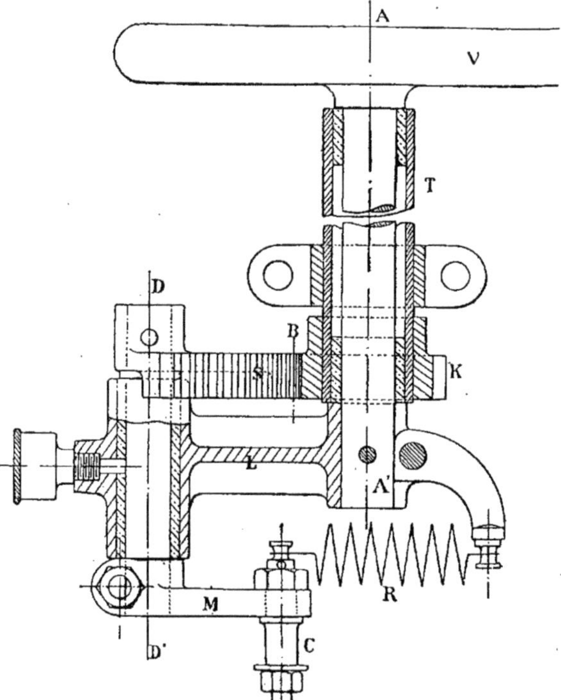

Fig. 194. — Commande épicycloïdale *Brillié*.
Élévation.

dans un tube T, sur lequel est fixé un pignon denté K ; la partie inférieure du même axe AA' porte un bras ou levier L terminé par une douille, qui livre passage à un axe DD' parallèle à AA'. A la partie supérieure de DD' est fixé un secteur denté S, qui

---

1. *Locomotion Automobile*, 5 janvier 1899, p. 8.

engrène avec le pignon K; à sa partie inférieure, est un bras de manivelle M, qui commande la bielle de direction, montée sur le tourillon C, normalement au plan de la figure. Le ressort R tend à ramener sans cesse dans un même plan vertical les axes A, C, D.

Ceci posé, si l'on imprime un mouvement de rotation au volant V, l'axe D va décrire un cylindre circulaire autour de l'axe A, et le secteur circulaire S engrenant avec le pignon fixe

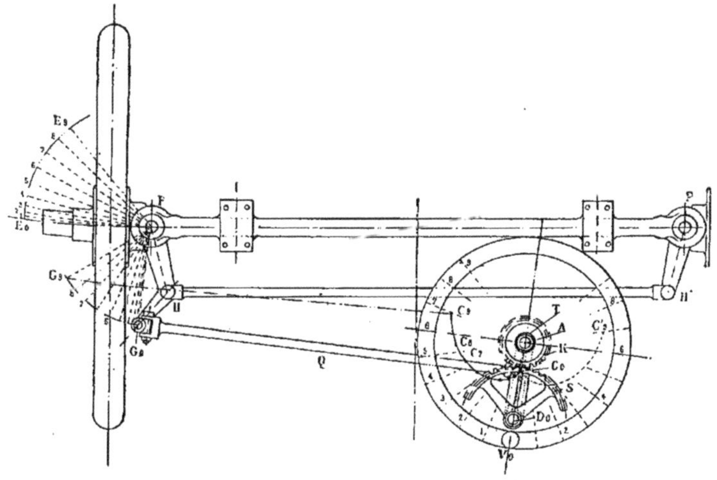

Fig. 194 bis. — Commande épicycloïdale *Brillié*.

K va rouler sur ce pignon : tout point solidaire de ce secteur (et en particulier tout point du tourillon C) va décrire une épicycloïde[1]. Suivant que l'on tournera le volant V pour virer à gauche ou à droite, tout point de C décrira une courbe analogue à $C_0 C_9$ ou $C_0 C'_9$ (fig. 194 *bis*).

Or il résulte des propriétés géométriques de l'épicycloïde que si nous faisons occuper à la manivelle du volant V des positions équidistantes 1, 2, 3..... 9, le point C occupera des positions

[1]. On appelle, en effet, épicycloïde la courbe décrite par un point d'un cercle roulant sur un autre cercle.

correspondantes C_0, C_1, C_2....., C_9, *de plus en plus espacées les unes des autres*. Si donc nous relions le point C aux bielles de direction par la tige Q, cette dernière imprimera aux bielles et celles-ci aux roues, pour des déplacements égaux du volant, des angles de déviation de plus en plus grands, à mesure qu'on s'écartera de la marche en alignement droit. C'est ce que met bien en évidence la figure 194 *bis*.

Il en résulte que : 1° pour opérer une déviation sensible dans la marche en ligne droite, il faut imprimer au volant un déplacement très appréciable : un mouvement involontaire imprimé à la direction ne peut donc provoquer que des écarts insignifiants ;

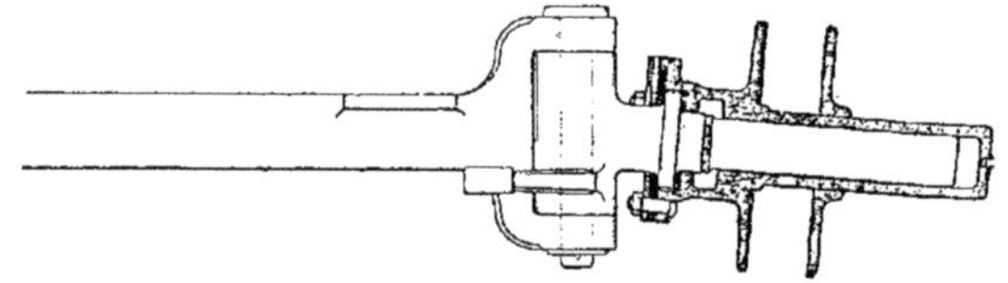

Fig. 195.

Coupe d'un essieu directeur à chape, levier de direction venu de forge avec la fusée, monté avec moyeu métallique demi patent huile pour rayons bois, corps méplat. (Lemoine.)

2° pour opérer un virage à petit rayon, il suffit d'imprimer au volant 1/3 ou 1/4 de tour.

D'ailleurs, grâce à l'action du ressort R et en raison de la répartition des forces qui entrent en jeu, le manneton C, et par suite le volant V, ne tendent pas à être déviés par les efforts anormaux, qui viennent sur les roues dans la marche en ligne droite, tels que ceux résultant d'un obstacle quelconque : pierre, caniveau traversé en biais... La direction est donc stable et irréversible, dans la marche en ligne droite.

194. — **Essieux directeurs.** — Les essieux à deux pivots peuvent recevoir des formes assez variées ; ils sont à chape (fig. 195) et à cheville (fig. 196 et 197) ; celle-ci peut être verticale ou renversée, à pivot ou à billes.

L'essieu directeur à deux pivots est, comme nous l'avons dit, d'un emploi à peu près universel. C'est encore lui qui est utilisé dans le système Lanchester [1]. Pourtant on a parfois recours à d'autres moyens. Nous avons dit que l'avant-train à cheville

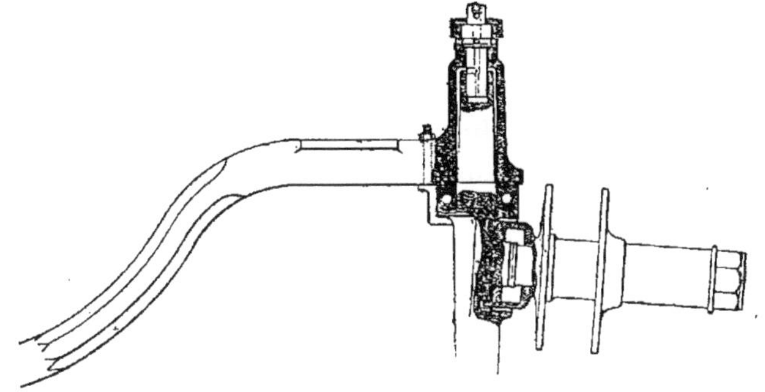

Fig. 196.

Coupe d'un essieu directeur à cheville verticale à double bain d'huile et à billes, corps cintré, fusée encastrée pour diminuer le porte-à-faux, monté avec moyeu métallique patent huile à contredisque sans frette pour rais bois. (Lemoine.)

ouvrière était aussi employé : il l'est notamment par M. Doré, par la Cie des Voitures Électromobiles... Il y a encore quelques

Fig. 197.

Vue extérieure d'un essieu directeur à cheville renversée avec billes et pivot. patin surbaissé, corps cintré, monté avec moyeu métallique ; le boisseau de la cheville porte un levier venu de forge pour la direction. (Lemoine.)

autres systèmes qui ne sont du reste appliqués que par leurs inventeurs. Citons pour mémoire la solution admise par M. Le

1. *Locomotion Automobile*, 1er juillet 1897, p. 305.

Blant, qui monte ses voitures sur deux essieux à cheville ouvrière, pour faciliter ses virages en avant et pour pouvoir tourner en arrière (§ 237); le dispositif de M. Bird qui consiste, en principe, en un avant-train à cheville ouvrière, avec roues jumelles très rapprochées : les inconvénients du grand avant-train sont réduits, mais au détriment de la stabilité; celui de M. Duchâtelet [1], qui a pour but d'obliger le conducteur, avant de tourner à serrer progressivement le frein et d'autant plus qu'il tournera plus court.

2° Les roues.

195. — Solidité. — La première condition à leur demander, à elles comme aux essieux, c'est une grande solidité : leur rupture occasionnerait, en effet, aux fortes allures, des accidents d'une extrême gravité. Et elles ont à effectuer un dur labeur : 1° c'est par leur intermédiaire que normalement l'impulsion du moteur se transmet à la voiture; 2° quand celle-ci doit s'arrêter brusquement, l'effort que les roues ont à supporter accidentellement est fort augmenté; 3° elles subissent en cours de route, des chocs destructeurs. Ceux-ci sont, en effet proportionnels à la force vive de la voiture : si on admet que la charge de l'essieu est seulement double de ce qu'elle est dans une voiture ordinaire et la vitesse triple, et qu'on prenne comme unité la résistance d'une roue de voiture ordinaire, celle d'une roue d'automobile devra, pour présenter la même sécurité, être dix-huit fois plus grande. Cette condition primordiale de la solidité des roues n'est pas toujours bien remplie. Nous n'en voulons d'autre preuve que les conclusions qu'à données le jury du Concours des poids lourds de Liverpool, en 1898 : l'une d'elles constate l'insuffisance notoire des roues motrices.

196. — Diamètre. — Il est en carrosserie ordinaire une règle presque constamment suivie, c'est de proportionner le diamètre

1. *Chauffeur*, 25 avril 1897, p. 133.

des roues à leur charge. Y a-t-il lieu de la suivre en automobilisme ?

Les grandes roues ont les avantages suivants :

1° Augmenter le bras de levier pour vaincre la résistance opposée par le frottement de la fusée dans la boîte, et diminuer la résistance au roulement. Morin regardait cette dernière comme inversement proportionnelle au diamètre ; Dupuit, et, tout récemment, M. de Mauni (§ 154), la déclarent seulement en raison inverse de la racine carrée du diamètre ;

2° Faciliter à la voiture le passage des obstacles semés sur sa route [1];

3° Être plus douces aux chaussées ; les petites roues lourdement chargées et tournant vite ont, en effet, sur ces dernières, des effets funestes ;

4° Soulever moins de poussière, pour la double raison qu'à vitesse tangentielle égale, elles tournent moins vite que les petites roues et qu'elles suspendent la caisse et le moteur à une plus grande hauteur au-dessus du sol. Cet avantage n'est pas négligeable : la poussière est, en effet, un gros inconvénient de la locomotion automobile, aussi bien pour le confort des chauffeurs que pour la bonne tenue du mécanisme.

---

1. La relation, qui donne la traction T à exercer pour faire passer une roue de poids P et de rayon R par-dessus un obstacle de hauteur h est :

$$T = P \sqrt{\frac{h}{2R}}$$

Le grand diamètre est encore plus efficace, s'il s'agit, pour faire sortir la roue d'une flache, de la faire passer non pas sur un simple caillou de hauteur h, mais sur un pavé de surface arrondie.

Quelques incidents du Concours des poids lourds ont amené M. Forestier à penser « que si la tangente commune à la roue et au pavé fait avec l'horizontale un angle égal ou supérieur à l'angle de frottement de glissement, la roue motrice, quelle que soit la puissance qu'on leur appliquera, patinera sans pouvoir se déplacer, si on ne projette pas du sable augmentant le coefficient de frottement de glissement. Or ce cas se présentera d'autant plus fréquemment que le rayon de la roue sera plus petit. » (*Génie civil* du 3 juin 1899, p. 76).

Les inconvénients des grandes roues sont les suivants :

1º Leur poids croît très vite avec leur diamètre, surtout à cause de la plus grande force qu'il faut donner à leurs jantes ;

2º La puissance étant appliquée à leur moyeu et la résistance à leur jante, entre les deux le rai fléchit et d'autant plus qu'il est plus long [1]. Cet inconvénient peut être supprimé par l'emploi d'un dispositif analogue à celui de MM. de Dion et Bouton, qui applique la puissance aux jantes, comme la résistance ;

3º La transmission par chaînes ayant amené à adopter des fusées sans carrossage (p. 319) et par suite des roues sans écuanteur on craint pour ces roues le voilement, dès qu'il s'agit pour elles d'un grand diamètre. Mais on admet aujourd'hui qu'on peut appliquer les chaînes à des roues montées sur des fusées légèrement carrossées ;

4º Elles sont plus difficiles à loger : elles forcent à augmenter l'empattement, et les virages demandent plus de place ;

5º Les voitures sont avec elles plus hautes, dès lors moins stables. Mais on peut employer des essieux coudés ; et puis l'augmentation de l'empattement se traduit par un accroissement de la stabilité, de sorte que ces deux inconvénients successifs s'atténuent l'un l'autre ;

6º Tournant, à égalité de vitesse linéaire, moins vite que les roues basses, elles ont besoin d'une plus grande réduction de la vitesse du moteur, partant d'une transmission plus compliquée.

Les trois derniers défauts n'ont pas une grande importance ; c'est la sécurité qui mérite surtout d'être prise en considération. Notre conclusion sera donc qu'il faut avant tout assurer la solidité ; à mesure qu'on apprendra à faire des roues plus résistantes, on pourra en augmenter le diamètre.

---

1. On regarde en général la résistance d'une roue comme en raison inverse du carré du rayon, vis-à-vis des efforts qui s'exercent normalement dans le plan de la roue, et comme en raison inverse du cube de ce rayon, vis-à-vis des efforts transversaux qu'elle a plus accidentellement à subir.

En fait jusqu'ici les roues d'automobiles sont plutôt basses, surtout pour les véhicules destinés aux transports en commun : dans l'omnibus Scotte (type du concours des Poids lourds de 1897), les roues d'avant ont un diamètre de 0,770 mètre pour une charge de 1.280 kg., et celles d'arrière un diamètre de 0,900 mètre pour une charge de 1.945 kg. Dans l'omnibus de Dion-Bouton (type du même concours), les diamètres sont respectivement de 0,800 m. et de 1 m. pour des charges de 980 et de 2.100 kg. Cependant, dans l'omnibus Weidknecht, les roues directrices qui sont à l'arrière ont un diamètre de 1,10 m. pour une charge de 1.750 kg. ; pour la même charge, les roues motrices ont un diamètre de 1,40 m., et donnent, paraît-il, un bon service ; ce sont les plus hautes que nous connaissions. Elles sont assez notablement inférieures aux plus grandes roues employées en carrosserie ordinaire, où elles atteignent : 1 m. 52 à l'arrière des anciennes diligences, 1 m. 70 à l'arrière des omnibus de 30 places de la Compagnie générale à Paris, 2 m. dans les charettes de roulage.

M. Forestier croit qu'il y aurait intérêt à donner aux roues d'avant même diamètre qu'aux roues d'arrière, de manière à pouvoir leur imposer une charge égale ou même supérieure à celle des roues d'arrière, afin de diminuer les chances du tête-à-queue (§ 188 *bis*), quitte à augmenter la longueur de l'essieu de manière à pouvoir permettre le même braquage sans réduire la largeur du châssis et de la caisse.

197. — Largeur des jantes. — Dans les voitures de luxe, on donne assez souvent aux jantes 1 mm. de largeur par 5 kg. de charge ; dans les diligences. 1 mm. par 10 kg. ; dans les omnibus de Paris, qui ne roulent guère que sur pavés, pour lesquels le frayé est presque nul, 1 mm. par 20 kg. Si on adoptait le second chiffre les roues motrices de l'omnibus Scotte auraient 0,194 m. de largeur (au lieu de 0,100 m.) ; celles de l'omnibus de Dion 0,210 m. (au lieu de 0,100 m.) ; celles de l'omnibus Weidknecht 0,175 m. (au lieu de 0,100 m.). Il faut presque appliquer le taux des omnibus parisiens, pour arriver aux largeurs de jante usitées, et comme les voitures lourdes dont nous parlons sont plutôt faites pour circuler sur les routes macadamisées que sur le pavé, il est permis de se demander si ce taux n'est pas exagéré. Quoi qu'il en soit, on compte comme largeur courante 0,050 m. pour une voiture d'une tonne, 0,075 m. pour deux tonnes, 0,10 m. pour trois tonnes et au-dessus. Ces chiffres s'appliquent aux roues motrices ; les roues simplement porteuses ont d'ordinaire une jante un peu moins large ; pour ces dernières, les omnibus Scotte, de Dion et Weidknecht ont respectivement des jantes de 0,070 m., 0,090 m., 0,095 m.

La théorie ne donne pas sur l'influence de la largeur des jantes des indications bien nettes. Morin déclarait que les bandages larges augmentaient la résistance au roulement sur une chaussée incompressible, la diminuaient sur une chaussée compressible. Pour Dupuit, ils étaient sans influence sur une route empierrée, en avaient une favorable sur le pavé. Pour M. de Mauni [1] la largeur de la jante est profitable sur les routes sablonneuses, très poussiéreuses ou fortement boueuses ; elle est nuisible avec la boue peu profonde et gluante ; elle l'est aussi par son essence, en tant que contraire à la condition que cet auteur assigne à la réduction du tirage : assurer au contact de la roue sur le sol une surface longue et étroite.

L'efficacité d'une semblable condition est facile à prouver : afin d'éviter une trop grande profondeur du frayé, assurément pernicieuse pour le tirage, il faut augmenter la surface par laquelle la roue porte sur le sol, et, à étendue égale, le contact le moins large sera le meilleur parce qu'avec lui les parties moulues seront minima. Mais le seul moyen d'allonger le contact, c'est, du moins pour les bandages rigides, d'augmenter le diamètre de la roue, et nous avons vu que cette augmentation avait des limites étroites ; on sera donc assez souvent réduit,

---

1. De Mauni. *Les bandages pneumatiques et la résistance au roulement*, p. 56 et suivantes.

pour réaliser autant que possible la condition du tirage minimum, à faire les jantes assez larges.

La contradiction des résultats que nous venons de rappeler, est certainement plus apparente que réelle, car elle dépend beaucoup de l'état des voies expérimentées, fort difficile à bien préciser. Pour ne citer qu'un exemple, sur voie compressible, il y a intérêt, comme nous venons de le remarquer, à élargir la jante ; mais, si la route est en même temps parsemée de cailloux, une jante large aura l'inconvénient d'augmenter le nombre des obstacles rencontrés. Il serait désirable que des expériences méthodiques fixent un peu mieux la question, et déterminent la largeur qui a le plus de chances d'être la meilleure pour un ensemble de conditions plus ou moins complexe.

Les remarques que nous avons faites sur les jantes des trois omnibus précités, nous amènent à craindre que la largeur admise puisse être trop faible.

Il est, en effet, une question qu'il ne faut pas perdre de vue, du moins pour le transport des poids lourds : la nécessité d'une bonne route. Le concours d'octobre 1898 semble avoir mis ce fait en lumière, et nous le trouvons nettement formulé dans les conclusions données par le jury du Concours des Poids lourds, qui a eu lieu à Liverpool au mois de mai 1898 : « Les imperfections des chaussées des routes ordinaires sont les principaux facteurs du taux élevé des dépenses d'entretien et d'amortissement, ainsi que l'élément principal de l'aléa dont, pour le moment, se trouve frappé tout service assuré par des voitures à traction mécanique. Sur des routes bien macadamisées, à faibles déclivités, tous les véhicules auxquels des prix ont été attribués, feraient un bon service avec les charges respectives qu'ils transportaient pendant les épreuves, mais pas un ne pourrait être utilisé pour un service régulier, sur des routes telles que celles choisies pour le concours. » Nous n'avons pas besoin de faire remarquer combien les jantes larges sont moins destructives que les autres pour les chaussées.

On peut diviser les roues en trois classes principales : 1° roues à rayons de bois ; 2° roues à rais métalliques ; 3° roues métalliques pleines.

198. — **Roues à rayons de bois**. — Le moyeu se fait en orme tortillard, pour éviter les fentes. Mais on lui préfère presque universellement le moyeu métallique en bronze, fer cémenté et trempé, ou acier coulé. Les fig. 198 et 199 représentent deux moyeux en bronze, tels que les construit M. L. Hannoyer, l'un monté sur boîte en fer, l'autre formant boîte d'une seule pièce.

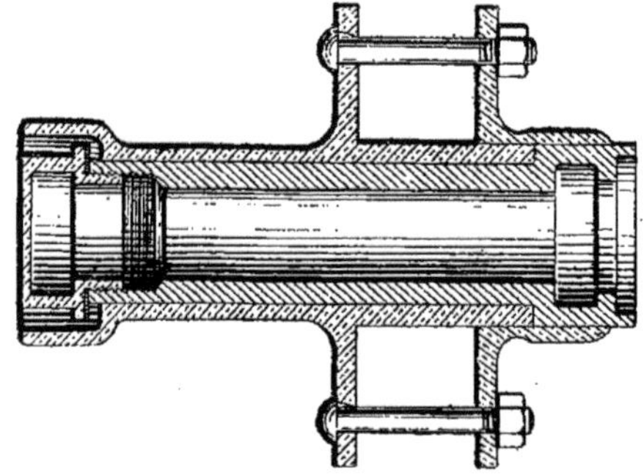

FIG. 198. — Moyeu bronze monté sur boîte en fer.

Les rais se font en acacia, ou en chêne pour les véhicules lourds. L'acacia prend mieux le poli que le chêne et il a plus de *liant* ; c'est ce qui le fait préférer pour la carrosserie fine ; mais il est difficile de le trouver gros et, en tout cas, il n'a pas la solidité du chêne.

Les jantes se font en frêne, plus rarement en orme, quelquefois en métal.

Comme nous l'avons dit en parlant des fusées (§ 196), l'impossibilité de donner à celles-ci le carrossage ordinaire entraîne pour les roues la suppression de l'écuanteur ; parfois, cependant, on leur en donne une légère. Il faut bien reconnaître que si l'écuage diminue un peu la solidité de la roue, il a le gros avantage de la rendre plus élastique. C'est d'ailleurs un fait reconnu que le carrossage de l'essieu et l'écuanteur de la roue, rendent les voitures plus roulantes et peut-être faut-il regretter l'ostracisme dont parfois ils sont frappés, même pour les roues directrices, qui n'ont pas, pour en être privées, des raisons analogues à celles des roues motrices.

Quand on emploie des jantes en bois, ce qui est le cas presque général, le nombre des rais est toujours double de celui des jantes, qui, elles, sont en nombre impair (7 ou 9) et réunies au moyen de chevilles en bois. Ils sont disposés de façon que le grand axe de leur section, qui est elliptique, soit placé transversalement. Lorsqu'ils doivent servir d'appuis à la couronne den-

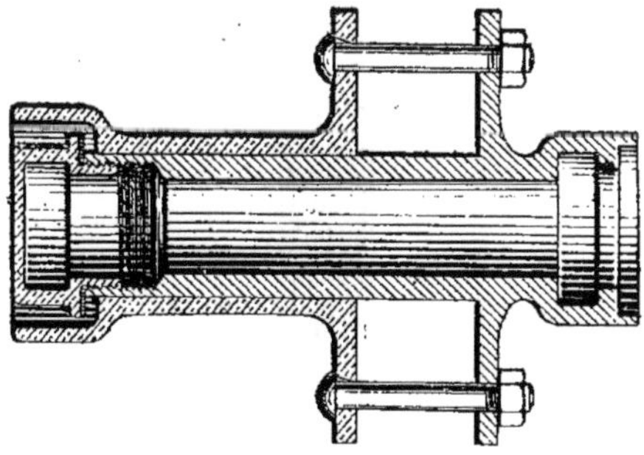

Fig. 199. — Moyeu bronze formant boîte d'une seule pièce.

tée de la chaîne, ils sont renforcés par des bossages, auxquels cette dernière est boulonnée. Les rayons s'assemblent avec les jantes en bois par tenons à embase et mortaises ; avec les jantes métalliques, par des douilles de métal, dans lesquelles s'engagent les extrémités des rais, et qui sont boulonnées à la jante (fig. 200).

L'assemblage avec le moyeu en bois se fait par tenons et mortaises ; avec le moyeu métallique, les rais sont en général serrés les uns contre les autres, entre deux plateaux, reliés par des boulons placés entre les joints des rais.

Les roues en bois donnent un très bon service, et sont beaucoup plus employées que les roues à rais métalliques. Elles ont le défaut d'avoir besoin de temps à autre d'être châtrées, pour remédier au jeu que l'usure et les variations hygroscopiques font prendre aux rayons dans le moyeu et dans la jante. M. Gérard a imaginé, pour éviter la nécessité du châtrage, un dispositif, sur lequel l'expérience n'a pas encore eu le temps de se prononcer [1]. Plus récemment, les Etablissements du Creusot ont fait breveter un système nouveau [2].

Nous n'exposerons pas les artifices employés pour permettre de donner aux voitures automobiles le carrossage et l'écuan-

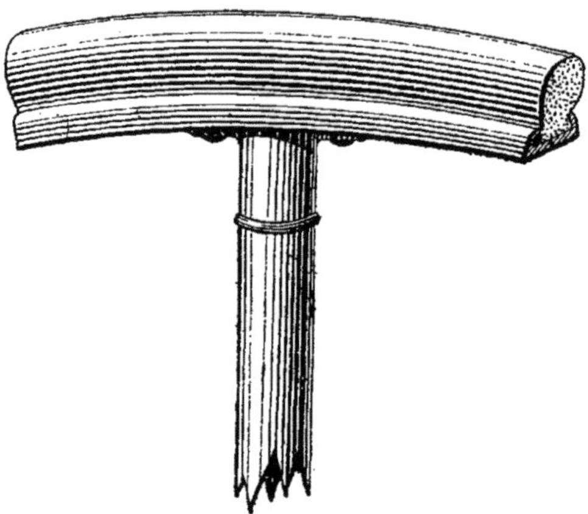

Fig. 200. — Rayon à douille, type allemand.

teur ordinaires, presque tous basés sur l'emploi d'engrenages faisant entre eux un angle convenable ; nous citerons seulement celui de MM. Foucher et Delachanal [3]. Nous rappellerons que les dispositifs employés par MM. de Dion et Bouton et Gautier-Wehrlé, déjà décrits à propos des transmissions, permettent aussi de donner le carrossage et l'écuanteur, et procurent de très bons résultats.

199. — Roues à rais métalliques. — C'est en acier qu'on fait ces rais, toujours de minime section ; ils ne peuvent, comme ceux de

1. Milandre et Bouquet, *Voitures automobiles*, 1er vol., p. 168.
2. *Revue industrielle* du 18 mars 1899.
3. *Locomotion automobile*, 21 octobre 1897, p. 494.

bois, travailler à la compression, mais seulement à la traction ; l'essieu n'étant pas soutenu par le rayon placé au-dessous du moyeu, parce qu'il fléchit sous son poids, est porté par celui de dessus et se trouve ainsi suspendu à la partie supérieure de la roue. La section des rais augmente du moyeu à la jante.

Les rayons sont toujours disposés, de manière à donner à la roue la forme de deux cônes aplatis, soudés par leur base. Ce double écuage donne aux roues l'avantage de résister, dans les deux sens, aux chocs latéraux si fréquents contre les trottoirs, les rails sans contre-rails. Les rais peuvent être directs ou tangents.

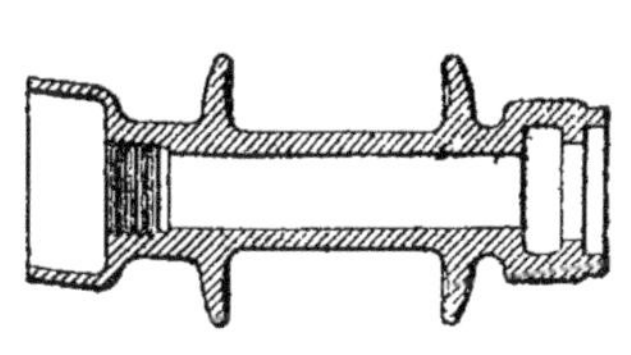

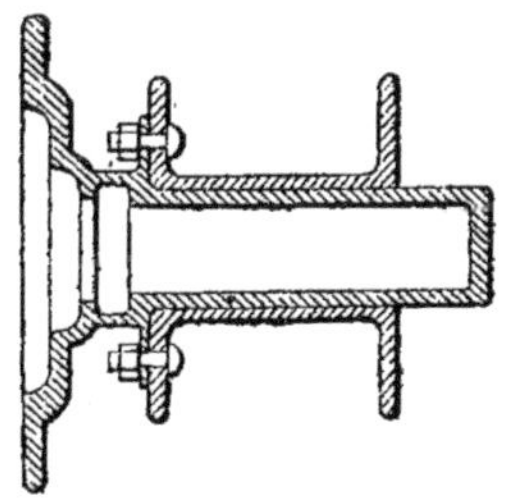

Fig. 201. — Boîte pour rais métalliques type patent (*Lemoine*).

Fig. 202. — Boîte pour rais métalliques type demi-patent (*Lemoine*).

Les premiers sont disposés radialement : pour les mettre en place, on les fait passer dans un trou de la jante, contre laquelle ils portent par une partie renflée et on visse leur extrémité dans le moyeu ; un écrou permet d'en régler la longueur utile. L'effort tangentiel qu'ils éprouvent les fait fléchir dans le sens du déplacement du véhicule.

Les seconds se détachent du moyeu, tangentiellement à une circonférence qui lui est concentrique ; ils sont fixés au moyeu par leur tête, et vissés dans la jante. Ils sont dirigés moitié dans un sens, moitié dans l'autre, pour que l'entraînement puisse se faire vers l'arrière comme vers l'avant. Les rayons tangents résistent mieux que les autres au moment de torsion qui tend à se produire du moyeu à la jante, quand celle-ci est brusquement arrêtée par un obstacle.

Les fig. 201 et 202 représentent deux types de moyeux pour rais métalliques, construits par M. Lemoine ; la fig. 203 donne l'élévation et la coupe d'un moyeu et la section de la jante d'une roue à rais métalliques de la maison Peugeot, qui a été la première à appliquer aux voitures les rais métalliques réservés jusque-là aux motocycles et aux voiturettes ; les rayons sont en

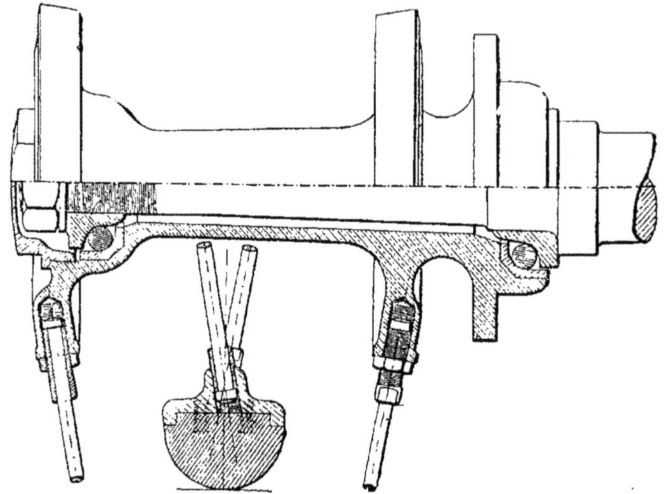

Fig. 203. — Moyeu de roue motrice et attache des rais à la jante (*Peugeot*).

acier demi-dur, résistant à 100 kg. par millimètre carré de section ; les roulements sont à billes.

Les roues à rais métalliques sont plus légères que les roues en bois ; mais leur construction ne souffre pas la médiocrité.

Roues métalliques pleines. — Elles sont d'une création toute récente. Dans celles des fiacres de l'Electric Vehicle C⁰ de New-York, les rayons sont remplacés par des segments pleins, en acier de 4 mm. d'épaisseur, disposés suivant les mêmes surfaces tronconiques que les rais ordinaires, de façon à laisser entre eux un intervalle plus grand près du moyeu que près de la périphérie, où ils sont séparés par une jante en bois, dont la section affecte la forme d'un croissant pour recevoir le pneumatique.

3° Les bandages.

200. — Bandages métalliques. — Les voitures légères sont exclusivement munies de bandages élastiques indispensables, aux grandes allures, pour le confort des voyageurs et la bonne conservation des mécanismes. Les voitures lourdes, qui vont moins vite, sont ordinairement armées de bandages métalliques; et cependant le concours d'octobre 1898 a révélé chez elles une tendance manifeste à se munir de bandages en caoutchouc.

Les lames, en fer fin de première qualité, sont cintrées à froid, quand le diamètre de la roue est très grand par rapport à la section du bandage, à chaud dans le cas contraire. Leurs extrémités sont ensuite soudées, de façon que le bandage ait exactement comme diamètre intérieur le diamètre extérieur des jantes qu'il doit recouvrir. La pose se fait à chaud.

Le martelage auquel le bandage est soumis, principalement sur le pavé, exerce sur le fer des effets destructeurs, particulièrement quand les roues sont fortement chargées. M. Maurice Le Blant a successivement muni les roues de ses tracteurs et de ses breaks, de 75 mm. de largeur à la jante, de bandages : 1° de fer d'épaisseur courante, qui se rompit fort vite ; 2° de fer de 40 mm. d'épaisseur qui s'écrasa suivant les mises du laminage; enfin 3° d'acier de 40 mm. qui, au bout de peu de temps, devint le siège d'un écrasement considérable : le bandage avait pris à sa circonférence extérieure une largeur de 90 mm., alors qu'il avait conservé celle de 75 mm. à la circonférence intérieure. Mais il faut dire que, pour pouvoir être soudé ainsi que nous l'avons expliqué, cet acier avait été ehoisi extra-doux ; de l'acier dur aurait beaucoup mieux résisté. M. G. Brabant n'hésite pas à conseiller l'emploi d'un métal présentant à la rupture une résistance de 65 à 70 kg. par mm^2, quitte à le fabriquer au laminoir comme un bandage de wagon ; mais, nous ne sachons pas que ce conseil ait été suivi.

201. — **Bandages en caoutchouc plein.** — Il est nécessaire de les fixer solidement à la jante pour éviter un arrachement, qui rendrait la voiture indisponible et pourrait même occasionner des accidents fort graves. On doit les faire assez larges pour qu'ils ne puissent pénétrer dans les rails de tramways. On les fixe à la jante par forcement, par soudage, ou par rubans circulaires avec ou sans boulons.

1° *Forcement*. — La jante métallique a la forme d'un U, dont les branches forment chacune un redan, de manière à emprison-

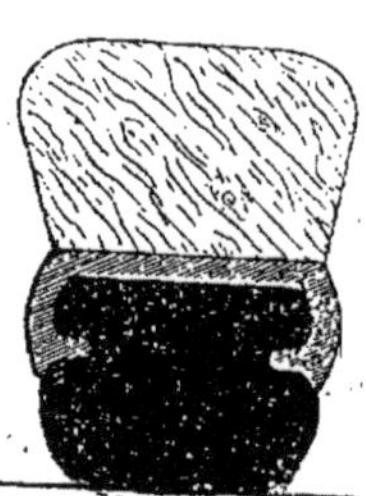

Fig. 204.
Bandage plein *Vinet* à forcement.

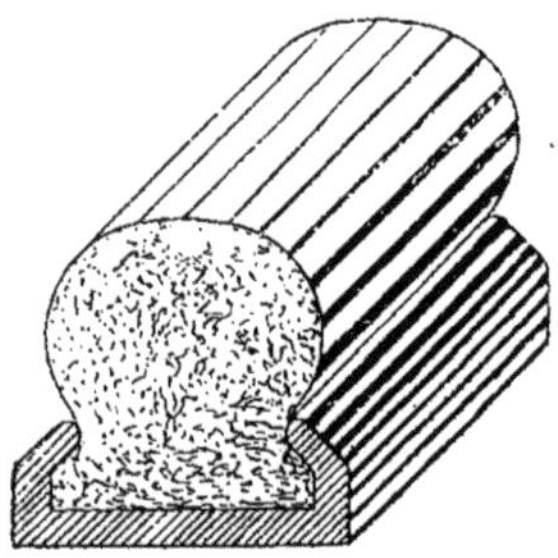

Fig. 205.
Bandage plein à forcement.

ner le caoutchouc dans un logement à section de queue d'hironde, qui le retient une fois qu'il y a été forcé.

Les avantages du système sont la possibilité d'employer du caoutchouc non vulcanisé, dès lors ayant toute sa souplesse, et celle de permettre le démontage et le remontage d'un bandage sans envoyer la roue à l'usine.

Les inconvénients sont que la partie étranglée est à peu près perdue pour l'élasticité, du moins celle qui forme les oreilles de la queue d'hironde. On doit se garder de faire déborder autour du fer le caoutchouc, qui travaillerait alors dans le vide. Il faut éviter dans le profil de la jante les parties anguleuses, sur lesquelles la pression du caoutchouc risquerait de provoquer à la longue le déchirement du bandage.

Entre autres bandages à caoutchouc plein et à fixation par forcement, le profil de la jante Vinet (fig. 204) nous paraît bien conçu, parce que la pression du caoutchouc s'exerce normalement sur les divers points, et que l'encastrement du caoutchouc règne sur une profondeur assez grande pour bien maintenir le bandage, qui est d'ailleurs par précaution collé à la jante à chaud, avec une colle à base de gutta-percha. Le Clincher, certains Hannoyer, sont aussi des bandages à forcement (fig. 205). Dans le système de M. Loubière (fig. 206), la partie encastrée est peu épaisse,

Fig. 206. — Bandage plein *Loubière* à forcement, avec goupilles.

alors il n'y a pas d'élasticité perdue ; comme elle serait insuffisante pour maintenir le caoutchouc, on a recours à des goupilles transversales.

2° *Soudage*. La jante, à section en U à branches droites, préalablement enduite d'une dissolution de caoutchouc vulcanisé, reçoit une première bande de caoutchouc fortement vulcanisé, puis une seconde bande moins vulcanisée, enfin le bandage ; on chauffe le tout dans une chaudière, ordinairement à 140° pendant deux heures, pour lui donner la cohésion voulue.

On a reproché à ce système de ne pas laisser au caoutchouc sa flexibilité naturelle ; cela est vrai pour les deux lames vulcanisées, mais à un degré beaucoup moindre pour le bandage proprement dit, qui est seulement chauffé ; — de nécessiter pour le changement du bandage ou simplement ses réparations l'envoi de la roue à l'usine ; — de former un tout peu homogène, sujet à se désagréger et même à se décoller de la jante. Mais ces arrachements ne se produisent plus, et, en fait, les caoutchoucs soudés donnent, quand ils sont bien préparés, un bon service, suffisant, disent leurs fabricants, pour 5.000 ou 8.000 km.

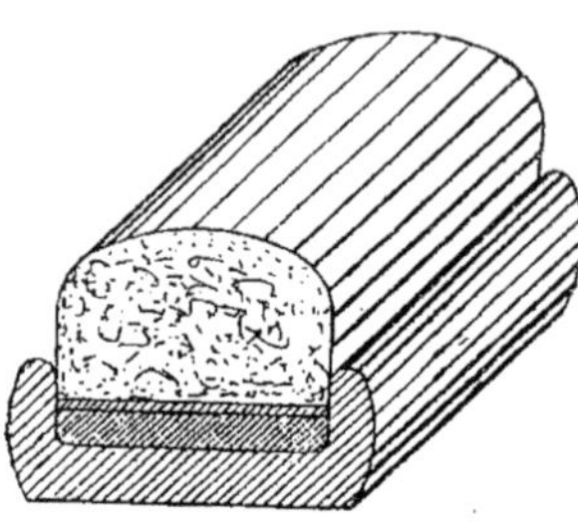

Fig. 207.
Bandage *Torrilhon* soudé.

M. Torrilhon, M. Hannoyer (fig. 207 et 208). emploient le soudage. Ce dernier a parfois recours, pour assurer l'adhérence de

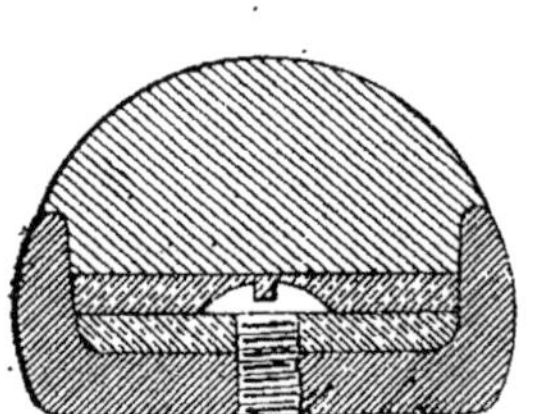

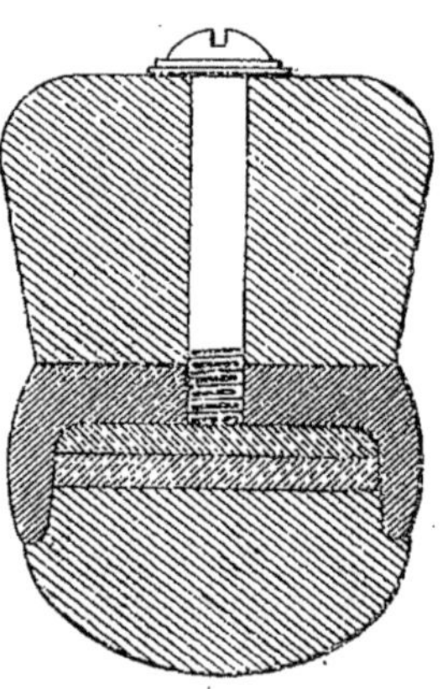

Fig. 208. — Bandage *Hannoyer* à vis pour jante métallique.

Fig. 209. — Bandage *Hannoyer* à vis pour jante en bois.

la première bande de caoutchouc à la jante, à des vis dont les larges têtes sont noyées dans la seconde bande vulcanisée (fig. 208). C'est le procédé qu'il a combiné avec M. Bouquillon, directeur des usines Edeline à Puteaux, et qu'il applique aux jantes de bois : sur ces dernières sont alors attachées par de longues vis les jantes métalliques, auxquelles adhère le bandage (fig. 209). Comme le chauffage nécessaire à la vulcanisation sur le fer abîmerait le bois, il faut, une fois la jante métallique placée à chaud, la retirer pour ne la remettre qu'après le chauffage.

3° *Par rubans circulaires sans boulons.* La jante a la forme d'un U évasé, dans lequel est maintenu le caoutchouc par deux

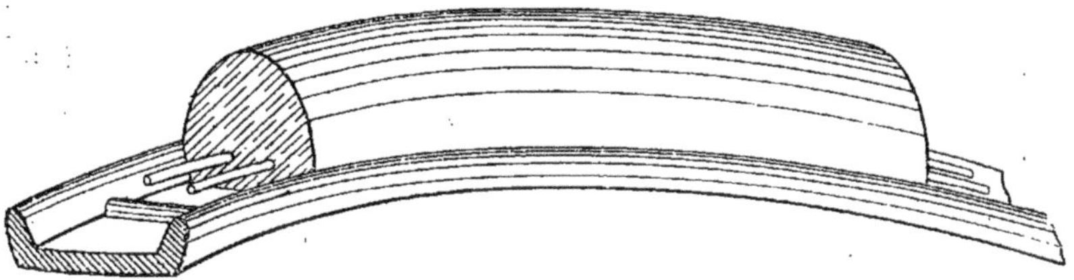

Fig. 210. — Bandage plein *Kelly* à rubans soudés.

tiges d'acier, qui en forment l'âme et font comme lui le tour de la roue. L'évasement de la jante fait que le caoutchouc n'est jamais pris entre le bord de la jante et le sol et ne risque pas d'être

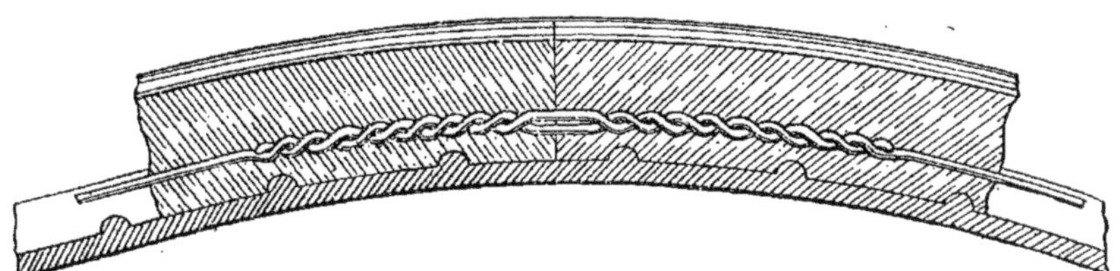

Fig. 211. — Bandage plein *Hannoyer* à rubans fermés par torsion.

coupé. Comme on emploie une longueur de caoutchouc plus grande que la circonférence de la roue, il suffit d'enlever la partie détériorée sans la remplacer ; si elle est trop longue, on lui en substitue une autre, mais tout le reste du bandage ressert. Cette disposition semble devoir assurer l'inarrachabilité des bandages.

Ce procédé est employé par M. Kelly, dont les rubans sont formés par des fils d'acier doux soudés électriquement ; et par M. Hannoyer, dont les fils d'acier sont tordus mécaniquement au lieu d'être soudés : cette torsion empêche le glissement du caoutchouc le long du fil, comme d'ailleurs les saillies transversales dont est muni le fond de la jante métallique (fig. 210 et 211).

4° *Par rubans circulaires avec boulons.* C'est le cas du bandage Ducasble, à l'intérieur duquel (fig. 212) est ménagé un évidement de section triangulaire qui reçoit un tube creux de même forme. Ce tube porte, au milieu de sa base, une rainure par laquelle on introduit les têtes des boulons, auxquels on donne ensuite un quart de tour pour amener leurs oreilles à faire

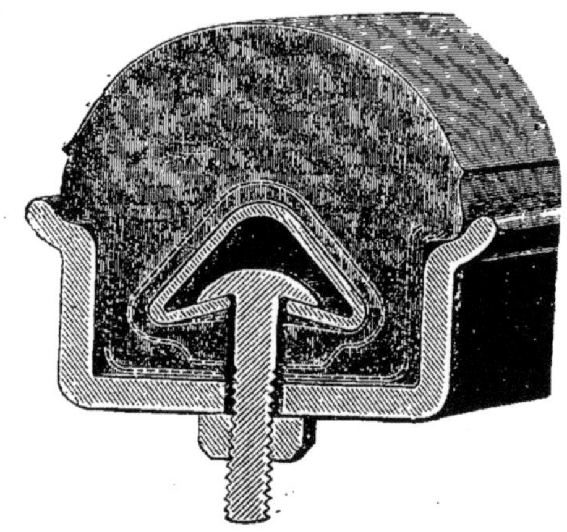

Fig. 212. — Bandage plein *Ducasble* à rubans et boulons.

un angle droit avec les lèvres de la rainure. Les tiges de ces boulons traversent la jante en acier, en forme d'U, qui reçoit le bandage, et, s'il y a lieu, la jante en bois de la roue ; un petit écrou vissé sur la queue de chaque boulon en produit le serrage. On s'arrange de façon que le joint du tube tombe entre deux boulons plus rapprochés que les autres, et pas à l'aplomb du joint du bandage, dont les deux extrémités sont d'ailleurs soudées à l'aide d'une dissolution de caoutchouc.

L'inventeur revendique pour son système : 1° l'impossibilité de l'arrachage ; 2° la faculté d'employer un caoutchouc très souple simplement emprisonné dans une toile, donnant un plus long et un meilleur service que le caoutchouc vulcanisé ; 3° la facilité du démontage, du remontage et du replacement des parties usées, toutes les autres resservant indéfiniment. Ce bandage est en ce moment expérimenté par plusieurs maisons, auxquelles l'usage révélera sa véritable valeur.

5° *Bandages compound*. Ce sont encore des bandages pleins, mais dont l'intérieur est formé par une matière plus souple que celle qui l'entoure, de façon à donner à l'ensemble à peu près la résistance d'un plein et la souplesse d'un creux.

Le bandage (fig. 212 bis) est un anneau sans joint, moulé à

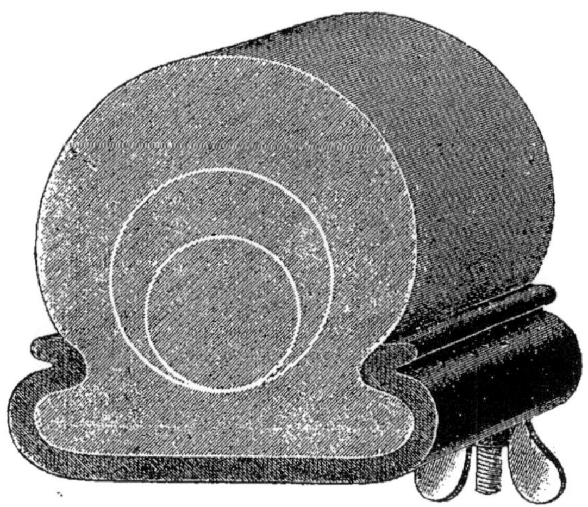

Fig. 212 bis. — Bandage compound.

part, à âme de gomme Para pure, à enveloppe de caoutchouc moins souple et plus résistant. Il est fixé, par des talons très prononcés et des boulons de sécurité, à la jante d'acier, qui lui sert de repos double (repos permanent et repos de déformation). Cette jante est à ailes très larges, pour protéger le caoutchouc et, s'il y a lieu, le bois de la jante des chocs et frottements latéraux, et pourtant s'accommoder d'une base de jante assez étroite. Pour recevoir les boulons, à l'intérieur de l'anneau, au-dessous du plan des repos de l'acier, des plaques métalliques sont noyées et soudées, au moment même de la vulcanisation du caoutchouc.

202. — Bandages en caoutchouc creux. — Leur raison d'être est d'offrir une élasticité plus grande que les pleins ; mais ils semblent condamnés par ce fait que, sous la grande pression que leur impose le poids de la voiture, la résistance de l'air emmagasiné dans l'évidement à la pression atmosphérique est impuissante à maintenir un vide suffisant, et que, dans ces conditions, ils fonctionnent simplement à l'instar de pleins de section réduite.

Pour leur donner une résistance suffisante, MM. Torrilhon

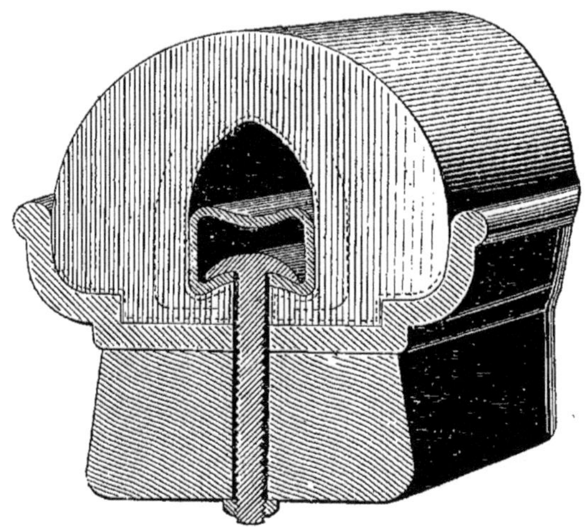

Fig. 213. — Bandage creux *Ducasble* à ruban et boulons.

constituent la chambre à air par une série de cellules, que séparent les unes des autres des cloisons radiales ; cette chambre à air est soudée à l'autre partie du bandage qui l'enveloppe, et cette autre partie est soudée elle-même à la jante métallique.

M. Ducasble a essayé d'assurer à ses bandages l'élasticité de creux véritables en ménageant au-dessus du tube métallique (fig. 213), auquel il donne une section rectangulaire (dans laquelle le côté supérieur est quelquefois supprimé), un vide assez étendu de forme circulaire ou mieux ogivale. Il compte que les deux côtés de cette chambre se comporteront comme les voussoirs d'une voûte. Cette idée ne nous semble appuyée sur aucune raison théorique sérieuse ; il faudra voir ce que donne en pratique le système.

A notre estime, le caoutchouc creux, qui pour la bicyclette n'a été qu'une transition entre le plein et le pneu, ne saurait convenir à une automobile ; tout au plus pourrait-il donner de bons résultats avec un motocycle ou une voiturette qui s'accomoderont toujours mieux de pneumatiques.

203. — **Bandages pneumatiques.** — Le plus employé est sans contredit le pneu démontable Michelin, dont les figures 214 et 214 *bis* représentent la coupe, en même temps que celle de la valve. Il est maintenu dans la jante en acier : 1° par deux bourrelets, qui se coincent sous les crochets de la jante ; 2° par quatre boulons de sûreté, analogues à celui de la fig. 214 *bis*, qui se termine à l'intérieur par un V, dont les deux branches pincent les bourrelets entre elles et la jante. Ainsi se trouve parfaitement réalisée l'adhérence si nécessaire du bandage et de la roue.

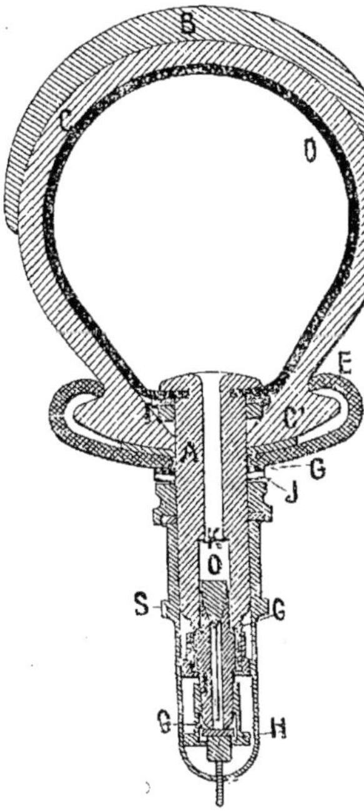

Il existe beaucoup de systèmes de pneumatiques, qui se disputent la clientèle des chauffeurs.

Le pneu Gallus, fabriqué par la Société des anciens Établissements Edeline, n'a pas de croissant de protection, qui n'est jamais bien collé, disent ses constructeurs. L'enveloppe est, à la place ordinaire du protecteur, épaissie à l'aide d'une deuxième couche de toiles noyées dans le caoutchouc. Ce pneu est muni de la

FIG. 214. — Pneumatique *Michelin*.

B, croissant de protection ; C, bandage C', bourrelets ; D, chambre à air ; A, corps de la valve ; E, crochets de la jante ; 1, plaque et écrou ; G, rondelles en caoutchouc ; H, chapeau ; J, rondelle en cuivre ; K, goupille transversale ; *l*, aiguille ; O, obus ; S, capuchon.

valve système Sclaverand. Le pneu Englebert lui est analogue, moins la valve.

Les pneus Talbot et Continental sont aussi sans croissants et ont leurs roulements en para.

Les pneus Vital et Clincher sont, au contraire, à croissant. Le pneu Eole a son enveloppe en toile et cuir combinés.

La maison Dunlop commence à faire des pneus pour automobiles : leur chambre à air est en gomme para sans soudure ; la jonction est vulcanisée, ainsi que la plaquette reliant la valve à la chambre à air. Un ruban protège la chambre à air contre les têtes des rayons. L'enveloppe est composée de 7 à 8 toiles fortes, avec plusieurs toiles supplémentaires à la partie roulante, noyées dans un caoutchouc spécialement fabriqué pour cela. Le tout est vulcanisé une seule fois, sans croissant, sans toile collée après la vulcanisation. Quatre ou six boulons de sécurité fixent l'enveloppe à une jante en acier, qui peut être montée indistinctement sur des rais métalliques ou sur jantes en bois avec rais en bois.

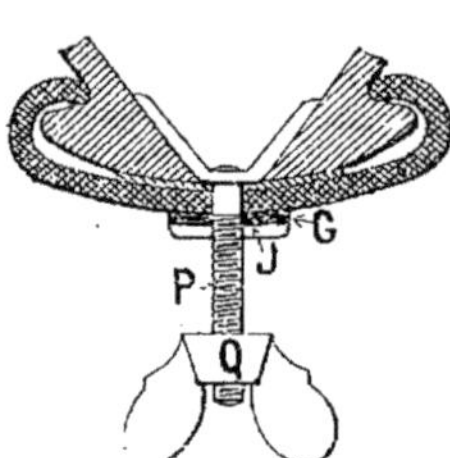

Fig. 214 *bis*. — Boulon d'attache du bandage à la jante.

P. boulon de sécurité ; G, rondelle en caoutchouc ; J, rondelle en cuivre.

La pression de l'air, dans la chambre d'un pneu, est d'environ 4 kg. pour les automobiles légères, de 5 ou 6 kg. pour les voitures lourdes. On augmente chaque jour le diamètre des pneus ; ceux de 90 mm. étaient, jusqu'à ces derniers temps, les plus gros ; M. Michelin en fait aujourd'hui de 120 mm. ; les anciens établissements Edeline en fabriquent de 130 mm. pour voitures de 2 tonnes ; et le dernier mot n'est certainement pas dit.

Dans les roues à rais métalliques, ceux-ci sont fixés à la jante même du pneumatique. Dans les roues à rayons de bois, la jante métallique du pneu se pose à chaud sur la jante de bois, à laquelle on la relie par des vis à tête plate ; quelquefois cependant, la jante de bois est supprimée, et la jante métallique s'applique à chaud sur les douilles métalliques, dont on coiffe les extrémités des rayons, et auxquelles on la fixe à l'aide de vis à tête plate ou de rivets.

Les pneumatiques donnent, cela est incontestable, indépendamment d'un amortissement des trépidations, une diminution du tirage. Les expériences de M. Michelin, dont nous avons parlé (§ 149), ont mis le fait en pleine évidence, et il n'y a là rien pour nous surprendre, si nous nous rappelons ce qui s'est passé pour la bicyclette : on l'avait munie de caoutchoucs pour atténuer les cahots, qui fatiguaient le cavalier malgré les ressorts de la selle, et on s'est aperçu que l'effort de propulsion s'en trouvait fortement diminué, que la résistance au roulement était bien amoindrie.

Les expériences de M. Michelin lui ont aussi prouvé que les caoutchoucs pleins donnaient, par rapport aux bandages de fer, une diminution de tirage assez sensible, quand le sol était boueux ou couvert de neige, c'est-à-dire dénué par lui-même de toute élasticité. La résistance était, au contraire, plus petite avec le fer, sur bon pavé et sur macadam bien sec. Le caoutchouc plein, meilleur que le fer au trot, s'est montré moins bon que lui au pas. D'une façon générale, il n'y a jamais eu un grand écart entre les résultats donnés par ces deux bandages ; tandis que le pneu s'est toujours montré bien supérieur au fer.

Si le fait est facile à constater, il est plus difficile à expliquer. On a dit : le pneumatique boit l'obstacle. Il y a du vrai dans cette image : les cailloux s'encastrent momentanément dans la matière plastique du bandage ; le véhicule n'est pas soulevé, ou, en tout cas, l'est moins qu'il ne le serait avec un bandage rigide ; sa force vive est donc moins diminuée. Mais il y a autre chose dans le jeu du pneumatique, puisqu'il diminue le tirage sur route unie.

Avec les théories jusqu'ici admises de la résistance au roulement, une explication rationnelle n'était guère possible. Elle devient plus facile, si on adopte la manière de voir de M. de Mauni. Cet auteur, ainsi que nous l'avons déjà dit, a montré que de deux roues également chargées en poids et ayant des surfaces de contact équivalentes, celle dont le contact avait la forme la plus allongée était celle qui roulait le mieux. Avec la roue à bandages rigides, cet allongement ne pouvait s'obtenir que par une augmentation du diamètre, toujours fort limitée, de sorte que la roue frayait et s'enfonçait, à proportion de la charge du véhicule. « Avec le bandage en caoutchouc, au contraire, on demande l'allongement du contact non plus au diamètre, mais à l'élasticité de la circonférence roulante : ici, au lieu de frayer et de s'enfoncer, d'imprimer sa forme, le bandage cède et s'étale et ce jusqu'à ce que l'aire de contact soit suffisante pour que la somme des pressions qu'elle rend, fasse équilibre au poids du système [1] ». S'il en est bien ainsi, on comprend pourquoi le bandage élastique diminue la résistance au roulement.

On comprend aussi la supériorité du pneu sur le plein : sous la charge de la roue, le premier s'allonge autrement que le second; dans le plein, l'élasticité borne ses effets à la partie qui avoisine le sol, et qui est momentanément comprimée; avec le pneu, les effets de cette compression s'étendent instantanément sur tout le pourtour du bandage, parce que le siège de cette élasticité est ici une masse d'air sous pression, dont les actions et réactions moléculaires se propagent sans travail sensible. Et à ce sujet, M. de Mauni condamne le blindage des pneus, qui consiste à les garnir extérieurement de segments métalliques, destinés à remplacer le protecteur ordinaire et à se montrer plus efficaces que lui contre l'usure. Il estime qu'il faut laisser à la bande protectrice le plus de souplesse possible.

Mais le pneu, indépendamment des perforations dont il est très souvent le siège, a un défaut inhérent à son système. Il faut, avons-nous dit, pour diminuer la résistance au roulement, donner à la surface de contact la forme la plus allongée possible, ou, pour mieux dire, une forme aussi longue et aussi étroite que faire se peut. Or, si le pneu s'allonge sous la pression de la voiture, il

1. *Les bandages pneumatiques*, p. 136.

s'étale aussi en largeur, ce qui est mauvais et nous fait comprendre pourquoi, à un moment donné, une augmentation de tirage peut être le résultat d'une augmentation d'élasticité, et pourquoi dès lors, lorsque la route est passable, le cycliste qui veut aller vite, gonfle à bloc son pneu. La question du meilleur gonflement est donc fort complexe, parce qu'elle est liée avec l'état variable de la chaussée : elle n'est probablement pas susceptible de recevoir une solution bien nette. Il est pourtant désirable qu'elle donne lieu à des expériences méthodiques, qui ne manqueraient pas d'éclaircir nos idées à ce sujet.

Quoi qu'il en soit, les bandages pneumatiques sont de plus en plus employés [1], malgré leurs crevaisons fréquentes, et leur entretien fort coûteux. Pour diminuer l'usure des bandages en caoutchouc, on a cherché à remplacer le croissant en caoutchouc, ordinairement chargé de les protéger, par un protecteur métallique.

204. — **Bandages protégés.** — Le bandage Chameroy est en caoutchouc plein, à la périphérie duquel on a creusé, dans le plan médian, une rainure qui reçoit une tringle à section en U (en plusieurs morceaux pour la pose) ; sur cette tringle sont enfilés des segments métallique creux [2].

Le constructeur affirme que ce protecteur assure une très grande durée aux bandages, sans en diminuer sérieusement la souplesse, et qu'il évite aussi les dérapages. Des essais récents [3] auraient parfaitement réussi.

---

1. La statistique des bandages, à l'Exposition de 1899, bien que ne correspondant peut-être pas fort exactement, comme proportions des divers systèmes, à celle des voitures actuellement en service, est pourtant intéressante à cet égard. Sur les 1272 véhicules exposés, on comptait :

Jantes avec bandages en fer......................	36
— avec bandages en caoutchouc plein............	124
— — creux...........	104
— — pneumatiques....	1008

Près de 80 °/₀ des voitures étaient donc munies de pneumatiques.
2. *Locomotion automobile*, 26 janvier 1899, p. 58.
3. *Locomotion automobile*, 17 août 1899, p. 526.

Le *teuf-teuf* est un pneumatique protégé : à l'intérieur d'une jante métallique se trouve la chambre à air, sur laquelle s'appuie un caoutchouc plein à base courbe, qui sort de la jante par une rainure qui en fait le tour. Ce caoutchouc plein entre et sort suivant la pression qu'il supporte, toujours protégé du frottement contre les lèvres de la rainure par un corset métallique. Si malgré tout la chambre crève, on en est quitte pour rouler sur le plein.

Dans le protecteur L. N., une courroie est cousue à la surface roulante du pneu et sur elle on enfile des lamelles métalliques à profil cintré ; entre les lamelles et le pneumatique, on interpose une bande de feutre ou de caoutchouc mince.

Tout en rendant hommage aux efforts de ces inventeurs, qui poursuivent, ordinairement par des moyens assez compliqués, un but assurément utile, nous devons constater qu'ils manquent encore de la sanction que peut seule leur donner une expérience un peu longue.

205. — Roues élastiques. — L'élasticité des roues que nous avons décrites réside toute à l'extérieur de la jante. On a essayé de la placer ailleurs.

Dans une roue américaine, probablement réservée aux bicyclettes, chaque rayon était un fleuret d'acier, ayant sa pointe articulée avec la jante : celle-ci présentait une suite de charnières, qui lui permettaient de s'infléchir et de s'aplatir sur le sol. M. de Mauni a fabriqué, dès 1875, plusieurs roues de ce genre, qui n'ont d'ailleurs pas été appliquées à un usage courant : indépendamment des difficultés très grandes que présente leur construction, leur flexibilité fait subir à leur centre de gravité des déplacements latéraux fort nuisibles.

C'est dans le moyeu lui-même que d'autres inventeurs ont placé l'élasticité de la roue. M. Ballin intercale entre la boîte de l'essieu et la partie supérieure du moyeu, des rondelles de caoutchouc [1]. Dans un autre système, au centre de la roue se trouve

____

1. *Locomotion automobile*, 17 mars 1898, p. 169.

une pièce métallique, ayant une forme extérieure étoilée, et recouverte exactement par un véritable bandage élastique ; sur le moyeu ainsi constitué se monte la roue proprement dite, dont les rais à section en forme de croix, sont métalliques et dont la jante comprend une âme en bois, entre deux parties en métal, l'une sur laquelle se fixent les extrémités des rais, l'autre qui roule sur le sol [1]. M. Béguin, dans une roue complètement métallique, d'ailleurs fort ingénieusement comprise, dispose des pièces de caoutchouc en divers endroits, notamment un manchon, autour

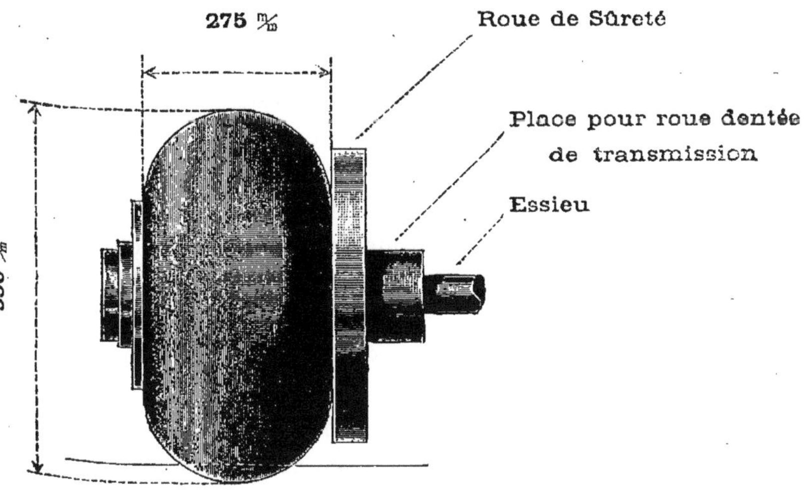

Fig. 215. — Roue pneumatique *Hall*.

de la boîte du moyeu, entre les disques qui maintiennent les rais, et des fourrures, dans les V que forment ceux-ci à leur jonction sur le moyeu.

Mais, dans aucune de ces roues, le caoutchouc ne boit l'obstacle ; dans la plupart, il n'allonge pas la surface de contact : il se borne à diminuer les trépidations, si bien que, pour plusieurs

1. *France automobile*, 10 septembre 1898, p.317.

d'entre elles, on a assez normalement recours au pneumatique pour diminuer le tirage. Quant à celles, qui par elles-mêmes, sans l'adjonction d'un bandage élastique, atténueraient la résistance au roulement, leur construction est jusqu'ici impossible.

Concluons donc que si on peut concevoir l'élasticité d'une roue autrement qu'à sa périphérie, et que s'il est désirable de s'affranchir des incidents fréquents et de l'usure coûteuse auxquels les pneumatiques soumettent jusqu'ici la locomotion automobile, c'est pour le moment une nécessité contingente de faire résider l'élasticité de la roue à la jante. Il y a pourtant un moyen de la faire résider a l'intérieur de la roue : c'est celui qu'emploie M. Hall.

205 bis. — Roue pneumatique Hall. — Elle n'a ni jante, ni rayons; elle se compose simplement d'un moyeu entouré d'un énorme pneumatique (fig. 215), qui se compose d'une chambre à air, d'une toile et d'une enveloppe. Cette roue, à cause de sa largeur, sans que la pression par centimètre carré dépasse celle des pneus de bicyclettes, supporte, paraît-il, un poids de 500 kg.; cela évite les inconvénients des hautes pressions, qui nécessitent des pneus épais, lourds et coûteux.

Cette roue est employée sur certains omnibus de Londres; il convient d'attendre, pour se prononcer sur elle les résultats de l'expérience en cours. Mais on peut, dès à présent, se demander si elle se prêtera aux grands diamètres, que nous avons reconnus si avantageux.

CHAPITRE VIII

RESSORTS. CHASSIS. CAISSE

1° Les ressorts.

206. — **Fabrication des ressorts.** — Les ressorts, par l'intermédiaire desquels le châssis repose sur les essieux, doivent remplir trois conditions : 1° offrir une résistance et une élasticité suffisantes pour supporter leur charge sans subir de déformations permanentes ; 2° présenter une grande flexibilité, pour amortir l'influence, sur la voiture et ses passagers, des chocs de route : plus l'amplitude des oscillations que prennent, sous l'effet de ces derniers, les ressorts, est grande, plus les ressorts sont doux ; 3° diminuer la résistance au roulement. Il est évident qu'en affranchissant tout ce qui est au-dessus d'eux, de la nécessité de sauter, à chaque cahot, aussi haut que les roues, les ressorts diminuent la perte de force vive produite par les inégalités de la route, et, par là même, l'effort nécessaire pour le tirage de la voiture ; cette diminution est d'autant plus sensible que la chaussée est plus mauvaise.

La qualité de l'acier est un facteur considérable dans la valeur du ressort ; on le choisit le meilleur possible et on le soumet à des opérations de trempe et de recuit fort délicates à conduire, comme d'ailleurs toutes les phases de la fabrication des ressorts, qui demandent à être confiées à des spécialistes.

Il ne faut accepter qu'un acier capable de donner, sans déformation permanente, un allongement de 0 m. 007 par mètre ; et, dans le calcul de la résistance du ressort, on s'arrange de façon que la fibre, qui travaille le plus ne subisse pas un allongement de plus de 0 m. 005.

Les lames, d'épaisseur et de longueur d'ailleurs variables (5 à 10 mm. et 0,80 à 1,10 m., pour les maîtresses-feuilles des ressorts les plus courants) sont cintrées, suivant des surfaces cylindriques de profils appropriés. Les rayons de courbure diminuent depuis la maîtresse-lame jusqu'à la plus petite : si on veut que l'allongement et la fatigue restent les mêmes dans toutes les lames, il faut que leur épaisseur aille aussi en diminuant ; on s'attache souvent en pratique à remplir cette condition.

Pour comparer entre elle les flexibilités de plusieurs ressorts, on les rapporte à l'unité de charge, 100 kg. par exemple, et

FIG. 216. — Ressort à rouleaux en dessus (*Hannoyer*).

on les mesure par la diminution de flèche subie sous cette charge. Dans les limites des poids courants en automobilisme, on peut considérer cette diminution par unité comme constante, pour un même ressort et dès lors la flexion de ce ressort comme proportionnelle à la charge.

207. — Genres principaux de ressorts. — On emploie cinq espèces principales de ressorts :

1° *ressorts droits* ; ils sont à rouleaux : *en dessus*, comme ceux de la fig. 216 ; *en dessous*, quand les rouleaux sont disposés en sens inverses par rapport à la surface supérieure du ressort ; *opposés*, quand l'un des rouleaux est en dessus, l'autre en dessous. Ces rouleaux, quelquefois soudés sont ordinairement constitués par les extrémités de la maîtresse-lame roulées convenablement. Rarement, ces extrémités, ou seulement l'une d'elles, sont laissées droites, de manière à être introduites dans des glissières ménagées dans le châssis : les ressorts sont alors dits à glissoirs.

Ces ressorts sont ordinairement formés de 5 feuilles ; pour les poids lourds, on en met jusqu'à 8 (fig. 217) : effectivement ces ressorts droits conviennent fort bien au support des grandes charges. A l'arrière des voitures ils se prêtent mieux que les suivants, au fonctionnement des freins sur les bandages.

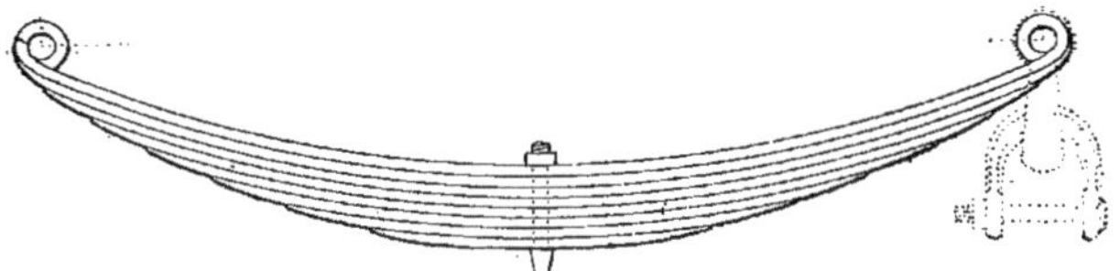

FIG. 217. — Ressort à 8 lames pour poids lourds (*Bail et Pozzi*).

2° *Ressorts à pincette.* Deux ressorts droits, opposés et articulés ensemble, constituent un ressort à pincette : suivant la forme de leurs articulations, ces ressorts sont à charnières ou à mains anglaises, quelquefois à crosse.

3° *Ressorts demi-pincette.* La partie supérieure n'est plus, par

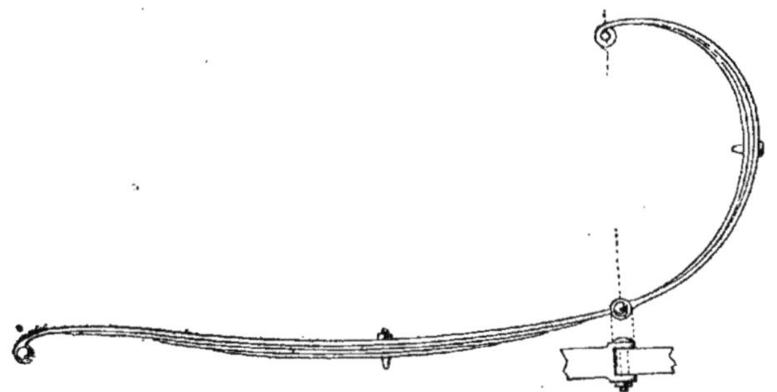

FIG. 218. — Ressort en C à articulation (*Bail et Pozzi*).

rapport à celle du précédent, constituée que par la moitié d'un ressort droit.

4° *Ressorts en C.* Ainsi nommés parce qu'ils affectent la forme d'un C. La caisse de la voiture est soutenue à l'arrière par des soupentes en cuir, suspendues à l'extrémité du C. Ils amortissent les chocs dans le sens longitudinal aussi bien que dans le sens vertical. Ils offrent un grand cachet d'élégance, mais coûtent fort cher ; aussi sont ils réservés aux voitures de grand luxe et

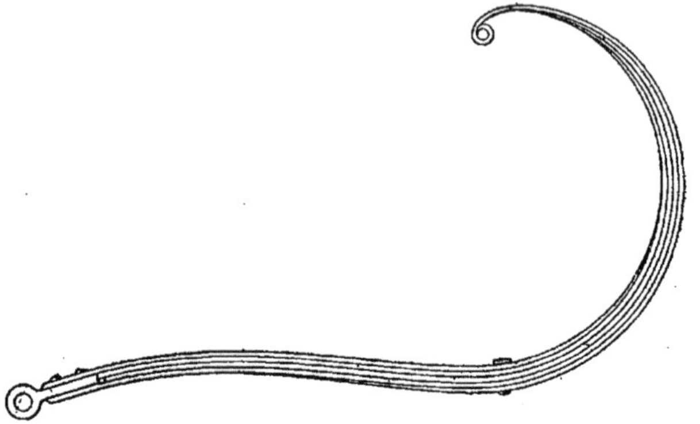

Fig. 219. — Ressort en C avec œil encastré formant rouleau.

à certaines voiturettes : le coupé électrique Darracq, les voitures Augé, Lepape en sont munies.

La fig. 218 représente un ressort en C à articulation, et la

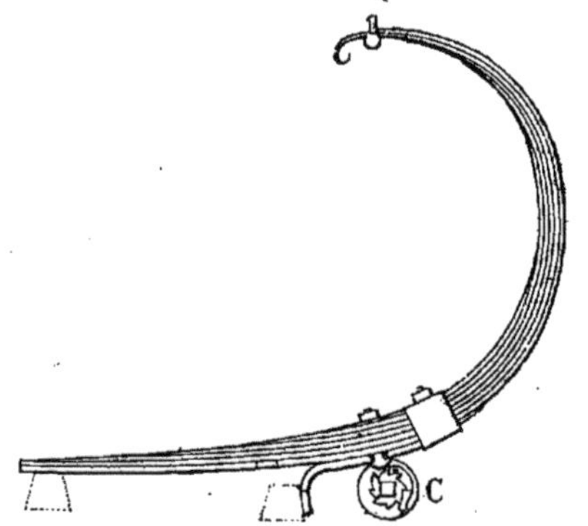

Fig. 220. — Ressort en C à cric (*Hannoyer*).

fig. 219 un ressort sans articulation, dans lequel les lames extérieures vont d'une extrémité à l'autre. Ils sont tous les deux de la maison Bail et Pozzi. La fig. 220 montre le ressort en C, de la maison Hannoyer, qui a été appliqué au coupé Darracq : il est muni d'un cric, sur lequel vient s'enrouler la soupente en cuir.

On combine quelquefois la pincette et le C, comme l'ont fait MM. Bail et Pozzi dans le modèle de la fig. 221.

5° *Ressorts en spirale*. Ce sont des ressorts à enroulement, dont la forme diffère complètement de celles des précédents. La fig. 222

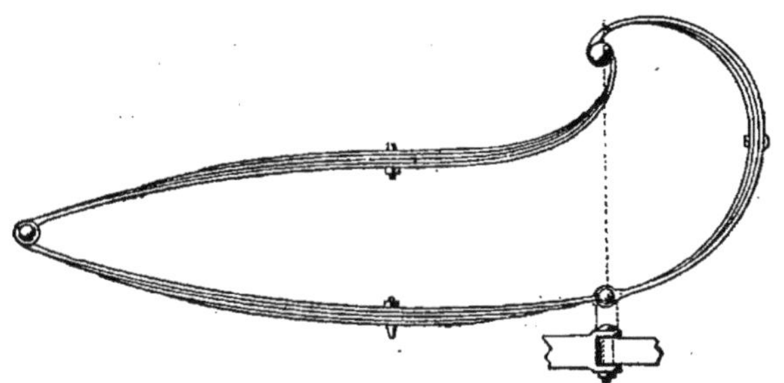

Fig. 221. — Ressort à pincette en C à articulation (*Bail et Pozzi*).

représente l'un des types fabriqués par la Cie des Hauts-fourneaux, forges et aciéries de la marine. Ils supportent des charges con-

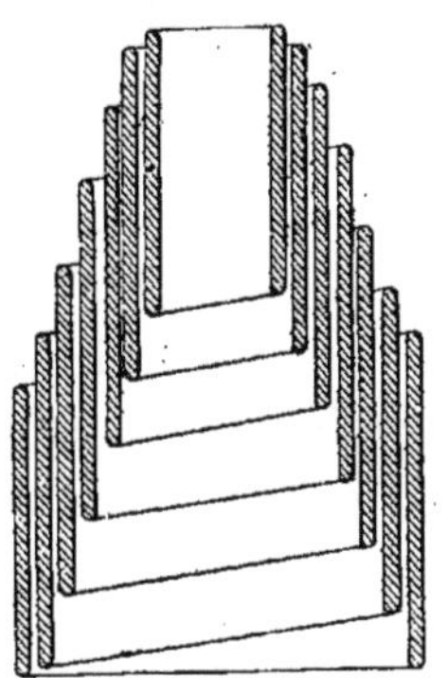

Fig. 222.
Ressort en spirale (Cie des Hauts-fourneaux, forges et aciéries de la marine).

sidérables : il en est qui ne s'aplatissent que sous une pression de 8000 kg. et qui ne pèsent que 16 kg. ; aussi sont-ils souvent appliqués pour les poids lourds. M. Brabant estime que l'emploi de ces ressorts à torsion devrait être généralisé, qu'il permettrait d'économiser à peu près la moitié du poids sur celui des ressorts à lames.

208. — Suspension. — La suspension est l'ensemble des ressorts par l'intermédiaire desquels les essieux supportent le châssis avec le moteur et les transmissions qui en sont solidaires) et la caisse.

Dans le système le plus employé, le châssis est suspendu au-dessus des essieux et la caisse lui est rigidement fixée : alors la transmission (chaînes Galle, essieu articulé...) doit avoir la souplesse suffisante pour permettre au moteur de suivre les déplacements relatifs de l'essieu, quand la flexion des ressorts change. Ce système soustrait le moteur aux chocs de route, mais en fait subir les trépidations aux passagers.

Dans un second système, le châssis repose sur les essieux sans l'interposition de ressorts : alors la transmission entre le moteur et l'essieu peut être rigide et la caisse est suspendue au-dessus de lui ; elle est ainsi à l'abri des trépidations du moteur, mais celui-ci reste soumis aux chocs de route.

Dans un troisième système, le châssis est suspendu au-dessus des essieux avec le moteur et la transmission qui en sont toujours solidaires et la caisse est suspendue au-dessus du châssis : de la sorte le moteur est soustrait aux chocs de route, et les voyageurs aux trépidations.. La double suspension complique évidemment la voiture, mais ses effets bienfaisants ne sont pas douteux. Avec elle, la transmission doit être souple ; pourtant si on ne suspend le châssis qu'à l'avant, on peut établir à l'arrière une transmission rigide.

Le but de la suspension est d'empêcher l'inertie de la voiture d'intervenir dans le choc de cette dernière contre un obstacle. Pour le remplir, elle doit permettre au véhicule d'osciller dans tous les sens : vertical. longitudinal, transversal. (Il ne faut pourtant pas, quand la transmission du mouvement utilise des chaînes, trop faciliter les oscillations transversales ; ou, si on le fait, il faut avoir soin de munir de joues les roues qui engrènent avec elles).

Les ressorts à pincette permettent bien les déplacements verticaux, mal les déplacements longitudinaux, presque pas les déplacements transversaux. Quand la voiture est munie d'un avant-train à cheville-ouvrière, ils ne peuvent lui convenir que si elle est légère; c'est seulement à cette condition qu'ils sont capables d'assurer le maintien dans un plan de la couronne de cet avant-train.

Les ressorts à une seule lame se prêtent bien aux oscillations transversales, parce que la lame se tord pour les faciliter. Afin de permettre les variations qui résultent de cette torsion, dans l'écartement horizontal des deux extrémités de la lame, on a recours à des jumelles reliant chacune de ces extrémités à une pièce métallique solidaire du châssis. Quelquefois on réunit les extrémités des ressorts, des deux côtés, par une lame transversale, qui en son milieu soutient le châssis[1].

On peut se demander si, avec l'essieu directeur à deux pivots et l'essieu moteur sur lequel les roues sont montées folles (ou qui est coupé en deux parties par le différentiel), c'est-à-dire avec des dispositifs qui rendent inutile la liaison que, dans les voitures ordinaires, les essieux établissent entre les roues, on ne pourrait pas supprimer ces derniers dans les voitures automobiles. M. Forestier estime que, quand le véhicule est muni de pneus (et on a vu ces derniers appliqués à des voitures pesant une tonne par essieu), il vaudrait peut-être mieux fixer directement les fusées des roues ou leurs pivots au châssis, et interposer entre celui-ci et la caisse des ressorts transversaux : la transmission entre le moteur et les roues serait, à cause de leur solidarité, bien plus facile. Si les roues ne sont munies que de bandages

---

1. Il est essentiel que, dans la transmission du mouvement que les ressorts font à la caisse et à l'essieu non moteur, leurs lames travaillent à l'extension. Pour que cette condition soit remplie, quand les roues motrices sont à l'arrière (ce qui est le cas presque général), « il faut attacher au châssis par des rouleaux la lame arrière du ressort fixé à l'essieu moteur, et, au contraire, la lame antérieure du ressort fixé à l'essieu d'avant. Les jumelles doivent de même être placées à l'extrémité antérieure du ressort arrière et à l'extrémité postérieure du ressort avant ».

métalliques, la nécessité du maintien des essieux et des ressorts ne semble pas douteuse.

Dans certaines voitures américaines, les essieux subsistent, mais les moteurs ne sont pas suspendus, la caisse seule l'est; dans le principe, les ressorts transversaux qui formaient cette suspension n'étaient pas combinés pour permettre la variabilité de longueur des lames fléchissantes, et c'était un grave défaut, qui a été corrigé, notamment par M. Clément dans les voitures Columbia qu'il construit à Paris.

209. — Suspensions simples. — Ce sont à peu près les mêmes que celles des voitures ordinaires : quatre ressorts à pincette pour les voitures légères ; assez souvent cinq ressorts, deux pincettes à l'avant, trois droits à l'arrière, pour les voitures un peu plus lourdes (voitures de livraison, omnibus).

Les ressorts d'arrière peuvent être fixés sous une traverse en fer, mobile longitudinalement, au moyen de vis de réglage, pour compenser l'allongement des chaînes. Il nous semble plus simple de ramener la longueur de cette dernière au taux voulu. Quelquefois, comme dans le type de 1898 de la Cie générale automobile, les ressorts d'arrière sont droits, ayant une menotte à l'extrémité d'avant et à celle d'arrière une tige filetée pour régler la longueur des chaînes.

Les ressorts à menottes renversées, comme ceux dont M. Féraud a recommandé l'emploi pour les voitures de chemins de fer, ont été employés par M. Jeantaud, dans une voiture à pétrole qu'il a réalisée dès 1894 : ils assurent, paraît-il, à la suspension une grande douceur.

Le même constructeur vient de faire breveter un nouveau dispositif pour la suspension de l'avant-train qui ne réduit pas l'angle de braquage des roues et assure, sans glissières ni coulisses, la rigidité de la translation en avant du véhicule (fig. 223 à 225) : il se compose de deux ressorts *f, f* disposés parallèlement à l'essieu d'avant *b*, à une distance suffisante pour former un parallélogramme d'appui dont les grands côtés ne se déforment pas. Les ressorts sont reliés à l'essieu par des ferrures c, c, placées tout près des points d'appui de l'essieu sur les roues, de manière à réduire le porte-à-faux, et dont les menottes laissent aux ressorts toute leur élasticité, mais sans permettre les déplacements latéraux, malgré l'absence de guidages. La caisse du véhicule repose sur le milieu des ressorts f, f, par l'intermédiaire de supports, autour des axes desquels elle peut osciller.

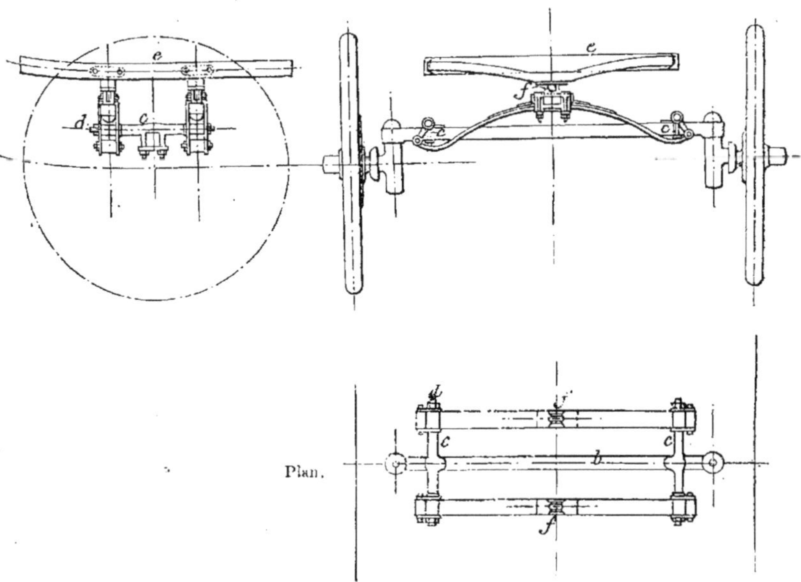

Fig. 223 à 225. — Nouvelle suspension Jeantaud.

210. — Suspensions doubles. — Dans quelques voitures de la Compagnie Générale des Automobiles, qui semble du reste avoir renoncé à ce dispositif, le châssis, suspendu au-dessus des essieux à la façon ordinaire, soutient la caisse au moyen d'autres ressorts.

Il en est de même, dans la voiture Lepape, dont la caisse est supportée par le châssis (à l'avant duquel est disposé le moteur), ordinairement par des ressorts en C.

Dans la voiture à pétrole, dont nous avons déjà parlé, M. Jeantaud a placé, directement au-dessus de l'essieu d'arrière et soutenu par lui, un ressort transversal à menottes renversées, qui supporte l'arrière et la plus grande partie du poids du moteur et des transmissions : l'avant, très léger, est soutenu par un arbre portant à chacune de ses extrémités un pignon qui attaque les roues motrices au moyen de chaînes Galle.

Dans cette voiture, comme dans celle que nous allons décrire,

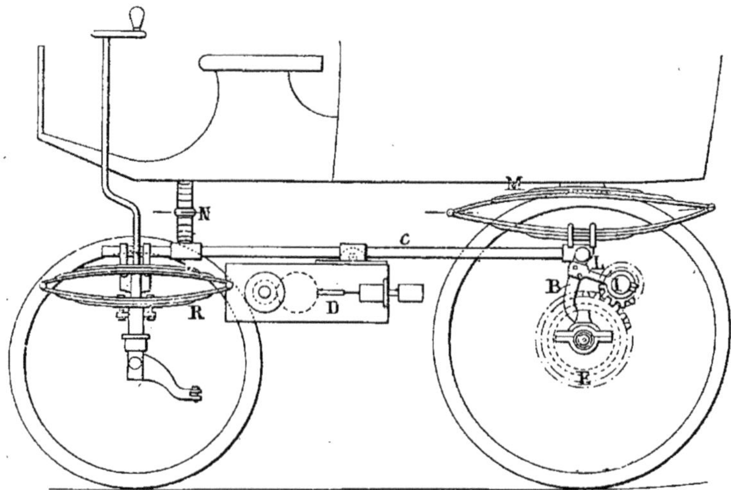

Fig. 226. — Double suspension *Lanty, Hommen, Dumas*.
Élévation.

la transmission entre le moteur et l'essieu se fait par engrenages ; donc elle est rigide.

Dans la voiturette de livraison Lanty, Hommen et Dumas (fig. 226 et 227), le châssis C est soutenu au-dessus de l'essieu d'avant par les ressorts pincettes R, R, et au-dessus de celui d'arrière E par les chandelles rigides B qui s'ajustent sur des portées de cet essieu. On voit en D le moteur, dont l'arbre porte des poulies actionnant par courroies celles dont est muni l'arbre intermédiaire I. Celui-ci tourne dans des coussinets portés par

des bras L solidaires des chandelles B, et entraîne, par l'intermédiaire d'un pignon la couronne du différentiel monté sur l'essieu
moteur. Tout le système du moteur et de la transmission peut,
pour ainsi dire, tourillonner autour de l'essieu pour le suivre dans
les déplacements relatifs que lui occasionne la flexion des ressorts R, R. Quant à la caisse, elle est suspendue au-dessus du
châssis, à l'arrière par les ressorts M, à l'avant par le ressort N.

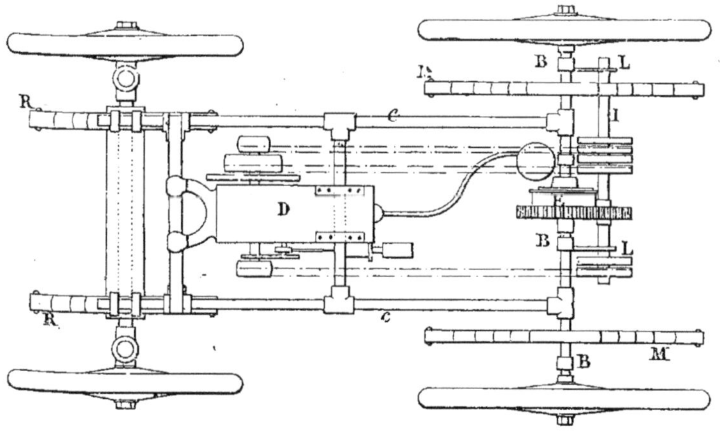

FIG. 227. — Double suspension *Lanty, Hommen* et *Dumas.*
Vue en plan.

2° Le Châssis.

211. — **Diverses sortes de châssis**. — Le châssis, avons-nous dit,
est ce cadre, qui, reposant sur les essieux, supporte le moteur
avec ses transmissions, et la caisse.

Il est presque toujours formé par deux longerons, réunis à
l'avant et à l'arrière par deux traverses et solidement entretoisés
dans l'intervalle. On le faisait, dans le principe, au moins pour
les voitures légères, en bois de frêne; maintenant on substitue le
plus souvent au bois l'acier, qu'on emploie profilé (d'ordinaire
sous forme de ⊏), ou étiré en tubes. Les profilés minces et les

ronds creux rompent avec les habitudes de la carrosserie, qui jusqu'ici a utilisé assez peu judicieusement le métal : les fers plats, ronds pleins, ou profilés épais, dont elle se contentait, avaient, pour leur poids, des sections à moments d'inertie très faibles, fort peu avantageuses. Les tubes sont plus légers, mais demandent à être brasés avec beaucoup de soin. Les profilés sont d'une solidité plus facile à obtenir, et ils permettent une fixation plus commode du moteur et des organes de transmission : quelquefois on en garnit l'intérieur avec du bois, qui augmente la résistance sans accroître sérieusement le poids.

L'entretoisement des longerons doit être particulièrement solide, pour empêcher la dislocation de l'ensemble sous l'influence des trépidations et des efforts supportés. Aux efforts statiques s'ajoutent les réactions des pièces en mouvement ; aussi n'est-il pas prudent de se fier aux formules de la résistance des matériaux, pour calculer les dimensions des diverses pièces : il faut les compter très largement.

Le châssis doit, autant que possible, se prêter à recevoir plusieurs caisses interchangeables, sans d'autre liaison que quelques points de support, qu'il est avantageux de munir de tampons caoutchoutés.

On a d'abord fait le châssis rectiligne, probablement parce qu'avec lui on trouvait plus facile d'obtenir l'interchangeabilité et la rigidité ; mais il n'était pas gracieux.

Pour simuler la caisse descendant entre les essieux, on a mis parfois un marchepied entre deux garde-crotte et on a peint en noir la partie supérieure du châssis comprise entre ceux-ci.

Quand le moteur et les roues motrices sont à l'arrière, comme dans les voitures Peugeot et dans la plupart des voitures Jeanteaud, ou à l'avant, comme dans les voitures Kriéger, le *décrochement* est facile à obtenir. Quand le moteur est à l'avant, au-dessus du châssis et les roues motrices à l'arrière, comme dans les voitures Panhard, il faudrait, pour avoir du décrochement, ménager dans l'intérieur de la caisse, pour les transmissions, un couloir central clos, qui serait gênant. Quand le moteur est au-dessous du châssis, comme dans certaines voitures Janteaud, l'axe de transmission passe seul sous le plancher de la caisse, et on peut donner du décrochement, mais on perd le coffret d'avant, qui est bien automobile.

212. — **Châssis de motocycles et voiturettes.** — Il est presque toujours tubulaire. C'est le cas de celui de la voiturette Bollée, que représente la fig. 228, constitué par deux longerons A, A, de 38 mm.

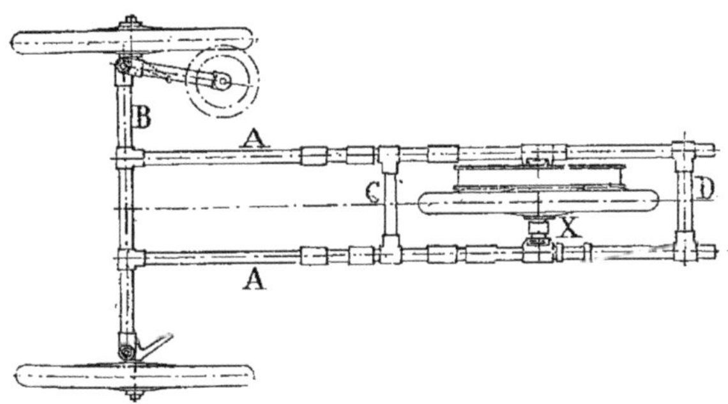

Fig. 228. — Châssis de la Voiturette *L. Bollée.*

de diamètre et de 4 mm. d'épaisseur, réunis par trois traverses : à celle d'avant sont fixés les roues et le mécanisme de direction; à celle du milieu, les transmissions intermédiaires. Ce châssis pèse environ 35 kg., pour un poids total de 210 kg. Dans les châssis plus anciens, les longerons étaient renforcés vers leur milieu par une contre-fiche et deux tirants; c'est maintenant inutile, grâce à l'augmentation de la section.

Cependant le tube n'est pas toujours employé. Quelques voiturettes, exposées au Salon du Cycle et de l'automobile, en décembre 1898, n'en avaient pas : telles la mylorette Lombard et la voiturette Farman; cette dernière avait un châssis en acier profilé.

213. — **Châssis de voitures.** — A l'inverse de ce qui se passe pour les motocycles et voiturettes, le châssis à acier profilé est la règle et le châssis tubulaire l'exception, mais une exception qui tend à devenir assez fréquente. Il est d'application constante dans les voitures Peugeot, dont le bâti est en tubes d'acier étiré à froid, sans soudure : tous les assemblages du cadre proprement dit sont faits par brasures, tandis que tout ce qui lui est fixé l'est au moyen de brides boulonnées enserrant les tubes sans qu'ils aient à subir la moindre perforation : leur intérieur est d'ailleurs utilisé pour refroidir l'eau qui circule autour du moteur et qu'une petite pompe centrifuge envoie dans tout le réseau. Les essieux eux-mêmes sont creux. Tout cela concourt, avec la nature métallique des roues à alléger la voiture, qui pèse environ

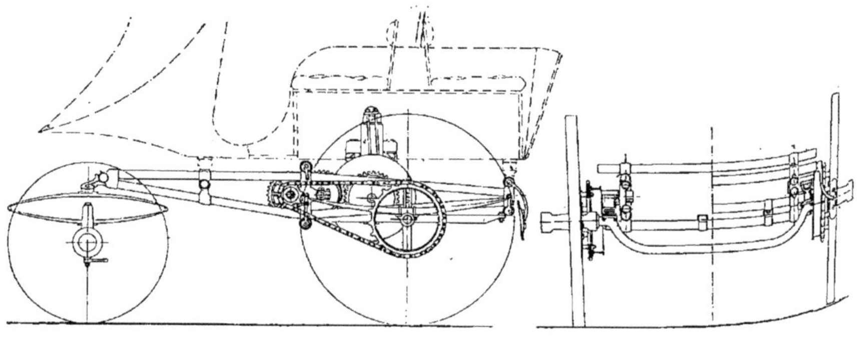

Fig. 229 et 229 bis. — Châssis tubulaire de la voiture à pétrole *Gobron* et *Brillié*. (avec moteur au milieu).

830 kg. pour quatre places ; mais nous n'avons pas besoin de dire que la construction n'en souffrirait pas la médiocrité.

Le coupé électrique Darracq a aussi un châssis tubulaire, très élégant en même temps que très résistant : il est constitué par deux longerons, en forme de solides d'égale résistance, composés de tubes de 35 et 40 mm. de diamètre et de 3 et 4 mm. d'épaisseur ; il ne pèse que 58 kg. pour une charge de 1.100 kg. en ordre de marche.

La maison Rossel emploie un cadre tubulaire assez analogue à celui de la maison Peugeot.

On a pu voir, au Salon du Cycle, une wagonnette Gobron et

Brillié montée sur châssis tubulaire, composé de deux longerons polygonaux, réunis par des tubes entretoisés, le tout formant un ensemble bien rigide (fig. 229 et 229 *bis*). La figure représente un châssis avec moteur au milieu; celui-ci peut aussi être placé à l'avant de la voiture. Mais au châssis tiennent toujours les organes de direction, de freinage..., qui n'ont aucune liaison avec la caisse, qui, elle, est interchangeable : il suffit de desserrer quatre boulons et de l'enlever de ses supports munis de tampons caoutchoutés. La voiture à vapeur Kécheur a aussi un châssis tubulaire.

Comme châssis à aciers profilés, nous citerons celui de la maison Panhard, dans lequel l'intérieur du métal est garni de bois (voir fig. 263); celui de la maison Brouhot (fig. 285); celui des voitures Diétrich....., et tous ceux des voitures lourdes. MM. Milandre et Bouquet [1] donnent comme type de châssis de voitures lourdes celui de l'omnibus Weidknecht, qui à l'arrière repose directement sur l'essieu directeur et est suspendu sur celui d'avant au moyen de ressorts. Pour éviter que l'entraînement du véhicule se fasse par l'intermédiaire de celui-ci, deux barres de traction relient l'essieu d'avant au châssis. Les fers à E entrant dans la composition de ces châssis ont 0 m. 10 de haut pour les omnibus à 30 places et 0 m. 08 pour ceux à 16 places.

3º La Caisse.

214. — **Qualités que l'ingénieur doit demander à une caisse d'automobile.** — L'ingénieur doit demander à la caisse d'être avant tout solide, et autant que possible légère et interchangeable. Cette dernière condition sera un gage de développement pour l'automobilisme: il faut pouvoir se servir d'un véhicule qui coûte aussi cher qu'une voiture mécanique, aussi bien en hiver qu'en été, et on doit reconnaître que si une automobile découverte est

---

[1]. *Voitures Automobiles*, t. I, p. 222.

agréable quand il fait chaud, elle manque totalement de confort, quand la température extérieure, rendue plus sensible par la vitesse, est froide. Le chauffeur devrait pouvoir installer sur un même châssis, une caisse appropriée à chaque saison. L'ingénieur doit établir ce dernier en conséquence, et il y trouvera lui-même un avantage évident pour la facile construction des divers types de voitures qui peuvent lui être demandés. C'est au carrossier qu'il appartient de réaliser la caisse avec les qualités qui lui sont demandées, et d'en assurer du même coup le confort et l'élégance.

L'ingénieur et le carrossier doivent, en effet, participer chacun selon ses connaissances, à l'œuvre commune. Il se formera probablement dans l'avenir des constructeurs, également experts en mécanique et en carrosserie, qui pourront concevoir et exécuter d'un seul jet un ensemble aussi compliqué que celui d'une automobile. Actuellement ce constructeur synthétique n'existe pas, et il faut associer les efforts de deux spécialistes bien différents. Le meilleur moyen de le faire, c'est de déterminer nettement leurs domaines respectifs et de laisser à chacun, dans le sien, une indépendance complète. Le châssis plat, n'ayant avec la caisse pour liaison que quelques points de support, est le meilleur pour assurer cette indépendance.

215. — Comment le carrossier doit comprendre sa mission. — D'aucuns disent qu'il faut à un véhicule nouveau une forme nouvelle; que tant qu'on n'aura pas changé la forme de la voiture, l'œil cherchera le cheval. Il y a sans doute une part de vérité dans cette opinion; mais, à notre estime, on aurait tort de renoncer aux formes actuelles des voitures. Elles sont le fruit d'études et d'expériences accumulées, qui les ont déterminées de façon fort étroite : nous n'en voulons d'autre preuve que la légèreté des différences qui suffisent à faire d'une jolie voiture un vilain véhicule.

Le carrossier devra donc adapter les formes existantes aux exigences de la nouvelle locomotion. Il le pourra assez facilement.

Il doit faire solide et léger. C'est par l'emploi de matériaux appropriés qu'il remplira ce double but; il fera du bois, de la tôle, des alliages d'aluminium un usage judicieux : le partinium notamment commence à être largement mis à contribution. On a réalisé avec lui des caisses très légères : telle une caisse de course pour phaéton Panhard de 6 chevaux, qui ne pèse que 22 kg., et en l'appliquant à la confection de celle de l'omnibus à 20 places de Dion-Bouton, qui a pris part au concours des poids lourds de 1899, on a économisé 400 kg. sur le poids d'une caisse ordinaire [1].

Un principe, dont l'application devient pour la nouvelle locomotion, beaucoup plus pressante que pour l'ancienne, est celui d'éviter les larges surfaces transversales, qui accroîtraient si vite le travail imposé au moteur pour la propulsion rapide du véhicule. La solution de ce problème sera peut-être fournie par la disposition en biseau de ces glaces qu'on commence à mettre sur l'avant des voitures, et qui ont un effet si heureux sur le confort du chauffeur, mais qu'on a jusqu'ici presque toujours disposées suivant un plan unique perpendiculaire à l'axe de la voiture.

Qui sait si cette disposition en proue ne sera pas par surcroît le moyen de terminer à l'avant la voiture, comme doit l'être un véhicule sans chevaux? Elle est absolument logique, au point de vue de l'atténuation si désirable de la résistance de l'air; or, une forme rationnelle a bien des chances de se trouver con-

---

1. Le partinium est un alliage d'aluminium et de tungstène. Laminé, il offre une résistance à la traction de 32 à 37 kg. par mm² et un allongement de 8 à 6 %, suivant la proportion de tungstène : il sert à fabriquer des caisses de voitures, qui, à solidité égale, pèsent environ moitié moins que celles en bois; il n'a sur celui-ci que l'infériorité d'être plus délicat à peindre; il faut, pour effectuer cette opération, un tour de main spécial destiné à éviter la production ultérieure, aux points de jonction du métal avec les cornières d'une matière grisâtre, qui donne lieu à un foisonnement. Fondu, le partinium offre une résistance à la traction de 12 à 17 kg. par mm², et un allongement de 12 à 6 %; il sert à fabriquer des carters de moteurs, même pour des machines à vapeur de 30 à 40 chevaux, comme celles de MM. de Dion et Bouton.

forme à la véritable esthétique. A vrai dire, les voitures, dont nous avons vu l'avant disposé de la sorte, n'avaient pas toutes un aspect des plus heureux ; cela ne prouve pas qu'il soit impossible de le leur donner ; comme nous l'avons dit, il suffit de bien peu de chose pour gâter ou pour arranger la silhouette d'une voiture.

Et puis toutes les voitures automobiles ne sont pas aussi laides qu'on se plaît à le dire, ou forcément aussi disgracieuses qu'on s'est parfois plû à les faire. Jusqu'à ces derniers temps, on n'avait que fort peu soigné la carrosserie ; on ne s'était pas donné la peine de la rehausser par une garniture élégante, par une jolie peinture point trop criarde. On commence à entrer dans cette voie et les heureux résultats s'en font déjà sentir.

Certaines voitures offrant par elles-mêmes une masse assez considérable, comme un omnibus, conservent facilement leur bel aspect de carosserie, parce que l'addition du mécanisme n'en change guère l'ensemble. Avec les phaétons et autres voitures légères, il est plus difficile, à cause de l'importance de la partie mécanique par rapport à la masse peu considérable du véhicule, de faire passer la première inaperçue ; et encore la chose est-elle aisée pour les voitures électriques, chez lesquelles le moteur et les transmissions sont réduits à leur strict minimum. Si la plupart des voitures qui ont pris part au concours de fiacres de 1898 avaient un aspect lourd et disgracieux, cela provenait du peu de soin qu'avaient mis les constructeurs soit à choisir les voitures qu'ils avaient utilisées, soit à dissimuler leurs moteurs ; dans ce concours même, les voitures de M. Jeantaud, dont la carrosserie était fort soignée, au concours de 1899, plusieurs des véhicules engagés, dans les deux expositions des Tuileries, les voitures Doré-Bouyssou, Bouquet, Garcin et Schivre, Columbia, Cleveland-Riker, ont montré qu'on pouvait avec l'électricité, faire joli en voitures légères.

Avec le pétrole, la chose est beaucoup moins commode : le moteur avec ses accessoires (carburateur et refroidisseur), les transmissions constituent un ensemble compliqué, qu'il n'est facile ni de dépouiller de son aspect lourd et peu flatteur ni de dissimuler.

Certains trouvent qu'au lieu de chercher à cacher le mécanisme, il faudrait, au contraire, bien mettre en relief ses caractères principaux ; faire pour les voitures automobiles ce qu'on fait pour les locomotives, assurément fort belles à contempler, et dans lesquelles les cylindres, avec leurs bielles et manivelles, la distribution avec ses excentriques et ses coulisses étalent au regard de tous le fonctionnement de l'ensemble. Nous ne partageons par leur avis, pour cette double raison qu'un moteur à pétrole est autrement compliqué qu'une machine à vapeur, que ses transmissions surtout sont beaucoup plus complexes, beaucoup plus dépourvues de cette simplicité qui fait la beauté d'une machine ; et que leur bon fonctionnement, en exigeant leur mise à l'abri de l'eau, de la poussière et un graissage de tous les instants, fait presque une nécessité de les emprisonner dans des carters peu jolis à voir.

Mais pour si difficile que soit le problème, la solution n'en est pas impossible : l'œil, en s'habituant à l'absence du cheval (il n'en est plus à la regretter devant les tramways mécaniques) ne manquera d'ailleurs pas de la faciliter. Comme aussi il faut bien se dire qù'un véhicule, destiné à emporter ses passagers à de grandes vitesses, doit, pour leur inspirer confiance, affirmer des qualités d'endurance par un aspect suffisamment robuste.

CHAPITRE IX

FREINS

216. — **Freins réglementaires.** — Il n'est pas besoin de démontrer l'absolue nécessité pour les automobiles d'avoir de bons freins. Au point de vue administratif, le Règlement sur la Circulation du 10 mars 1899 dispose, dans ses articles 6 et 18, que « le véhicule devra être pourvu de deux systèmes de freinage suffisamment efficaces, dont chacun sera capable de supprimer automatiquement l'action motrice du moteur ou de la maîtriser. L'un au moins de ces systèmes agira directement sur les roues ou sur des couronnes immédiatement solidaires de celles-ci et sera capable de caler instantanément les roues. L'un de ces systèmes ou un dispositif spécial permettra d'arrêter toute dérive en arrière. Dans le cas d'un véhicule à avant-train moteur à bogie l'un des systèmes de freinage à la disposition du mécanicien devra pouvoir agir sur les roues arrière du véhicule..... Chaque véhicule remorqué sera muni d'un système de freins suffisamment efficace et rapide, susceptible d'être actionné soit par le mécanicien à son poste sur l'automobile, soit par un conducteur spécial [1] ».

1. Ces articles ne spécifient pas, comme le faisait le projet de règlement soumis au Conseil d'État que l'un des systèmes de freins peut être remplacé par un dispositif permettant l'emploi du moteur pour obtenir rapidement l'arrêt de la voiture. Mais cela va sans dire : la contre-vapeur, le freinage électrique peuvent certainement être comptés comme l'un des freins. Pour ce qui est du pétrole, quand, dans le moteur, le régulateur empêche l'échappement de se faire, les gaz sont comprimés par le jeu ultérieur du piston, et, si celui-ci reste solidaire des transmissions et de la voiture, l'ensemble supporte un travail résistant qui lui sert de frein. Même quand l'échappement fonctionne, le moteur peut encore faire frein : lorsque

Les freins éteignent la force vive de la voiture en la transformant en chaleur, par le frottement qu'ils produisent sur l'une de ses parties : bandages des roues motrices ou poulies, solidaires, soit de ces dernières soit de l'un des arbres de transmission. De là deux catégories de freins.

217. — 1ʳᵉ CATÉGORIE. Freins agissant sur les bandages. — Ces freins agissent par l'application l'un contre l'autre d'un patin et du bandage [1]; et cette application est presque toujours obtenue par le mouvement du premier vers le second; parfois, cependant, comme dans les voiturettes Bollée et Morisse, c'est le patin qui est fixe.

On sait que la première est actionnée par son unique roue d'arrière, que l'on déplace de manière à tendre ou détendre la courroie, qui transmet le mouvement du moteur à une poulie solidaire de la roue. En amenant cette dernière à sa position extrême vers l'avant, on établit un contact, non pas entre son bandage, mais entre la poulie et un patin de caoutchouc fixé au bâti.

Dans les voiturettes Morisse, l'essieu d'arrière moteur, le pont qui le supporte et les ressorts sont mobiles autour d'un

par exemple, à une descente, les roues marchent plus vite qu'elles ne le feraient si elles étaient seulement actionnées par le moteur, celui-ci, s'il est embrayé, produit sur elles un effet retardateur. Mais ces effets retardateurs ne sauraient remplacer l'un des freins réglementaires. En tout cas, nous ne parlerons, dans ce chapitre, que des freins indépendants du moteur.

1. M. Lagard en a proposé un, fondé sur le jeu d'un sabot d'enrayage, analogue à celui qui est employé dans les voitures d'artillerie, et qui l'a été jusqu'à ces dernières années pour réduire le recul des affûts pendant le tir. Quand on veut que le frein agisse, on laisse retomber les sabots, devant les roues; celles-ci en continuant à tourner passent sur lui. Comme la longueur des cordes ou chaînes qui relient les sabots à la voiture est calculée de façon que les sabots ne puissent être franchis par les roues, ils se placent entre celles-ci et la chaussée; les roues cessent alors de tourner et glissent avec les sabots sur cette dernière. L'inventeur revendique comme avantage de son système que, les bandages ne portant pas sur le sol, le caoutchouc ne se détériore pas. En revanche, la route souffrirait de ce glissement; et au point de vue de la voiture, ce frein aurait le tort de ne pas être progressif et de nécessiter, pour dégager les sabots, après leur action, un léger recul de la voiture.

axe de suspension. Un levier permet de faire mouvoir tout cet ensemble : quand c'est vers l'avant, le moteur est progressivement embrayé et la voiture marche en avant; quand c'est vers l'arrière, le moteur est débrayé et les bandages des roues sont appliqués contre les patins solidaires du châssis de la voiture.

Lorsque le patin est mobile, il est appliqué contre le bandage par le jeu de leviers ou par celui d'une vis, le long de laquelle se déplace un écrou, solidaire d'une tige, qui agit sur une extrémité d'un levier portant, à son autre bout, le sabot. Il est recommandé de faire en sorte que la tige agisse par traction et non par compression. C'est en somme le dispositif, qui est d'un emploi courant sur les voitures ordinaires. Pour les bandages métalliques, le patin se fait en fonte, bois (orme tortillard, buis, on a proposé d'employer le gaïac) ou caoutchouc : la fonte dure plus longtemps; le caoutchouc et le bois donnent un serrage moins bruyant et plus énergique, sans pourtant user les bandages. Pour les bandages en caoutchouc, les patins se font en acier poli.

Les freins agissant sur les bandages ont des inconvénients : 1º Ils ne sont pas instantanés surtout s'ils sont à vis, car plusieurs tours de cette dernière sont nécessaires pour le bloquage; cela est assurément avantageux au point de vue de la bonne conservation de la voiture, mais peut les rendre insuffisants dans les cas assez fréquents où un arrêt immédiat devient nécessaire. 2º Les patins des deux roues ne serrent pas toujours également, et peuvent sur les chaussées glissantes produire des tête-à-queue [1]. 3º Ils provoquent une assez grande usure des bandages, surtout quand les roues calées glissent sur le sol : ce calage peut fort vite produire l'arrachement des caoutchoucs, par le décollage des pleins et le cisaillement des boulons de sûreté

---

1. MM. de Dion et Bouton ont proposé d'appliquer un train d'engrenage différentiel au milieu de l'arbre unique dont la rotation produit le serrage des deux patins ; mais ce serait compliquer beaucoup le mécanisme.

des pneus. Aussi la plupart des roues caoutchoutées ne sont-elles pas munies de freins sur leurs bandages; ils doivent surtout être proscrits avec les pneumatiques.

Et pourtant les freins à sabots offrent de sérieux avantages : 1° Ils agissent avec un bras de levier égal au rayon des roues, donc le plus grand possible ; 2° ils sont d'un mécanisme simple et d'un fonctionnement sûr; 3° aux descentes, ils produisent un serrage gradué, qui peut être continu sans demander au chauffeur aucun effort ; 4° aux montées, ils empêchent la voiture de reculer.

En somme, ils constituent par essence des freins de régime plutôt que d'arrêt rapide; et, dans l'espèce, on ne peut les utiliser comme tels, à cause de la grande usure qu'ils produisent sur les bandages. Puisqu'ils doivent être considérés comme freins de secours, il semble préférable de les manœuvrer à l'aide d'un levier, qui paraît seul capable de leur donner un peu de cette rapidité qui est la raison d'être des freins de secours.

218. — 2° CATÉGORIE. **Freins agissant sur des poulies.** — Cette catégorie est celle des freins à enroulement : le bras de levier par lequel ils agissent a beau être moins grand qu'avec les freins à patins, le frottement croît fort vite avec l'angle d'enroulement et au demeurant le serrage est très intense : il peut l'être assez pour que l'arrêt devienne instantané. Ces freins utilisent soit une lame en métal flexible, soit une corde.

a) Freins à lames. — L'enroulement n'est en général que des trois quarts de la circonférence. La lame est recouverte d'une courroie de cuir ou de poil de chameau ou garnie de taquets de bois pour augmenter l'adhérence; à l'aide d'un jeu de leviers[1] on applique la lame contre la poulie; la rotation de la roue tend à augmenter cette application et précipite le serrage. La poulie

---

1. Ordinairement un bout de la lame est attaché à un axe fixe, autour duquel tourne un levier, dont une extrémité est articulée à l'autre bout de la lame et la seconde avec une barre de traction, commandée par le chauffeur.

est, en général montée sur l'un des arbres secondaires de la transmission [1].

219. — *b) Freins à cordes.* — L'enroulement peut être d'un nombre arbitraire de tours ; la puissance est pour ainsi dire sans limite, l'instantanéité presque complète.

Le prototype et le représentant presque universellement employé de cette classe est le frein du capitaine Lemoine, bien connu puisqu'il est d'usage constant sur les omnibus de Paris, chez lesquels il produit à la fois le serrage du câble sur une frette du moyeu et l'application du patin sur les bandages. Pour les automobiles, il offrirait deux inconvénients, celui de caler les roues et de produire des méplats sur les bandages par frottement de ceux-ci sur le sol, et celui d'user les bandages par l'application des sabots. Aussi l'a-t-on modifié : on l'a rendu modérable et on a supprimé les patins. A la corde de chanvre conique, garnie de taquets de bois, qui avait le défaut de varier de longueur sous les influences atmosphériques et de s'user trop vite, on continue à substituer comme le fait l'inventeur, un câble plat et souple, en fils d'acier dont le nombre est proportionné à la section qui doit être variable, et garni de taquets de bois, de cuir ou de linoléum, parfois de cuivre ou de fer.

Les avantages des freins à enroulement, leur puissance et leur quasi-instantanéité, en font les accessoires presque obligés d'une automobile. Mais ils ont aussi des inconvénients : 1° il faut exercer une pression sur une pédale pendant tout le temps

---

1. Il est pourtant un frein à lame, monté sur le moyeu des roues, celui de M. Lehut et même un autre, celui de MM. Cloos et Schmaltzer, appliqué sur une couronne, à l'intérieur de ce moyeu. Les avantages de ce dernier système (qu'on trouve décrit dans Milandre et Bouquet, *Voitures automobiles*, t. I, p. 202) sont d'être dissimulé dans le moyeu, et protégé contre la boue, la poussière et les matières grasses d'usage constant en automobilisme, qui en supprimant le frottement paralysent plus d'une fois l'action des freins. Les inconvénients sont d'être délicat à construire, difficile à visiter et d'agir sur une poulie de diamètre inférieur à celui des poulies ordinaires de freins, partant d'être moins puissant. Avantages et inconvénients réduisent l'application du système aux voitures légères de luxe.

qu'on veut les faire agir, à moins qu'on n'ait recours, comme dans les voitures Landry-Beyroux (§ 274) à un dispositif spécial pour les maintenir serrés ; 2° l'échauffement qui résulte du frottement des taquets contre la poulie, lorsque le serrage se prolonge, pourrait produire l'inflammation du bois, si on n'avait soin de ne serrer le frein que par intervalles ; pour les voitures destinées à circuler en montagne, on remplace les taquets de bois par des taquets de métal, qui durent plus longtemps mais ne donnent qu'un frottement moins énergique ; 3° ils ne serrent que dans le sens de la marche avant, qui seule produit l'application du câble sur le tambour ; la marche arrière rompt, au contraire, toute adhérence entre le câble et la poulie.

Les avantages et les inconvénients des freins à enroulement en font les freins intermittents et instantanés par excellence, à l'inverse de ce qui a lieu pour les freins à patins. Les deux systèmes se complètent donc fort heureusement l'un l'autre. Aussi les trouve-t-on pour ainsi dire toujours associés sur les automobiles à bandages métalliques, assez souvent conjugués comme dans l'omnibus Weidknecht où ils peuvent être mis en action ensemble ou séparément. Dans les voitures à bandages de caoutchouc, où le patin n'est guère de mise, on dispose habituellement un frein à lame sur l'arbre différentiel et un frein à corde sur chacune des roues motrices. Ces freins sont commandés par des pédales, qui commencent avant de les actionner par supprimer l'action du moteur, comme le demande l'article 6 du Règlement.

Le défaut que nous avons signalé pour les freins à enroulement de ne serrer que dans la marche avant est grave, parce qu'il touche à la sécurité de la voiture. Mais on peut, à l'aide de dispositifs variés assurer aux freins la faculté de serrer dans les deux sens. Nous allons donner quelques exemples de freins à double effet.

220. — **Frein Jeantaud.** — Il est muni de deux câbles enroulés en sens inverse, de manière à correspondre l'un à la marche

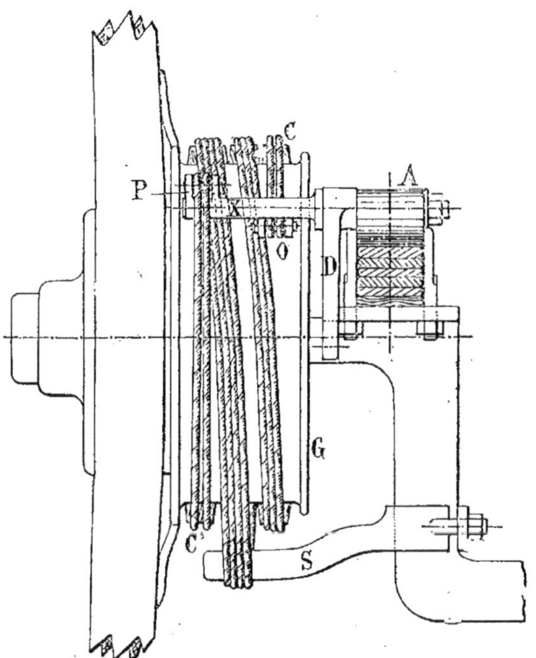

FIG. 230 — Frein *Jeantaud*.
Élévation transversale.

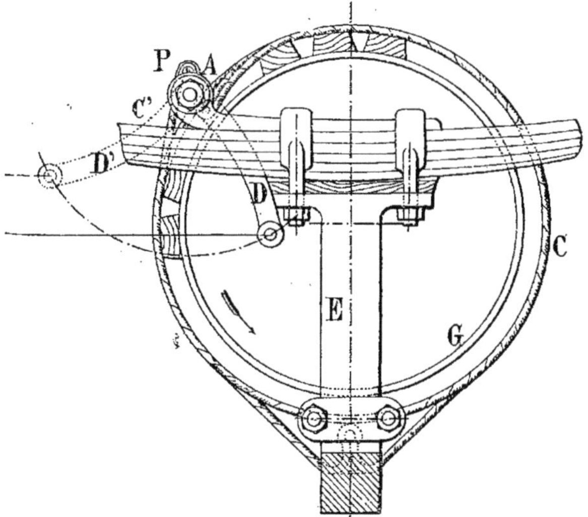

FIG. 230 *bis*. — Frein *Jeantaud*.
Élévation longitudinale.

avant, l'autre à la marche arrière (fig. 230 à 230 *ter*). Ces câbles sont fixés, d'une part à une pièce S, reliée rigidement à l'essieu E du véhicule, d'autre part à deux chapes O et P, montées sur un axe X, qui peut pivoter dans le support A, fixé lui-même sur le ressort de suspension. Le câble C', partant de la pièce d'attache S, s'enroule de droite à gauche. Lorsque l'on veut enrayer : 1° la voiture marchant en avant, on amène le levier D en D'; ce dernier entraîne l'axe X et les chapes O, P, et cette

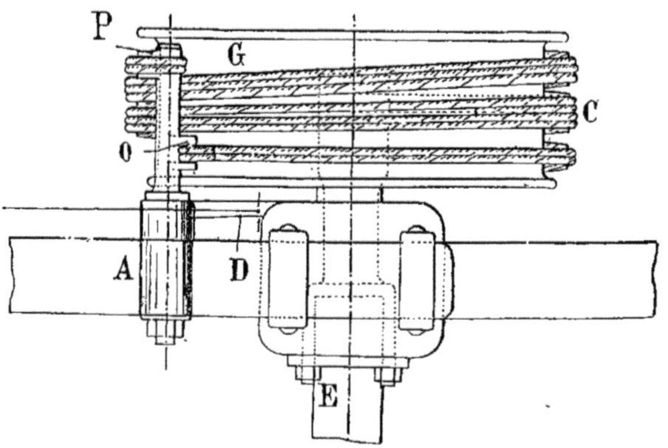

Fig. 230 *ter*. — Frein *Jeantaud*.
Plan.

dernière applique les taquets du câble C' contre le tambour, dont la rotation achève le freinage; 2° la voiture marchant en arrière, le même mouvement de levier serre les taquets du câble C. Dans les deux cas, le câble inutilisé applique néanmoins ses taquets sur le tambour, supprimant ainsi tout jeu.

221. — **Frein Hautier.** — Les extrémités de la corde d'enroulement sont fixées aux deux palonniers AH, BG (fig. 231). Quand on tire le levier *bc*, de façon que l'extrémité *b* vienne en avant, les diverses pièces se meuvent dans les sens indiqués par les flèches, les palonniers sont appliqués contre les bords antérieurs de leurs glissières; H sert de point d'appui, et le frein serre pour la marche avant. Il serre pour la marche arrière, quand c'est l'extrémité *c* du levier *bc* qui est tirée vers l'avant.

224 bis. — Frein Renault (fig. 231 *bis*). —. La lame en acier, recouverte intérieurement d'une courroie en poil de chameau,

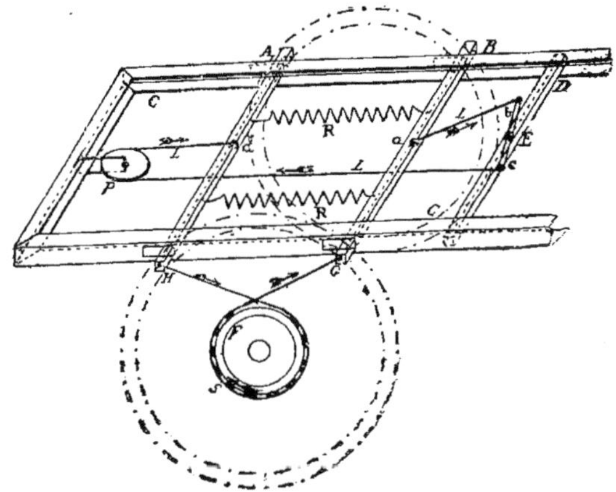

Fig. 231. — Frein à double effet *Hautier*.

entoure 1 2/3 fois le tambour en acier ; elle est représentée par la figure de détail dont les points marqués *a f* ne sont autres que

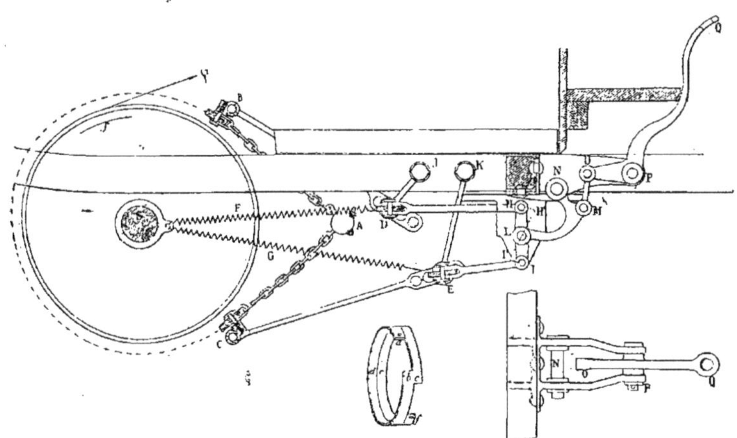

Fig. 231 *bis*. — Frein *Renault*.

B et C de la grande figure. Les chaînes BA, CA relient lés extrémités de la lame au point A (solidaire de l'essieu S) sur lequel s'exercent tous les efforts du freinage ; les bielles BD, CE relient les mêmes extrémités aux biellettes JD, KE. Tous les organes que nous venons d'énumérer existent sur les deux côtés du châssis ; les biellettes JD, KE sont reliées avec leurs analogues par les barres de fer plat D, E, dont les milieux sont réunis par des ressorts puissants F, G, à un collier entourant l'essieu. Ces ressorts rappellent les bielles BD, CE vers l'arrière et par cela même éloignent les lames des tambours, de façon que ces lames n'exercent sur eux aucun frottement, quand on ne veut pas serrer les freins. Pour les en rapprocher, on n'a qu'à appuyer sur la pédale Q ; par le jeu des leviers que montre la figure, les lames sont collées sur les tambours et le serrage se produit. Si la voiture marche en avant, les roues tournent dans le sens des flèches f il se développe entre les lames et leurs tambours une composante de frottement telle que φ, la chaîne BA se distend, le levier HI prend la position H′I′, la chaîne CA se tend et l'effort du freinage se produit en A. Inversement, si la voiture marche en arrière, c'est la chaîne CA qui se distend et la chaîne BA qui se tend, reportant toujours l'effort du freinage sur le point A. On voit donc que le frein serre automatiquement dans le sens voulu [1].

222. — Frein Krebs. — C'est aussi un frein à double effet, mais ne fonctionnant pas, comme ceux que nous venons de décrire, par enroulement. Il agit, comme les freins de notre première catégorie, par simple application de ses mâchoires, et, comme ceux de la seconde, il est monté sur un tambour qu'il embrasse complètement.

---

1. M. A. Bollée munit aussi ses voitures d'un frein à double effet.

M. Jubel construit son frein *d'entraînement circulaire automatique*, qui pourrait être employé par les automobiles, mais qui ne l'a été, croyons-nous que pour les bicyclettes (*Locomotion automobile*, décembre 1895, p. 271).

La Société Gondefer, Gros et Pichard a fait breveter un frein pour motocycles et automobiles, logé à l'intérieur de l'enveloppe du différentiel, et agissant directement sur sa roue de commande (*France automobile*, 26 février 1899, p. 105).

La figure 232 en montre le principe : quand on tire la tige T dans le sens de la flèche, les deux mâchoires B, C, articulées en *a* sur une pièce A solidaire du châssis, sont serrées contre

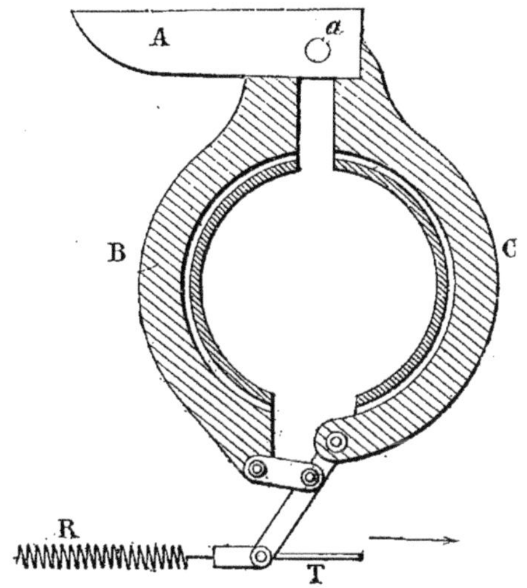

Fig. 232. — Frein *Krebs* à double effet.

le tambour. Dès que la traction cesse sur la tige T, le ressort R les en écarte.

222 bis. — **Cliquet et Béquille.** — Quand les voitures ne sont pas pourvues d'un frein serrant dans la marche arrière (ce qui est le cas de beaucoup d'entre elles), il faut avoir recours à un dispositif spécial pour empêcher le recul : soit un cliquet, que le chauffeur amène au moment voulu au contact d'une roue à rochet disposée sur le moyeu d'une roue motrice [1] et qui empêcherait cette dernière d'aller en arrière ; soit une béquille, qu'on laisse traîner dès que commence la côte, et qui, en s'arc-boutant sur le sol, s'opposerait à tout recul [2].

[1]. Parfois le rochet est placé sur la boîte du différentiel ; cette disposition est mauvaise, car la rupture ou la chute des chaînes prive la voiture de tout moyen d'arrêter une dérive en arrière.

[2]. Le baron A. de Rothschild a imaginé un dispositif assez commode pour laisser tomber et relever la béquille. (*France automobile*, 1er octobre 1896, p. 341).

Mais, comme on peut oublier, au bas d'une côte qu'il faut gravir, de laisser retomber le cliquet ou la béquille, ou, comme ces organes, dont on ne se sert dans les pays plats que rarement, peuvent au moment voulu refuser tout service (surtout par l'effet d'un dérangement dans le dispositif, qui permet de les abaisser), nous ne saurions trop engager les chauffeurs à exiger de leur constructeur un frein à enroulement agissant dans les deux sens de la marche ; c'est l'organe de sécurité par excellence.

CHAPITRE X

APPAREILS DE GRAISSAGE

223. — **Matières diverses employées pour le graissage.** — Dans les automobiles, le graissage est d'extrême importance pour éviter les grippages aux grandes vitesses. Il est difficile, parce qu'il doit s'exercer en maints endroits, pour la plupart hors de la surveillance directe du chauffeur, tout au moins en cours de route. Multiples sont, en effet, les pièces à graisser : bâti du moteur, cylindres, mécanismes de distribution et de régulation, engrenages des changements de marche, de vitesse, du différentiel, pignons et roues, chaînes, paliers et en général toutes pièces frottantes (butées des tiges de soupape, godets des plateaux d'embrayage, articulations des leviers, organes de la direction...).

Les matières employées sont assez diverses, pour être appropriées aux buts qu'on leur assigne : ainsi leur viscosité doit être en rapport avec l'intensité des pressions supportées par les pièces, avec la façon dont elles sont amenées au contact des surfaces à lubrifier. Elles ne doivent bouillir et s'enflammer qu'à un degré d'autant plus élevé qu'elles sont appelées à graisser des organes plus chauds, comme ceux des moteurs à vapeur surchauffée ou à pétrole : cette condition est des plus impérieuses, car, si les huiles brûlaient et se décomposaient, elles pourraient produire le calage du moteur. Celles qui sont destinées à être employées en hiver doivent ne pas se congeler[1].

Il est avantageux qu'elles soient aussi stables que possible, et cette stabilité est liée de façon étroite à leurs qualités chimiques (acidité, oxydabilité....) : ainsi les huiles végétales plus ou moins siccatives ne sont pas d'un emploi recommandable; les huiles minérales sont plus neutres que d'autres et n'attaquent pas les métaux qu'elles lubrifient. Le pouvoir réducteur du frottement lui-même doit être prpportionné à l'importance qu'il y a d'assurer le jeu facile des pièces[2].

On se sert principalement : de suif fondu, pour les chaînes; de graisse consistante ou caoutchoutée, pour les pignons et roues de chaînes, les paliers; d'huile animale, autant que possible de pied de bœuf ou de mouton, pour les boîtes de roue patent; d'huiles concrètes pour les cylindres à vapeur; d'huiles fluides pour les cylindres à pétrole. On emploie beaucoup pour ces derniers des huiles minérales ou oléonaphtes[3], ne commençant à bouillir qu'au-dessus de 300°. On n'utilise qu'elles pour le grais-

---

1. Un moyen pratique de retarder le point de congélation consiste à ajouter à l'huile un peu de pétrole lampant, 1/10e quand le thermomètre est voisin de 0°, un peu plus si la température est notablement plus basse.

2. Nous n'avons pas besoin de faire remarquer quel intérêt il y aurait à être exactement renseigné sur les qualités de ces produits si variés, de manière à employer toujours pour un même usage celui qui lui convient le mieux. Or, si un examen superficiel permet à un praticien d'apprécier assez bien à froid la consistance d'une huile, il ne peut déterminer ce qu'elle deviendra aux températures diverses des organes qu'elle lubrifie.

M. A. Chenevier, chef de laboratoire aux Chemins de fer du Midi, a imaginé un appareil, qui permet d'établir le diagramme des fluidités d'une huile à divers degrés jusqu'aux températures maxima qu'elle est appelée à subir dans un cylindre à vapeur à haute pression, soit 200°. Pour les moteurs à pétrole ce serait insuffisant. Il serait désirable, tant la question de graissage est importante, au point de vue du bon fonctionnement et de la dépense qu'on fit, pour les huiles destinées à l'automobilisme, ce que M. Chenevier a fait pour celles en usage dans les chemins de fer.

Voir *Revue Industrielle*, 7 janvier 1899, p. 8.

3. On fabrique actuellement des oléonaphtes d'aspects et de propriétés les plus divers, depuis les huiles fluides comme de l'eau jusqu'aux graisses consistantes comme du suif.

sage du bâti et des cylindres ; afin de simplifier, on peut aussi les employer pour les mécanismes de distribution, les engrenages, les articulations...

224. — Procédés de graissage. — Les procédés pour mettre en œuvre ces diverses matières sont eux-mêmes fort variés : pour les chaînes on les trempe dans le suif fondu et on les remet en place quand le suif est refroidi ; certains les graissent sur place à l'huile, avec un pinceau ou même une burette. Pour les pignons, les roues de chaînes, les engrenages découverts, on les enduit de graisse consistante avec une brosse, quelquefois de graisse caoutchoutée chaude avec un pinceau. Pour les paliers, les engrenages d'angle, les articulations, on emploie surtout des trous graisseurs, alimentés à la burette. Dans les boîtes de roue patent, on met une ou deux cuillerées d'huile. Pour les pièces enfermées dans des carters (manivelles, engrenages de changement de vitesse, différentiel), le graissage se fait de lui-même par simple barbotage dans l'huile : il suffit de renouveler de temps à autre la provision du liquide. Ces modes de graissage sont, le dernier surtout, très efficaces ; mais leur simplicité est telle qu'il suffit de les indiquer sans s'y arrêter.

En général, les chauffeurs inexpérimentés graissent beaucoup trop le moteur : il suffit, pour s'en rendre compte, de remarquer qu'une machine à vapeur de 500 chevaux est suffisamment graissée par une goutte d'huile à la minute ; un moteur à essence comme ceux qu'utilise l'automobilisme doit se contenter de 6 à 8 gouttes par minute. Il ne faut pas oublier qu'un excès de graissage est nuisible, parce qu'il trouble la composition du mélange carburé et fait perdre à l'explosion une partie de sa force.

225. — Appareils graisseurs. Conditions qu'ils doivent remplir. — Les modes de graissage qui doivent attirer un peu plus longuement notre attention, parce qu'ils sont d'un fonctionnement plus délicat, sont ceux qui au lieu de mettre une fois pour toutes l'organe en présence de la quantité de lubrifiant qui lui est nécessaire pour une course plus ou moins longue, lui envoient, pour ainsi dire à chaque instant la parcelle qui lui est indispensable pour son fonctionnement actuel. Les graisseurs de ce genre devraient satisfaire aux conditions suivantes :

1º Être sûrs, malgré les trépidations de la voiture, les variations atmosphériques, le plus ou moins de fluidité de l'huile;

2º N'être pas exagérés, afin d'éviter les projections de matières;

3º Quand ils s'adressent à divers points soumis à des pressions et à des frottements inégaux, permettre de régler le débit de chacun indépendamment de celui des voisins;

4º Être faciles à arrêter et à remettre en marche en même temps que le moteur, ou tout au moins que la voiture, ou mieux s'arrêter et repartir automatiquement avec eux.

Ces conditions multiples sont rarement réunies dans un même appareil.

Les graisseurs peuvent être divisés en deux grandes classes, suivant qu'ils sont basés sur le jeu naturel de phénomènes physiques (gravité, condensation de la vapeur, aspiration des pistons, pression), ou qu'ils sont actionnés mécaniquement.

226. — 1º Graisseurs physiques. — a). *A gouttes descendantes.*
— En général, ils sont peu sûrs; si leur fonctionnement n'est pas à chaque instant vérifiable par la chute de la goutte dans un tube de verre, il faut les rejeter.

Oléopolymètre Hochgesand. — Exploité, en France, par la maison R. Henry (fig. 233, 234) : il est constitué par une boîte en bronze de 10 cm. $\times$ 5 cm., dont la longueur varie suivant le nombre de débits demandés, de façon à contenir 150 gr. d'huile par débit. Chacun d'eux est réglé séparément par une tige, conique à son extrémité, reposant sur un écrou moletté, par l'intermédiaire d'un bouton articulé. Quand le bouton articulé est couché, tout débit est arrêté; quand il est relevé, l'huile s'échappe dans la proportion réglée par la position de l'écrou moletté; quand la tige est soulevée, l'huile coule à flot, de manière à remplir vite la tuyauterie au moment de la mise en marche.

L'écrou moletté se prolonge par un tube plongeur dans lequel se trouve logé le ressort qui maintient la tige régulatrice. « L'air ne pouvant rentrer dans la boîte que par l'espace compris entre la tige régulatrice et le tube plongeur, l'écoulement de l'huile est maintenu constant, quel que soit le niveau de l'huile dans la boîte: en effet, cet écoulement ne dépend que de la hauteur

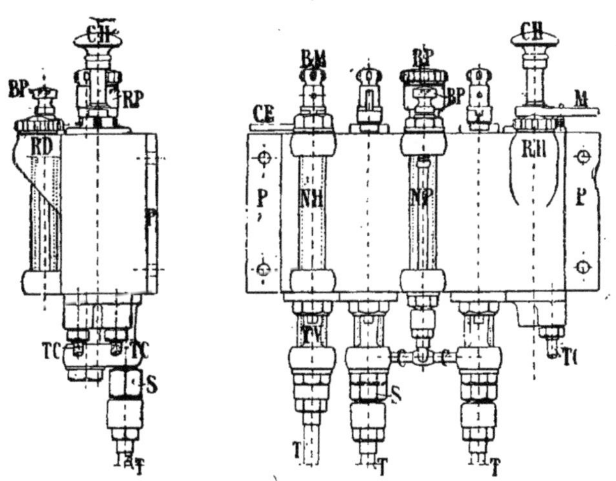

Fig. 233 et 234. — Oléopolymètre *Hochgesand*.

comprise entre le bout inférieur du tube et l'extrémité du bec compte-gouttes. »

Chaque départ d'huile est muni d'une soupape très légère empêchant le refoulement vers l'appareil. Pour éviter que les fuites de gaz autour des pistons créent dans la chambre des manivelles une contre-pression empêchant le fonctionnement de ces soupapes, on applique sur cette chambre des soupapes de décharge s'ouvrant de dedans en dehors.

Graisseur Holt. — Graisseur automatique pour cylindres (fig. 235), fondé sur le jeu d'un diaphragme A : lorsque le piston du moteur aspire le mélange carburé, le diaphragme se soulève, et la soupape S laisse passer une certaine quantité d'huile, qui va au cylindre. Cette quantité est d'ailleurs toujours la même, parce que le vase communique avec l'atmosphère par le trou *o* et que le cylindre C est maintenu plein, grâce au tube [T, par lequel le liquide est aspiré, quand le diaphragme se soulève; le liquide retombe dans le cylindre par la rainure R.

Graisseur Brünler. — Graisseur continu pour cylindre. Le piston creux P (fig. 236) est muni des canaux *a*, *b* dans lesquels passe le tuyau *t*, par lequel l'huile ou la graisse sous pression arrive dans la rainure *r*, recouverte par la bande de métal *p*, perforée

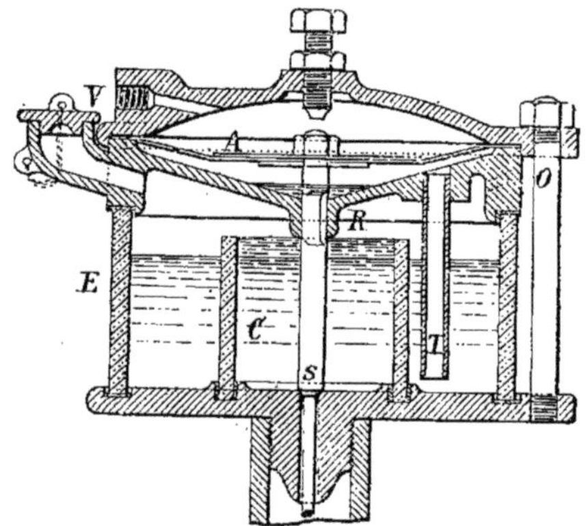

Fig. 235. — Graisseur *Holt*.

de trous; ces trous [distribuent l'huile sur tout le pourtour du piston. Un courant d'eau pénètre, par les canaux *a* et *b*, à l'intérieur du piston, et, après avoir refroidi celui-ci ainsi que le lubrifiant, s'échappe par le canal *d*. Ce graisseur est assurément combiné pour amener la matière aux points où elle est nécessaire; mais n'y a-t-il pas à craindre avec lui l'obstruction du tube *t* ?

b) A gouttes ascendantes. — **Graisseur Consolin**. — Il est spécial à la vapeur, et basé sur la condensation de cette dernière audessous de l'huile, qui est ainsi chassée vers le haut[1].

1. D. Farman, *Les Automobiles*, p. 277.

La plupart des graisseurs physiques ont l'inconvénient de ne pas s'arrêter avec le moteur : si on oublie d'interrompre leur marche, l'huile continue à couler inutilement.

227. — 2° GRAISSEURS MÉCANIQUES. — *A, non automatiques.* — **Graisseur Coup de poing**. — Le plus simple de tous : il est disposé

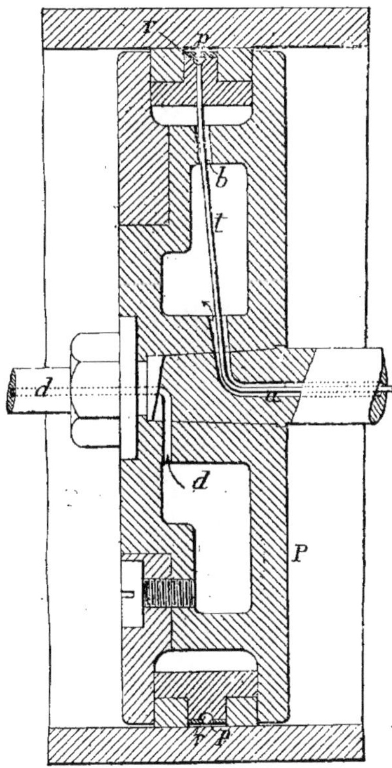

FIG. 236. — Graisseur [*Brünler*.

à portée du chauffeur, qui, en route, l'actionne de temps à autre Il a un fonctionnement très sûr ; beaucoup de très bons constructeurs l'emploient pour graisser le cylindre.

B, automatiques. — *a*) *à compression.* — **Graisseur Mollerup.** — Employé pour les cylindres à vapeur ; nous ne le décrirons pas : il ne diffère du graisseur Terminus ci-après que par la substitution au rochet et au cliquet qui s'usent trop vite et qui font du bruit d'un autre organe; on lui préfère ce graisseur, parce qu'il est moins lourd et qu'il se prête à un réglage plus précis de la quantité d'huile injectée.

Graisseur Terminus Drevdal (fig. 237). — A est un cylindre plein d'huile, dans lequel se meut le piston D, monté en écrou mobile sur la vis E; cette vis tourne sous l'action de la roue

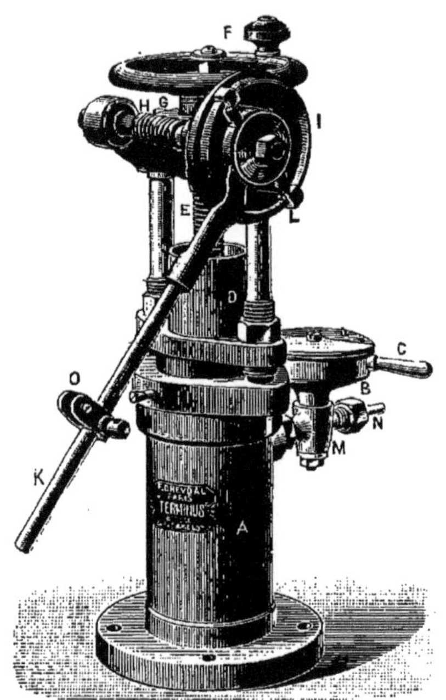

Fig. 237. — Graisseur Terminus *Drevdal*.

hélicoïdale G, que commande une vis sans fin, sur l'axe de laquelle est calée la roue d'entraînement I. Cette roue, qui remplace le rochet de Mollerup, porte sur chaque face un cordon en saillie, sur lequel mord le chien L. K est une tige formant l'extrémité d'une chape montée sur le rayon de la roue; O un curseur qu'on attelle à une petite bielle, qui reçoit de la machine un mouvement de faible amplitude (2 à 3 cm). L'huile chassée par la descente du piston est amenée au point à graisser par un petit tube de cuivre, avec soupape de retenue pour le maintenir plein pendant les arrêts de l'appareil[1].

229. — *b) aspirants et foulants.* — Dans cette classe se rangent d'abord toutes les pompes reliées directement à un organe de la machine, sans réduction de mouvement, ce qui limite leur usage

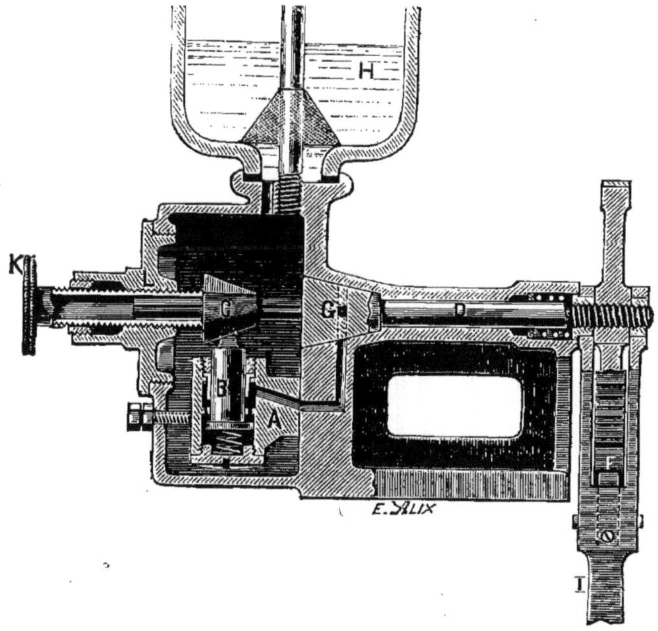

Fig. 238. — Oléopompe *Drevdal.*

aux machines de faible vitesse ; ensuite, quelques appareils un peu plus compliqués.

Oléopompe Drevdal (fig. 238). — Dans le corps de pompe A, toujours plein d'huile, parce qu'il communique avec le récipient H, se meut le piston B ; ce piston s'abaisse sous l'action de la

---

1. Le type de 300 gr. d'huile est employé par les voitures Scotte : il permet d'effectuer 130 km. sans nouveau remplissage. Pour les voitures plus légères, il existe des appareils en aluminium d'une contenance de 100 à 50 gr.

came double C, montée sur l'arbre D, et se relève poussé par le ressort qu'on voit au-dessous de lui. Ce mouvement vers le haut, qui produit l'aspiration de l'huile, a lieu deux fois par tour, brusquement; le mouvement de descente, qui produit le refoule-

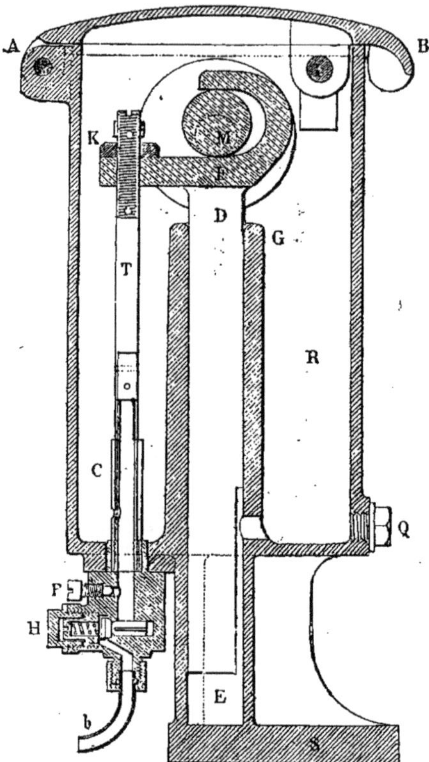

FIG. 239. — Graisseur multiple *Bourdon*.

ment se produit d'une façon presque continue. Le cône G joue le rôle de tiroir de distribution, faisant communiquer alternativement le corps de pompe avec le réservoir d'huile et avec le tuyau distributeur de l'huile.

L'arbre D est entraîné par un rochet, sous l'action du cliquet F, porté par le levier I, qui participe à un mouvement de faible amplitude du moteur.

L'oléopompe sert pour le graissage des cylindres à pétrole ; on peut le construire à plusieurs tuyaux de refoulement.

Graisseur multiple Bourdon (fig. 239). — Le récipient R est traversé à sa partie supérieure par l'arbre M, qui reçoit son mouvement par un rochet, un cliquet et un levier, non représentés sur la figure, mais tout à fait semblables à ceux de l'oléo-

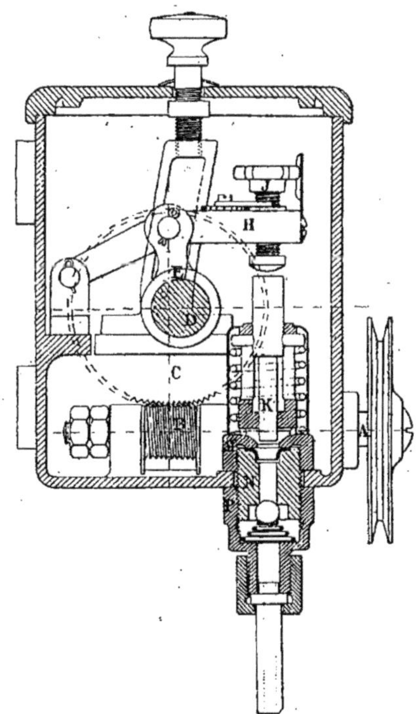

Fig. 240. — Graisseur à départs multiples *H. Hamelle*.

pompe Drevdal. Cet arbre porte un excentrique, qu'embrasse la fourchette F, animée par suite d'un mouvement vertical alternatif. Sur la branche inférieure de cette fourchette sont vissés autant de pistons T, qu'il y a de pièces à graisser. Chacun d'eux se meut dans un corps de pompe C, percé d'un trou pour l'aspiration de l'huile du réservoir par le piston ; chacun est aussi muni d'une chemise, chargée, lorsque le piston descend, d'empêcher tout retour de l'huile au réservoir. Comme l'effet utile commence au moment où cette chemise recouvre l'orifice, on comprend qu'en vissant plus ou moins la tige T dans la fourche F on fait varier le débit de la pompe. L'huile refoulée est conduite par le tuyau *b* au point à graisser. H est un clapet de retenue, qui empêche la vidange du tuyau.

Graisseur à départs multiples Henry Hamelle (fig. 240). — Le mécanisme en est renfermé dans une caisse rectangulaire, qui porte, à sa partie inférieure, les conduites de départ d'huile. Chacun de ces départs est desservi par une pompe NK, dont le corps N reçoit, à sa partie supérieure, un cuir embouti, et à sa partie inférieure, le clapet de refoulement P. Le piston K porte une traverse, poussée par un ressort, et qui limite sa course ascendante. L'huile pénètre dans la pompe par la crépine en toile métallique, qui entoure la pièce K. Le piston est poussé vers le bas, pour le refoulement de l'huile, par le levier H qu'actionne la manivelle E montée sur l'arbre D; celui-ci est lui-même commandé par le moteur, grâce à la roue dentée C, à la vis sans fin B et à la poulie A, dans la gorge de laquelle on place une corde sans fin. Le débit de chaque pompe est réglé par la vis qui traverse le levier H, et dont le vissage à fond correspond au débit maximum : une ingénieuse disposition permet de régler la position de cette vis à un sixième de tour.

TROISIÈME PARTIE

LES VOITURES

CHAPITRE PREMIER

VÉHICULES A VAPEUR

230. — **Schéma d'une voiture à vapeur.** — Il est, après ce que nous avons dit, facile à esquisser et doit comprendre :

Un générateur et le moteur qu'il alimente, ordinairement placés l'un près de l'autre, à l'avant du véhicule, sous la surveillance directe de l'unique mécanicien qui suffit à leur service ; parfois séparés, et alors le générateur placé à l'arrière, avec le chauffeur qui lui est affecté.

Des réservoirs à coke et à eau, les premiers à portée du chauffeur, les seconds dissimulés sous les banquettes des voyageurs ou placés sous le châssis de la voiture.

Un condenseur à air le plus généralement disposé sur le toit.

Une transmission par engrenages, avec un changement de vitesse, deux au plus ; l'élasticité du moteur suppléée aux organes mécaniques.

Un différentiel pour assurer l'indépendance des roues motrices dans les virages.

Des chaînes Galle ou un essieu articulé pour transmettre le mouvement aux roues.

Aucun organe de marche arrière : cette dernière est assurée par le renversement de marche du moteur.

Un frein, agissant directement sur les roues (il peut suffire, parce que la contre-vapeur est comptée comme l'un des freins réglementaires.) Pas d'organe spécial contre le recul.

Deux essieux, l'un à deux pivots ou à cheville-ouvrière pour assurer la direction.

Un châssis.

Une caisse.

Des appareils de commande et de graissage.

1° Omnibus, camions et tracteurs.

231. — Omnibus d'Amédée Bollée père. — M. Amédée Bollée père, dont nous avons plus d'une fois prononcé le nom, à propos des ingénieuses découvertes dont l'automobilisme lui est redevable, est certainement le premier qui ait réalisé chez nous une voiture pratique. Dès 1873, il circulait avec l'*Obéissante*, en somme fort peu différente de *La Nouvelle*, qui, construite en 1880, prenait en 1895 à la course de Paris-Bordeaux une part honorable, se classant 9ᵉ à l'arrivée, où elle représentait seule la vapeur.

La Nouvelle est un omnibus de forme ordinaire, à l'avant duquel se trouve une assez large plate-forme destinée à recevoir la chaudière Field et le moteur à cylindres inclinés déjà décrits (§ 27 et 42). Celui-ci attaque par chaînes Galle l'essieu d'arrière moteur muni du différentiel. La direction s'opère par l'essieu d'avant du système A. Bollée. Avec le chauffeur, le mécanicien et ses 8 voyageurs, il pèse 4.600 kgr et fait normalement 28, exceptionnellement 45 km. à l'heure. Depuis 1883, la maison Bollée ne construit plus de véhicules à vapeur.

232. — Omnibus de Dion-Bouton. — C'est un omnibus (fig. 241) à caisse fermée [1], pour 12 ou 14 voyageurs assis, ayant à l'avant une plate-forme pour la chaudière, le moteur et leurs deux servants, à l'arrière une plate-forme pour 4 voyageurs debout,

---

1. Voir pour plus de détails *Génie civil*, 20 novembre 1897, *Rapport de la Commission du concours des poids lourds de 1897*.

au-dessus une galerie pour recevoir 40 kg. de bagages par place.

Nous en avons décrit la chaudière (§ 28) et le moteur de

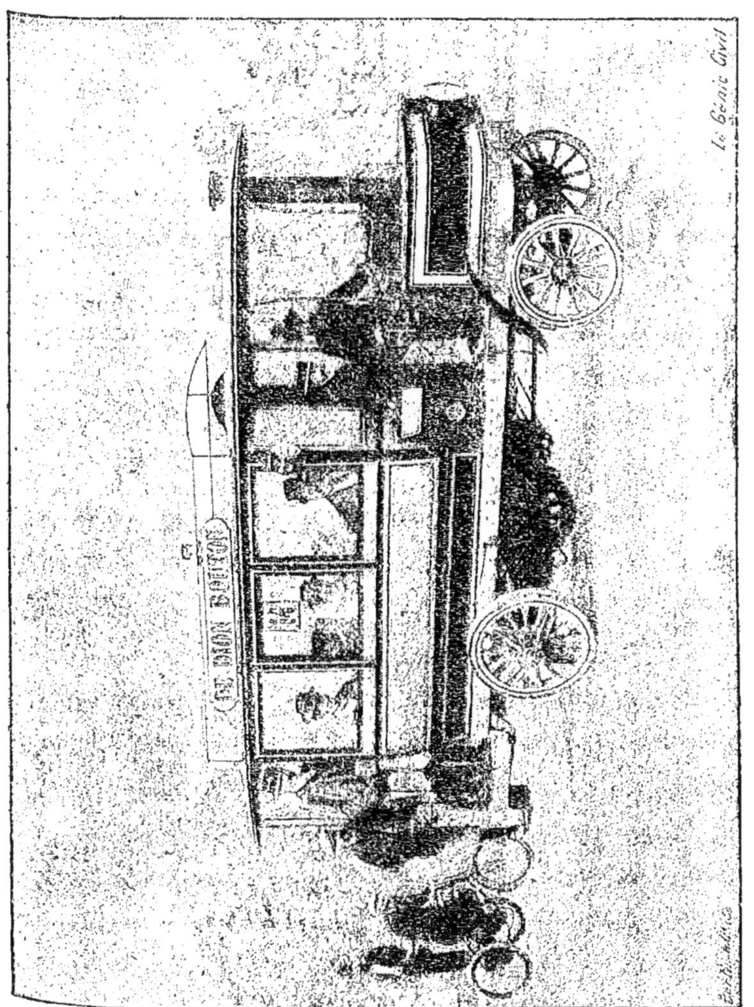

Fig. 241. — Omnibus à vapeur de Dion-Bouton.

25 chevaux (§ 47.) Les têtes de bielles des pistons sont reliées aux boutons des manivelles des deux volants, dont l'arbre porte

deux pignons de changement de vitesse. Ces pignons peuvent être successivement amenés en prise avec ceux montés sur un 2ᵉ arbre, qui porte en outre une roue dentée engrenant avec celle du différentiel. Ce dernier est situé sur un 3ᵉ arbre [1], dont les deux extrémités portent des boîtes en acier forgé le reliant aux tiges à la Cardan de l'essieu articulé, qui commande les roues motrices par le dispositif que nous connaissons (§ 179).

Ces roues, folles autour de leurs fusées, qui font un angle de 5° avec l'horizontale, sont à moyeu métallique, avec rais de bois disposés suivant les génératrices d'un cône dont l'angle au sommet est de 170°; elles ont 1 m. de diamètre extérieur. Les roues d'avant, qui n'ont que 0 m. 80 de diamètre sont montées sur pivots et commandées par tiges articulées et guidon droit. Les unes et les autres ont des bandages en fer.

Un frein Lemoine à corde d'acier est monté sur les moyeux des roues motrices, un frein à enroulement sur l'arbre à la Cardan.

Le châssis, en fer cornière, soutient au-dessous de lui, entre les deux essieux, la caisse du moteur. Les caisses à eau sont cachées sous les banquettes d'intérieur; le dessous du siège est occupé par un tiroir pour les accessoires et par l'appareil de graissage automatique des cylindres; la soute à coke et le réservoir à huile sont à l'avant de la voiture.

Largeur (toutes saillies comprises) 2 m., empattement 3 m. 10, longueur totale 6 m. 35, poids en ordre de marche 6.640 kg. [2], dont 1.600 kg. de charge utile. Vitesses 14 et 18 km. à l'heure (20 km. en palier) pour 600 tours du moteur. D'après les constructeurs, les consommations pour la vitesse de 18 km. sont :

par kilomètre   : 2   kg. coke, 12 l. d'eau
par cheval-heure : 1,5 kg. coke, 9 l. d'eau

---

1. Les pièces de cette transmission sont enfermées dans un carter qui sert en même temps de bâti et qui assure leur lubrification par simple barbotage.

2. Pendant le concours de 1897, 6.160 kg. seulement, la charge utile ayant été réduite à 1.120 kg.

A ce taux l'omnibus peut parcourir 40 km. sans se ravitailler [1].

233. — Tracteur de Dion-Bouton (fig. 242). — Même chaudière que l'omnibus, moteur de 35 chx (§ 47). Le système de transmission est aussi celui que nous venons de décrire, mais avec un seul rapport de vitesse. Frein à enroulement sur les volants du moteur ; freins à vis avec sabots sur les bandages des roues.

Largeur 2 m., empattement 2 m. 10, longueur 3 m. 80, poids

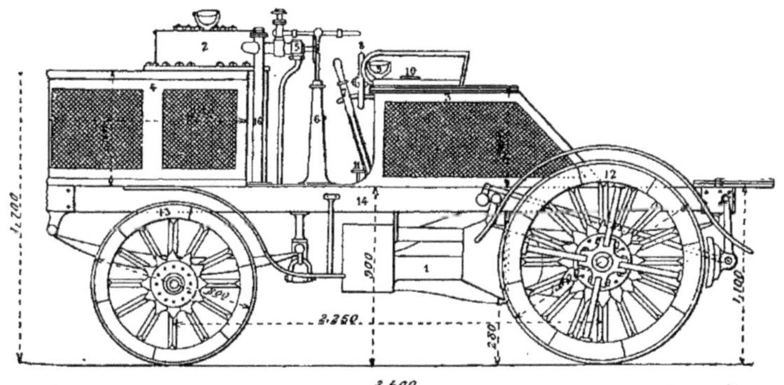

Fig. 242. — Schéma du tracteur à vapeur *de Dion et Bouton.*
1, machine ; 2, chaudière ; 3, caisse à eau formant siège ; 4, caisse à coke ; 5, robinet de prise de vapeur ; 6, direction ; 7, changement de marche ; 8, frein à main ; 9, manette de mise en route ; 10, commande de la pompe à eau ; 11, frein à pédale ; 12, roues motrices ; 13, roues directrices ; 14, châssis.

en ordre de marche 4.140 kg. A l'arrière du tracteur se trouve la couronne d'attache du véhicule remorqué, qui peut-être quelconque, mais sans avoir jamais qu'un seul essieu, pour que son poids soit en partie utilisé pour l'adhérence. Au concours de 1897, ce véhicule était un break, du type Pauline, pour 24 voyageurs, pesant 5.770 kg. ; la distance de l'essieu d'arrière du break à la cheville ouvrière était de 4 m. 25 [2].

1. Pour ce véhicule, comme pour les suivants, les résultats donnés au concours des poids lourds de 1897 seront indiqués dans le compte rendu que nous ferons de ce concours (§ 327).

2. Le mode d'attache de l'arrière-train au tracteur doit permettre de régler convenablement le report sur le second d'une partie de la charge du premier. Tandis que, dans le tracteur de Dion-Bouton, la couronne et la cheville-ouvrière sont à l'arrière portées par des ressorts, dans certains tracteurs anglais, la couronne est placée directement au-dessus de l'essieu

La consommation du tracteur en coke et eau sont, à la vitesse de 14 km. à l'heure :

> par kilomètre   4 kg.   coke, 20 l. d'eau
> par cheval-heure 1 kg. 500   —   7   —

A ce taux on peut faire 25 km. sans se réapprovisionner.

234. — Omnibus Scotte (fig. 243 à 243 *ter*). — Pour 10 voyageurs d'intérieur, 2 de plate-forme et leurs bagages sur le toit de la caisse.

Chaudière et moteur décrits (§ 27 et 43) placés à l'avant de la voiture. L'arbre moteur communique son mouvement à un arbre auxiliaire placé au-dessous, à l'aide de l'un ou l'autre de 2 systèmes de pignons de changement de vitesse. L'arbre auxiliaire actionne par une chaîne celui du différentiel, qui, à son tour, par deux chaînes, commande les roues d'arrière. Les roues en bois, à moyeux et bandages métalliques, ont 900 mm. de diamètre à l'arrière, 770 mm. à l'avant, et respectivement 100 et 70 mm. de largeur de jante. Les roues d'avant à pivot ont leurs fusées solidaires de bras que relie une bielle horizontale : celle-ci reçoit son mouvement de deux tiges articulées, d'une part sur cette bielle, d'autre part sur un écrou mobile le long d'une vis horizontale, fixée à l'essieu d'avant. Cette vis tourne sous l'action d'un arbre vertical formé de deux parties coulissant l'une dans l'autre ; le mouvement est donné par un volant de direction à arbre incliné. La voiture peut tourner suivant un cercle de 3 m. 50 de rayon.

Frein à enroulement, mû par une pédale, sur l'arbre du diffé-

d'arrière du tracteur, et une articulation permet les oscillations verticales qui se combinent avec les déplacements horizontaux autour de la cheville-ouvrière, afin d'assurer aux deux parties du véhicule une indépendance suffisante.

Pour ce qui est du rôle réservé au tracteur, il est bon de remarquer que son emploi s'impose au-dessus d'une certaine charge, pour augmenter le nombre des essieux et diminuer la charge de chacun d'eux.

rentiel. Frein à vis, mû à la main, agissant par des sabots sur les bandages.

Une enveloppe en métal, très facile à enlever pour la visite du

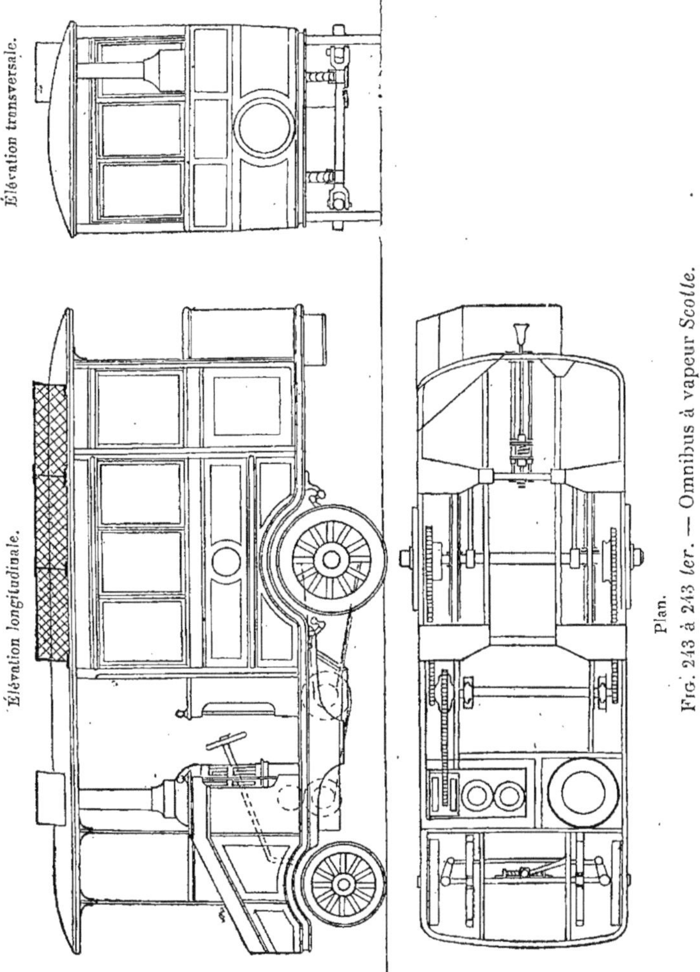

Fig. 243 à 243 ter. — Omnibus à vapeur Scotte.

mécanisme, protège un peu le moteur contre les poussières et empêche les projections d'huile : le graissage est assuré par un oléomètre à départ multiples. Les arbres et organes de transmission sont fixés au-dessous du châssis. Les caisses à eau sont sous les banquettes, le tiroir à accessoires sous le siège du mécanicien, la soute à coke dans l'avant-bec de la plateforme.

Largeur 1 m. 70, empattement 2 m. 85, longueur 5 m. 20. Poids en ordre de marche 6.450 kg. (y compris 1.200 kg. de charge utile). Vitesses 14 km. à l'heure en palier, 7 km. sur fortes rampes. Avec les 100 kg. de coke ordinairement emportés, on peut marcher environ deux heures.

Au concours de Versailles, en 1897, cet omnibus, à la vitesse commerciale de 10,5 à 11 kilomètres, a consommé, par tonne kilométrique utile, 3 kg. 1 de coke et 17,05 litres d'eau (voir § 327).

235. — Voiture remorqueuse Scotte. — Elle est semblable à la précédente, avec ces différences qu'elle ne peut recevoir que 11 voyageurs, que la chaudière est du grand modèle (§ 27), que le moteur a 115 mm. d'alésage, 120 mm. de course, que sa force est de 16 chx à 400 tours et son poids de 300 kg., que les longueurs, largeurs, poids sont un peu plus grands. Elle porte à l'arrière une fourche, dans les deux bras de laquelle passe une tige verticale, qui vient embrasser l'anneau fixé à l'avant du timon de la voiture remorquée. Celle-ci, dont l'avant-train est du système ordinaire à cheville ouvrière, offre deux compartiments : l'un pour les messageries, l'autre à l'arrière pour 15 voyageurs. Sa longueur est de 4 m. 75, dont 1 m. 15 de porte-à-faux hors des essieux. Elle pèse 3,000 kg. y compris 1.300 kg. de charge utile.

La vitesse du train est de 12 km. en palier, 6 km. sur fortes rampes. Les approvisionnements emportés (200 kg. de coke, 600 l. d'eau) permettent une marche de 4 heures.

Le fourgon remorqueur de M. Scotte est établi pour transporter 2.500 kg. et remorquer un camion, qui en porte lui-même 1.700. Il diffère de la voiture-remorqueuse par sa partie postérieure, un tombereau à ridelles, sous le plancher duquel sont placées les caisses à eau qui sont très vastes. La longueur totale et les diamètres des roues sont un peu plus petits ; le poids est plus grand, soit de 8.220 kg. Il marche à 10 km. en palier, à 5 km. sur fortes rampes.

Le camion remorqué peut affecter la forme que l'on veut.

236. — **Omnibus Weidknecht** (fig. 244, 245). — Pour 12 places d'intérieur, 4 de plateforme et 500 kg. de bagages sur le toit.

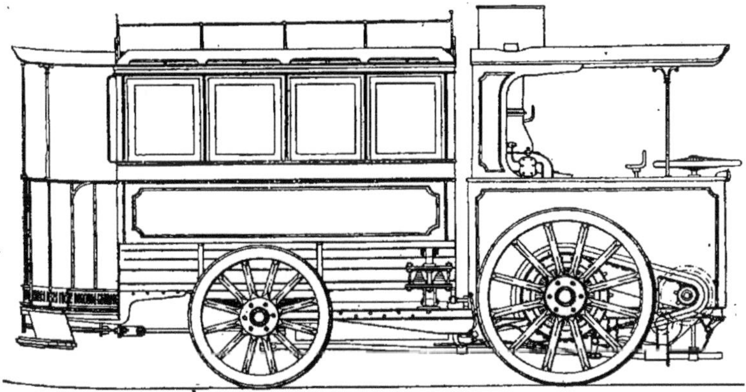

FIG. 244. — Omnibus à vapeur *Weidknecht*.
Élévation.

Nous en connaissons la chaudière et le moteur (§ 29 et 43). Le graissage est assuré pour les cylindres par un appareil Molle-

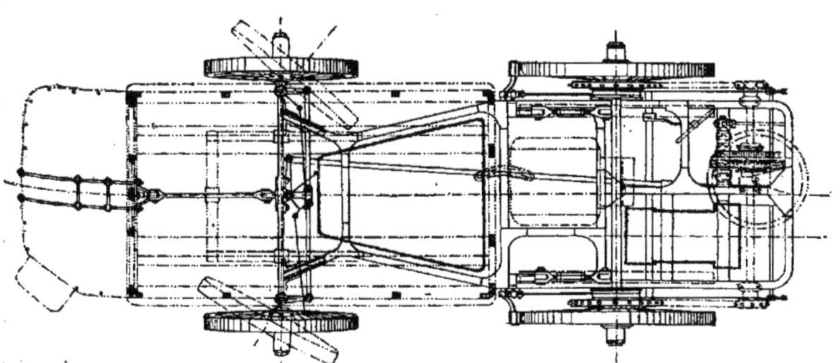

FIG. 245. — Omnibus à vapeur *Weidknecht*.
Plan du châssis.

rup, pour les arbres et parties frottantes par un graisseur à 8 départs.

L'arbre moteur porte, fous sur lui, deux pignons qui peuvent à tour de rôle être embrayés avec la roue dentée du différentiel

De cet arbre intermédiaire le mouvement est transmis aux roues par chaînes Galle.

Les roues en bois, à moyeu en bronze et boîtes Patent, ont 1 m. 40 de diamètre à l'avant où elles sont motrices, 1 m. 10 à l'arrière où elles sont directrices ; ce sont de grands diamètres, avantageux pour diminuer la résistance à la traction et la gêne de la poussière. Les bandages sont en métal, de 95 et 90 mm. de large. Les fusées des roues directrices, qui seules ont du carrossage, sont venues de forge, chacune avec un axe vertical guidé dans les chapes de l'essieu, et reliées par une bielle ; sur celle-ci agit un levier, dont l'axe vertical est commandé par une crémaillère, manœuvrée elle-même par un volant horizontal. Les roues motrices à l'avant ont une surcharge à peu près constante, que la voiture soit vide ou non. Les roues directrices à l'arrière assurent, paraît-il, une direction facile, tout en rendant assez peu aisés les démarrages près des trottoirs.

Un frein à collier genre Lemoine agit sur une poulie solidaire de l'essieu des roues motrices ; il est commandé par une pédale. Un frein à vis, mû à la main, serre des sabots sur les bandages des mêmes roues. Ces deux freins sont conjugués de manière à pouvoir les faire agir ensemble ou séparément.

Le châssis de la voiture est formé par un fer à ⊔ placé de champ, solidement entretoisé, reposant à l'arrière sur l'essieu et coudé pour permettre le jeu des roues directrices. La chaudière, la caisse à eau et tout le mécanisme lui sont fixés ; l'essieu d'avant lui est suspendu au moyen de chandelles réglables ; la caisse repose à l'arrière sur trois ressorts à lames (2 longitudinaux sur l'essieu et un transversal relié aux premiers par des menottes), à l'avant sur des ressorts en spirale ; elle est ainsi mise à l'abri des trépidations dues au mécanisme et peut facilement être changée. Le plancher en est garni d'une chaufferette qui reçoit de la vapeur prélevée à la chaudière.

Largeur de la voiture 2 m. 26, empattement 2 m. 40, longueur 5 m. 52. Poids total 7.000 kg., dont 410 kg. d'eau, 60 kg. de combustible, 1.600 kg. de charge utile. A 350 tours du moteur, la vitesse est de 7,5 km. ou 15 km. à l'heure : on peut, en faisant varier la pression de la vapeur admise au tiroir et la détente, obtenir toutes vitesses comprises entre 4 et 20 km. A pleine charge, on a consommé par kilomètre-voiture :

sur mauvaise route 3,75 kg. de coke, 26 l. d'eau
sur bonne route   3   —   20   —

ce qui équivaut à des parcours sans ravitaillement de 16 et 20 km. Le mécanicien peut suffire pour la conduite de la voiture, à condition qu'il mette une boîte de coke dans le chargeur automatique tous les 4 km. environ.

Cette voiture porte à l'arrière une chape d'attelage pour faire de la remorque.

237. — **Tracteur et break Le Blant.** — Le tracteur est destiné à remorquer un omnibus de 15 à 20 voyageurs ou un fourgon porteur de 5 à 6.000 kg. (fig. 246).

Il est muni d'une chaudière de 15 m² de chauffe (§ 35) et d'un moteur de 20 à 30 chx (§ 43). Celui-ci est placé horizontalement au-dessous du châssis, entre les deux essieux et actionne celui d'arrière par l'intermédiaire d'un pignon monté sur l'arbre des manivelles, d'une chaîne Galle et d'une roue dentée faisant corps avec le différentiel. La direction se fait par avant train à cheville ouvrière, dont le cercle inférieur est denté sur un tiers de tour et commandé par une vis sans fin.

Le châssis est en acier U, assemblé à l'aide d'équerres et de goussets rivés à chaud. Il repose sur les essieux par l'intermédiaire de ressorts placés en dehors des roues, comme cela se fait pour les wagons; le petit diamètre des roues et tout l'ensemble donnent à l'œil l'impression d'un fourgon à marchandises. La tare du tracteur en ordre de marche est de 7.500 kg., y compris 650 kg. d'eau et 250 kg. de coke; il était nécessaire qu'elle fût considérable, car une partie du poids du tracteur est seule utilisée pour l'adhérence.

La voiture remorquée n'est pas, en effet, à un seul essieu

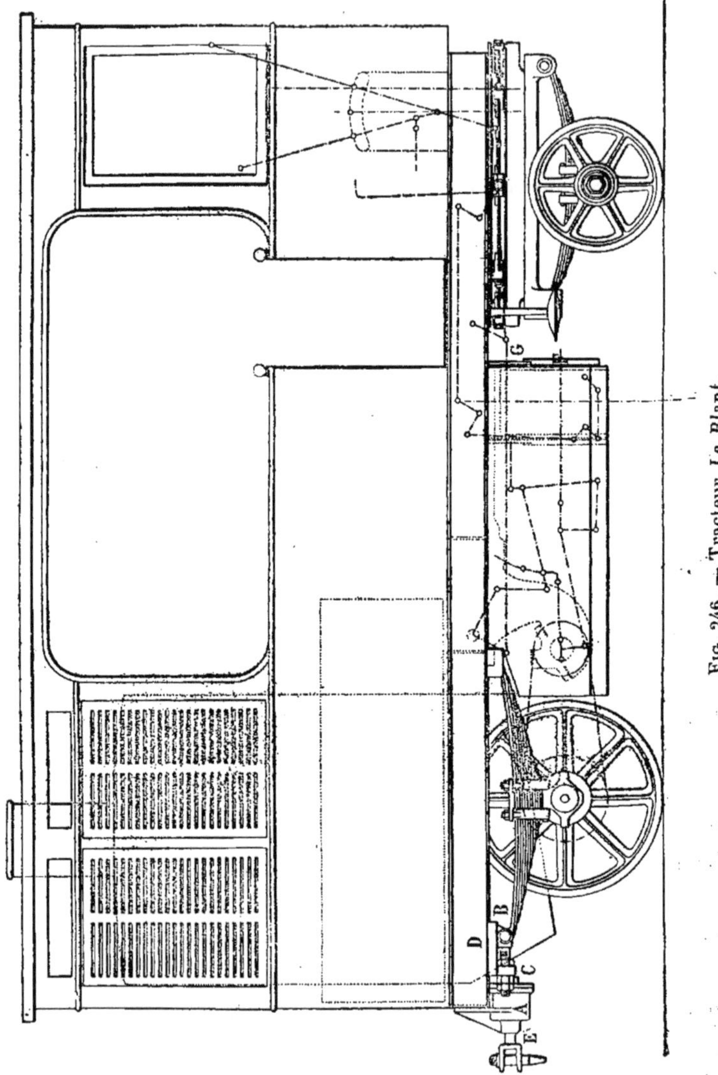

Fig. 246. — Tracteur *Le Blant*.

comme celle qu'on attelle au tracteur de Dion : elle a, suivant les cas, la forme d'un tramway ou d'un fourgon à marchandises.

Elle pèse pour 20 voyageurs 4.700 kg. Le tracteur la remorque à raison de 10 à 30 km. à l'heure.

M. Le Blant a construit aussi un tracteur moins fort que le précédent, pesant 4.000 kg. en ordre de marche, actionné par un moteur de 15 à 20 chx, qui a gravi la rampe du Grand-Jonc à Issy, à la vitesse d'environ 15 km. à l'heure, en remorquant un omnibus de 15 places.

Élévation.

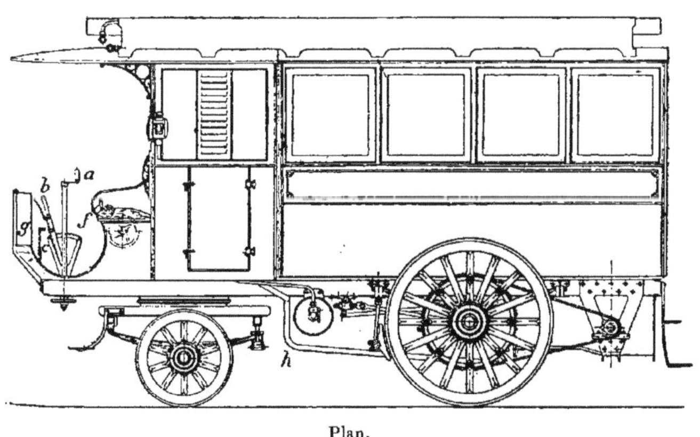

Plan.

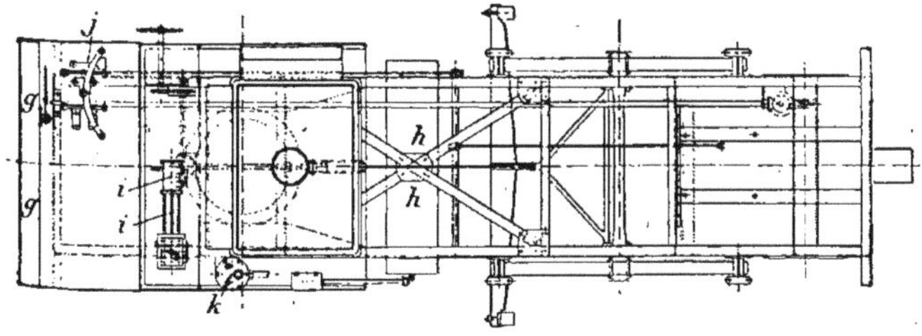

FIG. 247 et 248. — Omnibus à vapeur *Serpollet.*

a, guidon de direction ; *b*, levier des changements de marche et de l'arrêt ; *j*, pédale du frein ; *f*, levier de la pompe d'alimentation en eau pour le démarrage ; *j*, petit cheval d'alimentation en eau ; *h*, réservoir renfermant le pétrole (ou huile lourde) sous pression, pour l'alimentation des brûleurs.

Il construit enfin des voitures automotrices en forme de char à bancs : une de 10 places, du poids total de 4.330 kg., a eu le 3ᵉ prix au Concours du Petit Journal (Paris-Rouen, 1894) ; un type de break plus récent est à 20 places et pèse à vide 7.000 kg.

M. Le Blant a imaginé de munir ces lourdes voitures automotrices d'un arrière-train directeur analogue à l'avant-train, pour faciliter les virages, ou même les éviter aux points terminus, comme certains tramways.

238. — **Omnibus Serpollet.** — L'omnibus à 15 voyageurs, qui a pris part au concours des Poids lourds, en 1898 (fig. 247 et 248), est muni d'un générateur (placé sur le châssis, derrière le siège du conducteur) de 8 m² de surface de chauffe et 900 kg. de poids, chauffé au pétrole lampant ou aux huiles lourdes (§ 34). Le moteur, à 2 cylindres de 0. m. 12 de diamètre et 0 m. 10 de course, du poids de 270 kg., développe normalement 25 chvx, exceptionnellement 40 (§ 43); il est placé au-dessous du châssis en arrière des roues motrices. Un condenseur est disposé sur le toit du véhicule. La transmission se fait par un arbre intermédiaire, avec deux changements de vitesse à engrenages. La vitesse du véhicule, de 16 km. et plus, ne diminue guère sur les rampes même assez fortes, grâce à l'élasticité du moteur.

239. — **Omnibus de la Compagnie générale des Automobiles.** — L'omnibus adapté par cette Compagnie à la traction automobile est du modèle à 30 places de la Compagnie générale de Paris. Il est muni d'une chaudière Valentin (§ 37) et d'un moteur rotatif épicycloïdal (§ 49). L'arbre moteur, tournant normalement à 600 tours par minute, porte un embrayage à friction et entraîne par engrenages l'arbre différentiel, qui, à son tour, commande par chaînes les roues motrices de 1 m. 50 de diamètre. Les roues d'arrière directrices n'ont qu'un mètre. La chaudière et le moteur sont placés à l'avant sur une plateforme; la longueur totale de la voiture est 6 m. 60. Nous ne savons pas quels résultats a donnés cet essai, intéressant par l'application du moteur rotatif.

240. — **Camion Nègre** (fig. 249 et 249 *bis*). — Il est destiné à porter une charge utile d'une tonne; il a une chaudière multitubulaire (§ 30) et deux moteurs du système Nègre (§ 45), de dimensions différentes, de manière à pouvoir marcher soit en compound soit séparément, et à développer ainsi 10 ou 16 chevaux. Chaudière et moteurs sont installés à l'avant du camion.

L'arbre moteur, qui tourne à 400 ou 500 tours, entraîne par deux jeux de chaînes et de pignons, donnant les deux vitesses

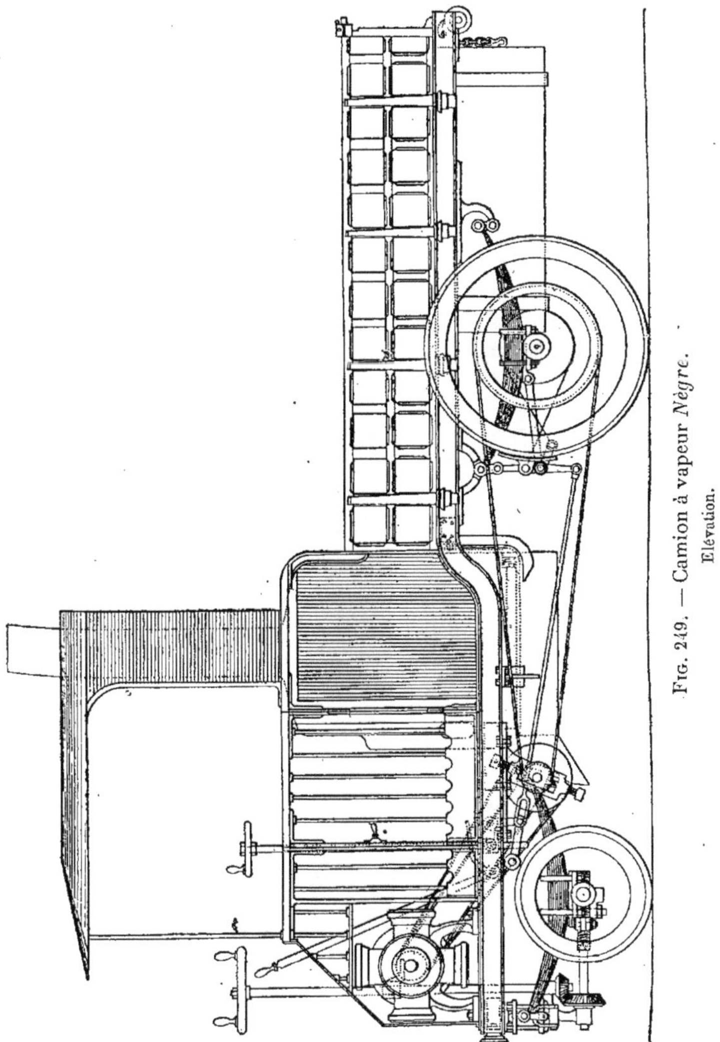

Fig. 249. — Camion à vapeur *Nègre*.
Elévation.

de 8 ou 16 km. à l'heure, l'arbre différentiel, qui actionne les roues d'arrière motrices par des chaînes, dont on peut régler la tension par le déplacement angulaire d'un appareil que l'on voit à l'arrière des roues d'avant. Celles-ci sont directrices.

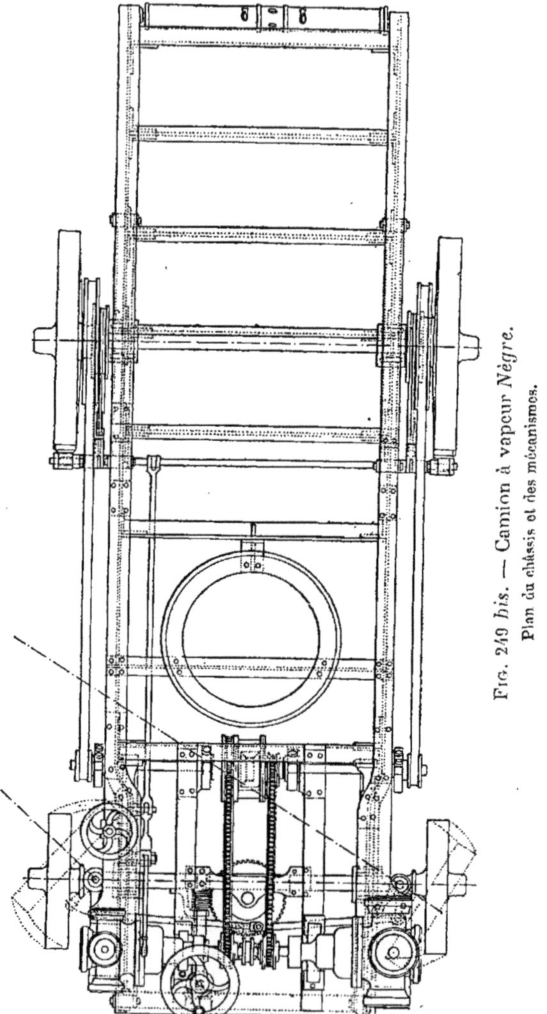

FIG. 249 bis. — Camion à vapeur *Nègre*.
Plan du châssis et des mécanismes.

Frein Lemoine à enroulement sur l'essieu d'arrière ou sur l'arbre différentiel mû par une pédale. Un autre pédale actionne un frein à sabots, qu'une vis permet aussi de maintenir serré.

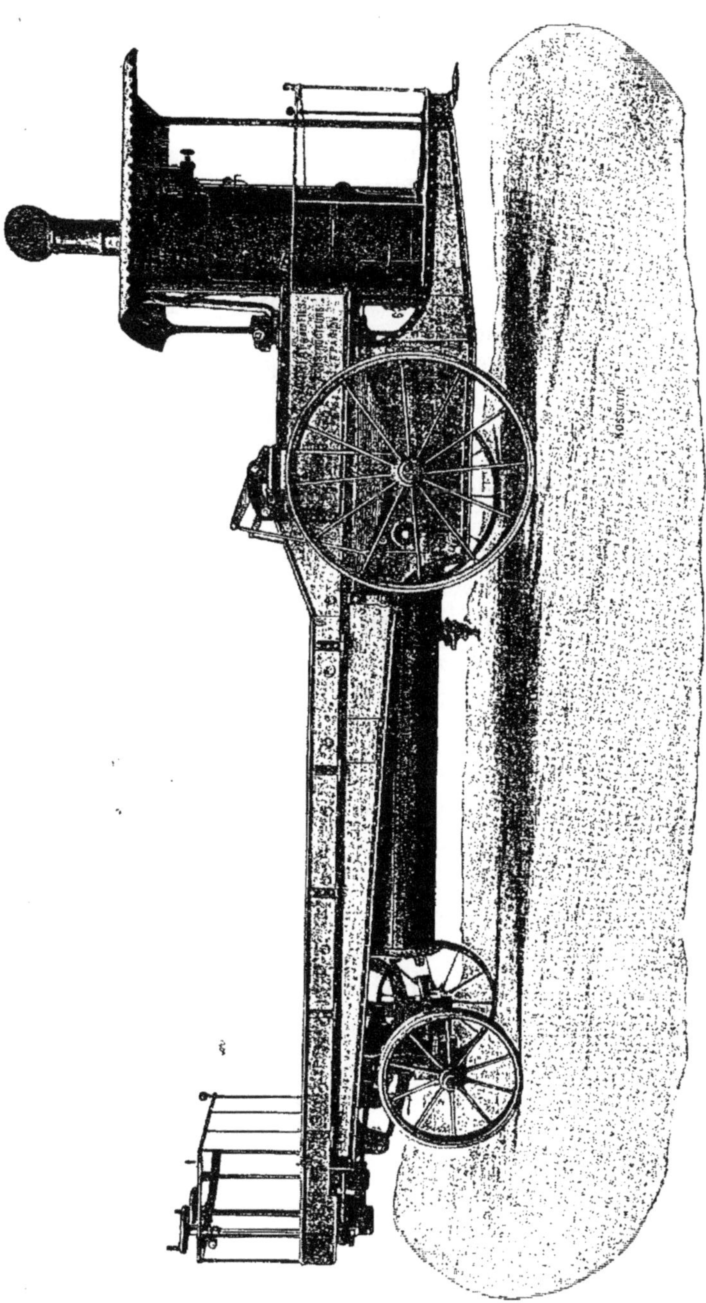

Fig. 250. — Chariot à vapeur *Piat*.

Le châssis en fer cornière se relève à l'arrière de la plate-forme des moteurs et de la chaudière, pour recevoir le plancher du camion. L'eau est contenue dans une bâche de 600 l.; un seul homme suffit à la rigueur pour conduire le camion.

244. — Chariot à vapeur Piat (fig. 250). — Il est fait pour transporter un poids utile de 5 ou 6 tonnes. Il est d'une construction entièrement métallique, et sépare complètement le mécanisme de direction, situé à l'avant, du mécanisme de propulsion relégué à l'arrière avec le chauffeur qui lui est indispensable.

La chaudière, à faisceaux tubulaires curvilignes, timbrée à 10 kg., a 10, 95 m² de surface de chauffe et peut vaporiser jusqu'à 685 kg. d'eau à l'heure, en brûlant du coke ou du charbon, même du bois, paraît-il. L'eau est contenue dans des réservoirs cylindriques de 1.300 l. qu'on voit sous le châssis.

Le moteur à vapeur, dont les cylindres inclinés à 45° ont 0 m. 160 de diamètre, 0 m. 150 de course, a une distribution avec avance constante, par un seul excentrique. Son arbre, disposé suivant l'axe du véhicule, porte deux volants et transmet son mouvement par pignons d'angle à un arbre intermédiaire, qui actionne par engrenages la couronne du différentiel. De celui-ci partent deux arbres creux, qui sont reliés aux bouts d'essieu solidaires des roues, au moyen d'un dispositif spécialement créé par MM. Bardet et Denis, en s'inspirant du joint de Oldham. Ce mode d'entraînement diminue, paraît-il, les frottements et laisse à l'essieu toute latitude pour suivre les inégalités de la route [1].

Les roues directrices à pivots indépendants sont commandées par une vis sans fin. Les freins agissent à la partie supérieure des roues motrices, au moyen d'un balancier prenant son point d'appui sur l'axe des roues, pour que le freinage ne gêne pas le jeu des ressorts. La vitesse est de 10 à 12 km. en palier. Des

---

1. Pour de plus amples renseignements, voir dans la *France automobile*, 30 avril 1899, p. 211 la description qu'en a donnée M. L. Périssé.

essais faits récemment à Joinville-le-Pont, auraient, paraît-il, bien
réussi.

242. — Fourgon de la Lancashire Steam Motor C° (de Leyland). —
Son fourgon (fig. 251), pour 4 tonnes de charge utile, a un moteur
pilon compound, dont les cylindres ont respectivement 75 et
125 mm. et une course commune de 150 mm. ; quand il tourne à
500 tours par minute, il donne 14 chx ; il n'est pas reversible.
Les marches avant et arrière du véhicule s'obtiennent à l'aide

Fig. 251. — Camion à vapeur de la *Lancashire Steam Motor C°*.

d'un embrayage. Sur certains camions, au lieu d'une seule transmission par engrenages de l'arbre moteur au premier arbre intermédiaire, il en existe deux : l'une par engrenages, l'autre par
chaîne, et on se sert de l'une pour la marche avant, de l'autre pour
la marche arrière. Qu'on ait recours à l'embrayage ou aux deux
transmissions, nous ne voyons pas pourquoi on n'aime pas mieux
avoir recours à un moteur réversible. Des chaînes Renolds relient
le premier arbre intermédiaire à l'arbre différentiel, et celui-ci
aux roues d'arrière motrices. Les rapports de réduction entre
l'arbre moteur et l'essieu sont de 8, 13 $\frac{1}{2}$ et 28 à 1.

Deux freins puissants peuvent arrêter la voiture sur un parcours égal à la moitié de sa longueur, chacun d'eux suffisant à la retenir sur une pente de 145 mm. par mètre.

Le châssis est en acier, les roues en bois. Le plancher offre une surface disponible de 7,25 m² ; le poids à vide est de 2.910 kg. Ce fourgon a figuré au concours des Poids lourds de Liverpool en mai 1898 [1].

La même compagnie fait des omnibus, notamment un type à 6 voyageurs et 500 kg. de bagages sur le toit, qui est actionné par un moteur de 6 chx, et qui parcourt environ 65 km., en consommant 31.801 litres de pétrole lampant et sans faire de l'eau.

243. — Camion de la Liquid Fuel Engineering C° (de Cowes). — Son camion, de 2 tonnes utiles, est muni d'une chaudière et d'un moteur de 25 chx (§ 32 et 47), disposés l'un et l'autre à l'avant. Un premier arbre longitudinal, incliné et télescopique pour permettre la compensation des déplacements dus à la suspension de la machine, reçoit et transmet le mouvement par des engrenages coniques. Un deuxième arbre transversal porte des pignons dentés, qui engrènent intérieurement avec les roues. Un seul rapport de réduction, de 8 à 1. Deux boîtes à sable facilitent les démarrages sur les pavés glissants. Un frein à pédale agit sur les roues d'arrière.

Le châssis en acier doux, à roues de bois et moyeux en bronze, supporte 2 réservoirs à pétrole chacun de 90 litres, et 2 réservoirs à eau de 270 et 340 litres. Le véhicule pèse à vide 2425 kg. A 600 tours, le moteur donne une vitesse de 13 km. à l'heure en palier, une vitesse de 6 km. sur rampe de 10 %. Ce camion figurait au concours de Liverpool en 1898.

La Liquid Fuel Engineering C° construit des omnibus de forme assez spéciale (fig. 252), destinés à un service belge. Ils comprennent à l'arrière un compartiment fermé à 12 places, au milieu un compartiment ouvert à 8 places, à l'avant un siège pour le chauffeur et 2 voyageurs, au total 22 places plus celles du méca-

1. Les résultats donnés par ce véhicule, comme par tous ceux engagés au concours, sont consignés plus loin (§ 328).

nicien et du chauffeur. La chaudière et la machine sont les mêmes que pour le camion. La vitesse atteint 19 km. 308 à l'heure en palier, et ne dépasse pas 6 km. 436 sur rampe de 1/10.

Fig. 252. — Omnibus de la *Liquid Fuel Engineering* Cº.

244. — **Tracteur de la Steam Carriage and wagon Cº (de Chiswick).** — Le tracteur de cette compagnie (fig. 253), destiné à remorquer un camion de 5 tonnes, a la chaudière Thornycroft et le moteur que nous connaissons (§ 31 et 47). Deux pignons à dents hélicoïdales, portés par l'arbre du moteur, peuvent engrener l'une ou l'autre avec la roue du différentiel, donnant ainsi les rapports de réduction de 12 ou de 9 à 1. De l'arbre différentiel aux couronnes des roues d'arrière, qui sont motrices, la transmission se fait par chaînes Renolds. Frein à vapeur exerçant une pression de 2.280 kg. sur les moyeux des roues motrices. Frein à vis avec sabots sur les bandages de ces mêmes roues.

Le châssis est en acier dur ; du reste l'acier est exclusivement

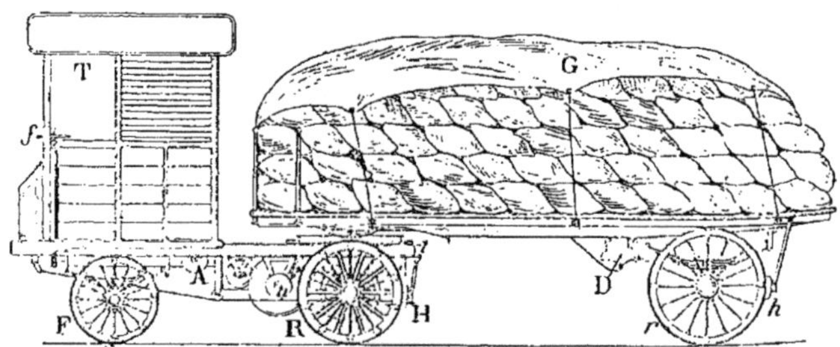

Fig. 253. — Tracteur et camion de la *Steam Carriage and wagon C°*.

employé pour la construction de ce tracteur, si on en excepte la cabine-abri du mécanicien, qui est en chêne.

Le camion remorqué, dont la plate-forme est en acier ou en bois (l'acier est préféré parce qu'il donne un plancher plus léger, sans qu'il soit trop bruyant en marche) n'a que deux roues : son avant repose sur l'arrière du tracteur, par un cercle de virage articulé permettant les oscillations dans deux plans perpendiculaires. Les roues de ce camion sont munies d'un frein à vis. Sa plate-forme a 10 m² ; le poids du tracteur et du camion vides est de 3.910 kg. ; avec l'eau et le combustible, il atteint 4.320 kg. Le camion chargé est remorqué à la vitesse de 8 km. en palier ; la grande vitesse n'est possible qu'avec le camion vide.

La même compagnie avait engagé à Liverpool un camion automoteur, de 2.5 tonnes de charge utile, offrant une surface disponible de 5,5 m², pesant 2.810 kg. à vide.

245. — Tracteur Toward et Philipson (de Newcastle). — Le tracteur a sa chaudière en tubes d'acier étiré très épais : placés dans une caisse également en acier, cylindrique, à section rectangulaire et à ciel courbe, ils forment trois serpentins, dans lesquels successivement l'eau se réchauffe, se vaporise et se surchauffe (aussi l'échappement est-il invisible). Cette chaudière, alimentée automatiquement au coke ou au pétrole, a été essayée à 28 kg. et donne de la vapeur à 14 kg.

La machine horizontale est à 2 cylindres, de 0 m. 10 et 0 m. 20 de diamètre et 0 m. 15 de course ; elle donne 25 chx à 400 tours. L'arbre moteur conduit par engrenages l'arbre différentiel, qui transmet par chaînes son mouvement aux roues d'arrière motrices : les rapports de réduction, de 6 et de 3 à 1, donnent des vitesses de 6,5 km. et 13 km. à l'heure. Deux freins, un à bande mû par une pédale, l'autre à sabots mû à la main, agissant l'un sur les moyeux, l'autre sur les bandages des roues motrices. Direction par vis et roue dentée. Le tracteur emporte la quantité d'eau qui lui suffit pour 32 km. et du coke pour 96 km [1].

A ce tracteur on attelle un arrière-train à un seul essieu, qui peut être quelconque : un omnibus avec impériale à 30 places, comme celui qui fait un service régulier de Newscastle à Sheffield, ou un camion portant 4 tonnes.

246. — **Omnibus du « Motor Omnibus Syndicate ».** — C'est un omnibus avec impériale à 25 places (10 d'intérieur, 15 d'extérieur), du système Gillett, avec la chaudière et le moteur de cet ingénieur (§ 33 et 47). Le mouvement est transmis de l'arbre moteur à l'arbre différentiel, par des chaînes Renolds qui donnent deux vitesses, et de ce dernier aux roues également par chaînes. Le bronze phosphoreux a été employé, dans la construction de cet omnibus, pour les moyeux des roues, paliers, coussinets. La provision d'eau est suffisante pour un parcours de 40 km. Cette voiture a soutenu, toute une journée durant, une vitesse de 17,69 km. à l'heure.

1. Voir *Industries and Iron*, 25 nov. 1898, p. 454.

2° Voitures légères.

247. — **Voitures Serpollet.** — Jusqu'ici, nous n'avons décrit que des véhicules puissants, disposés pour le transport des voyageurs en commun ou des marchandises. Nous savons du reste que c'est pour la traction des poids lourds que la vapeur est surtout qualifiée. En substituant au coke le pétrole et en imaginant son remarquable générateur (§ 34), M. Serpollet est arrivé à supprimer du même coup la poussière inhérente aux combustibles solides et la nécessité d'un chauffeur ; il a ainsi rendu possible l'application de la vapeur aux voitures légères. C'est ce que va nous montrer l'étude de la remarquable voiture qu'il a exposée aux Tuileries en 1898.

Ce phaéton, du poids de 500 kg (dont la fig. 254 donne le schéma), est muni d'un moteur de 5 chx (§ 45). Moteur et générateur sont disposés à l'arrière de la voiture, le moteur reposant directement sur l'essieu [1]. Son arbre, qui n'est pas muni d'un volant (la voiture lui en tient lieu), actionne par un pignon la roue du différentiel, dont l'arbre en deux parties mène les roues d'arrière. Il est impossible de concevoir une transmission plus simple : les changements de vitesse sont assurés par le seul moteur, qui s'acquitte parfaitement de ce rôle.

Le chauffeur n'a à manœuvrer que la manette M de la direction, assurée par un essieu à deux pivots ; la pédale P du curseur chargé de régler les débits des pompes à eau et à pétrole (§ 34), celle du frein à ruban du différentiel P' ; la manivelle M' du frein à sabots.

---

1. Dans certaines voitures, le moteur est suspendu, pour le soustraire aux vibrations.

M. Forestier critique la position du générateur à l'arrière de la voiture : il lui reproche de chauffer la caisse, et il l'aimerait mieux à l'avant, à condition toutefois qu'il y fût établi sans porte à faux. Mais est-il bien sûr qu'ainsi placé il n'incommoderait pas davantage le voyageur ?

La voiture porte avec elle un réservoir de 25 litres pour le pétrole, un autre de 35 l. pour l'eau. La vapeur d'échappement, après avoir abandonné l'huile entraînée dans un pot spécial, va au condenseur pour être réemployée. La vitesse sur profil peu accidenté est de 20 à 30 km. à l'heure ; elle peut monter jusqu'à 40

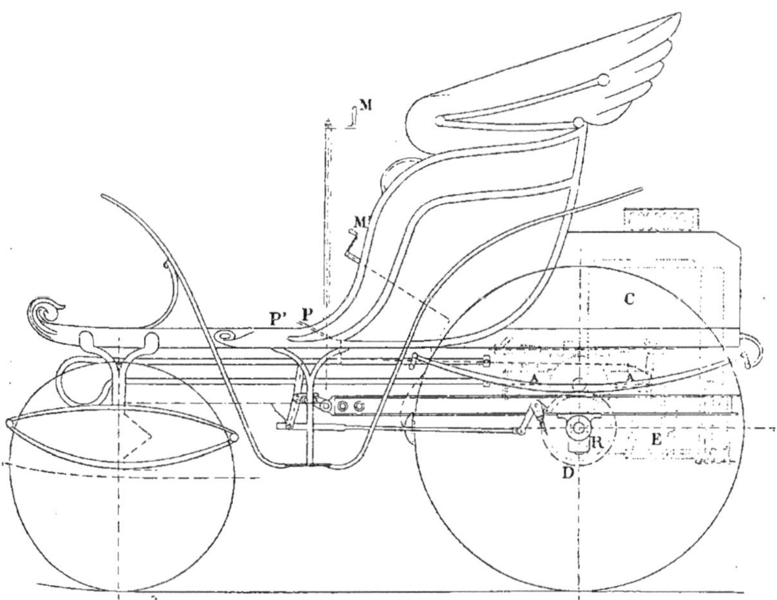

Fig. 254. — Voiture légère à vapeur, système *Serpollet*.

Voiture à vapeur Serpollet (chauffée au pétrole lampant) (schéma). — On voit à l'arrière le générateur et ses pompes d'alimentation en pétrole et en eau, le moteur à 4 cylindres horizontaux, le pignon et la roue dentée transmettant le mouvement du moteur au différentiel monté sur l'essieu. Les leviers de manœuvres sont indiqués par leurs axes. A, A, cylindres du moteur ; C chaudière ; E appareil d'alimentation de la chaudière en pétrole et eau, commandé par la pédale P ; D, différentiel ; M, guidon de direction ; M', manivelle de commande du frein à sabots agissant sur les bandages des roues motrices ; P', pédale du frein à rubans agissant sur la poulie R, montée sur l'arbre différentiel.

et 50. Les côtes sont facilement gravies. La consommation n'est que de 3/4 de litre de pétrole par cheval-heure : l'absence de toute odeur dénote la bonne utilisation du combustible.

M. Serpollet vient de s'associer avec M. Gardner pour construire trois types de voitures à vapeur.

Les deux premiers, analogues à celui que nous venons de décrire, sont caractérisés par les données numériques suivantes:

	POIDS du générateur	DISTANCE à parcourir sans se réapprovisionner	POIDS en ordre de marche	DURÉE de la mise en route
Type de 6 chx......	100 kg.	150 kilom.	850 kg.	6 min.
Type de 10 à 12 chx.	150 kg.	150 kilom.	1100 kg.	6 min.

La détente de la vapeur peut être faite pendant les 85 % de la course. Les brûleurs, qui consomment du pétrole lampant ordinaire, peuvent fournir un service de 1.500 km, sans nettoyage, et, au bout de ce temps, peuvent facilement être remis en état. Un graisseur spécial à départs multiples conduit par refoulement l'huile à tous les points à graisser, aussi bien à l'air libre que dans la tuyauterie de vapeur pour le graissage du moteur. Ce graisseur se met de lui-même en marche avec la voiture et s'arrête avec elle.

Le troisième type que fabriquent MM. Serpollet et Gardner est une voiturette, qui a été exposée aux Tuileries en 1899. Elle ne pèse, avec l'approvisionnement d'eau et de pétrole nécessaire pour parcourir environ 60 km., que 250 kg., ce qui lui permet, d'après le Règlement du 10 mars 1899, de ne pas avoir de marche arrière. Le moteur a pu être réduit au poids de 29 kg. pour 3 chx. Comme les moteurs plus puissants du même inventeur, il est à soupapes, sans tiges de pistons, glissières ni coulisses ; mais il entraîne le différentiel, non plus par engrenages, mais par une chaîne, allant d'ailleurs directement du moteur au différentiel, qui est placé sur l'essieu d'arrière. Cet essieu, en deux pièces, est monté à bielles et rendu rigide par un pont en tube. Tout le châssis est d'ailleurs tubulaire, et suspendu sur ressorts avec tous les organes mécaniques. L'eau et le pétrole sont à l'avant, dans des réservoirs de 8 et 15 l. Un petit condenseur permet de récupérer en partie l'eau provenant de l'échappement et atténue le bruit de ce dernier ; aussi la marche est-elle silencieuse. La dépense kilométrique est, paraît-il, de 1/8 à 1/10 de litre de pétrole ; la vitesse moyenne, de 25 km. à l'heure ; les rampes sont aisément gravies.

248. — Victoria à vapeur Négre. — M. Nègre a construit une victoria à 4 places (dont deux situées tout à fait à l'avant de la voiture), avec sa chaudière à vaporisation instantanée (§ 36) et son moteur à 4 cylindres en croix, de la force de 8 chx (§ 45) ; l'un et l'autre sont logés derrière les sièges d'avant. L'arbre moteur actionne un arbre intermédiaire, qui lui-même commande par chaînes les deux roues d'arrière.

249. — Voiture Kécheur. — La voiture à 4 places, qui était exposée au Salon du cycle et de l'automobile de décembre 1898, a une chaudière (§ 38) de 24 éléments : 12 minutes suffisent pour porter la chaudière à 500° ; en injectant, à l'aide de la pompe à main 150 cent. cube d'eau on démarre ; l'alimentation se fait ensuite par la pompe automatique, qui permet de faire varier de 0 à 8 1/2 chx la force du moteur (§ 44). 40 l, d'eau et 25 l. d'essence [1] suffisent, paraît-il, pour 10 heures de marche.

La couronne dentée, calée sur l'arbre moteur, a un diamètre 3 fois plus grand que celui des pignons actionnés par les tiges des pistons ; cela permet au moteur l'attaque directe de l'arbre différentiel. Celui-ci porte à ses extrémités un pignon, qui commande le moyeu de l'une des roues d'arrière seule motrice. Il n'y a pas d'organe mécanique de changement de vitesse, celle-ci variant avec l'alimentation de la chaudière.

Le châssis, en tubes solidement entretoisés, porte la chaudière à l'arrière, le moteur et le radiateur à l'avant. Les roues sont à rayons métalliques tangents et à pneus. La direction est commandée par un guidon à deux poignées.

250. — Voitures du Clarkson-Capel Steam car syndicate. — Le landau de ces constructeurs (fig. 255) est équipé avec une chaudière, système Thornycroft modifié, chauffée au pétrole (les brûleurs

---

1. La densité peut varier de 0,700 à 0,780.

sont alimentés sous pression d'air et sous le contrôle d'un régulateur spécial), et le moteur à 6 cylindres que nous avons décrit (§ 46). Les parties frottantes des cylindres et des pistons sont en bronze phosphoreux pour éviter la corrosion, quand la voiture est abandonnée longtemps dans une remise humide ; les tiges des pistons et les arbres manivelles sont en acier nickelé ; il y a partout des coussinets à billes. Le mouvement est transmis de l'arbre moteur à l'arbre différentiel, par des engrenages de changement de vitesse, ensuite aux roues arrière motrices par chaînes.

Le châssis et le mécanisme qu'il supporte reposent sur les essieux par des ressorts courbes ; la caisse est suspendue au-dessus du châssis par d'autres ressorts et des courroies ; elle jouit en somme d'une double suspension qui doit être fort douce. La chaudière, la machine et le mécanisme sont situés à l'arrière sous le siège du conducteur ; le condenseur est à l'avant de la voiture, qui emporte avec elle 45 l. d'eau, suffisants, paraît-il, pour parcourir 65 km.

Les mêmes constructeurs font une victoria à vapeur. Citons enfin, parmi les voitures légères à vapeur anglaises, le break-wagonnette à 6 places de MM. Toward et Philippson [1] et le landau à vapeur de la « Motor car Cⁿ [2].

251. — Voiture Stanley (de Waltham-Masachussets). — Voici un véhicule, d'un type bien spécial qui ne pèse que 215 kg. à vide, 275 en ordre de marche. La chaudière, qui en constitue la caractéristique, appartient au type ignitubulaire, que nous avons dit être fort peu employé en automobilisme (§ 25) : elle est formée par un corps cylindrique, en tôle d'acier de 6 mm., autour duquel sont enroulés, pour augmenter sa résistance, deux rangs de fils d'acier de 9/10ᵉ de mm. Les plaques de fond de ce cylindre sont percées, chacune de 300 trous, reliés deux à deux par autant de tubes de cuivre verticaux, de 11 mm. de diamètre intérieur et

---

1. *Locomotion automobile*, 24 juin 1897.
2. *Locomotion automobile*, 24 mars 1898.

1 mm. 5 d'épaisseur, formant cheminées pour les gaz chauds
provenant de la combustion des brûleurs placés au-dessous.

Le corps de ces brûleurs est constitué par un cylindre en tôle

Fig. 255. — Landau à vapeur du *Clarkson-Capel Steam car syndicate.*

de même diamètre que la chaudière, à laquelle il est relié par
des supports en équerre : un second cylindre, concentrique au
premier, reçoit et brasse l'essence déjà vaporisée par son passage

dans le tuyau d'amenée, dont une partie est entourée par l'eau de la chaudière. Ce second cylindre est traversé par 114 tubes en cuivre, verticaux et ouverts aux deux bouts, de manière à former appels d'air : autour des débouchés de chacun de ces tubes sur la plaque supérieure du cylindre, cette dernière est percée d'une vingtaine d'orifices capillaires, par lesquels arrive l'essence, qui s'enflamme au contact de l'air. Pour la mise en train, on a recours à un tube réchauffeur, que l'on porte à une température suffisante et que l'on branche, d'une part sur la tubulure d'amenée de l'essence, de l'autre sur le brûleur. Au bout, dit-on, de 4 à 5 minutes, l'eau de la chaudière a atteint une température suffisante pour que l'essence se vaporise en la traversant, et on enlève le tube-réchauffeur. La chaudière, essayée à 24 kg., est maintenue à sa pression normale de 10 kg. par un régulateur fort ingénieux.

Cet appareil se compose essentiellement d'un diaphragme métallique, maintenu entre les deux brides d'un joint, et dont la paroi droite est soumise à la pression de la chaudière, tandis que la paroi gauche agit sur le pointeau de l'admission d'essence, pour étrangler cette dernière dès que la pression dépasse 9 kg., de sorte que les brûleurs sont mis automatiquement en veilleuse. Si la pression atteint 10 kg., le pointeau ferme presque complètement l'orifice d'admission.

L'alimentation de la chaudière est assurée par une petite pompe, que commande l'une des têtes de bielle du moteur, et réglée au moyen d'un robinet, que le chauffeur ouvre ou ferme à volonté : quand il est fermé, l'eau refoulée par la pompe fait retour à la bâche.

La vapeur produite par la chaudière est envoyée au moteur type pilon, qui se compose de deux cylindres verticaux, de 63,5 mm. d'alésage et de 90 mm. de course ; la distribution s'y fait par tiroirs, excentriques et coulisses. Les vilebrequins et les colliers d'excentriques sont montés sur billes, et ont un fonctionnement silencieux. Ce moteur, dont la hauteur ne dépasse pas

440 mm., développe en moyenne 5 chevaux, en faisant 300 tours par minute.

La chaudière, entourée de la bâche à eau, et le moteur sont placés à l'arrière de la voiture, dans une grande caisse à persiennes, située au-dessus de l'essieu, et dont l'avant supporte le siège, qui peut recevoir deux personnes. Les gaz brûlés s'échappent par un orifice disposé à l'arrière, comme d'ailleurs la vapeur d'échappement, mais cette dernière seulement après s'être détendue dans un silencer et avoir traversé la bâche à eau et lui avoir cédé une partie de son calorique.

Le moteur porte calé sur son arbre un pignon à 12 dents, qui, à l'aide d'une chaîne, actionne une couronne de diamètre double, fixée sur le différentiel qui occupe le milieu de l'essieu d'arrière. Les roues, de petit diamètre, d'ailleurs le même à l'avant et à l'arrière, sont à rais métalliques tangents et garnies de pneus.

Sur les deux essieux repose, par l'intermédiaire de tubes cintrés, placés au-dessus d'eux, le châssis formé de deux longerons tubulaires, de 32 mm. de diamètre, articulés avec les tubes cintrés. Ce châssis porte les appareils de direction (une barre franche ou un volant agissant sur une bielle centrale, qui, par l'intermédiaire de deux tringles de renvoi, actionne les biellettes de braquage des roues d'avant), et soutient la caisse, par un ressort à pincettes transversal à l'avant et deux ressorts longitudinaux à l'arrière.

La voiture est munie de deux freins, un à pédale agissant sur le différentiel, l'autre à levier actionnant des colliers qui enserrent les moyeux des roues motrices.

Indépendamment de cette pédale et de ce levier, le chauffeur dispose de trois leviers de commande : le premier manœuvre la soupape d'admission de la vapeur dans les cylindres , et fait varier la vitesse de la voiture ; le second agit sur les coulisses de distribution du moteur, pour produire la marche arrière et freiner par la contre-vapeur ; le troisième ouvre ou ferme le robinet d'alimentation de la chaudière. Ces trois leviers agissent par des tiges creuses concentriques, qui tiennent le moins de place possible.

Une petite pompe à main permet de comprimer, à 1 ou 2 kg., de l'air dans le réservoir d'essence, placé sous le plancher du siège, pour envoyer cette essence aux brûleurs. Un manomètre, accroché au tablier, indique la pression qui règne dans ce réservoir ; un autre, disposé de la même façon, indique celle de la chaudière. Au-dessous de ce dernier, une glace reflète le niveau d'eau de la chaudière, placé sur le côté de la voiture, et renseigne à chaque instant le conducteur sur la hauteur du liquide. Douze litres d'essence et 135 litres d'eau permettent à la voiture de couvrir une centaine de kilomètres.

Telle est cette voiture, dont on parle beaucoup depuis son importation en France. Une plus longue expérience nous dira ce qu'elle vaut. On ne peut lui refuser une réelle originalité. Pour notre part, nous n'aimons pas en elle la contenance relativement considérable (20 litres, croyons-nous) de sa chaudière ; nous sommes loin de la quantité insignifiante de liquide, qui se trouve à un moment donné dans le générateur à vaporisation instantanée de M. Serpollet ; cette masse d'eau chaude occasionnerait, en cas d'explosion, de graves accidents. Et puis il ne faut pas oublier que si l'emploi du pétrole lampant, pour chauffer un générateur, est plus onéreux que son utilisation dans le cylindre même d'un moteur à mélange tonnant, cela est plus vrai encore pour l'essence que pour le pétrole, et la voiture Stanley nous semble plutôt faite pour brûler de la première que du second[1].

4° Avant-trains moteurs.

251 bis. — Avant-train Turgan et Foy. — En étudiant les véhicules à pétrole et électriques, nous décrirons quelques avant-trains moteurs, et ferons à ce sujet remarquer leurs avantages (§ 289).

1. Pour de plus amples renseignements, voir *Locomotion automobile*, 2 novembre 1899, p. 698.

Nous ne croyons pas que jusqu'ici on ait construit des avant-trains à vapeur et nous ne songions pas à nous en étonner, car il semble *a priori* assez difficile de loger sur un seul essieu une chaudière, un moteur, et tous les organes de transmission et de direction. C'est pourtant ce que sont en train de faire MM. Turgan et Foy, si nous en croyons une notice qu'ils distribuaient à l'Exposition de 1899.

Cet avant-train est muni du générateur Turgan (§ 30 *bis*). L'arbre du moteur est horizontal et porte un pignon d'angle, qui engrène directement avec un deuxième pignon claveté sur un arbre vertical passant par l'axe de la cheville-ouvrière, formée par un tube creux. Cet arbre porte à sa partie inférieure un autre pignon d'angle directement en prise avec la boîte du différentiel de l'essieu sur lequel sont calées les roues et, pour racheter les variations de la distance qui, à cause des ressorts de la suspension, séparent le châssis de l'essieu, il est en deux parties réunies par un ressort à pincette : M. Turgan préfère ce dernier aux joints à la Cardan ordinairement employés pour cet usage, mais qu'il accuse de consommer plus de force.

CHAPITRE II

VÉHICULES A PÉTROLE

252. — Schéma d'une voiture à pétrole. — Une voiture à pétrole doit comprendre :

Le réservoir d'essence, le carburateur qui transforme cette dernière en mélange gazeux carburé ;

L'appareil d'allumage, qui produit l'explosion par l'électricité (avec le concours d'un générateur électrique, d'une bobine, d'un circuit, d'un commutateur), ou par tubes incandescents (chauffés par des brûleurs qu'alimentent un petit réservoir d'essence, dans lequel on établit une pression convenable, à l'aide d'une pompe à main) ;

Le moteur, qui recueille la force explosive du mélange, avec ses appareils de distribution et de régulation, quelquefois un accélérateur, destiné à paralyser momentanément le régulateur ;

Le refroidisseur, parfois simplement basé sur les différences de densité du liquide, le plus souvent mettant en œuvre un radiateur et une pompe chargée d'assurer la circulation de l'eau dans tout le circuit ;

Le *silencer*, qui amortit le bruit des gaz brûlés avant qu'ils s'échappent à l'air libre ;

Les transmissions, de composition assez variable, mais comprenant en général un embrayage, des engrenages de changement de vitesse (plus rarement un jeu de poulies et de courroies), un arbre secondaire sur lequel est monté le différentiel, des chaînes Galle actionnant les roues motrices (exceptionnellement un essieu articulé), un dispositif de marche arrière ;

Deux freins supprimant automatiquement la liaison du moteur et des transmissions, agissant, l'un sur l'arbre différentiel, l'autre sur les roues motrices ;

Une béquille ou un cliquet, contre le recul ;

Deux essieux, l'un moteur, l'autre directeur ;

Le châssis ;

La caisse ;

Les appareils de commande et de graissage.

Tout cet ensemble constitue un appareil compliqué, dans lequel nous ne retrouvons plus la simplicité des véhicules à vapeur, encore moins celle que nous nous plairons à constater sur les véhicules électriques.

Disons pourtant que tous les véhicules à pétrole n'offrent pas la multiplicité d'organes que nous venons d'énumérer. Dans les voiturettes, le refroidissement est assuré par l'air extérieur ou tout au moins par une circulation d'eau fort simplifiée ; dans celles qui pèsent moins de 250 kg. à vide, le dispositif de marche arrière peut ne pas exister. Dans les tricycles et quadricycles, qui ne sont pas de véritables voitures, la simplification est beaucoup plus grande ; c'est par eux que nous allons commencer l'étude des véhicules à pétrole.

1° Tricycles et quadricycles.

Nous comprenons sous la dénomination de tricycles et quadricycles les véhicules à 3 et 4 roues, de construction analogue à celle des cycles, n'offrant au cavalier qui les monte qu'une selle plus ou moins semblable à celle des bicyclettes, n'ayant ni suspension à ressorts ni marche arrière [1].

1. Ces véhicules rentrent dans la catégorie des *motocycles* qui peut en outre comprendre quelques voiturettes. La définition des motocycles était jusqu'ici restée assez indécise ; il convient d'adopter celle qu'a consacrée le Règlement sur la *Circulation des automobiles* du 10 mars 1899 : est motocycle tout véhicule à traction mécanique ne pesant pas plus de 150 kg. à vide, c'est-à-dire sans voyageurs, combustible, eau, pièces de rechange...

253. — **Tricycle de Dion-Bouton.** — Il est universellement connu ; nous ne pouvons cependant nous dispenser d'en dire quelques mots.

Sa forme est celle d'un tricycle ordinaire dont le bâti, en tubes d'acier, donne sous un poids minime (il pèse au total 75 kg.) une grande rigidité : la fourche comporte 4 tubes, constituant une véritable poutre armée. Le moteur (§ 112) qui se fait maintenant de 1,75 chx, peut tourner jusqu'à 3000 tours par minute, et donne en palier une vitesse normale de 30 km. à l'heure, qui peut être considérablement dépassée. Son arbre porte deux pignons : l'un qui actionne le tricycle, l'autre qui engrène avec une roue de diamètre double, calée sur l'arbre de distribution qui porte les cames d'échappement et d'allumage [1].

Le pignon moteur actionne la couronne dentée montée sur le différentiel, qui conduit les roues d'arrière motrices : il est

---

1. L'allumage est, en effet, électrique : comme nous l'avons dit (§ 70), c'est le moteur lui-même qui est chargé de produire l'interruption du courant inducteur. Celui-ci part du pôle positif de la pile sèche, suspendue au côté horizontal du cadre, va à la poignée gauche du guidon (qui l'arrête ou le rétablit), longe le côté horizontal du cadre, où il rencontre une fiche interruptrice (que le cavalier retire quand il abandonne son tricycle sur la voie publique), parcourt le gros fil de la bobine, va au trembleur actionné par le moteur, qui, tous les deux tours, le laisse passer et le coupe aussitôt, produisant au moment voulu l'étincelle dans le circuit secondaire, enfin retourne à la bobine. Le courant induit part du petit fil de la bobine, va à la bougie et retourne à la bobine par la masse même du tricycle.

Le trembleur est constitué par une tige métallique, portant une touche, qui peut arriver au contact d'une pointe formant l'extrémité du courant inducteur, et à son extrémité une masse qui frotte sur la came d'allumage. Normalement la touche est écartée de la pointe, mais, lorsque la masse s'enfonce dans l'encoche dont est munie la came, le contact s'établit, puis se rompt et l'étincelle jaillit. On comprend qu'en faisant varier le moment où la masse s'enfonce dans l'encoche, on change le moment où jaillit l'étincelle, en d'autres termes on modifie *l'avance à l'allumage* (§ 75). Dans l'une des positions extrêmes du dispositif, l'allumage ne se produit qu'au moment où le piston est tout en haut de sa course ; le moteur marche alors à sa petite allure. La position opposée pour laquelle l'allumage se produit très sensiblement avant que le piston ait atteint le haut du cylindre correspond à la grande allure. Les positions intermédiaires correspondent aux allures moyennes.

enfermé avec elle dans un carter en aluminium. Avec le moteur de 1,25 chx, le pignon avait 12 dents, la couronne 84, cela donnait une réduction de vitesse de 7 [1].

Les modèles de 1,75 chx se livrent avec les nombres de dents suivants :

> touriste : 11 et 106, réduction 9,6
> moyen : 13 et 104,   —   8
> course : 45 et 102,   —   6,8

Naturellement la puissance du moteur pour gravir les côtes varie comme le rapport de réduction.

253 bis. — Démultiplicateurs Couget, Delbruck, Didier, Peugeot. — Pour modifier ce rapport en cours de route et donner ainsi plus de souplesse au véhicule, on peut le munir de certains mécanismes.

Celui de M. *Couget* se compose de deux platines en aluminium, formant carter, dans lequel coulisse le pignon du moteur qui, au lieu de transmettre directement son énergie à la roue dentée du différentiel, la lui communique par un engrenage intermédiaire de deux pignons dans le rapport de 1 à 3, 4 ou 5. Cet appareil a en outre, comme les suivants, l'avantage de débrayer, par un simple déplacement du levier, le moteur, ce qui est précieux dans les pannes et dans les arrêts brusques [2].

L'appareil *Delbruck* [3] met en face de la couronne dentée de l'essieu moteur deux engrenages de diamètres inégaux, pouvant l'un ou l'autre lui transmettre le mouvement du moteur, quand, à l'aide d'une tige on le fait osciller. Dans l'appareil Didier [4],

---

1. Avec les roues de 0 m. 65 il fallait, pour couvrir le kilomètre, 490 tours de roue, soit 3.430 tours du moteur. Quand le kilomètre était couvert en 1 minute 20 secondes (ce qui correspondait à 45 km. à l'heure), le moteur faisait 2.572 tours par minute ; quand le tricycle marchait à 30 km. le moteur en faisait 1.713 ; quand celui-ci faisait 3.000 tours, la vitesse atteignait 52 km.

2. *Locomotion automobile*, 19 janvier 1899, p. 42.

3. *France automobile*, 5 novembre 1898, p. 378.

4. *France automobile*, 26 novembre 1898, p. 402.

l'arbre et l'essieu moteurs peuvent être reliés par l'un ou l'autre de deux trains d'engrenage, qu'un levier à double fourche permet d'embrayer.

Les tricycles *Peugeot* sont pourvus de l'appareil de changement de vitesse que représentent les fig. 256 et 256 *bis*. Par le pignon B, l'arbe moteur attaque la roue dentée A, mobile sur une couronne de billes et munie de la denture intérieure C, engrenant avec

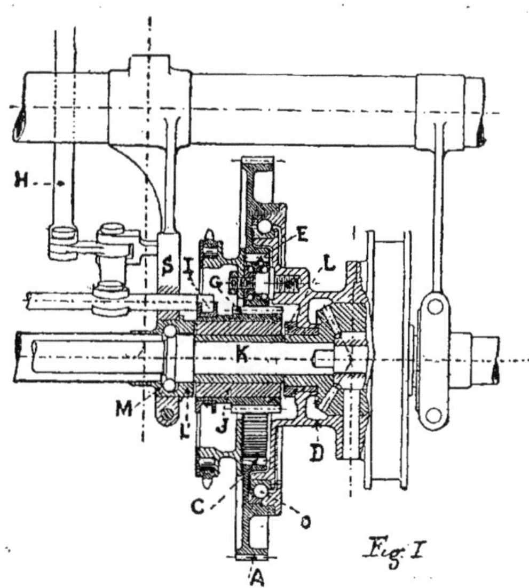

FIG. 256. — Appareil de changement de vitesse du tricycle *Peugeot*.
Coupe longitudinale.

les pignons satellites E, qui sont eux-mêmes en prise avec le pignon central G. Les pignons E sont portés par des axes faisant corps avec la boîte du différentiel D, et le pignon G peut, à l'aide de la fourchette I, actionnée par le levier de manœuvre agissant sur la tringle H, glisser le long de l'axe K.

Lorsque ce levier est au milieu de son secteur denté, le pignon G est dans la position représentée par la figure 256, il se trouve

1. *Petites Annales du cycle et de l'automobile*, 8 juillet 1899, p. 211.

sur le bloc en bronze à section hexagonale J, lui-même emboîté à frottement doux sur l'arbre K ; si le moteur est en marche, les engrenages B, A, C, E, G tournent, le dernier en sens inverse de A et fou sur l'arbre K ; c'est la position de débrayage, qui permet de laisser fonctionner le moteur pendant un arrêt du tricycle et d'actionner celui-ci avec les pédales sans entraîner le moteur.

Quand on amène le levier des changements de vitesse au cran

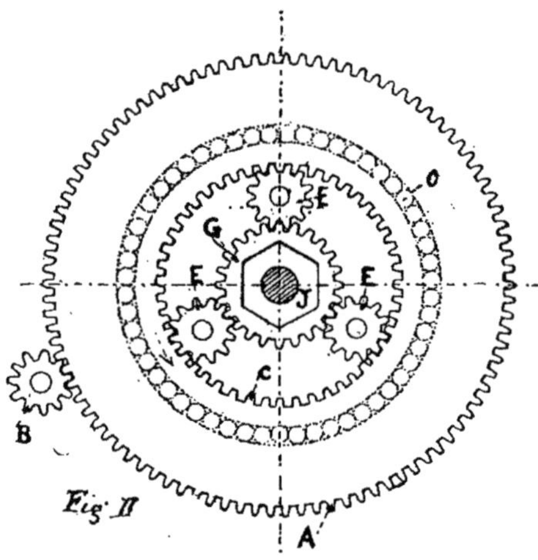

Fig. 256 *bis*. — Changement de vitesse du tricycle *Peugeot*.
Élévation transversale des engrenages.

arrière de son secteur, le pignon G s'engage sur le bloc à section hexagonale L, qui est solidaire du différentiel D ; alors les pignons E et G faisant corps avec ce différentiel ne peuvent plus tourner les uns par rapport aux autres (la denture C est ainsi calée) : tout l'ensemble est entraîné par la roue A et tourne autour de l'axe K, absolument comme si cette roue était directement fixée sur la boîte du différentiel.

Quand, au contraire, on amène le levier au cran avant du secteur, le pignon G s'engage sur le bloc à section hexagonale L', solidaire de la pièce S, et par elle du pont du tricycle, et est immobilisé par lui. Sur ce pignon ainsi au repos les satellites E roulent, entraînés par la denture C et entraînant à leur tour la boîte du différentiel, mais à une vitesse angulaire réduite. Si nous désignons par N, N' les nombres de dents de C et de G, la vitesse est à la précédente dans le rapport $\dfrac{N}{N + N'}$. Si N = 56 et N' = 26, la petite vitesse est égale aux 2/3 de la grande.

Dans le cas où la roue A a 100 dents et les roues du tricycle 0 m. 65 de diamètre, on peut établir le tableau suivant :

NOMBRE DE DENTS du pignon du moteur	KILOMÈTRES parcourus par heure		RAMPES MAXIMA pouvant être gravies sans pédales
	à la grande vitesse	à la petite vitesse	
11	24	16	12 %
12	26.5	17.5	10
13	39	19	8
14	31	20.5	6
15	33.5	22	4
16	36	24	3

Pour passer de la petite à la grande vitesse, ou inversement, il faut suspendre l'allumage ; après l'avoir suspendu, pour se mettre à la petite vitesse, il faut amener le tricycle, s'il n'y est déjà, à une vitesse modérée de 15 à 20 km., de manière à éviter les chocs d'engrenages.

Le tricycle de Dion-Bouton a eu beaucoup d'imitateurs utilisant presque tous le même moteur que lui ou des moteurs analogues.

254. — **Tricycles Loyal et de la Société continentale d'automobiles.** — Le premier est resté à l'état d'appareil d'essai ; nous tenons pourtant à le mentionner, parce qu'il a marché avec le moteur à deux temps de ce constructeur (§ 116) [1].

---

1. *Locomotion automobile* du 11 mars 1897, p. 110.

Le second est muni d'un moteur à 2 cylindres opposés, perpendiculaires aux plans des roues, faisant de 800 à 2.000 tours par minute. Carburateur à palettes actionné mécaniquement par une petite courroie montée sur l'arbre de transmission du moteur. Allumage électrique par accumulateurs. Changement de vitesse mécanique [1].

Tous les tricycles peuvent être utilisés pour le remorquage d'un arrière-train à deux roues, qui porte à 5 le nombre des roues de l'ensemble, ou être transformés en quadricycles par la substitution d'un avant-train à 2 roues à la roue directrice.

255. — Quadricycles Gladiator, Morel et Gérard. — Le quadricycle *Gladiator* a un moteur à 2 cylindres, de 2 chx (§ 102). Roues d'arrière motrices, menées par engrenages. Roues d'avant directrices, commandées par le guidon du cavalier d'arrière, à la façon de celle d'un tricycle. Quand on pousse le quadricycle à bras, on peut, pour diminuer la résistance, supprimer la compression [2].

Le quadricycle *Morel* et *Gérard* est composé de 2 bicyclettes parallèles, solidement entretoisées par 2 traverses et par un arbre reliant les axes des roues d'arrière et constituant l'essieu moteur [3].

2° Les voiturettes.

Nous comprenons sous cette dénomination les véhicules à 3 et 4 roues, de construction plus ou moins analogue à celle d'une voiture, offrant comme cette dernière à ses passagers un siège véritable, mais pouvant en différer par l'absence de suspension, et s'en distinguant assez souvent par le manque de refroidisseur à eau et de marche arrière [4].

---

1. *Locomotion automobile*, du 24 mars 1898, p. 188.
2. D. Farman, *Les automobiles*, p. 194.
3. *Locomotion automobile*, 16 septembre 1897, p. 435.
4. L'article 5 du Réglement sur la circulation des automobiles exige une marche arrière pour toutes celles dont le poids excède 250 kg. à vide.

256. — Voiturette Bollée. — Elle comporte 3 roues : deux à l'avant à pivot directrices, une à l'arrière motrice ; ces roues supportent le bâti en tubes d'acier étiré à froid (§ 212), sur lequel sont brasées les pièces, qui soutiennent les deux sièges et le mécanisme.

Le moteur (§ 111) transmet, par trois paires d'engrenages donnant chacune une vitesse, son mouvement à la roue motrice, par le système que nous avons décrit (§ 175).

Le frein le plus usuel est constitué par un sabot de caoutchouc

Fig. 256 *ter.* — Voiturette *L. Bollée* suspendue.

(§ 217), solidaire du bâti et au contact duquel on amène la poulie, qui fait corps avec la roue motrice, quand on pousse celle-ci vers l'avant par un mouvement, qui, nous le savons, produit le débrayage du moteur. Un frein de secours permet de caler le volant du moteur ; si, à ce moment, la courroie est tendue à fond, la roue motrice ne pourra pas tourner sans entraîner avec elle le moteur, qui, lui résistant, fera frein [1].

Cette voiturette a récemment été munie d'une suspension que représente la fig. 256 *ter* : le cadre repose sur les roues d'avant, non plus directement, mais par l'intermédiaire d'un ressort à

---

[1]. Pour plus de détails voir P. et Y. Guédon. *Manuel pratique du conducteur d'automobiles*, p. 120.

lames, qui est lui-même supporté par un tube formant essieu et reliant entre elles les deux roues directrices.

Ce dispositif atténue notablement le dérapage de la roue arrière : ce dernier est produit par une force qui, en principe, aurait dû être absorbée par la progression du véhicule ou par le frottement du frein, et qui, ne l'étant pas, chasse le véhicule de côté. Dans la voiturette suspendue, le déplacement latéral brusque amène une inclinaison de la roue arrière et une compression du ressort avant ; dans cette compression la force en question s'annihile et ne produit plus l'effet parasite redouté.

La voiturette Bollée se fait aussi à 2 cylindres, chacun placé d'un côté et muni d'un carburateur. La mise en marche s'y fait par une manivelle montée non plus sur l'arbre moteur, mais sur l'arbre intermédiaire. Le volant et le régulateur sont protégés par la tôlerie. Il y a deux sabots de frein au lieu d'un.

256 bis. — Voiturette Serin. — La voiturette Bollée a eu quelques imitatrices : celle de M. Serin [1] en est visiblement la copie, pourtant assez modifiée. Le moteur, de 4 chx, à un cylindre horizontal, allumage électrique et refroidissement par une circulation d'eau à thermo-siphon (le réservoir forme pare-crotte autour de la roue motrice), est placé immédiatement après l'essieu d'avant, dans l'axe du véhicule : le constructeur compte beaucoup sur cette position très basse, à l'intérieur du triangle de sustentation, pour donner à la voiture de la stabilité et supprimer le dérapage que l'on reproche souvent aux véhicules à unique roue d'arrière motrice. La transmission se fait à cette roue par une longue courroie latérale, qui par deux jeux de poulies et d'engrenages donne deux vitesses (15 et 30 km.). La direction est à barre droite ou à guidon. La voiturette, à 2 places, pèse 238 kg.

257. — Tri-voiturette Hurtu et voiturettes Farman, de la Compagnie française des Cycles et automobiles et Kane-Pennington. — Le tri-voiturette Hurtu est actionné par un moteur de Dion-Bouton de

---

1. *Locomotion automobile*, 13 juillet 1899, p. 447.

1,75 chx, placé près de l'unique roue d'avant, motrice en même temps que directrice, d'une façon assez originale. A l'aide d'une chaîne il commande un arbre, dont le mouvement est transmis par un jeu de poulies et une courroie (que tend automatiquement un ressort) à l'axe de la roue. Sur cet axe et dans le moyeu de la roue est calée une sphère portant 4 glissières, dans chacune desquelles se trouve une bille placée au fond d'une encoche spéciale ; la transmission du mouvement à la roue se fait ainsi par roulement, avec une très grande douceur.

Un frein à pédale détend la courroie et bloque une des poulies de transmission, pendant que des patins agissent sur les roues arrière.

Poids 115 kg ; deux vitesses : 12 et 15 km.

La voiturette *Farman* a l'aspect de la Bollée ; la transmission s'y fait par courroie et chaînes. Quatre vitesses [1].

La voiturette de la *Compagnie française des Cycles et automobiles* est du genre de la voiturette Bollée, mais à deux places côte à côte. Changement de vitesse, à embrayage progressif et débrayage instantané par poulies extensibles. Deux vitesses : 12 et 24 km ; vitesses intermédiaires par l'avance à l'allumage. Poids 310 kg. [2].

La voiturette Kane-Pennington est aussi à trois roues, deux à l'avant directrices, celle d'arrière actionnée par un moteur de l'inventeur (§ 106) [3].

Nous arrivons maintenant aux voiturettes à 4 roues.

258. — **Voiturette Decauville.** — Le moteur (§ 113) est placé à l'arrière, les deux cylindres verticalement, l'un derrière l'autre, dans le plan médian de la voiture. Le mouvement est transmis de l'arbre moteur longitudinal à un autre situé dans son prolongement par un embrayage (logé dans le volant), et de celui-là à un arbre secondaire, longitudinal comme les premiers, par deux

1. *France automobile*, 20 décembre 1898, p. 438.
2. *France automobile*, 24 septembre 1898, p. 329.
3. *Locomotion automobile*, 28 octobre 1897, p. 506.

harnais d'engrenages donnant deux vitesses, enfin à l'essieu des roues d'arrière qui est moteur par deux pignons d'angle. Pas de marche arrière. Allumage électrique [1].

Mise en marche du siège très ingénieuse [2].

Le châssis en tubes creux porte, à l'arrière directement sur l'axe des roues par 4 paliers à billes, à l'avant sur l'essieu brisé, par un grand ressort à lames perpendiculaire à l'axe de la voiture et par deux ressorts à boudin agissant sur les pivots des fusées. La commande de la direction se fait comme dans la Bollée, mais avec un guidon.

259. — **Voiturette Elan.** — Le moteur (§ 102) est placé verticalement un peu avant l'essieu d'arrière. Le volant porte un embrayage. Quatre paires d'engrenages donnant 4 vitesses. Marche arrière. Tout ce mécanisme et le différentiel sont enfermés dans un carter. Transmission aux roues d'arrière motrices par chaînes Galle à rouleaux et tendeurs. Direction par essieu brisé et guidon. Roues à rayons tangents et pneumatiques, sur grosses billes. Châssis, essieux et autres pièces en tubes d'acier. Deux freins agissant sur l'arbre différentiel et sur les deux roues motrices. On peut aussi arrêter en interrompant l'allumage par le guidon. Poids en ordre de marche (avec 10 l. d'essence dans le réservoir) 310 kg. Quatre vitesses de 6 à 25 km., avec vitesses intermédiaires obtenues mécaniquement par l'avance à l'allumage. Le constructeur prétend que la dépense kilométrique n'excède pas 5 centimes, graissage et entretien compris ; ce chiffre nous paraît bien bas.

Le modèle 1899 a été doté d'un double échappement à fond de

---

1. Le circuit primaire part des accumulateurs pour aller à la bobine double munie d'un trembleur, puis à la came d'allumage montée sur l'arbre de distribution, en passant par une borne isolée, qui établit et interrompt le courant, de façon à lui faire desservir les deux cylindres ; de la came, il se rend par la masse au guidon, où est logé un interrupteur, et enfin retourne aux accumulateurs. Un circuit secondaire va de chaque bobine à la bougie correspondante et revient à la bobine par la masse. L'avance à l'allumage est modifiée à la fois pour les deux cylindres.

2. Voir *Petites Annales du cycle et de l'automobile*, 24 décembre, 1898, p. 410.

course. Le refroidissement a été amélioré par l'accroissement des ailettes et par l'adjonction d'une hélice, mise en mouvement par le moteur et qui envoie au cylindre un courant d'air frais d'autant plus intense que le véhicule marche plus vite.

260. — Voiturette Tauzin. — Moteur Papillon (§ 98) disposé verticalement derrière l'essieu d'avant. L'arbre moteur règne tout le long du véhicule, portant l'embrayage, les pignons d'angle des changements de marche, les pignons des changements de vitesse (9, 17 et 28 km.), engrenant toujours avec les roues dentées montées sur l'arbre différentiel, qui porte les roues motrices, et rendues successivement solidaires de cet arbre par une clavette mobile coulissant à l'intérieur. Châssis tubulaire renforcé par entretoises, sur roues métalliques à pneus : le mécanisme est fixé sur le châssis, qui supporte la caisse, par de grands ressorts en C à l'arrière et des ressorts à boudins à l'avant [1].

261. — Voiturette Barisien. — Deux moteurs de Dion-Bouton de 1 cheval 3/4 sont placés verticalement à l'avant du châssis (fig. 257). Cette position facilite leur refroidissement, encore aidé par le courant d'air que rabat sur eux le panneau à 45°, qu'on voit au-dessus. Pour les cas exceptionnels, un petit ventilateur placé entre les deux cylindres est entraîné, quand on le veut, au moyen d'une poulie de friction ; enfin, au centre de ce ventilateur débouche un tuyau amenant l'eau d'un réservoir compte-gouttes d'une contenance de 200 gr. : cette eau pulvérisée augmente l'absorption de la chaleur par l'air ambiant.

Les moteurs actionnent par engrenages un arbre longitudinal, qui passe entre eux, et dont le mouvement est transmis par des pignons d'angle à l'arbre différentiel, que des chaînes relient aux roues motrices. A signaler l'existence en divers points de cette transmission de rotules, qui évitent tout coincement des arbres dans leurs coussinets, quand les inégalités du sol impriment au bâti quelque déformation. Marche arrière et 3 vitesses : les

---

1. *Locomotion automobile*, 15 décembre 1898, p. 788.

organes de changement sont enfermés avec le différentiel dans un même carter en aluminium. Freins serrant en arrière aussi bien qu'en avant, et dont le serrage n'est pas modifié par la flexion des ressorts. La caisse est, en effet, complètement suspendue. Poids 250 kg.

262.— Voiturette Cyrano. — Moteur Klaus à 2 cylindres horizon-

Fig. 257. — Voiturette à pétrole *Barisien*.

taux, un de chaque côté du châssis (fig. 258), à ailettes, à culasses refroidies par un courant d'eau qu'une pompe centrifuge fait passer dans un radiateur. Allumage électrique par bobine sans trembleur (genre de Dion-Bouton, § 70).

Transmission par cônes en aluminium (à 4 étages, donnant chacun une vitesse) jusqu'à l'arbre secondaire, par engrenages de ce dernier à l'essieu d'arrière moteur. Changement de marche par engrenages avec position de débrayage. Mise en marche du siège. Freins à tambour sur les roues motrices, à sabots sur les pneumatiques. On peut aussi arrêter la voiture par bloquage des soupapes d'échappement.

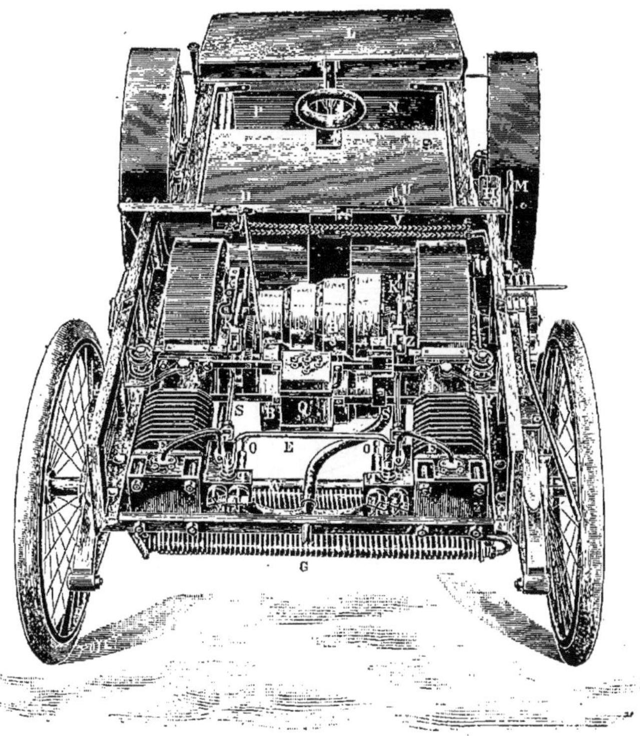

FIG. 258. — Châssis et mécanisme de la voiturette *Cyrano*.

AA, moteurs ; BB, cônes en aluminium ; C, came d'avance à l'allumage ; D, siège du conducteur ; EE, eau de refroidissement ; FF, freins à tambour ; G, radiateur ; H pédale ; I, direction ; KK. tiges des soupapes d'échappement ; L. réservoir d'eau ; M, levier d'embrayage ; N, réservoir d'essence ; O, soupapes d'aspiration ; P, accumulateurs ; Q, bobine ; R, levier de mise en route ; SS, soupapes d'échappement ; TT, bougies ; U, manette du carburateur ; V, chaînette commandant la fourchette des courroies ; W, essieu ; X, tuyauterie ; YY, graissage des cylindres ; Z, va-et-vient du courant primaire.

Les cylindres ont 100 mm. de diamètre, 180 mm. de course ; à la vitesse de 300 tours, le moteur développe 5 chx [1]. Vitesses : 8, 16, 24 et 32 km. à l'heure. Poids 380 kg. en ordre de marche.

1. M. Popp fait aussi des voitures à moteur Klaus de 3 chx.

Le poids seul permet de classer ce véhicule dans la catégorie des voiturettes, car il est en somme muni de tous les organes d'une

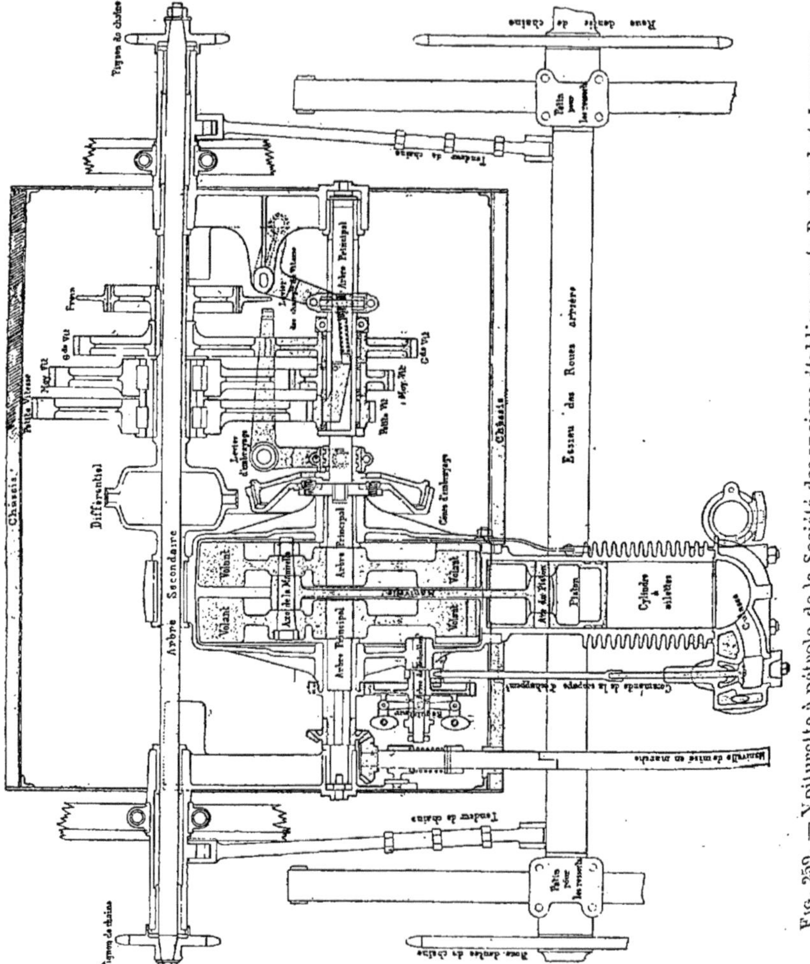

Fig. 259. — Voiturette à pétrole de la Société des anciens établissements Panhard et Levassor.
Schéma du châssis et des mécanismes.

voiture ordinaire. La silhouette en est élégante. L'expérience nous dira ce que vaut l'ensemble.

263. — Voiturette Krebs (Panhard et Levassor). — Moteur Krebs (§ 114), qui forme avec les organes de transmission un bloc compact installé dans un châssis en fer, à l'arrière de la voiture. Son axe moteur, qui est transversal se prolonge, au-delà d'un embrayage à cônes, par trois pignons engrenant constamment avec trois roues dentées, calées sur l'arbre différentiel. Les trois pignons peuvent être successivement rendus solidaires de leur arbre qui est creux, par un linguet placé à l'intérieur, et cela sous l'action du levier des changements de vitesse. Le pignon

Fig. 260. — Voiturette à pétrole des *Anciens établissements Panhard et Levassor.*
Vue perspective.

ainsi calé entraîne la roue qui lui correspond par un encliquetage; mais comme ceux-ci ne permettent pas à l'arbre d'entraîner les roues, celles qui ne sont pas menées par le pignon utile ne prennent qu'une rotation relativement faible, résultant simplement de la friction des moyeux sur l'arbre : une usure considérable est ainsi évitée. La marche arrière, commandée par le levier des changements de vitesse, est assurée par des galets de friction, non représentés sur la figure.

Direction par avant-train à cheville-ouvrière, commandée par un volant. Les roues (en bois, à pneus) tournent sous la voiture ; c'est ce qui nécessite le grand empattement de cette dernière, d'ailleurs favorable à la stabilité. Frein à levier manœuvrant les sabots des pneus, et frein à mâchoires (§ 222) agissant sur l'arbre différentiel.

Le moteur tourne normalement à 800 tours, et donne une allure moyenne de 25 km. à l'heure ; la voiture peut faire 125 km. sans renouveler ses approvisiennements. Poids : 350 kg.

Exposée pour la première fois au salon du Cycle et de l'automobile de 1898. Le moteur, de 4 chx, placé à l'avant se compose de 2 cylindres horizontaux opposés, dont les bielles sont reliées au même bouton de manivelle, de manière que les pièces mobiles occupent toujours des positions symétriques et s'équilibrent ; les trépidations sont ainsi fortement atténuées. Allumage électrique. Refroidissement par courant d'eau, avec pompe et radiateur. Transmission par engrenages : 3 vitesses et marche arrière. Un accélérateur.

264. — Voiturette de Dion-Bouton. — Moteur analogue à celui du tricycle du même constructeur, mais plus grand de façon à développer 3 chx, placé verticalement sous le siège d'arrière. Refroidissement par ailettes et par courant d'eau, qu'une pompe fait circuler autour de la culasse et qui se rafraîchit dans un radiateur placé à l'avant de la voiture : il suffit de remplacer l'eau évaporée (un verre tous les 100 km. environ). Carburateur d'un nouveau système, à pulvérisation, mais permettant la fermeture presque complète du robinet d'admission, comme dans les carburateurs à simple léchage.

Embrayage à cônes de friction baignant dans l'huile. Transmission par engrenages donnant les deux vitesses de 12 et 30 km. à l'heure (les vitesses intermédiaires sont obtenues en faisant varier l'avance à l'allumage). Sur le modèle d'essai, l'entraînement des roues motrices se faisait, comme dans le tricycle, par un essieu muni du différentiel. Sur le modèle définitif, il doit se faire par essieu brisé à la Cardan, du système des constructeurs. Marche arrière et mise en marche du siège. Suspension à l'arrière sur des ressorts à pincettes, à l'avant par deux demi-ressorts en C reposant sur un ressort transversal. Quatre roues métalliques, à pneus, de diamètres égaux. Deux freins à lames. L'embrayage et les changements de vitesse sont commandés par un volant. Poids : 250 kg.

265. — Voiturettes Peugeot, Delahaye, Morisse, Foucher et Delachanal, Goret, Faugère, Pittsburg, Walker et Hutton. — La maison Peugeot a exposé aux Tuileries en 1899 une voiturette d'un modèle fort élégant, qui est, comme châssis et mécanismes, la réduction de ses grandes voitures. Le moteur de 3 chevaux, à allumage par brûleurs ou par bougies, peut lui imprimer une vitesse de 25 km. en palier ; il y a deux vitesses intermédiaires (8 et 16 km.) et une marche arrière. La voiture pèse en ordre de marche 350 kg. Citons encore la voiturette *Delahaye* à moteur de 4 chx, capable de faire de 25 à 30 km. à l'heure, d'un système tout analogue à celui des voitures du même constructeur, que nous décrirons plus loin, à cette différence près qu'elle n'a qu'une courroie de transmission ; la voiturette *Morisse*[1], à transmission par engrenages et courroie, à essieu moteur d'avant qu'un levier permet de déplacer pour embrayer et débrayer en tendant ou détendant la courroie, à roues d'arrière directrices ; la voiturette *Foucher et Delachanal*[2], à transmission par poulies coniques, à engrenages inclinés permettant de donner de l'écuage aux roues ; la voiturette *Goret*[3], qui n'a guère circulé, croyons-nous, mais qui était intéressante par son moteur à 6 temps (§ 117) disposé verticalement entre les deux essieux et sa transmission à plateau ; la voiturette *Faugère*, à moteur à deux cylindres horizontaux, à transmission par courroies, engrenages toujours en prise et cônes de friction, à 3 vitesses et mise en marche du siège, mais qui pourrait presque être classée parmi les voitures ordinaires.

Comme exemples de voiturettes étrangères, nous citerons la voiturette *Pittsburg*, qui est plutôt un quadricycle, car le chauffeur est placé à l'arrière sur une selle ; il offre à l'avant une place

1. *Locomotion automobile,* 4 août 1898, p. 486.
2. *Locomotion automobile,* 21 octobre 1897, p. 494.
3. *Locomotion automobile,* 31 mars 1898, p. 200.

assise [1]; la voiturette *Walker et Hutton*, de Scarborough (Yorkshire), à moteur de 4 chx, à transmission par courroies, à châssis tubulaire reposant sur les essieux par l'intermédiaire de ressorts à pincettes, à caisse suspendue sur le châssis; cette double suspension, comme son poids en font plutôt une voiture [2].

3° Tricycles et voiturettes de livraison.

Le tricycle et la voiturette commencent, et méritent parfaitement d'être exploités pour la livraison des *petits poids*; le con-

FIG. 261. — Tricycle de livraison à pétrole *Columbia*.

cours de juin 1899, à l'instigation de la *France automobile*, prévoyait une classe pour ces voiturettes capables de porter au moins 50 kg. de charge utile.

1. *France automobile*, 20 août 1898, p. 290.
2. *Locomotion automobile*, 9 mars 1899, p. 148.

266. — Voiturette de livraison Lanty, Hommen et Dumas, et tricycle Columbia. — La première a un moteur à un cylindre horizontal, de 2 1/2 chx à la vitesse de 600 tours, à allumage électrique, à refroidissement par ailettes, disposé entre les deux essieux sur le châssis suspendu à l'avant, que nous avons décrit (§ 210). Transmission par courroies, avec marche arrière. Une caisse de 1 m. de long, sur 0 m. 83 de large et 0 m. 88 de haut, est suspendue au-dessus du châssis, derrière le siège du conducteur. La voiture pèse 450 kg., porte 150 kg. de marchandises et peut faire 8 à 15 km. à l'heure.

Le tricycle *Columbia* (fig. 261) fabriqué par les établissements Pope de Hartford (E. U.) a un moteur cylindrique, genre de Dion, mais plus grand (il donne, paraît-il, 2 chx à 1.500 tours), et dont la soupape d'admission, comme celle d'échappement, est mue mécaniquement. Il est situé à l'arrière, à la droite du conducteur. Par engrenages, il actionne l'essieu moteur, aux vitesses de 6 à 8, ou de 20 à 25 km. à l'heure. La mise en train se fait à la pédale, moteur débrayé. Quand celui-ci est parti, l'embrayage se fait par la prise graduelle qu'un bec d'acier, tournant sur l'arbre du moteur, vient exercer sur un cône de métal, porté par le même arbre que les engrenages. Le châssis en tubes, de forme rectangulaire, porte la caisse. La direction se fait par la roue unique d'avant, comme celle d'un tricycle. Poids total 4 à 500 kg.

4° Voitures.

267. — Voitures Panhard et Levassor. — Le moteur Phénix (§ 87) le plus ordinairement placé à l'avant, mais pouvant l'être aussi à l'arrière ou au milieu, suivant le genre de la voiture, est toujours vertical (fig. 262, 263). La position à l'avant le rend facilement visitable, le met autant que possible à l'abri de la poussière, sans qu'il y ait inconvénient à charger l'essieu directeur à deux pivots. Son axe moteur, longitudinal, est relié bout à bout, par un embrayage à friction, à un autre axe, longitudinal comme lui, et qui porte trois ou quatre pignons donnant chacun une vitesse particulière (par exemple 4, 8, 15 et 30 km. à l'heure), quand ils sont mis successivement en prise avec les roues dentées calées sur un arbre intermédiaire, disposé horizontalement au-dessus du premier. Cet arbre porte un pignon, qui actionne, par deux autres pignons d'angle (donnant à volonté les marches avant ou arrière), un deuxième arbre intermédiaire,

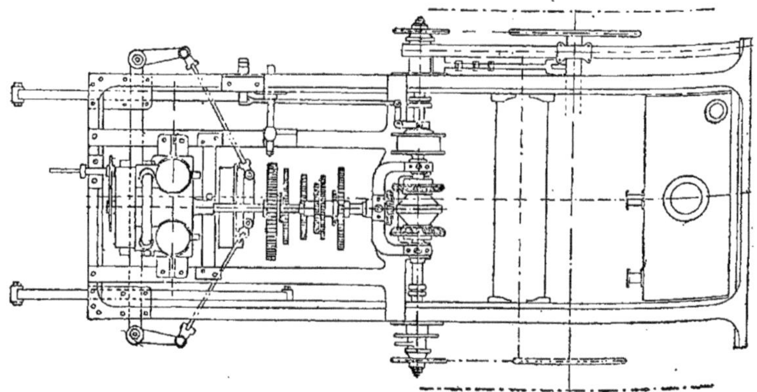

FIG. 262. — Voiture à pétrole des Établissements *Panhard et Levassor*.
Plan du châssis et des mécanismes.

transversal celui-là, porteur du différentiel, et dont le mouvement est transmis par chaînes Galle aux roues dentées, fixées aux rais des roues d'arrière. Comme le moteur, les bielles et vilebrequins, les harnais d'engrenages sont enfermés dans un carter à huile ; cette disposition *water-proof* complique la construction, mais en supprimant la poussière, en assurant le graissage, elle met les mécanismes dans d'excellentes conditions de fonctionnement.

Le châssis, rectangulaire, en aciers profilés, quelquefois garnis intérieurement de bois, toujours solidement assemblés et entretoisées, constitue un ensemble robuste et offrant à la caisse un support commode. Les roues, à moyeux de bois ou métallique, ont toujours leurs rais en bois ; les jantes sont recouvertes de bandages en caoutchouc pleins ou pneumatiques.

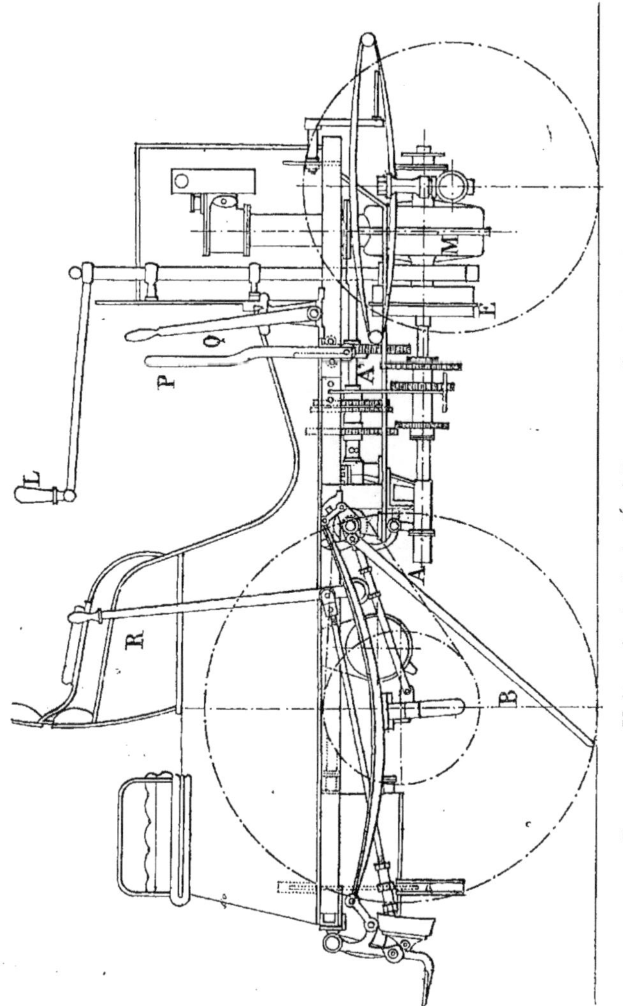

Fig. 263. — Voiture à pétrole des Établissements *Panhard et Levassor.*
Élévation.

M, moteur ; E embrayage ; A, arbre portant les harnais d'engrenages de changements de vitesses ; A', arbre intermédiaire parallèle à l'arbre A . L'arbre A actionne, par pignons d'angle, l'arbre transversal porteur du différentiel, dont le mouvement est transmis, par chaînes Galle, aux roues d'arrière ; L, barre de direction ; P, levier des changements de vitesses : Q, levier des marches avant et arrière et d'arrêt ; R, levier du frein à sabots.

Deux freins : un à sabots agissant sur les roues d'arrière ; l'autre à tambour, monté sur l'arbre du différentiel. Ce dernier, parfois les deux, sont actionnés par des mécanismes, qui commencent par débrayer le moteur.

Sur la caisse se trouvent le réservoir d'eau de refroidissement et le cylindre amortisseur de l'échappement. A l'avant sont les graisseurs, le robinet de réglage de l'air du mélange carburé, le réservoir d'essence.

Le chauffeur dirige de la main gauche (à l'aide d'une barre qui agit sur l'essieu à deux pivots, et qui sur les modèles récents a, justement à notre avis, fait place à un volant de direction) (Voir le système de direction, § 192 et 193). Il a, sous la main droite,

Fig. 264.
Voiture à pétrole *Panhard et Levassor* (n° 5 de la course Paris-Bordeaux).

le levier des changements de vitesse, celui des marches avant, arrière et de l'arrêt, enfin le levier du frein à sabots. Il manœuvre du pied l'embrayage et le frein à ruban.

La maison Panhard, qui a fait faire à l'industrie nouvelle de si remarquables progrès, auxquels doit rester attaché le nom du regretté Levassor, construisait dès 1890, des voitures à deux places, munies de moteurs Daimler à 2 cylindres d'une puissance de 1 cheval 1/2, marchant à 5, 10 et 16 km. à l'heure. En 1892, elle a commencé à munir les bandages de ses roues de caoutchoucs pleins. Son premier succès public date du concours du *Petit Journal* (Paris-Rouen, 1894). L'année suivante, elle arrive première dans la course Paris-Bordeaux et retour, avec son phaéton

n° 5 (fig. 264), dont la performance fut une véritable révélation
1190 km. en 48 h. 47 m.). Il était muni d'un Phénix de 4 chx.

Fig. 265.
Voiture à pétrole *Panhard et Levassor* (n° 5 de la course Paris-Marseille).

A partir de cette date, ce nouveau moteur supplante l'ancien
Daimler. La fig. 265 représente la voiture n° 5 arrivée 3ᵉ dans la

Fig. 266. — Voiture à pétrole *Panhard et Levassor* (de la course Paris-Dieppe).

course Paris-Marseille, d'ailleurs gagnée par la maison avec une
autre voiture : son moteur était de 6 chx; sa vitesse fut de

23,94 km. à l'heure en moyenne. En 1897, Paris-Dieppe fut gagnée par M. Gilles-Hourgière avec une voiture (fig. 266) semblable à celle qui, l'année suivante, devait gagner Paris-Amsterdam (§ 321).

La maison Panhard construit maintenant toutes sortes de voitures avec moteur de 6, 8, 10, 12 et 16 chx [1] (§ 323).

Elle a présenté, au concours des poids lourds de 1897, un

Fig. 267.

Omnibus à pétrole de la *Société des anciens Établissements Panhard et Levassor.*

omnibus à pétrole destiné à recevoir 14 voyageurs et leurs bagages (fig. 267), ceux-ci sur le toit du véhicule. Le moteur (un

---

1. Une voiture à deux places a un réservoir capable de loger la quantité d'essence nécessaire à un parcours d'au moins 100 km. ; on peut facilement emporter la provision nécessaire pour en faire 300 sans se réapprovisionner. Le rendement de la voiture est d'environ 62 % du travail indiqué aux cylindres. La dépense en pétrole est approximativement, sur une route moyennement accidentée, par kilomètre de 0 fr. 05 pour une voiture à 4 places (moteur de 6 chx).

Phénix de 12 chx, à 4 cylindres de 0 m. 090 d'alésage et 0 m. 135 de course, faisant 750 tours à la minute) était placé au-dessous du châssis entre les roues d'avant : les bielles des moteurs attaquaient, deux par deux, un des coudes de l'arbre, de manière qu'une explosion eût lieu à chaque demi-tour. Quatre vitesses : 4, 7, 11, 16 km. à l'heure. Marche arrière. Châssis formé par cadre métallique. L'essence dans deux réservoirs placés contre le garde-crotte antérieur ; l'eau dans une caisse sous la voiture.

Poids à vide 2095 kg. ; en ordre de marche, avec seulement les 1.000 kg. de charge utile stipulés par les conditions du concours 3.400 kg. (les constructeurs avaient prévu une charge utile de 1.400 kg.). Rapports de la charge utile au poids mort 0,415, au poids total 0,294. Roues, avant 0 m. 800 de diamètre, arrière 1 m. 020. Bandages, largeur commune 0 m. 080. Empattement, 1 m. 90. Longueur totale, 4 m. 50. Largeur (toutes saillies comprises) 2 m. 10. D'après les constructeurs, consommation d'essence à 0,7000 l. 55 par km., à la vitesse moyenne de 10 à 12 km. consommation d'eau 2 l. 50. L'omnibus est approvisionné pour 100 km. Il s'est parfaitement comporté : les arrêts et démarrages, qui avec le pétrole constituent souvent les points faibles, ont été remarquables [1]. Au concours de Versailles de 1899, la maison Panhard a engagé un omnibus-salon, sur lequel nous donnerons quelques indications en rendant compte de ce concours (§ 327).

268. — **Voitures Peugeot.** — Les voitures Peugeot étaient autrefois munies du moteur Daimler disposé verticalement à l'arrière. Elles sont maintenant actionnées (fig. 268 et 269) par le moteur horizontal de la maison (§ 88), dont la puissance (4, 5, 6 et 7 chx et au-dessus) est ordinairement calculée pour leur assurer, sur route en bon état, une vitesse de 25 à 35 km. en palier et de 5 à 6 km. sur rampes de 8 à 10 °/₀. Le moteur est placé entre les deux roues d'arrière, un peu au-dessus de l'essieu, dans le plan médian de la voiture. L'arbre moteur est donc transversal. Il est

---

[1]. Pour les résultats, voir le tableau récapitulatif (§ 327).

relié par un embrayage à friction à un autre placé dans son prolongement, qui actionne par engrenages l'arbre porteur de 4 pignons de changement de vitesse, engrenant avec 4 roues dentées,

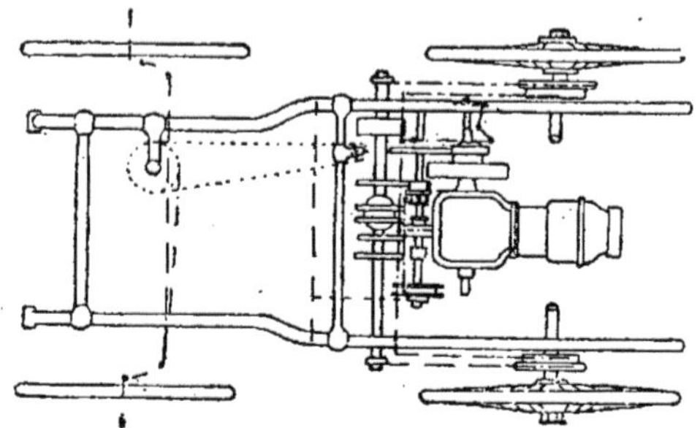

Fig. 268. — Schéma du plan d'une voiture à pétrole *Peugeot*.

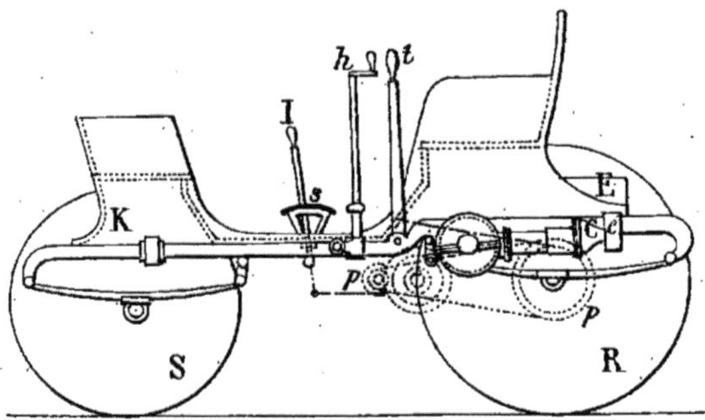

Fig. 269. — Schéma de l'élévation d'une voiture à pétrole *Peugeot*.

C, *c*, cylindres et culasses du moteur. Le carburateur, qui n'est pas représenté, est ordinairement placé à droite des cylindres. L'arbre moteur porte une poulie-volant à l'intérieur de laquelle se trouve l'embrayage à friction, actionné par une pédale ; un pignon et une roue dentée transmettent le mouvement de l'arbre moteur à un arbre intermédiaire. Cet arbre porte les pignons de changement de vitesse, engrenant avec les roues dentées calées sur l'arbre différentiel ; il porte aussi à son extrémité une poulie, qui, sous l'action du levier I (mobile sur le secteur à cran *s*), fait coulisser les pignons le long de l'arbre et change les engrenages en prise. A cet effet la poulie est munie d'une gorge assez large, dans le fond de laquelle est creusée une rainure sinueuse : un doigt cylindrique, relié à la barre qui commande le chariot des pignons, est déplacé transversalement à la voiture, quand la poulie tourne sous l'action du levier I ; dans une position déterminée, il intercale entre les deux roues le pignon de la marche arrière ; deux pignons, montés aux extrémités de l'arbre différentiel, conduisent par des chaines les couronnes montées sur les moyeux des roues motrices R ; deux freins à lame solidaires des mêmes moyeux sont manœuvrés par le levier *t* ; un frein à lame monté sur l'arbre différentiel est actionné par une pédale qui commence par débrayer le moteur ; S, roues directrices à pivots, manœuvrées par le guidon *h* ; K, réservoir d'essence ; E, réservoir d'eau.

calées sur l'arbre différentiel. La marche arrière est obtenue par l'intercalation d'un pignon entre les deux roues d'une des paires d'engrenages (voir la légende).

Le châssis est celui que nous avons décrit (§ 213), dont les tubes sont utilisés pour la circulation de l'eau, assurée par une pompe centrifuge jusque dans le radiateur fixé à l'avant du véhicule, pour recevoir de première main l'air frais. Les roues, à rais directs de 6 mm., travaillent à la traction, sont munies de roulements à billes (une rangée pour les voitures légères, deux et même trois pour les voitures lourdes). L'essieu d'avant étant très

Fig. 270. — Victoria à pétrole *Peugeot*.

peu chargé, tout au moins dans les voitures qui n'ont pas de radiateur, la manœuvre de la direction est très douce.

La maison Peugeot fabrique les divers modèles de voitures de luxe, tous très élégants : la fig. 270 représente leur victoria du dernier genre. Comme voitures lourdes, elle fait l'omnibus et le break à 8 places. La dépense en pétrole est, paraît-il, de 6 à 9 cent. par km., pour un moteur de 4 à 6 chevaux ; l'entretien est évalué à 5 cent., en y comprenant celui des pneumatiques.

Le coupé à deux voyageurs, qu'elle a engagé au concours de fiacres de 1898, où il a été le seul représentant du pétrole, a fourni un excellent service, à une vitesse supérieure à celle des fiacres électriques, mais au prix, comme nous le dirons plus tard (§ 329) d'une forte dépense. Pour réduire celle-ci, la maison Peugeot a cherché à supprimer la consommation continue des brûleurs en substituant à l'allumage par incandescence l'allumage électrique; elle a imaginé le dispositif suivant [1].

Sur l'arbre du moteur est montée une came disposée pour don-

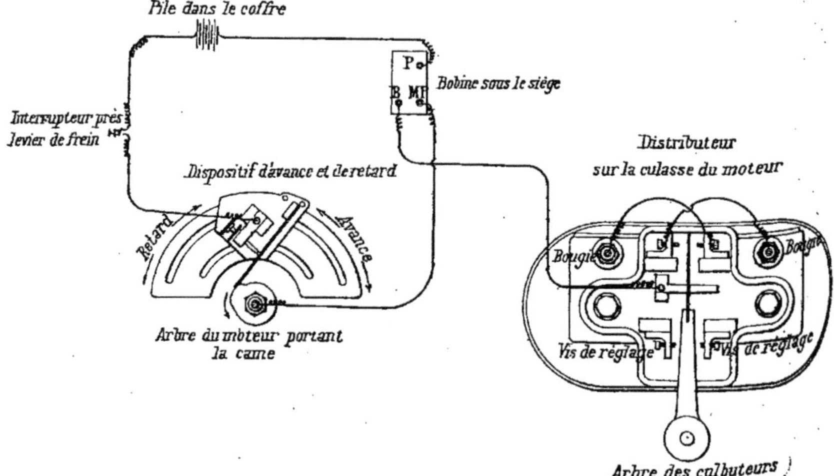

Fig. 271. — Schéma de l'allumage électrique *Peugeot*.

ner (fig. 271) l'avance et le retard à l'allumage, par la manœuvre du levier où était auparavant fixé le ralentisseur. On a de la sorte, à chaque tour de l'arbre, une source d'étincelles, que le *séparateur* est chargé de distribuer aux deux cylindres : celui-ci, monté sur la culasse à la place de la lanterne des brûleurs, consiste simplement en une aiguille oscillante, montée à frottement

1. *France automobile*, 15 janvier 1899. Ce journal a donné, sous la signature de M. Baudry de Saunier, dans une série d'articles, à partir du 4 juin 1899, une description fort détaillée et fort claire des voitures *Peugeot*.

dur sur l'axe de commande des culbuteurs, et qui reçoit le courant induit de la bobine ; dans ses excursions à droite et à gauche, cette aiguille touche deux contacts reliés chacun à une bougie. Le système offre ceci de particulier qu'on peut limiter la course de l'aiguille, indépendamment de celle de son axe, bien que tous leurs mouvements commencent en même temps. Le réglage consiste en ceci : les contacts de l'aiguille doivent durer plus longtemps que ceux de la came, c'est-à-dire commencer avant et finir après. De cette façon, le courant induit ne passe que quand il a sa route établie, et on évite toute étincelle extérieure. Un interrupteur permet de couper le courant lorsque le moteur ne fonctionne pas, par exemple dans une descente. Avec une pile sèche type VSH de 75 ampères-heure, de la société Le Carbone, et une bobine Rossel consommant en ordre de marche, sur route, entre 5 et 7 centièmes d'ampère-heure on peut compter sur une durée de fonctionnement de 800 à 1.000 heures.

269. — Voitures Benz : Compagnie Anglo-française, Maison Parisienne Audibert et Lavirotte, Rochet et Schneider. — *La Société Anglo-française* place son moteur Benz horizontal (§ 89) longitudinalement au-dessus et en arrière de l'essieu moteur. Allumage électrique (§ 70) : généralement, le conducteur ne peut de son siège en modifier l'avance ; lors de la mise en route, il a déterminé le point où l'allumage semblait donner le meilleur résultat. Transmission par deux courroies (donnant chacune une vitesse) à un axe secondaire portant le différentiel, et de ce dernier aux roues motrices par chaînes Galle. Marche arrière par courroie à brins croisés. Direction par essieu brisé d'avant, commandé à l'aide d'un guidon ou d'un volant, par la main droite du conducteur, qui occupe le siège de gauche de la voiture. Frein à pédale agissant à la fois sur l'arbre différentiel par une corde, et sur les jantes des roues par des sabots. On peut aussi arrêter la voiture en fermant l'admission des gaz. Les voitures Benz sont légères : un phaéton à 2 places, actionné par un moteur de 3 chx, tournant à 300 tours, ne pèse guère plus de 3 ou 400 kg.

Le premier brevet de Benz pour ses voitures date du 25 mars 1886. Roger les introduisit en France vers 1888. La Compagnie Anglo-française, qui a pris la suite de ce dernier, équipe maintenant ses véhicules avec des moteurs à 2 cylindres : elle fait beaucoup la voiture de livraison (§ 287).

La *Maison Parisienne* qui a actuellement pour la France la licence des moteurs Benz, fabrique, en même temps que le type que nous avons décrit, des modèles variés, notamment une voiture munie d'un moteur à 2 cylindres de 5 chx, marchant à 900 tours, avec carburateur à pulvérisation. La transmission est mixte : deux courroies donnant chacune, par un dispositif d'engrenages, deux vitesses.

Les deux maisons lyonnaises (*Audibert-Lavirotte*, *Rochet-Schneider*) font aussi la voiture Benz à un ou à deux cylindres. La seconde emploie la marche arrière que nous avons décrite (§ 183).

270. — Voitures Delahaye, Hurtu-Diligeon, G. Richard. — La première a un moteur (§ 89), avec pompe et radiateur, disposé en H (fig. 272), sur le châssis, dont une légende fort explicite indique l'agencement, et qui peut recevoir toutes sortes de caisses. Transmission par courroies donnant grande et moyenne vitesse, avec l'adjonction d'engrenages pour la petite vitesse et la marche arrière. Un moteur de 6 chx donne à une voiture de 6 places les vitesses de 8, 18 et 30 km. à l'heure ; un moteur de 8 chx, celles de 10, 21, 36. M. Delahaye emploie les roues en bois.

Dans la voiture *Hurtu-Diligeon*, à 2 ou 3 places, le moteur de 4 chevaux (§ 89) est horizontal ; la mise en marche se fait facilement, par suite d'un dispositif supprimant la compression. Aucun retour en arrière du piston n'est à craindre, l'allumage ayant été retardé et ne se produisant que dans le sens de l'impulsion donnée après le passage du point mort. L'arbre de transmission est monté sur billes ; les roues, à rayons métalliques, sur moyeux lisses à bain d'huile.

Dans la voiture G. Richard, le moteur (§ 89) est à allumage

électrique, par pile sèche, perfectionné : dans le système Benz ordinaire, une touche bonne conductrice est en contact avec un

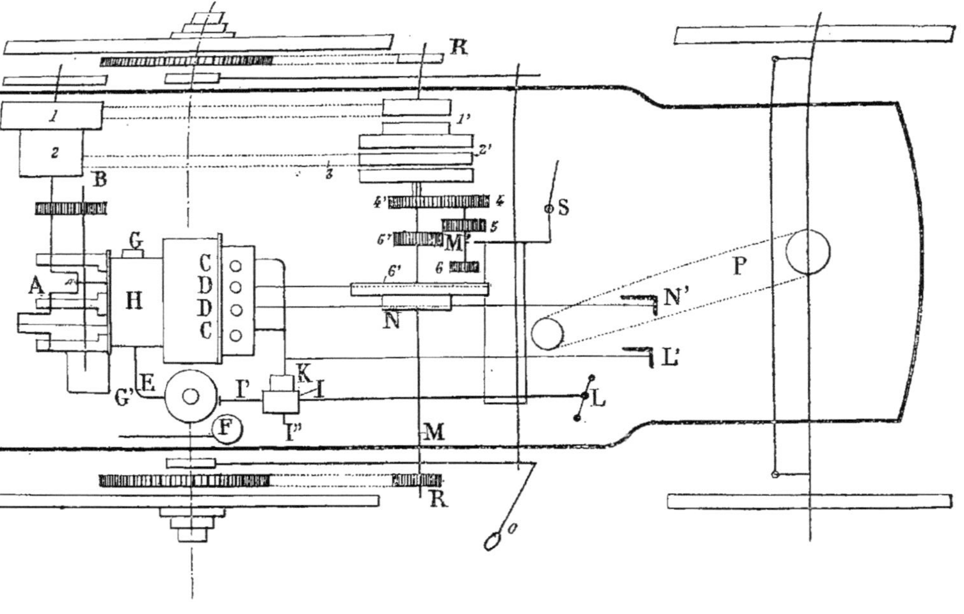

Fig. 272. — Schéma du châssis et des mécanismes d'une voiture à pétrole Delahaye.

E, carburateur à barbotage, dans lequel le niveau du pétrole est réglé par le flotteur-distributeur F ; G, entrée de l'air, qui, après s'être chauffé autour des cylindres H, arrive par G' au carburateur. L'air carburé ressort par I' pour aller au robinet I, qui, sous le contrôle de la manette L, l'additionne d'une quantité convenable d'air pur entré par I". Le mélange carburé se rend, en quantité réglée par la valve K, que commande la pédale L' aux soupapes d'admission C, C, travaille dans les cylindres H, en ressort par les soupapes d'échappement D, D, manœuvrées par l'arbre de distribution B, tournant à vitesse angulaire moitié de celle de l'arbre moteur A. 1 et 2 poulies fixes formant volants, sur lesquelles sont montées les courroies de grande et de moyenne vitesse. 1' et 2' groupes de poulies calées et folles sur l'arbre secondaire M correspondant à ces deux vitesses ; 3, poulie folle sur l'arbre secondaire solidaire de la paire d'engrenages 44', qui, lorsque la courroie de moyenne vitesse est montée sur la poulie 3, entraine l'arbre M' ; 5 et 6, pignons montés à clavette sur l'axe M' et pouvant par le levier S être amenés successivement en prise avec les roues 5' et 6' pour produire la petite vitesse et la marche arrière (6' est à cet effet pourvue d'une denture intérieure) ; N, différentiel, sur lequel est monté un frein à lame, manœuvré par la pédale N' ; R,R, pignons, de chaînes ; O, levier commandant les freins à lame montés sur les moyeux des roues arrière ; P, chaîne commandant la direction. Un rochet monté sur le moyeu d'une roue arrière empêche le recul.

disque de fibre de bois isolant portant sur une portion de sa circonférence du cuivre bon conducteur ; quand le cuivre arrive sous la touche, le courant passe. Pour assurer un passage plus certain, M. Richard établit le contact entre une vis de cuivre, terminée'par une pointe de platine iridié, et une goutte du même métal placée sur une lame formant ressort. Quand la came montée sur l'arbre de distribution soulève la lame, le contact s'établit entre les deux gouttes de platine. En même temps, il se produit, par suite de la torsion de la lame, un déplacement relatif entre les deux gouttes, qui sont ainsi nettoyées et se prêtent mieux au passage du courant.

Transmission par courroie donnant deux vitesses; une seule

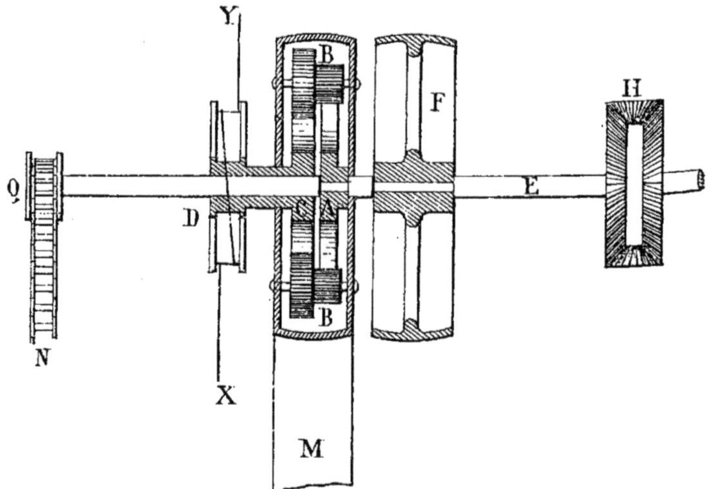

Fig. 273. — Marche arrière système G. *Richard*.

manette (au lieu de deux comme dans la voiture Benz) suffit pour déplacer les courroies de la grande et de la moyenne vitesse. Les poulies folles sont utilisées pour produire la petite vitesse et la marche arrière.

A cet effet, chacune d'elles renferme un différentiel analogue à celui que représente la fig. 273, composé d'une roue A calée sur l'arbre différentiel de la voiture, d'une roue C folle sur cet axe, mais solidaire du tambour D, et de deux pignons B, composés chacun de deux parties de diamètres inégaux, engrenant respectivement avec les roues A et C.

Supposons la voiture arrêtée et la courroie M placée sur la poulie folle; celle-ci tourne entraînant les pignons B qui tournent autour de la roue A, immobile avec l'axe E, et entraînent à leur tour la roue C et le tambour D, auxquels ils impriment un mouvement proportionnel à la différence du diamètre des roues A et C.

Supposons maintenant qu'à l'aide de la corde XY, on immobilise le tambour D, et par suite la roue C; le mouvement relatif des roues C et A reste le même, avec cette différence que c'est maintenant la roue A qui tourne, entraînant avec elle l'arbre différentiel E et la voiture. Si A a un diamètre plus grand que C, comme c'est le cas de la figure, la voiture recule. Si A a un diamètre plus petit que C, la voiture avance, mais à faible vitesse. Or la poulie folle de la grande vitesse a la roue A d'un diamètre plus grand que la roue C, et la poulie folle de la moyenne vitesse a sa roue A d'un diamètre plus petit que la roue C; donc la première produit la marche arrière, et la seconde la marche avant à petite vitesse [1].

La fig. 274 représente un châssis à caisse interchangeable, dont la légende indique les divers organes.

271. — **Voitures Cambier.** — Cette maison construit trois types de voitures : le premier, à moteur d'un ou deux cylindres, dont la force varie de 4 à 12 chevaux pour 2 à 20 places, disposé à l'arrière. Deux changements de vitesse par engrenages ; marche arrière par courroie. Une pompe assure la circulation de l'eau, qui traverse un réfrigérant à ailettes, de façon qu'il ne faut en renouveler la provision que tous les 150 kilom.

Le second a le même moteur que le précédent, mais placé à à l'avant, commandant par courroies une transmission placée à l'arrière, qui donne trois vitesses par engrenages et marche arrière par courroie. Le châssis peut recevoir tous les modèles de caisse.

[1]. Baudry de Saunier. *L'automobile théorique et pratique.* — *Motocycles et voiturettes*, p. 365.

Le troisième emploie un moteur à 2 cylindres de 6, 8, 10

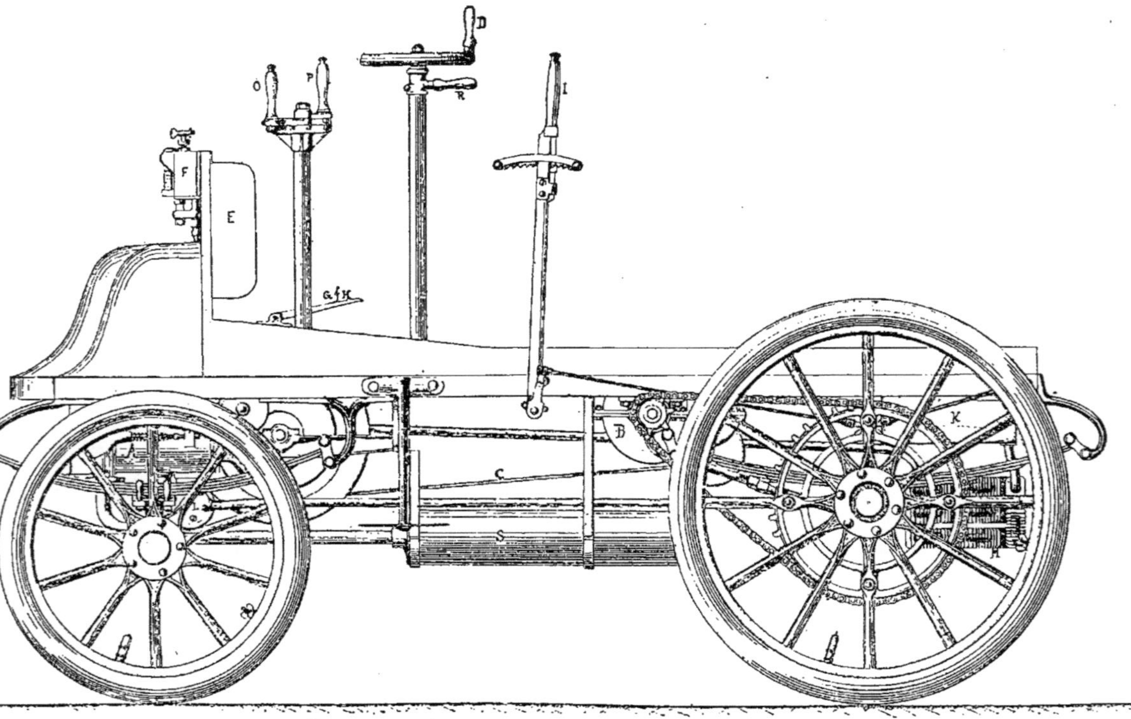

FIG. 274. — Châssis de la voiture à pétrole G. Richard.

A, moteur horizontal à deux cylindres (force 7 chx), transmettant son énergie à la boîte à engrenages B par l'intermédiaire d'une seule courroie C ; B, boîte d'engrenages commandés par la manette O pour les 4 vitesses marche avant et par la manette P pour la marche arrière ; C courroie; D, direction à volant ; E, réservoir à essence ; F, graisseur multiple ; G, pédale de débrayage et de frein sur le différentiel ; H, pédale du deuxième frein sur les collerettes des roues ; I, troisième frein à main ; K, L, M, réservoir d'eau, pompe de circulation et réfrigérant ; R, accélérateur du moteur ; S, silencieux.

ou 12 chx, qui attaque l'arbre des changements de vitesse par un engrenage en bronze taillé dans la masse et un pignon en cuir vert. Le harnais des changements de vitesse et de marche arrière se compose d'engrenages en acier forgé taillés mécaniquement.

M. Cambier construit aussi des omnibus pouvant transporter 3 tonnes utiles : le moteur horizontal à 3 cylindres peut développer 30 chx, à 450 tours. Il est muni de 2 systèmes d'allumage, électrique pour la mise en train (parce que l'étincelle, à cause de sa haute température, n'a pas besoin pour faire exploser le mélange qu'il soit fortement comprimé), par tubes en cours de route. Embrayage Bonnafous. Transmission par engrenages. On démarre à 4 km. à l'heure; on marche moyennement à 17.

272. — **Voitures de Dietrich** (système A. Bollée). — Le moteur, du système A. Bollée, de 6 ¹/₂ ou 9 chx, est placé horizontalement au-dessus de l'essieu d'avant (fig. 275 et 276). Son arbre, qui est normal à l'axe du véhicule, actionne par poulies et courroie un arbre parallèle, placé à l'arrière du véhicule ; cette courroie, qui est ordinairement en caoutchouc, et qui reste animée d'une vitesse à peu près constante, sert à produire l'embrayage et le débrayage du moteur avec le reste de la transmission. Les 4 vitesses et la marche arrière sont obtenues par des harnais d'engrenages, reliant l'arbre de la courroie à l'arbre du différentiel. Le mouvement de ce dernier est transmis aux roues motrices par le système acatène, que nous avons décrit (§ 179); ce système permet, on le sait, le carrossage des roues, qui sont en bois avec moyeu métallique. Le châssis est un cadre métallique rectangulaire reposant sur les essieux par des ressorts à lames très longs; tout le mécanisme étant au-dessous, il peut recevoir des caisses variées. Frein à lame serrant dans les deux sens.

La maison Dietrich ne fabrique que depuis peu et a, du premier coup, livré des voitures très remarquables, en exploitant d'ailleurs les brevets de M. Amédée Bollée. Ce dernier n'a construit lui-même que fort peu de voitures, véhicules de course auxquelles il a donné la forme de torpilleur, très avan-

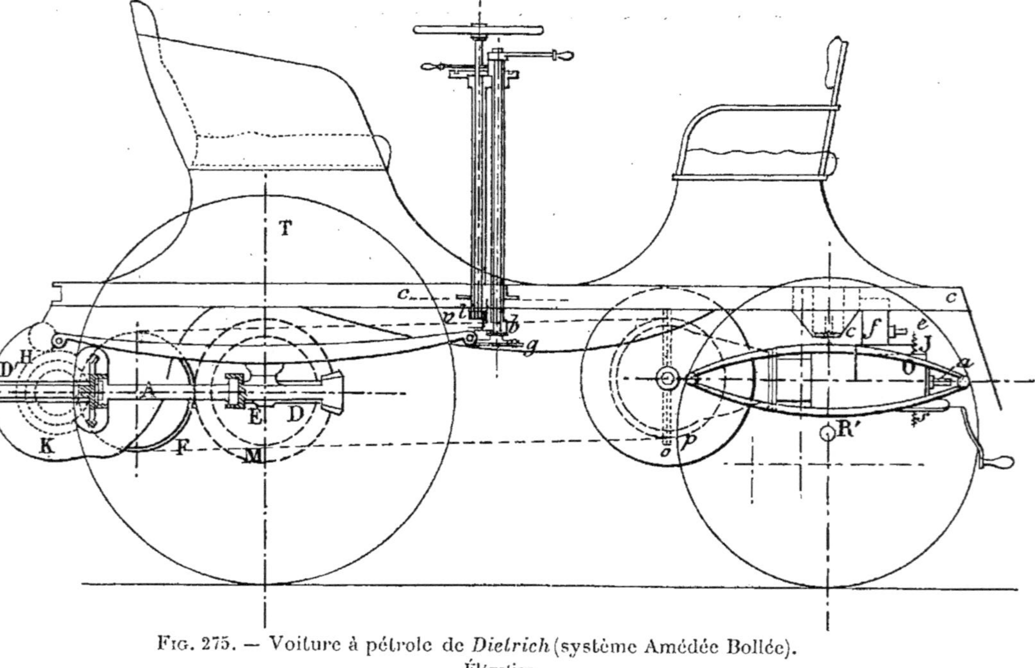

FIG. 275. — Voiture à pétrole de *Dietrich* (système Amédée Bollée).

Élévation.

f, moteur ; *a*, *a'* brûleurs ; *b*, mise en train du moteur ; *m*, vilebrequin de l'arbre moteur ; V'. volant ; *p* poulie ; G, fourchette pour déplacer la courroie ; F, F' poulies folle et calée montées sur l'arbre secondaire ; B'.B'B'B', pignons devant engrener respectivement (pour donner 4 vitesses) avec les roues B, B. B, B montées sur l'arbre muni du différentiel H ; K, frein monté sur le différentiel ; le mouvement de l'arbre différentiel est transmis aux couronnes dentées M des roues motrices par des pignons d'angle et des arbres A et D, articulés de manière à racheter toujours la flexion des ressorts.

Le volant de direction commande les roues d'avant par des bielles articulées sur des rotules trempées et pressées par un ressort. J' levier des changements de vitesse. G" levier pour la marche arrière ; H' levier pour embrayer, débrayer et serrer le frein K.

tageuse au point de vue de la diminution de la résistance de l'air, mais assez ingrate au point de vue de l'élégance et du confort nécessaires à une voiture de ville ou de tourisme. D'une façon générale, la position à l'arrière des arbres de changement

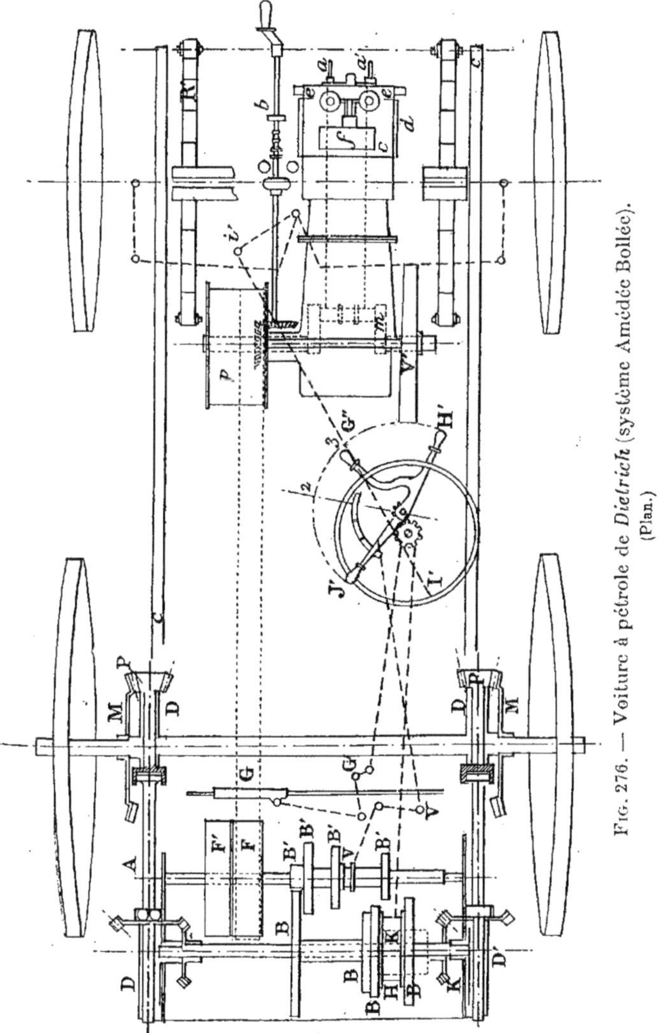

Fig. 276. — Voiture à pétrole de *Dietrich* (système Amédée Bollée). (Plan.)

de vitesse rendra toujours difficile, dans la voiture Bollée, la tâche du carrossier. Mais il faut louer sans réserve la facile accessibilité des mécanismes, à l'arrière pour les transmissions, à l'avant pour le moteur. En ce qui concerne le système acatène, nous ne croyons pas qu'il soit préférable à la chaîne, et il est plus bruyant qu'elle.

273. — Voitures Mors. — M. Mors a, en fort peu de temps, combiné plusieurs types de voitures.

1° *Type avec moteur à 2 cylindres opposés.* — C'était une voiture légère, à changement de vitesse par cônes étagés et courroie, à changement de marche par engrenages, que le cons-

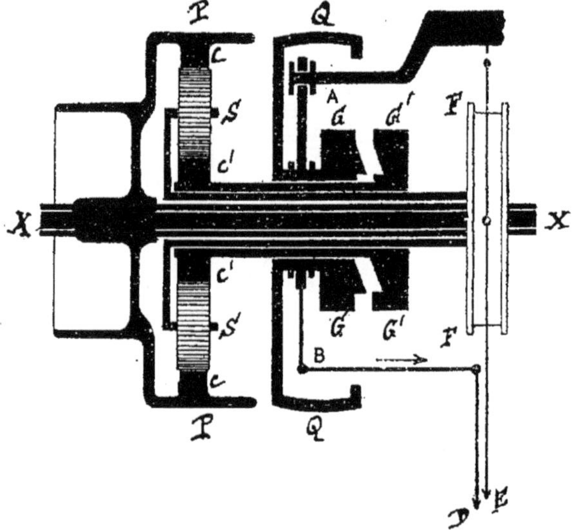

FIG. 277. — Marche arrière *Mors*.

tructeur paraît avoir abandonnée ou du moins qu'il a modifiée pour en faire son type n° 4 [1].

2° *Type avec moteur à 4 cylindres*, du modèle que nous avons décrit (§ 91). L'inclinaison à 45° des cylindres a pour but de leur faire tenir moins de place (un moteur de 6 à 7 chx. contient facilement dans un cube de 0 m. 50 de côté) et de les faire participer, au point de vue du graissage, des avantages des

1. A. Witz. *Moteurs à gaz et à pétrole et voitures automobiles*, t. III, p. 572.

cylindres verticaux. Ce moteur est placé à l'arrière de la voiture : son arbre, qui est disposé transversalement, à peu près au-dessus de l'essieu d'arrière, attaque par 2 jeux de poulies et de courroies l'arbre secondaire [1], muni d'un embrayage et du diffé-rentiel et attaquant par chaînes les roues d'arrière motrices.

Les vitesses intermédiaires, entre les deux qui sont assurées mécaniquement, sont obtenues à l'aide du *modérateur*, que com-mande un petit levier placé sur le côté de la voiture, et qui fait varier la quantité du mélange carburé admis aux cylindres. Ces voitures permettent d'obtenir de grandes vitesses et beaucoup de souplesse dans la marche.

La marche arrière se fait, dans les grandes voitures par engre-nages, dans les petites par pignon satellite à l'aide du dispositif de la figure 277 [2].

[1]. On tend les courroies, en faisant glisser les paliers de l'arbre secon-daire sur les longerons de la voiture. Une manivelle, à portée du conduc-teur, permet, à l'aide d'engrenages, d'opérer ce glissement de façon iden-tique pour les deux côtés. Normalement la courroie de petite vitesse doit être légèrement plus tendue que celle de la grande vitesse, parce qu'elle transmet un effort plus grand et qu'elle est obligée d'entraîner une poulie de diamètre plus petit.

[2]. XX est l'arbre secondaire, sur lequel est calée la poulie de petite vitesse P, qui porte intérieurement la couronne dentée C. Cette couronne engrène constamment avec les pignons satellites S, S, montés sur un arbre creux solidaire de la poulie de frein F. De l'autre côté, ces mêmes pignons sont en prise avec la couronne dentée C'C', montée sur un autre arbre creux, portant à son autre extrémité la griffe d'embrayage G'G'.

Cette dernière peut être amenée en prise avec la griffe GG, solidaire de la poulie folle de petite vitesse Q, lorsque par D on exerce une traction dans le sens de la flèche sur le levier BA, oscillant autour de A.

Pendant la marche de la voiture, tant que les griffes sont hors de contact, la couronne dentée C entraîne dans son mouvement les satellites S, S et ceux-ci la roue dentée C' et la griffe G' ; mais ce mouvement ne produit aucun effet utile.

Quand, au contraire, les griffes sont embrayées, et que la courroie de petite vitesse est sur la poulie folle Q, le mouvement de celle-ci se trans-met, par l'embrayage, à la couronne C', aux satellites S, qui tournent fous sur leurs axes et entraînent plus ou moins la poulie de frein. Mais si, en même temps, on immobilise celle-ci (en tirant la corde dans le sens de la flèche), et par suite les pignons S, le mouvement de la couronne C' se transmet par leur intermédiaire à la couronne dentée C, mais en sens

Le dispositif d'allumage électrique (§ 70) visible en partie sur la fig. 75 est représenté à plus grande échelle par la fig. 278, qu'accompagne une légende. Normalement le courant qui a tra-

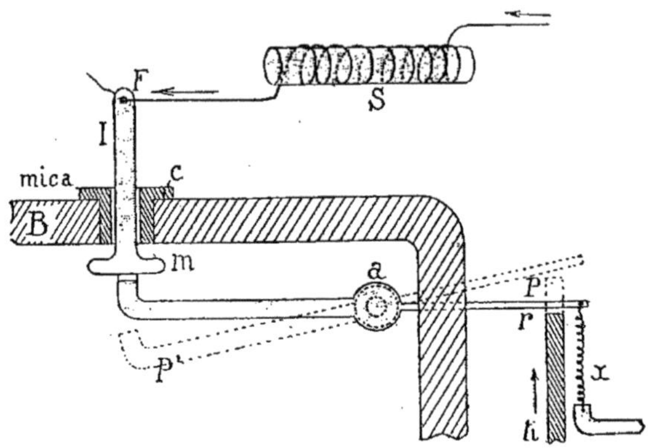

FIG. 278. — Schéma de l'allumage électrique des voitures *Mors*.

S, bobine de self-induction ; F, fil électrique fixé à la tige I ; I, inflammateur ; m, plateau de l'inflammateur ; C, garniture isolante en mica ; B, paroi supérieure du cylindre ; a, pivot de la palette ; r, distance de 2 mm. entre le haut de la tige et la palette ; PP′, palette (P′ bras de levier emprisonné dans le cylindre, P bras de levier extérieur ; x ressort de rappel de la palette ; ti, tige d'allumage actionnée par la came.

versé la bobine de self S passe de l'inflammateur I au levier P′ (parce que le plateau m et le levier sont en contact, et de là, par le pivot a, à la masse du moteur, qui est en communication avec la borne négative de la source électrique. Mais lorsque la came d'allumage montée sur l'arbre de distribution (fig. 80) soulève la tige ti et par elle l'extrémité P du levier PP′, le contact est rompu entre le plateau et le bras P′ et il se produit une étincelle de rupture qui enflamme le mélange. Elle se produit au moment où le piston a encore 18 mm. à parcourir pour arriver au point mort. Le courant reste ouvert pendant un certain temps (1/5 de la durée du cycle), parce que la came a une certaine longueur,

inverse du mouvement de C′. Cette couronne entraîne la poulie P, et dès lors la voiture, vers l'arrière. Les deux mouvements d'embrayage des griffes G, G′ et de serrage du frein F sont produits *successivement* par un même levier.

puis est fermé parce que la palette PP' est rappelée par le ressort x. Il passe donc, pour les 4 cylindres, pendant les 4/5 de la durée du cycle ou de deux tours du moteur. Pendant la marche de ce dernier, le courant a une intensité de 0,9 ampère sous 20 volts, tandis qu'au repos le débit est de 7 ampères : il ne faut donc jamais le laisser passer pendant le repos du moteur.

Le courant est fourni au début par des accumulateurs, et, dès que le moteur est en marche par une dynamo, qui prend son mouvement sur le volant de friction [1]. Celle-ci débite 2 ampères sous 20 à 25 volts, quand le moteur est à sa vitesse normale : le surplus de sa production est employé à recharger les accumulateurs ; pour ce chargement, on divise ceux-ci en deux batteries, afin que, si la dynamo ne garde pas sa vitesse, les accumulateurs ne se déchargent pas tous dans cette dernière. Pour établir les connexions nécessaires, M. Mors a imaginé un commutateur fort ingénieux, toujours placé sous les yeux du chauffeur, au milieu du guidon. Un interrupteur permet de couper le circuit.

Sur le châssis, muni des mécanismes que nous venons de décrire, on peut monter des caisses diverses : dog-cart, coupé, phaéton... Ce type, qui date de 1896, se fabrique par séries, tantôt avec des roues métalliques, tantôt avec des roues en bois.

3° *Type avec moteur à 2 cylindres verticaux.* — C'est celui du phaéton qui a été exposé pour la première fois en 1898. Le moteur (§ 91) de 8 chx disposé à l'avant comme dans les Panhard, tourne à une vitesse très réduite ; les organes en sont très robustes. Allumage électrique, régulateur de vitesse, et modérateur. Quatre vitesses et une marche arrière.

4° *Type avec moteur à 2 cylindres horizontaux.* — C'est celui de la voiturette à 2 places, qui a été exposée aux Tuileries en 1899. Le moteur, de 4 chx environ, à régulateur, quoiqu'il soit muni d'un allumage électrique, est refroidi par un courant

---

1. Le moteur commande aussi la pompe de circulation d'eau et le graisseur automatique des cylindres.

Élévation.

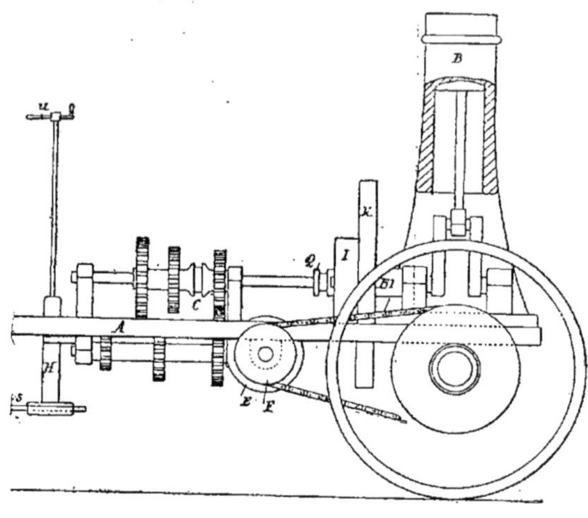

Plan.

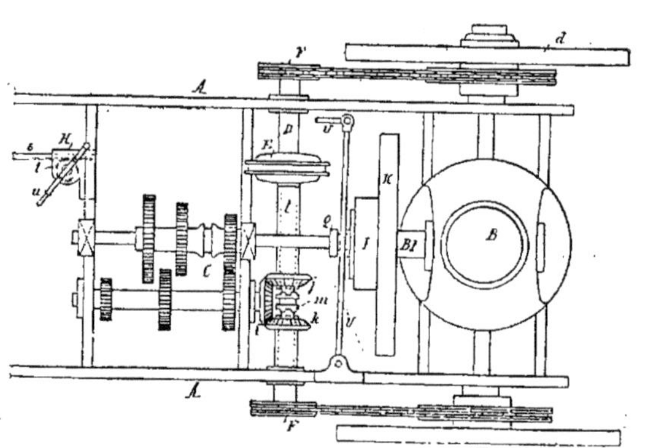

FIG. 279 et 279 *bis*. — Châssis de la voiture à pétrole *Landry-Beyroux*.

B_1, arbre du moteur ; J, cylindre creux calé sur B_1 ; L, L, demi-disques en bois, reliés par les ressorts M et produisant l'embrayage, quand on les coince à l'intérieur du cylindre J, en faisant pénétrer entre eux le coin N, solidaire du manchon Q, à clavette R ; celui-ci peut glisser le long de l'arbre P, quand on agit sur le levier U, commandé par le levier S. Un ressort V maintient le levier S dans la position de débrayage. Pour embrayer, on pousse ce levier dans le sens de la flèche jusqu'à ce que son extrémité S' soit engagée dans le cran porté par le ressort X. Pour débrayer, on pousse dans le même sens le levier T, dont la butée Y appuie sur le ressort X et dégage l'extrémité S" : le levier S, rappelé par le ressort V, revient dans sa position première, entraînant avec lui le coin N. Le levier T porte en *b* une saillie reliée au frein à sabot, de telle sorte qu'en continuant à agir sur le levier T, après avoir débrayé le moteur, on applique les sabots du frein sur les bandages des roues, à l'aide de la corde *g*, du tambour *h* et du levier *f*. Le frein peut d'ailleurs être serré par la vis *e*, manœuvrée à l'aide du volant dont elle est munie.

d'eau, qui traverse un radiateur. Le graissage est assuré par un appareil à départs multiples, qui envoie à chaque organe le lubrifiant ; il n'y a donc pas d'huile dans le carter ; le constructeur y

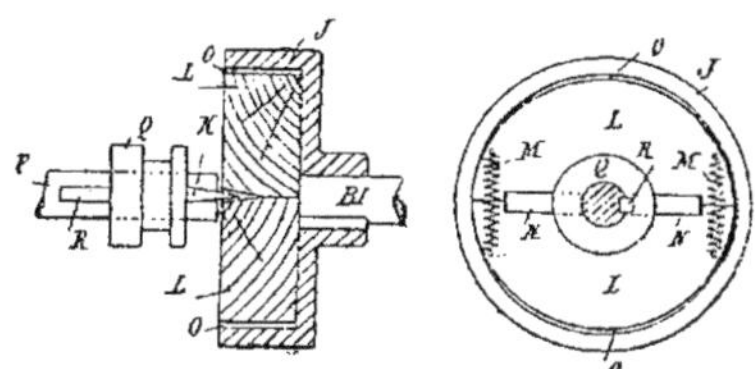

Fig. 280. — Détail de l'embrayage.

trouve cet avantage que les cylindres ne se remplissent pas de liquide et que les soupapes ne s'encrassent pas. La transmission se fait par engrenages ; il y a trois vitesses et la marche arrière.

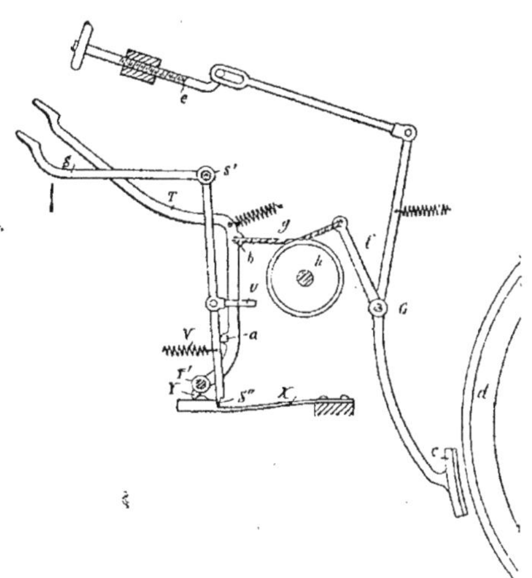

Fig. 280 *bis*. — Mécanisme de commande de l'embrayage et du frein.

274. — **Voiture Landry-Beyroux**. — Actuellement fabriquée par la Compagnie des moteurs et automobiles M.-L.-B. Moteur à un seul cylindre vertical (§ 92), placé en B (fig. 279 à 280 *bis*) à l'arrière du châssis A, susceptible de recevoir diverses caisses. L'arbre moteur B¹ est disposé longitudinalement dans le milieu de la voiture ; il porte un volant K de gros diamètre, constitué par une couronne comme les volants ordinaires des moteurs fixes et à la différence des moteurs d'automobiles, auxquels la place est mesurée et qui, pour cette seule raison sont ordinairement constitués par des disques massifs. Au volant est accolée la partie mâle d'un embrayage I.

L'arbre principal porte, après l'embrayage, 3 pignons donnant chacun une vitesse, quand ils sont amenés en prise avec 3 roues dentées calées sur un arbre secondaire, parallèle à l'arbre principal. Cet arbre secondaire engrène avec l'arbre différentiel D par les pignons *i*, *j* ou *k* donnant les marches avant et arrière. L'arbre différentiel commande les roues motrices *d* par les pignons F et des chaînes Galle.

La direction se fait par guidon *u*, pignon, crémaillère et bielles.

275. — Voitures Gautier-Wehrlé et de la Compagnie générale des automobiles. — Les premières sont fabriquées par la *Société continentale d'automobiles*. Moteur à deux cylindres horizontaux opposés (§ 93), placés transversalement entre les deux essieux sur le châssis (fig. 281), dont une légende indique suffisamment la disposition. Cette voiture est munie de l'embrayage (§ 170) et de l'essieu articulé (§ 179), spéciaux à la maison. Roues en bois.

Dans un autre type, le moteur est placé à l'avant du véhicule, où il est plus facile à surveiller ; la longueur de l'arbre principal s'en trouve augmentée.

Les premières voitures de la *Compagnie générale des automobiles* avaient pour moteur un Benz, une transmission à courroies, un châssis courbe (de fabrication délicate et coûteuse) avec double suspension [1].

---

1. *Locomotion automobile*, 10 décembre 1896, p. 336.

Les dernières ont un moteur à 2 cylindres parallèles, avec

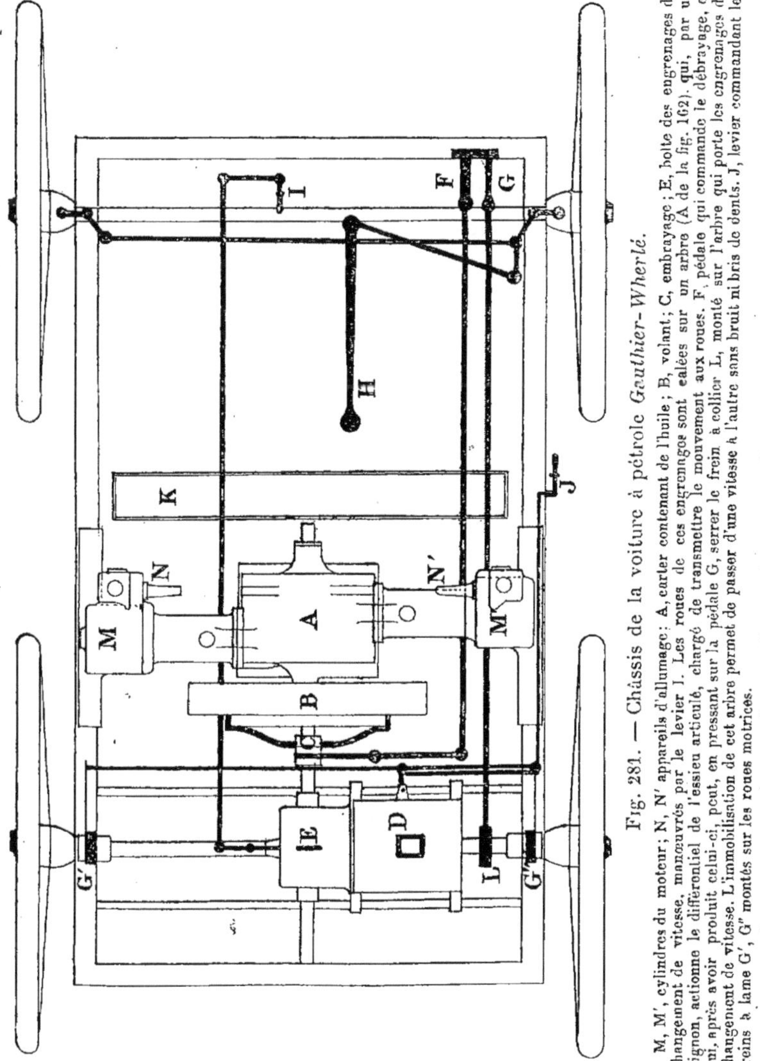

Fig. 281. — Châssis de la voiture à pétrole *Gauthier-Wherlé*.

M, M', cylindres du moteur; N, N' appareils d'allumage: A, carter contenant de l'huile; B, volant; C, embrayage; E, boîte des engrenages de changement de vitesse, manœuvrés par le levier I. Les roues de ces engrenages sont calées sur un arbre (A de la fig. 162). qui, par un pignon, actionne le différentiel de l'essieu articulé, chargé de transmettre le mouvement aux roues. F, pédale qui commande le débrayage, et qui, après avoir produit celui-ci, peut, en pressant sur la pédale G, serrer le frein à collier L, monté sur l'arbre qui porte les engrenages de changement de vitesse. L'immobilisation de cet arbre permet de passer d'une vitesse à l'autre sans bruit ni bris de dents. J, levier commandant les freins à lame G', G" montés sur les roues motrices.

allumage 'électrique à avance variable, refroidissement par courant d'eau qu'assure une pompe rotative, graissage automatique ; sa force varie de 4 à 6 chx ; pour 6 chx il pèse 120 kg. Ce moteur, qui pourrait d'ailleurs fonctionner dans la position verticale, est disposé horizontalement sous le châssis, un peu en avant et au-dessus de l'essieu d'arrière moteur. La transmission se fait de l'arbre principal à l'arbre secondaire portant les organes de changement de vitesse par une courroie que l'on tend progressivement : un ingénieux système de changement de vitesse, dû au directeur des ateliers de la Compagnie, M. G. Valentin, basé sur l'emploi de roues différentielles, permet de passer sans à-coup à la vitesse maximum et donne aussi la marche arrière. L'arrêt de la voiture s'obtient normalement en détendant la courroie ; la même manœuvre ralentit le moteur et serre les freins d'enroulement qui portent les moyeux des roues motrices. Si l'arrêt doit se prolonger, on interrompt la marche du moteur en supprimant l'allumage électrique. Sa remise en train se fait du siège par volant, chaîne et pignon commandant un embrayage à dents de loup, monté sur l'arbre-manivelle du moteur et se débrayant de lui-même après avoir produit son effet.

Le châssis droit est constitué, de façon fort rigide, par des fers cornières et en U. Deux types fort peu dissemblables peuvent recevoir toutes caisses, par l'intermédiarc de ressorts donnant double suspension.

276. — Voitures Lepape. — M. Lepape a réalisé plusieurs types, d'abord un locomoteur destiné à remorquer un arrière-train quelconque [1], actionné par le moteur à 3 cylindres du § 94, placé derrière l'essieu d'avant moteur. Transmission à plateau, donnant un service suffisant jusqu'à la vitesse de 18 km. à l'heure, mais pas au-dessus. Ce locomoteur, qui ne pouvait circuler dans Paris, où les véhicules remorqués ne sont pas autorisés, à cause des difficultés de leur direction, a été vite abandonné.

Est ensuite venue une voiturette pesant 300 kg. en ordre de marche, mais sans voyageurs, actionnée par le moteur à un

---

1. *Locomotion automobile*, novembre 1895, p. 238.

cylindre du § 94, disposé horizontalement au-dessus de l'essieu

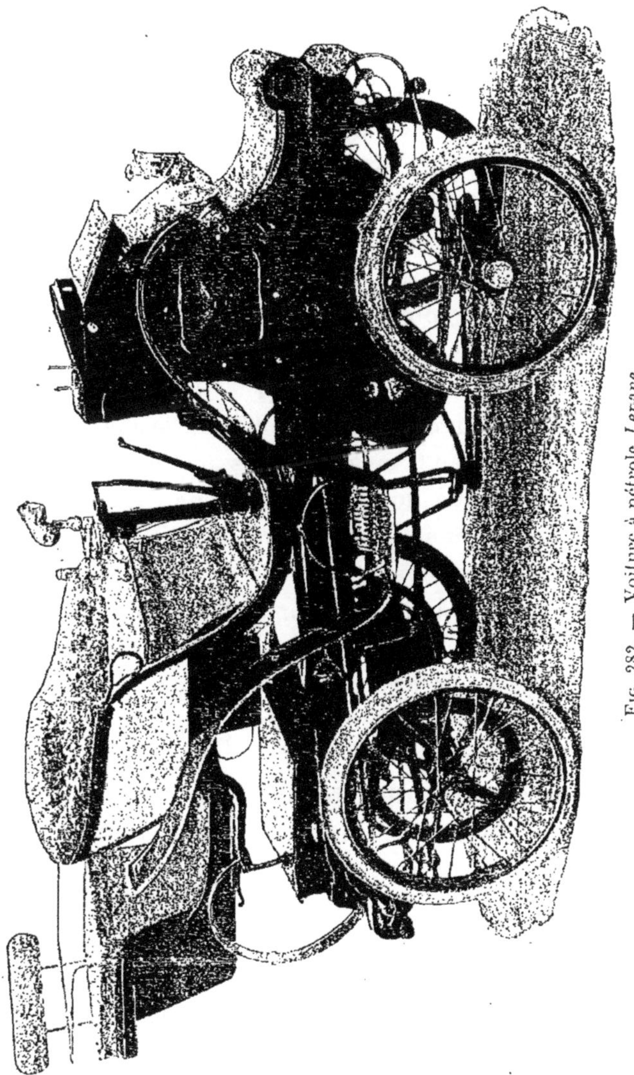

Fig. 282. — Voiture à pétrole *Lepape*.

d'avant [1] toujours moteur. Transmission par plateau, avec mode

1. *Locomotion automobile*, 1er août 1896, p. 192.

G. LAVERGNE. — *L'Automobile sur route.*   34

de conduite des roues motrices par pignons et roues à fuseaux (fig. 175, 176), dont l'inconvénient était de tenir beaucoup de place.

Enfin M. Lepape a exposé aux Tuileries, en 1898, la voiture que représente la fig. 282, dont le moteur de 8 chx vertical (§ 94) est placé à l'avant du châssis, au-dessus de l'essieu directeur, dans un coffre à volets de verre mobiles permettant l'accès de toutes les pièces, facile à enlever en défaisant deux crochets et deux boulons. L'allumage électrique comporte une pile et une bobine pour chacun des cylindres, ce qui permet de marcher avec un seul d'entre eux. Le mouvement est transmis aux roues d'arrière par le mécanisme fort spécial de la fig. 177 : 4 vitesses de 6 à 28 km.

La caisse interchangeable, est montée sur le châssis par l'intermédiaire de ressorts en C ou à pincettes ; cette double suspension lui assure une grande douceur de transport. Son plancher est traversé par une colonne de direction, solidaire du châssis et sur laquelle sont groupés tous les organes de manœuvre. Le conducteur règle de sa place la carburation et l'allumage. La voiture est munie de deux freins, un à sabot et l'autre à lame, celui-ci agissant sur des couronnes circulaires fixées aux roues motrices, et d'un graisseur multiple système Hamelle, qui débite proportionnellement à la vitesse.

277.— Voitures David, Vallée, Tenting, Léo. — Les voitures *David* sont munies d'un moteur P. Gautier à 4 cylindres verticaux, placé à l'avant de la voiture dans un coffre. où il est fort accessible. Transmission par engrenages toujours en prise à 3 vitesses et marche arrière. Châssis métallique sur lequel on boulonne telle caisse que l'on veut. Le moteur a une puissance de 6 chx pour 2 et 4 places, une puissance de 8 chx pour 6 à 8 places ; il ne consommerait, assure-t-on, que 1/2 litre d'essence par cheval-heure[1].

Dans les voitures *Vallée*, le moteur est à 2 cylindres horizon-

1. *Locomotion automobile*, 24 décembre 1896, p. 350.

taux (§ 96), placé en avant et au-dessus de l'essieu des roues d'arrière motrices. Les manivelles sont calées à 180°. La transmission se fait à l'arbre différentiel par courroies donnant 3 vitesses : 7, 15 et 25 km.

Dans une voiture toute récente [1], il n'y a plus qu'une courroie, qui constitue, à elle seule, toute la transmission : elle transmet directement le mouvement de l'arbre du moteur à un tambour, porté par l'essieu d'arrière, et qui contient le différentiel, le dispositif de marche arrière et un frein à lame intérieur. Cette courroie unique a pu être faite très large ; cette largeur, jointe à la forte tension qu'on peut lui donner, par un dispositif qui permet d'éloigner l'essieu d'arrière de celui d'avant, lui assure, paraît-il, une adhérence suffisante pour que le patinage ne soit jamais à craindre. M. Vallée n'a pu ainsi simplifier jusqu'à l'extrême limite sa transmission qu'en dotant son moteur d'une grande souplesse : pour cela, il l'a formé de 4 cylindres horizontaux (disposés sous le châssis près de l'essieu d'avant), et lui a donné, en même temps que l'allumage électrique un régulateur mécanique de vitesse.

Cet essai est intéressant ; mais, bien que la voiture ait fourni honorablement, en course, des parcours de 322 et 370 km., il faut attendre, pour se prononcer à son sujet, les résultats d'une plus longue expérience. Ce n'est pas de gaîté de cœur que les constructeurs ont jusqu'ici muni leurs voitures d'organes de transmission lourds, compliqués et coûteux ; il faut leur démontrer de façon péremptoire qu'ils pourraient s'en passer en dotant le moteur à pétrole d'une souplesse suffisante, à l'aide de dispositifs en somme assez simples, bien que la présence de 4 cylindres ne soit pas une complication négligeable.

Dans les premières voitures de M. *Tenting* [2] le moteur à 2 cylindres horizontaux (§ 96) était placé au-dessus de l'essieu

1. *Locomotion automobile*, 14 septembre 1899, p. 588.
2. Lockert, *Voitures à pétrole*, p. 177.

d'arrière, perpendiculairement à lui. La transmission se faisait par plateaux, comme nous l'avons dit au § 185 ; un même levier permettait d'embrayer et d'obtenir les marches avant et arrière à toutes les allures, sans chocs. La direction se faisait par avant-train à cheville-ouvrière.

Dans le second type [1], le moteur avait ses deux cylindres inclinés, l'un au-dessus de l'autre, symétriquement par rapport à un plan horizontal, et parallèlement au plan médian de la voiture, au-dessus de l'essieu d'arrière moteur. Le mouvement du plateau était transmis au différentiel non plus par chaîne Galle, mais, par un système d'engrenages qui nous paraît beaucoup plus compliqué. La direction se faisait par essieu brisé.

Plus récemment, M. Tenting a construit un omnibus, dont le moteur de 16 chx, à 4 cylindres inclinés placés au-dessus de l'essieu d'avant, attaque deux vilebrequins calés à 180° l'un de l'autre. La transmission s'y fait toujours par friction, mais deux paires d'engrenages donnent deux vitesses. Cet omnibus, qui pèse 6 tonnes, peut emporter 18 voyageurs à la vitesse de 18 km. à l'heure.

La voiture *Léo* est actionnée par un moteur Pygmée (§ 96) à 2 cylindres horizontaux, placés en dessous de l'essieu d'arrière moteur. Transmission par engrenages et par courroie (§ 184) avec tendeur-embrayeur à ressort, manœuvré par une chaînette et une pédale, qui normalement produit l'embrayage ; à l'aide d'un verrou, on peut fixer la pédale dans la position de débrayage. Cette courroie commande une poulie folle sur l'arbre différentiel ; celui-ci, porteur des roues de changement de vitesse et de marche arrière, est contenu dans une boîte close avec un arbre secondaire porteur des autres roues [2] ; il commande les roues motrices par chaînes Galle.

277 bis. — Voitures de la Société française d'automobiles à moteurs

---

1. *Loc. cit.*, p. 182.
2. P. et Y. Guédon, *Manuel pratique du conducteur d'automobiles*, p. 191.

Gaillardet. — M. Gaillardet a commencé par faire une voiturette à 3 roues, à moteur de 5 chevaux, pesant 250 kilogrammes à vide, qu'il a abandonnée.

La Société française d'automobiles équipe ses voitures avec un

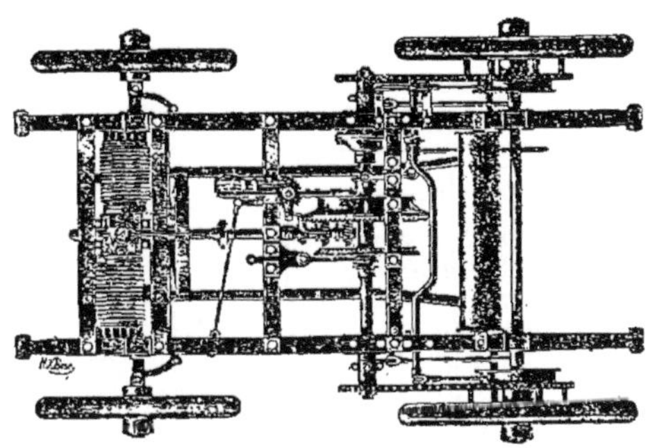

Fig. 283. — Plan du châssis de la voiture à pétrole *Henriod*.

moteur Gaillardet de 8 à 10 chx (§ 96). La transmission du mouvement s'y fait par un système à engrenages avec arbres à la

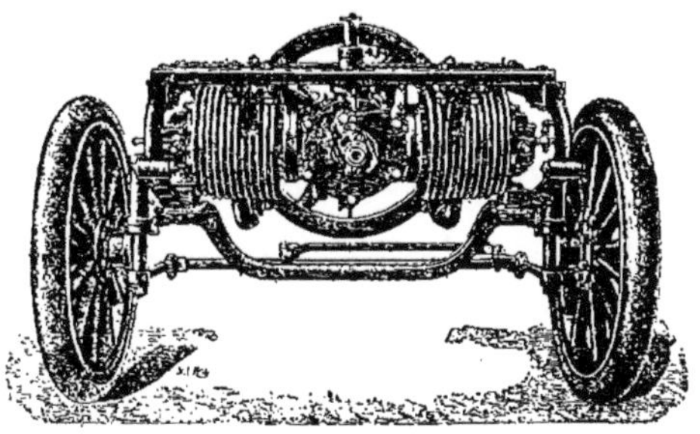

Fig. 284. — Vue en bout du châssis de la voiture à pétrole *Henriod*.

Cardan et marche arrière par un second différentiel, que nous avons décrit (§ 181).

Le châssis tubulaire, portant le moteur et la caisse, est suspendu au-dessus des essieux par deux pincettes longitudinales à l'arrière et trois demi-pincettes à l'avant.

Un tambour solidaire du moyeu des roues motrices porte

extérieurement un frein à corde et intérieurement un frein à lame, serrant dans la marche arrière comme dans la marche avant.

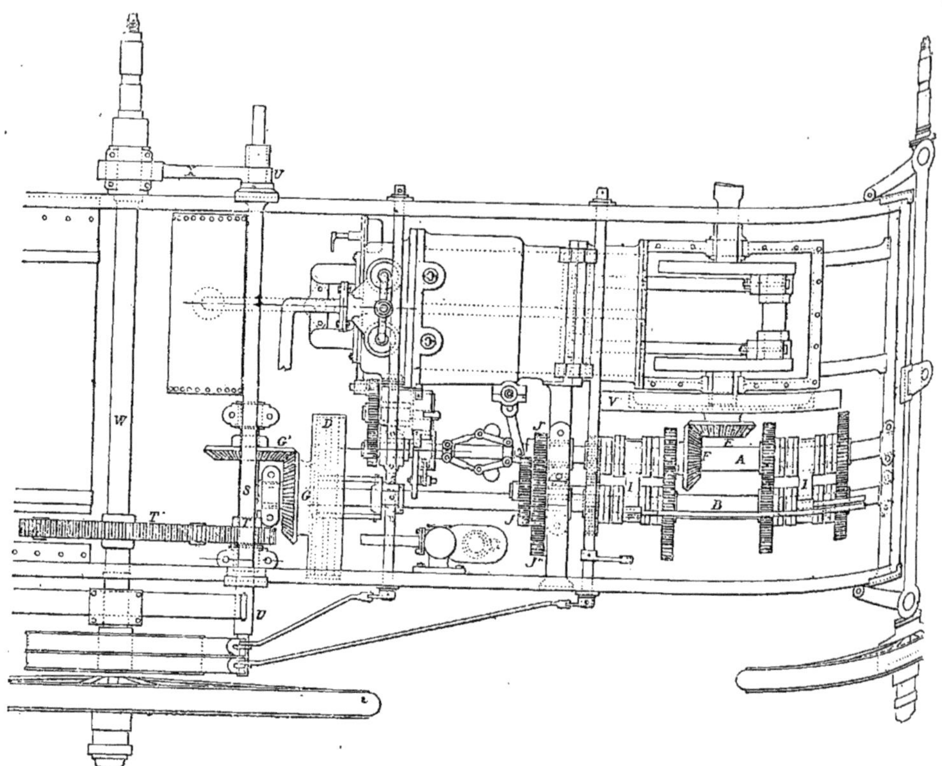

FIG. 285. — Châssis et mécanisme de la voiture à pétrole *Brouhot*.

Moteur horizontal à 2 cylindres ; V volant situé dans le plan médian de la voiture ; E, F, pignons transmettant le mouvement du moteur à l'arbre A ; celui-ci, à son tour, par quatre paires d'engrenages, constamment en prise, mais fous sur leurs axes, dont on peut les rendre successivement solidaires, commande l'arbre B ; J, J', engrenages pour la marche arrière ; D, manchon d'embrayage ; G, G' pignons coniques actionnant l'arbre S ; T, T', pignons droits transmettant le mouvement à l'essieu W, auquel T' est relié par un joint à la Cardan, qui permet à l'essieu de prendre toutes les positions sans que T' change de plan. Les axes S et W sont reliés par deux bielles X, articulées autour de S, et munies à leur autre extrémité d'un œil supportant un coussinet par deux tourillons horizontaux ; de cette façon, sans que la distance de S et de W varie, l'essieu peut prendre toutes les positions qui lui sont imposées par la route. Les freins sont placés sur une couronne de bronze venue de fonte avec le moyeu : il y a deux freins sur chaque couronne, les uns commandés par la manette du manchon d'embrayage, les autres par une pédale.

278. — Voitures Henriod, Le Brun, Brouhot — Le moteur *Henriod*

(§ 97) de la force de 4, 6, 7, 8 ou 10 chx, suivant le genre de la voiture, est disposé transversalement à l'avant du véhicule, sous la caisse, très accessible (fig. 283 et 284). L'axe moteur longitudinal porte un embrayage et des pignons (§ 175), engrenant d'un côté, avec des roues d'angle de diamètres divers, pour les changements de vitesse, et, de l'autre, avec l'unique roue de marche arrière. Les roues d'arrière sont montées sur l'arbre différentiel, qui les conduit à l'aide de chaînes. Le châssis est constitué par deux longerons en fer à U reliés par 4 entretoises en fer forgé.

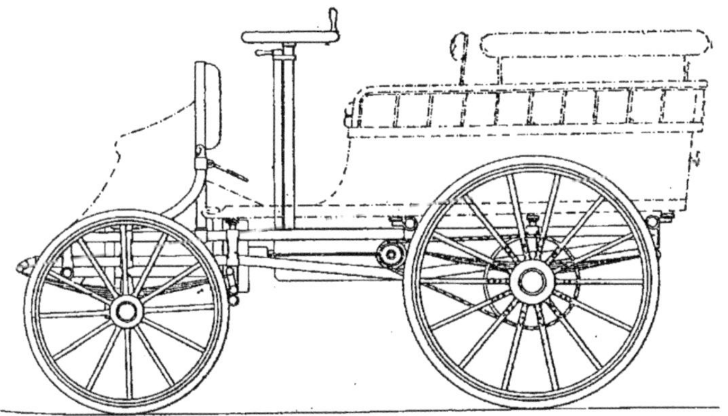

FIG. 286. — Voiture *Gobron* et *Brillié* (avec moteur à l'avant).

Le moteur *Le Brun*, à carburateur spécial, est du type Daimler à 2 cylindres inclinés ; les soupapes en sont très accessibles ; allumage par brûleurs, disposés de manière à rendre leur extinction presque impossible. Le conducteur peut, à chaque instant, régler la quantité d'air ajoutée au mélange carburé. Le châssis est disposé pour recevoir une caisse interchangeable.

Le moteur *Brouhot* est de 4 à 12 chx (§ 100). Transmission par engrenages. Pas de différentiel, mais l'encliquetage déjà décrit (§ 176). Dispositif pour assurer le libre mouvement des essieux. La fig. 285 représente le châssis et les mécanismes avec une légende très explicite.

279. — Voitures Gobron et Brillié. — Moteur à 2 cylindres verticaux (§ 101) pouvant être disposé à l'avant (fig. 286), à l'arrière ou au milieu (fig. 229) du châssis. Celui-ci, en tubes d'acier solidement entretoisés, repose sur les essieux par des ressorts à pincettes ; il supporte une caisse interchangeable, par l'intermédiaire de tampons caoutchoutés ; on n'a pour enlever cette dernière, qu'à desserrer 4 boulons.

La transmission se fait par engrenages, renfermés dans un carter en aluminium, donnant 3 ou 4 vitesses, selon le type de la voiture ; avec les variations de vitesse que permet le moteur, on peut imprimer à la voiture toutes allures entre 3 et 25 ou 40 km. à l'heure. La direction se fait par le système épicycloïdal que nous avons décrit (§ 193).

279 bis. — **Omnibus Roser-Mazurier**. — Celui qui a pris part aux épreuves des Poids lourds en 1898, au cours desquelles il a été mis hors de combat par un accident attribué à la mauvaise disposition de ses organes directeurs, est actionné par un moteur Compound semblable à celui que nous avons décrit (§ 110), de la force de 9,5 chevaux. Il peut recevoir 14 voyageurs, dont 12 à l'intérieur et 2 sur le siège d'avant, et leurs bagages sur sa toiture munie d'une galerie. La caisse est supportée par un châssis en bois, reposant sur les essieux, à l'avant par des ressorts à pincettes, à l'arrière par des ressorts longitudinaux formés d'une seule lame et reliés au châssis par des boulons à l'arrière, par une jumelle à l'avant. Le moteur est fixé entre les roues d'avant qui sont directrices. Son mouvement est transmis (par un embrayage à friction, et par deux jeux d'engrenages spéciaux permettant d'obtenir cinq vitesses : 2 km. 5, 4, 12, 21 km. à l'heure, et la marche arrière à la plus petite d'entre elles) à un pignon denté qu'une chaîne Galle, située dans l'axe de la voiture, relie à la couronne du différentiel placé sur l'essieu.

La direction se fait au moyen d'un volant actionnant un secteur denté, qui commande les biellettes de transmission. Toutes ces biellettes sont à rotules et donnent un mouvement de direction très doux, qui permet de faire tourner la voiture dans un cercle dont le rayon intérieur est d'environ 1 m. 50. Mais le grand nombre des articulations des pièces qui rendent les roues solidaires ne permet pas de compter sur une absolue concordance de leurs mouvements.

Les roues ont 1 m. de diamètre à l'avant, 1 m. 20 à l'arrière ; la largeur des bandages est de 70 mm. La voiture pèse en ordre de marche (avec son conducteur, 100 kg. d'eau et 40 kg. d'essence) 2.610 kg., et peut recevoir une charge utile de 980 kg. Sa longeur totale est de 4 m. 20, sa largeur hors moyeux de 1 m. 80. D'après les constructeurs, la consommation d'essence de pétrole du commerce à 720° serait, en palier, de 0 lit. 166 par km. pour une vitesse de 20 km. à l'heure. Avec son approvisionnement de 55 lit., elle pourrait parcourir environ 300 km. sans ravitaillement d'aucune sorte. La consommation par cheval-heure d'essence commune serait de 0 kg. 300.

280. — Voiture Bolide de M. L. Lefebvre. — Elle est actionnée par un moteur à 2 cylindres jumeaux horizontaux, ayant 0 m. 15 de diamètre intérieur et de course, et dont les bielles sont calées à 180° l'une de l'autre[1]. Le carburateur est à pulvérisation, et le conducteur peut en modifier le réglage, en cours de route, à l'aide d'une vis micrométrique. L'échappement se fait par 2 forts tuyaux de cuivre, s'ouvrant à l'arrière de la voiture. L'allumage électrique est assuré par une seule bobine, grâce à 2 cames calées à angle droit sur l'arbre secondaire, et qui, en venant au contact d'une touche à ressort, ferment le courant primaire au moment voulu ; à ce même moment, une came ferme le courant secondaire, sur l'une ou l'autre des bougies. Une vis micrométrique, à portée du conducteur, permet de faire tourner un peu cet ensemble autour de son centre pour changer l'avance à l'allumage, suivant l'allure du moteur, qui peut varier de 150 à 1000 tours. A celle de 700, il développe 15 chevaux : il pèse 242 kg.

Le refroidissement se fait par radiateur directement greffé sur

---

[1]. Les têtes de ces bielles sont graissées par une canalisation pratiquée dans les coudes du vilebrequin.

le moteur, sans pompe (il est, paraît-il, très efficace, avec un réservoir de 23 litres seulement) : le moteur est placé à l'avant

Fig. 286 *bis*. — *Voiture à pétrole Bolide* (système *Lefebvre*).

A, cylindres ; R, radiateur ; S, levier de débrayage et de frein ; M, levier des changements de vitesse et de marche ; V, pédale de frein sur le différentiel ; C, courroie ; H, tuyau d'échappement ; P, poulie réceptrice ; B, boîte contenant les accumulateurs et la bobine ; J, pignon de la crémaillère de direction.

de la voiture, les bougies face à la route, le radiateur devant le tablier.

Le volant du moteur porte une courroie, qui va à deux poulies de 0 m. 50 de diamètre, l'une calée, l'autre folle, sur l'arbre différentiel : le passage de la courroie d'une poulie sur l'autre produit l'embrayage et le débrayage. Si on appuie à fond sur la pédale de débrayage, un sabot est appliqué contre la poulie fixe pour faciliter l'engrènement des dents. Des engrenages, portés par deux douilles, folles sur des axes fixes, permettent, par un dispositif spécial, d'obtenir trois vitesses.

Le châssis, en fers à cornière, suspendu par des ressorts sur les essieux, reçoit une caisse interchangeable. L'empattement très fort (2 m.) donne une grande stabilité. La voiture pèse 1050 kg. en ordre de marche, sans voyageurs.

La direction se fait par guidon ou volant, barre verticale, pignon et crémaillère commandant l'essieu directeur, au moyen de bielles reliées par des assemblages à la Cardan (Fig. 286 *bis*).

280 bis. — Voiture Raouval. — Elle est construite par la Société Anonyme de Mécanique industrielle d'Anzin. Les fig. 287 et 287 *bis* qui représentent le châssis avec ses mécanismes, sont accompagnées d'une légende très détaillée, qu'il nous suffira de compléter par quelques explications.

Le moteur vertical, du type Pygmée, à deux cylindres de 110×150 mm., développe 6 à 8 chevaux, de 650 à 800 tours. Son arbre porte le manchon d'embrayage 11, composé d'un volant constituant la femelle du cône de friction et d'un plateau fou sur l'arbre formant le cône mâle. Ce plateau est relié, par l'intermédiaire d'un manchon d'accouplement articulé, à l'arbre 13 des changements de vitesse. L'appareil de ces changements est enfermé dans un carter en fonte 14, fixé à deux traverses du châssis : l'arbre 13 porte trois roues dentées pouvant engrener avec trois autres placées sur un arbre intermédiaire situé au-dessus, qui transmet à l'arbre différentiel 15, transversal à la voiture, un mouvement avant ou arrière, au moyen d'un pignon d'angle calé à son extrémité et engrenant à volonté avec l'un ou l'autre des deux pignons du manchon de changement de marche, qui renferme le différentiel.

La boîte des changements de vitesse contient aussi, calé sur l'arbre intermédiaire, un rochet de coincement, destiné à inter-

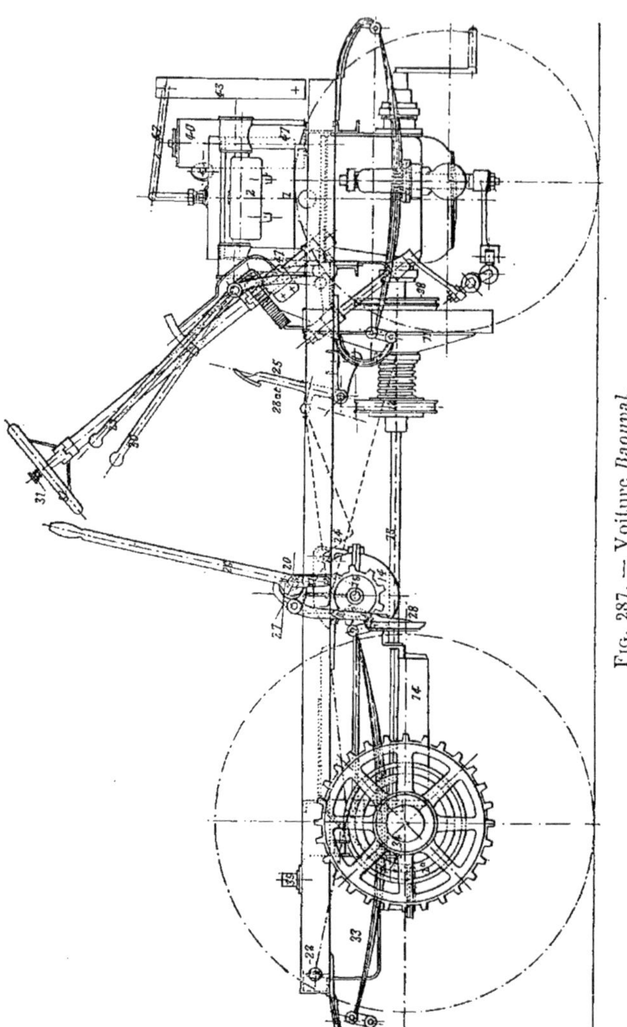

Fig. 287. — Voiture Raouval.
Élévation du châssis et des mécanismes.

Moteur : 1, moteur; 2, boîte d'aspiration; 3, tampons de visite des soupapes; 4, carburateur; 5, tuyau d'aspiration du mélange; 6, prise d'air froid; 7, prise d'air chaud; 8, boîte d'échappement; 9, tuyaux d'échappement; 10, pot d'échappement. — *Mécanismes de transmission du mouvement*, 11. manchon d'embrayage; 12, frein automatique du changement de vitesse; 13. arbre de commande; 14, boîte des changements de vitesse, de marche et du différentiel; 15, arbre du différentiel; 16, tendeur de chaînes; 17, manivelle de commande du changement de vitesse; 18, manivelle de commande du changement de marche. — *Freins et appareils de manœuvre*: 19, poulies de frein des moyeux; 20, axe de commande du frein des moyeux; 21, manivelle de commande; 22, attache fixe du frein des moyeux; 23, pédale calée sur l'axe et agissant directement sur le frein des moyeux; 24, manivelle de commande du frein du différentiel; 25, pédale libre agissant directement sur le frein du différentiel; 26, levier du frein à sabots; 27, excentrique de transmission du mouvement; 28, levier porte-sabots. — *Appareils de manœuvre*. — *Changements de vitesse et de marche*: 29, levier du changement de marche; 30, levier du changement de vitesse; 31, tige de réglage du carburateur; 32, volant de direction. — *Réservoirs d'eau, d'essence, d'huile et leurs tuyauteries*: 33, réservoir d'eau; 34, prise d'eau; 35, échappement d'air et de vapeur; 36, tuyau d'aspiration d'eau; 37, pompe; 38, poulie de commande de cette pompe; 39, refoulement d'eau; 40, réservoir à niveau constant; 41, tuyau de communication du réservoir à l'enveloppe des cylindres; 42, tuyau d'évacuation de l'eau vaporisée; 43, radiateur; 44, tuyau de retour de l'eau condensée; 45, tuyau de trop plein; 46, réservoir d'essence pour les brûleurs; 47, brûleurs.

dire toute marche inverse de celle qu'on veut obtenir. La figure 287 *ter*, qui est une coupe de cette boîte par un plan perpendiculaire à l'axe de la voiture, montre bien que l'arbre intérieur n'entraîne l'arbre annulaire que lorsque les billes interposées

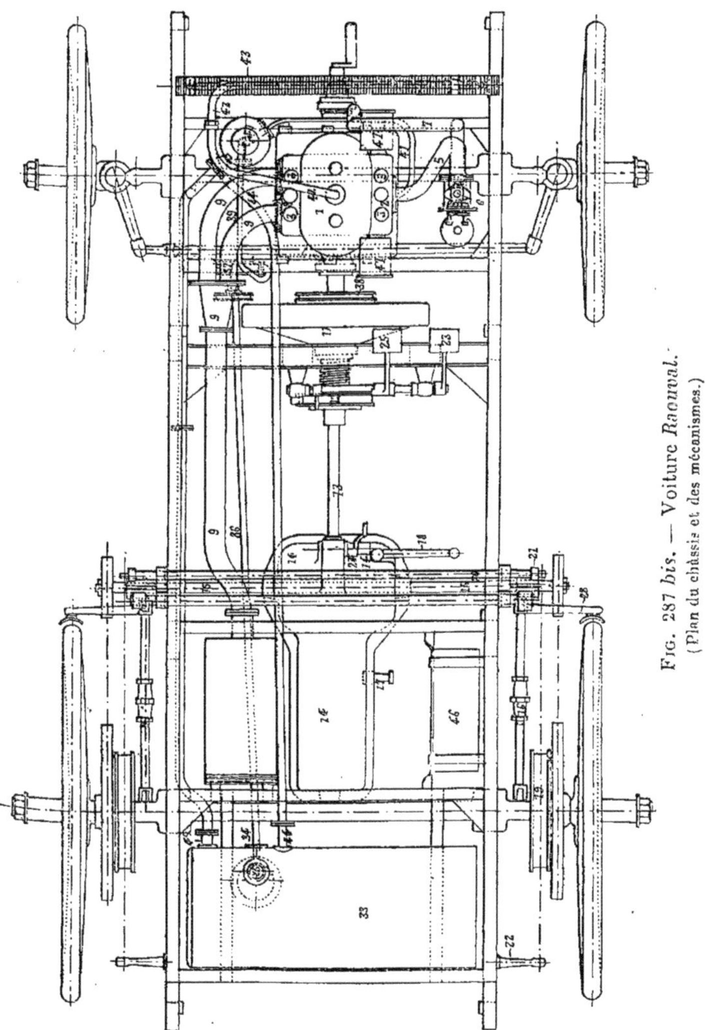

Fig. 287 bis. — Voiture Raouval.
(Plan du châssis et des mécanismes.)

sont coincées, par son mouvement de droite à gauche, contre les plans inclinés ; quand cet arbre tourne en sens inverse, les billes le suivent, sans exercer aucune action sur l'arbre extérieur.

Le châssis, composé d'un cadre en fer ⊔, de 75 × 35 mm.,

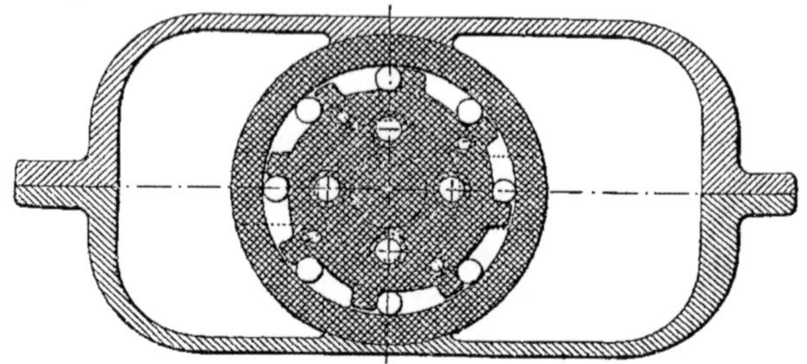

Fig. 287 *ter*. — Voiture *Raouval*.
Rochet de coincement pour interdire toute marche de sens inverse à celle qu'on veut avoir.

contreventé par des goussets et entretoisés par 5 traverses en

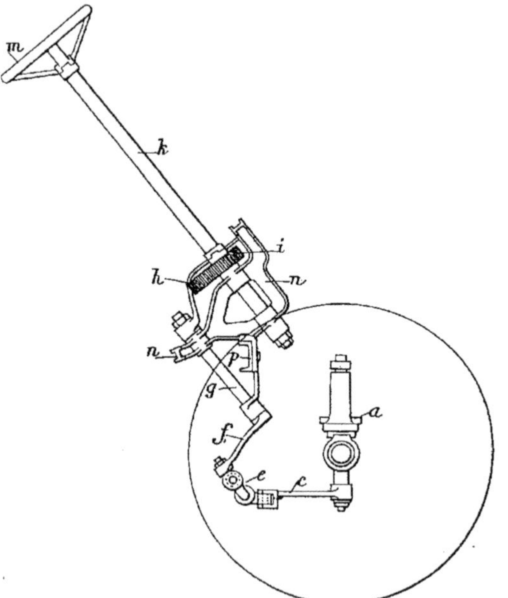

Fig. 288. — Voiture *Raouval*.
Élévation du mécanisme de direction progressif.

fer ⊔, repose par l'intermédiaire de 4 ressorts sur 2 essieux, l'un, celui d'avant, à fusées de 38 mm., brisé pour la direction, l'autre, celui d'arrière, à fusées de 43 mm. Les roues ont 1 m. de diamètre à l'arrière, 0 m. 80 à l'avant.

La direction, entièrement montée sur un support en fer coulé, fixé sur deux traverses du châssis est à pivot incliné k (fig. 288 et 288 *bis*), présentant au conducteur le volant m dans une position très commode pour sa manœuvre. Ce volant transmet, par l'intermédiaire du pignon i et du secteur parabolique h, des déplacements angulaires progressifs à un second axe g, à l'extrémite duquel est une manivelle f, dont le bouton est relié par une biellette e, à la tige reliant les deux manivelles c, calées sur

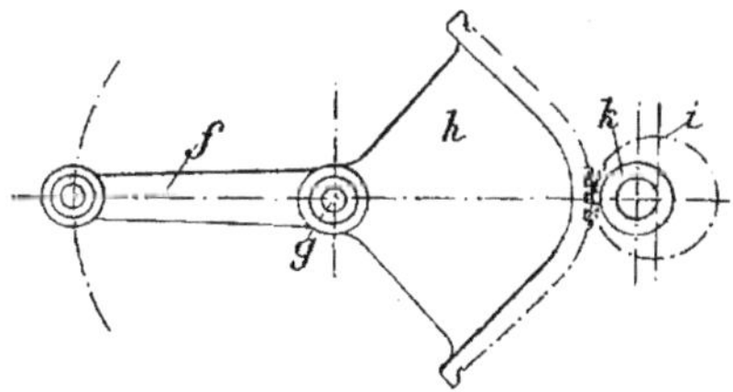

FIG. 288 *bis*. — Voiture *Raouval*.
Plan du pignon excentré et du secteur parabolique.

les pivots des roues. Ce dispotif ingénieux a pour but de permettre, grâce à la progression, des virages rapides, tout en nécessitant de grands mouvements angulaires pour les corrections de direction en ligne droite.

281. — **Voiture Ducroiset.** — Les automobiles Ducroiset (système Berret) sont actionnées par un moteur à deux cylindres donnant une explosion par tour, dont les bielles sont calées sur le même vilebrequin. Ces cylindres, formés par deux tubes d'acier avec enveloppe réfrigérante en tôle, sont remarquablement légers. L'allumage électrique, à avance variable, se fait à l'aide d'un accumulateur, d'une bobine et de deux trembleurs actionnés par des cames à rainure hélicoïdale, montées sur l'arbre de distribution. La vitesse du moteur peut varier de 150 à 600 tours. La transmission est assurée par des courroies, dont les brins conduits sont tendus au moyen de galets en aluminium, commandés chacun par un levier, qu'une crémaillère F (fig. 289 et 289 *bis*) permet de maintenir, pendant la marche, au cran voulu. Le dégagement de ces leviers est obtenu automatiquement en pressant sur la pédale O, qui, par l'intermédiaire du levier coudé *g*,

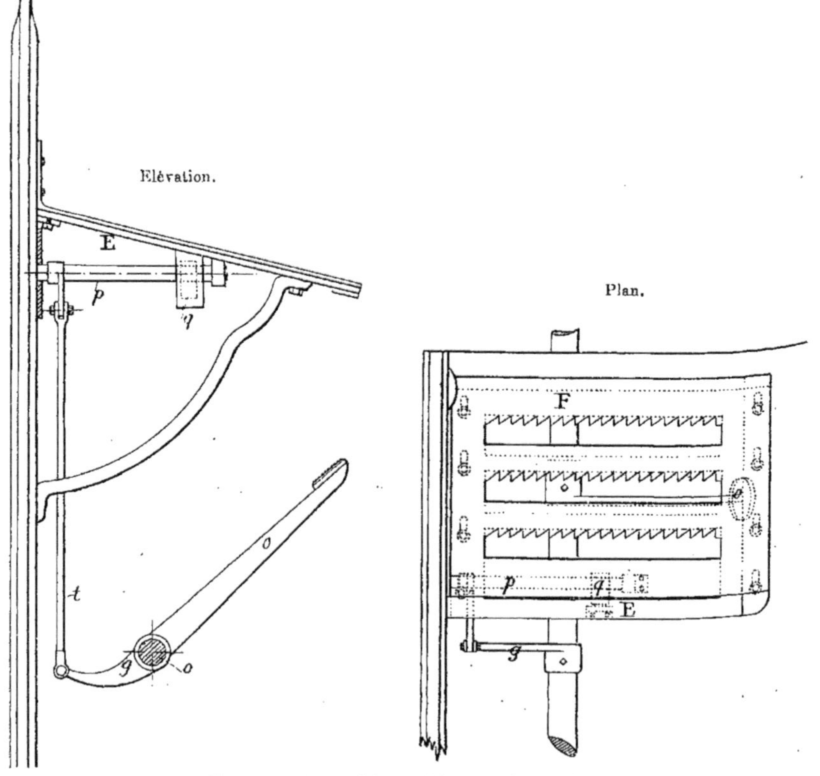

Fig. 289 et 289 *bis*. — Voiture *Ducroiset*.
Appareil de débrayage automatique des leviers de changement de vitesse.

de la tige *t*, de l'arbre *p* et de la came *q*, fait glisser transversalement la plaque E sous la crémaillère F ; cette plaque décroche le levier, qui revient à sa position de débrayage.

A la même pédale O est fixée une tige qui commande le frein du différentiel, constitué par un feuillard d'acier, garni intérieurement d'une courroie en poil de chameau. Quand elle a débrayé, si on continue à presser sur elle, on provoque le serrage de ce frein.

La caisse est fixée au châssis à l'aide de 6 vis romaines; elle est donc très facilement changeable.

281 bis. — Voiture Léon Bollée. — Elle est construite par M. Darracq. Le moteur, à un cylindre horizontal, alimenté par un carburateur à pulvérisation, à allumage par incandescence, n'est pas, malgré sa puissance relativement considérable — 5 chevaux — refroidi par un courant d'eau : il est simplement muni d'ailettes, et placé à l'avant de la voiture, pour être bien exposé à l'air qu'il reçoit de première main et rabattu sur lui par le pan coupé, qui termine la caisse. Le brûleur et les soupapes sont placés aussi à l'avant, très facilement accessibles. L'action du régulateur à force centrifuge peut être paralysée par un accélérateur.

La transmission du mouvement aux roues se fait par une courroie, deux cônes à cinq poulies étagées et un train d'engrenages, qui relie l'arbre intermédiaire à l'essieu d'arrière muni du différentiel.

L'arbre du moteur, transversal à la voiture, se termine par un volant, qui se trouve sur le côté, extérieurement au châssis, et au centre duquel s'emmanche la manivelle de mise en train du moteur.

Le 1ᵉʳ cône est monté sur cet arbre, mais sans faire corps avec lui, de manière à n'être entraîné que pour la marche en avant, par un toc qui le laisse libre d'être actionné en sens inverse pour la marche arrière, quand le mouvement de l'arbre du moteur ne lui est transmis que par des engrenages intermédiaires.

Le 2ᵉ cône est, au contraire, calé sur son arbre, ou du moins sur la partie tubulaire, qui forme l'une des moitiés de cet arbre, et qui porte aussi le cône mâle de l'embrayage [1]. Le cône femelle

---

[1]. On peut se demander pourquoi il y a un embrayage dans cette transmission, alors que dans les systèmes à courroie, celle-ci est pour ainsi dire toujours, chargée du soin d'embrayer et de débrayer. C'est parce

est monté sur la 2e moitié de l'arbre intermédiaire, qui, elle, est pleine et porte le pignon commandant la couronne du différentiel. Normalement le cône femelle est pressé par un ressort sur le cône mâle et produit l'embrayage; il faut pour débrayer paralyser l'action de ce ressort et éloigner le cône femelle du cône mâle.

La courroie, qui relie les deux jeux de poulies, est animée d'une vitesse linéaire très grande, puisqu'elle est directement actionnée par les poulies montées sur l'arbre moteur, qui fait 800 tours environ par minute. On sait que plus une courroie marche vite, plus elle adhère aux poulies et mieux elle transmet à l'une l'effort de l'autre. Pour lui rendre tout patinage impossible, on peut, quand il en est besoin, augmenter sa tension à l'aide d'un tendeur: il paraît que la couronne peut subir, sans qu'on soit obligé de la raccourcir, un allongement de 8 centimètres; la marge, on le voit, est assez considérable.

Pour faire passer la courroie d'un étage de poulies sur le voisin, dont les arêtes sont d'ailleurs arrondies, une pièce, ayant la forme d'un S muni à chaque extrémité d'un V fermé, de manière à embrasser chacun un brin de la courroie, court le long des cônes. Ce mouvement transversal lui est donné par une crémaillère que le chauffeur fait glisser sur elle-même, en imprimant à un arbre vertical placé devant lui un mouvement de rotation, qui est transmis par des pignons et une chaîne, au pignon qui engrène avec la crémaillère.

Le différentiel, qui est plat (§ 176), relie les deux parties de l'essieu, sur lesquelles sont montés les moyeux des roues métalliques avec roulements à billes et les tambours d'un frein à lame. Un 2e frein à lame est placé sur le cône femelle de l'embrayage.

La direction est assurée par un volant monté à la partie supé-

que dans l'espèce, la courroie allant fort vite, comme nous le dirons plus loin, adhère très fortement et ne donnerait pas, au moment de l'embrayage, la progressivité voulue.

rieure d'une tige verticale, dont le bas porte un pignon, engrenant avec une crémaillère horizontale, taillée dans la tige qui commande le mouvement de sonnette ; les bielles sont montées à rotules.

Les organes de manœuvre sont les suivants :

1º Un volant de direction placé sur une tige pleine, devant le chauffeur ;

2º Un volant de changement de vitesse à boules, placé immédiatement au-dessous du précédent, à l'extrémité d'un tube qui actionne la tige de direction ; le volant fait tourner le tube en le soulevant de manière à le fixer dans l'une des encoches au-dessus duquel il est placé ;

3º Une poignée de changement de marche, mettant en jeu, par la rotation de sa tige, les engrenages intermédiaires de la marche arrière ;

4º Un tendeur de courroie ;

5º Une pédale de débrayage ;

6º Une pédale de débrayage et de frein sur l'embrayage ;

7º Un levier de frein sur les moyeux ; un secteur permet d'immobiliser au point voulu ce frein, qui serre dans la marche arrière aussi bien que dans la marche avant ;

8º Un accélérateur.

La voiture, à 3 places, pèse 500 kg. à vide, et marche moyennement à 30 kilomètres ; on peut la pousser jusqu'à 45.

282. — Voiture Daimler allemande. — En Allemagne, c'est surtout la voiture Benz, telle que nous l'avons décrite, qui est répandue.

La « Daimler Motoren Gesellschaft » de Cannstadt (Wurtemberg) fabrique la voiture Daimler, dans laquelle le moteur, au lieu d'être placé, comme en France et en Angleterre, à l'avant, est enfermé dans une caisse à l'arrière. Dans la voiture que la Compagnie avait exposée aux Tuileries en 1898, le moteur était de 4 chx. et donnait 4 vitesses atteignant au plus 24 km. à l'heure ; il y avait une marche arrière. La direction se faisait, sous la commande d'un volant, d'un pignon et d'un secteur denté, par un avant-train à cheville-ouvrière, sur lequel la voiture reposait par un ressort transversal. Cet avant-train était relié à l'essieu d'arrière par une tige longitudinale, portant à son extrémité avant un collier dans lequel tournait la cheville-ouvrière.

M. Daimler emploie une transmission assez originale : le moteur est à l'arrière et son arbre porte de chaque côté, deux poulies formant volants. Chacune de ces poulies reçoit une courroie, ordinairement flottante, qui les relie à une autre placée sur l'arbre différentiel. Chaque courroie est tendue au moment où l'on veut imprimer à la voiture la vitesse qui lui correspond. L'arbre différentiel porte des pignons qui engrènent avec des couronnes dentées solidaires des roues motrices. La suspension est assurée à l'arrière par de gros ressorts à boudins pour que les pignons oscillent autour de l'essieu sans s'écarter des couronnes dentées. Le résultat est-il bien atteint ?

282 bis. — Voitures Canello-Dürkopp. — Elles sont construites en Allemagne et en Autriche par la Bieleferder Maschinen Fabrik, vormals Dürkopp, et en France par la Société anonyme des automobiles Canello-Dürkopp. Elles sont munies du moteur, que nous avons décrit (§ 104 *bis*), de 4, 6 ou 8 chx, disposé à l'avant comme dans les voitures Panhard, et refroidi par un thermo-siphon pour les faibles puissances, et, pour les autres, par une pompe (que commande soit le volant soit un engrenage calé sur l'arbre du régulateur) et un radiateur placé sous la caisse. Les diverses vitesses (15, 22 et 35 km) sont assurées par engrenages toujours en prise, comme la marche arrière pour laquelle on a recours à un pignon supplémentaire. Le débrayage est obtenu en exerçant, soit par une pédale, soit par les leviers des freins, une traction sur l'arbre de transmission que l'embrayage relie à celui du moteur. Les roues directrices à pivot sont commandées par une barre franche (ou un arbre à volant), mais avec interposition d'une vis sans fin, qui l'empêche d'être déviée par les obstacles de la route : à cet effet, la barre commande un secteur, engrenant avec un pignon solidaire de la vis ; le long de cette vis monte et descend un écrou, qui entraîne un levier qu'un autre relie à l'entretoise des bielles des roues. Le second levier est muni à ses extrémités de chapes à pivot, qui annulent déjà les soubresauts des roues dues aux simples inégalités du terrain. Si l'une des roues rencontre un obstacle, qui la renvoie brusquement d'un côté ou de l'autre, ce mouvement ne produit d'autre effet que de faire monter et descendre le pignon dans les dents du secteur, sans faire tourner celui-ci, ni par conséquent la barre franche.

Ces voitures sont ordinairement munies de trois freins : à collier sur l'arbre différentiel et sur les roues motrices, à sabots sur les bandages ; le premier est commandé par une pédale, les deux autres chacun par une manivelle.

283. — **Voiture Daimler anglaise.** — Cette voiture construite par la « Motor Car C° » de Londres, sur les dessins des Établissements Panhard, est fort semblable à la voiture française. Elle est cependant d'ordinaire un peu plus lourde que cette dernière (900 à 1.000 kg. pour 4 places). Les fig. 290 et 290 *bis* permettent de se rendre compte des autres différences. Elle est munie d'un phénix anglais de 5 1/4 chx (§ 87), on la dit d'un fonctionnement très régulier, silencieux, exempt de trépidations.

283 bis. — **Victoria de la « Motor Manufacturing C° »** (fig. 291 et 291 *bis*). — Moteur à 2 cylindres horizontaux, dont les manivelles sont enfermées dans un carter A, duquel sort transversalement à la voiture l'arbre moteur O. Il porte le volant C (à l'intérieur duquel est logé l'embrayage) et une vis sans fin, enfermée dans un carter à huile avec les roues de changements de vitesse F, F_1, F_2, F_3 ; celles-ci sont montées sur un arbre carré longitudinal, qui transmet le mouvement de l'arbre moteur à l'arbre transversal P par les pignons H, I, J donnant les marches avant et arrière. B est le tambour d'un frein à lame. Une chaîne (qu'on peut tendre avec un hérisson) transmet le mouvement de P au différentiel de l'essieu d'arrière moteur. Les roues F, F_1 sont amenées successivement en prise avec la vis G, à l'aide d'un dispositif qui les fait

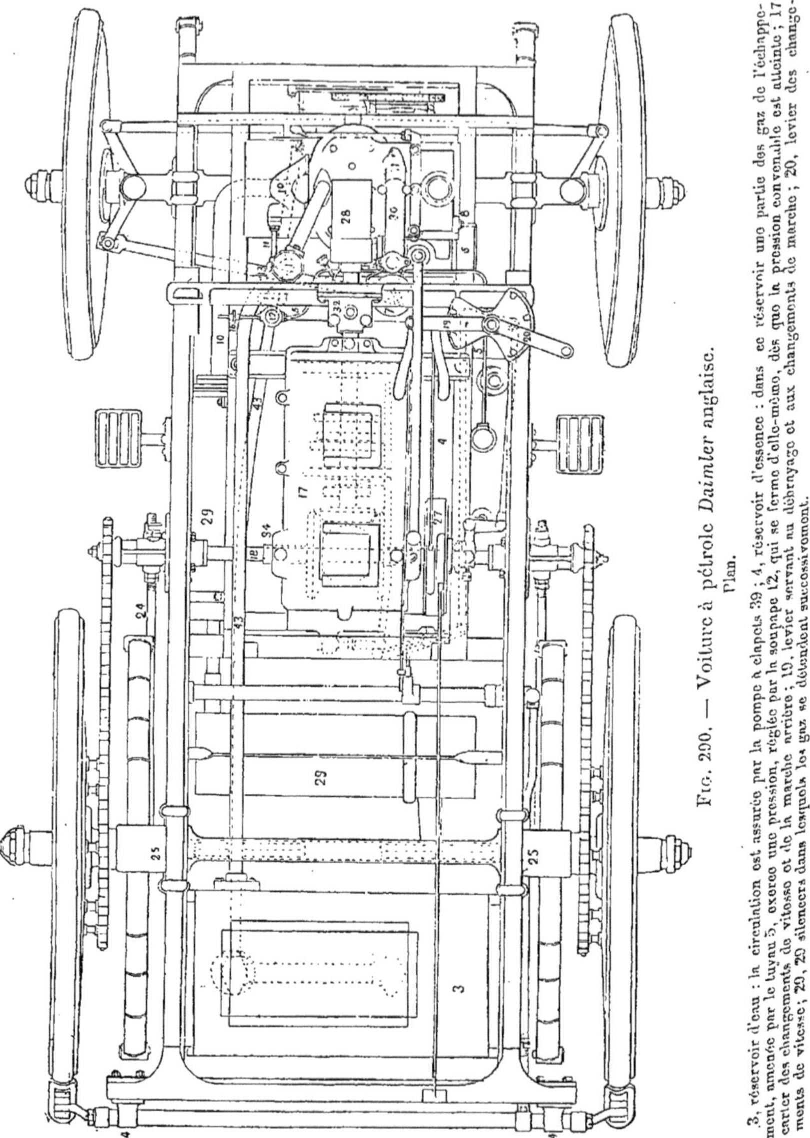

Fig. 290. — Voiture à pétrole *Daimler* anglaise.
Plan.

3, réservoir d'eau : la circulation est assurée par la pompe à clapets 39 ; 4, réservoir d'essence : dans ce réservoir une partie des gaz de l'échappement, amenée par le tuyau 5, exerce une pression, réglée par la soupape 12, qui se ferme d'elle-même, dès que la pression convenable est atteinte ; 17 carter des changements de vitesse et de la marche arrière ; 19, levier servant au débrayage et aux changements de marche ; 20, levier des changements de vitesse ; 29, 29 silencers dans lesquels les gaz se détendent successivement.

glisser, avec l'arbre E, suivant un plan incliné et osciller verticalement avec la boîte d'engrenages autour de l'axe P.

Direction par essieu brisé : la tringle qui réunit les bielles des pivots est munie d'un écrou, mobile le long d'une vis longitudinale. Châssis en fer cornière suspendu au-dessus des essieux par

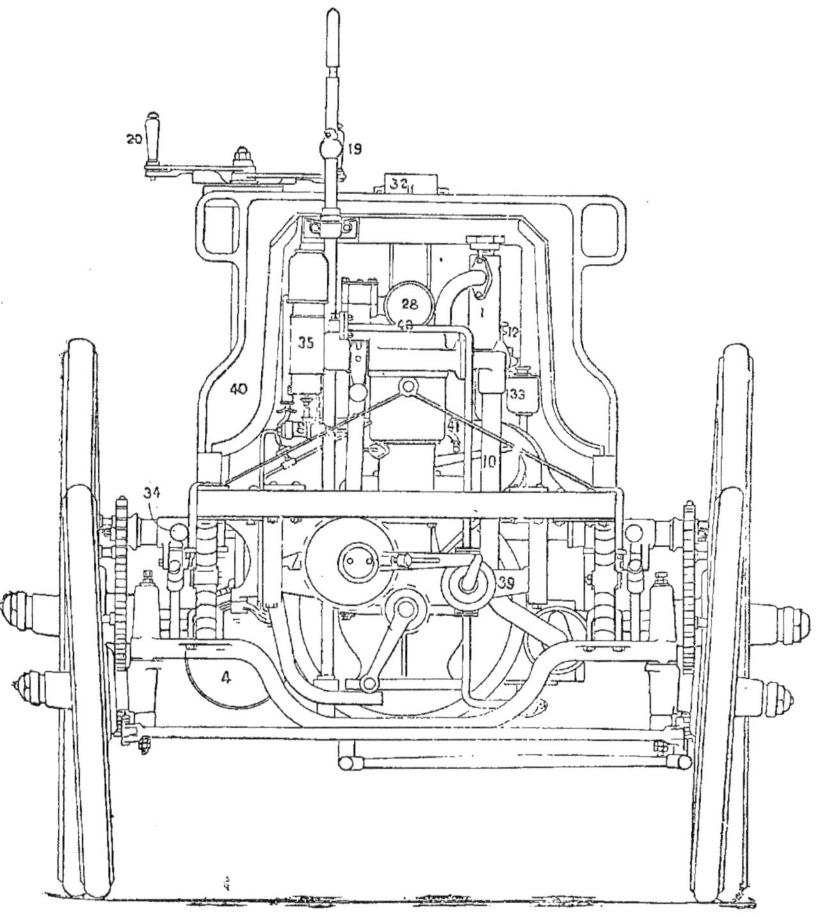

FIG. 290 *bis*. — Voiture à pétrole *Daimler* anglaise.
Vue en bout.

4 ressorts pincettes ; ce châssis porte tout le mécanisme, et soutient la caisse par l'intermédiaire de ressorts à boudin à l'arrière, de tampons caoutchoutés à l'avant.

284. — Voiture Vincke et Roch-Brault (fig. 292). — C'est une voiture belge, qui se construit à Malines, sur un type fort voisin de

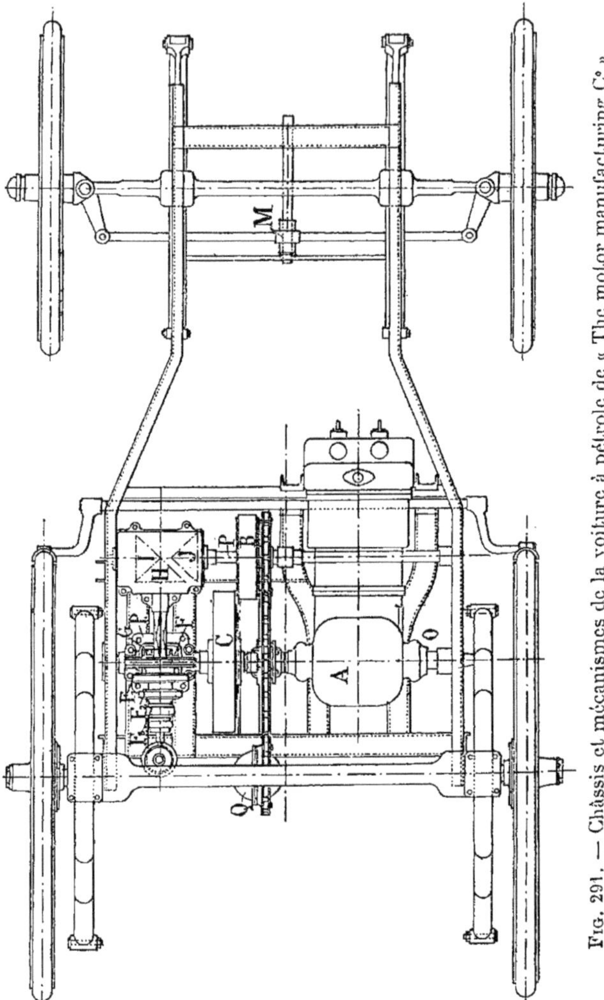

Fig. 291. — Châssis et mécanismes de la voiture à pétrole de « The motor manufacturing C° ».

celui des Panhard. Le moteur « Idéal (§ 96), de 8 chx, à 2 cylindres verticaux est disposé à l'avant. Le dernier arbre de la transmission porte un pignon transversal, engrenant avec l'un ou l'autre de deux pignons longitudinaux, pour les marches avant et arrière ; entre les deux pignons se trouve un différentiel, qui permet de retirer les deux parties de l'arbre sur lequel il est

Fig. 291 *bis*. — Voiture à pétrole de « The motor manufacturing C° ».

monté : cette disposition est précieuse, parce que si, dans un accident, l'arbre est faussé, on peut le dégager fort vite, en laissant le différentiel en place. La voiture est munie de 4 vitesses, de 10 à 45 km.

Le moteur et les mécanismes sont montés sur un petit châssis, placé à 0 m. 30 au-dessous du grand ; cet abaissement du centre de gravité donne à l'ensemble plus de stabilité : c'est avec raison qu'on s'applique à avoir des voitures basses et que, pour les courses notamment, on les fait ramper sur le sol. Ce petit châssis s'accroche au grand, qui est lui-même soutenu par les essieux

Fig. 292. — Châssis de voiture à pétrole *Vincke et Roch-Brault.*

par deux pincettes à l'avant et deux demi-pincettes à l'arrière, et peut recevoir telle caisse que l'on désire.

La direction se fait par un volant incliné. comme dans les Panhard, mais par crémaillère.

285. — Voitures américaines Duryea. — Elles sont de types variés les uns munis du moteur (§ 118) à réservoir et à cylindre horizontal, les autres d'un cylindre à explosion directe, placé au-dessus et en avant de l'essieu d'arrière moteur.

Dans la voiture qui est arrivée première dans la course de Chicago[1], le moteur est à réservoir, la transmission se fait par

1. Lockert, *Voitures à pétrole*, p. 224.

courroies, donnant 3 vitesses et marche arrière ; la commande de ces 3 vitesses est effectuée par une cordelette faisant tourner une poulie, sur l'arbre de laquelle sont 4 cames, qui, suivant la position de l'arbre, agissent sur les tendeurs de courroie. L'arbre intermédiaire mené par ces courroies porte un pignon qui engrène avec une roue dentée, entourant le différentiel.

La direction se fait par essieu brisé ; les pivots des roues sont inclinés par rapport à la verticale, de façon à venir couper le sol aux points où les roues prennent contact avec lui ; cela facilite la direction en empêchant les déviations brusques que pourrait amener un obstacle quelconque.

Le châssis est suspendu au-dessus des essieux par deux ressorts longitudinaux à l'arrière et à l'avant ; par un ressort transversal ; ce dernier est relié au châssis par une articulation à axe horizontal, qui permet à l'essieu de s'incliner sur un terrain inégal sans faire pencher la voiture. Celle-ci a l'aspect des voitures américaines, à grandes roues même à l'avant, elle pèse 320 kg. et a un moteur de 4 chx, à un seul cylindre, du poids de 54 kg. (ce qui nous paraît bien peu). Elle a, dit-on, couvert en 9 heures 90 km. en ne dépensant que 16 l. de gazoline, malgré l'épaisse couche de neige qui recouvrait les routes. Elle peut faire jusqu'à 32 km. en bonne route.

Dans un type plus récent [1], le moteur est à explosion directe, la transmission se fait par engrenages (fig. 292 *bis*). L'arbre vilebrequin transversal commande par pignons d'angle, donnant soit la marche avant, soit la marche arrière, un arbre longitudinal K, qui, par trois paires d'engrenages de changement de vitesse ll^2, mm^2, nn^2, actionne l'arbre L. Celui-ci, par le pignon M, commande la roue G, montée sur l'essieu D moteur. Toutes ces roues sont continuellement en prise les unes avec les autres, mais les pignons l, m, n sont fous sur l'arbre K, et ne sont que successivement rendus solidaires de lui, à l'aide des embrayages l^1, m^1,

---

1. *Locomotion automobile*, 15 juillet 1896, p. 170.

n^1, qu'on voit à côté de leurs moyeux [1]. Ces embrayages sont actionnés en temps voulu par les équerres qu'on voit au-dessus, quand la tringle R, mobile longitudinalement, agit, par ses bossages x et z sur les galets qui terminent ces équerres. L'embrayage O', qu'on voit à gauche du pignon O, dessert ce pignon : quand en glissant sur la douille de la roue l, il rend ce pignon solidaire de la roue, celle-ci tourne entraînant l'axe L et l'essieu moteur dans le sens de la marche arrière.

Le châssis tubulaire repose sur l'essieu d'arrière par des cous-

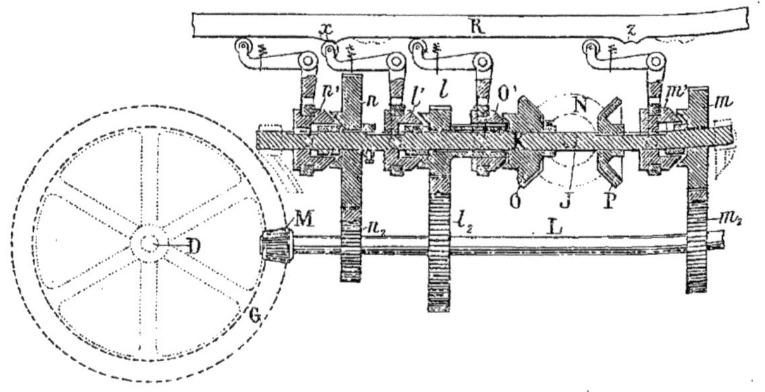

Fig. 292 *bis*. — Changement de vitesse *Duryea*.

sinets, sur celui d'avant par un boulon transversal, qui permet à cet essieu de se déplacer dans un plan vertical. La caisse repose sur le châssis par 2 ressorts transversaux. Le système de direction est le même que dans le premier type.

Citons pour mémoire les voitures *Bird* (de Buffalo) et *Mercurey* (de Chicago).

Dans la première le moteur est quelconque, la transmission se fait par plateau et galet ; la direction par un avant-train à cheville-ouvrière de très petite largeur [2].

1. Ce dispositif est de construction coûteuse ; les roues non embrayées tournent, entraînées par les autres, et s'usent vite ; nous préférons celui du commandant Krebs (§ 263).

2. *Locomotion automobile*, 2 décembre 1897, p. 566.

Dans la seconde le moteur de 4 chx équilibré est à allumage électrique. Trois vitesses (3 à 20 milles à l'heure) et marche arrière. Roues en bois, à pneus, avec roulement à billes [1].

5° Voitures de livraison. Camions.

Nous avons dit (§ 144) que la voiture à pétrole pouvait se prêter à une exploitation commerciale, telle que la livraison dans

Fig. 293. — Camion à pétrole *Peugeot*.

une ville et sa banlieue de marchandises légères. Déjà plusieurs modèles ont été réalisés dans ce but, ne différant guère de ceux que les mêmes maisons construisent pour le tourisme que par la forme de la caisse : le châssis et le mécanisme sont peu modifiés. Cela nous dispensera d'entrer à leur sujet dans de long développements.

286. — Voitures de livraison Panhard. — Les Établissements

1. *Locomotion automobile*, 10 juin 1897, p. 266.

Panhard ont engagé aux Poids lourds de 1898 une voiture de livraison, à caisse fermée, à moteur de 8 chx, qui ne diffère guère, comme dispositions mécaniques, de l'omnibus qui a pris part au concours de 1897, que par l'application du graissage automatique. Cette application a permis de supprimer bien des tubulures : le graisseur coup de poing a cependant été conservé pour envoyer du pétrole, à l'arrêt final, dans le moteur, afin de purger ses cylindres.

287. — Voitures de livraison et camions Peugeot. Camions de Dietrich, Cambier. Voitures de livraison de la Compagnie française. — La maison *Peugeot* a construit, pour quelques grands établissements commerciaux de Paris et de la province, des voitures de livraison; elle fait aussi un camion (fig. 293), capable de porter 1000 kg. de charge utile. Le châssis reste tubulaire comme dans les voitures légères, les roues métalliques.

Les fig. 294 à 294 *ter* représentent le camion de la maison *Dietrich*, établi pour transporter 1200 kg. de marchandises (même 1500 kg. sur bonne chaussée empierrée sèche). Il est doté de 4 vitesses : 4, 7, 12 et 16 km., et d'une marche arrière. Le rapport de la charge utile au poids mort est 0,923, de cette charge au poids total 0,480. Les roues, en bois à moyeu métallique, ont comme diamètre extérieur 0 m. 780 ; leurs bandages d'acier ont 0,060 de largeur à l'avant, 0 m. 075 à l'arrière. La voie, d'axe en axe, est de 1 m. 20 ; la largeur, toutes saillies comprises, est de 1 m. 48 ; la longueur totale de 3 m. 28. D'après les constructeurs, la consommation est de 0 l, 25 d'essence (de 0,700 à 0,710) par kilomètre, et de 1 l. d'eau ; les approvisionnements suffisent pour 130 km. Ce camion a pris part au Concours des Poids lourds de 1897 (voir le tableau § 327).

La maison *Cambier* fait un camion à pétrole, qu'elle équipe avec le moteur de 30 chx, dont nous avons parlé à propos de son omnibus susceptible de transporter 3000 kg. [1]. Pour ces puissances nous préférerions voir appliquer la vapeur.

---

1. *Locomotion automobile*, 19 janvier 1899, p. 41.

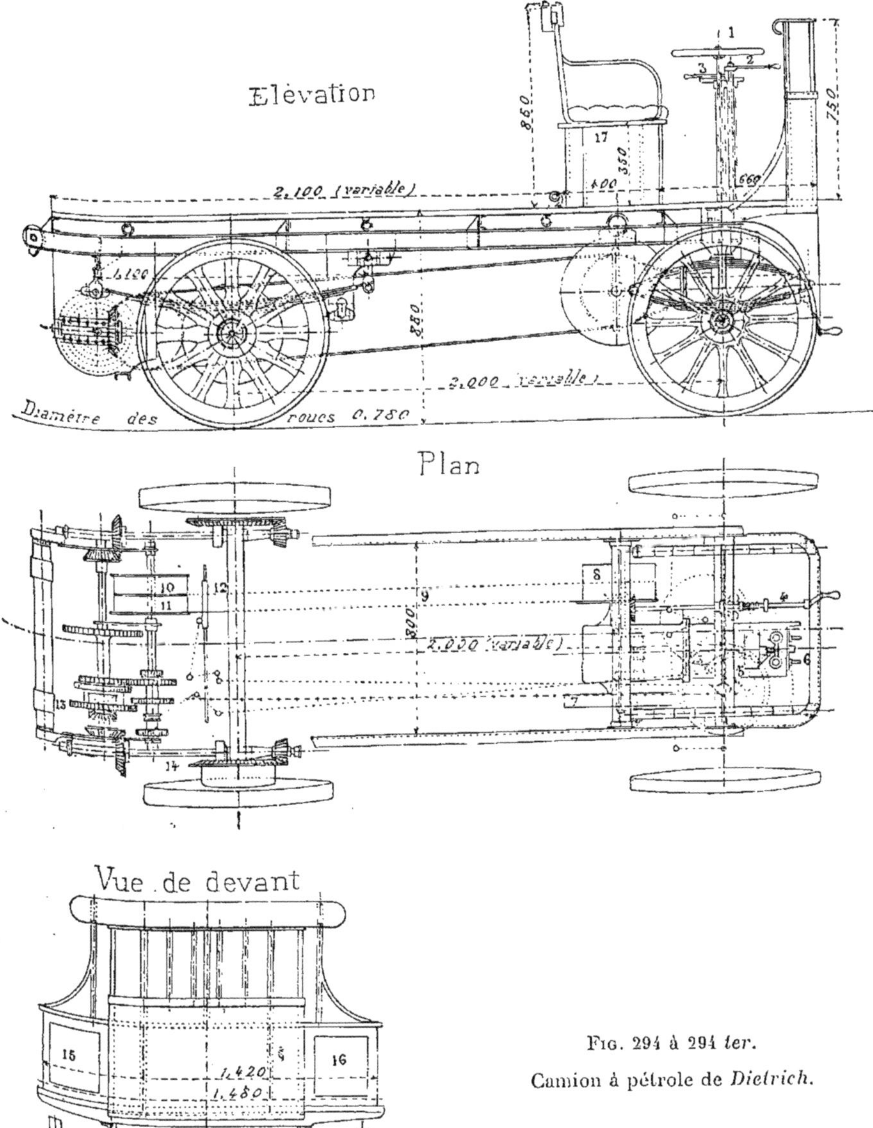

Fig. 294 à 294 *ter*.

Camion à pétrole de *Dietrich*.

La *Compagnie anglo-française* fait beaucoup la voiture de livraison système Benz.

288. — Camion Daimler. — M. Daimler avait exposé aux Tuileries en 1898, un camion à moteur Phénix de 10 chx., pesant à vide 3000 kg., chargé 5000 kg., capable de transporter ses deux tonnes utiles sur rampe de 12 °/₀ à la vitesse de 4 à 12 km. Trois autres vitesses de 4 à 12 km. L'arbre différentiel transversal est muni de pignons engrenant avec les couronnes dentées des roues motrices. Le châssis est supporté à l'avant par des ressorts à boudin, à l'arrière par des ressorts à lames longitudinaux. Quinze de ces camions étaient, paraît-il, en service en Allemagne il y a un an ; trois étaient commandés pour le Soudan français.

Mentionnons pour mémoire le tracteur à pétrole Daniel Best [1], de la Clarke's Crank and Forge (Lincoln) [2] (genre de Dion), Lawson et Pennington [3].

6° Avant-trains moteurs.

289. — Avantages de l'avant-train automoteur. — Un avant-train moteur, facilement attelable à une voiture quelconque, offrirait des avantages précieux : 1° utiliser les voitures existantes, en leur laissant la faculté d'être traînées par des chevaux ; 2° tirer la voiture au lieu de la pousser, et lui faciliter le passage des obstacles semés sur sa route ; 3° permettre un isolement facile du moteur et de la caisse, qui se trouve par là soustraite aux trépidations [4].

---

1. *Locomotion automobile*, 14 juillet 1898, p. 444.
2. *Industries and Iron*, 25 novembre 1898, p. 45.
3. *Chauffeur*, 25 août 1897, p. 297.
4. A côté de ces avantages incontestables, des partisans de la traction par avant-train font valoir les suivants :
  1° Les transmissions peuvent être simplifiées ;

Un pareil avant-train n'aura besoin d'être conçu pour faire du 40 à l'heure, que s'il remorque un arrière-train construit pour cette vitesse, que la sécurité semble jusqu'à nouvel ordre interdire aux voitures ordinaires.

290. — **Avant-train Prétot.** — Le premier du genre : il a figuré au Salon du Cycle et de l'Automobile de 1896. Tout le mécanisme, moteur et transmission, est enfermé dans une boîte, suspendue par des ressorts au-dessus de l'essieu, et baigne dans l'huile. Cette boîte porte un chemin de roulement identique à celui de l'avant-train, qu'on a détaché de la voiture, avec laquelle l'assemblage se fait par la cheville-ouvrière ordinaire. Les changements de vitesse se font par le dispositif que nous avons décrit (§ 182), malheureusement d'exécution délicate et de graissage difficile. Un levier unique permet d'obtenir les marches avant et arrière, de faire varier l'allure, de serrer le frein monté sur le différentiel, d'arrêter. Tout cet ensemble est fort ingénieux, mais l'avant-train ne donne pas un bon service, en partie parce que la traction se fait (pour décharger la cheville-ouvrière) par les ressorts d'avant, qu'elle fatigue beaucoup [1].

291. — **Avant-train Amiot-Péneau.** — Moteur Daniel Augé (§ 96), mais modifié pour cet usage ; il pourrait d'ailleurs être d'un autre système, à pétrole ou électrique. Il est placé en C (fig. 295 à 295 *ter*) soutenu par les ressorts T, qui reposent sur l'essieu A. C représente, en même temps que le moteur U, le volant V, le carter des changements de vitesse O et le différentiel Q de la fig. 295 *bis*.

Comme les roues de l'avant-train sont à la fois motrices et directrices, le mouvement doit leur être transmis quelle que soit leur orientation. A cet effet, l'arbre moteur commande par les

2° Tout le poids du moteur est utilisé pour l'adhérence ;
3° Dans les descentes, le poids de l'avant-train empêche l'arrière d'osciller sur le sol gras et humide ;
4° Au moment d'un arrêt brusque, la possibilité de bloquer les roues d'avant, empêche la voiture de faire un *tête-à-queue*.
1. *Chauffeur*, 25 décembre 1898, p. 470.

flexibles P, P, les arbres II, à l'extrémité desquels sont montés les pignons I, qui engrènent avec les roues dentées E, faisant

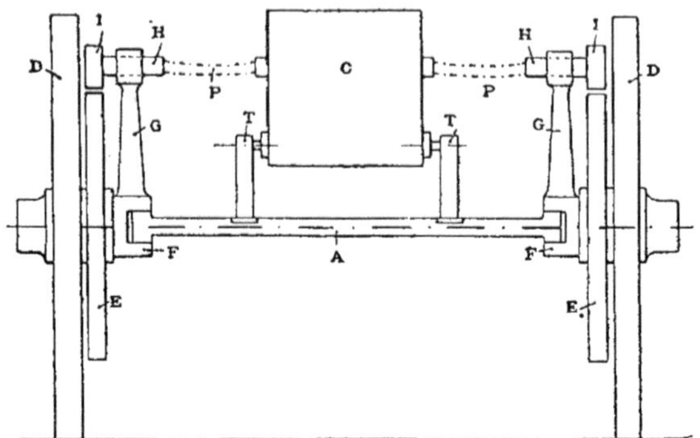

Fig. 295. — Avant-train moteur à pétrole *Amiot et Péneau.*
(Schéma de l'élévation).

corps avec les moyeux des roues motrices. D'autre part, les chapes F de celles-ci portent les paliers G des axes H, de sorte

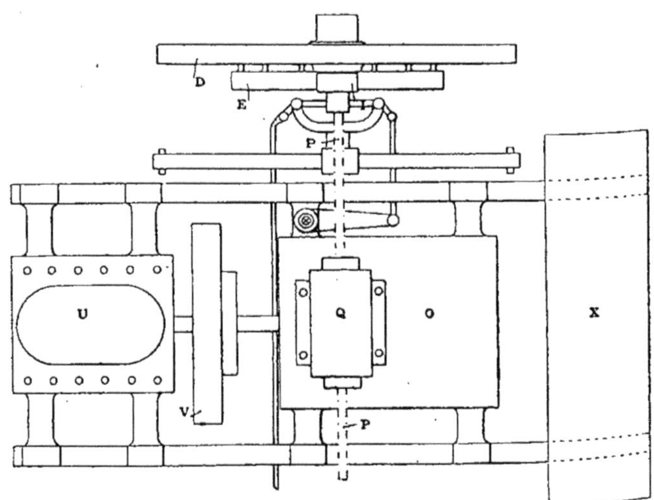

Fig. 295 *bis.* — Avant-train moteur à pétrole *Amiot et Péneau.*
(Schéma du plan.)

que tout l'ensemble DEFGHI tourne autour du pivot commun, en recevant toujours, par le flexible P, le mouvement du moteur.

La fig. 295 *ter* représente une vue de l'avant-train : le moteur est ordinairement enfermé dans une enveloppe, qui a été retirée ; les boîtes que l'on voit à l'arrière reçoivent l'essence et l'eau de refroidissement.

Cet avant-train est relié à l'essieu d'arrière par une solide tige de fer, et constitue avec lui la partie motrice et résistante de

Fig. 295 *ter*. — Avant-train à pétrole *Amiot et Péneau*.
(Vue du mécanisme découvert.)

l'ensemble, sur laquelle repose la caisse (à l'avant par l'intermédiaire de deux patins visibles sur la figure 295 *ter*), qui n'a à supporter aucun effort de traction. C'est indispensable pour la durée et la sécurité.

La substitution de l'avant-train Amiot à un avant-train ordinaire ne nécessite que le serrage de quelques boulons pour fixer le plancher du siège aux deux patins et la tige de liaison à l'essieu d'arrière ; ce plancher a d'ailleurs été percé de deux trous pour laisser passer la tige de commande et la pédale du frein. Un quart d'heure suffit pour ce remplacement.

L'avant-train en question a été essayé avec succès, notamment sur un omnibus de famille. Les inventeurs le destinent spécialement à la traction des véhicules lourds à vitesse modérée

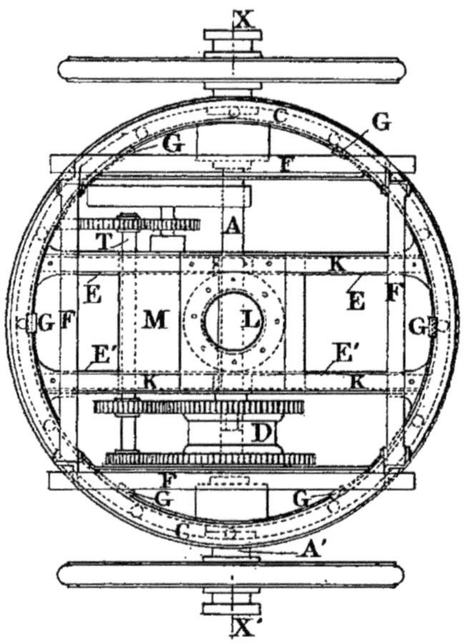

Fig. 296. — Avant-train *Ponsard-Ansaloni*.
(Détails de la transmission)

(omnibus, camions, balayeuses de rue, tonneaux d'arrosage...); il paraît capable de remplir ce but.

292. — Avant-train Ponsard-Ansaloni (fig. 296 à 299). — Le moteur M (du système Roser-Mazurier de 4 1/2 chx) et ses engrenages de transmission T reposent sur un bâti, constitué par 2 fers cornières E, E', supporté par la couronne circulaire B, qui repose elle-même sur l'essieu différentiel A (donc le moteur et le mécanisme ne sont pas suspendus).

La couronne B supporte, par l'intermédiaire de billes, la couronne d'égal diamètre C, qui elle-même, par les ressorts longitudinaux et transversaux FF, soutient la charge d'avant de la voi-

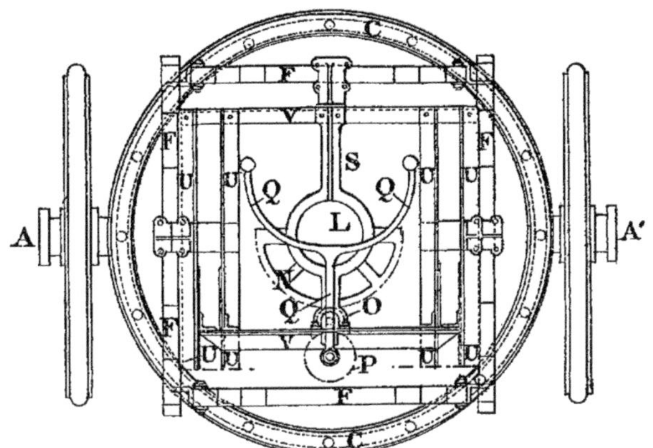

FIG. 297. — Avant-train moteur à pétrole *Ponsard-Ansaloni*.
(Détails de la direction).

ture. De distance en distance, des étriers maintiennent la liaison des deux couronnes.

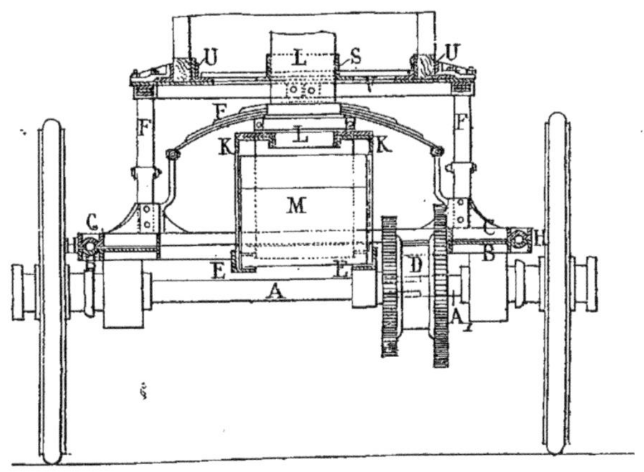

FIG. 298.
Vue par bout.

La couronne C est fixe, mais la couronne B peut tourner, avec toute la partie basse de l'avant-train, de manière à assurer la direction de la voiture. Cette rotation s'effectue autour de la cheville-ouvrière L, fixée au châssis EE' par les arceaux KK. Cette cheville-ouvrière, constituée par un cylindre creux, qui donne passage aux différents organes de commande, peut coulis-

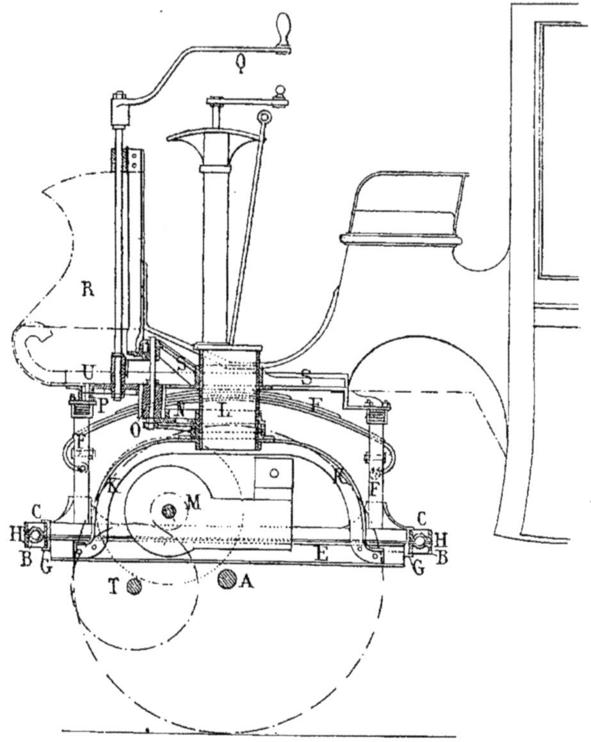

FIG. 299. — Avant-train *Ponsard-Ansaloni*, monté sur un coupé.

ser (pour suivre les oscillations verticales de la voiture) et tourner librement dans la douille S, sous l'action du levier Q, des pignons P et O, et du secteur denté N, qui est boulonné sur elle.

La douille S transmet à la caisse de la voiture l'effort de traction du moteur : à cet effet, elle est rattachée, par deux branches, à un cadre constitué : 1° par les quatre cornières longitudinales

U, boulonnées deux à deux sur les brancards de caisse du véhicule, et prolongées à l'avant pour soutenir l'appareil refroidisseur R (composé d'un réservoir d'eau et d'un serpentin); 2° par les cornières transversales V, qui servent d'appui aux ressorts transversaux F et à l'arbre vertical qui commande la direction. La robustesse de cet ensemble et le gros diamètre de la cheville-ouvrière sont les garants d'une transmission sûre de l'effort, mais celle-ci se fait ensuite par la caisse; nous préférons le système Amiot qui en affranchit cette dernière.

L'avant-train Ansaloni était exposé aux Tuileries en 1898, attelé à un cab de la Compagnie Générale des Voitures. La dépense est, paraît-il, de 1/2 litre d'essence par cheval-heure effectif; sur parcours moyennement accidenté, on peut estimer la puissance nécessaire à 2 chevaux; la dépense horaire serait dans ces conditions de moins d'un litre.

293. — Avant-train Doré. — Il peut être actionné par un moteur à pétrole ou électrique. La fig. 184 le représente disposé pour la commande électrique; mais il reste presque identiquement le même pour la commande par le pétrole. Dans ce cas, le moteur employé est du système J. Bouché (§ 100) de 4 1/2 chevaux: il est disposé longitudinalement dans l'axe de la voiture, entre deux brancards, et occupe une superficie de 70 × 80 cm. Sur son arbre vilebrequin, qui est transversal, se trouve un embrayage Bonnafous, dont l'extérieur porte une couronne dentée, engrenant avec la roue d'un premier arbre intermédiaire. Celui-ci transmet son mouvement à un second arbre intermédiaire, en engrenant avec lui, directement pour la marche avant, par l'intermédiaire d'un autre pignon pour la marche arrière. Ce second arbre intermédiaire porte les pignons de changement de vitesse, enfermés dans un carter avec les roues correspondantes. Enfin l'arbre de ces roues, par un pignon d'angle, commande la cheville ouvrière de l'avant-train.

Le volant de direction est claveté sur un tube, percé d'une rainure, dans lequel passe un arbre plein, muni d'une clé coulissant dans la rainure. En poussant le volant contre la voiture, on embraie le moteur ; en le tournant vers la droite ou vers la gauche, on dirige la voiture à sa guise. Veut-on arrêter, on

Fig. 300. — Avant-train à pétrole de *Riancey*.

retire vers soi le volant, le moteur est débrayé, et l'arbre appuie sur un ergot, qui commande les freins à ruban sur les moyeux des roues d'arrière. L'inventeur remarque que le chauffeur reproduit ainsi tous les mouvements de la conduite d'un cheval.

294. — Avant-train de Riancey. — Dans le système de Riancey, destiné à remorquer un arrière-train de voiturette (fig. 300), le moteur (§ 115) est disposé devant l'unique essieu de l'avant-train. L'arbre de ce moteur attaque, par un engrenage d'angle, un arbre transversal qui porte les changements de vitesse et de marche, et par ceux-ci actionne l'arbre différentiel sur lequel sont calées les roues.

Les têtes de bielles et les engrenages barbotent dans l'huile d'un carter étanche, sous lequel sont placés le réservoir à essence et le silencer. Les accumulateurs et la bobine de l'éclairage électrique sont situés derrière l'avant-train. Celui-ci est relié à l'arrière-train, au moyen d'une douille autour de laquelle il peut tourner (pour assurer la direction), et dans laquelle il peut monter et descendre (pour assurer toujours le contact des quatre roues avec le sol). Deux freins agissent sur une jante plate, adaptée aux roues d'arrière : le frein à pédale sur l'intérieur, le frein à main sur l'extérieur. Un seul levier avec ses accessoires assure la commande de la direction, le débrayage, les changements de vitesse et de marche.

294 bis. — Avant-trains divers. — Citons encore quelques systèmes, d'ailleurs restés à l'état de projets : les avant-trains *Lockert* [1], à transmission par courroie et plateaux de friction et chaînes sans fin (pouvant être remplacées par des engrenages) ; *Émile Salles* [2], dans lequel le moteur actionne un essieu flexible, qui transmet le mouvement aux roues, montées dans des chapes, pour tourner ; *Ringelmann* [3], qui comporte à l'avant de la voiture une roue directrice, qu'un bâti triangulaire relie aux ressorts de l'avant-train ; ce bâti porte le moteur, dont le mouvement est transmis par des chaînes à des roues dentées calées sur l'essieu.

Nous retrouvons cette cinquième roue dans l'avant-train *Johnson* [4], qui comporte, comme les voitures pétroléo électriques

1. Lockert, *Voitures électriques*, p. 282.
2. *Chauffeur*, 25 mars 1898, p. 116.
3. Lockert, *Voitures électriques*, p. 278.
4. *Locomotion automobile*, 2 février 1899, p. 69.

dont nous parlerons dans le § 215, un moteur à pétrole à deux cylindres, une dynamo génératrice, une dynamo réceptrice, et même une batterie d'accumulateurs, destinée à recevoir le courant, quand la réceptrice ne le consomme pas tout : le pétrole actionne la génératrice par courroie, et la réceptrice les roues motrices par engrenages, arbre intermédiaire et chaînes. Nous la retrouvons aussi dans certain attelage mécanique [1], qui ne nous paraît pas plus recommandable que les deux systèmes précédents.

Mentionnons enfin le bogie, que vient de construire M. Heilmann : ce bogie à quatre roues constitue un véritable tracteur, pouvant remorquer telle voiture qu'on veut bien lui atteler, après avoir supprimé son avant-train : il a ainsi traîné pendant plusieurs mois le landau de son inventeur. M. Heilmann est en train d'en modifier le volume, le poids et la silhouette peu élégante, et d'étudier la substitution au moteur électrique, dont il a été jusqu'ici muni, d'un moteur à pétrole avec changements de vitesse par embrayage magnétique.

1. *Locomotion automobile*, 22 septembre 1898, p. 600.

CHAPITRE III

295. — **Schéma d'une voiture électrique.** — Le schéma d'une voiture électrique est facile à faire :

1° Des accumulateurs divisés en plusieurs batteries, ordinairement dissimulées dans les caissons, quelquefois groupées dans un cadre au-dessous du châssis ;

2° Un moteur, parfois calé sur un arbre concentrique à l'arbre différentiel porteur des roues, le plus souvent sur un arbre actionnant par engrenages cet arbre différentiel, qui lui attaque par chaînes Galle les roues folles sur l'essieu. Ce n'est que fort rarement qu'on a recours pour les changements de vitesse à des dispositifs mécaniques ;

3° Un combinateur, pour distribuer le courant et établir les couplages appropriés à la manœuvre que nécessite à chaque instant la conduite de la voiture.

Un rhéostat à résistances graduées, un ampèremètre monté en tension sur le circuit, un voltmètre placé en dérivation, parfois un compteur d'énergie qui fait connaître à chaque instant la quantité emmagasinée dans les accumulateurs, deux coupe-circuits fusibles disposés sur les fils venant de ces derniers avant leur pénétration dans le mécanisme, et, pour protéger celui-ci contre un courant accidentellement trop fort, un interrupteur, espèce de clef que le conducteur emporte avec lui quand il abandonne sa voiture, complètent cet ensemble en somme fort simple.

Nous l'étudierons en détail dans quelques systèmes choisis parmi ceux qui ont déjà fait leurs preuves, et nous marquerons les points par lesquels quelques autres s'en distinguent. Mais avant cela, il est juste de dire quelques mots des premiers véhicules qui aient été mus par l'électricité.

296. — **Premiers véhicules électriques : Raffard, Pouchain, Bogard, Darracq.** — Dès 1881, M. Raffard, voulant obtenir de la Compagnie générale des Omnibus de Paris la libre disposition d'une de ses voitures pour la transformer en automobile, lui prouva la possibilité de la chose en actionnant un tricycle par un moteur électrique de la force de 7 kgm., alimenté par 12 petits accumulateurs Faure : le véhicule ne pesait au total que 80 kg. L'omnibus qu'il transforma, destiné à circuler sur rails, pouvait aussi marcher sur route [1].

Le phaéton à six places de M. Pouchain (1893) était muni de 4 bacs d'aluminium doublés de celluloïd, contenant chacun 13 éléments Dujardin, pesant au total 500 kilos, environ le tiers de la voiture complète, qui était actionnée par un moteur Rechniewski [2].

Le dog-cart à deux places de M. Bogard, dont le poids atteignait 2.300 kg. en charge, était équipé de façon à près analogue.

En 1896, M. Darracq a exposé, au Salon du Cycle, un coupé électrique fort intéressant, qui a été décrit en détail par MM. P. et Y. Guédon [3].

297. — **Voitures ayant pris part au Concours de fiacres de 1898.** — Arrivons tout de suite aux voitures électriques ayant pris part au Concours de fiacres qui a eu lieu en juin 1898, sous la féconde direction de l'Automobile Club de France [4]. Disons une fois pour toutes que ces voitures étaient équipées avec des accumulateurs Fulmen type B, dont les éléments étaient ceux du tableau ci-dessous [5], et que leurs roues, sauf celles d'arrière de deux voitures

---

1. *Chauffeur*, 10 septembre 1897, p. 311.
2. Lockert, *Voitures électriques*, p. 175.
3. P. et Y. Guédon, *Manuel pratique du conducteur d'automobiles*, p. 211.
4. Les résultats de ce concours sont consignés dans le § 329.
5. Ce tableau et la plupart des renseignements qui concernent ces voitures, sont extraits de l'article de M. Hospitalier (*Industrie électrique*, 10 juillet 1898).

Kriéger qui portaient des caoutchoucs pleins, étaient munies de pneumatiques Michelin. Les moyeux des roues étaient en bronze,

TABLEAU I

ACCUMULATEURS FULMEN, TYPE B

ÉLÉMENTS	NOMBRE DE PLAQUES				
	9	11	13	17	21
Longueur, en cm	8	9,5	11	14,5	18
Largeur, en cm	11	11	11	11	11
Hauteur d'encombrement, en cm	30	30	30	30	30
Poids total, en kg	5,3	6,5	7,7	10	12,4
Capacité en ampères-heure (décharge en 5 heures)	70	85	105	140	175
Énergie en watts-heure (décharge en 5 heures)	133	160	200	266	333

sauf ceux des voitures Jeantaud qui étaient en acier ; les roulements lisses, excepté ceux du coupé trois-quarts Jeanteaud, qui étaient à billes ; les rais en bois, sauf ceux du même véhicule qui étaient en acier. L'empattement était de 1 m. 70 pour les voitures Kriéger, 1 m. 90 pour le coupé Jenatzy, 1 m. 90 à 2 m. pour les voitures Jeantaud.

298. — Voitures Jeantaud. — Elles appartiennent à deux types bien distincts : 1° à essieu d'arrière moteur (landaulet, cab); 2° à avant-train moteur directeur (coupé trois-quarts). Le drojki, espèce de mylord à une seule place sur le siège d'avant, était d'un type fort voisin du premier.

1° *Type à essieu d'arrière-moteur.* — Les accumulateurs (2 groupes de 22 éléments à 15 plaques) sont logés dans les caissons d'avant et d'arrière, sauf pour le cab (fig. 301), où ils sont placés dans un coffre porté par l'essieu d'avant, faisant ainsi équilibre au poids du conducteur. Le moteur, dont la puissance normale est consignée sur le tableau II, en même temps que d'autres éléments relatifs aux diverses voitures du Concours, a son induit en tam-

Fig. 301. — Cab électrique *Jeantaud*.

bour, et son inducteur, à 2 pôles, porte deux enroulements, l'un

TABLEAU II

ÉLÉMENTS DES DIVERSES VOITURES

ÉLÉMENTS	KRIÉGER (Avant-train moteur-directeur.)			C. G. T. A. (Roues arrière motrices.)	JEANTAUD (Av. train mot.-dir.)	JEANTAUD (Roues arrière motrices.)		
	Coupé	Vis-à-vis	Fiacre à galerie	Coupé	Coupé trois-quarts	Landaulet	Cab.	Drojki
Nombre de places	4	1	4	2	3	2	2	2
Charge roues avant en kg	840	850	876	810	920	770	610	400
Charge roues arrière en kg	496	470	510	866	690	760	670	540
Poids à vide avec conducteur en kg	1360	1310	1370	1662	1590	1520	1270	950
Charge utile en kg	280	280	400	140	210	140	140	140
Poids en charge en kg	1640	1590	1770	1800	1800	1660	1410	1090
Nombre d'accumulateurs	44	44	44	44	50	44	44	44
Nombre de plaques (type B)	17	17	17	21	17	17	15	13
Poids d'un élément complet en kg	10,4	10,4	10,4	12,8	10,4	10,4	9,2	8
Poids d'accumulateurs en kg	458	458	458	563	520	458	405	352
Rapport du poids d'accumulateurs au poids total en charge, en p. 100	27,9	28,8	25,8	31,3	28,9	27,6	28,7	32,3
Puissance du moteur en watts	3000	3000	3000		3500	4500	3000	2000

série, l'autre shunt. Il commande par engrenages un arbre intermédiaire porteur du différentiel et qui, par chaînes Galle, actionne les roues d'arrière. Le tableau III détaille les diverses fonctions du combinateur.

TABLEAU III

COMBINATEUR DES VOITURES JEANTAUD A ESSIEU D'ARRIÈRE MOTEUR

POSITIONS du COMBINATEUR	ROLES	ACCUMULATEURS	EXCITATION SÉRIE	EXCITATION SHUNT	INDUIT	RHÉOSTAT
— 1	Marche arrière.	En quantité.	En circuit.	En circuit.	En circuit.	En circuit.
0	Arrèt-freinage.	En tension ouverts.	En circuit et sur induit.	Hors circuit.	En circuit et inversé.	En circuit, pour freinage.
1	Petite vitesse.	En quantité.	En circuit.	En circuit.	En circuit.	En circuit [1].
2	Vitesse moyenne.	En tension.	—	—	—	Hors circuit.
3	Vitesse accélérée.	—	En circuit, shuntée sur deux résistances.	—	—	—
4	Grande vitesse.	—	En circuit, shuntée sur une résistance.	—	—	—

Le conducteur a, indépendamment du combinateur, pour la manœuvre du véhicule :

1° Un volant de direction horizontal agissant sur les roues de l'essieu d'avant directeur (§ 191 à 193) ;

2° Un levier pour le frein à corde coupant le circuit et agissant sur les roues arrière dans les deux sens ;

3° Une pédale commandant le rhéostat de démarrage ;

4° Une manivelle actionnant un frein à ruban, qui frotte contre les bandages et ne doit servir qu'exceptionnellement.

2° *Type à avant-train-moteur directeur.* — Les fig. 181, 182, en montrent la disposition, et nous en avons expliqué le mécanisme à propos des transmissions (§ 187). Cinquante éléments B_{17}.

---

1. Un bloquage mécanique ne permet pas au combinateur de passer de la position 1 à la position 2 sans que l'on ait, au préalable, intercalé dans le circuit la résistance de démarrage commandée par une pédale placée sous le pied droit du conducteur.

Moteurs à double enroulement, soumis à des couplages variés pour obtenir 4 vitesses et l'arrêt, comme le montre le tableau IV. La marche arrière s'obtient, à toutes les vitesses, par un inverseur spécial.

TABLEAU IV

COMBINATEUR DES VOITURES JEANTAUD A AVANT-TRAIN MOTEUR-DIRECTEUR

POSITIONS du COMBINATEUR	ROLES	BATTERIES	INDUCTEUR SÉRIE	INDUCTEUR SHUNT	INDUIT	FREINAGE ÉLECTRIQUE
0	Arrêt.	En tension et isolées.	Ouvert.	Ouvert.	En court-circuit.	Bouton mettant excitation shunt sur une batterie. Néant.
1	Petite vitesse.	En quantité.	En circuit.	En circuit.	En circuit.	Freinage.
2	Moyenne vitesse.	—	En court-circuit.	—	—	Néant.
3	Vitesse accélérée.	En tension.	En circuit.	—	—	Freinage.
4	Grande vitesse.	—	En court-circuit.	—	—	

299. — Voitures Kriéger. — Ce type est en somme, plus com-

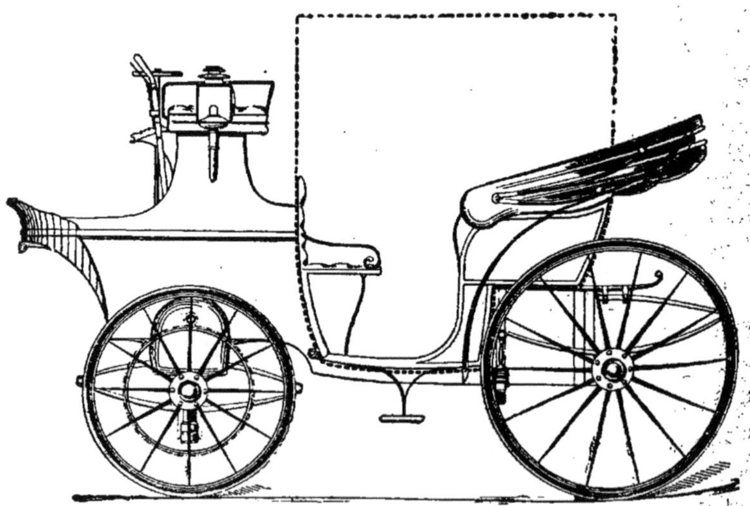

FIG. 302. — Victoria électrique *Kriéger* transformable en coupé.

pliqué que le précédent. Le coupé, le vis-à-vis et le fiacre à galerie ne diffèrent que par la caisse, dont la fig. 302 montre la précieuse interchangeabilité. Effectivement, le châssis supporté par des roues en bois, en bois lui-même et acier, est droit et peut recevoir, par l'intermédiaire de ressorts, une caisse quelconque. Il supporte aussi, l'un à l'avant, l'autre à l'arrière, deux caissons recevant chacun une batterie, facilement visitable ou changeable, sans qu'il soit nécessaire de faire ou de défaire aucune connexion.

TABLEAU V

COMBINATEUR DES VOITURES KRIÉGER

POSITIONS DU COMBINATEUR	ROLE	DEUX BATTERIES	EXCITATIONS	DEUX INDUITS
— 1	Marche arrière.	En dérivation.	Shunt et série.	En tension et inversés.
00	Freinage sans récupération.	—	Shunt.	En court-circuit.
0	Arrêt.	En tension.	Ouvertes.	Ouverts.
1	Démarrage.	En dérivation.	Shunt et série.	En tension.
2	2e vitesse	—	Série.	—
3	3e —	En tension.	Shunt et série.	—
4	4e —	—	Série.	—
5	5e —	—	Shunt et série.	En dérivation.
6	6e —	—	Série.	—

22 éléments B_{17}, toujours couplés en tension, composent chacune de ces batteries, et alimentent deux moteurs tétrapolaires, à 4 bobines d'excitation, 2 en série à gros fil, 2 en dérivation à fil fin, à induit en tambour faisant 2.000 à 2.600 tours par minute. Chacun est monté sur un pivot de l'essieu d'avant, qui est à la fois moteur et directeur (§ 187), et attaque, par un pignon à denture hélicoïdale la couronne montée sur la roue correspondante. Le rapport de ces engrenages est de 1 à 17 ou même 18 ; c'est, croyons-nous, le plus grand qui ait été employé (§ 175), et on

peut se demander s'il n'est pas pour le pignon la cause d'une fatigue excessive et d'une usure rapide.

Six vitesses, ainsi qu'on le voit sur le tableau V ; ajoutons qu'à certaines vitesses les positions 1 et 3 produisent un freinage relatif, que l'on peut d'ailleurs obtenir à toutes les autres, en appuyant avec le pied sur un bouton qui assure l'excitation shunt, et met l'excitation en court circuit.

Le conducteur dispose, sans compter le combinateur, d'un volant de direction (remplacé dans les dernières voitures par un guidon à poignées verticales), d'un frein à lame agissant sur les roues d'arrière et actionné par une pédale, d'un bouton de récupération commandé aussi au pied.

Dans les créations les plus récentes de M. Kriéger, le combinateur est réduit de dimensions et pourvu de deux positions nouvelles ; les deux moteurs électriques sont horizontaux et suspendus.

300. — Voiture Jenatzy de la Compagnie internationale des Transports automobiles. — Elle est représentée par la fig. 303. 44 éléments B_{21}, dans deux coffres, à l'avant et à l'arrière de la caisse. Moteur série à deux pôles, à induit en tambour, actionnant l'arbre différentiel qui, par chaînes et pignons, conduit les roues d'arrière.

On peut faire varier la vitesse : 1° en groupant en quantité (pour la petite vitesse) ou en tension (pour la grande) les deux batteries ; 2° en intercalant dans le circuit des résistances variables ; 3° en interposant dans la transmission une paire d'engrenages, réduisant les vitesses données par les dispositifs précédents dans le rapport de 100 à 67. La combinaison de ces trois moyens donne une gamme d'allures très variée. Pour simplifier le combinateur, on ne lui demande ni freinage, ni récupération. Une manette sert à intercaler le moteur dans le circuit, et à interposer les résistances ; mue en sens inverse, elle donne la marche arrière aux mêmes vitesses que la marche avant. La voiture est fort simple.

Le conducteur a devant lui le combinateur ; à sa gauche, le levier du changement de vitesse mécanique ; à sa droite, le levier de direction ; à ses pieds, la pédale du frein à lames monté sur l'arbre différentiel ; une manivelle lui permet d'opérer le serrage des sabots disposés sur les pneus d'arrière. M. Hospitalier remarque que cette manivelle devrait, du même coup, interrompre le courant, pour que le conducteur ne remette pas la voiture en marche tant que les freins sont serrés.

Les voitures que nous venons de décrire sont les seules électriques ayant pris part au Concours de fiacres de 1898. Nous

Fig. 303. — Coupé électrique de la Compagnie internationale des Transports automobiles (système *Jenatzy*).

allons maintenant décrire les autres accumobiles, qui ont participé au Concours de 1899 ou qui ont figuré aux Expositions des Tuileries en 1898 ou 1899.

Sans quitter les voitures de M. Jenatzy, nous avons à signaler un fiacre et une voiture de livraison, qui présentent des dispositions nouvelles : il n'y a plus de changement de vitesse mécanique, et le moteur unique a été remplacé par deux moteurs attaquant chacun une des roues d'arrière par engrenages ; chaînes et différentiel sont donc supprimés. Le combinateur unique a été remplacé par un rhéostat à manette intercalé dans le circuit général, et trois boutons permettant de coupler en tension ou en dérivation les deux moitiés de la batterie, les deux inducteurs et les deux induits, suivant les combinaisons du tableau VI.

Le levier de manœuvre du rhéostat comporte dix positions différentes.

TABLEAU VI

COMBINATEUR DES VOITURES JENATZY A DEUX MOTEURS

VITESSES	ACCUMULATEURS	ENROULEMENTS INDUCTEURS DE CHAQUE MOTEUR	MOTEURS SÉRIE
1	En dérivation.	En série.	En série.
2	—	En dérivation.	—
3	En tension.	En série.	—
4	—	En dérivation.	—
5	—	En série.	En dérivation.
6	—	En dérivation.	—

M. Hospitalier craint que, dans les cas difficiles, la manipulation du rhéostat et des boutons ne donne lieu à des erreurs, impossibles avec la manivelle d'un combinateur ordinaire.

Signalons enfin, à titre curieux, la voiture-torpille avec laquelle M. Jenatzy s'est adjugé le record du kilomètre (§ 324). Elle a la forme d'un obus à double pointe, monté sur 4 roues de 0,65 m. de diamètre (fig. 304) : les deux d'arrière sont solidaires chacune de l'induit d'un moteur. A la vitesse de près de 106 kilomètres à l'heure, qui a été réalisée pendant une minute, les induits tournaient à 900 tours par minute : eu égard à la puissance dépensée au démarrage (50 kilowatts pour 200 volts et 250 ampères), il aurait été difficile de faire absorber cette puissance à un moteur tournant plus vite sans compliquer la transmission et sans diminuer le rendement.

Fig. 304. — Voiture électrique de course « La Jamais contente » de M. Jenatzy.

301. — **Compagnie Française des Voitures électromobiles.** — 44 accumulateurs Faure-King dans une caisse suspendue par quatre ressorts à boudin au châssis, supporté lui-même, comme toujours, par des ressorts : cette double suspension atténue beaucoup les vibrations que la batterie doit supporter. Cette caisse peut être changée en deux ou trois minutes, de sorte que la voiture n'est pas immobilisée pendant le chargement des accumulateurs.

Ceux-ci, toujours couplés en série, alimentent un moteur

FIG. 305.
Victoria électrique de la Compagnie française des Voitures électromobiles.

Lundell, à deux collecteurs, qui, sans l'intercalation d'aucune résistance pendant la marche, permet de donner des vitesses variant de 4 à 18 kilomètres à l'heure.

Transmission à l'arbre différentiel par engrenages avec pignon en cuir, aux roues par chaînes Renolds (fig. 160), facilement réglables par la simple manœuvre de deux vis, grâce au montage du mécanisme sur le châssis.

Le tableau VII donne le fonctionnement du combinateur : en poussant la manette plus ou moins vers l'avant, on obtient une vitesse graduée; en la ramenant vers l'arrière, on obtient le freinage, l'arrêt, la marche arrière.

La direction se fait par un avant-train à un seul pivot, mobile à l'aide d'une couronne dentée sur laquelle agit un pignon porté par un axe vertical (placé dans la colonne qu'on voit sur le siège), actionné lui-même par une vis sans fin et un volant. L'effort assez considérable, qui est nécessaire pour faire tourner l'avant-train est ainsi facilement obtenu, mais moins vite qu'avec le système ordinaire, et, la vis n'étant pas réversible, on peut abandonner le volant, quand la route est en ligne droite.

TABLEAU VII

COMBINATEUR DE LA COMPAGNIE FRANÇAISE DE VOITURES ÉLECTROMOBILES

POSITIONS	ROLE	INDUCTEURS	INDUITS	RÉSISTANCE	ACCUMULATEURS
− 3	Marche arrière.	En circuit.	En circuit inversé.	En circuit.	En circuit.
000	Second frein.	En circuit sur moteur.	—	Hors circuit.	Hors circuit.
00	Premier frein.	—	—	En circuit sur moteur.	—
0	Arrêt.	Circuit ouvert.	Circuit ouvert.	Hors circuit.	Ouverts.
1	Démarrage.	En tension.	En tension.	En circuit	En circuit.
2	Vitesse 5 km : h.	—	—	Hors circuit.	—
3	Vitesse 11 km : h.	—	En dérivation.	—	—
4	Vitesse 14,5 km : h.	En dérivation.	—	—	—

Le châssis en acier porte fixé à demeure le siège du conducteur, et reçoit une caisse interchangeable : coupé, victoria, coffre de livraison si on veut. Le mécanisme moteur repose sur un petit châssis articulé, porté par un arbre en acier et soutenu par des ressorts à boudin. Indépendamment du frein électrique, la voiture est munie d'un frein à lames et d'un autre à sabots [1].

1. On ne nous dit pas les poids des accumulateurs et de la voiture ; nous croyons qu'ils sont l'un et l'autre assez élevés, comme le rapport du premier au second. Nous savons seulement que lorsqu'on ne désire pas parcourir plus de 50 ou 60 km. sans rechargement, les batteries employées sont du type Planté, dont la Compagnie évalue le prix d'entretien à 1 fr. par charge. Quand on veut pouvoir faire 70 ou 80 km., on emploie des batteries à oxydes rapportés, dont le prix d'entretien atteint 3 à 4 fr. L'énergie à fournir à la batterie est évaluée par les constructeurs à 300 w.-h. par km., soit 2.8 A.-h. à 110 v., ce qui est l'équivalent de la consommation de 6 lampes (16 bougies) pendant une heure. Les frais de traction, comprenant la fourniture d'énergie, le graissage, l'entretien des accumulateurs et de la carrosserie, seraient de 0 fr. 10 à 0 fr. 18 par km. suivant le type de batterie employé et le prix de revient de l'hectowat.

Cette voiture est, en somme, du système Bersey (§ 314), qui a été adopté par une Compagnie de fiacres de Londres, et qui l'a été aussi, pour une partie de ses véhicules, par la Compagnie générale des Voitures à Paris.

302. — Compagnie générale des Voitures à Paris. — Elle figurait, en effet, dans l'Exposition de cette Compagnie, en 1898, avec deux autres voitures, à caisse interchangeable, comme elle.

La première était constituée par un châssis tubulaire, une direction à levier et à essieu brisé, et un moteur agissant sur les roues arrière par engrenages, les accumulateurs étant logés dans deux caisses, disposées à l'avant et à l'arrière.

La seconde, analogue à la précédente comme ensemble, était munie d'un guidon, à la fois directeur (par ses mouvements autour d'un axe vertical) et combinateur (par ses déplacements autour d'une horizontale). Le conducteur n'avait plus de la sorte qu'un levier et une pédale à commander.

Les voitures jusqu'ici mises en circulation à Paris, d'abord comme fiacres, ensuite comme voitures de remise, sont des landaulets de la Compagnie Française des Voitures électromobiles, à bandages de caoutchouc plein. Leur exploitation est pour la Compagnie l'occasion d'études, qui se poursuivent encore, et dont les résultats ne manqueront pas d'être intéressants.

C'est principalement sur les accumulateurs qu'ont jusqu'ici porté les essais, notamment sur ceux de « *l'Electrical power storage* », les types *Dujardin*, *Blot-Fulmen*, *Julien*, et sur les accumulateurs de la *Société pour le travail électrique des métaux*. Les deux premiers sont à oxydes rapportés ; le troisième a été décrit par nous (§ 130 bis). Les batteries Julien sont du type mono-bloc, qui tire son nom de la forme de leurs électrodes positives : ces électrodes sont de véritables blocs, ayant les dimensions des bacs dans lesquels ils sont enfermés, formés par la superposition de feuilles gaufrées de 0,5 mm. d'épaisseur ; elles reçoivent la formation Planté et sont percées chacune de 15 cheminées verticales, qui servent de logement aux chandelles des électrodes négatives, celles-ci au chlorure de plomb. Cette forme particulière donne aux éléments une solidité exceptionnelle, qui semble les désigner pour un service de traction : un élément complet pèse 18 kg. ; sa capacité est de 135 ampères-heure au régime de décharge de 35 ampères. Ils sont chargés à un régime de 20 ampères au début, et de 15 à la fin, jusqu'à ce que le voltage se soit élevé à 2,5 volts ; leur résistance intérieure est très faible.

Mais la presque totalité des voitures est équipée avec des accumulateurs de la Société pour le travail électrique des métaux, dont nous avons donné la description (§ 130). Les 44 éléments pèsent 750 kg. pour un coupé, qui en ordre de marche, avec son conducteur et ses quatre passagers, atteint le poids de 2.310 kg. C'est à peu près le double de ce que pèserait une batterie d'accumulateurs Fulmen. Cette augmentation de poids n'empêche pas l'ingénieur de la Compagnie Générale, M. de Clausonne, de donner nettement la préférence pour la traction aux accumulateurs lourds sur les accumulateurs légers. Il fait remarquer que le transport de 375 kg. de plus ne nécessite qu'une dépense insignifiante, surtout quand le kilowat coûte seulement 10 centimes, comme c'est le cas pour la Compagnie. En revanche, si on en croit l'expérience acquise avec les tramways électriques :

1° L'entretien d'un accumulateur lourd est beaucoup moins onéreux que celui d'un accumulateur léger [1] ;

2°. Sa capacité diminue beaucoup moins vite que celle d'un accumulateur léger, quand le régime de décharge est aussi variable que celui d'un service de traction.

---

1. Alors qu'il faut compter pour les accumulateurs légers de 15 à 20 cent. par tramway-kilomètre, on ne compte guère que 5 à 6 cent. avec les accumulateurs lourds, comme ceux du système Tudor à formation Planté. Cela provient de ce qu'un accumulateur léger ne peut supporter qu'un nombre de charges réduit : tandis que le Fulmen ne tolère, d'après son constructeur, que 100 charges, et peut-être moins en service, l'accumulateur de la Société Electrique des métaux, qui en avait déjà subi 150, à l'époque où M. de Clausonne nous donnait ces renseignements, semblait devoir en supporter encore beaucoup d'autres.

Et on peut être certain que ces avantages ne feront que s'accentuer avec les trépidations beaucoup plus dures que les voitures sur routes infligeront à leurs batteries.

M. de Clausonne est partisan, pour les voitures lourdes, du double moteur, qui permet de supprimer le différentiel, et de la transmission du mouvement aux roues motrices par engrenages, sans chaînes sujettes à s'allonger. Il estime que la récupération, à laquelle on a renoncé pour les tramways, n'est pas davantage de mise sur les voitures, où elle ne donnerait qu'un bénéfice illusoire, au prix d'une complication qu'il faut éviter. Le freinage électrique est, au contraire, excellent : il présente sur le freinage mécanique l'avantage de donner sur les deux roues un serrage plus égal, et par là d'atténuer le freingalage. La suspension actuelle par demi-pincettes à l'avant et pincettes à l'arrière sera avantageusement remplacée par une autre, pincettes à l'avant et pincettes avec crosse et manettes à l'arrière. La direction par avant-train à un seul pivot (§ 301) donne de très bons résultats; la cheville-ouvrière des voitures actuelles demande seulement à être un peu abaissée, pour donner à l'ensemble plus de solidité. Les caoutchoucs pleins, dont la compagnie a presque exclusivement garni les bandages de ses roues, ont donné lieu à des décollages et à des ruptures de l'âme métallique fréquents; comme leur prix est presque aussi élevé que celui des pneumatiques, elle arrivera peut-être à donner la préférence à ces derniers.

La charge des batteries sur la voiture même, à laquelle on commence à renoncer pour les voitures de maître (à cause des projections de liquides corrosifs, des dégagements de gaz plus ou moins explosibles), est impossible à admettre pour un fiacre. L'usine d'Aubervilliers a été pourvue d'un outillage fort bien conçu, pour assurer le rapide remplacement d'une batterie épuisée par une batterie fraîche : la voiture est amenée par deux plans inclinés, l'un pour les roues d'avant, l'autre pour les roues d'arrière à voie plus grande, à quelques centimètres au-dessus du plateau d'un monte-charge hydraulique ; on amène sur ce plateau un chariot, que le monte-charge soulève et applique contre la batterie : les ressorts à boudin qui suspendent cette dernière sont comprimés, et les chaînes peuvent être décrochées ; on fait redescendre le plateau, et le chariot amène, par des voies ferrées et des transbordeurs, la batterie à la place où elle doit être rechargée. Une manœuvre inverse ramène à la voiture une batterie fraîche [1].

303. — Voitures Mildé-Mondos. — 40 éléments Bristol à oxydes rapportés et boîtes en ébonite, pesant chacun 15 kg. (ce qui donne au total 600 kg., soit le tiers du poids de la voiture en charge), ayant une capacité spécifique de 8,8 ampères-heure. Ces éléments, toujours groupés en série, donnent une force électromotrice utile à la décharge de 76 volts et une énergie disponible de 10.000 watts-heure [2]. Ils sont répartis en 4 bacs interchangeables, placés 2 à l'avant et 2 à l'arrière dans des coffres boulonnés sur le châssis avec interposition de tampons de caoutchouc.

Le moteur, construit par la maison Postel-Vinay, est constitué par un inducteur fermé à 4 pôles et à 2 enroulements série et par un induit à tambour ; à 1.800 tours sa puissance normale est de 2250 watts ; il pèse 200 kg. avec son enveloppe.

Transmission par engrenages de l'arbre de l'induit à un arbre intermédiaire, porteur du différentiel, qui actionne les roues motrices par pignons et chaînes Galle. Le rapport de cette transmission est de 1/22, donnant 15 km. à l'heure pour 1800 tours du moteur.

1. Une description détaillée des voitures de la Compagnie générale et de l'Usine de chargement du Pilier a paru dans les *Annales du Cycle et de l'Automobile*. Nᵒˢ du 13 mai 1899 et suivants.

2. La voiture peut donc fournir à la vitesse maximum de 15 km. à l'heure, avec un coefficient de traction de 3 % et un rendement de 72 % pour le moteur et la transmission, un parcours de 50 km. pendant 3 h. 20, ou bien, à la vitesse moyenne de 12 km., avec un coefficient de traction de 2.5 % un parcours de 60 km. en 5 h.

Le combinateur est essentiellement constitué par 2 paires de secteurs concentriques placés verticalement sur une plaque en marbre isolatrice portant des plots que l'on réunit par une double manette qu'actionne un volant, dont l'aiguille indique sur un cadran les différentes combinaisons. Le courant de la batterie toujours en tension étant à potentiel constant et le moteur étant excité en série, le couple moteur varie en raison inverse de la vitesse angulaire de l'induit, que l'on fait varier en modifiant l'excitation du champ inducteur. Au démarrage, qui exige un couple moteur puissant, on ferme le circuit sur un premier plot correspondant à un rhéostat en série avec le moteur. La 1re vitesse s'obtient par le couplage des 2 enroulements de l'inducteur en série, la 2e par le couplage en quantité, la 3e et la 4e par deux shuntages successifs sur l'inducteur.

Pour obvier à une inattention du conducteur et éviter de brûler le moteur, le freinage et la marche arrière ne peuvent se produire que quand le combinateur a passé par la position d'arrêt. Le freinage en descente s'obtient par la mise en court circuit du moteur devenu générateur sur une résistance ; le freinage en rampe, par la rupture du courant et l'action des 2 freins mécaniques ; la marche arrière, par l'inversion du courant dans l'induit.

Le châssis est formé de 2 solives en acier en U assemblées par des traverses : il est suspendu au-dessus du train par 3 ressorts à angle droit à l'avant et 2 ressorts parallèles à l'arrière avec interposition de tampons amortisseurs ; aussi les roues sont-elles simplement munies de caoutchoucs pleins. Il supporte à son tour, avec interposition de taquets en caoutchouc, les coffres d'accumulateurs dont nous avons parlé, le siège du conducteur et la caisse, d'ailleurs interchangeable (aux Tuileries, c'était celle d'un mylord à 4 places).

Les essieux sont maintenus parallèles par des plaques de garde ; celui d'avant est à deux pivots.

Les mêmes constructeurs ont exposé, en 1898, une voiture de

livraison pesant 2.800 kg. à vide, 3.500 kg. en charge, alimentée par 30 éléments Faure-Sellon-Volkmar, d'une capacité spécifique de 7.3 ampères-heure, pesant 33 kg. (soit au total 29 °/₀ du poids de la voiture), qui peuvent lui faire parcourir 50 km. en 5 heures.

Moteur de 4.400 watts, tournant à 1.600 tours, pesant 280 kg. Transmission à l'arbre intermédiaire par engrenages (rapport 1/30); cet arbre actionne par une chaîne le différentiel monté sur l'essieu moteur d'arrière. Le rendement du moteur et de la transmission est de 75 °/₀. Trois vitesses, la plus grande de 12 km. à l'heure.

En 1899, MM. Ch. Mildé et Cⁱᵉ ont pris part au Concours des fiacres avec une voiture, dont le châssis est disposé pour recevoir indifféremment une caisse de livraison avec couloir central pour le service, pouvant transporter 600 kg. de marchandises avec un conducteur et un livreur, soit 750 kg. au total, ou une caisse d'omnibus à 6 places intérieures et 2 places sur le siège avec galerie pour 180 kg. de bagages.

La batterie se compose de 44 éléments type Fulmen B₂₅, répartis en 4 boîtes de 10 éléments (placées sous les banquettes et retirées par l'arrière) et un bac de 4 éléments au milieu. La capacité annoncée est de 200 ampères-heure; le régime normal de la décharge étant de 34 ampères en palier en 6 heures à 13.2 km. à l'heure, le parcours est de 85 km. sur terrain plat. Le moteur du type Postel-Vinay V₄, à excitation en série, a une puissance normale de 3.000 watts sous 83 volts; il pèse 200 kg. Le pignon de l'induit attaque la couronne du différentiel disposé sur un arbre intermédiaire tournant dans 4 paliers, et portant les deux pignons, qui actionnent, par des chaînes, les couronnes dentées calées sur les roues motrices.

La voiture pèse à vide 2.310 kg. Les roues sont garnies de caoutchoucs système Compound. La dépense spécifique est d'environ 75 watts-heure par tonne-kilomètre en palier, et de 92 watts-heure en terrain varié.

TABLEAU VIII

COMBINATEUR DE LA VOITURE DE LIVRAISON MILDÉ ET Cie

NUMÉROS DES POSITIONS DU COMBINATEUR	FONCTION	ACCUMULATEURS DEUX BATTERIES	INDUIT	INDUCTEURS	RHÉOSTAT	PREMIER SHUNT	DEUXIÈME SHUNT
— 3	Marche arrière.	En dérivation.	En circuit, inversé.	En circuit.	Hors circuit.	Sur inducteur.	Isolé.
— 2	—	—	—	—	—.	Isolé.	—
— 1	—	—	—	—	En circuit.	Isolé.	—
0	Arrêt.	En tension, isolés.	Isolé.	Isolé.	Isolé.	Isolé.	—
+ 1	Première vitesse.	En dérivatton.	En circuit.	En circuit.	En circuit.	Isolé.	—
+ 2	$v = 5$	—	—	—	Isolé.	—	—
+ 3	$v = 10$	—	—	—	—	—	—
+ 4	$v = 13,2$	En tension.	—	—	—	—	—
+ 5	$v = 18$	—	—	—	—	Sur inducteur.	—
+ 6	$v = 19,6$	—	—	—	—	—	Sur inducteur.

303. — **Voiturette Mildé-Greffe** (fig. 306). — Elle est munie d'un avant-train moteur-directeur Greffe à une seule roue, remorquant une caisse à deux places, et pèse 300 kg. à vide. 15 à 20 éléments Fulmen B_{11} permettent de parcourir sans recharge une soixantaine de km. en palier, au régime normal de 18 à 20 ampères en 5 heures.

Ils alimentent un moteur-série à deux pôles, à induit en anneau, d'une puissance normale de 550 watts sous 30 volts aux balais. Son arbre mène au moyen d'engrenages (dont le rapport 1/17.5 est calculé pour donner 115 tours de roue, soit 15 km. à l'heure, avec 2000 tours du moteur) l'arbre sur lequel est calée l'unique roue motrice du système. Cet arbre tourne dans des coussinets à billes, fixés à la partie inférieure d'un cercle à profil en T, qui porte le moteur et les accumulateurs. Tout cet ensemble ne repose sur le sol que par le point où la roue prend contact avec lui : sous l'action d'un guidon à 2 branches, semblable aux brancards d'une brouette, il tourne autour de la verticale de ce point, par la rotation du cercle métallique sur 8 galets à axes verticaux, fixés à un cadre en tubes d'acier prolongeant le châssis de la voiture. Ce châssis, qui est aussi en tubes d'acier, pèse

FIG. 306. — Voiturette électrique *Mildé-Greffe*.

14 kg. et est monté par 5 ressorts sur roues métalliques à rayons tangents, billes et pneus.

Le combinateur, placé sous le siège, est manœuvré par le

petit levier, qu'on voit sur la droite de la voiture, et qui, en se déplaçant sur son secteur à 7 crans, donne la marche arrière à 2 vitesses, l'arrêt, et 4 vitesses avant (6, 10, 15, 19 km.), et cela, en laissant toujours les accumulateurs couplés en tension et en s'aidant de rhéostats.

Le conducteur a à sa disposition deux pédales, une pour couper le circuit, l'autre qui le coupe aussi et met en branle un frein mécanique garni de poils de chameau et agissant sur deux poulies calées sur les roues arrière [1].

304. — Voitures Bouquet, Garcin et Schivre. — Nous en donnons (fig. 307) une vue, bien qu'elle n'en montre guère le mécanisme, mais parce qu'elle en fait voir la réelle élégance.

Accumulateurs à pastilles et oxydes rapportés, dont la qualité ne peut résider que dans la fabrication ; leurs constructeurs revendiquent pour eux une capacité de 22 à 25 ampères-heure par kg. de plaques, aux régimes de décharge de 3 à 4 ampères, capables de faire parcourir sans rechargement 130 km. en palier, 25 en route accidentée, à une voiture du poids de 1.000 kg., dans lequel ils entrent pour 1/3. Répartis dans deux bacs en ébonite placés sous les sièges. Le couplage des éléments reste invariable.

Le moteur est à deux collecteurs et deux enroulements induits bobinés sur le même noyau denté genre Paccinotti, dont les nombres de spires *inégaux* sont dans le rapport de 5 à 3. Il a une puissance normale de 4 à 5 chx, pour un poids assurément fort minime de 40 kg. ; il tourne à 1.500 tours pour une vitesse de marche de 20 km. : son rendement électrique est de 0,93, son

---

1. Nous ne décrirons comme représentant de la construction française que cette seule voiturette. D'une façon générale la voiturette électrique semble peu indiquée, à cause de la difficulté qu'elle offre au logement des accumulateurs et de son faible rayon d'action ; l'avant-train moteur-directeur, portant batterie et moteur le paraissait moins encore. Nous ne croyons pas la solution qu'il offre appelée à un grand avenir chez nous.

Peut-être à cause des facilités du ravitaillement et pour des raisons que nous développerons plus tard, la voiturette électrique aura une plus belle carrière en Amérique, où l'accumobile est déjà fort en honneur.

rendement industriel de 0,87 ; le rendement total, transmission comprise, de 0.80.

Le combinateur intercale convenablement, suivant la vitesse à obtenir, les bobinages inégaux et les résistances [1].

L'expérience seule dira si ce système est préférable à l'emploi de deux conduits égaux couplés en tension ou en dérivation. Le

Fig. 307. — Voiture électrique *Bouquet, Garcin et Schivre*.

combinateur se compose de deux cylindres : un grand, calé sur l'axe de l'appareil, qui donne les vitesses avant ; un petit, fou autour du même axe, qui permet de réaliser à toutes les vitesses la marche arrière.

1. Pour le démarrage, les deux enroulements induits sont couplés en tension avec l'excitation en série et des résistances de démarrage, le tout pris en dérivation sur la batterie : le moteur démarre ainsi avec le maximum de force électro-motrice et le maximum de résistance. Dans ses positions successives, le combinateur supprime d'abord graduellement les résistances, il intercale ensuite l'enroulement 5 seul, puis l'enroulement 3 seul ; et enfin, pour la grande vitesse, les enroulements 5 et 3 en opposition.

304 bis. — Voiture Doré. — Coupé muni de l'avant-train moteur-directeur Bouyssou-Doré déjà décrit (§ 187).

Sa batterie comprend quarante-quatre éléments, bien dissimulés sous le siège du cocher et dans les panneaux de la voiture, et qui, couplés toujours en tension, alimentent un moteur série à axe vertical, placé aux pieds du conducteur, au-dessus de la cheville ouvrière. Ce moteur a sur son inducteur trois enroulements montés en tension. Le combinateur y est remplacé par trois manettes, servant rapidement à l'interruption du courant et à l'introduction dans le circuit de résistances variables, à la mise hors circuit d'un ou deux des trois enroulements de l'inducteur, à l'inversion du courant dans l'induit. Deux freins mécaniques, dont un frein Lehut, sur les moyeux d'arrière.

L'avant-train Bouyssou-Doré est actuellement construit par la Compagnie Française des Voitures électromobiles, qui avait exposé en 1899 des modèles très élégants.

305. — Voiture Patin. — La fig. 308 représente le phaéton, à 4 places, de joli aspect exposé en 1898. Les accumulateurs sont d'un système particulier à l'inventeur, qui revendique pour eux une puissance spécifique de 40 watts et une énergie spécifique de 400 watts-heure, la décharge s'effectuant en 10 heures. Nous avons admis pour l'accumulateur Fulmen 5, 3 w. et 26 w.-h. ; on voit l'écart, et nous ne nous portons pas garant de sa réalité. 19 kg. suffiraient à donner le cheval-heure. Le phaéton en porte 420 kg. bien dissimulés sous des banquettes.

Le moteur (fig. 143-144), dont quelques parties sont en aluminium, pour qu'il soit plus léger, a 2 enroulements induits et 2 collecteurs. Le combinateur permet d'obtenir différentes vitesses en couplant ces enroulements en série ou en parallèle et en groupant de diverses manières les accumulateurs. Un changement mécanique que nous avons fait connaître (§ 187, fig. 185, 186) double le nombre des vitesses.

M. Patin a exposé, en 1899, sept voitures différentes : il a abandonné l'essieu à fusée creuse que nous avons décrit (fig. 185,

186). Il en emploie un autre forgé, cintré dans son milieu pour le passage du différentiel et muni du nombre de semelles voulu pour recevoir les paliers. Le moteur, à cheval sur cet essieu, commande un train d'engrenages pour la réduction de vitesse. Dans une voiturette, le différentiel a deux couronnes de diamètres différents attaquées chacune par un pignon, avec lequel elle est toujours en prise : une clavette rend fixe l'un ou l'autre de ces

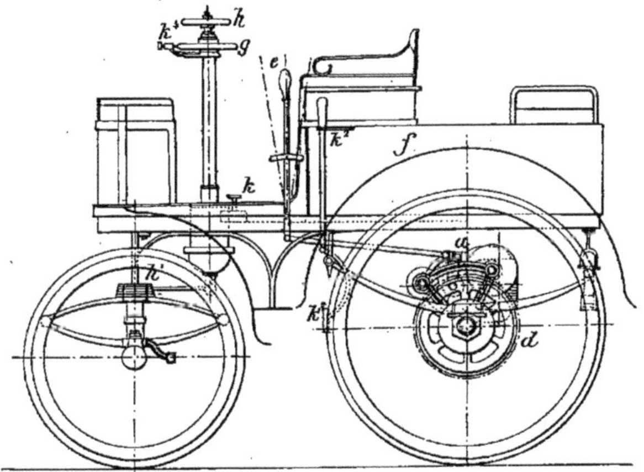

Fig. 308. — Phaéton électrique *Patin*.

pignons. M. Patin compte beaucoup sur l'efficacité de ce changement de vitesse, qui est assez simple.

Nous nous contenterons de mentionner son tricycle voiturette à roue d'avant motrice [1].

305 bis. — Voiture G. Richard. — Ce véhicule, que son constructeur s'est attaché à faire d'un prix très abordable, ne pèse que 650 kg., dont 300ᵏ pour les 44 éléments Dujardin qui composent sa batterie. Le moteur, de 2 kilowatts, avec induit à tambour, 2 pôles, un seul enroulement, pèse avec les transmissions 100 kg. Par couplages variés des accumulateurs et des inducteurs, il donne les 3 vitesses de 5, 12 et 20 kilomètres à l'heure. La voiture

1. *Industrie électrique*, 10 juillet 1899, p. 294.

parcourt aisément sans se ravitailler 50 à 60 km. et jusqu'à 100 si l'on veut épuiser les accumulateurs. Ses roues sont en bois. Le conducteur, qui siège à gauche, a sa main droite sur le volant de direction, sa main gauche sur le combinateur, son pied droit sur le frein du différentiel, son pied gauche sur l'interrupteur du courant ; un frein à main serre sur des couronnes solidaires des roues.

306. — Voiture H. Monnard. — Le trait saillant de cette voiture, qui offre plusieurs particularités intéressantes, est d'avoir un moteur à un seul inducteur et à deux induits (solidaires des deux portions de l'essieu, de manière à rendre inutile le différentiel), et à faible vitesse angulaire (600 tours ou même moins pour diminuer les pertes par transmission).

Les fig. 309 à 311 représentent le moteur et l'essieu. L'inducteur n'a pas de culasse, les enroulements c et d étant faits autour des pièces polaires e et f ; par suite de ce dispositif, le circuit magnétique est fermé simultanément par les deux induits, qui sont traversés par le même flux. S'il existait une culasse unique, chaque armature ne serait traversée que par la moitié du flux, et pour le même nombre d'ampères-tours, on aurait, pour une même différence de potentiel, une vitesse angulaire deux fois plus grande.

V et V' sont les collecteurs placés intérieurement ; les balais en charbon sont appuyés sur eux par les ressorts r, r', r'', r'''. Les induits, montés sur rouleaux, sont fous sur leurs arbres et actionnent, par deux paires d'engrenages, les fusées sur lesquelles les roues sont calées. Si l'effort résistant augmente sur une jante, l'induit correspondant ralentit sa marche, sa force contre électromotrice diminue : la différence de potentiel augmentant aux bornes de l'autre induit, sa vitesse augmente aussi. On voit que tout différentiel est inutile.

L'inducteur est à excitation séparée : quatre éléments lui sont spécialement affectés. Les changements de vitesse sont obtenus en couplant diversement les 4 groupes d'accumulateurs des induits et les 2 groupes d'accumulateurs de l'inducteur, de manière à avoir six vitesses différentes.

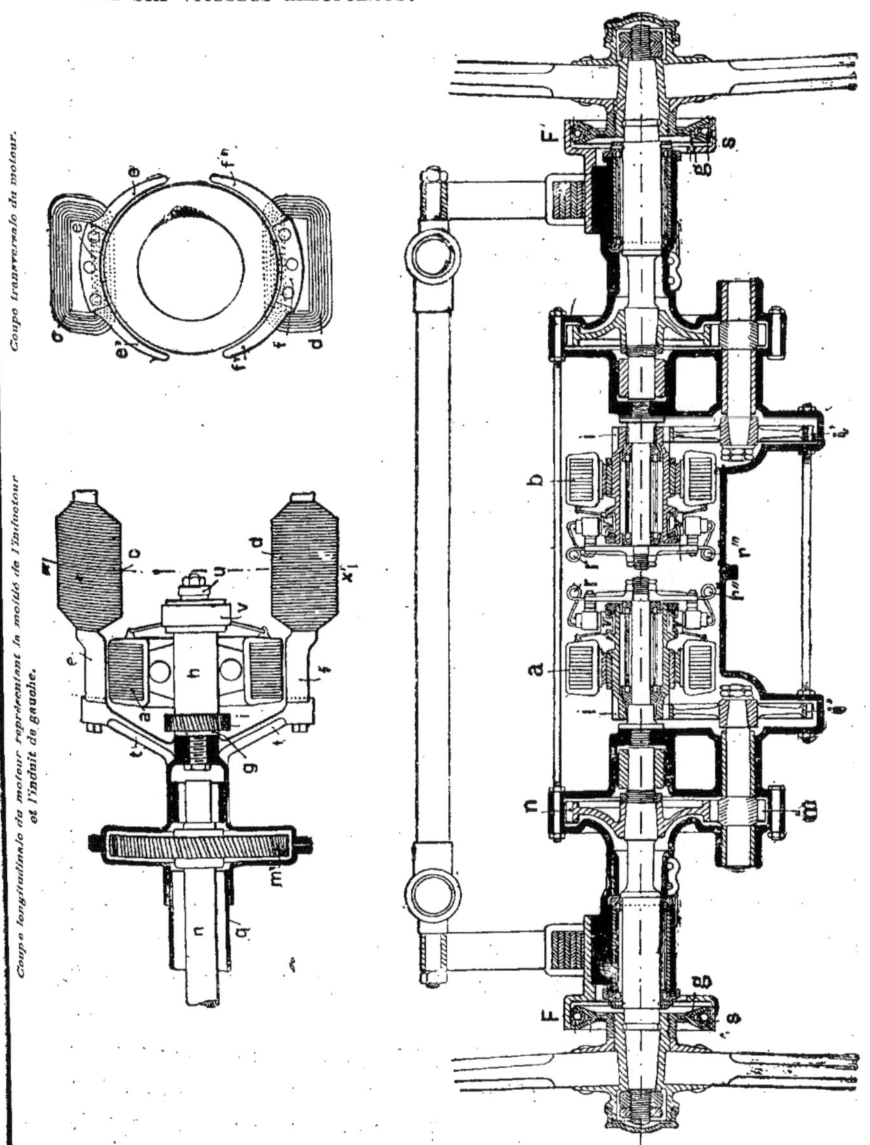

Fig. 309 à 311. — Voiture électrique *H. Monnard.*

L'excitation séparée permet le freinage par récupération aux faibles vitesses ; mais, si les accumulateurs des inducteurs sont épuisés avant ceux des induits, cela doit mettre les moteurs dans de mauvaises conditions de rendement.

Les accumulateurs, du type Vulcain, à formation Planté pour les négatives comme pour les positives, pèsent 396 kg. soit la moitié du poids de la voiture en ordre de marche. Celle-ci consomme 48 watts-heure par tonne-kilomètre ; son constructeur affirme qu'elle peut parcourir 150 km. sans se ravitailler. E l e est munie d'un frein assez particulier qui se voit en F, F' (fig. 311) : il se compose d'une série de petits sabots S, S' en gaïac, enfilés sur un câblin en fil d'acier, et séparés les uns des autres par des tubes en cuivre, de longueur sensiblement égale à celle d'un sabot ; les deux sabots extrêmes sont réunis par un ressort, qui normalement maintient le frein desserré. Mais dès qu'une pédale et un levier appliquent le premier sabot sur la gorge *g* fixée au moyeu, les autres sabots sont entraînés à la suite et produisent le freinage.

Nous avons dit que les induits étaient montés sur rouleaux. C'est pour éviter les coincements qui se produisent dans les roulements à billes, où celles-ci ne se touchent que suivant un point. Les rouleaux employés, en acier trempé, ont 140 mm. de long sur 8 mm. de diamètre ; autour d'eux des rouleaux plus petits, en acier dur, de 3,5 mm. de diamètre, les dépassent en longueur et se terminent par des parties un peu plus larges, de 5,9 mm. de diamètre, qui se déplacent dans un anneau, dont la circonférence est égale à leur développement ; de cette façon tout glissement est évité. Les rouleaux sont enfermés dans des chemises en acier remplies d'huile, rendues étanches par du cuir. M. Monnard estime que le coefficient de traction est ainsi réduit à 0,0093 (au lieu de 0,02).

306 bis. — Autocab Draullette (fig. 312). — Il est caractérisé par sa forme assez particulière : l'avant en est formé par deux marches et une plateforme, qui permettent l'accès de l'intérieur ; celui-ci, fermé par une porte à deux battants, comporte un siège demi-circulaire, qui peut recevoir 4 voyageurs.

44 éléments Fulmen B[13], pesant 305 kg. pour le poids total de 1.200 kg. de la voiture en charge, permettent un parcours de

FIG. 312. — Autocab électrique *Draullette*.

100 km. Ces accumulateurs, qui sont toujours couplés en tension [1], sont placés sous la banquette sur le plancher de la caisse, et dès lors suspendus.

1. Cette solution, qui a d'abord paru la meilleure semble contre-indiquée par les résultats des concours de fiacres. Ceux-ci ont, en effet, montré

Le moteur série est à 2 pôles, 2 enroulements inducteurs, 2 enroulements induits, dont le groupage, combiné avec un rhéostat de démarrage, donne 4 vitesses (la plus grande étant de 20 km. à l'heure). Articulé autour de l'arbre différentiel il est soutenu à l'arrière par un ressort sur lequel il repose par l'intermédiaire d'un rouleau : de la sorte il peut se mouvoir sans cesser d'engrener, par son pignon de cuir, avec la couronne du différentiel. De ce dernier le mouvement est transmis aux roues par un arbre et deux pignons attaquant directement deux grandes couronnes à denture intérieure, qui se trouvent boulonnées sur les rais. Le rapport total de réduction est de 26.

TABLEAU IX

COMBINATEUR DE LA VOITURE AUTOCAB ÉLECTRIQUE

POSITIONS DU COMBINATEUR	RÔLE		DEUX ENROULEMENTS INDUITS	DEUX ENROULEMENTS INDUCTEURS SÉRIE	UN RHÉOSTAT
— 1	Marche arrière		En tension et inversés.	En tension.	En circuit
4 positions de freinage électrique progressif.					
0	Arrêt (charge)		Ouverts.	Ouvert.	Hors circuit.
+ 1	Marche avant	1ᵉ v.	En tension.	En tension	En circuit.
+ 2	—	2ᵉ v.	En quantité.	—	Hors circuit.
3	—	3ᵉ v.	—	En quantité.	—
4	—	4ᵉ v.	—	—	—

Frein 1   1 inducteur en tension avec deux induits et le rhéostat.

— 2   2   —   —   —

— 3   1 inducteur et 1 induit en tension et en court-circuit.
        1   —   —   avec le rhéostat.

— 4   Comme frein 3, mais rhéostat en court-circuit.

qu'un accumulateur, fait pour donner normalement 25 ampères, peut, au haut de sa charge, en débiter 50, 75, peut-être 150 sans inconvénients. Mais,

La voiture est aussi munie d'un frein mécanique, tel que, si on appuie sur la pédale qui le commande, le combinateur est ramené automatiquement au zéro, de manière à éviter les démarrages aux grandes vitesses, qui pourraient causer des accidents, et, en tout cas, porter préjudice au moteur et aux accumulateurs.

Le châssis est en fer à V garnis de bois. Les roues arrière ont un très grand diamètre, 1 m. 30 ; les roues directrices seulement 0, 75 m. La voiture a un empattement de 1 m. 80 et vire dans un rayon de 2 m. 50.

Tout le mécanisme est facilement visitable, en ouvrant les portes de la caisse qui le contiennent à l'arrière.

307.— Cab Vedovelli Priestley. — C'est une voiture fort originale caractérisée surtout par son tablier qui permet de la transformer de cab à deux places en vis-à-vis à 4 places, sa monture en tricycle, la commande de ses roues motrices-directrices par deux moteurs indépendants, un appareil de direction à différentiel, qui lui permet de pivoter sur place, et l'adjonction facultative d'une petite usine électrogène, qui lui permet de recharger ses accumulateurs pendant la marche et à l'arrêt (fig. 313 à 317).

La roue d'avant simplement porteuse et seulement pour une très faible partie du poids total, est, comme les roulettes des meubles, mobile autour d'un axe vertical placé un peu en avant de son axe horizontal : elle prend d'elle-même la direction de la tangente à la trajectoire de la voiture. Comme en outre le centre de gravité de celle-ci se trouve sous l'essieu, cette monture en tricycle échappe aux deux reproches qu'on fait très justement aux voitures à 3 roues ordinaires, de manquer d'adhérence à leur roue directrice et de n'avoir qu'une stabilité réduite.

Chaque moteur, dont la fig. 314 indique la position, a son mouvement transmis à la roue de son côté par courroies et engre-

---

après 3 ou 4 heures de décharge, il ne peut plus le faire, et il arrive même à se comporter comme une résistance, à absorber pour son compte jusqu'à 0,4 volt. M. Hospitalier croit qu'on sera, à cause de cela, conduit à préférer le couplage des batteries en quantité.

nages. Les différentes vitesses sont obtenues en couplant les

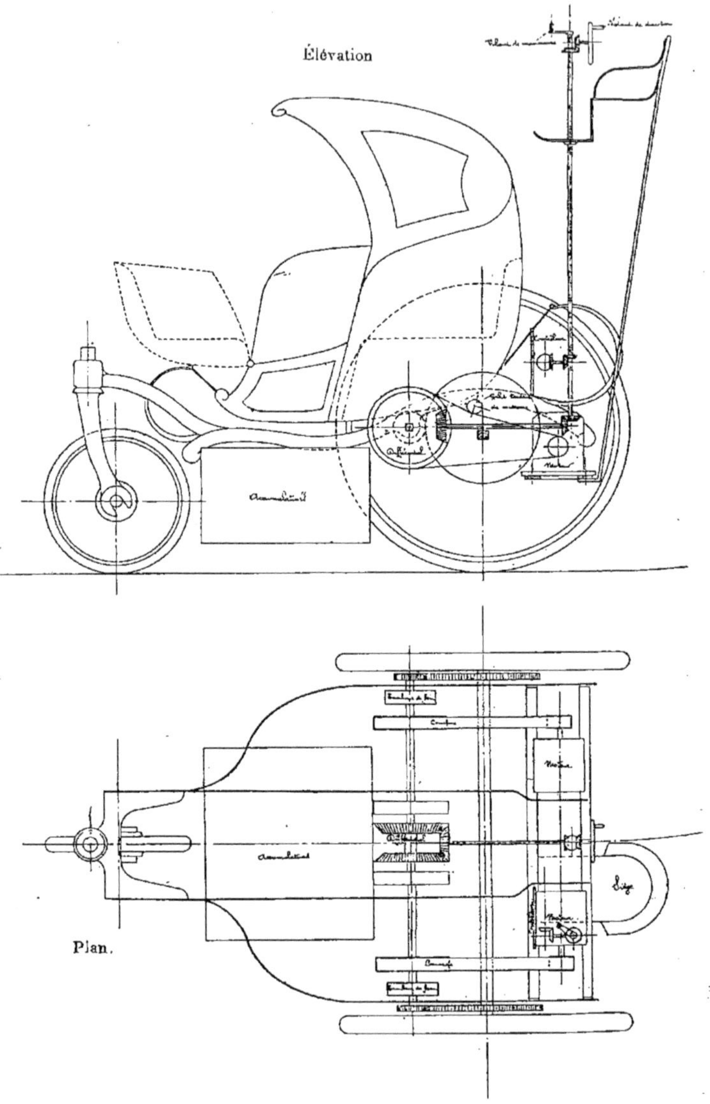

Fig. 313 et 314. — Schéma du cab électrique *Vedovelli-Priestley*.

moteurs en série ou en quantité, avec ou sans résistance. Le contrôleur, au lieu d'être cylindrique comme d'ordinaire, est plat, les fig. 315 et 316 en représentent le schéma.

Sur l'arbre des grandes poulies des courroies se trouve le différentiel de la direction, dont la fig. 317 donne le schéma, en supposant, pour la simplicité du dessin, que les deux portions de

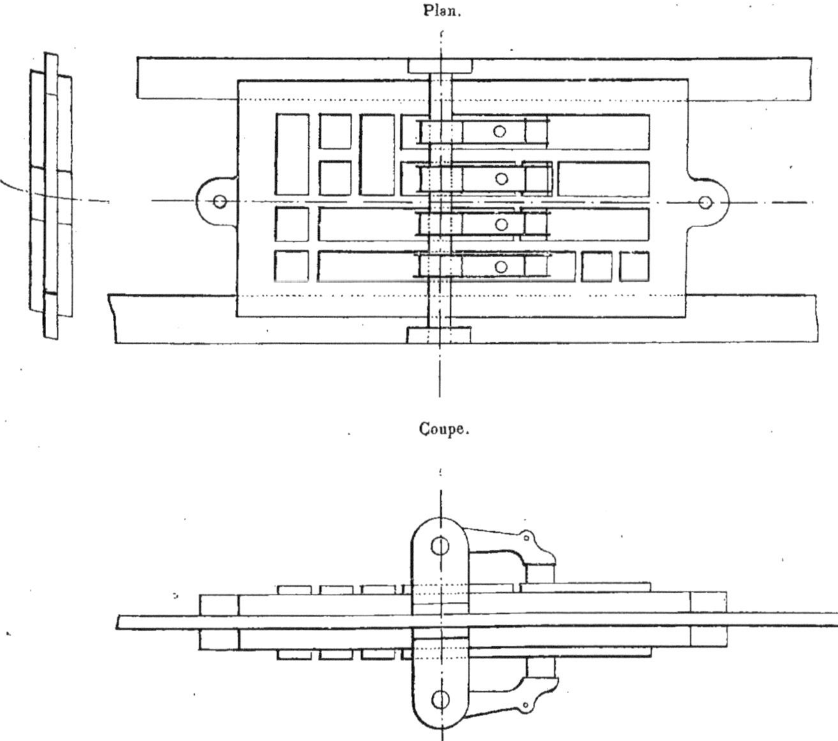

FIG. 315 et 316. — Cab électrique *Vedovelli-Priestley* (Contrôleur).

l'arbre portent directement les roues motrices. Le pignon C, commandé par le volant de direction, engrène avec les roues dentées B, ayant le même axe de rotation D que les pignons 2 ; ceux-ci engrènent avec les pignons 1 (portés par des axes horizontaux solidaires des roues B) eux-mêmes en prise avec les dentures intérieures A solidaires des roues dentées.

Quand le volant de direction est immobile et que les roues sont actionnées par le moteur, il est facile de voir qu'elles sont forcées de tourner à la même vitesse. Effectivement, le mouvement de la roue de gauche se transmet par son pignon 2 au pignon correspondant de droite, puisque les deux pignons sont calés sur le même axe, et du pignon 2 par le pignon 1 à l'autre roue.

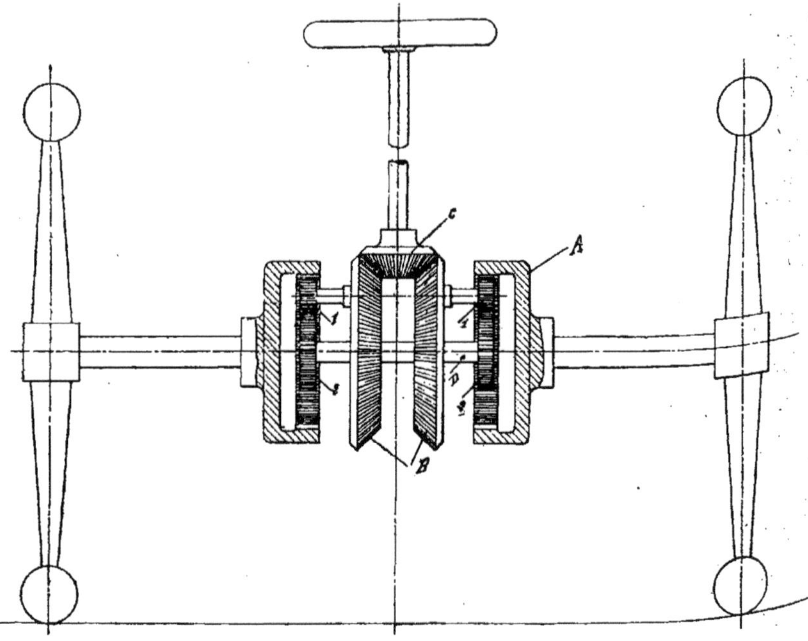

Fig. 317. — Cab électrique *Vedovelli-Priestley*.
Direction par différentiel.

Supposons maintenant que le volant de direction tourne d'abord en l'absence de toute action des moteurs sur les roues de la voiture : les roues B tournent en sens inverse l'une de l'autre et entraînent en sens inverse autour de l'axe D les pignons 1 ; les pignons 2 solidaires l'un de l'autre, et sollicités par des forces égales et contraires, restent immobiles ; alors les pignons 1 roulent sur les pignons 2, mais en sens inverses l'un de l'autre et transmettent aux deux roues motrices des mouvements inverses, de sorte que la voiture pivote sur place.

Supposons enfin que le volant de direction tourne, pendant que les moteurs actionnent les roues : le mouvement que celles-ci reçoivent des moteurs se compose avec celui que nous venons de voir produit par la rotation du volant ; la marche de l'une est accélérée pendant que celle de l'autre est retardée ; la voiture tourne du côté de cette dernière. Au moment où le volant de direction s'arrêtera, la voiture repartira en ligne droite sans que le conducteur ait à la fin du virage, à tourner le volant de direction dans le sens opposé à celui qui a produit le virage.

Deux freins agissant sur l'arbre du différentiel sont commandés par le même levier que le contrôleur, de façon à ne pouvoir serrer lorsque les moteurs sont en circuit. Cette disposition rend impossible le démarrage en grande vitesse après avoir freiné. Un second frein au pied coupe le courant, qui ne peut être rétabli qu'en ramenant le contrôleur à la position d'arrêt. La marche arrière s'obtient en inversant le courant, mais cette manœuvre ne peut également se faire que si le contrôleur est à la position d'arrêt. Toutes les précautions sont donc prises pour éviter une manœuvre préjudiciable aux accumulateurs.

Ceux-ci fournissent normalement un parcours de 70 à 80 km. On peut faire un trajet beaucoup plus long, même une excursion de plusieurs jours, en installant sur la voiture l'usine de charge portative dont nous avons parlé, un moteur à essence attelé à une dynamo génératrice. Le poids en est de 140 kg. Elle peut fournir du courant aux accumulateurs, aussi bien pendant la marche de la voiture que pendant ses arrêts : la charge s'arrête automatiquement lorsque les accumulateurs sont saturés. Un ventilateur assure le refroidissement du moteur, qui pourrait, paraît-il, marcher plusieurs jours sans arrêt, même sans surveillance, grâce à un dispositif de graissage automatique [1].

Nous arrivons maintenant aux voitures construites à l'étran-

___

[1]. Ainsi muni de son appareil électrogène, le cab Vedovelli-Priestley fonctionne d'une façon analogue à celle de la voiture pétroléo-électrique Patton (§ 315).

ger, en commençant par celles d'Amérique : c'est dans çe pays que l'automobile électrique est jusqu'ici le plus répandue.

308. — Véhicules américains. Tricycle de la Barrows Véhicle C°. — La roue d'avant y est motrice et directrice comme dans la voiturette Mildé. Le châssis tubulaire se redresse autour d'elle de manière à former un V renversé, entre les branches duquel se trouve la roue, et entre lesquelles elle peut tourner sous l'action de la barre de guidage. Cette roue porte une couronne dentée de 66 cm. de diamètre à l'intérieur de laquelle engrène un pignon de 63 mm. porté par l'arbre du moteur. Celui-ci, du système Riker, du poids de 50 kg., est fixé au châssis d'un côté de la roue; de l'autre côté, sont placés une partie des accumulateurs. Les autres sont disposés sous le siège ; il y en a au total 24 pesant 180 kg. Le poids de la voiturette est de 300 kg. non compris celui des deux voyageurs. Elle peut parcourir 32 km. à bonne vitesse.

309. — Voitures Morris et Salom. — Le premier *électrobat* de ces constructeurs, un grand dog-cart à 6 places, monté sur roues en bois et jantes en fer, avec roulements à billes, est la première voiture électrique qui ait circulé en Amérique (31 août 1894). On trouve dans les *Voitures électriques* de M. Lockert (p. 203 et suivantes) des détails sur les modèles successifs de MM. Morris et Salom.

On peut en définir le type ainsi qu'il suit : l'essieu d'avant est moteur ; les deux machines électriques engrènent directement avec les roues ; les accumulateurs sont ordinairement placés sous le siège du conducteur; les roues arrière sont directrices et permettent, paraît-il, les virages sous des rayons relativement très faibles. Les deux essieux supportent un châssis, qui reçoit lui-même, à l'arrière du siège du conducteur telle caisse qu'on le veut, voire celle d'une voiture de livraison.

L'électrobat n° 2, qui a gagné la course de Chicago (§ 319), était actionné par deux moteurs Lundell de 1100 watts chacun, alimentés par 48 accumulateurs de l'*Electric Storage Battery C°*, emmagasinant sous un poids d'environ 285 kg. 4 kilowatts-heure. La vitesse maxima sur bonne route en palier (avec roues en bois munies de pneus) était de 32 km. par heure ; le parcours moyen était de 45 km. sans rechargement.

Les brevets Morris et Salom sont actuellement exploités par l'*Electric Vehicle C°*, qui a succédé à l'*Electric Carriage and Wagon C°* : cette compagnie possède les fiacres électriques de New-York, en forme de *hansom-cab* et de coupé. Chacune de ces voitures est munie de 48 éléments au chlorure, pesant avec leur cuve 650 kg. Les moteurs, à 4 pôles, font 700 tours par minute et développent une puissance de 2 chx-vapeur, suffisante, paraît-il, pour donner à la voiture une vitesse de 19 km. 30 sur bonne route en palier. Le combinateur donne 3 vitesses, soit en avant, soit en arrière, par l'accouplement variable des deux groupes d'éléments de la batterie. Celle-ci peut être chargée sans quitter la voiture ; mais, à la station de chargement, qui a été récemment installée, une batterie épuisée est remplacée par une autre [1].

310. — Voiture Sturges. — La *Sturges electric Motocycle C°* de Chicago avait engagé au Concours du *Times Herald* (§ 319) une voiture actionnée par un moteur Lundell, recevant le courant d'une batterie de 36 éléments pouvant débiter normalement 30 ampères. Les roues d'arrière étaient motrices ; celles d'avant directrices. Cette voiture à roues en bois munies de bandages en caoutchouc, pesait 1600 kg. en ordre de marche.

311. — Voitures Riker. — L'une d'elles a obtenu le 1er prix de la course sur piste de Providence (Rhode-Island) (7 septembre 1896). Elle affectait la forme d'un dog-cart à quatre places, dont chaque roue d'arrière était attaquée par un moteur de 2.200 kilowatts, recevant le courant de 32 éléments au chlorure de plomb, d'une capacité normale de 100 ampères-heure, pesant 365 kg., soit à peu près la moitié du poids de la voiture.

Dans un type plus récent, M. Riker a employé des accumula-

---

1. *Génie civil*, t. XXXIV, p. 84.

teurs plomb-zinc, dont chaque élément comprenait 6 plaques positives en plomb et 7 négatives en cuivre recouvert électrolytiquement de zinc. 36 de ces éléments avaient une tension de 83,8 volts, et pesaient 345 kg., avec leurs récipients en ébonite, pour une voiture de 825 kg., à laquelle ils pouvaient faire parcourir 68 à 80 km. à la vitesse de 19,3 km. à l'heure. Pour une décharge en 10 heures, leur énergie spécifique était évaluée à 36, 4 watts-heure ; pour la décharge en 4 heures, elle n'était

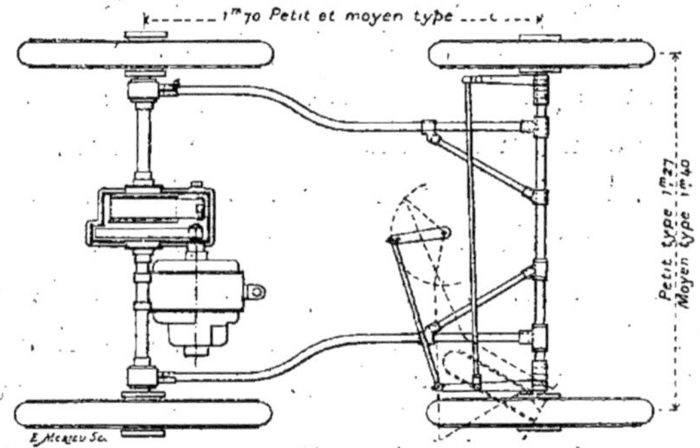

Fig. 318. — Châssis de la voiture électrique *Riker*.

plus que de 29,15 w.-h. Cet essai d'accumulateur au zinc est intéressant, nous ne croyons pas qu'il ait donné des résultats fort encourageants, car M. Riker semble y avoir renoncé, comme il a renoncé, pour les voitures légères, aux deux moteurs, qui, à puissance égale, coûtaient plus cher, pesaient davantage et rendaient moins qu'un seul.

Ce moteur unique qu'on a pu voir sur les voitures Riker exposées aux Tuileries en 1899 par la Société l'Automobile, est articulé par deux colliers sur le tube-enveloppe de l'essieu et suspendu à la caisse par une tige avec deux ressorts, comme les moteurs de tramways : ces ressorts forment butée élastique à la réaction du moteur pour adoucir les démarrages (fig. 318). L'arbre de l'induit attaque par un pignon une roue dentée montée sur l'essieu en même temps que la poulie d'un frein à lame, serrant vers l'arrière comme vers l'avant, et commandé par une pédale ; frein et engrenages sont enfermés dans un carter, qui occupe le milieu de l'essieu d'arrière. Celui-ci n'est pas interrompu et son milieu, qui est, au contraire, renforcé, est protégé par le tube carter qui l'enveloppe. Le différentiel est logé dans le moyeu d'une roue.

Les accumulateurs alimentant ce moteur peuvent être d'un système quelconque ; en France, on emploie des éléments Fulmen, pesant 450 gr. pour une voiture d'environ 900 kg. Le

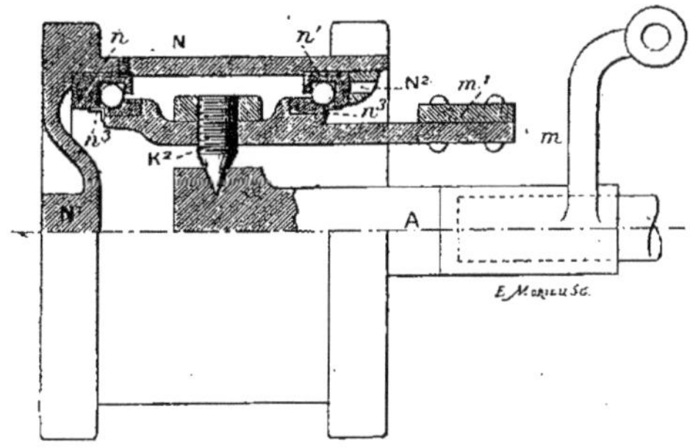

Fig. 319. — Coupe du moyeu des roues d'avant d'une voiture *Riker*.

moteur est bipolaire, à deux induits, enroulement en tambour ; il est complètement enveloppé : des portes permettent la visite facile du collecteur et des balais. Le groupement des accumulateurs et des inducteurs permet d'obtenir 4 vitesses, 6, 12, 18 et 25 kilom. à l'heure. La marche arrière s'obtient, aux deux premières vitesses, en renversant le sens du courant dans le moteur. Lorsqu'on actionne le frein mécanique, un interrupteur coupe automatiquement le courant et ne permet son rétablissement que si le levier du combinateur a été préalablement ramené à zéro : on ne peut donc démarrer aux grandes vitesses.

Le châssis, en tubes d'acier étiré, a ses petits côtés formés par l'essieu d'avant et par le tube creux, qui entoure l'essieu d'arrière : l'un des grands côtés est articulé autour de l'essieu d'avant, et les deux peuvent tourner autour de celui d'arrière. Il en résulte une très grande souplesse, les roues s'appliquant toujours sur le sol, pendant que les essieux restent constamment dans des plans verticaux parallèles.

Les roues sont à billes, à rayons tangents, avec pneus *single-tube*, du système Hartford. Celles d'avant, qui sont directrices, pivotent sur place ; à cet effet l'axe de rotation, au lieu d'être, comme d'habitude, en dehors de la roue, lui est intérieur et rencontre le sol au point où ce dernier est en contact avec elle ; le pivot est monté sur pointes, à l'intérieur d'un tambour, autour duquel tourne le moyeu avec roulements à billes (fig. 319).

312. — **Voitures Columbia.** — Elles sont construites par la *Pope manufacturing* C° de Hartford (Connecticut), qui, il y a 3 ans, abandonna la fabrication des cycles pour se consacrer à celle des automobiles. Aussi ne doit-on pas être surpris d'y retrouver le mode de constitution des vélocipèdes : roues à pointes d'acier, à rayons tangents, de 90 cm. de diamètre à l'arrière; 80 à l'avant, avec pneus de 75 mm. ; roulements à billes pour la voiture, le moteur, la transmission, la direction (celle-ci est à levier, non réversible): châssis tubulaire en acier au nickel (celui-là même, paraît-il, dont le gouvernement américain se sert pour la fabrication de ses plaques de blindage). Les tubes sont de diamètre assez grand pour être employés recuits. Ceux des côtés et de l'avant du châssis sont doubles, assemblés rigidement et brasés en divers points: le tube inférieur d'avant supporte un pivot horizontal, autour duquel l'essieu directeur peut osciller librement dans un plan vertical. L'arrière du châssis est formé par un seul tube, qui sert de pont pour supporter le moteur et l'essieu.

Les accumulateurs sont peut-être ce qu'il y a de moins étudié dans l'ensemble. Les plaques positives sont de la formation Planté, les négatives à oxyde rapporté. Ils ont une capacité de 70 ampères-heure, au régime de décharge moyenne de 25 ampères, avec un poids de 160 kg., capable d'assurer un parcours d'environ 50 km. en bonne route. Les constructeurs reconnaissent que leur rendement est médiocre, mais assurent qu'ils se rattrapent par leur durée. Nous croyons pourtant qu'ils les ont abandonnés.

Le moteur, du système Eddy, à carcasse tétrapolaire en fer forgé, à induit Gramme, pèse 57 kg.. et donne, à 1.000 tours par minute, sous 75 volts, un peu moins de 2 chx. : mais il peut fournir le double, pendant une demi-heure, sans danger pour lui. Son rendement est évalué à 80 °/₀ ; celui de la transmission à 0.90, le rendement final à 0. 72.

Les vitesses (5 à 20 km.) s'obtiennent en couplant de façons diverses les batteries d'accumulateurs et les inducteurs des moteurs.

Toutes les connexions mobiles ont des trous d'un certain diamètre pour les positives, d'un autre pour les négatives, afin que toute erreur soit impossible. Une lampe électrique fixée à l'extrémité d'un long câble souple permet de visiter commodément les organes de la voiture pendant les marches de nuit. Tous ces petits détails et d'autres encore complètent fort heureusement un ensemble très soigné, qui constitue, paraît-il, ce qu'il y a de mieux comme construction automobile en Amérique. Il est pourtant permis de trouver excessifs les prix que la Compagnie demandait de ses voitures, 20.000 et 25.000 fr. pour celles qu'elle avait exposées aux Tuileries en juin 1898. Elle fabrique 3 types, qui diffèrent par le moteur et la transmission aux roues.

Le phaéton à deux places (fig. 320, 321) est muni d'un seul moteur de moins de 2 chx (il est permis de trouver que c'est peu pour une voiture qui, avec ses deux passagers, ne pèse pas moins de 1.000 kg), monté sur un arbre creux concentrique à l'essieu d'arrière. Il commande celui-ci par l'intermédiaire de deux paires d'engrenages réducteurs, dont la dernière roue n'est autre que la couronne dentée du différentiel. Tout cela forme un ensemble très compact, n'enlevant pas à la voiture son bel aspect de carrosserie. Le moteur est alimenté par 4 batteries. Il donne 3 vitesses par le groupement de ces 3 batteries de manières différentes, les inducteurs restant en série avec l'induit. A la

vitesse de 19 km. 6, la consommation est de 73 watts-heure par
tonne-kilométrique. La suspension de la caisse au-dessus du
châssis se fait par trois ressorts demi-pincettes disposés transversalement.

La voiture à quatre places face à la marche est équipée avec
deux moteurs, commandant chacun par un pignon une couronne

Fig. 320. — Phaéton électrique *Columbia*.
Ensemble.

dentée, enfermée dans un carter et montée sur la roue motrice
de son côté. Quand les deux moteurs sont reliés en série, ils
développent le même effort, et, tant que les deux roues tournent
à la même vitesse, ils marchent au même voltage; dans une
courbe, la roue intérieure ralentissant son allure, le voltage du
moteur correspondant diminue, et la différence se reporte sur
l'autre moteur; d'où résulte l'accroissement de vitesse nécessaire
à la roue extérieure. Cette disposition ne semble pas avoir donné
ce qu'on en attendait.

Aussi la voiture à 4 places dos à dos n'a-t-elle reçu qu'un
seul moteur, disposé comme celui du phaéton à 2 places. Cette

FIG. 321. — Phaéton électrique *Columbia.*
Vue arrière.

voiture, du poids de 1.300 kg. avec ses 4 voyageurs, consomme en palier 35 ampères. Les accumulateurs sont divisés en 6 groupes de 7 éléments. Elle est dotée de 4 vitesses avant et de 3 vitesses arrière.

Les voitures Columbia sont munies d'un frein à couronne assez particulier; la figure 322 le représente, la roue enlevée et déplacée vers la droite : une couronne en bronze, fixée au châssis, entoure le tambour denté du différentiel, ne laissant que le passage du

Fig. 322. — Frein à couronne des voitures *Columbia*.

pignon engrenant avec ce tambour. Le différentiel porte une poulie et sur cette poulie vient s'appliquer une bande d'acier fendue, grâce à un jeu de leviers qui provoque un serrage proportionnel à la pression exercée sur la pédale de commande. Cette pédale commence par couper le circuit et peut être accrochée au point convenable, quand le serrage doit se prolonger.

La commande de la voiture se fait par 4 organes : le levier de direction actionné par la main droite; le combinateur actionné par la main gauche ; le frein mécanique actionné par le pied droit, et une talonnette de marche arrière que commande le pied gauche.

Le combinateur est fort simple, mais ne permet ni récupération ni freinage électrique, et, si l'on a arrêté la voiture en freinant mécaniquement sans ramener le combinateur à l'arrêt, on est exposé à repartir en 3e vitesse.

La Société l'*Électromotion* avait exposé, en 1899, une très jolie variété de voitures Columbia à un et deux moteurs, toutes équipées avec des accumulateurs *Phénix*.

312 bis. — Voitures Cleveland. — Elles sont construites par la *Cleveland Machine Screw C°*, sur les plans de M. Sperry ; mais nous n'avons pu avoir sur elles, à l'Exposition de 1899, où elles figuraient, de renseignements circonstanciés.

Les accumulateurs, d'un système inconnu de nous, et pesant 375 kg. pour une voiture de 900 kg., alimentent un moteur bipolaire série, ne donnant que 2 chevaux sous 86 volts, à 1.800 tours par minute, mais pouvant supporter une surcharge de 150 °/₀. Il est attaché au milieu de l'essieu d'arrière par 2 coussinets à billes situés de part et d'autre du différentiel, et relié au châssis par une suspension élastique. Il est entouré d'un carter en aluminium, et transmet son mouvement au différentiel par un système d'engrenages à double réduction. Trois vitesses différentes (4, 8, 16 km. à l'heure) s'obtiennent par des couplages variés des accumulateurs. Un accélérateur agit en diminuant l'excitation par shuntage des inducteurs ; en réglant le shunt on obtient une grande vitesse variable, qui peut aller jusqu'à 32 kilomètres à l'heure. Il y a aussi un changement de vitesse mécanique.

La voiture est munie de trois freins : électrique, mécanique et à sabots.

La direction s'obtient par barre franche : les douilles des pivots des roues directrices sont inclinées de manière que leurs prolongements coupent le sol aux points où les roues prennent contact avec lui.

Le châssis est formé par deux tringles tubulaires reliant les essieux ; il est renforcé par des tiges joignant deux points de l'essieu à deux points des longerons.

La caisse repose, à l'avant, sur le milieu d'un ressort transversal, par un axe horizontal permettant à l'essieu d'osciller dans un plan vertical ; à l'arrière, sur 2 ressorts longitudinaux à pincettes.

Les organes de commande sont fort simples : la barre de direction manœuvre aussi le combinateur, et sert de levier d'arrêt et de levier de frein ; une pédale permet d'actionner le frein et un bouton de faire agir l'accélérateur.

313. — Voiture Élieson. — Nous arrivons avec elle aux voitures anglaises (fig. 323-326). Elle est munie d'accumulateurs Lamina

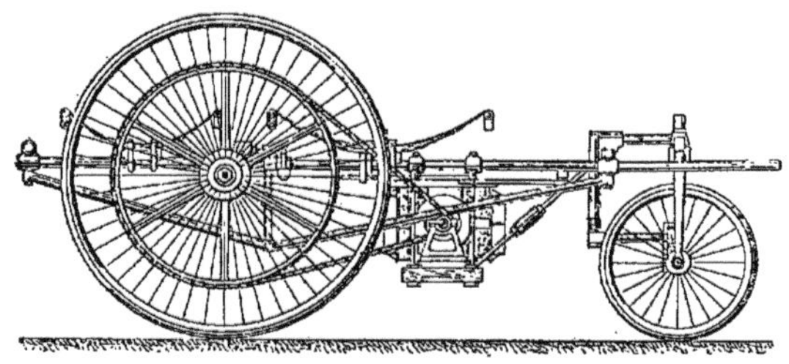

Fig. 323. — Voiture électrique *Élieson.*
Élévation du châssis.

(§ 126), d'un moteur à double armature, avec enroulement en série. Les changements de vitesse s'obtiennent en couplant diversement les accumulateurs et les enroulements de l'induit.

Les parties caractéristiques en sont le châssis et la transmission.

Le premier est constitué par des tubes soudés d'acier Mannesmann ; le moteur repose sur une traverse en bois suspendue au châssis, par des clavettes, entre les deux essieux ; son arbre porte à ses extrémités 2 pignons de bronze à canon.

Sur ces pignons engrènent des chaînes, qui les relient aux couronnes solidaires des roues. Ces chaînes portent, tous les trois maillons, une clavette : les clavettes reposent sur deux bandes de cuir, recouvrant les couronnes des roues, et c'est l'adhérence entre elles et le cuir qui provoque l'entraînement du véhicule. Cet entraînement n'est pas, on le comprend, exclusif d'un certain glissement entre les deux pièces, et on peut de la sorte se dispenser de différentiel. Il faudra voir ce que donne ce système dans la pratique.

L'avant-train est formé par un essieu plus court que celui d'arrière, porteur de deux roues basses, qui peuvent tourner sous le châssis, autour d'une cheville-ouvrière.

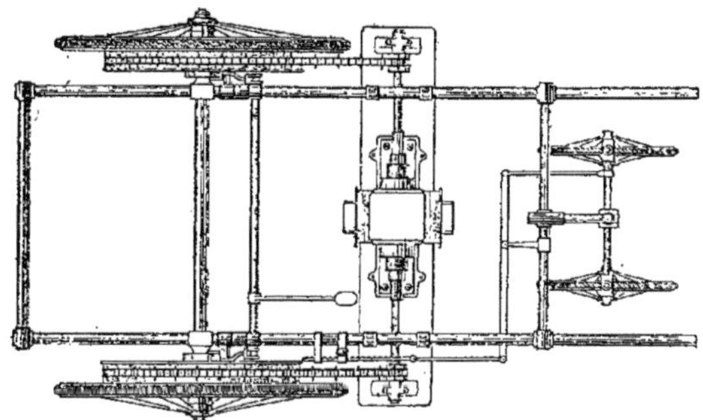

Fig. 324. — Voiture électrique *Élieson*.
Plan du châssis.

Tout cet ensemble est fort simple, mais aussi fort laid. Que la caisse interchangeable soit celle d'un coupé, d'un mylord ou une autre, la voiture reste exclusive de toute esthétique. En

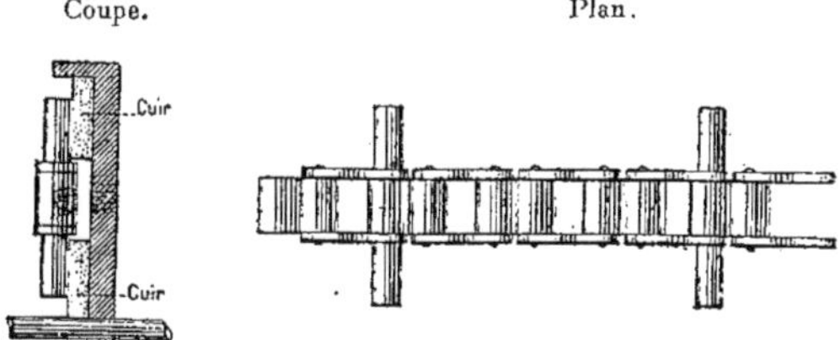

Fig. 325 et 326. — Transmission à chaîne *Élieson*.

somme, c'est un véhicule d'essai intéressant, mais qui n'est pas au point.

314 — Voitures Bersey. — C'est le type adopté par la « Great Horseless Carriage Cº » , pour les fiacres de Londres. Le même type, a été aussi adopté par la Compagnie Française des Voitures électromobiles, et décrit (§ 301). Disons seulement qu'à la fin de 1897 les fiacres de Londres étaient équipés avec 40 éléments

E. P. S du type spécial pour traction à électrodes Faure-King, ayant un poids total de 600 kg. et une capacité de 170 ampères-heure pour une intensité de décharge de 30 ampères. Le moteur était du type Johnson-Lundell de 3 chevaux. Depuis cette époque, la Cie a suspendu son exploitation pour deux causes qui n'ont rien de technique : les conducteurs qu'elle formait lui étaient enlevés par les propriétaires des voitures électriques de luxe, et le kilowatt lui était vendu 0 fr. 30 (à Aubervilliers, la Compagnie Générale des Voitures de Paris le fabrique moyennant 0 fr. 10). Cette suspension n'est d'ailleurs que provisoire.

314 bis. — **Voitures de l'Allgemeinen Omnibus Gesellschaft (de Berlin).** — C'est un omnibus à 20 places assises et 6 debout, pesant au total 6.650 kg. 24 bacs à 5 éléments entrent dans ce poids pour 1.700 kg. Le démarrage se fait à 50 ampères sous 225 volts ; en vitesse (6 à 12 km. à l'heure) l'intensité du courant varie de 35 à 40 ampères. L'omnibus peut effectuer 60 km. sans rechargement.

M. H. Scheele, carrossier à Cologne, a aussi construit trois voitures électriques [1].

Voiture de M. Lohner (de Vienne). — C'est un coupé, muni de 42 éléments Vüste et Rupprecht, pesant 480 kg. pour une capacité d'environ 95 à 100 ampères-heure. Ils sont supportés par les roues d'avant (qui sont motrices), car ils sont logés sous le siège du conducteur et devant ce siège.

Le moteur, de la maison Egger, est suspendu d'un côté à l'essieu de devant, de l'autre à de longs ressorts en spirale, qui le laissent osciller. Il fait corps avec le différentiel, dont l'arbre le traverse pour transmettre le mouvement aux roues par des engrenages intérieurs et des pignons, le démultipliant dans le rapport de 6 à 1. Le combinateur permet 8 positions pour vitesses en avant jusqu'à 16 km. à l'heure, 1 pour la marche arrière, 2 pour le freinage. La direction se fait par les roues d'arrière, d'après le système Morris et Salom.

1. *Locomotion automobile*, 25 mai 1899, p. 330.

CHAPITRE IV

VÉHICULES PÉTROLÉO-ÉLECTRIQUES

315. — Raison d'être de ce système. Voiture Patton. — Le plus gros inconvénient du moteur à pétrole est, nous l'avons vu (§ 144), son manque d'élasticité. Pour le rendre, malgré ce défaut, capable de faire face aux travaux maxima qu'il doit accomplir (démarrage de la voiture, ascension des côtes) on est forcé de lui donner un excès de puissance, qui est sans emploi dans les conditions normales du parcours, et qui devient la cause d'une mauvaise utilisation de l'essence consommée. Pour le rendre capable d'assurer à la voiture des vitesses variables, on est forcé de lui adjoindre un jeu compliqué d'engrenages ou de poulies et de courroies, qui devient la cause d'une perte notable dans le travail transmis. En revanche, le moteur à pétrole permet d'emporter sur la voiture une grande quantité d'énergie, dont le renouvellement en cours de route est d'ailleurs très facile.

Nous savons, au contraire (§ 145), que le moteur électrique est doué d'une élasticité remarquable, qui, en lui permettant de mettre à chaque instant en œuvre la quantité d'énergie nécessaire et de se passer d'organes mécaniques de changement de vitesse, assure une très bonne utilisation du fluide, mais qu'il est astreint à des ravitaillements fréquents de ce dernier.

Cette opposition de caractères devait tout naturellement donner l'idée d'associer dans une automobile les services des deux moteurs, afin de parer aux inconvénients de l'un par les avantages de l'autre.

Elle a été appliquée, pour la première fois, croyons-nous, en

1898, à Chicago, par M. W. H. Patton, qui, profitant de l'expérience acquise de cette association du pétrole et de l'électricité dans la construction de tramways [1] a construit une voiture [2], dans laquelle l'énergie était fournie par un moteur à gazoline, transformée en électricité par une dynamo génératrice, emmagasinée dans une batterie d'accumulateurs, et consommée par une dynamo réceptrice, qui finalement actionnait le véhicule.

Il est impossible de méconnaître la complication d'un pareil système, qui nécessite trois machines, dont une au moins, le moteur électrique, doit avoir la puissance requise par l'effort de traction maximum que la voiture a à développer. Et il est probable que si le système pétroléo-électrique n'avait pu revêtir une forme moins complexe, il n'aurait pas eu la moindre chance de se développer.

Mais, dès 1897, M. H. J. Dowsing a fait breveter une combinaison beaucoup plus simple : « une dynamo à courant continu est fixée sur la voiture et est entraînée par le moteur à pétrole, en sorte que le surplus de la puissance fournie par ce dernier, en marche, est utilisé par la dynamo, dont le courant charge des accumulateurs. Les connexions entre la dynamo et la batterie sont telles que quand la vitesse tombe au-dessous de la normale, la tension du courant baissant, la dynamo devient un moteur dont le mouvement est transmis par courroies à l'essieu ; elle sert également à la mise en marche du moteur à pétrole [3] ». Ce système supprime la nécessité d'une dynamo, sur les deux employées par

---

1. Ces tramways, dont l'origine remonte à 1890, étaient munis d'un moteur à gaz actionnant une dynamo génératrice, fournissant le courant à deux moteurs électriques, qui faisaient tourner les roues. C'était, on le voit, une disposition analogue à celle que M. Heilmann a appliquée aux deux locomotives électriques qu'il a construites pour la Cie de l'Ouest, avec cette différence que la force première est fournie à ces dernières par une machine à vapeur et non par un moteur à gaz. M. Patton a été conduit, pour assurer la marche de ses tramways, à interposer, entre la génératrice et les réceptrices, une batterie d'accumulateurs formant réservoir d'énergie.

2. D'après le *Western Electrician*, du 15 avril 1899 :

3. *Industries and Iron* du 11 juin 1897, p. 505.

M. Patton ; le moteur et les accumulateurs étant destinés seulement à utiliser ou à emmagasiner une partie de la puissance du
moteur peuvent être allégés ; il y a aussi à ce système d'autres
avantages que nous mettrons mieux en lumière, quand nous
aurons montré comment il a été réalisé, dans de très bonnes conditions pratiques, par les Établissements Pieper, de Liège, sur la
voiture qu'ils avaient exposée aux Tuileries en 1899 (fig. 327 à
329).

315 bis. — Voiture Pieper. — Le moteur à pétrole, de la puissance
de 2.500 watts, environ 3 1/2 chx., alimenté par un carburateur

FIG. 327. — Voiture pétroléo-électrique *Pieper.*
Châssis et mécanisme moteur vus de côté.

à barbotage et à niveau constant, n'a qu'un cylindre, dont le corps
est muni d'ailettes pour être rafraîchies par l'air, et dont la
culasse et les boîtes à soupapes sont refroidies par un courant
d'eau, dans le circuit duquel on a disposé un radiateur. Ce
moteur, à allumage électrique, et dont les gaz d'échappement
traversent le pot N, est placé verticalement à l'avant de la voiture
en A.

Son arbre J, parallèle à l'axe de cette dernière, porte en K un
accouplement flexible, et, un peu plus loin, enfermé dans le

carter E, une dynamo de 1.800 watts, environ 2 1/2 chx. Cet arbre, qui porte aussi un embrayage à friction, se prolonge dans le carter I rempli d'huile et reçoit deux roues dentées, engrenant constamment avec deux autres, portées par l'arbre des changements de vitesse. Celui-ci est muni de l'accouplement élastique H et se termine par un pignon conique qui engrène avec la couronne du différentiel, situé à l'intérieur du carter rempli d'huile, marqué G sur la fig. 327.

FIG. 328. — Voiture pétroléo-électrique *Pieper*.
Chassis vu d'avant.

La batterie d'accumulateurs, qui ne pèse que 125 kg., se compose de 40 éléments toujours en tension, placés dans des boîtes en ébonite, avec couvercles à double fond pour empêcher les projections d'acide. Elle peut pourtant, pour une raison que nous développerons plus loin, débiter jusqu'à 20 watts par kilogramme de son poids. Elle est dissimulée sous le siège de la voiture, suspendue aux ressorts transversaux qui supportent aussi la caisse, et que l'on voit sur la fig. 328 au-dessus des essieux.

Ces deux derniers sont reliés par 2 forts tubes en acier D, qui supportent tout le mécanisme ; la rigidité de l'ensemble est assurée par 4 tringles marquées F sur les fig. 327 et 328 : les deux tringles F d'arrière sont renforcées par les fiches marquées G sur la fig. 328. L'essieu d'avant, qui est directeur, est à pivots et commandé par un volant. Les roues, montées sur billes, sont à rayons d'acier tangents renforcés, et garnies de pneumatiques d'un système spécial.

Deux freins, manœuvrés chacun par une pédale, agissent, le

FIG. 329. — Voiture pétroléo-électrique *Pieper*.
Vue d'ensemble.

premier sur l'arbre moteur, le second, plus puissant, sur les moyeux des roues.

La fig. 329 montre la caisse ordinairement placée sur le châssis ; mais celui-ci, absolument droit, peut recevoir telle autre caisse qu'on désirera.

La voiture pèse, d'après le catalogue distribué à l'Exposition de 1899, en ordre de marche, sans voyageurs, 400 kg. ; certains auteurs disent 600 kg. et ce chiffre nous paraît plus probable.

Voyons maintenant comment elle fonctionne.

Le véhicule marchant en palier ne demande pas tout le travail produit par le moteur à pétrole tournant à sa vitesse de régime : l'excès est consommé par la dynamo calée sur son arbre, qui fonctionne comme génératrice et charge les accumulateurs. Que, pour une raison ou pour une autre, inclinaison du profil, mauvais état de la chaussée, la résistance au roulement de la voiture absorbe une plus grande partie de la force donnée par le moteur à pétrole, il en reste moins pour la production du courant, dont l'intensité diminue. Si cette résistance augmente assez pour que le moteur devienne impuissant à la vaincre en conservant sa vitesse, celle-ci et dès lors celle de la dynamo décroissent ; la différence de potentiel aux bornes, qui est fonction de cette vitesse, décroît aussi. Dès qu'elle devient inférieure à celle de la batterie d'accumulateurs, ceux-ci se déchargent dans la dynamo, qui fonctionne alors comme moteur. Or, cette dernière est excitée en dérivation ou à excitation *shunt* (§ 133), telle que le sens du courant reste le même dans l'enroulement inducteur, quelle que soit la direction du courant aux balais, de sorte qu'en passant de son rôle générateur à son rôle récepteur, elle continue à tourner dans le même sens que le moteur à pétrole. Sa puissance s'ajoute alors à celle de ce dernier, et le total disponible peut atteindre 6 chx., presque le double de celle du moteur à gazoline [1].

Comme celui-ci fonctionne toujours à pleine charge (dans des conditions, où le réglage du carburateur reste uniforme, et, au dire du constructeur, la combustion très bonne et inodore), il le fait de la façon la plus économique possible. Comme, en outre, il actionne toujours *directement* le véhicule, l'utilisation du travail produit est très satisfaisante.

---

1. La vitesse de la voiture atteint 25 et 30 km. en palier ; elle ne descend pas au-dessous de 12 km. sur les rampes de 12 °/₀. Ces résultats sont très remarquables pour un moteur de 3 1/2 chx. La batterie d'accumulateurs formant volant d'énergie, on peut, pour ralentir dans les passages difficiles, procéder par embrayage et débrayage, sans crainte de voir le moteur s'emballer au débrayage ni trop ralentir à l'embrayage.

Les accumulateurs ne pèsent, avons-nous dit, que 125 kg. parce qu'ils sont uniquement destinés à emmagasiner et à restituer le surplus de la puissance du moteur. Mais ce n'est pas tout, ces accumulateurs « n'étant jamais que faiblement déchargés travaillent toujours dans les meilleures conditions, à pleine charge, et peuvent fournir éventuellement des débits qui seraient excessifs, s'ils devaient les fournir à demi-charge seulement [1] ».

L'excitation variable de la dynamo et les indications du voltmètre permettent de tenir la batterie sur le plein sans la surcharger.

La mise en marche du moteur à pétrole, si ennuyeuse à obtenir sur les voitures ordinaires, est ici facilement assurée par la dynamo, en fermant sur elle le courant des accumulateurs, après avoir intercalé un rhéostat de démarrage : comme elle est calée sur l'arbre du moteur, elle entraîne ce dernier.

La marche arrière s'obtient aussi électriquement, en fermant l'arrivée du gaz carburé dans le moteur à pétrole, intercalant le rhéostat de démarrage et inversant le courant des accumulateurs à l'aide d'un interrupteur placé sous le volant de direction.

Dans les longues descentes on peut supprimer l'arrivée du gaz

---

1. Le concours d'accumulateurs de l'Automobile-Club de France a, en effet, permis de constater qu'une batterie d'une capacité donnée, capable de fournir, au début de la décharge, un courant de 100 ampères pendant 30 secondes, sous une différence de potentiel variant entre 90 et 95 °/₀ de sa force électromotrice, *s'inverse* pour le même courant, lorsqu'il lui est demandé après avoir fourni 60 à 70 °/₀ de sa capacité normale. Au lieu de *produire* 1,8 volt sous 100 ampères, soit 180 watts, l'élément *absorbe* 0,3 à 0,5 volt, ce qui correspond à 30 ou 50 watts au régime de 100 ampères. Il résulte de ce fait expérimental que des accumulateurs toujours chargés peuvent fonctionner à des régimes spécifiques très élevés, et que, dans l'espèce, la batterie peut être considérablement réduite en poids, en prix et en dimensions. Elle doit, d'autre part, être étudiée pour fournir surtout une grande puissance, plutôt qu'une grande capacité en énergie. En effet, dans le cas extrême d'une rampe très raide et très prolongée, il suffirait de débrayer et de ménager quelques arrêts du véhicule dès que les accumulateurs manifesteraient, au voltmètre, des signes d'épuisement, pour leur redonner, grâce à ces arrêts, une vigueur nouvelle (*Industrie électrique* du 25 juillet 1899, p. 318).

carburé, et laisser le moteur à pétrole marcher à vide en faisant frein, et la dynamo charger les accumulateurs, tout en s'opposant à l'emballement de la voiture.

S'il survient un accident au moteur à pétrole, en défaisant l'accouplement K, on l'isole du reste du mécanisme, et la voiture peut fonctionner électriquement avec le fluide emmagasiné dans les accumulateurs. En temps ordinaire les accouplements K et H permettent à l'arbre J de suivre les voilements du cadre et facilitent le montage de l'ensemble.

Tous ces avantages sont fort remarquables ; la voiture Pieper nous a montré qu'ils étaient réalisables avec un système beaucoup moins compliqué qu'on ne pouvait le croire *a priori*. S'il est vraiment pratique, comme il affranchira la traction électrique de la nécessité des ravitaillements, il sera probablemement appelé à un grand développement.

315 ter. — Voiture Munson. Chariot de la « Fisher Equipment Cº ». — La voiture Pieper n'est pas le seul spécimen existant des pétro-accumobiles.

The Munson Cº, de la Porte (Indiana) [1], en a construit une dans laquelle un moteur à essence, à 2 cylindres et manivelles équilibrées, commande directement une dynamo, dont l'induit est du type extérieur, de faible largeur et de grand diamètre, de façon à servir de volant au moteur. Cet induit en anneau porte un double enroulement et un collecteur à disque. L'inducteur intérieur porte 6 pôles excités par une seule bobine à fil fin et est divisé électriquement en deux parties, reliées respectivement à chacune des deux batteries d'accumulateurs pour que le couplage de ces deux batteries ne change pas l'excitation de la dynamo enfermée dans un carter hermétique. Le combinateur permet de relier les batteries en tension ou en dérivation, ce qui donne deux vitesses au moteur. Un changement de vitesse mécanique, dans le rapport de 1 à 4, permet d'obtenir au total 4 vitesses. M. Hospitalier fait

____

1. *American Electrician* de juillet 1899.

très justement observer que pour deux de ces 4 vitesses, le moteur à pétrole ne tourne qu'à demi-vitesse et par conséquent à demi-puissance, et que, dans ces conditions, son utilisation doit être peu satisfaisante. La marche arrière est réalisée par une position spéciale du combinateur.

L'association du pétrole et de l'électricité se retrouve même dans un chariot pour poids lourds, actuellement au service de la *Fisher Equipment Cº* de Chicago. Un moteur à gazoline, de 8 chx de puissance, à trois cylindres, est employé à faire de l'électricité, qui alimente deux dynamos réceptrices de 5 chx chacune, actionnant par engrenages les roues d'arrière du véhicule. Il semble, d'après les renseignements sommaires que nous avons sur lui, que l'énergie du moteur à pétrole ne soit jamais appliquée directement à la propulsion de la voiture, ce qui n'est pas bon au point de vue économique. L'énergie, qui n'est pas absorbée par cette propulsion actuelle, est mise en réserve dans une batterie de 40 accumulateurs, ayant une capacité de 144 ampères-heure. Ce chariot, qui pèse à vide 4.082 kg., et qui peut en porter 7.257, marche aux vitesses de 6,4, 9,6 et 11,20 km. à l'heure.

QUATRIÈME PARTIE

LES RÉSULTATS

---

316. — Courses. Concours. Applications courantes. — Maintenant que nous avons décrit les véhicules automobiles, il nous reste à mettre en relief les résultats qu'ils ont donnés, les services que leurs divers types semblent dès à présent capables de rendre.

Le premier moyen qui s'offre à nous est d'exposer les épreuves auxquelles ils ont été soumis et la manière dont ils s'en sont tirés. Dans cette étude, le Concours de *Paris-Rouen* mérite une place à part, non seulement parce qu'il a ouvert la série, mais aussi par la façon dont il a été conduit : tandis, en effet, qu'il portait sur la *sécurité*, la *commodité* et le *bon marché* des véhicules engagés, les autres épreuves ont été des courses uniquement basées sur la *vitesse*, ou des concours surtout destinés à fixer le *prix de revient* des services rendus. Nous parlerons donc immédiatement du concours de Paris-Rouen, et consacrerons ensuite un chapitre aux *courses* et un autre aux *concours*.

Après avoir exposé les deux catégories d'épreuves, nous dirons un mot des applications effectives auxquelles donnent lieu couramment les automobiles.

Enfin nous essaierons de fixer, en quelques lignes rapides, les premiers progrès qu'on doit tenter pour hâter leur développement.

317. — Concours de Paris-Rouen (juillet 1894). — Ce concours, auquel il n'est que juste d'attribuer une très heureuse influence sur le développement de l'industrie nouvelle, a été organisé, pour le compte du *Petit Journal*, par M. P. Giffard.

Ouvert à tous constructeurs et tous moteurs, il avait pour but de récompenser la voiture sans chevaux qui remplirait les conditions d'être sans danger, aisément maniable pour les voyageurs et de ne pas coûter trop cher sur la route. Les concurrents devaient subir une épreuve éliminatoire de 50 km. et parcourir les 126 km. qui séparent Paris de Rouen, à une vitesse moyenne d'au moins 12. 5 km. à l'heure, en comprenant dans le temps du parcours les arrêts nécessités par le moteur. Et, pour qu'il fût bien établi qu'il ne s'agissait pas d'une course, il ne devait être tenu aucun compte des vitesses supérieures. La route de Paris à Mantes comprend trois côtes, d'inclinaison voisine de 1/10, quelques autres moins dures.

102 véhicules avaient été inscrits au concours : 38 à pétrole, 29 à vapeur, 5 électriques, 5 à air comprimé, 25 divers, mus par le poids des voyageurs, par un système de leviers, de pédales…; mais l'épreuve éliminatoire n'en a réuni que 25, sur lesquels 21 (14 à pétrole et 7 à vapeur) ont été admis à l'épreuve définitive. Les 14 véhicules à pétrole ont tous effectué le parcours dans de très bonnes conditions; sur les 7 à vapeur, 3 seulement l'ont fourni complet.

Le 1er prix a été partagé entre les maisons Panhard et Levassor et les Fils de Peugeot frères; les autres ont été donnés à MM. de Dion, Bouton et Cie et Le Blant, pour leurs véhicules à vapeur, et MM. Vacheron, Le Brun et Roger, pour leurs véhicules à pétrole. Un prix supplémentaire a été accordé à M. Scotte dont le véhicule à vapeur avait été arrêté par la rupture d'un tube de sa chaudière ; et une mention honorable à M. Roger de Montais pour son tricycle à vapeur chauffé au pétrole.

Les voitures Panhard, à moteur Daimler de 3.3 à 3. 7 chx, marchant à 750 tours et transmission donnant les vitesses de 6, 12, 18 et 24 km., ou 7, 16 et 25 km. à l'heure, pesaient à vide de 500 à 700 kg. suivant le nombre de places (2 ou 4). Les voitures

Peugeot, Vacheron, Le Brun, avaient aussi des Daimler de la même force. La première avait 4 vitesses : 5, 7, 15 et 22 km. La voiture Roger était une voiture Benz, à moteur de 3 chx.

Le véhicule de Dion-Bouton était une victoria remorquée par un tracteur, pouvant développer jusqu'à 20 chx, pesant en charge environ 2. 5 tonnes.

La voiture Le Blant était une tapissière, dont la moitié avant était réservée aux voyageurs et la moitié arrière au générateur, du système Serpollet, et au moteur, qui ne permettait que la marche avant; elle pesait 4.300 kg. y compris 600 kg. d'eau, 200 kg. de charbon et 10 voyageurs.

Les voitures Panhard, Peugeot et de Dion ont donné des vitesses commerciales supérieures à 17 km. à l'heure, et presque égales, à cause du peu d'importance des arrêts nécessités par le moteur, aux vitesses moyennes, un peu supérieures à 20 km. à l'heure. Aux côtes de 1 /10° d'inclinaison, les Panhard et la Peugeot ont marché à leurs vitesses minima (7 et 5 km.) ; aux autres, à leurs vitesses intermédiaires ; en palier, à leur grande vitesse (25 et 22 km) ; sur les pentes, les vitesses ont été notablement plus grandes. La voiture de Dion-Bouton a monté les côtes de 1 /10° à une vitesse de 50 à 20 km. à l'heure, et a soutenu en palier celle de 30 km. La dépense de pétrole a été, en moyenne, pour les voitures Panhard d'un litre d'essence pour 10 à 12 km., soit d'à peu près 0 fr. 05 par kilomètre.

CHAPTIRE PREMIER

318. — **Course de Paris-Bordeaux (juin 1895).** — Elle a été organisée par le Comité, qui, sur l'initiative du comte de Dion, venait de se constituer, sous le nom d'Automobile-Club, avec M. M. Deprez comme président. Elle était internationale, mais réservée aux seuls constructeurs ou inventeurs. Les véhicules devaient être montés par deux personnes (sauf les bicyclettes et motocycles n'excédant pas 150 kg. en ordre de marche, mais sans voyageurs); le premier prix ne pouvait être attribué qu'à une voiture d'au moins 4 places. La course devait se faire d'une seule traite de Paris à Bordeaux et retour (environ 1.200 km. d'un profil en partie très accidenté). La durée du trajet ne devait pas dépasser 100 heures. Aucune réparation en cours de route ne pouvait être faite que par le propriétaire de la voiture ou son agent, avec les pièces emportées par lui.

Sur 46 véhicules engagés, 22 se présentèrent pour le départ : 6 à vapeur, 15 à pétrole (dont 26 bicyclettes), 1 électrique; 9 rentrèrent à Paris dans les délais voulus.

1er Panhard et Levassor n° 5, voiture à pétrole	2 places en	48 h. 47 m.
2e Peugeot n° 15,	—	2 places	54 h. 35 m.
3e Peugeot n° 16,	—	4 places	59 h. 48 m.
4o Peugeot n° 8,	—	4 places	59 h. 49 m.
5e Roger n° 12,	—	4 places	64 h. 30 m.
6e Panhard et Levassor n° 7,	—	4 places	72 h. 14 m.
7e Panhard et Levassor n° 28,	—	5 places	78 h. 7 m.
8e Roger n° 13,	—	4 places	82 h. 48 m.
9e Bollée n° 24, omnibus à vapeur		6 places	90 h. 3 m.

La voiture Panhard n° 5 (fig. 264) était munie d'un moteur

Phénix de 4 chx, tournant à plus de 800 tours, pesant 83 kg., avait 3 vitesses (9, 20 et 30 km. à l'heure) et pesait à vide 604 kg. La voiture n° 28 avait un moteur Phénix de 8 chx ; elle pesait 1.800 kg., et était munie de 4 vitesses, la plus élevée de 30 km. à l'heure. La voiture n° 7 avait figuré au concours du *Petit Journal.*

Les voitures Peugeot et Roger étaient du même type que celles engagées à ce premier concours ; le moteur Benz tournait à 250 et 300 tours. La voiture Bollée n'était autre que l'omnibus à vapeur *La Nouvelle* construit en 1880 (§ 231).

La voiture n° 5, conduite pendant tout le parcours par Levassor, a eu une marche particulièrement régulière ; elle a fait les 1.183 km. de Versailles à Paris par Bordeaux en 48 h. 47 m., ce qui représente une vitesse commerciale de 24,2 km. Cette course fut le triomphe du pétrole ; bien qu'en effet l'omnibus de M. Bollée eût perdu, par suite d'avaries graves, un temps précieux, et que le break à 4 places, remorqué par le tracteur de MM. de Dion et Bouton, eût été arrêté un peu après Blois (qu'il avait atteint en développant une vitesse commerciale de près de 28 km.) par la rupture d'une rotule de son arbre de transmission, la mise hors de combat de ce véhicule, comme de la voiture Serpollet (qui avait cependant accompli les 3/4 de parcours dans un bon rang), du tracteur Le Blant, de l'omnibus Scotte semblait prouver que les véhicules à vapeur plus puissants, mais aussi plus pesants, ne pouvaient donner des vitesses, comparables à celles des voitures légères à pétrole, sans s'exposer à des avaries sérieuses. Quant à l'électricité, représentée par la voiture Jeantaud, elle avait fait parcourir à cette dernière les 600 km. de Paris à Bordeaux, grâce à des relais, dont l'établissement avait d'ailleurs coûté la somme de 35.000 fr.

319. — **Course de Chicago (novembre 1895).** — Cette course organisée par le *Times Herald*, a été très fortement contrariée par l'état des routes. Mais elle a été pour les ingénieurs J. Lundie et L. Summers l'occasion de faire, sur les véhicules qui y ont pris part, des essais scientifiquement conduits, qui n'ont pas été depuis systématiquement renouvelés et dont les résultats sont encore utiles à consulter.

Elle a eu lieu sur la route de Chicago à Evanston, sur un parcours de 86 km. environ, rendu fort difficile par une épaisse couche de neige fondante. Trois voitures seulement l'ont accomplie, toutes à pétrole :

Celle de M. Duryea (§ 285), en 10 h. 23 m. ;

Celle de M. Mueller, en 10 h. 59 m, ;

Celle de MM. Macy-Roger, qui a dû réparer en route son mécanisme de direction, en 39 heures.

Les essais de MM. Lundie et Summers ont porté sur les voitures qui figurent au tableau n° 1, et ont donné les résultats consignés sur les tableaux n° 2 (voitures à pétrole) et n° 3 (voitures électriques).

TABLEAU I

RENSEIGNEMENTS SUR LES VÉHICULES ESSAYÉS

	Poids sur les roues motrices	Poids sur les roues directrices	Poids total	Empattement	Écartement des roues motrices	Écartement des roues directrices	Rayon des roues motrices	Rayon des roues directrices	Position des roues motrices	Nature des bandages	Combustible employé	Nombre de cylindres	Diamètre d'alésage des cylindres	Course du piston	Nature des roulements
	kgs.	kgs.	kgs.	mt.	mt.	mt.	mètres	mètres					cent.	cent.	
De la Vergne-New-York .	570	195	765	1,67	»	»	0,593	0,455	arrière	cao. plein	gazol.	1	12,8	16,5	lisse
Duryea-Springfield . .	330	222	552	1,44	1,37	1,31	0,570	0.468	»	pneu	»	2	10	11,25	»
Baynes et Apperson . .	378	191	569	1,35	1,38	1,39	0,445	0,448	»	pneu	»	2	10	10	billes
Lewis-Chicago	408	354	762	1,40	1,16	1,16	0,575	0,417	»	cao. plein	»	1	12,5	12,5	lisse
Macy-New-York . . .	655	174	829	1,66	1,30	1,30	0,595	0,448	»	«	»	1	12,5	17,5	»
Mueller	570	174	714	1,83	1,25	1,19	0,600	0,460	arrière	cao. plein	gazol.	1	13,75	15,6	lisse
Morris et Salom . .	572	177	749	1,23	1,11	0,91	0,495	0,355	avant	pneu	accum.	2 mot	»	»	billes
Sturges	946	665	1611	1,63	1,43	1,43	0,627	0,580	arrière	cao. plein	accum.	1 mot	»	»	lisse

Les essais de consommation des moteurs, à diverses charges correspondant aux exigences de la locomotion automobile, ont fourni des chiffres fort variables. Cela tient aux genres de moteurs

TABLEAU II

VOITURES A PÉTROLE

Désignation des véhicules	Nos des expériences	Effort de traction (en kilogrammes)	Puissance sur la jante (en chevaux)	Puissance totale du moteur (en chevaux)	Rendement des transmissions	Consommation de gazoline à 0.688 par heure (en kilogrammes)	Consommation de gazoline par cheval-heure utile (en kilogrammes)	Kilogrammètres sur la jante par kilogramme de gazoline	Prix de revient du cheval-heure utile (en francs) (la gazoline coûtant 0 f. 22 le kg.)	Effort de traction maximum (en kilogrammes)	Travail absorbé par les transmissions (en chevaux)	Vitesse (en mètres par seconde)	Observations
		kg.	ch.	ch.		kg.	kg.	kg.	fr.	kg.	ch.	m.	
De la Vergne (Mot. Benz) (New-York)...	1	16,2	0,70	1,41	0,50	1,47	2,94	58,7	0,46	73,5	0,71	3,12	
	2	23,6	1,57	2,97	0,53	2,02	1,29	96,0	0,28		1,40	5,10	
Duryea (Moteur Duryea) (Springfield)....	1	33,8	1,10	1,69	0,65	1,82	1.65	75,0	0,36	85,0	0,59	2,20	Inflammation défectueuse
	2	39,7	1,16	1,75	0.15	1,70	1,47	85,5	0,32		0,59	2,22	
Haynes et Apperson (Mot. Clerk à 2 temps)	1	10,5	0,26	0,87	0,30	2,62	9,80	12,5	2,15	54,0	0,61	1,90	Machine à 2 cylindres (un seul fonctionnant)
	2	17,8	0,95	2,23	0,46	2,60	2,74	45,0	0,60		1,28	2,02	
Lewis (Mot. Lewis à 2 temps) (Chicago)..	1	22,7	0,53	1,06	0,50	1,49	2,80	43,9	0,62	49,7	0,53	1,80	Rupture de la chaîne
	2	7,75	0,25	0,90	0,28	1,48	5,00	21,3	1,25		0,65	2,50	
Macy-Roger (New-York).............	1	23,6	0,83	2,31	0,36	1,46	1,77	70,6	0,39	46,6	1,48	2,60	Glissement de la courroie
	2	39,6	2,50	5,18	0,48	2,22	0,89	140,0	0,19		2,68	4,80	
Mueller (Mot. Mueller-Benz)	1	41,9	1,18	1,79	0,66	1,58	1,34	91,3	0,29	61,0	0,61	2,15	
	2	19,3	0,69	1,46	0,47	1,75	2,54	48,6	0,60		0,77	2,74	
	3	18	0,66	1,47	0,45	1,71	2,60	47,6	0,57		0,81	2,86	
	4	33,4	2,18	3,75	0,58	1,54	0,71	175,0	0,15		1,57	5,00	
	5	15,7	1,23	3,09	0,40	1,87	1,53	81,0	0,33		1,86	5,90	

TABLEAU III

VOITURES ÉLECTRIQUES

Désignation des Véhicules	N° des expériences	Effort de traction en kilogrammes	Puissance sur la jante (en chevaux)	Energie totale du moteur (en chevaux)	Rendement de la transmission	Energie électrique dépensée (en chevaux)	Kilowats fournis par les accumulateurs par cheval utile	Kilogrammètres à la jante par kilowat-heure dépensé	Prix de revient du cheval-heure utile en francs (le kilowat coûtant 0 f. 50 [1])	Effort de traction maximum (en kilogrammes)	Travail abordé par la transmission (en chevaux)	Vitesse (en mètres par seconde)	Régime de décharge des accumulateurs (Débit)		Observations Echauffement des coussinets
		kg.	ch.	ch,		ch.	km.	kgm.	f.	kg.	ch.	m.	Volts	Ampères	
Morris et Salom (Moteur Lundell).............. { 1	1	11,35	0,78	1,12	0,70	1,36	1,74	15,45	0,87	55	0,34	5,20	97	10,5	
{ 2	2	13,15	1,78	2,46	0,72	2,90	1,63	17,00	0,81	55	0,68	10,20	96	22,5	
Sturges Electric Motocycle Co (Moteur Lundell).... { 1	1	18,6	0,41	0,62	0,66	0,99	2,42	11,20	1,22	55	0,21	1,87	35	21,0	
{ 2	2	19	1,14	1,53	0,74	1,94	1,70	15,80	0,80	55	0,39	4,50	69	11,0	

1. — Le prix du kilowat a été fixé en se basant sur un rendement moyen de 75 % pour les accumulateurs.

employés : les moteurs à 2 temps ont donné une consommation exagérée, parce que les gaz y étaient imparfaitement brûlés; c'est le cas des voitures Haynes et Lewis. Il sera prudent de ne pas tenir compte des chiffres relatifs à ces voitures, si on veut se faire une idée des consommations courantes dans celles qui utilisent le moteur à quatre temps, le seul qui soit actuellement employé [1].

En ce qui concerne les voitures munies de moteurs Benz, dans lesquelles on a voulu simplifier la transmission en n'employant que deux changements de vitesse, en laissant au conducteur le soin de faire varier l'admission du mélange carburé pour obtenir les vitesses intermédiaires, les tableaux montrent que cette simplicité n'est obtenue qu'au prix d'une dépense considérable, dès que le moteur ne marche pas à sa vitesse normale.

Ces mêmes voitures, dans lesquelles l'unique cylindre moteur était disposé à angle droit avec l'essieu, donnaient, surtout au moment du départ, des trépidations assez fortes. Au contraire, la voiture Haynes et Apperson, qui était munie d'un moteur à deux cylindres disposés chacun d'un côté de l'arbre de transmission, ne trépidait que peu.

L'effort de traction maximum a été déterminé, en appliquant sur les roues des voitures à pétrole un couple résistant de plus en plus grand, jusqu'à l'arrêt du moteur [2]; pour les voitures électriques, le couple maximum dépendait uniquement du courant que l'on pouvait envoyer dans le moteur.

Les deux accumobiles essayées étaient, l'une à un moteur Lundell, l'autre à deux moteurs du même constructeur. MM. Lun-

---

1. Ainsi que le montre le tableau n° 2, la consommation, pour les voitures à moteur à quatre temps, a été en moyenne de 1 kg. 74, soit 2 l. d'essence à 0.700 par cheval-heure effectif aux jantes.

2. Dans aucun des essais, il n'a été possible de faire patiner les roues motrices sur le sol, ce qui permet de croire que l'effort de traction aurait pu être augmenté de beaucoup sans occasionner de glissement en démultipliant le moteur. Lorsque les véhicules essayés utilisaient des transmissions par courroies, l'effort maximum correspondait généralement au glissement des courroies.

die et Summers, en les comparant, sont arrivés à cette conclusion que la faculté de pouvoir coupler les moteurs en tension ou en quantité ne paraît pas justifier l'emploi de 2 moteurs ; le seul avantage de cette dualité est de permettre la suppression du différentiel.

320. — **Course Paris-Marseille (septembre 1896).** — Elle établissait trois classes de véhicules.

Classe A. — *1re série.* — Voitures à 2 et 4 places ;

— — *2e série.* — Voitures au-dessus de 4 places.

Classe B. — Motocycles ne pesant pas à vide plus de 150 kg.

Ces motocycles ne pouvaient prendre part à la course qu'après avoir subi l'épreuve éliminatoire Paris-Mantes-Paris (environ 100 km.), et n'avaient d'ailleurs droit qu'au chronométrage officiel.

Classe C. — Véhicules ne rentrant pas dans les classes précédentes (voiturettes Bollée...).

Les 1.711 km. de Paris-Marseille et retour étaient divisés en dix étapes, parcourues chacune un jour ; à leur arrivée à l'étape, les voitures étaient remisées dans un parc, et leurs conducteurs n'avaient qu'un quart d'heure pour les soins à leur donner ; les réparations ne pouvaient donc être faites qu'en cours de route, et leur durée était comprise dans celle du parcours.

La partie la plus accidentée est la seconde étape Auxerre-Dijon, dont le point culminant est à 534 m. au-dessus du niveau de la mer. Entre Dijon et Lyon, ainsi qu'entre Montélimar et Avignon, la route est plate. Dans les autres parties de la route, il y a quelques rampes de 7 et 8 0/0.

32 véhicules se sont présentés au départ : 20 voitures à 2 et 4 places (19 à pétrole, 1 à vapeur) ; 3 voitures à 5 et 6 places (2 à pétrole, 1 à vapeur) ; 5 motocycles, tous à moteur de Dion-Bouton ; 4 voiturettes Bollée.

Le départ eut lieu le 24 septembre par un temps relativement beau ; mais le 25 les coureurs eurent à subir un cyclone épouvantable, qui mit hors de combat douze d'entre eux ; au retour, ils furent retardés par des coups de mistral très violents.

14 voitures, toutes à pétrole, rentrèrent à Paris, classées ainsi qu'il suit :

	N° du véhicule	NOMS des constructeurs	DURÉE du parcours Paris-Marseille-Paris	VITESSE moyenne à l'heure
	6	Panhard et Levassor	67 h 42 m 58 s	25 km 20
	8	Id.	68 11 5	24 60
	5	Id.	71 23 22	23 94
	41	Delahaye	75 29 48	22 62
CLASSE A : *1re série*.	44	Peugeot et Cie	81 23 51	21 »
	42	Delahaye	84 27 5	20 22
	29	Maison Parisienne	102 41 37	17 22
	30	Id.	108 39 »	15 74
	26	Landry et Beyroux	119 44 21	14 29
CLASSE A : *2° série*..	46	Peugeot et Cie	75 26 24	22 68
CLASSE B	13	De Dion et Bouton	71 1 5	24 »
	51	Michelin et De Dion	73 30 12	23 22
	15	De Dion et Bouton	83 13 16	16 40
CLASSE C.........	39	Michelin et Bollée	141 10 4	12 18

La voiture n° 6 de Panhard et Levassor était munie d'un Phénix de 8 chevaux à 4 cylindres ; les voitures n° 8 et 5 en avaient un de 6 chx à 2 cylindres ; la caisse de la dernière était en aluminium. Les roues étaient toutes garnies de bandages en caoutchouc plein.

La voiture de M. Delahaye (§ 270), avec moteur horizontal à 2 cylindres, avait deux vitesses (18 et 25 km.) ; elle était montée sur pneus.

Les voitures Peugeot, munies aussi de pneus, avaient des moteurs horizontaux de la maison (§ 268), de la force de 4 et de 6 chx.

Les deux voitures de la Maison Parisienne étaient des Benz à un cylindre, de 4 chx, semblables à celles que M. Roger avait engagées en 1895 dans Paris-Bordeaux.

Celle de MM. Landry et Beyroux (§ 274) avait un moteur de 4 ou 5 chevaux.

La vitesse moyenne du véhicule gagnant (25,20 km.) n'est pas beaucoup supérieure à celle du vainqueur de Paris-Bordeaux (24,2 km), bien que le moteur soit de 8 chevaux au lieu de 4. La raison doit en être cherchée dans la différence des conditions climatériques. MM. Collin et de la Valette ont établi les moyennes des vitesses pour les 10 premiers véhicules de chaque étape ; cette moyenne est de 25,5 pour les 7 étapes de conditions atmosphériques normales, et ce chiffre moyen en suppose un très notablement plus fort pour la 1re voiture. La 5e étape, avec mistral favorable, leur a donné 28,8 km. ; la 7e, avec mistral défavorable, 22 km. ; la 2e, avec sa tourmente, 17,7 km. Cette dernière a abaissé la moyenne générale des dix étapes.

La vitesse moyenne est aussi beaucoup plus constante que dans Paris-Bordeaux.

Enfin ce qu'il faut noter dans la course Paris-Marseille, c'est que les véhicules les plus divers par leur construction et leur poids ont eu des vitesses tout à fait comparables. C'est là un résultat particulièrement remarquable pour le tricycle de Dion-Bouton, et qui démontre de façon éclatante que légèreté et endurance ne sont pas exclusives l'une de l'autre.

La légèreté semble d'ailleurs un facteur essentiel du succès dans ces luttes de vitesse ; même les voitures à pétrole un peu lourdes n'ont fourni qu'un médiocre parcours : une seule s'est classée parmi les premières arrivées, et en ne réalisant que la vitesse moyenne de 22,68 km. Cela explique l'insuccès de la vapeur, qui pourrait bien cesser le jour où on aurait réalisé une voiture légère et résistante.

321. — Course Paris-Amsterdam (juillet 1898). — Le programme établissait dans la classe des voitures 3 séries, suivant qu'elles portaient 2 ou 3, 4 ou 5, ou au moins 6 personnes. Les motocycles pouvaient peser jusqu'à 200 kg. à vide et étaient divisés en 4 séries :

1re *série* : Moins de 100 kg., 1 place.
2e — — plus d'une place.
3° — De 100 à 200 kg., 1 place.
4e — — plus d'une place.

Pour les coureurs, la seule catégorie dont nous nous occuperons, les 1.521 km. de Paris à Amsterdam, par Dinant et Nimègue, et d'Amsterdam à Paris, par Liège, Luxembourg, Verdun et Châlons, étaient divisés en six étapes, à parcourir le jour ; l'organisation des parcs pour la nuit était la même que dans Paris-Marseille.

Il y eut 38 engagements pour la 1re série des voitures, 10 pour la 2e, 1 pour la 3e ; pour les motocycles, 11 dans la 1re série, 4 dans la 3e. Il n'y en eut pas pour les motocycles à plus d'une place. Le pétrole seul actionnait tous ces véhicules.

Le classement à l'arrivée fut le suivant pour les premiers de chaque série :

Catégorie	Rang	N° du véhicule	Noms des constructeurs	Durée du parcours Paris-Amsterdam-Paris	Vitesse moyenne à l'heure
Voitures à 2 ou 3 places	1	1	Panhard et Levassor	33 h 4 m	44 km 7
	2	3	d°	33 25	42 9
	3	11	Amédée Bollée	34 8	42
	4	6	Panhard et Levassor	34 58	41 1
	5	14	Amédée Bollée	35 19	40 6
	6	4	Panhard et Levassor	35 45	40
	7	19	Peugeot	36 20	39 4
Motocycles de moins de 100 kg. à une place	1	69	Phébus (moteur de Dion)	39 36	36 3
	2	43	de Dion-Bouton	41 20	34 7
	3	39	d°	52 42	27 2
Motocycle de 100 à 200 kg. à une place	1	29	Société Decauville	50 14	28 6
	2	71	Sté An. voiturettes Bollée	54 3	26 4

Les voitures à 4 ou 5 places, et la voiture à 6 places ne figurèrent pas à l'arrivée.

Les voitures 1, 3, 6 et 4 de la maison Panhard avaient des Phénix de 8 chevaux. Les voitures 11 et 14 des moteurs A. Bollée, du type que nous avons décrit (§ 272) de cette même force, comme d'ailleurs la voiture Peugeot n° 19, qui avait le moteur horizontal de la maison. La vitesse moyenne réalisée par ces voitures est très remarquable, surtout celle de la 1re (44 km. 7 par heure); l'augmentation de la force du moteur, qui n'avait pu, en partie pour la raison que nous avons donnée, produire tout son effet dans Paris-Marseille, a donné cette fois des résultats féconds.

Les motocycles de moins de 100 kg., tous munis du moteur de Dion-Bouton, n'ont pu ici suivre le train des voitures; mais leur légèreté leur donne une avance sérieuse sur les voiturettes Decauville (§ 258) et Bollée (§ 256).

322. — Course Nice-Castellane (mars 1899). — Les concurrents étaient divisés en deux catégories : *voitures*, tout véhicule d'un poids à vide supérieur à 200 kg, et comptant au moins deux places côte à côte ; *motocycles*, tout véhicule d'un poids inférieur à 200 kg. Cette course, organisée par la *France-Automobile*, s'est faite en une seule étape, sur le parcours Nice-Castellane par Grasse, et Castellane-Nice par Entrevaux, parcours très accidenté, dont les poids culminants sont aux altitudes de 1.170 et 1.124 mètres, et la longueur de 206 km. Mais, à cause du danger que le passage aux grandes allures aurait présenté, de Castellane à Levens-Vésubie, par Puget-Théniers, cette partie du trajet, 89 km. environ, était neutralisée. Le parcours utile, de 120 km. 782, comprenait le point à l'altitude de 1.170 m., et comme côtes importantes une rampe de 4,3 0/0 sur 7 km., une autre de 5 0/0 sur 4 km., une troisième de 7,5 0/0 sur 3,8 km.

Les premiers arrivés se sont classés dans l'ordre suivant :

CATÉGORIES	RANG	N° DU VÉHICULE	NOMS DES CONSTRUCTEURS	FORCE EN CHEVAUX	DURÉE DU PARCOURS	VITESSE MOYENNE A L'HEURE	
						pour les 120 km. de la course	pour les 91 km. Nice-Castellane (parcours de montagne)
Voitures	1	20	Peugeot	17	2 h 52 m 50 s	41 km 400	38 km 260
	2	7	Panhard et Levassor	8	3 19 20	36 00	33 900
	3	10	Peugeot	10	3 22 45	35 40	32 700
	4	15	De Diétrich	9	3 25 55	34 8	32 120
Motocycles	1		De Dion-Bouton	3	2 59	39 60	
	2	56	De Dion-Bouton	1 3/4	3 28 4	34 20	

La première voiture, conduite par M. Lemaître, a eu au départ une crevaison de pneumatique qui lui a fait perdre 15 minutes: si on les défalque du temps de son parcours, cela porte à 45 km. la vitesse moyenne à l'heure, qui devient alors fort voisine de celle qu'avait réalisée la voiture Panhard de 8 chevaux dans Paris-Amsterdam ; ce résultat est dû à la force jusqu'alors insolite du moteur (17 chevaux). C'est aussi à la même cause (moteur de 3 chx, au lieu de 1 ch. 3/4), qu'est due la belle performance du tricycle de Dion-Bouton, arrivé premier des motocycles, avec une vitesse moyenne de près de 40 km. à l'heure [1].

323. — **Tour de France (juillet 1899)**. — La course, organisée par le journal *Le Matin*, sous le patronage de l'Automobile-Club de France, ne prévoyait que trois catégories : voitures, motocycles, voiturettes.

---

1. Ces performances remarquables ne devaient pas tarder à être dépassées. En mai 1899, M. Charron, avec une voiture Panhard de 12 chx., a fait le trajet de Paris à Bordeaux en 11 h. 43 m. 20 s. (les trains les plus rapides le font en 7 h. 54 m.), battant le temps de M. R. de Knyff en 1898 de 3 h. 32 m. et réalisant ainsi une moyenne de 48 km. 200 à l'heure. Dans la même course, Bardin a fait le trajet, avec un tricycle de Dion-Bouton en 13 h. 22 m., battant de 5 h. 13 m. le temps de Corre, et réalisant une vitesse moyenne de 42 km. 230. Cette vitesse est encore notablement inférieure à celle qu'a fournie Béconnais, dans les 100 km. de la Coupe des Motocycles, fondée en 1897 par la *France Automobile* (56 km. 500).

L'itinéraire était arrêté de la façon suivante :

1re journée.	—	Paris-Nancy	290 kilomètres.

1re journée. — Paris-Nancy..................... 290 kilomètres.
2e   —   Nancy-Aix-les-Bains.............. 366   —
3e   —   Repos.
4e   —   Aix-les-Bains-Vichy............... 382   —
5e   —   Repos.
6e   —   Vichy-Périgueux................... 299   —
7e   —   Périgueux-Nantes................ 342·   —
8e   —   Nantes-Cabourg 348   —
9e   —   Cabourg-Saint-Germain........... 192   —
Au total, pour 7 étapes......................... 2219   —

Les moyeux, châssis et bâti du moteur, devaient être poinçonnés la veille du départ, et pouvaient être repoinçonnés en cours de route. Un délai d'une heure était accordé tant à l'arrivée qu'au départ pour les soins à donner aux véhicules. Le changement de pneus n'était pas considéré comme une réparation.

Il y eut 32 engagements pour la catégorie des voitures, 31 pour celle des motocycles, 4 pour les voiturettes. Sur ces nombres, 19 voitures, 23 motocycles et 3 voiturettes partirent effectivement de Champigny. Il est rentré à Saint-Germain 9 voitures, 9 motocycles et 3 voiturettes, dont le classement est donné par le tableau de la page suivante.

La vitesse moyenne de la Panhard, de 16 chevaux, pilotée par M. de Knyff (51 km. 100 à l'heure) dépasse de 3 km. environ celle que M. Charron avait atteinte dans la course de Paris-Bordeaux de 1899, avec sa Panhard de 12 chevaux. Elle a été dépassée à son tour par celle qu'a réalisée M. Levegh, le 1er octobre 1899, avec une voiture Mors de 16 chevaux, dans la course Bordeaux-Biarritz, et qui s'est élevée à 64 km. à l'heure (même à 67, si on défalque un quart d'heure passé à réparer une crevaison de pneumatique [1]); il est juste d'ajouter que le parcours de Bordeaux-Biarritz est moins accidenté que celui du Tour de France. Quoi qu'il en soit, ces vitesses sont véritablement prodigieuses, et on peut se demander où s'arrêteront la puissance des voitures et la hardiesse des coureurs.

1. *France Automobile* du 8 octobre 1899, p. 488.

RANG	CONDUCTEURS	CONSTRUCTEURS	PUISSANCE DU MOTEUR	TEMPS			VITESSE MOYENNE A L'HEURE [1]

PREMIÈRE CATÉGORIE. — *Voitures.*

RANG	CONDUCTEURS	CONSTRUCTEURS	PUISSANCE DU MOTEUR	TEMPS			VITESSE MOYENNE A L'HEURE [1]
1	R. de Knyff	Panhard-Levassor	16	44^h	43^m	39^s $1/5$	$51^k 100$
2	Girardot	—	12	49	37	39 $2/5$	45 677
3	Cte de Chasseloup-Laubat	—	12	49	44	18	45 565
4	Pinson	—	12	52	34	17 $4/5$	43 154
5	Boileau de Castelnau	Amédée Bollée	10	53	29	7	42 380
6	Heath	Panhard-Levassor	12	58	46	55 $4/5$	32 532
7	Clément	—	12	75	45	35 $3/5$	29 550
8	Levegh	Mors	12	80	14	59 $2/5$	27 850
9	Jenatzy	—	12	166	6	3	13 250

DEUXIÈME CATÉGORIE. — *Motocycles.*

RANG	CONDUCTEURS	CONSTRUCTEURS	PUISSANCE DU MOTEUR	TEMPS			VITESSE MOYENNE A L'HEURE [1]
1	Teste		Tricycle	50	58	9 $2/5$	44 560
2	Tart		—	51	32	37	44 030
3	G. de Meaulne	Moteurs De Dion-Bouton	—	53	38	41	42 260
4	Degrais		—	55	40	33 $1/5$	40 650
5	Bardin		—	56	7	5 $2/5$	40 360
6	Béconnais	Moteur Aster	—	56	30	34 $3/5$	40
7	Gleize		—	58	49	14 $2/5$	38 988
8	Cormier	Moteurs De Dion-Bouton	—	71	30	35	31 370
9	Rivierre		—	93	44	44	23 716

TROISIÈME CATÉGORIE. — *Voiturettes.*

RANG	CONDUCTEURS	CONSTRUCTEURS	PUISSANCE DU MOTEUR	TEMPS			VITESSE MOYENNE A L'HEURE [1]
1	Gabriel	Moteur Decauville	4	67	16	35 $2/5$	33 325
2	Théry	—	4	75	43	22 $4/5$	29 571
3	Ullmann	—	4	125	25	4	17 647

1. Pour établir ces vitesses moyennes, on a retranché du temps total la durée des traversées des villes neutralisées (2 heures, 10 minutes), et de la distance le nombre de kilomètres que représentent ces neutralisations (44 kilomètres).

324. — Courses de côtes. — Les longs parcours, sur lesquels se sont faites les courses que nous venons de rappeler, comprennent des parties accidentées et des rampes plus ou moins fortes. Il n'en était pas moins intéressant de voir ce que pouvaient spécialement faire les automobiles sur des côtes longues et raides.

Le trajet de Nice à la Turbie, d'une longueur de 16 km. 200, presque continuellement en rampe, dont l'inclinaison atteint jusqu'à 11 0/0, a été parcouru :

En 1897, par le break à vapeur de M. Michelin (break de Dion-Bouton de 16 chevaux), en 31 m., 50 s. ; par la voiture à pétrole de M. Lemaître (un phaéton Peugeot de 6 chx) en 52 m., 55 s. ; par le tricycle de M. Mouter (un de Dion-Bouton de 1 1/4 chx en 30 m. 8 s).

En mars 1899, par la voiture de M. Lemaître (un phaéton Peugeot de 17 chx) en 24 m. 23 s., et par le tricycle de Dion-Bouton de 1 3/4 chx, monté par M. G. de Méaulne, en 26 m. 47 s. On voit les progrès réalisés en deux ans.

La côte de Chanteloup, d'une longueur de 1.820 m., dont la pente varie de 1,7 à 10,6 0/0, et qui présente 320 m. inclinés à 9,7 0/0 précédés de 140 m. inclinés à 10,6 0/0, a été, le 29 novembre 1898, le théâtre d'une course organisée par la *France Automobile.* Elle a été parcourue par la voiture électrique de M. Jenatzy en 3 m. 52 s., par la voiturette L. Bollée (de 8 chx) de M. Jamin, en 4 m. 2 s. 4/5, par le tricycle Phébus (à moteur de Dion de 1 3/4 chx) de M. Marcellin en 4 m., 5 s. par la voiture A. Bollée (de 9 chx) de M. E. Giraud en 4 m. 36 s. 2/5.

En juillet 1899, le motocycliste Renaux a effectué l'ascension de la côte en 2 m. 25 s. 4/5.

Le 12 novembre 1899, les temps ont été les suivants, pour les premiers véhicules de chacune des cinq catégories :

a) 3 m. 10 s., pour la voiture électrique de M. Jenatzy, pesant 2.600 kg., portant 2 voyageurs, et dont le moteur était alimenté par un courant de 300 volts sous 400 ampères.

b) 4 m. 2 s. 2, pour la voiture Peugeot de 15 chx, pesant 1.200 kg., portant 2 voyageurs, pilotée par Doriot.

c) 3 m. 17 s. 3, pour le quadricycle Phébus, à moteur Soncin de 4 chx, portant 2 personnes, conduit par Béconnais.

Dans cette même catégorie réservée aux véhicules pesant moins de 400 kg, la voiture à vapeur Stanley, à moteur de 3 chx, pesant 250 kgs, portant 2 personnes, s'est classée seconde avec une durée de parcours de 4 m. 40 s. 3.

d) 2 m. 34 s. 4, pour le tricycle Phébus, à moteur Soncin de 4 chx, ne portant que son conducteur Béconnais.

e) 2 m. 41 s. 2, pour le motocycle Renaux, à une place sans chaîne (ne pouvant dès lors être aidé par les pédales), à moteur Renaux de 4 chevaux.

Le journal le *Vélo* a aussi organisé une course annuelle, sur la côte de Sainte-Barbe, à cinq minutes de Gaillon : cette côte, qui est presque en ligne droite à ses débuts sur une longueur de 100 mètres, monte pendant 600 mètres environ, à raison de 9 °/°, et finit en 5°/°; le parcours de la course est d'un kilomètre exactement.

La première épreuve, qui a eu lieu le 3 décembre 1899, a donné, pour les premiers coureurs des sept catégories, les temps suivants :

a) *Voitures au-dessus de 400 kg* : Essence, Vallée, 3 m. 3 s. 2/5; pétrole lourd, Koch, 4 m. 8 s. 1/5.

b) *Voitures de 400 à 250 kg.* : Vapeur, Stanley, 1 m. 56 s.; pétrole, G. Chauveau, 2 m. 40 s.

c) *Voitures au-dessous de 250 kg.* : Vapeur, Stanley, 1 m. 45 s. 3/5; pétrole, Van Berendonck, 2 m. 44 s.

d) *Motocycles au-dessus de 150 kg.* Essence, Villemain, 1 m. 20 s.

e) *Motocycles à deux places occupées.* Essence, Villemain, 1 m. 28 s.

f) *Bicyclettes.* Essence, Bonnard, 2 m. 6 s. 2/5.

g) *Motocycles sans chaîne.* Essence, Villemain, 1 m. 16 s. 1/5.

325. — Record du kilomètre. — Mentionnons enfin que le « Record du kilomètre » sur la route d'Achères, fondé par la *France Auto-*

mobile et confié par elle à l'*Automobile Club de France*, était détenu, en décembre 1899, pour les voitures électriques, les voitures à pétrole et les motocycles, par :

| M. M. | VÉHICULES. | TEMPS | | | VITESSE |
		Du 1er kilomètre. Départ arrêté.	Du 2e kilomètre. Départ lancé.	Des deux kilomètres.	PAR HEURE (d'après celle du km lancé).
Jenatzy.	La Jamais Contente (§ 300)........	47ˢ 4/5	34ˢ	1ᵐ 21ˢ 4/5	105 km 850
L. Lefebvre.	Bolide (§ 280), 15 ch......,......	1ᵐ 17ˢ	58ˢ 4/5	2ᵐ 15ˢ 4/5	62 km
Béconnais. (21 sept. 1899)	Tricycle de Dion-Boutton, 1 3/4 ch,	1ᵐ 0ˢ 4/5	49ˢ 4,5	1ᵐ 50ˢ 3/5	73 km

La vitesse de 62 km. à l'heure *en palier* (les vitesses atteintes en course sur les descentes n'ont jamais été officiellement chronométrées, mais ont certainement beaucoup dépassé ce taux) a été battue par M. Levegh dans Bordeaux-Biarritz (§ 323) et par M. Lemaître, à Nice, en mars 1899, dans la course du mille, qu'il a parcouru en 1 m. 35 s. 3/5 (ce qui donne 47 s. 1/5 pour le kilomètre et 76 km. à l'heure), mais ces dernières n'ont pas été réalisées sur la route du parc agricole d'Achères ni chronométrées par les représentants officiels de l'Automobile-Club, comme c'est nécessaire pour le record du kilomètre [1].

326. — **Les courses à l'étranger.** — L'exposition, qui s'est tenue à Richmond (Angleterre) en juin 1899, a été l'occasion de plusieurs courses.

Celle des voitures électriques (parcours 54 kilomètres) n'a réuni que deux concurrents. Le dog-cart de la « Electrical Undertakings Cᵒ », pesant 840 kg. sans ses deux passagers, a fait tout le parcours à la vitesse moyenne de 16 km. à l'heure. La voiture Riker construite par Mackenzie et Cᵒ, pesant 965 kg.,

---

1. Le record de l'heure sur piste pour motocycles a été porté, le 9 septembre 1899, au Parc des Princes, par M. Osmont, à 63 km. 990, départ arrêté.

n'a couvert que 46 km., à la vitesse moyenne de 11 km. à l'heure.

La course pour voitures à pétrole a réuni 21 véhicules. Le parcours de 80 km. a été effectué par une voiture Delahaye en 3 h. 23, c'est-à-dire à la vitesse moyenne de 23 km. 700, en consommant 6 l. 814 d'essence, soit 0 l. 136 par mille; à raison de 0 fr. 20 le litre, cela fait une dépense de 2,7 centimes par mille, environ 2 centimes par km. La voiture Iveagh est arrivée seconde, en 3 h. 28, à la vitesse moyenne de 23 km. 160, consommant 11 l. 350 d'essence, environ 4 centimes par kilomètre.

Une voiture Delahaye a seule pris part à la course du mille, qu'elle a couvert en 2 m. 13 s. 4/5, ce qui donne du 43 km. 408 à l'heure.

L'Exposition de Berlin a donné lieu à deux courses. La première, réservée aux voiturettes et motocycles, s'est courue entre la capitale allemande et Baumgartenbrück, avec retour à Berlin (65 km.), et a été gagnée par un motocycle, en 1 h. 22.

La seconde, ouverte à tous les genres d'automobiles, a été courue entre Berlin et Leipzig (185 km.). Une voiture à pétrole de 2 places est arrivée première, à l'allure moyenne de 35 km. à l'heure, suivie de très près par un motocycle, et à quelque vingt minutes de distance par MM. de Turckheim et de Dietrich, montant chacun une Bollée-Dietrich. Les concurrents ont été fortement gênés par un vent du sud, qui soufflait avec rage, et par l'état des routes fort détrempées. Mais ces conditions défavorables ne suffisent pas pour expliquer la différence qui existe entre les vitesses réalisées en Allemagne et celles qui ont été atteintes dans les courses françaises.

L'étranger semble pourtant vouloir participer à nos grandes épreuves. La gagnante de Berlin-Leipzig est une voiture Benz, spécialement construite pour les courses par les ateliers de Mannheim : elle n'a qu'une courroie, comme les Bollée et les Dietrich, 4 vitesses, marche arrière, et peut, paraît-il, faire 1.000 km. sans renouveler sa provision d'eau, et atteindre en palier la vitesse de 58 à 60 km. à l'heure. On assure aussi qu'en vue de nos prochaines courses, la Daimler C° prépare 4 voitures spéciales, dont une sera actionnée par un moteur à 8 cylindres, ce qu'il est peut-être permis de trouver excessif.

Du reste, les clubs de Belgique et d'Allemagne ont officiellement informé l'*Automobile Club de France* de leur intention de lui disputer, dès 1900, la Coupe Bennett, qui doit toujours passer aux mains du club sortant vainqueur du dernier tournoi international. La Suisse et l'Autriche-Hongrie comptent affronter la lutte en 1901. On voit que ce challenge sera chaudement disputé [1].

1. Les conditions dans lesquelles il doit se courir ont été réglées par *l'Automobile Club de France*, qui était tout désigné pour cela.

.La Commission sportive du même club a préparé un règlement général pour les courses d'automobiles, auquel il faut désirer qu'elles se soumettent toutes pour revêtir l'uniformité qui trop souvent leur manque (voir *Locomotion automobile* du 24 août 1899, p. 544). L'esprit général de ce règlement est que les courses sont gagnées par une association composée de la machine et de son équipage, et que c'est cet ensemble non modifié qui doit arriver. L'article 9 ne reconnaît officiellement que deux catégories de véhicules : 1° motocyclettes, motocycles ou voiturettes pesant moins de 250 kilos ; 2° voitures pesant plus de 250 kilos et portant au moins 2 voyageurs, côte à côte, d'un poids moyen minimum de 70 kilos.

de
ur

ri

l'A
sp
tu
au
75
en
so

tua

da

CHAPITRE II

Les concours jusqu'ici effectués ont été de trois sortes :

1° Concours de véhicules servant au transport en commun des voyageurs ou au camionnage des marchandises, ou, d'après une expression consacrée, de Poids lourds ;

2° Concours de Fiacres et de voitures de livraison ;

3° Concours de moteurs et d'accumulateurs.

Nous allons rendre successivement compte de ces trois catégories de concours.

1° Concours de Poids lourds.

327. — Concours de Versailles. — Ce concours, organisé par l'Automobile-Club, était ouvert en 1897, à tous véhicules, transportant une charge utile minimum d'une tonne et pouvant effectuer 15 km. au moins sans se ravitailler. En 1898 et 1899, il a aussi admis des voitures de livraison de banlieue ne portant que 750 ou même 500 kg. de charge utile. Les principales dispositions en étaient déterminées par les articles 7 et 9 du programme, qui sont transcrits ci-dessous[1].

1. L'épreuve du concours se composera d'un service de 6 jours, constituant un parcours total d'à peu près 300 km :

> route A : environ 40 km., avec arrêt tous les km.
> — B : 50 — — 5 km.
> — C : 60 — — 10 km.

Il y aura des arrêts prévus en pleine rampe et en pleine pente, sur macadam et sur pavé (il y a aussi eu des arrêts commandés inopinément).

Des commissaires accompagneront les véhicules, chargés :

Les trois parcours choisis avaient pour points de départ et d'arrivée la place d'Armes à Versailles :

Longueurs approximatives.

TRAJET A. — Vilepreux, Noisy-le-Roi, Porte de Saint-Cloud (Paris), Chaville............................ 41 km. 500
B. — Ville-d'Avray, Suresnes, St-Germain, Marly-le-Roi.. 46 km. 500
C. — Palaiseau, Cernay, Port-Royal .... 41 km. 500

Chacun d'eux comporte des déclivités douces et continues, raides et courtes (maxima 4.4 °/₀ pour les rampes, 5.1 °/₀ pour les pentes), et des parties fort mal pavées.

En 1897, huit constructeurs avaient engagé 15 véhicules. Le concours a eu lieu au mois d'août : pour des motifs divers, 8 véhicules ne se sont pas présentés ou n'ont pu achever le concours. Les sept véhicules, qui ont résisté à toutes les épreuves, sont les suivants, que nous avons tous eu l'occasion de décrire :

1. — TRANSPORT PUBLIC DES VOYAGEURS

1° Véhicules automoteurs.

Première catégorie, à vapeur.

Omnibus Scotte (§ 234) ;

Omnibus de Dion-Bouton (§ 232).

1° De noter les consommations, y compris celles du graissage et de l'allumage ;

2° De chronométrer les vitesses en palier et en rampe ; la vitesse sur les pentes ne sera considérée qu'au point de vue de ses effets sur la stabilité des véhicules ; la commission décidera le maximum à imposer à chaque véhicule suivant ses conditions d'établissement, et les commissaires devront le faire respecter ;

3° De noter dans chaque cas les longueurs que les véhicules parcourront avant l'arrêt complet sous l'action du frein ;

4° De donner leurs appréciations sur les véhicules en tenant compte de la facilité de conduite, de la marche en avant ou en arrière, de la sécurité, du confortable, des dépenses d'entretien, de l'amortissement du capital, de la fréquence, l'importance, la facilité des réparations et de la fréquence des ravitaillements.

Deuxième catégorie, à essence.

Omnibus Panhard et Levassor (§ 267).

2° Véhicules à bogie moteur.

Pauline de Dion-Bouton, à vapeur (§ 233).

3° Véhicules automoteurs en remorquant d'autres.

Train à voyageurs Scotte, à vapeur (§ 235).

II. — TRANSPORT DES MARCHANDISES.

1° Véhicules automoteurs.

Camion de Dietrich et Cie, à essence (§ 287).

2° Véhicules automoteurs en remorquant d'autres.

Train à marchandises Scotte, à vapeur (§ 235).

En 1898, 19 véhicules avaient été engagés : 8 seulement ont résisté à toutes les épreuves du concours ; 2 prêts trop tard n'ont effectué qu'une seule fois les trois itinéraires ; un autre, à la suite d'un déplorable accident survenu le 11 octobre, n'a parcouru qu'une seule fois les itinéraires A et B et deux fois l'itinéraire C. Ces 11 véhicules avaient été classés de la manière suivante :

I. — TRANSPORT PUBLIC DES VOYAGEURS.

Première catégorie, à essence.

Omnibus Roser-Mazurier (§ 279 *bis*) ;
Break de Dietrich (§ 272).

Deuxième catégorie, à vapeur.

a). Chaudière chauffée au coke :

Omnibus de Dion-Bouton (§ 232) ;

Char à bancs de Dion-Bouton (§ 232).

b). Chaudière chauffée au pétrole brut :

Break Leyland de l'*Automobile Association Limited* (§ 242).

c) Chaudière à vaporisation instantanée, chauffée aux huiles lourdes :

Omnibus Serpollet (§ 238).

II. — TRANSPORT DES MARCHANDISES

Première catégorie, à essence.

Camion de Dietrich (§ 287).

Deuxième catégorie, à vapeur, avec chaudière au coke.

Camion de Dion-Bouton (§ 232).

III. — VOITURES DE LIVRAISON DE BANLIEUE

Première catégorie, voitures portant au minimum 1000 kg. de charge utile.

Anciens Etablissements Panhard et Levassor, à essence (§ 287).

Deuxième catégorie, voitures portant au minimum 750 kg. de charge utile.

Société française des voitures électromobiles (§ 301).

Troisième catégorie, voitures portant au minimum 500 kg. de charge utile :

Voiture électrique Kriéger (§ 299).

Nous avons décrit toutes ces voitures, ou des voitures analogues des mêmes constructeurs, aux paragraphes dont nous avons rappelé les numéros. Nous ajouterons seulement à leur sujet que le concours de 1898 a révélé une tendance à augmenter le diamètre des roues (c'est ainsi que l'omnibus de Dion-Bouton, qui avait, en 1897, des roues de 1 m., en comportait de 1 m. 10 et que l'omnibus Serpollet avait des roues de 1 m. 30) et la largeur des bandages : la première est excellente, la seconde plus contestable à cause de la mobilité des matériaux des chaussées empierrées, si bien que la commission du concours a indiqué sa préférence pour le système, qui consisterait à munir chaque véhicule de deux jeux de roues, l'un pour l'été à bandage rétrécis, l'autre pour l'hiver à bandages larges.

La classification adoptée en 1898 diffère un peu de celle de 1897 par suite de l'absence au second concours de véhicules à bogie moteur.

Les résultats donnés par ces véhicules, tant en 1897 qu'en 1898 sont consignés dans les tableaux des pages 658, 659 et 660.

Ces tableaux sont extraits, avec les renseignements qui les précèdent, des très intéressants rapports dressés par le président et le secrétaire de la commission des concours : M. G. Forestier et M. le comte de Chasseloup-Laubat [1]. Il ne faut d'ailleurs pas oublier que les chiffres n'en sont applicables qu'à des véhicules circulant dans des conditions comparables à celles du concours, tant au point de vue de la nature et du profil des itinéraires qu'à celui des vitesses qu'il serait possible d'adopter dans une entreprise de transports [2].

1. *Génie civil*, t. XXXII, p. 33, et t. XXXV, p. 197.
2. Voici comment ils ont été établis : *Vitesse commerciale*. De la durée totale du parcours on a retranché tous les temps : 1° d'arrêt aux divers points de ravitaillement ; 2° de stationnement aux passages à niveau fermés ou d'arrêts dus à l'encombrement de certaines voies ; 3° de parcours erronés (et non pas d'arrêts dus aux réparations en cours de route et aux incidents analogues à ceux que les véhicules rencontreraient forcément dans un service régulier).
A la durée ainsi réduite on a ajouté : 1° dix minutes par chaque ravitaille-

I. — **Voyageurs.**

CONSOMMATION PAR TONNE KILOMÉTRIQUE

VÉHICULES	PRIX	PUISSANCE du MOTEUR	VITESSE COMMERCIALE	CHARGE UTILE	POIDS MORT	POIDS TOTAL	POIDS TOTAL PAR CHEVAL-VAPEUR	POIDS ADHÉRENT EN PLEINE CHARGE	RAPPORT du poids adhérent au poids total	COMBUSTIBLE par tonne kilométr. TOTALE	UTILE	EAU / COKE
1	2	3	4	5	6	7	8	9	10	11	12	13
	francs	chev.	kilom.	kilogr.	kilogr.	kilogr.	kilogr.	kilogr.		*Coke* kilogr.	kilogr.	
1° Vapeur.												
Omnibus de Dion. 1897	22 000	25	14 à 14,5	1 120	5 040	6 160	235	4 200	0,68	0,31	1,73	6,2
Omnibus de Dion. 1898	22 000	30	14,46	2 000	6 380	8 380	276	5 200	0,51	0,321	1,33	4,87
Pauline de Dion.. 1897	26 500	35	10 à 10,8	2 500	7 410	9 910	271	6 051	0,61	0,37	1,42	5,5
Pauline de Dion.. 1898	22 000	30	13,81	2 400	6 200	8 600	283	6 260	0,73	0,34	1,20	4,98
Omnibus Serpollet.. 1898	18 000	15	12,34	1 350	5 500	6 850	442	4 450	0,65	*Huiles lourdes* litres 0,245	litres 1,207	13 (essai)
Break Leyland..... 1898	10 000	6	9,5	750	1 950	2 575	276	1 565	0,60	*essence commerce* litres 0,60	litres 1,080	11 (essai)
2° Mélange tonnant.												
Omnibus Panhard.. 1897	18 000	12	10 à 15	1 000	2 400	3 400	273	2 300	0,68	0,147	0,490	5
Livraison Panhard.. 1898	12 000	8	14,2	1 000	2 250	3 250	406	2 050	0,66	0,109	0,355	insignif.
Break Dietrich..... 1898	12 000	9	11,5	1 000	2 050	3 050	339	2 020	0,66	0,136	0,420	Id.
Omnibus Roser..... 1898	18 000	9,5 compound	9,54	950	2 700	3 650	400	1 930	0,53	0,078	0,296	Id.
3° Moteur électrique												
Livr. Électromobiles. 1898	13 000	3,5	10,014	750	2 070	2 850	814	1 800	0,63	*watts-heure* 149	560	—
Livraison Kriéger... 1898	15 000	8	10,2	500	1 530	2 030	253	1 015	0,50	111	451	—

Moteur	VÉHICULES.	(Année)	KILOMÈTRES PAR JOUR	DÉPENSES INDÉPENDANTES DE LA CHARGE. INTÉRÊTS ET AMORTISSEMENTS.	PERSONNEL.	ALLUMAGE ET GRAISSAGE.	FRAIS GÉNÉRAUX.	DÉPENSES TOTALES.	DÉPENSES VARIANT avec la charge. Energie consommée 1/3 DE CHARGE.	2/3 DE CHARGE.	CHARGE COMPLÈTE.	DÉPENSES totales par jour. 1/3 DE CHARGE.	2/3 DE CHARGE.	CHARGE COMPLÈTE.	1/3 CHARGE NOMBRE de tonnes-kilomètr.	1/3 CHARGE PRIX DE REVIENT PAR place kilom. av. bagag.	2/3 CHARGE NOMBRE de tonnes-kilométriq.	2/3 CHARGE PRIX DE REVIENT PAR place kilom. av. bagag.	CHARGE COMPLÈTE NOMBRE de tonnes-kilométriq.	CHARGE COMPLÈTE PRIX DE REVIENT PAR place kilom. av. bagag.
			kil.	fr.	fr.	fr.	fr.	fr.	fr.	fr.	fr.	fr.	fr.	fr.	t. km.	fr.	t. km.	fr.	t. km.	fr.
1o Vapeur.	Omnibus de Dion..	1897	145	15,40	11	7,32	3,37	37,60	10,90	11,71	12,51	47,9	48,8	49,6	54	0,089	108	0,045	162	0,030
		1898	140	15,30	11	3,42	2,97	32,69	13,90	15,34	16,64	46,61	48,03	49,33	93	0,050	186	0,025	280	0,015
	Pauline de Dion..	1897	108	18,55	16	6,12	4,16	45,83	14,54	16,10	17,64	60,39	61,94	63,45	90	0,067	180	0,034	270	0,023
		1898	133	15,30	11	3,42	2,97	32,69	13,78	15,78	18,05	46,17	48,47	50,74	106	0,04	212	0,022	349	0,015
	Break Leyland.....	1898	90	7,60	8	2,09	1,70	18,70	11,58	12,76	14,23	30,28	31,66	32,98	22,5	0,134	45	0,073	67,50	0,049
	Omnibus Serpollet..	1898	120	12,60	8	2,80	2,34	25,74	34,60	39,34	42,14	60,34	65,08	67,88	56	0,107	112	0,058	168	0,040
		1898	Si l'huile coûtait 0 fr. 15 le litre.					24,15	27,4	29,40	19,89	53,1	55,1	56	0,089	112	0,047	168	0,033
2o Mélanges tonnant.	Voitures Panhard..	1897	105	12,69	8	3,50	2,41	26,51	16,36	18,47	20,25	42,87	44,98	47,04	35	0,122	70	0,064	105	0,045
		1898	140	8,40	8	1,00	1,74	19,14	15,74	17,78	19,84	34,88	36,92	39,00	46,6	0,074	93,3	0,039	140	0,027
	Break Dietrich....	1898	110	8,40	8	1,50	1,79	19,69	14,15	16,16	17,95	33,94	35,85	37,64	36,63	0,106	73,26	0,045	109	0,034
	Omnibus Roser...	1898	90	12,60	8	1,75	2,23	24,50	2,52	5,05	7,58	27,10	29,63	32,16	28,50	0,105	57	0,052	85,5	0,037
3o Moteur électrique.	Livraison Électromobiles	1898	95	9,10	8	0,75	1,78	19,63	7,42	8,23	9 »	27,05	27,86	28,63	23,75	0,114	47,5	0,057	71,25	0,038
	Livraison Kriéger..	1898	96	10,50	8	0,75	1,92	21,17	4,00	4,50	4,86	25,17	25,67	26,03	16	0,157	32	0,080	48	0,050

II. — **Marchandises.** — CONSOMMATION PAR TONNE-KILOMÉTRIQUE

		PRIX	PUISSANCE du moteur.	VITESSE commerciale.	CHARGE UTILE.	POIDS MORT.	POIDS TOTAL.	POIDS TOTAL par chev.-vap.	POIDS ADHÉRENT en pleine charge	RAPPORT DU POIDS adhérent au POIDS TOTAL.	COMBUSTIBLE par tonne kilomét. TOTALE.	UTILE.	EAU COKE
VÉHICULES.		francs.	chev.	kilom.	kilogr.	kilogr.	kilogr.	kilogr.	kilogr.		*Coke* kilogr.	kilogr.	
1° VAPEUR — Camion de Dion..........	1898	12,000	20	11,1	3,300	5,540	3,840	291	5,340	0,60	0,423	1,122	4 5
1° VAPEUR — Train Scotte............	1897	24,000	16	6,5 à 7	4,200	7,550	11,260	716	5,730	0,48	0,530	1,430	3,5
2° Mé-lange tonnant — Camion Dietrich.	1897	6,000	6,5	8 à 9	1.200	1,300	2,500	377	1,800	0,72	*Essence* litres 0,115	litres 0,235	»
2° Mé-lange tonnant — Camion Dietrich.	1898	10,000	9	10,8	1,500	1,870	3,370	374	2,495	0,74	0,164	0,370	»

PRIX DE REVIENT DE LA TONNE-KILOMÉTRIQUE

		KILOMÈTRES PAR JOUR	Dépenses indépendantes de la charge					DÉPENSES variant av. la charge (ÉNERGIE CONSOMMÉE)			DÉPENSES totales par jour.			1/3 CHARGE		2/3 CHARGE		CHARGE COMPLÈTE	
			INTÉRÊTS ET AMORTISSEMENT	PERSONNEL	ALLUMAGE et graissage.	FRAIS GÉNÉRAUX	DÉPENSES TOTALES	1/3 DE CHARGE	2/3 DE CHARGE	CHARGE COMPLÈTE	1/3 DE CHARGE	2/3 DE CHARGE	CHARGE COMPLÈTE	NOMBRE DE TONNES kilométriques.	PRIX DE REVIENT PAR tonne-kilométrig.	NOMBRE DE TONNES kilométriques	PRIX DE REVIENT PAR tonne kilométrig.	NOMBRE DE TONNES kilométriques	PRIX DE REVIENT PAR tonne-kilométrig.
VÉHICULES		km.	fr.	fr.	fr.	fr.	fr.	fr.	fr.	fr.	fr.	fr.	fr.	t. km.	fr.	t. km.	fr.	t. km.	fr.
1° VAPEUR — Camion de Dion..	1898	106	13,29	11	4,42	2,88	31,69	11,88	15,05	17,25	43,57	46,74	48,94	116,6	0,373	233,3	0,200	349,8	0,140
1° VAPEUR — Train Scotte.....	1897	70	16,80	16	4,85	3,76	41,44	14,44	16,84	19,23	55,85	58,25	60,64	98	0,570	196	0,297	294	0,206
2° Mé-lange tonnant — Camion Dietrich..	1897	90	4,20	8	1,00	1,32	14,52	7,00	8,70	10,38	21,52	23,22	24,00	36	0,507	72	0,322	103	0,230
2° Mé-lange tonnant — Camion Dietrich..	1898	100	6,99	8	1,50	1,65	18,14	15,54	18,83	22,11	33,68	36,97	40,25	50	0,673	100	0,369	150	0,208

MM. Forestier et de Chasseloup-Laubat remarquent que les quantités de combustibles consommées par tonne-kilomètre (colonne 11) font clairement ressortir la meilleure utilisation du combustible liquide dans les moteurs à mélange tonnant.

ment nécessaire au véhicule, d'après sa consommation et la quantité de ses approvisionnements ; 2° deux minutes pour chaque arrêt réglementaire brûlé.

On a ainsi obtenu la durée commerciale du trajet.

En divisant par cette durée la longueur kilométrique du parcours, on a obtenu la vitesse commerciale.

En comparant les vitesses commerciales de chaque véhicule sur chacun des itinéraires du concours, vitesses qui sont loin d'être constantes, la commission n'a pas cherché à déduire une vitesse moyenne : elle a préféré déterminer les limites entre lesquelles, dans la pratique, cette vitesse oscillerait. Mais, pour tenir compte de ce que les conducteurs connaissaient insuffisamment les itinéraires, et aussi de ce que ceux-ci étaient assez durs, elle a, dans le calcul du prix de revient, admis qu'en service régulier on réaliserait facilement la limite supérieure ainsi trouvée pour la vitesse commerciale ; c'est cette limite supérieure qui figure au tableau.

Consommation par tonne kilométrique utile. En multipliant le poids de la charge utile exprimé en tonnes par la distance kilométrique réellement parcourue, on a obtenu le nombre de tonnes kilométriques utiles. En divisant les quantités de combustible et d'eau consommées pendant les six jours par la somme des tonnes kilométriques des six parcours, on a obtenu les consommations en combustible et en eau par tonne kilométrique utile (le rapprochement de ces deux consommations pour chaque moteur fournit un renseignement précieux sur l'utilisation de la chaleur du combustible dans la chaudière).

Prix de revient. On a admis que, dans un service régulier, les dépenses se partageraient en deux groupes :

1° Les unes ne variant guère avec la plus ou moins bonne utilisation du matériel, comme l'intérêt et l'amortissement du capital d'achat évalués à 10 % de ce capital, le salaire du personnel, le combustible pour l'allumage, le graissage et les chiffons, les frais généraux, évalués à 10 % du total des dépenses fixes. Dans cette catégorie, on a aussi compris pour 11 % du capital, la réparation et l'entretien du matériel, bien qu'en réalité ces dépenses spéciales soient fonctions de l'intensité du trafic ; la commission a d'ailleurs reconnu après coup que ce tant pour cent était inférieur au taux réel des réparations et de l'entretien ;

2° Les autres essentiellement variables et dépendant du travail effectué. Telles sont les consommations de combustible et d'eau. Pour les évaluer, après avoir déterminé, à raison de sa vitesse commerciale moyenne, le nombre de kilomètres que le véhicule peut parcourir dans la journée de 10 heures, on a calculé à combien de tonnes kilométriques totales correspondait ce trajet, suivant que le véhicule portait 1/3, 2/3 ou l'inté-

Les véhicules électriques, malgré l'augmentation de poids mort qu'entraîne l'emploi des accumulateurs, ne dépensent que fort peu ; et pourtant le kilowatt a été compté à un prix élevé, 0 fr. 225, pour tenir compte de ce fait qu'il peut être compté 0 fr. 30 dans les usines de charge où les voiture se ravitaillent en cours de route (au départ il a été compté 0 fr. 15).

Le tableau des prix de revient du voyageur-kilomètre montre qu'ils sont notablement inférieurs à ceux de la traction animale, qu'on compte d'habitude à 0 fr. 10 ou 0 fr. 12. Il semble donc que les transports en commun sur route puissent se faire mécaniquement d'une manière industrielle, c'est-à-dire avec bénéfice pour les capitalistes et avantage pour les voyageurs, qui seront véhiculés plus vite et plus confortablement.

Pour ce qui est des marchandises, comme, avec la traction animale la tonne kilométrique coûte de 0 f. 25 à 0 fr. 30, pour les tonnages ordinaires, la traction mécanique aura de la peine à lutter, pour les charges que peuvent traîner cinq ou six boulonnais menés par un seul conducteur. L'automobilisme reprendrait l'avantage, dit M. Forestier, s'il s'agissait de charges indivisibles dépassant 9 à 10 tonnes, ou s'il y avait urgence à effec-

---

gralité de sa charge utile. En appliquant à chacun de ces nombres les coefficients de consommation déterminés comme il a été dit ci-dessus, on a obtenu les quantités de combustible et d'eau nécessaires, puis, en y appliquant des prix convenus, les dépenses correspondantes.

Celles-ci, ajoutées aux dépenses fixes, ont donné les dépenses totales de la journée afférentes aux trois hypothèses ci-dessus.

Enfin, en divisant les dépenses totales par le nombre de tonnes kilométriques utiles correspondantes, on a obtenu le prix de transport de la tonne kilométrique utile. Pour les voyageurs avec bagages, on en a compté 10 à la tonne et 14 pour les voyageurs sans bagages.

Les prix unitaires employés pour ces calculs ont été les suivants :

2 fr. le mètre cube d'eau ;

3 fr. 50 les 100 kg. de coke, pesant 34 kg. l'hectolitre ;

0 fr. 40 le litre d'essence spéciale ;

0 fr. 30 le litre d'essence du commerce ;

0 fr. 20 le litre de pétrole ;

0 fr. 225 le kilowatt ;

0 fr. 30 le litre d'huile de graissage ;

tuer le transport avec une vitesse supérieure à 4 kilomètres par heure, que les moteurs animés sont incapables de fournir économiquement [1].

Mais ne risque-t-on pas de la sorte d'aggraver cet inconvénient, que l'on reproche déjà tant aux automobilismes de poids lourds, d'endommager beaucoup les routes ? Il faut bien reconnaître qu'un point reste douteux, celui de savoir si celles-ci résisteront longtemps, surtout en hiver, à ces services réguliers. Le concours de Liverpool que nous allons rappeler a donné à cet égard des indications peu encourageantes. Et quand on envisage ce côté si grave de la question, on se sent moins tenté de crier au paradoxe, lorsqu'on entend dire que « en fait de poids lourds, c'est le poids léger qu'on doit rechercher », cela signifiant que, dans l'état actuel des véhicules et des voies, la meilleure solution semble être le morcellement de la charge à transporter dans des voitures qui ne soient pas trop lourdes, qui puissent, par exemple, recevoir à leurs roues des bandages en caoutchouc [2].

L'officier, dans la bouche duquel un journal technique a mis le mot que nous avons rapporté, avait suivi le concours des Poids lourds de 1899, qui n'avait pas, plus que les précédents, résolu la question de l'endurance des routes : des services prolongés pourront seuls la trancher. Ce concours ne semble d'ailleurs pas avoir donné des résultats bien nouveaux, et cela n'a rien de surprenant de la part d'une épreuve qui se reproduit annuellement.

Il a eu lieu, du 5 au 11 octobre, dans des conditions ana-

---

1. Un industriel anglais, M. Sparkes, a fait, pendant 9 mois, des expériences comparatives sur des camionnages de laine : ils ont coûté 0 fr. 53 par tonne kilométrique, avec un camion à vapeur de la « Lancashire Steam Motor Cᵒ », environ 1/10 de moins qu'avec un camion à chevaux. Le prix de 0 fr. 53 est élevé : cela tient à la nature de la substance transportée, qui est fort légère (*Locomotion automobile,* du 16 mars 1899, p. 163).

2. Cela semblerait devoir provisoirement accroître la convenance de l'essence à ce transport des poids lourds, qui paraissait réservé à la vapeur. En vérité, tout est complexe dans cette question, qui peut changer de face avec les développements successifs de l'automobilisme, et on ne doit pas se hâter de conclure.

logues à celles des autres, avec cette différence que l'itinéraire A a été supprimé, et que l'épreuve s'est composée d'un service de six jours sur les itinéraires B et C, constituant un parcours total d'environ 340 km.

MM. de Dion et Bouton avaient engagé 4 véhicules à vapeur : deux omnibus de 25 et 30 chx, pour lesquels il faut signaler l'emploi d'une caisse en partinium ayant permis de réaliser une économie de 400 kg. sur le poids du véhicule ; un camion de 25 chx ; un remorqueur-porteur de 50 chx. La vapeur était encore représentée par une voiture de livraison de 15 chx de M. Ed. Chaboche, et par un camion de 30 chx. de M. Valentin Purrey.

Les établissements Panhard étaient représentés par un omnibus-salon pour 12 voyageurs et leurs bagages (charge utile : 1.200 kg.), avec moteur à essence, à 4 cylindres de 12 chx et roues caoutchoutées ; MM. de Dietrich et C[io], par un char-à-bancs et un camion destinés au Soudan, ayant respectivement comme charge utile, 1.200 et 2.000 kg. et munis d'un moteur à essence de 9,5 chx.

L'électricité actionnait deux voitures de livraison : l'une de 10 chx. de 750 kg, de charge utile, construite par la Société des voitures Kriéger ; l'autre de 16 chx de 1.000 kg. de charge utile, envoyée par la Compagnie Internationale des Transports automobiles.

328. — Concours de Liverpool (mai 1898). — A ce concours organisé par la *Self-propelled Traffic Association* de Liverpool étaient admis les seuls véhicules destinés au transport des marchandises ; ils devaient être divisés en deux classes : camions portant deux tonnes et devant faire au moins 9,6 km. à l'heure, et camions portant cinq tonnes et devant faire au moins 6, 4 km. à l'heure. Mais la nature des véhicules qui se sont présentés n'a pas permis de conserver cette division.

Deux itinéraires, partant de Liverpool et y revenant, devaient être parcourus chacun dans les deux sens : le 1er avait une longueur de 57 km. 3, dont 20 à 25 km. environ de pavage ou de roches à fleur de sol, le reste en macadam uni, la plus forte pente atteignant 4,5 °/₀ sur 300 m. environ ; le 2ᵉ avait une longueur de 57 km. 7, dont 10 environ de pavage, la plus forte pente atteignant 5,9 °/₀ sur 200 m. environ.

Le concours a eu lieu du 24 au 28 mai 1898. Trois constructeurs y ont pris part, avec 4 véhicules, tous à vapeur (2 chauffés au pétrole lampant), que nous avons décrits : la *Lancashire Steam Motor Cᵒ* de Leyland, avec un fourgon de 4 tonnes désigné par A sur le tableau récapitulatif des résultats reproduits page 666 (§ 242) ; la *Liquid Fuel engineering Cᵒ*, de Cowes, avec un camion de 2 tonnes B (§ 243) ; la *Steam Carriage and Wagon Cᵒ*, de Chiswick, avec un fourgon de 2 1/2 tonnes C et un camion de 5 tonnes (§ 244). Les 24 et 25 mai, les véhicules ont parcouru le premier itinéraire, les 26 et 27 mai le second dans les conditions qui sont consignées au tableau.

Les conclusions du jury peuvent être résumées ainsi qu'il suit. Les véhicules présentés au Concours sont susceptibles, dans les conditions [1] de ce dernier (charge de 4 tonnes transportées à une soixantaine de kilomètres), d'effectuer le travail moyennant des prix analogues à ceux qui sont actuellement courants dans le district de Liverpool.

Sur des routes bien macadamisées, à faibles déclivités, les véhicules auxquels des prix ont été attribués feraient un bon service, sans être pourtant à l'abri d'avaries entraînant des interruptions de service parfois assez longues. La fréquence et l'importance de ces avaries augmenteraient assez vite avec les imperfections des routes, si bien qu'aucun des véhicules expérimentés ne serait capable de fournir un service régulier sur des routes telles que celles choisies pour le concours.

Les roues et les bandages demandent à être améliorés, les manœuvres qui incombent au mécanicien-conducteur à être simplifiées. Deux changements de vitesse sont indispensables.

---

1. Voir ces conclusions *in extenso* dans le *Génie civil*, t. XXXIV, p. 106

	A	B	C	D
24 mai 1898.				
Charge du véhicule......	4 115 kilogr.	2 070 kilogr.	2.654 kilogr.	5 233 kilogr.
Temps brut du trajet (compté du moment du départ au moment de l'arrivée)......	»	5 h. 29	10 h. 49	17 h. 39
Temps net du trajet (obtenu en déduisant du temps brut tous les arrêts).........	»	4 h. 11	5 k. 48	7 h. 24
Vitesse moyenne à l'heure (correspondant au temps net).....................	»	13 km. 7	9 km. 9	7 km. 75
Consommation de combustible totale......	»	91 litres	149 kilogr.	282 kg. charbon 116 kg. coke
— par tonne kilométrique utile.....................	»	0.79 litre	1 kg. charbon 0 kg. 39 coke	1 kilogr.
Quantité d'eau vaporisée	»	667 litres	649 litres	1 705 litres
Observation................	Un bandage détaché au début du trajet a obligé la voiture à rentrer au dépôt sans prendre part à cette épreuve.		L'obturation d'un tube de la chaudière crevé pendant le trajet a causé un arrêt de 4 heures.	Un bandage s'est détaché presque à la fin du voyage, la réparation provisoire causant un arrêt de 8 heures.
25 mai 1898				
Charge......	4 000 kilogr.	2 150 kilogr	2 734 kilogr.	»
Temps brut......	8 h. 56	6 h. 14	7 h. 10	»
Temps net......	6 h. 48	4 h. 51	6 h. 12	»
Vitesse à l'heure......	8 km. 4	11 km. 8	9 km. 25	»
Consommation de combustible totale......	83 litres.	118 litres	140 kilogr.	»
— par tonne kilométrique utile......	0.36 litres.	1 litre	0.90 kilogr.	»
Quantité d'eau vaporisée......	527 litres.	740 litres	667 litres	»
Observations......	Un nouvel accident de bandage a fait perdre un peu plus d'une heure.	Presque au début, rupture d'un fond du cylindre à basse pression. On a continué le trajet en marchant avec le cylindre à haute pression et une moitié de l'autre cylindre.		Cette voiture n'a pu prendre part à l'épreuve à cause de l'accident de bandage de la veille, nécessitant une réparation assez longue.
26 mai 1898.				
Charge......	»	2.070 kilogr.	2 467 kilogr.	4 605 kilogr.
Temps brut......	»	5 h. 27	7 h. 4	13 h. 18
Temps net......	»	4 h. 39	5 h. 48	10 h. 28
Vitesse à l'heure......	»	12 km. 4	9 km. 95	5 km. 5
Consommation de combustible totale......	»	104 litres	144 kilogr.	264 kilogr.
— par tonne kilométrique utile......	«	0. 90 litre	1 kilogr.	1 kilogr.
Quantité d'eau vaporisée......	»	767 litres	486 litres	1 408 litres
Observations......	Cette voiture n'a pu prendre part à l'épreuve : la journée a été employée à changer le bandage endommagé.	Le fond de cylindre, brisé la veille, avait été remplacé.	Accident au ventilateur de tirage, ayant causé un retard de 19 minutes ; on a suppléé au ventilateur en échappant dans la cheminée.	Marche très lente, à cause de l'état du bandage de la roue motrice.
27 mai 1898.				
Charge	4 306 kilogr.	2 032 kilogr.	2 565 kilogr.	5 309 kilogr.
Temps brut......	8 h. 20	5 h. 4	9 h. 11	12 h. 5
Temps net.	6 h. 56	4 h. 9	6 h. 43	9 h. 8
Vitesse à l'heure......	8 km. 3	13 km. 9	8 km. 6	6 km. 3
Consommation de combustible totale......	89 litres	123 litres	172 kilogr.	354 kilogr.
— par tonne kilométrique utile......	0.36 litres	1.08 litres	1.2 litre	1 16 litres
Quantité d'eau vaporisée......	600 litres	849 litres	654 litres	1290 litres

Les véhicules ont d'ailleurs manœuvré avec souplesse ; mais aucun d'eux n'a été capable de se placer contre un quai de charge ou d'en sortir avec la rapidité et la sûreté désirables. Ils ont gravi les rampes dans des conditions économiques bien supérieures à celles données par la traction animale.

Bien que les prix de revient de la tonne kilométrique, calculés par le jury [1], soient plutôt inférieurs aux taxes actuelles des chemins de fer, on ne saurait admettre que les véhicules à traction mécanique puissent, sauf dans quelques circonstances spéciales, concurrencer les chemins de fer, toujours en mesure de réduire leurs taxes.

2° Concours de Fiacres et de Voitures de livraison.

328. — Concours de Paris (1898 et 1899). — Le concours de 1898, placé par l'Automobile-Club sous la direction d'une commission ayant M. Forestier pour président et M. le comte de Chasseloup-Laubat comme secrétaire, devait porter sur le prix de revient d'un fiacre automobile accomplissant un parcours varié de 60 km. au minimum dans une durée de 16 heures [2], à une vitesse maximum de 20 km.

Trois itinéraires, de profils très durs, représentant une moyenne d'élévation de 350 m. avec des rampes très fortes, mais courtes (comme celle de la rue de Magdebourg : 14,5 % sur 40 m.) et

---

1. Dans ce calcul, l'intérêt et l'amortissement ont été évalués à 20 % du prix d'achat (au lieu des 10 % admis à Versailles), l'entretien et les réparations à 25 ou 30 % (au lieu de 11 %). M. Forestier explique ces différences par ce fait qu'en Angleterre la loi qui régit la circulation des véhicules automobiles impose à ces engins des conditions de poids qui, comme l'a déclaré le jury de Liverpool, empêchent de donner des dimensions suffisantes aux parties qui travaillent le plus. En revanche, les frais généraux ont été évalués à 4 % environ du prix d'achat, tandis qu'en France ils l'ont été à 10 %.

2. Pour faciliter l'exécution de l'épreuve, les 60 kilomètres journaliers devaient être accomplis en trois étapes, et à la consommation, faite pendant le trajet, on devait ajouter la consommation faite au dépôt pendant le complément de durée des 16 heures.

d'autres plus douces mais longues (comme celle de la rue d'Allemagne : 4,3 % sur 1.177 m.), et empruntant certaines des voies les plus fréquentées de Paris, furent dressés par M. de Chasseloup-Laubat.

Quatorze véhicules se présentèrent au concours : sept ont accompli l'intégralité des épreuves ; ce sont les voitures de MM. Jeantaud, Kriéger et Jenatzy que nous avons décrites en détail, et le coupé Peugeot (§ 268), seul représentant du pétrole.

Le premier jour du concours a été consacré à l'essai des freins de chaque voiture, à la montée et à la descente de la côte de la Tuilerie, d'une déclivité moyenne de 6 %, et à l'épreuve de la force des moteurs à la montée de la côte du Mont-Valérien, d'une déclivité moyenne de 8,2 % sur une longueur de 600 m. Pour juger de l'effet que les trépidations d'une course de 540 km. dans toutes les voies de Paris avaient pu exercer sur les divers organes des véhicules, les épreuves ont été recommencées le 11 juin. Elles ont donné les moyennes suivantes :

En rampe, pour les voitures électriques, à une vitesse moyenne de 8 km. 67 à l'heure, arrêt en 2. 30 mètres ; pour le coupé à pétrole, à la vitesse de 6 km. à l'heure, arrêt net sur place, sans recul ;

En descente, pour les voitures électriques, à une vitesse moyenne de 13 km. 95, arrêt en 7 m. 84 ; pour le coupé à pétrole, à la vitesse de 12 km., arrêt en 11 m. 80.

On a profité de ces essais pour relever minutieusement la consommation d'énergie des véhicules à moteur électrique, à différentes allures : en palier, sur un excellent macadam récemment cylindré le long de la Seine, et en rampe sur l'empierrement assez défectueux de la côte du Mont-Valérien.

Les trois itinéraires choisis ont été parcourus trois fois par chaque voiture, non pas sans pannes, d'ailleurs sans gravité, mais en somme très facilement.

Le dernier jour certains véhicules ont marché jusqu'à épuisement de leur énergie, et ont parcouru respectivement les distances suivantes :

	kilom.
Coupé de la Cie générale des Transports automobiles.	105
Fiacre à galerie Kriéger........................	100
Victoria Kriéger..............................	92.5
Coupé Kriéger...............................	90.5
Cab Jeantaud................................	86.5

Les constatations faites par les commissaires et les résultats que le jury en a déduits ont été résumés dans le tableau de la page 670 dont les éléments sont fort explicitement indiqués ; disons seulement que, pour le prix de revient de la journée du fiacre à pétrole, les brûleurs ont été supposés marcher seuls, le moteur étant arrêté, pendant 5 heures, et le moteur a été supposé marcher à vide (aux stations et pendant la marche quand il était débrayé) pendant deux heures et demie.

En partant des chiffres ainsi trouvés, et en tenant compte des renseignements fournis par la Compagnie générale des voitures à Paris, M. Forestier a essayé d'établir dans le premier tableau de la page 671 les prix de revient comparés du fiacre à chevaux, du fiacre à pétrole et du fiacre électrique.

Ces chiffres ne peuvent être considérés que comme approximatifs : tels quels, cependant, ils sont très intéressants. Notons que pour le calcul du prix de revient du kilomètre utile, on a supposé que sur les 60 km. journaliers, 45 seulement étaient rémunérés, les autres étant occupés par le trajet du dépôt au lieu de chargement, le retour au dépôt et la maraude. Pour une voiture de maître, on pourrait prendre un nombre de kilomètres utiles plus élevé.

Le concours de 1899 a eu lieu, du 1er au 12 juin, dans les mêmes conditions que celui de 1898, à cette différence près qu'on y a admis, avec une charge minimum de 500 kg., les voitures de livraison faisant un service urbain.

La liste par ordre d'inscription des véhicules ayant pris part à ce concours est donnée par le second tableau de la page 671 :

	COUPÉ, N° 13 *enatzy*	COUPÉ N° 16 *Kriéger*	CAB., N° 25 *Jeantaud*	COUPÉ A PÉTROLE *Peugeot*	Poids de la voiture en ordre de marche.
Poids de la voiture en marche :					
Caisse, roue, châssis et transmissions...........	847	713	696	937.5	Poids à vide.
Moteur....................	110	130	100	38.	Eau.
Accumulateurs (poids brut)...................	565	457	404	24.5	Pétrole.
Conducteur	70	70	70	10.	Outils, huiles.
				70.	Conducteur.
(ensemble)	1 662 k.	1 370 k.	1 370 k.	1 080 k.	
Charge utile........	140 k.	400 k.	140 k.	210 g.	Charge utile.
Poids total....................	1 802 k.	1 770 k.	1 410 k.	1 290 kg.	
Charge utile....................	8,4 %	18,4 %	10 %	16 %	
Poids total....................					*Vitesse dans les essais.*
Vitesses obtenues dans les essais :					
Vitesses en palier...........................	8 km 5-16 km 8	8,8-19.9-25,7	7,82—16,95	22 k. 5-22 k. 5	en palier.
Vitesse en rampe de 82 millimètres............	7 km 900	6 km 000	9 km 900	6 km 000	En rampe de 82 mm.
Vitesse en service dans Paris :					*Vitesse en service.*
Vitesse moyenne générale....................	13 km 770	13 km 800	13 km 370	15 km. 85	Vitesse moyenne générale.
Fourniture et Consommation d'énergie :					*Essais de consommation.*
Fourniture réelle d'énergie spécifique aux bornes des batteries d'accumulateurs à l'usine :					
Par voiture-journée......................	13 kwh 26	11 kwh 15	10 kwh 07	0 l. 200 essen.	Brûleurs par h. Moteur à vide.
Par voiture-kilomètre....................	221 wh 00	186 wh 00	167 wh 80	1 l. 450 —	Voiture par kil. (à la vitesse de 16 kil).
Consommation hypothétique, a raison d'un rendement de 75 % des accumulateurs, par voiture-kilomètre....................	165 wh 75	139 wh 50	125 wh 85	0 l. 270 —	
Consommation pendant les essais, par voiture-kilomètre :				0 l. 600 huile.	Graissage par 60 kil.
En rampe de 82 mm.. { Vitesse...............	7 km 900	6 km 000	9 km 900		*Prix de revient de la journée.*
{ Consommation..........	752 wh 40	880 wh 00	473 wh 00		Moteur et brûleurs.
En palier.......... 1° { Vitesse...........	8 km 500	8 km 800	7 km 820		50 k. × 0 l.270
{ Consommation....	134 wh 46	114 wh 40	69 wh 70		Brûleurs seuls pendant 5 h.
2° { Vitesse...........	16 km 800	15 km 000	16 km 950		5 × 0 l.200
{ Consommation....	132 wh 80	110 wh 00	86 wh 15	13 l. 500 essen.	Moteur à vide pendant 2h 1/2
Rapport entre la consommation en service Vm	13 km 770	13 km 800	13 km 370		2,5 × 1 l.450
Cm à la vitesse moyenne Vm et la consommation Cp à la vitesse Vp pendant les Vp	16 km 800	15 km 000	16 km 950		
essais en palier.................... Cm / Cp	1,21	1,10	1,34	1 l.	*Total d'essence à 0 fr. 57 le litre.*
Coefficients de rendement des moteurs aux essais du 11 juin :				3 l. 625	
				18 l. 125	
En rampe de 82 mm { Vitesse 6 km 00 à l'heure.	»	56,60 %	»		à 0 fr. 57 le litre.
— 7 km 90 —	67,00 %	»	»	10 fr. 33	*Huile de graissage* 0 l.600 à 0 fr. 90.
— 9 km 80 —	»	»	83,70 %		
En palier........ { Vitesse : 7 km 82 à l'heure.	»	»	87,00 %	0 fr. 54	
— 8 km 50 —	58,00 %	»	»		
— 8 km 80 —	»	53,60 %	»	10 fr. 87	
— 16 km 80 —	65,00 %	»	»		
— 16 km 95 —	»	»	77,80 %		
— 19 km 90 —	»	72,75 %	»		
— 25 km 70 —	»	75,70 %	»		

PRIX DE REVIENT DES FIACRES A CHEVAUX ET AUTOMOBILES

ÉLÉMENTS	CHEVAUX	ESSENCE de pétrole	ÉLECTRI-CITÉ
Administration	0ʳ82	0ʳ82	0ʳ82
Accidents et avaries	0,34	0,34	0,34
Taxes, impôts	2,42	2,00	2,00
Totaux	3,58	3,16	3,16
Location et entretien des bâtiments	1,02	0,50	0,51
Conducteur	5,37	5,37	5,37
Palefreniers et laveurs	0,94	0,34	0,44
Matériel, entretien et réparations	2,67	2,00	2,00
Entretien des pneumatiques	»	2,00	2,00
Entretien des moteurs	»	3,00	1,00
Totaux ....:	13,58	16,37	14,48
Nourriture des chevaux (3, 5)	5,68	»	»
Dépense de pétrole (à Paris)	»	10,87	»
Dépense d'énergie électrique (à 12 centimes le kw-h).............................	»	»	1,55
Entretien des accumulateurs	»	»	4,00
Prix de revient de la journée	19ʳ26	27ʳ24	20ʳ03
Prix de revient du kilom.-utile	0,428	0,605	0,444
Prix de revient du kilom, en sus		Insignifiant.	0,023

NUMÉROS d'inscription.	CONSTRUCTEURS	GENRE DES VÉHICULES	NATURE de L'ÉNERGIE MOTRICE	CHARGE UTILE	POIDS TOTAL
1	Jenatzy.	Coupé (2 places).	Électricité.	140 kil.	1 760 kil.
4	Id.	Voiture de livraison	Id.	1 500	6 500
5	Jeantaud.	Cab (2 places).	Id.	140	1 470
6	Id.	Coupé (2 places).	Id.	140	1 580
7	Id.	Mylord (2 places).	Id.	140	1 450
8	Mildé.	Voiture de livraison	Id.	500	3 300
9	Kriéger.	Victoria (4 places).	Id.	280	1 700
13	Panhard.	Coupé (2 places).	Essence.	140	1 300
14	Id.	Voiture de livraison	Id.	500	2 170
15	Jeantaud.	Drojky (2 places).	Électricité.	140	1 164

La plupart de ces voitures avaient pris part au concours de 1898; elles présentaient seulement l'avantage, d'ailleurs fort appréciable, d'avoir roulé dans l'intervalle, et d'avoir, pour ainsi dire, été mises au point. M. Jenatzy avait, comme nous l'avons dit (§ 300) renoncé à la variation mécanique de vitesse : son coupé était actionné par deux moteurs attaquant directement par engrenages les couronnes des roues motrices; sa voiture de livraison, à bandages de fer, avait un moteur suspendu et une transmission par chaînes.

La voiture de livraison Mildé (§ 303) était à caoutchoucs compound, à transmission par chaîne à doubles rouleaux, à accumulateurs Fulmen.

Le coupé n° 13 et la voiture de livraison n° 14, engagés par la maison Panhard, étaient munis d'un moteur Phénix de 8 chx; le coupé avait des pneus de 80 mm., la voiture de livraison des caoutchoucs pleins.

Les essais de freinage ont montré une sûreté plus grande qu'en 1898 : à la vitesse de 20 à 22 km. à l'heure, sur pente de 8 °/₀, l'arrêt complet a été obtenu sur des distances comprises entre 5 et 8 mètres, ne dépassant pas en tout cas 10 mètres.

Pour ce qui est des voitures de livraison, qui n'avaient pas leurs analogues dans le concours de 1898, nous dirons tout de suite qu'on a calculé les prix de la journée en se basant sur les renseignements fournis par la Compagnie des Chemins de fer d'Orléans et les grands Magasins du Louvre, du Bon Marché et du Printemps, consignés dans le tableau suivant qu'on a seulement complété par les consommations constatées dans le concours :

	CHEVAL	ESSENCE	ÉLECTRICITÉ
Frais généraux du service de factage des Chemins de fer..............	0f80	0f80	0f80
Matériel : Intérêt et amortissement 10 0/0	0.36	2.	2.
Entretiens et grosses réparation 25 0/0	0.90	5.	3.
Personnel......................	5.	5.	5.
Énergie motrice	9.66[2]	8.	N° 4 5.01 N° 8 3.34
Entretien des accumulateurs........			4.
	16f72	20f80	N° 4 19f81 N° 8 18.14

Le prix de la journée est notablement plus cher avec l'essence et l'électricité, qu'avec les chevaux, mais l'essence n'est pas beaucoup plus coûteuse que l'électricité. Ces chiffres paraissent bien défavorables à la substitution de la traction mécanique à la traction chevaline pour la livraison en ville, mais il nous semble que l'emploi de l'essence ou de l'électricité doit permettre à la voiture un plus long parcours que les deux chevaux chargés de la servir.

Pour les voitures de place, les vitesses obtenues en 1899 ont été meilleures que celles de 1898, mais en grande partie parce que le nouveau règlement sur la circulation des automobiles a permis la marche à 20 kilomètres à l'heure, au lieu des 15 km. tolérés l'année d'avant.

Les fournitures et consommations d'énergie électrique ont été les suivantes :

---

1. L'énorme différence qui existe entre la dépense de deux chevaux de factage comptée 9 fr. 66 par la Compagnie des chemins de fer et celle de 3 1/2 chx de fiacre évaluée seulement à 5 fr. 68 par la Compagnie générale des voitures à Paris s'explique, d'après M. Forestier, par l'économie que permet de réaliser le rationnement méthodique d'une cavalerie nombreuse. Il faut aussi faire intervenir, ce nous semble, la taille des chevaux.

	VOITURES					
	N° 1	N° 5	N° 6	N° 7	N° 15	N° 9
Fourniture par voiture-journée (en kilowatts-heure)	12.4	11.2	12.2	9.76	8.	11.5
Fourniture par voiture-kilomètre (en watts-heure)	200	183.6	200	185.5	131	190
Consommation à raison d'un rendement de 75 °/₀ des accumulateurs, par voiture-kilomètre (en watts-heure)	150	137	150	119	98 25	142.5
Prix de la journée (en francs)	20.15	19.68	20.15	19.53	19.38	19.68

On voit, en se reportant au tableau de la page 679, que ces consommations sont notablement inférieures à celles de 1898.

Pour calculer le prix de revient de la journée, on s'est basé sur les mêmes éléments que ceux de l'année précédente et on a obtenu les chiffres de la dernière ligne du tableau ci-dessus.

Le coupé à pétrole a consommé 10 litres d'essence (au lieu des 16 dépensés par le coupé Peugeot de 1898), qui ont coûté 8 fr. et ont encore porté à 23 fr. 28 le prix de sa journée. La substitution de l'allumage électrique à l'allumage par brûleurs permettrait de supprimer la dépense de ces brûleurs marchant seuls ; elle serait insuffisante pour rendre l'emploi du pétrole économique, tant que l'essence conservera à Paris le prix exorbitant auquel elle est vendue ou que l'application de quelque moyen nouveau (mise en marche du moteur assez facile pour permettre son arrêt pendant les stationnements), ou même de quelque principe inédit en automobilisme (moteur Diesel § 129), n'aura pas eu pour résultat d'abaisser beaucoup la consommation d'essence. Il faut le regretter d'autant plus que le fiacre à pétrole est le seul utilisable par le petit loueur, qui ne peut faire les frais d'une installation électrique autonome, lui permettant de se procurer le fluide à bon marché.

Autant la consommation d'essence est onéreuse pour le fiacre à

pétrole autant la dépense d'énergie électrique a été trouvée faible [1]
pour les accumobiles. Il ne faudrait pas en conclure, comme le
remarque M. Forestier, que cela rend inutile, en pratique, la
recherche du meilleur mode de fabriquer l'électricité et de sa
meilleure utilisation par la voiture : la dépense n'est minime que
parce qu'on a pu abaisser à un taux très peu élevé (0 fr. 12 le
kilowatt, au lieu de 1 fr. prix de vente moyen de l'électricité pour
l'éclairage) le prix de l'électricité ; pour une voiture de maître se
chargeant sur les conducteurs d'une usine de distribution publique,
le prix serait de beaucoup supérieur à celui-là. Et puis, en réduisant la quantité d'électricité employée, on réduit du même coup
le poids et l'entretien des accumulateurs. Enfin, le fiacre à chevaux ne donnant guère aux compagnies qu'un bénéfice minime
(0 fr. 50 par jour, disent-elles), il faut réduire autant que possible les dépenses du fiacre électrique, si on veut le rendre économique.

En l'état, puisque, d'après la moyenne des chiffres de 1899, il
coûte précisément 0 fr. 50 de plus que le fiacre à chevaux, il ne
l'est pas encore. On peut cependant espérer qu'il le sera bientôt ;
d'une part, les chiffres auxquels s'est arrêtée la commission n'ont
rien d'absolu, et, d'autre part, on ne manquera pas, en perfection-
nant la voiture électrique, en l'adaptant mieux au service urbain,
de diminuer son prix de revient journalier.

Mais il ne faut pas oublier que le prix d'entretien des pneuma-

1. Il résulte des constatations faites en 1899 que le coût de l'énergie électrique consommée par jour varie de 0 fr. 90 à 1 fr. 20, quand le poids de
la voiture passe de 1.164 kg. (n° 15) à 1.700 kg. (n° 9) : une augmentation
de poids de près de 50 % n'influe que d'une manière insignifiante, 0 fr. 30,
sur la dépense journalière. Il semble donc qu'il n'y ait pas grand intérêt à
chercher à diminuer outre mesure le poids des accumulateurs, et on peut,
au contraire, penser comme M. de Clausonne (§ 302), qu'il sera plus économique d'adopter des accumulateurs lourds, moins coûteux à entretenir. La
seule question, dit M. Forestier, est de savoir si l'économie réalisée sur
l'entretien des accumulateurs plus lourds sera plus grande ou inférieure à
l'augmentation des frais d'entretien des bandages élastiques d'une voiture
plus pesante. Quand on compte 2 fr. comme entretien journalier des pneumatiques, on ne peut oublier ce côté de la question.

tiques (2 fr.) et celui des accumulateurs (4 fr.), le dernier surtout, constituent des aléas fort importants et presque aussi mystérieux, sur lesquels il faut attendre d'être fixé pour exprimer une opinion en toute connaissance de cause. Les conducteurs qui ont piloté les fiacres des concours étaient, presque tous, passés maîtres dans l'utilisation de l'électricité et dans la façon de ménager leurs accumulateurs. Quand une compagnie aura à recruter un nombreux personnel, trouvera-t-elle autant qu'elle en voudra des conducteurs capables de devenir assez vite experts dans leur nouveau métier, et surtout assez soigneux de leurs batteries ? L'essai tenté par la Compagnie Générale des Voitures à Paris qui a dû retirer ses accumobiles du service de fiacre pour l'affecter à celui de la grande remise montre bien la réalité de cet écueil. En revanche, la voiture de remise électrique louée au mois et surtout celle de maître semblent appelées à un développement immédiat.

3° Concours de moteurs et d'accumulateurs

330. — Concours de moteurs de la Locomotion automobile. — Un concours de moteurs, dont l'idée, émise par M. Hospitalier, a été reprise par M. G. Knap et soutenue par M. Sencier, vient d'être exécuté, d'octobre à décembre 1899, dans les ateliers de MM. Malicet et Blin, sous la direction d'un comité organisé par la *Locomotion automobile*. Les résultats de ce concours n'ont encore été, au moment où nous mettons sous presse (janvier 1900), ni intégralement publiés, ni, à plus forte raison, commentés ; nous ne voulons pourtant pas les passer sous silence.

Ce concours était destiné à mesurer la puissance effective des moteurs d'automobiles, isolés et montés sur leurs véhicules, et la puissance disponible aux jantes de ces derniers[1].

1. On devait indiquer pour chaque moteur le nombre des cylindres, leur diamètre intérieur, la course des pistons, les modes de carburation et d'al-

Dans la liste d'engagements figuraient des moteurs, motocycles ou voitures, de 43 marques différentes : 34 étaient envoyés par les constructeurs eux-mêmes.

Essais des moteurs isolés. — Le moteur était fixé sur un solide bâti formé de gros madriers reposant sur des poteaux maçonnés dans le sol et contreventés par d'autres scellés dans un mur voisin.

Le frein à corde, disposé comme le montre la figure schématique n° 146 *bis*, était placé sur le volant, quand celui-ci était extérieur au carter, à défaut sur une poulie accessoire, spécialement installée à cet effet s'il en était besoin. Le graissage du frein se faisait à la plombagine : une circulation d'eau était d'ailleurs ménagée à l'intérieur de la poulie de frein pour le refroidir en cas de nécessité. La formule appliquée était celle du § 163.

Le nombre de tours par minute n était fourni par un compte-tours, qu'actionnait l'arbre moteur, ou un arbre secondaire, comme celui des cames ou de la mise en marche. Ce compteur, prêté par M. Darras, s'embrayait automatiquement en même temps qu'un compte-secondes, donnant le cinquième de la seconde ; le débrayage était aussi automatique.

Pour mesurer la tension p', on disposait de deux sortes de dynamomètres : de simples pesons soigneusement vérifiés, et un dynamomètre enregistreur prêté par le Conservatoire des Arts et Métiers [1].

lumage, le nombre normal de tours par minute, le diamètre du volant, le poids supporté par le moteur en marche pendant le freinage, en un mot tous les éléments du moteur et des transmissions permettant de se rendre compte des circonstances particulières des essais, et peut-être de déduire de leur ensemble des conclusions générales.

1. Ce dernier, construit par la maison Richard, consiste en un étrier portant une cuvette remplie d'eau et fermée par une membrane en caoutchouc, sur laquelle s'applique un piston fixé à un second étrier et guidé par une couronne. La traction exercée sur le dynamomètre a pour effet de comprimer le liquide, qu'un tube souple met en communication avec un manomètre enregistrant cette compression, par les inscriptions d'un stylet sur une feuille de papier qu'un mouvement d'horlogerie fait déplacer devant elle.

Essais des moteurs montés sur voiture. — La voiture immobilisée et le moteur débrayé, on installe le frein sur le volant ou une autre poulie. Certaines voitures se prêtent commodément à ce genre d'essais ; pour d'autres, on est gêné par le manque de place, par le fléchissement des ressorts, par l'incommodité inhérente à toute opération faite au-dessous d'un organisme aussi compliqué. Même, sans le dynamomètre enregistreur, on n'aurait pu, pour certaines, mener à bien l'expérience, étant donné qu'une lecture sur un peson aurait été matériellement impossible, l'observateur se trouvant exposé à des douches de plombagine et d'eau bouillante, et à la chute des poids en cas d'arrêt brusque du moteur. Avec le dynamomètre, au contraire, l'appareil enregistreur est commodément installé sur un chevalet portatif, où la lecture se fait aisément, et où les diagrammes forment documents et permettent de juger de la *qualité* de l'essai.

Ces diagrammes montrent, en effet, que le couple moteur n'est pas constant. Avec certains moteurs, il a été, pour ainsi dire, impossible de recueillir le même nombre de kilogrammètres, avec des conditions de carburation et d'avance à l'allumage aussi constantes que possible, du moins en apparence. Dans ces conditions on n'a fort sagement accepté un essai que lorsque pendant sa durée, d'ailleurs définie, comme nous allons le dire, la vitesse du moteur et la traction dynanométrique restaient à peu près constantes.

Pour des moteurs à circulation d'eau, les essais étaient continués pendant 15 et 20 minutes, et on relevait de 3 en 3 minutes le nombre de tours fait en une minute et la traction correspondante. En général les valeurs ainsi trouvées ne variaient guère par rapport à leurs moyennes (environ 3 % pour un moteur Gobron-Brillié). Les expérimentateurs en ont conclu qu'au lieu de faire porter l'essai sur une dizaine de minutes, comme c'est l'habitude avec le frein de Prony, on pouvait ne le faire porter que sur quelques minutes.

Pour les moteurs dépourvus de circulation d'eau, on relevait de

2 en 2 minutes les mêmes éléments, mais, comme ces moteurs n'étaient pas refroidis par le mouvement du véhicule, celui-ci étant au repos, ils chauffaient vite, et on ne pouvait prolonger l'essai aussi longtemps que dans le cas précédent. On le recommençait, si c'était nécessaire, après avoir laissé refroidir le moteur ; il faut d'ailleurs remarquer qu'un moteur tournant à 2.000 tours par minute n'exige, au point de vue de la détermination des moyennes, qu'un essai dix fois moins long qu'un autre tournant à 200 tours.

Chaque concurrent était libre d'employer l'essence qui lui semblait la plus avantageuse ; presque tous se sont servis de benzo-moteur, à 0,680.

Les opérateurs avaient à leur disposition, indépendamment des carburateurs spéciaux aux moteurs engagés, des carburateurs de Dion-Bouton, Benz et Longuemare. Effectivement pour certains moteurs on en a expérimenté plus d'un, et on a notamment comparé les résultats obtenus avec un appareil à barbotage et un appareil à pulvérisation. D'une façon générale, on a constaté que les gaz d'échappement avaient, pour chacun de ces genres de carburation, une couleur différente : avec le premier, la flamme d'abord bleuâtre blanchit et devient même invisible, lorsque la carburation est bien réglée, ce qui semble prouver que la combustion est alors presque complète ; avec les pulvérisateurs, il sort toujours de l'orifice d'évacuation une flamme longue, jaune tirant sur le rouge.

La puissance de deux moteurs de Dion-Bouton s'est trouvée assez notablement augmentée par la substitution d'un carburateur à pulvérisation à un carburateur à barbotage. Cela semble être la règle : pourtant un moteur Minerve s'est montré moins puissant avec le premier qu'avec le second.

L'enlèvement du pot d'échappement a fait gagner un certain nombre de kilogrammètres, en supprimant la contre-pression qui y régnait et qui s'opposait à la libre sortie des gaz brûlés.

Les moteurs ont été freinés avec des poids différents, ce qui

amenait des variations dans leur vitesse de marche; en déter-
minant les travaux accomplis à ces vitesses différentes, on a
vérifié que ce n'était pas nécessairement à la plus grande vitesse
qu'un moteur donnait sa plus grande puissance.

Détermination de la puissance aux jantes. — Pour l'effectuer,
on a considéré la voiture comme un moteur dont les roues
étaient les volants. Mais, au lieu de freiner directement sur ces
roues (ce qui aurait conduit à un résultat inexact, en supprimant
le roulement des roues sur le sol et le coincement aux moyeux),
on a placé ces roues sur un rouleau qu'elles actionnaient par
frottement, et le frein sur un volant porté par l'arbre de ce rouleau.

Cette façon de procéder n'était légitime qu'à deux conditions :

1° Que l'adhérence fût parfaite entre les bandages et le rouleau, autrement dit qu'il n'y eût pas glissement des premiers sur
les seconds. A cet effet, on avait formé la surface du rouleau de
bois rugueux, et on avait vérifié qu'à une vitesse du moteur égale
ou inférieure à celle qui correspondait à une vitesse de 15 ou
20 kilomètres, à l'heure pour la voiture, le glissement était nul
avec des bandages pneumatiques et négligeable avec des caoutchoucs pleins ;

2° Qu'on connût bien le travail absorbé par le frottement du
rouleau dans ses paliers. Or, il avait été mesuré de façon fort
précise.

L'appareil se composait d'un arbre de 60 mm. de diamètre, portant à l'aplomb de chaque roue un tambour en bois, sur lequel
elle venait reposer, et d'un côté un volant de 0,955 m. sur
lequel on appliquait le frein. Cet ensemble pesant 175 kg. était
supporté par 3 paliers à rouleaux, du système de M. Philippe.
Par la méthode de la chute des poids [1], MM. Bourlet et Desjacques
ont trouvé que le travail T absorbé par les frottements *pour un
tour complet* du système tournant sous son poids de 175 kg.

---

1. *Locomotion automobile*, 7 décembre 1899, p. 774.

était égal à 4,3 kgm. Ils en ont déduit que le travail absorbé par le frottement de l'appareil tournant sous la charge Q serait :

$$T = \frac{4,3}{175} Q = 0,024 \, Q,$$

Q étant exprimée en kilogrammes.

Nous connaissons les résultats des essais faits aux jantes d'une dizaine de voitures. Malheureusement pour une seule d'entre elles le moteur avait été préalablement freiné par les opérateurs du concours : nous voulons parler de la voiture Delahaye, dont le moteur avait développé au frein une moyenne de 10 chevaux ; on a recueilli sur ses jantes 6 chevaux, soit 60 °/₀ du travail du moteur. C'est aussi le coefficient auquel on est arrivé pour une voiture Raouval, en admettant le chiffre donné par le constructeur pour le travail développé par le moteur sur son arbre. Pour les autres voitures, on ne nous a pas encore fait connaître la puissance exacte des moteurs qui les actionnaient, et la connaissance du travail recueilli sur les jantes assurément intéressante par elle-même, puisque c'est celle du travail utile, ne suffit pas pour déterminer le travail absorbé par les transmissions, qui constitue aussi un élément important.

Pour trois d'entre elles, on nous a bien dit à quel type elles appartenaient ; mais nous ne sommes pas assez sûrs que leurs moteurs ont développé pendant les essais aux jantes leur force nominale, pour accorder une confiance absolue aux coefficients que nous en déduisons pour les rendements des transmissions. C'est le cas des voitures Panhard de 12 et 8 chevaux, engagées par M. le baron de Zuylen, et qui auraient donné un rendement de 50 °/₀, la première à la vitesse de 20 km. (alors que le rendement à la vitesse de 10,2 km. aurait été plus faible, à l'inverse de ce qui a ordinairement lieu), la seconde à la vitesse de 11 km. C'est aussi le cas de la voiture Rochet de 6 chx, qui aurait donné, à la vitesse de 8 km., un rendement de 65 °/₀.

Pour les autres voitures on ne nous donne aucune indication. Ces lacunes seront probablement comblées par le compte rendu méthodique des expériences. Presque toutes celles-ci ont été faites, pour la raison que nous avons dite, à des vitesses des moteurs ne correspondant qu'à de faibles vitesses de la voiture (7 à 13 km. à l'heure) ; ce ne sont pas les vitesses courantes, auxquelles il eût été plus intéressant de procéder.

Quelque incomplets, et parfois même contradictoires dans leurs détails qu'ils soient, les résultats de ce concours n'en sont pas moins intéressants. Les promoteurs n'avaient pas la prétention de résoudre les questions qu'ils envisageaient ; ils avaient seulement le désir d'appeler l'attention sur l'utilité qu'il y avait à les étudier, et de fixer quelques chiffres, au moins provisoires, dans des matières qui manquaient totalement de données générales. Leur tentative a parfaitement réussi et mérite d'être hautement encouragée : il est temps que l'industrie nouvelle sorte de l'empirisme, qui lui a suffi pour ses premiers pas, mais qui l'empêcherait de précipiter sa marche en avant.

330 bis. — Concours d'accumulateurs de l'Automobile-Club de France (Résultats). — C'est celui dont nous avons déjà entretenu nos lecteurs (§ 131), sans pouvoir donner ses résultats, parce qu'il n'était pas encore terminé, au moment où a été mise en pages cette partie de l'ouvrage [1].

---

1. Dans la note 1 de la page 231, nous avons donné les principales dispositions du règlement de ce concours ; et à ce sujet nous devons rectifier une erreur qui s'y est glissée : dans la 13e ligne de cette note, au lieu de 815 *v*, il faut lire 8,5 volts.

Ajoutons que les épreuves devaient avoir lieu par périodes de six jours, séparées par un jour de repos.

Un jour par semaine, les batteries devaient être déchargées en tension, sans trépidations, au régime constant de 24 ampères pendant cinq heures. Pendant cinq autres jours, les batteries devaient être soumises durant cinq heures, à l'aide d'un appareil automatique, à des trépidations aussi analogues que possible à celles qu'elles éprouveraient sur des véhicules automatiques circulant sur des chaussées empierrées ou des pavés ordinaires.

Pendant ces cinq heures, les batteries, montées en séries, devaient être soumises à des régimes de décharge à intensité variable.

M. Hospitalier, rapporteur de la commission de ce concours, vient de publier (janvier 1900) un procès-verbal sommaire de ses résultats, en attendant que paraisse le rapport complet encore en préparation. Nous allons résumer ce procès-verbal.

Dix-huit batteries, toutes du type *plomb-plomb*, avaient été engagées. Par suite de diverses circonstances, le concours, qui devait s'ouvrir le deuxième lundi d'avril 1899, n'a pu commencer que deux mois plus tard. La première charge officielle a été fournie le 3 juin, et la dernière décharge officielle le 2 décembre.

Le nombre officiel de charges et de décharges est donc de 153, réparties sur 26 semaines.

La durée théorique totale de ces 153 charges et 153 décharges est de 765 heures pour chaque nature d'opération, se décomposant comme suit :

26 décharges à courant constant sans trépidations	130 heures
127 décharges à courant constant avec trépidations	635 —
Total.....................	765 heures

L'appareil trépidateur, dont l'emploi constituait une des originalités de ce concours, n'a pu être mis en marche que le 19 juillet pour la première fois. Il n'a fonctionné réellement que 122 heures 40 minutes, son arrêt ayant eu lieu le 14 novembre.

Le rapport de la durée réelle des trépidations à la durée théorique de marche est :

$$\frac{122,66}{635} = 0,19,$$

soit un peu moins de *un cinquième*.

Par application de l'article 9 du règlement, les batteries ont été soumises, tous les samedis, à des décharges de 24 ampères et mises quatre fois hors circuit, avant d'être définitivement éliminées.

La Commission a décidé de ne faire état, dans le procès-verbal sommaire et dans le rapport général, que des batteries ayant fourni au moins 60 décharges complètes avant élimination définitive.

Sur les 18 batteries expérimentées, 8 ont satisfait à ces conditions. En voici la liste, d'après l'ordre des engagements :

	NATURE DES PLAQUES	
	Positives	Négatives
I. — Société pour le travail électrique des métaux, Paris	Planté.	Faure.
II. — Compagnie générale électrique, Nancy. Plaques Pollak	Faure.	Faure.
III. — Société Tudor, Paris, Bruxelles, Londres	Planté.	Faure.
IV. — Societa italiana di ellettricità Cruto. Plaques Pescetto	Faure.	Faure.
V. — Compagnie des accumulateurs électriques Blot, Paris. Plaques Blot-Fulmen	Planté.	Faure.
VI. — Société de l'accumulateur Fulmen, Clichy	Faure.	Faure.
VII. — Société d'études des accumulateurs Phénix, Levallois	Faure.	Faure.
VIII. — W. Pope and Son, Slough (Angleterre). Plaques Sherrin	Faure.	Faure.

Le tableau suivant résume les conditions principales de construction et de fonctionnement de ces batteries d'accumulateurs :

CONDITIONS de construction et de fonctionnement	I MÉTAUX	II POLLAK	III TUDOR	IV PESCETTO	V BLOT-FULMEN	VI FULMEN	VII PHÉNIX	VIII POPE
Poids de la batterie, en kilogr	104	119,5	125,7	128	109,8	76,5	102	110
Encombrement de la batterie en décim. cubes	47,4	76	62,3	85,5	58,7	39	57	87
Nombre officiel de charges-décharges, pendant la vie de la batterie	82	82	141	141	135	100	103	135
Nombre de charges réelles	82	82	139	141	135	100	103	135
Nombre de décharges réelles	71	76	135	128	132	98	102	135
Énergie totale absorbée, en kilowats-heure	136,05	133,75	226,65	228,65	210,85	154,7	180,9	220,75
Énergie totale restituée, en kilowats-heure	76,4	79,55	135,85	130,6	143,9	101,9	118,85	155,5
Rendement maximum mensuel des batteries °/₀	73	65	66	60.5	74	76	70	73
Rendement minimum mensuel °/₀	36,5	43	49,5	48	30	55	51	62,5
Rendement moyen °/₀	56	59,5	60	57	68	66	66	70

Ce tableau permet d'évaluer simplement, par le rapport de certains des nombres qu'il contient, soit les énergie spécifiques, soit les poids spécifiques des batteries employées[1].

330 ter. — Considérations générales sur les courses et les concours. — Les deux genres d'essais, dont nous venons de rendre compte, les courses et les concours sont bien différents, et n'ont pas un égal mérite.

Nous préférons sans hésiter le second, fondé sur un ensemble d'expériences systématiquement conduites, seules capables de tenir un juste compte des divers éléments en cause.

Nous ne prononcerons pourtant pas contre les courses de vitesse l'ostracisme qu'on ne leur ménage pas toujours. Nous ne nous dissimulons pas leurs défauts, dont le plus grave assurément est de mettre en ligne des voitures qui ne sont pas comparables, qui notamment présentent au point de vue de la force de leurs moteurs des différences qui rendent la lutte absolument inégale. Elles conduisent à construire des voitures, peu faites pour une utilisation journalière, parfois exclusives de tout emploi sérieux : le suprême du genre nous semble représenté par ces voitures électriques qui doivent être remorquées sur le champ de leurs exploits, et qui ne peuvent recommencer leur parcours de 2 kilomètres, quand une erreur de chronométrage le rend nécessaire. Il n'en est pas moins intéressant de voir une accumobile faire du 105 à l'heure sur route plate, et tout à fait remarquable de voir une voiture à pétrole aller de Paris à Bordeaux

---

1. Un seul facteur de ce tableau exige quelques explications : l'intervalle de temps écoulé entre le moment où une batterie donnée a reçu sa première charge et celui où elle a fourni sa dernière décharge, a été appelé *Vie officielle de la batterie*. Pendant cette vie officielle, l'ensemble des batteries a reçu un certain nombre de charges et un nombre égal de décharges, auxquelles la batterie considérée a ou n'a pas participé. C'est ce nombre d'opérations qui est désigné dans le tableau par l'expression *Nombre officiel de charges-décharges pendant la vie de la batterie*. C'est une limite maxima dont les charges et décharges réelles, complètes ou partielles, se rapprochent d'autant plus que l'allure de la batterie, pendant sa vie officielle, a été plus régulière.

en moins de 12 heures. Et il serait injuste de ne pas reconnaître que les courses de vitesse ont doté le moteur et la voiture de qualités de rapidité et d'endurance dont le tourisme a largement profité, et qu'elles ont beaucoup fait pour le développement de l'automobilisme.

Conservons donc les courses de vitesse, en ne leur demandant que ce qu'elles peuvent donner ; en les réglementant de façon à rendre aussi rares que possible les accidents, surtout ceux occasionnés aux autres usagers de la voie publique ; en les espaçant, de façon à ne fatiguer ni les constructeurs qui y prennent part, ni les populations qui en sont les témoins.

Développons, au contraire, les concours, en rendant leurs essais encore plus méthodiques et plus pénétrants, en trouvant une formule d'allégeance, qui tienne le mieux possible compte des divers éléments. Et souhaitons que les constructeurs ne désertent pas la lutte sur ce terrain qu'ils semblent peu affectionner ; que même ils réclament des commissaires présidant aux Concours ces comparaisons jusqu'ici interdites, et dont ils seront les premiers à bénéficier.

CHAPITRE III

Nous arrivons maintenant aux emplois dont sont actuellement l'objet chacun des trois agents de la locomotion mécanique, la vapeur, le pétrole, l'électricité.

331. — Emploi des voitures à vapeur. — La vapeur, avons-nous dit (§ 327), n'est pas encore aussi économique que les chevaux pour le transport des charges ordinaires, et si elle peut, mieux qu'eux, assurer à ces dernières un transport rapide (à la vitesse de plus de 4 km. à l'heure), ou enlever des charges indivisibles dépassant 9 à 10 tonnes, elle a besoin de compter, pour ce service, avec les dégradations qu'elle imposera aux routes.

En revanche, elle est dès aujourd'hui capable d'assurer, avec plus de confort et de rapidité que les chevaux et en laissant un certain bénéfice aux entrepreneurs, des services réguliers de voyageurs sur bonnes routes. Effectivement de semblables services ont déjà été installés, tant en France qu'à l'étranger. Citons, pour les omnibus de Dion-Bouton, celui qu'ils ont fait pendant assez longtemps aux portes de Paris, entre Saint-Germain et Ecquevilly, et ceux qu'ils viennent de commencer en Espagne entre Pampelune et Estella, et entre Figueras et Rosas.

Les véhicules Scotte, qui commencent aussi à se répandre hors de France (des trains Scotte effectuent un service de Vievola à Vintimille, sur un trajet d'une durée de 6 heures, avec 43 km. de montée), assurent depuis plusieurs années des transports réguliers entre Courbevoie et Colombes. Ils ont donné lieu, dans plusieurs régions, à de nombreux essais, dont quelques-uns assez prolongés pour paraître concluants, notamment ceux dont ils ont été l'objet dans la Meuse [1].

En juillet 1896, un train Scotte a circulé sans être arrêté par les fortes déclivités qui se trouvent dans ce département. Pendant l'hiver suivant, si sa circulation n'a été possible que sur les routes nationales, qui seules lui offraient une assiette suffisamment résistante, du moins a-t-il fourni sur elles un bon service, et cela malgré des chutes de neige abondantes. Pour parer à l'état dans lequel ces dernières avaient mis les chaussées, on a d'abord muni les bandages des roues motrices de clous à glace, faisant saillie de 0 m. 012; puis on a garni ces roues : 1º de plaques transversales faisant saillie sur les bandes et maintenues contre celles-ci par de fortes pointes dépassant la surface extérieure des plaques de 0 m. 014 environ ; 2º d'une bande centrale arasée au niveau des plaques transversales. La vitesse dans ces conditions a été de 7,5 km. à l'heure.

Le Ministère de la guerre a fait avec les véhicules Scotte des essais, qui ont parfaitement réussi, notamment en novembre 1897 pour le transport de matériel, pesant jusqu'à 11 tonnes, sur les routes d'accès, pourtant fort raides, de certains forts. La traction automobile semble tout indiquée pour l'armement et l'approvisionnement de ces derniers et pour les autres transports lourds de la guerre.

En Angleterre, quelques véhicules à vapeur commencent à être utilisés : mais la construction automobile se trouve gênée dans ce pays par cette clause que le poids mort d'un véhicule ne doit pas dépasser 3 tonnes; cela limite beaucoup la charge utile.

En Belgique, l'omnibus « Le Lifu », qui dessert Bouillon-Sedan, va très probablement, s'il ne l'est déjà, être substitué, par la Cie des Tramways Bruxellois, aux omnibus à traction chevaline : il a gravi, dans un tiers de moins de temps que ces derniers, les plus fortes rampes de la capitale (9 %).

1. Ch. Küss et Charbonel, *Annales des Ponts et Chaussées, 2º trimestre 1897*.

Comme voiture légère à vapeur, nous ne voyons encore rien d'usuel : nous ne comprenons pas pourquoi la voiture Serpollet est si longue à se répandre ; nous souhaitons qu'elle soit bientôt fabriquée en grand et qu'elle mette le public à même de la juger. On fait beaucoup de bruit en ce moment autour de la voiture Stanley, qui nous arrive d'Amérique : l'avenir nous dira si elle tient les promesses qu'on nous fait en son nom [1].

332. — Emploi des voitures à pétrole. — Le tricycle à pétrole, que son prix rend abordable, est de beaucoup le véhicule automobile le plus employé : il rend de très grands services ; son endurance n'est plus à prouver.

La voiture à pétrole est, par excellence, la voiture de tourisme : elle permet d'effectuer de très longs parcours, à la vitesse de 20 à 35 km. à l'heure, pas toujours sans pannes, dont la durée est le plus souvent assez courte, et dont le nombre, si on excepte les crevaisons de pneus, est à peu près en raison inverse de la connaissance que le chauffeur a de sa machine et du soin qu'il en prend. Elle est déjà utilisée sur une assez grande échelle ; son développement va marcher fort vite, aussi vite, peut-on presque dire, que le permettra la production des constructeurs.

La voiturette commence à rendre quelques services ; mais elle n'est pas encore au point, et c'est fort regrettable. Il faut, en effet, reconnaître que la voiture de dimensions ordinaires est chère d'achat, d'entretien et de consommation, et par suite reste trop l'apanage des riches amateurs. Une clientèle nombreuse serait assurée à un véhicule de deux places, ne pesant guère que 300 kg. à vide, faisant 20 ou 25 km. par heure, ne coûtant que 3.000 fr. Malheureusement sa réalisation est plus difficile que

---

1. Pour se faire une idée du nombre de chevaux que peut remplacer un moteur mécanique, on peut se baser sur les chiffres donnés par M. Lavalard, dans un rapport récent qu'il a présenté au Conseil d'administration de la Compagnie Générale des Omnibus à Paris, sur le service de la cavalerie : le travail journalier d'un cheval d'omnibus ne dépasse pas en moyenne le sixième du travail d'un cheval-heure en 24 heures; il peut descendre au douzième.

celle d'une grande voiture, à cause de l'énorme proportion qu'elle représente entre le poids utile et le poids mort, le premier devant être presque la moitié du second, alors qu'il n'en est souvent que le tiers ou le quart dans la voiture ordinaire.

Jusqu'ici on avait cherché à simplifier sa construction par la suppression du courant d'eau destiné à refroidir le moteur. C'est ainsi que dans la voiturette Decauville, qui a fait son apparition aux Tuileries en juin 1898, le moteur n'est refroidi que par le courant d'air. Depuis cette époque, nous avons vu apparaître la voiturette des Établissements Panhard, dans laquelle le commandant Krebs a eu recours, pour le refroidissement de la seule soupape d'échappement, à un courant d'eau circulant sous la différence des densités de sa masse. Allant plus loin, MM. de Dion et Bouton refroidissent tout le cylindre par un courant liquide que maintient en circulation une pompe. Ils ne sont pas seuls à trouver que le refroidissement par l'air est insuffisant pour un moteur de 4 chevaux. Mais s'il faut enlever à la voiturette l'une des rares simplifications qu'on avait jusqu'ici admises pour elle, on ne se facilite guère la besogne. Quant à la suppression de la marche arrière, elle n'est plus possible, d'après le nouveau règlement, dès que le poids à vide dépasse 250 kg.

Bien que le pétrole ne semble pas indiqué pour les poids lourds, il est encore acceptable pour un camionnage de poids moyen, et il commence à lui être appliqué : une douzaine de camions Dietrich sont en service dans quelques usines du Nord et de l'Est.

M. Félix Dubois, satisfait des essais qu'il a tentés avec le camion et l'omnibus Dietrich, sur les 400 km. qui séparent Koulikoro de Dioudeba, point terminus actuel du chemin de fer du Sénégal au Niger, a commandé aux établissements de Lunéville 80 véhicules, dont une partie est déjà arrivée à sa lointaine destination. Le pétrole, comme d'ailleurs la vapeur, semble appelé à rendre de véritables services aux colonies.

La France est presque seule à user largement de la voiture à pétrole : en Allemagne, pays de Daimler et de Benz, elle est relativement peu employée. On a cependant pu voir, aux Tuileries, en 1898, un camion Daimler, qu'on nous a dit appartenir à une série de dix, commandés à l'Usine de Cannstadt, pour le Soudan Français. Et en Angleterre, la voiture à pétrole commence bien à être employée pour la livraison ; il y a là un débouché possible pour nos constructeurs.

333. — Emploi des Voitures électriques. — Le règne de la voiture électrique commence à peine. Les résultats des concours de Fiacres nous font espérer son prochain développement, pour cet usage, mais non pas sans une mise en train assez difficile. Comme celle-ci lui sera évitée pour le service de remise ou de maître, c'est par ce dernier emploi que la voiture électrique va se développer. En tout cas, immédiat ou lointain, son avenir paraît assuré : à mesure que les accumulateurs se feront plus légers et plus durables, que leur ravitaillement deviendra plus facile, la voiture électrique verra s'accroître son champ d'action et sa clientèle[1]. Aucun autre mode de locomotion ne lui enlèvera le premier rang comme propreté et confort.

Le développement des applications électriques en Amérique semble prédestiner ce pays à devenir la terre promise de l'accumobile : une autre raison s'y emploie, l'absence presque complète des routes en dehors des villes, qui semble pour longtemps

---

1. M. le Comte de Chasseloup-Laubat a fait, en juillet 1899, le voyage de Paris à Rouen (136 kilom.) en 7 heures 15 minutes, sans toucher à ses accumulateurs ; il est rentré le soir même à Paris, en 7 heures 32 minutes, après les avoir rechargés à Rouen, de midi à 7 heures. La voiture qu'il pilotait n'était pourtant pas faite pour les longs parcours, mais plutôt pour les parcours de longueur moyenne effectués à grande vitesse : c'était, en effet, la voiture Jeantaud avec laquelle M. de Chasseloup-Laubat avait établi à Achères un record du kilomètre (§ 325) fort respectable. Cette voiture pesait 2.250 kilog. avec ses deux voyageurs et ses 80 éléments Fulmen type B_{17} de 850 kilog., soit 37 % du poids total. Evidemment, en augmentant cette dernière proportion, on pourrait prolonger encore la longueur des parcours sans ravitaillement.

En Amérique, une voiture pesant 1.132 kg., avec ses deux voyageurs et ses 448 kg. d'accumulateurs représentant 39 % du poids total, a, paraît-il, effectué, sans rechargement, un parcours de 161 km. en 7 h. 45, soit à la vitesse moyenne de 21 km. à l'heure.

y condamner l'automobilisme au service urbain. Nous espérons pourtant que, même sur ce terrain de la locomotion électrique sans rails, la France ne se laissera pas distancer par l'Amérique.

334. — L'automobilisme en France et à l'étranger. — En tout cas, une incontestable suprématie lui appartient, dans le domaine de la vapeur et plus encore dans celui du pétrole. Dans son discours à l'Assemblée Générale de l'Automobile Club de France d'avril 1899, M. le baron de Zuylen a pu évaluer à 3.250 voitures et 10.000 motocycles le contingent automobile de notre pays, alors qu'il n'était que de 300 voitures pour tous les autres, dont la moitié pour la Belgique.

Dans l'édition de 1899 de leur *Annuaire Général de l'Automobile*, MM. Thévin et Houry donnent l'intéressante statistique suivante :

PAYS	CONSTRUCTEURS D'AUTOMOBILES	NÉGOCIANTS	MÉCANICIENS-RÉPARATEURS	DÉPÔTS D'ESSENCE	ÉLECTRICITÉ Usines et postes de charge	PROPRIÉTAIRES D'AUTOMOBILES [1]
France { Paris et Seine	292	70	35	730	50	1.065
France { Départements	327	928	1.060	3.209	215	4.541
Allemagne	76	68	57	110	—	268
Autriche-Hongrie	18	18	12	26	—	90
Belgique	63	53	68	148	—	392
Espagne	—	10	4	7	—	44
Grande-Bretagne	49	25	—	29	—	304
Italie	26	26	24	25	—	111
Pays-Bas	11	22	8	13	—	68
Suisse	24	27	26	36	—	114
Autres Pays étrangers [2]	2	13	4	12	—	35
	888	1.260	1.298	4.345	265	7.032

1. Dans ces chiffres sont compris les constructeurs et négociants d'automobiles, qui sont tous propriétaires *d'une voiture au moins*.

2. Dans les divers pays étrangers, ne sont compris que la Russie, le Danemark, le Portugal, le Grand-Duché de Luxembourg. Les documents sur les États-Unis d'Amérique n'étaient pas encore parvenus aux éditeurs.

Bien que les 619 constructeurs français, qui figurent dans ce tableau, ne soient pas tous — et à beaucoup près — fort importants, il est impossible de nier que l'industrie automobile a pris chez nous un essor prodigieux, dont on ne trouve l'équivalent nulle part.

Cette suprématie du moment, il nous faut la conserver. La Belgique, l'Angleterre, l'Allemagne paraissent vouloir se lancer dans le mouvement ; il n'est pas jusqu'aux États-Unis, qui ne s'agitent, malgré le peu de développement que les routes puissent permettre au pétrole. La *Massachussett's Charitable Mechanic's Association*, dont le siège social est à Boston, cette institution colossale à laquelle les États-Unis doivent, en grande partie, leur prospérité industrielle et leur merveilleux outillage, s'occupe de la question. Ce qui est à craindre c'est que, profitant de l'expérience acquise par nos constructeurs, les étrangers ne se mettent à fabriquer, par séries et a des prix modérés, quelques types empruntés à notre industrie, pour les exporter plutôt que pour les utiliser eux-mêmes [1].

Nous ne pouvons donc que répéter ici le cri d'alarme que nous avons déjà jeté ailleurs [2]. Il y a là un danger sérieux : il serait imprudent de ne pas le prévoir, et de ne pas nous prémunir du côté où la concurrence étrangère peut le plus facilement nous battre, sur le terrain du bon marché [3].

Nos constructeurs doivent donc s'efforcer de diminuer leurs prix de revient et de vente. Nous ne demandons pas l'impossible :

1. *The Evening Post* évalue à plus de 800 millions de francs les capitaux engagés dès à présent aux États-Unis dans l'industrie automobile. Nous ne voudrions pas nous porter garant de ce chiffre, mais nous pourrions relever une liste de sociétés bien vivantes, qui, il est vrai, ne construisent que la voiture électrique, et dont les capitaux se chiffrent par des nombres, aussi authentiques que respectables, de millions de dollars.

2. *Revue Générale des sciences*, 30 mars 1899, p. 237.

3. L'Allemagne elle-même peut devenir pour nous une concurrente sérieuse : les ateliers de Mannheim se disent en mesure de produire 5 voitures Benz par jour ; ce serait presque le quintuple de ce que fabriquaient, il n'y a pas bien longtemps, chacun pour leur compte nos plus grands ateliers automobiles.

nous savons très bien que si, au prix qu'une voiture de bonne marque coûte chez le carrossier, on ajoute le prix, assurément important, du mécanisme, on arrive forcément à un total assez élevé. Mais nous croyons, et nous comptons sur la concurrence pour nous donner bientôt raison, que les prix actuels de premier établissement, et peut-être plus encore les frais de réparation d'une automobile peuvent être sérieusement abaissés. La construction en grand assurera ce résultat : espérons que les types se fixeront bientôt de manière à permettre aux fabricants l'achat avec assez de quiétude de l'outillage qui leur est indispensable pour l'éxecuter.

Assurément, l'évolution incessante dont l'industrie automobile est l'objet ne facilite pas la chose ; il est certain que beaucoup de perfectionnements restent à accomplir ; nous allons en indiquer quelques-uns.

335. — Calcul théorique du rendement d'une automobile. — L'un des plus importants, à notre avis, doit être l'amélioration du rendement : si l'on veut que l'automobile, confinée jusqu'ici dans une clientèle, qui ne compte pas avec la dépense qu'elle occasionne, s'étende à une pratique plus générale et notamment aux usages commerciaux, il faut que sa consommation arrive à diminuer. C'est ce que va nous montrer l'évaluation du rendement actuel d'une automobile. Cette évaluation n'est pas possible avec les consommations annoncées par les constructeurs, qui varient du simple au double et même au triple ; les expériences méthodiques et contrôlées manquent, qui seules pourraient la bien fixer; mais elle a pour l'ingénieur importance trop haute pour que nous ne la tentions pas. Afin d'établir certains points de repère, commençons par calculer théoriquement ce que peut être le rendement pour chacun des trois agents communément employés.

1° **Automobiles à vapeur. —** Le *rendement thermique* d'un moteur est le rapport du nombre de calories véritablement utilisé sur le piston au nombre de calories représenté par le combustible brûlé.

Ce rendement thermique est lui-même le produit de deux facteurs : 1° le *rendement de la chaudière*, rapport du nombre de calories, qui ont réellement servi à vaporiser de l'eau, à celles qui étaient emmagasinées dans le combustible employé (ce rapport est d'environ 70 à 80 %, ce qui prouve que 30 ou au moins 20 % des calories sont perdues, soit avec les particules qui traversent la grille du foyer avant d'être bien consumées, soit avec les fumées qui emportent une partie de la chaleur dégagée) ; 2° le *rendement interne du moteur*, rapport du travail recueilli par le piston au travail équivalent à la chaleur qui a servi à produire la vapeur (ce rapport est d'environ 15 à 20 %, ce qui prouve que 85 ou au moins 80 % de la chaleur du fluide n'est pas utilisée, soit parce qu'elle reste à l'état de chaleur et ne se transforme pas en travail, soit parce que la pression ne s'exerce pas utilement sur le piston).

Le *rendement organique* du moteur est le rapport du travail recueilli sur l'arbre à celui qui est reçu par le piston (qui s'appelle aussi *travail indiqué*, parce que c'est celui que donnent les *indicateurs de pression*) ; ce rapport est égal à 70 ou 80 %, ce qui prouve que 30 ou au moins 20 % du travail recueilli par le piston est consommé en pure perte par les bielles et manivelles reliant le piston à l'arbre.

Il faut donc, pour avoir le *rendement effectif* du moteur, c'est-à-dire le rapport du travail recueilli sur l'arbre au travail représenté par les calories du combustible employé, faire le produit des trois rendements élémentaires que nous venons de définir. Si nous prenons pour chacun d'eux la moyenne des valeurs données, nous arrivons pour le rendement effectif à la valeur moyenne de $(0,750 \times 0,175 \times 0,750) =$ environ $0,100$.

M. Dwelshauvers-Dery estime qu'on ne dépassera jamais, avec la machine à vapeur, un rendement effectif de 15 à 16 %, quelques perfectionnements qu'on essaie de porter au foyer, à la chaudière, au moteur et à ses transmissions à l'arbre. En tout cas, le plus gros rendement que nous sachions réalisé jusqu'ic

est de 13 %, qui correspond à la consommation de 650 grammes
de charbon brûlé dans le foyer par cheval-heure effectif recueilli
sur l'arbre du moteur. La consommation n'a été ainsi réduite
qu'avec des machines très puissantes et dotées de tous les perfectionnements connus : vapeur surchauffée, détente multiple,
condensation énergique. Avec les machines de faible force et de
constitution volontairement simplifiée comme celles que met en
œuvre l'automobilisme, il ne faut pas compter, à beaucoup près,
sur une dépense aussi minime. Si nous adoptons celle de 1 kg. 500,
qui est réalisée dans les moteurs de Dion-Bouton, elle équivaut

à un rendement effectif du moteur de $0{,}13 \times \dfrac{0{,}650}{1{.}500} = 0{,}056$,

sort 5 % en nombre rond [1].

Il faut maintenant tenir compte du *rendement de la voiture*
elle-même, c'est-à-dire multiplier le travail disponible sur l'arbre
du moteur par le rendement de la transmission, pour avoir le
travail disponible sur la jante de la roue. Ce rendement n'a pas
été trouvé, pour les voitures à pétrole expérimentées à Chicago
(§ 319), supérieur à 50 % [2]. Avec les véhicules à vapeur, dont
la transmission est notablement plus simple, on peut l'évaluer à
60 %, peut-être même à 70 %, si, comme on l'admet quelquefois, la suppression d'un arbre intermédiaire diminue de 10 %
le déchet de la transmission. Si nous prenons le chiffre le plus
élevé, nous arrivons pour rendement final de la vapeur, c'est-à-
dire pour rapport entre l'énergie utilisée à la jante et l'énergie

---

1. On peut arriver beaucoup plus vite à ce nombre : en effet, une machine,
qui brûle 1 kg. 500 de charbon par cheval-heure effectif, dépense par heure
$(1{,}5 \times 7{.}500 \times 425)$ calories (7.500 étant le pouvoir calorifique du charbon, et
425 l'équivalent mécanique de la chaleur), pour recueillir $(75 \times 3{.}600)$ kilogrammètres ; son rendement effectif est donc égal à $\dfrac{75 \times 3{.}600}{1{,}5 \times 7{.}500 \times 425} =$
0,056. Mais la marche un peu lente, que nous avons suivie, n'est pas inutile
pour faire comprendre au lecteur, peu familiarisé avec ces notions de rendements, comment le combustible peut subir, en cours de transformation,
un aussi énorme déchet.

2. M. Witz dit qu'il varie de 0,40 à 0,75, et est en moyenne de 0,50.

potentielle du combustible à 3,92 %, moins de 4 %. C'est vraiment piteux, et bien fait pour montrer à l'ingénieur moderne, parfois si fier de ses œuvres, de quel gaspillage il se rend coupable vis-à-vis de ces trésors d'énergie, que les siècles ont si lentement accumulés dans les gisements houillers.

2° Automobiles à pétrole. — Nous ne rééditerons pas pour le pétrole ce que nous venons de détailler pour le charbon : il nous faudrait seulement remplacer dans les deux facteurs élémentaires du rendement thermique le rendement de la chaudière par celui de l'explosion, qui n'est autre que le rapport du nombre de calories dégagées par l'explosion du mélange tonnant aux calories représentées par le combustible. Nous dirons tout de suite qu'on peut espérer atteindre pour le *rendement effectif* du moteur à pétrole 20 % ; si ce taux est plus élevé que pour la machine à vapeur, cela tient, d'une part, à ce que la combustion de la gazoline se fait dans le cylindre même, alors que celle du charbon s'effectue dans un foyer, qui l'utilise très mal ; d'autre part, à ce que la température atteinte par les gaz provenant de l'explosion est bien supérieure à celle de la vapeur (1.500 et 1.800 degrés, au lieu de 200, et le théorème de Carnot montre que le rendement économique du moteur s'élève avec cette température).

Mais les moteurs employés en automobilisme ne réalisent pas ce rendement effectif de 20 %. Un moteur Daimler de 2 à 4 chevaux a donné au professeur Hartmann un rendement thermique de 11 %, un rendement effectif de 9,7 %. Ces chiffres concordent à peu près avec ceux qu'on peut déduire, des essais de Chicago : en partant de ceux-ci, M. R. Soreau [1] fixe à 0 kg. 870 (soit 1 l. 25) en moyenne la consommation de gazoline par cheval-heure disponible sur l'arbre du moteur, ce qui équivaut à un rendement thermique de 9 à 10 %, à un rendement effectif de 7.3. Depuis l'époque de ces essais (novembre 1895), la construction des moteurs à gazoline a beaucoup progressé : on peut, semble-t-il,

---

1. *Mémoires de la Société des Ingénieurs civils*, juin 1898.

admettre que leur rendement thermique atteint assez couramment 16 %, correspondant à un rendement effectif d'environ 13 % et à une consommation d'environ 0 kg. 500, soit 0 l. 700 par cheval-heure effectif sur l'arbre du moteur [1].

L'invention du moteur Diesel a beaucoup augmenté ce rendement : l'ingénieur allemand prétend que théoriquement la consommation doit descendre à 112 gr. par cheval-heure indiqué, ce qui correspondrait à un rendement thermique de 75 %. En tout cas, nous avons vu (§ 119) que le moteur de 20 chevaux a donné 34 à 35 % en pleine charge, 38 à 40 % en demi-charge, comme rendement thermique, et respectivement 75 et 59 % comme rendement organique, ce qui donne au total, comme rendement effectif, 25 % en pleine charge et 22 % en demi-charge. Cela correspond à des consommations de pétrole de 240 gr. par cheval-heure sur l'arbre pour la pleine charge, 277 gr. pour la demi-charge. Jusqu'à présent les meilleures machines à pétrole fixes dépensaient 300 ou 400 gr. [2]. On voit combien il faut souhaiter que ce moteur soit appliqué à l'automobilisme.

En attendant qu'il le soit, il nous semble prudent de ne pas prendre comme rendement effectif du moteur plus de 12 ou 13 %. Et pour passer au rendement sur la jante de la roue d'une automobile, il faut multiplier ce chiffre par le coefficient de rendement de la transmission, soit 50 %. Donc, au total, il n'y a

---

1. M. Hospitalier admet 0 l. 500 (*Locomotion automobile* du 11 mai 1899, p. 292). Il ne tient probablement pas compte de la consommation des brûleurs, qui n'est pourtant pas négligeable : les brûleurs de la voiture de livraison Panhard de 8 chevaux ont donné, au Concours des Poids lourds de 1898, une consommation de 0 l. 695 pendant une marche à vide de 2 heures ; ceux du break Dietrich, de 9 chevaux, ont dépensé, au même concours et pendant le même temps, 0 l. 500 d'essence. Les constructeurs de la voiture Panhard en question évaluent à 0 l. 630, ou 0 kg. 450 d'essence la consommation de son moteur de 8 chevaux par cheval-heure effectif. Nous croyons donc que le chiffre de 0 l. 700 que nous avons admis n'a rien d'exagéré.

2. M. Petréano a pourtant, paraît-il, obtenu, avec un moteur de 4 chevaux, le cheval-heure effectif moyennant une dépense de 250 gr. de pétrole de densité 0,85.

guère que 6 ou 7 °/₀ de l'énergie du pétrole qui soient utilisés. Ce n'est pas beaucoup plus brillant que pour la vapeur; et nous n'avons pas besoin de dire que si l'on fait intervenir le coût des deux combustibles, coke et gazoline, on arrive ordinairement pour le prix de revient de la traction à un prix bien plus bas avec la vapeur qu'avec le pétrole [1].

3° Automobiles électriques. — Supposons l'électricité fabriquée, comme c'est le cas général, dans des usines pourvues de moteurs à vapeur perfectionnés; nous pouvons prendre pour rendement effectif de ceux-ci 10 °/₀.

Le rendement industriel de la dynamo (rapport du travail mécanique, qui lui est fourni, à l'énergie électrique qu'elle produit) doit être d'au moins 75 °/₀ (M. Hospitalier admet 80 °/₀).

L'électricité est emmagasinée dans des accumulateurs, pour le rendement desquels nous ne pouvons pas adopter (§ 330 *bis*) un chiffre supérieur à 75 °/₀.

Ils le restituent à un moteur électrique, de rendement au moins égal à 75 °/₀ (M. Hospitalier admet 80 à 88 °/₀, soit 84 °/₀ en moyenne).

Le rendement de la transmission, qui relie l'arbre du moteur électrique aux roues, d'après les essais de Chicago (§ 319), peut être évalué à 70 °/₀ (M. Hospitalier a admis un chiffre beaucoup plus fort, 90 °/₀).

Le rendement final (rapport de l'énergie recueillie aux jantes des roues à celle de la houille brûlée dans le foyer de la machine à vapeur, qui actionne les dynamos génératrices de l'usine de chargement) est de 0,039 avec les chiffres les plus bas, de 0,045

---

1. En estimant le coke à 35 fr. la tonne, et la gazoline de densité 0,670 à 0 fr. 40 le litre, comme au concours des Poids lourds, et en prenant 7.500 calories pour le pouvoir calorifique du coke et 10.000 pour celui de la gazoline, on trouve que 10.000 calories coûtent 0 fr. 045 avec le charbon et 0 fr. 600 avec le pétrole. Il faudrait donc pour qu'il y eût égalité de dépenses avec les deux combustibles, que le rendement de la voiture à pétrole fût quatorze fois meilleur que celui de la voiture à vapeur (R. Soreau, *Mémoires des Ingénieurs civils*, juin 1898).

avec ceux de M. Hospitalier. Ce rendement est intermédiaire entre ceux de la vapeur et du pétrole. Mais l'électricité donne le moyen d'utiliser, au lieu du charbon toujours coûteux, une force naturelle presque gratuite, celle des chutes d'eau. Un jour viendra où l'énergie de ces chutes, qui aujourd'hui se perdent, sera captée et alimentera un réseau de distribution à mailles assez serrées pour assurer le ravitaillement des automobiles sillonnant le pays. Il faut dire aussi que la dépense de fluide ne constitue qu'une part minime des frais de la locomotion électrique.

336. — Comparaison des rendements calculés et de quelques rendements réalisés. — Les rendements que nous venons de dégager sont déplorables ; nous allons pourtant montrer qu'ils ne sont guère dépassés dans la pratique, qu'ils ne sont même pas toujours atteints.

D'une expérience de 8 mois, portant sur 7.700 km., M. Michelin a cru pouvoir déduire qu'un break à vapeur de Dion-Bouton à 6 places, pesant 2.050 kg. en ordre de marche, 2.500 kg. avec sa charge utile, et marchant à la vitesse moyenne de 16 km. à l'heure a dépensé par kilomètre 6,16 centimes de coke.

Si nous admettons que ce combustible coûtait 35 fr. la tonne, les 6,16 centimes correspondent à 1 kg. 75 de coke, qui, si l'on prend 7.500 pour son pouvoir calorifique, équivalent à 13.125 calories, et à 5.578.125 kilogrammètres.

Or, d'après les tableaux de MM. Julien et Boramé (p. 287), l'effort utile exercé tangentiellement à la jante est, à la vitesse de 16 km., en palier, pour une voiture de 2.500 kg., de 90 kg. Le nombre de kilogrammètres utilisé par kilomètre est donc 90.000 ; et le rendement à la jante $\dfrac{90.000}{5.750.125} = 0{,}016$.

Mais tout le parcours ne s'est pas fait en palier ; supposons qu'il se soit effectué tout le temps en rampe de 4 °/₀, l'effort tangentiel eût été de 190 kg., c'est-à-dire à peu près le double de ce qu'il était en palier. Le rendement serait alors deux fois plus grand, c'est-à-dire égal à 0,032 ; il reste encore inférieur à la valeur que nous avons déterminée par le calcul. Et nous n'avons pas besoin de faire remarquer que le break n'a pas toujours marché à pleine charge, et qu'il n'a pas, à beaucoup près, parcouru une route ayant une pente moyenne de 40 mm. par mètre

Le pétrole va nous donner des résultats moins mauvais.

Nous extrayons du catalogue du 15 avril 1898, de la maison Peugeot ce renseignement qu'il faut compter de 6 à 9 centimes par kilomètre pour une voiture dont le moteur a une puissance de 4 à 6 chevaux. Prenons les chiffres extrêmes, 9 centimes pour 6 chevaux.

En comptant l'essence à 0 fr. 40 le litre de 0 kg. 700, les 9 centimes correspondent à 0 kg. 157, qui, si on admet un pouvoir calorifique de 11.000 calories représentent $0,157 \times 11.000 = 1.727$ calories, et $1.727 \times 425 = 733.975$ kilogrammètres.

Admettons que la voiture de 6 chevaux pèse 1.000 kg. avec ses voyageurs et marche à 30 km. à l'heure en palier; l'effort tangentiel correspondant est de 51 kg. ; le travail utilisé est donc de 51.000 kgm. par kilomètre, et le rendement $\dfrac{51.000}{733.975}$ est un peu inférieur à 7 %.

La voiture de livraison des Établissements Panhard, engagée au Concours des Poids lourds de 1898, avait un moteur de 8 chevaux et pesait 3.000 kg. avec sa tonne de charge utile. Ses constructeurs ont déclaré qu'elle consommait 5 l. d'essence, à la vitesse moyenne de 10 à 12 km. à l'heure ; 5/12 de litre d'essence à 0 kg. 700 pèsent 0 kg. 300, qui équivalent à $0,3 \times 11.000 = 3.300$ calories et $3.300 \times 425 = 1.402.500$ kilogrammètres. Avec une voiture de 3 tonnes, l'effort tangentiel qui doit être développé aux jantes des roues pour leur imprimer la vitesse linéaire de 15 km. en palier est de 109 kg. Prenons, en nombre rond, 110 kg. pour la vitesse de 12 km. sur route moyennement accidentée, cela équivaut par kilomètre à 110.000 kilogrammètres utiles, et donne un rendement de $\dfrac{110.000}{1.402.500} = 0,077$.

Un calcul analogue nous montrerait que le rendement s'élève à 0,08 pour le break Dietrich de 9 chevaux pesant 3.060 kg., qui a pris part au même concours, et pour lequel on accuse une consommation de 1 l. d'essence, de 0 kg. 700 à 0 kg. 710, pour 2 km. 5 parcourus à la vitesse de 16 km. à l'heure en palier.

Il semble donc que les chiffres auxquels le calcul nous a conduits correspondent assez exactement à la réalité des choses [1].

337. — Progrès à chercher. — L'une des premières améliorations

---

1. Il ne serait pourtant pas difficile de trouver, parmi les consommations annoncées par les constructeurs, plusieurs d'entre elles, qui conduiraient pour le rendement à des valeurs plus élevées que celles que nous avons données. Mais ces chiffres optimistes nous laissent fort sceptique ; aussi nous sommes-nous presque toujours abstenu de reproduire les consommations annoncées par les constructeurs, et à plus forte raison les frais d'entretien, sur lesquels règne une indécision encore plus grande. Nous nous contenterons de consigner ici quelques chiffres qui nous paraissent mériter confiance.

En ce qui concerne la vapeur, nous renverrons pour les Poids lourds le lecteur aux chiffres que nous avons donnés à propos des Concours de Versailles (§ 327) et de Liverpool (§ 328). Pour les voitures plus légères, nous dirons, à propos du break de Dion-Bouton à six places, dont nous avons déjà parlé (page 700), que M. Michelin a déduit d'une expérience de 8 mois, ayant porté sur 7.700 km. parcourus à la vitesse commerciale moyenne de 16 km., que les consommations par km. étaient de

6,16 centimes de coke
0,07   —   d'huile pour le moteur
3,46   —   d'huile pour le graissage
0,06   —   de graisse
____
9,75 centimes

Les frais d'entretien se sont élevés à 50 fr. par mois, et ont grevé le kilomètre parcouru d'environ 5 cent. Rapportés à la tonne kilométrique, ces chiffres font ressortir le prix de cette dernière à $\frac{15}{2,5} = 6$ cent. pour la voiture chargée de ses six voyageurs.

Pour le pétrole, M. Baudry de Saunier a dépensé 2, 5 cent. d'essence et d'huile de graissage par kilomètre, pour parcourir, avec un tricycle de Dion-Bouton de 1 3/4 chx, remorquant une voiturette, et pesant 333 kg. avec ses deux voyageurs et leurs bagages, les 250 km. qui séparent Paris de Lion-sur-Mer, à la vitesse moyenne de 25 km. A raison de 0 fr. 40 le litre d'essence cela fait un peu plus de 1/20 de litre par kilomètre.

M. le Docteur Calbet (*France automobile* du 5 mars 1899, p. 117), avec sa Panhard de 4 chx, pesant 680 kg. en ordre de marche, 890 kg. avec ses deux voyageurs et une malle de 70 kg., a dépensé pour parcourir 1.760 km.,

à chercher pour les voitures mécaniques est donc celle de leur rendement. Et notez qu'en la réalisant, pour la voiture à pétrole, c'est-à-dire en assurant une utilisation meilleure du mélange carburé, on l'affranchira du même coup de l'un de ses inconvénients les plus graves, la mauvaise odeur qu'elle dégage. Par ce côté le perfectionnement du moteur se lie intimement avec celui du carburateur ; il y a lieu d'étudier ce dernier et sa meilleure adaptation à chaque genre de moteur. Il conviendrait aussi d'examiner de très près l'influence de la qualité de l'essence.

Sans quitter le moteur à pétrole, il y aurait un intérêt majeur à le doter de l'élasticité qui lui manque. Nous avons mis en relief (§ 144) les inconvénients qui en résultent, et décrit (§ 102 *bis* et 122) quelques moyens d'y remédier ; mais aucun de ces moyens n'est d'une application courante, et le champ reste libre aux investigations des chercheurs [1]. Il faudrait aussi pouvoir supprimer la circulation d'eau et rendre la mise en marche plus facile.

à la vitesse moyenne de 19.645 km., 254 l. d'essence ; cela fait 0 l. 144 d'essence par km.

D'une expérience portant sur 12.000 km. parcourus en 32 mois, il a déduit pour le prix kilométrique le total de 0 fr. 5736, se décomposant ainsi qu'il suit :

Essence	0ᶠ0653
Huile et graisse	0, 0050
Bandages pneumatiques	0, 0307
Réparations et divers	0, 1650
Amortissement	0, 1174
Remise et impôt	0, 0375
Domestique	0, 1527

C'est presque exactement le prix kilométrique calculé pour le coupé Peugeot par la Commission du concours de fiacres de 1898.

La maison Peugeot évalue de 6 à 9 cent. la dépense kilométrique pour moteur de 4 à 7 chx, et à 5 cent. les frais d'entretien (y compris ceux des bandages pneumatiques, censés faire 6.000 à 8.000 kilomètres, mais sous toutes réserves).

Pour les Poids lourds, nous renverrons le lecteur à ce que nous avons dit (§ 327 et page 701), et pour les voitures électriques aux § 327 et 329.

1. M. Marmonnier vient de combiner un moteur à admission et détente variables, que nous avons eu l'occasion de décrire ailleurs (*Revue industrielle*, 16 décembre 1899, p. 494), et dans lequel une coulisse est devenue

Le rendement des transmissions demande à être grandement amélioré ; il devrait faire l'objet d'expériences comparatives. Nous avons admis qu'il était en moyenne de 50 °/₀ pour les voitures à pétrole ; c'est le chiffre qu'a donné le concours de Chicago (§ 319). Nous voulons croire qu'il est un peu bas ; nous ne pouvons cependant le majorer sans essais probants, qui nous fixent sur la valeur relative des divers modes de transmission employés : engrenages, courroies, chaînes Galle, systèmes acatènes. Le concours de moteurs nous a donné (§ 330) quelques résultats intéressants, mais qui demandent à être complétés. Un

l'organe principal de la distribution, comme dans une machine à vapeur. Le peu d'élasticité du moteur à pétrole tient à ce double fait qu'on admet à chaque cylindrée une même quantité de mélange carburé (parce que le volume du cylindre est constant) et que les proportions de ce mélange ne peuvent guère varier (parce que celles qui conviennent à sa meilleure utilisation et la compression qu'il faut faire subir au mélange pour assurer cette meilleure utilisation sont très limitées). Dans le moteur de M. Marmonnier, le volume de la cylindrée, et par suite la quantité du mélange admis, peuvent être modifiés, sans faire varier les proportions relatives de gaz frais et de gaz brûlés ni le degré de compression qu'on leur fait subir. Ces résultats, fort désirables, ne peuvent d'ailleurs être atteints que par la construction de tout un mécanisme compliqué, qui n'a pas jusqu'ici été réalisé.

Beaucoup plus simple, et facilement adaptable aux moteurs déjà existants, est celui qu'a tout récemment imaginé M. A. Hérisson, professeur de mécanique à l'Institut agronomique. C'est un dispositif permettant de faire varier le moment de l'allumage avec l'inflammation par tube aussi bien qu'avec l'inflammation électrique. A l'extrémité ordinairement fermée du tube d'allumage est placée une petite soupape s'ouvrant de dedans en dehors, à un moment et d'une quantité réglables à volonté. Cette soupape en s'ouvrant laisse s'échapper à l'air libre une partie des gaz brûlés qui remplissent le tube, partie d'autant plus grande que la levée est plus considérable. Il en résulte que le mélange tonnant arrive plus tôt au contact de la paroi incandescente du tube et que l'allumage se produit plus vite. M. Hérisson estime aussi que le mélange est de la sorte mis en rapport avec la partie la plus chaude du tube et que l'inflammation est plus rapide et plus intense. Dans la pratique, la levée de la soupape doit rester toujours très petite et ne pas se produire trop tôt: si la soupape s'ouvrait trop vite ou d'une quantité trop grande, l'inflammation cesserait de se produire et le moteur s'arrêterait. En faisant agir sur sa tête un ressort de la force voulue et de tension variable, on pourra modifier à volonté le moment et l'importance de sa levée. Ce dispositif permet donc de régler la vitesse du moteur et même de l'arrêter.

changement de vitesse bien progressif serait fort précieux, tant qu'on n'aura pas trouvé un moteur assez élastique pour se passer de cet organe complexe.

Du reste les calculs, auxquels nous nous sommes livré pour établir la puissance à donner au moteur d'une voiture (§ 148 à 157), nous ont montré sur quelles bases empiriques et peu sûres on était, à chaque instant, forcé de s'appuyer. Dans les formules des divers efforts résistants entrent des coefficients numériques fort incertains : coefficients de frottement des fusées dans leurs boîtes, des roues sur la chaussée, des organes de transmission les uns sur les autres ; résistances provenant de la nature et de la déformation de la chaussée, de la pression de l'air... Il y aurait un intérêt considérable à les déterminer de façon plus exacte. Depuis longtemps déjà, M. Deprez a précisé comment on pourrait déterminer le frottement des fusées. M. Forestier a indiqué pour les autres[1] des méthodes fondées sur l'emploi du pendule dynamométrique de M. Desdouits ou d'une voiture électrique, préalablement munie d'un indicateur de vitesse suffisamment exact. Les voies sont tracées ; souhaitons qu'elles soient bientôt suivies et perfectionnées.

Si nous passons aux organes mêmes de la voiture, nous y voyons encore l'empirisme régner en maître.

Pour les roues, par exemple, est-on fixé sur l'utilité du carrossage et de l'écuanteur, sur leur incompatibilité plus ou moins absolue avec la traction par chaînes, sur leur effet dans les virages ? L'est-on davantage sur le meilleur diamètre à donner aux roues, sur la substance convenant le plus à la fabrication de leurs rais, sur la largeur à donner aux jantes, même sur le gonflement à adopter pour les pneus ?

Nous pourrions accumuler les questions, sur lesquelles règne une pareille incertitude. Jusqu'à ces derniers temps il en était de même pour les mécanismes de la direction : la lumineuse étude

----

1. *Génie civil*, t. XXXV, n° 6, p. 92.

de M. Bourlet semble avoir fixé la matière (§ 192). Il serait désirable de voir une analyse aussi judicieuse se porter sur bien des points restés obscurs de l'automobilisme. Chacune pourrait devenir pour lui la source d'un progrès véritable. Assurément, dans quelque vingt ans, moins peut-être, nous trouverons bien barbares les voitures les plus perfectionnées d'aujourd'hui.

328. — L'avenir. — Mais ce qui reste à faire ne doit point nous empêcher de reconnaître l'importance de ce qui a déjà été fait, dans le court laps de temps qui nous sépare de la renaissance de l'automobilisme.

Dès aujourd'hui il constitue un moyen de locomotion d'une puissance et d'une rapidité jusqu'ici inédites : il n'est pas encore à l'abri de la panne, mais, dans les mains d'un chauffeur exercé, celle-ci tend à devenir l'exception, occasionnée par un détraquement de l'allumage, un accroc dans le fonctionnement de la pompe, le plus souvent une crevaison de pneumatique, tout autant de causes d'arrêt faciles et même promptes à guérir.

Demain — et demain ne se fera pas attendre, si ses fervents s'attachent à diminuer dans le public la méfiance causée par l'imprudence de quelques-uns — l'automobilisme sera sûr et économique, et passera complètement dans les mœurs. Son développement va donc se précipiter ; c'est bien le cas de dire : *vires acquirit eundo.*

TABLE DES MATIÈRES

PREMIÈRE PARTIE
LES AGENTS DE LA LOCOMOTION AUTOMOBILE

CHAPITRE PREMIER
LES AGENTS USUELS — HISTORIQUE

1 Le fardier de Cugnot 1
2 La locomotion à vapeur en Angleterre de 1800 à 1836 4
3 Voitures de Griffiths 4
4   —   David Gordon 5
5   —   W. H. James 6
6   —   Burstall et Hill 6
7   —   Gurney 6
8   —   Hancock 8
9 Le « Locomotive act » de 1836 12
10 Renaissance de l'automobilisme en France 12
11 Voitures à vapeur 14
12   —   à pétrole 14
13   —   électriques 15

CHAPITRE II
LES AGENTS POSSIBLES

14 Les caractéristiques d'un agent d'énergie automobile 17
15 Houille. Coke 17
16 Pétrole lampant. Essence 18
17 Électricité 19
18 Gaz comprimé. Air 20
19 Gaz liquéfiés. Acide carbonique 22
20 Eau chaude 24
21 Acétylène 25
22 Alcool. Huiles de distillerie 27
23 Benzine 34

SECONDE PARTIE
LES ÉLÉMENTS DES VOITURES AUTOMOBILES

PREMIÈRE SECTION
LES MOTEURS

CHAPITRE PREMIER
CHAUDIÈRES ET MOTEURS A VAPEUR

1° Chaudières.

24 Qualités à demander aux chaudières d'automobiles......... 37
25 Chaudières tubulaires............................... 38
    A) *ignitubulaires*. Chaudière Leyland.................. 38
26   B) *aquatubulaires*. Chaudière Ravel.................... 39
27   Chaudières Bollée et Scotte.......................... 39
28   —   de Dion-Bouton......................... 42
29   —   Weidknecht........................... 45
30   —   Nègre (pour voitures lourdes)............. 46
30 bis   —   Turgan............................... 47
31   —   Thornycroft............................ 47
32   —   Lifu................................ 48
33   —   Gillett............................. 50
34 Chaudières à vaporisation instantanée. Chaudière Serpollet.. 51
35   —   Le Blant............................. 56
36   —   Nègre (pour voitures légères)................. 56
37   —   Valentin et Montier et Gillet.............. 57
38   —   Kécheur............................. 58
39 Considérations générales sur les chaudières à vapeur. Progrès
    à espérer...................................... 59

2° Les moteurs à vapeur.

40 Les moteurs à vapeur se prêtent naturellement au service
    automobile..................................... 61
41 Moteurs alternatifs à simple expansion à cylindres oscillants.
    Moteur Ravel................................... 61

42 Moteurs alternatifs à simple expansion à cylindres fixes.... 62
    a) A 2 cylindres inclinés à 45°. — Moteur Bollée....... 62
43   *b) A 2 cylindres parallèles.* Moteurs Serpollet (1er type). Le Blant, Scotte, Weidknecht.................. 62
44   *c) A 3 cylindres à 120°.* Moteur Kécheur 64
45   *d) A 4 cylindres.* — Moteurs Nègre, Serpollet (2e type).. 65
46   *e) A 6 cylindres.* — Moteurs Serpollet, Clarkson-Capel.. 71
47 Moteurs alternatifs à double expansion.................. 71
    a) A 2 cylindres. — Moteurs de Dion-Bouton, Gillett, de la Liquid Fuel Engineering C°, de la Steam carriage and Wagon C°.................... 71
48   *b) A 3 cylindres.* — Moteur Bourdon-Weidknecht...... 74
49 Moteurs rotatifs : A. Gérard, P. Arbel-Tihon, Lambilly..... 75
50 Considérations générales sur les moteurs à vapeur. Progrès à espérer................................ 79

CHAPITRE II

CARBURATEURS ET MOTEURS A PÉTROLE

1° Les carburateurs.

51 Pétrole lampant et essence de pétrole.................. 81
52 Carburateurs............................... 82
53 Carburateurs à barbotage.................... 83
54 Carburateurs à simple léchage.................. 83
    Carburateurs Benz, Tenting, de Dion-Bouton, Aster...... 84
55   —   Decauville, Papillon, Balbi................ 85
56   —   de la « Pope Manufacturing C° ».......... 85
57   —   Petréano....................... 85
58 Carburateurs à pulvérisation.................. 87
    Carburateurs Daimler-Phénix, Bollée, Longuemare...... 87
59   —   Chauveau, Gautier-Wehrlé, Mors, Amédée Bollée................................ 91
60   —   Peugeot....................... 93
61   —   Lépape, Loyal, Bouvier-Dreux, Jupiter..... 96
61 bis   —   Roussy de Sales.................... 100
62 Carburateurs mixtes : P. Gauthier.................. 101
63 Distributeurs mécaniques. — Carburateur distributeur Henriod et distributeur Brillié.................. 102
64 Carburateurs à pétrole lampant : Gibbon, Faure, Dawson... 104
65 Moteurs sans carburateur.................... 106
66 Considérations générales sur les carburateurs............. 106

2° Les moteurs à pétrole.

67 Cycles adoptés.. 108
68 Distribution... 109
69 Régulation.. 113
70 Allumage du mélange explosif.......................... 115
       Allumage électrique.................................. 115
71   . Générateurs : piles hermétiques, piles sèches, accumula-
           teurs.. 116
72   Bobines employées pour l'allumage.............. 119
73   . Cames et bougies............................... 119
74   Allumage par incandescence..................... 121
           . Tubes et brûleurs (Longuemare, Bollée)......... 121
75   Comparaison des deux systèmes.................. 124
76   . Autres modes d'allumage........................ 126
77 Cylindres... 128
78 Refroidissement des cylindres......................... 129
79 Refroidissement par courant d'eau. Radiateurs Grouvelle et
       Arquembourg, Loyal, Julien. Pompes................... 129
80 Refroidissement par ailettes.......................... 133
81 Refroidissement par procédés divers : G. Desjacques, Klaus,
       Lepape, Lanchester, Diligeon, Dufour, Goret 134
82 Pistons... 135
83 Mise en marche du moteur.............................. 136
84 Bruit et odeur des moteurs à pétrole.................. 137
85 Consommation.. 138
86 Description des principaux types de moteurs........... 138
       I. Moteurs à quatre temps.
         A) Moteurs pour voitures.
           Moteurs Daimler.................................. 138
87   —   Phénix-Daimler.................... 141
88   —   Peugeot............................ 146
89   —   Benz, Audibert-Lavirotte, Rochet-Schneider,
                          Delahaye, Hurtu-Diligeon, G. Richard,
                          Cambier.............................. 148
90   —   Amédée Bollée...................... 152
91   —   Mors................................ 152
92   —   Landry-Beyroux...................... 157
93   —   Gautier-Wherlé...................... 157
94   —   Lepape.............................. 158
95   —   P. Gautier.......................... 161
96   —   Vallée, Tenting, Pygmée, D. Augé, Gaillardet,
                          Idéal, Buchet........................ 162
97   —   Henriod............................. 164

98   Moteurs Le Brun, Papillon........................... 165
99   —   Ravel 166
100   —   Brouhot, J. Bouché...................... 168
101   —   Gobron et Brillié........................ 168
102   —   Gladiator, Elan.......................... 169
102 bis   —   Hautier (ou Espérance).................. 170
103   —   Petréano..................................... 173
104   —   de la Société d'Automobilisme........... 174
104 bis   —   Canello-Dürkopp........................... 176
105   —   Koch (à pétrole lampant)................ 177
106   —   Kane-Pennington (à pétrole lampant)....... 177
107   —   Gibbon, dit Britannia (à pétrole lampant)... 180
108   —   Faure   (—   )... 180
109   —   Dawson   (—   )... 182
110   —   Roser-Mazurier (à pétrole ou à essence)..... 184
111   B) *Moteurs pour motocycles et voiturettes*...........
                Moteur Bolléo................................... 186
112   —   de Dion-Bouton........................... 188
113   —   Decauville, Gaillardet, Aster, Sphinx, Cyclone 189
113 bis   —   Noël... 192
114   —   Krebs... 193
115   —   de Riancey.................................... 193
116   *II. Moteurs à 2 temps.*
                Moteurs Loyal, Dufour, Briggs...................... 194
117   *III. Moteurs divers.*
                Moteur Goret, à six temps........................ 197
118   —   Duryea à réservoir.......................... 198
119   —   Diesel.. 198
120   *IV. Moteurs rotatifs.*
                Moteurs A. Beetz, Dodement, Vernet, Gardner-San-
                derson... 206
121   —   Chaudun...................................... 210
121 bis Causes de mauvais fonctionnement des moteurs à pétrole. 213
122   Considérations générales sur les moteurs à pétrole. Progrès
                à espérer... 214

CHAPITRE III

ACCUMULATEURS ET MOTEURS ÉLECTRIQUES

1° Les accumulateurs.

123 L'accumulateur seul générateur électrique applicable aux
                automobiles... 217
124 L'accumulateur plomb-plomb jusqu'ici seul pratique....... 219

125 Adaptation des accumulateurs plomb-plomb au service de traction 220
126 Accumulateurs Lamina 222
127 — Fulmen 223
128 — F. S. V. de MM. Valls et Cie 226
129 — Pulvis 228
130 — de la Société anonyme pour le travail électrique des métaux ....
130 bis Accumulateurs B. G. S, Phœbus, Pisca, Blot-Fulmen, W. A. Bease, Phénix 229
131 Concours d'accumulateurs de l'Automobile-Club de France (1899) 230
132 L'accumobile est dès maintenant possible 231

2° Les moteurs électriques.

133 Avantages du moteur électrique au point de vue de la traction 234
134 Qualités à exiger d'un moteur électrique de traction 237
135 Construction d'un moteur automobile 238
136 Moyens employés pour faire varier la vitesse du moteur et de la voiture 240
137 Récupération du courant 243
138 Freinage électrique 243
139 Combinateur 244
140 Rechargement des accumulateurs 245

CHAPITRE IV

VAPEUR. PÉTROLE. ÉLECTRICITÉ

141 Avantages de la vapeur 247
142 Inconvénients de la vapeur 250
143 Avantages du pétrole 253
144 Inconvénients du pétrole 255
145 Avantages de l'électricité 259
146 Inconvénients de l'électricité 260
147 Rôle réservé à chacun de ces agents 260

CHAPITRE V

PUISSANCE A DONNER AU MOTEUR D'UNE VOITURE
ÉVALUATION DE LA PUISSANCE D'UN MOTEUR EXISTANT

1° Puissance à donner au moteur.

148 Résistance que doit vaincre le moteur d'une voiture en marche 263

149 1° et 2° Résistances provenant du roulement de la voiture sur palier et du frottement des fusées. Coefficient de traction. 263
150 3° Résistances provenant de la pente..................... 268
151 4° Résistance due aux courbes........................ 269
152 5° Résistance due à l'air traversé..................... 270
153 Résistance au démarrage......................... 271
154 Expériences récentes de M. de Mauni. Leur influence sur le calcul de la puissance du moteur.................... 272
155 Effort utile maximum à demander au moteur............. 275
156 Adhérence................................... 276
157 Pertes par les transmissions. Effort moteur total.......... 278

2° Évaluation de la puissance d'un moteur existant.

158 Méthode d'évaluation............................ 280
159 *I. Puissance disponible sur l'arbre du moteur*.......... 280
     1° Calculée d'après des données théoriques.
       Procédé Ringelmann....................... 280
160   —   A. Witz......................... 281
161 *2° Calculée d'après des données empiriques.*
       Procédé Hospitalier 282
162 *3° Déterminée par des essais au frein.*
       Frein de Prony......................... 283
163   Frein à corde 285
164 *4° Déterminée par un essai électrique*............. 286
165 *II. Puissance disponible à la jante des roues motrices*... 286

DEUXIÈME SECTION
LES TRANSMISSIONS

CHAPITRE VI

TRANSMISSION DU MOUVEMENT DU MOTEUR AUX ROUES MOTRICES

166 Nécessité des transmissions. Leurs organes principaux..... 289
167 Embrayages................................ 293
     1° Embrayages à griffes 293
168 *2° Embrayages à friction*.................... 294
     a) A cônes droits 294
     b) A cônes renversés...................... 294
169 c) A ruban............................ 264
       Embrayage Villard et Bonnafous............. 294
170   —   Gautier-Wehrlé, Julien............ 297

171   Embrayage Piat................................ 303
172   — divers 304
173 Plateaux de friction............................... 305
174 Courroies.. 306
175 Engrenages... 307
176 Engrenages différentiels et encliquetage.......... 311
177 Chaînes Galle...................................... 313
178 Chaîne Renolds..................................... 315
179 Systèmes acatènes.................................. 318
        Système A. Bollée.............................. 318
        Essieux articulés de Dion-Bouton, Gautier-Wehrlé..... 318
180 Transmissions dans les voitures à vapeur........... 319
181 Transmissions dans les voitures à pétrole.......... 320
        1° Systèmes à engrenages.
        Tricycle de Dion-Bouton........................ 321
        Système R. de Metz............................. 322
        Voitures Panhard et Levassor................... 323
        Voiture Gaillardet............................. 324
        Bloc transmission Montauban-Marchandier........ 326
182   Avant-train automoteur Prétot.................. 326
183 *2° Systèmes à courroies.*
        Voiture Benz................................... 328
        Rochet-Schneider............................... 329
        Buchet... 330
184 *3° Systèmes mixtes à engrenages et courroies.*
        Voiturette Bollée.............................. 331
        Voiture de Dietrich............................ 332
            —   Diligeon............................ 332
            —   Léo................................. 333
        Système Webb................................... 334
185 *4° Systèmes à plateau de friction.*
        Voitures Tenting, Lepape. Système Ringelmann...... 335
186 *5° Systèmes divers.*
        Système Ellis et Steward....................... 339
            — Lufbery.................................. 340
            — de la Steam Carriage and wagon Cº........ 342
            — électro-élastique W. Morrison............ 343
187 Transmissions dans les voitures électriques........ 343
        Voitures Jeantaud.............................. 343
            — Kriéger.................................. 345
            — Doré.................................... 346
            — Columbia................................ 346
            — Patin................................... 347
        Système Mildé-Mondos à différentiel électrique..... 349

TROISIÈME SECTION

LE VÉHICULE

CHAPITRE VII

ESSIEUX. ROUES. BANDAGES

1° Les Essieux.

188 Essieux moteurs et essieux directeurs 351
188 bis Freingalage, dérapage, tête-à-queue 351
189 Fabrication des essieux.................................. 353
190 Essieux moteurs.. 357
191 Direction par essieu brisé, à 2 pivots 358
    Dispositif Akerman-Jeantaud......................... 360
192 Système de liaisons des roues......................... 362
    I. — Liaisons par bielles 362
       a) à simple quadrilatère : Akerman-Jeantaud, Panhard
       et Levassor 362
       b) à double quadrilatère : Roger, Lepape, Jenatzy,
       Benz, Bollée.. 363
       c) à pentagone concave : Lavenir.................... 364
    II. — Liaisons à cames et glissières : Bourlet, Davis.... 364
    III.—Liaisons à chaînes et engrenages : Bollée (ancienne),
    Delahaye (Peugeot), Priestmann et Wright........... 366
193 Mécanisme de commande des essieux directeurs...........
    I. — Commandes à sonnette : Panhard et Levassor,
    Jeantaud.. 368
    II. — Commandes à chaînes et engrenages 370
    III. — Commandes irréversibles. — Commandes à vis..
    Commande épicycloïdale Brillié..................... 370
194 Essieux directeurs.................................... 374

2° Les Roues.

195 Solidité 376
196 Diamètre.. 376
197 Largeur des jantes.................................... 379
198 Roues à rayons de bois................................ 382
199 Roues à rais métalliques 384

3° Les Bandages.

200 Bandages métalliques 387
201 Bandages en caoutchouc plein (à forcement, à soudage, à rubans circulaires sans boulons, à rubans circulaires avec boulons). Bandages Compound 388
202 Bandages en caoutchouc creux 394
203 Bandages pneumatiques 395
204 Bandages protégés 399
205 Roues élastiques 400
205 bis Roue pneumatique Hall 402

CHAPITRE VIII

RESSORTS. CHASSIS. CAISSE

1° Les Ressorts.

206 Fabrication des ressorts 403
207 Genres principaux de ressorts 404
208 Suspensions 408
209 Suspensions simples 410
210 Suspensions doubles 411

2° Le Châssis.

211 Diverses sortes de châssis 413
212 Châssis de motocycles et voiturettes 415
213 Châssis de voitures 415

3° La Caisse.

214 Qualités que l'ingénieur doit demander à une caisse d'automobile 417
215 Comment le carrossier doit comprendre sa mission 418

CHAPITRE IX

FREINS

216 Freins réglementaires 423
217 *1re Catégorie* : Freins agissant sur les bandages des roues . . 424
218 *2e Catégorie* : Freins agissant sur des poulies 426
     a) Freins à lames 426
219   *b*) Freins à corde 427

220 Frein Jeantaud 428
221 Frein Hautier. 430
221 bis Frein Renault. 431
222 Frein Krebs 432
222 bis Cliquet et béquille 433

QUATRIÈME SECTION

GRAISSAGE

CHAPITRE X

APPAREILS DE GRAISSAGE

223 Matières diverses employées pour le graissage 435
224 Procédés de graissage. 437
225 Appareils graisseurs. Conditions qu'ils doivent remplir 437
226   1° *Graisseurs physiques* 438
         a) à gouttes descendantes. — Oléopolymètre Hochge-
         sand. Graisseurs Holt, Brünler 438
         b) à gouttes ascendantes. Graisseur Consolin 440
227   2° *Graisseurs mécaniques* 441
         A) non automatiques. Graisseur coup de poing 441
228   *B*) automatiques : *a*) à compression. — Graisseurs Molle-
         rup, Terminus, Drevdal. 441
229   *b*) aspirants et foulants. — Oléopompe Drevdal. Grais-
         seur multiple Bourdon. Graisseur à départs mul-
         tiples H. Hamelle 443

TROISIÈME PARTIE

＇ LES VOITURES

CHAPITRE PREMIER

VÉHICULES A VAPEUR

230 Schéma d'une voiture à vapeur 446

1° Omnibus, Camions, Tracteurs.

231 Omnibus d'Amédée Bollée père.... 448
232 Omnibus de Dion-Bouton 448
233 Tracteur de Dion-Bouton 451
234 Omnibus Scotte.... 452
235 Voiture remorqueuse Scotte.... 454
236 Omnibus Weidknecht.... 455
237 Tracteur et break Le Blant 457
238 Omnibus Serpollet 460
239 Omnibus de la Cie générale des automobiles.... 460
240 Camion Nègre 460
241 Chariot à vapeur Piat.... 464
242 Fourgon de la « Lancashire Steam Motor C° » 465
243 Camion de le « Liquid Fuel Engineering C° » 466
244 Tracteur de la « Steam Carriage and wagon C° ».... 467
245 Tracteur Toward et Philipson.... 468
246 Omnibus du « Motor Omnibus Syndicate ».... 469

2° Voitures légères.

247 Voitures Serpollet.... 470
248 Victoria Nègre.... 473
249 Voiture Kécheur.... 473
250 Voitures du « Clarkson-Capel Steam Car syndicate ».... 473
251 Voiture Stanley.... 474

3° Avant-trains moteurs.

251 bis Avant-train moteur Turgan et Foy.... 478

CHAPITRE II

VÉHICULES A PÉTROLE

252 Schéma d'une voiture à pétrole 481

1° Tricycles et quadricycles.

253 Tricycle de Dion-Bouton.... 483
253 bis Démultiplicateurs Couget, Delbruck, Didier, Peugeot... 484
254 Tricycle Loyal et de la Société Continentale d'automobiles.. 487
255 Quadricycles Gladiator, Morel et Gérard.... 488

2° Voiturettes.

256 Voiturette Bollée.................................... 489
256 bis Voiturette Serin............................... 490
257 Tri-voiturette Hurtu. Voiturettes Farman, de la Cie Française des cycles et automobiles, Kane-Pennington....... 490
258 Voiturette Decauville............................... 491
259 — Elan... 492
260 — Tauzin....................................... 493
261 — Barisien..................................... 493
262 — Cyrano...................................... 494
263 — Krebs (Panhard et Levassor).................. 496
264 — de Dion-Bouton.............................. 498
265 — Delahaye, Morisse, Fouché et Delachanal, Goret, Faugère, Pittsburg, Walker et Hutton........ 499

3° Tricycles et voiturettes de livraison.

266 Voiturettes Lanty, Hommen et Dumas. Tricycle Columbia.. 500

4° Voitures.

267 Voitures Panhard et Levassor.......................... 501
268 — Peugeot..................................... 507
269 — Benz : Cie Anglo-Française, Maison Parisienne, Audibert et Lavirotte, Rochet et Schneider..... 511
270 — Delahaye, Hurtu-Diligeon, G. Richard......... 512
271 — Cambier.................................... 515
272 — de Dietrich (système Amédée Bollée).......... 517
273 — Mors...................................... 520
274 — Landry-Beyroux (Cie des moteurs et automobiles M. L. B.)................................... 525
275 — de la Société Continentale d'automobiles (Gautier-Wehrlé) et de la Société générale des automobiles. 526
276 — Lepape.................................... 528
277 — David, Vallée, Tenting, Léo................... 530
277 bis — de la Société Française d'automobiles « Moteurs Gaillardet »............................... 532
278 — Henriod, Le Brun, Brouhot.................. 534
279 — Gobron-Brillié............................. 535
279 bis Omnibus Roser-Mazurier....................... 536
280 Voiture Bolide de M. L. Lefebvre.................... 537
280 bis — Raouval.................................. 539
281 — Ducroiset.................................. 543
281 bis — Léon Bollée (Darracq)..................... 545

282   —   Daimler allemande (de la Daimler Motoren Gesell-
         schaft) 547
282 bis —   Canello-Dürkopp........................... 548
283   —   Daimler anglaise (de la « Motor Car Cᵒ » de Londres). 549
283 bis —   de la « Motor Manufacturing Cᵒ » 549
284   —   Vincke et Roch-Brault 552
285   —   Duryea.. 554

5° Voitures de livraison. — Camions.

286   Voitures de livraison Panhard 557
287   Voitures de livraison et camions Peugeot. — Camions Dietrich,
      Cambier. Voitures de livraison de la Cⁱᵉ Anglo-Française. 558
288   Camion Daimler (de la « Daimler Motoren Gesellschafft »).. 560

6° Avant-trains moteurs.

289   Avantages de l'avant-train moteur..................... 560
290   Avant-train Prétot 561
291   —   Amiot-Péneau 561
292   —   Ponsard-Ansaloni 564
293   —   Doré.................................... 567
294   —   de Riancey 569
294 bis —   divers.................................. 569

CHAPITRE III

VÉHICULES ÉLECTRIQUES

295   Schéma d'une voiture électrique..................... 571
296   Premiers véhicules électriques de MM. Raffard, Pouchain,
      Bogard, Darracq........................... 572
297   Voitures ayant pris part au Concours de Fiacres de 1898... 572
298   Voitures Jeantaud............................... 573
299   —   Kriéger.................................. 576
300   —   Jenatzy (Cⁱᵉ internationale des Transports auto-
         mobiles) 578
301   Voitures de la Cⁱᵉ française des Voitures Électromobiles.... 582
302   —   Cⁱᵉ générale des Voitures à Paris.......... 584
303   —   Mildé-Mondos 587
303 bis   Voiturette Mildé-Greffe...................... 590
304   Voitures Bouquet, Garcin et Schivre 592
304 bis —   Doré.................................... 594
305   —   Patin 594

305 bis — G. Richard.. 595
306 — H. Monnard 596
306 bis. Autocab Draullette 598
307 Cab Vedovelli Priestley 601
308 Véhicules américains.
      Tricycle de le « Barrows Véhicle C°». 606
309 Voitures Morris et Salom 606
310 — Sturges................................. 607
311 — Riker.................................. 607
312 — Columbia 610
312 bis — Cleveland......................... 615
313 Véhicules anglais.
      Voiture Élieson....................................... 616
314 — Bersey................................. 617
314 bis Véhicules allemands et autrichiens.
      Omnibus de l'Allgemeinen Omnibus Gesellschaft (Berlin)... 618
      Coupé de M. Lohner (Vienne)......................... 618

CHAPITRE IV

VÉHICULES PÉTROLÉO-ÉLECTRIQUES

315 Raison d'être de ce système. Voiture Patton............. 619
315 bis Voiture Pieper...................................... 621
315 ter Voiture Munson et Chariot de la « Fisher Equipment C° ».. 626

QUATRIÈME PARTIE

LES RÉSULTATS

316 Courses. Concours. Applications courantes............... 629
317 Concours Paris-Rouen, 1894 629

CHAPITRE PREMIER

COURSES DE VITESSES

318 Course de Paris-Bordeaux (1895)...................... 633
319 Course de Chicago (1895) 634
320 Course de Paris-Marseille (1896) 639

321 Course de Paris-Amsterdam (1898)........................ 641
322 Course de Nice-Castellane (1899)........................ 643
323 Tour de France (1899)................................... 644
324 Courses de côtes.. 647
325 Record du kilomètre..................................... 648
326 Les Courses à l'étranger : Richmond, Berlin............. 649

CHAPITRE II

CONCOURS

1° Concours de Poids lourds.

327 Concours de Versailles (1897), (1898), (1899)........... 653
328 Concours de Liverpool (1898)............................ 664

2° Concours de Fiacres et de Voitures de livraison.

329 Concours de Paris (1898), (1899)........................ 667

3° Concours de Moteurs et d'Accumulateurs.

330 Concours de moteurs de la Locomotion Automobile........ 676
330 bis Concours d'accumulateurs de l'Automobile-Club de
     France (Résultats)..................................... 682
330 ter Considérations générales sur les Courses et les Concours. 685

CHAPITRE III

APPLICATIONS USUELLES. RENDEMENT. PROGRÈS A CHERCHER

331 Emploi des voitures à vapeur........................... 687
332   —   à pétrole........................... 689
333   —   électriques......................... 691
334 L'automobilisme en France et à l'étranger.............. 692
335 Calcul théorique du rendement d'une automobile......... 694
        1° à vapeur....................................... 694
        2° à pétrole...................................... 697
        3° électrique..................................... 699
336 Comparaison des rendements calculés et de quelques rende-
     ments réalisés. Consommations.......................... 700
337 Progrès à chercher..................................... 702
338 L'avenir... 705

MACON, PROTAT FRÈRES, IMPRIMEURS.